科学出版社“十四五”普通高等教育研究生规划教材
电子科技大学“十四五”规划研究生教育精品教材

时间反演电磁学

(第二版)

王秉中　王　任　编著

科 学 出 版 社
北　京

内 容 简 介

本书在论述时间反演电磁学的产生背景、现状和发展趋势的基础上，系统地介绍时间反演电磁学中的三个核心问题，即时间反演电磁波的传播特性、时间反演电磁波应用系统及电磁信号时间反演操作的实现方法。

本书可作为电子科学与技术、信息与通信工程等相关学科研究生和高年级本科生的教材，也可供在电磁场理论、电磁场工程、无线电物理等领域从事研究和开发工作的技术人员参考。

图书在版编目（CIP）数据

时间反演电磁学 / 王秉中，王任编著. -- 2版. -- 北京 : 科学出版社，2025. 6. --（科学出版社“十四五”普通高等教育研究生规划教材）（电子科技大学“十四五”规划研究生教育精品教材）.

ISBN 978-7-03-082427-1

Ⅰ. O441

中国国家版本馆CIP数据核字第20252Q786P号

责任编辑：潘斯斯 / 责任校对：王 瑞

责任印制：师艳茹 / 封面设计：马晓敏

科学出版社 出版

北京东黄城根北街16号

邮政编码：100717

http://www.sciencep.com

三河市骏杰印刷有限公司印刷

科学出版社发行 各地新华书店经销

*

2019年11月第 一 版 开本：787×1092 1/16

2025年 6 月第 二 版 印张：18 1/2

2025年 6 月第五次印刷 字数：473 600

定价：118.00元

（如有印装质量问题，我社负责调换）

再版前言

科学出版社于2019年出版了本书的第一版，在这五年多的时间里，时间反演电磁技术得到了进一步的发展，其理论日趋完善，实现日趋成熟，应用日趋广泛，针对时间反演电磁技术的研究已逐渐成为一个相对独立的学科领域。党的二十大报告指出："推动战略性新兴产业融合集群发展，构建新一代信息技术、人工智能、生物技术、新能源、新材料、高端装备、绿色环保等一批新的增长引擎。"时间反演电磁技术作为新一代信息技术的重要支撑，在大容量无线通信、密集多端口阵列、自适应波束/场综合、远距离无线输能、远场雷达成像、超分辨率探测、智能电磁逆设计等领域体现出了令人瞩目的作用，已被中国IMT-2030(6G)推进组列为下一代无线系统备用技术。

为了更好地服务于教学和科研，作者在本书第一版的基础上进行了修订，主要增加了时间反演电磁学在无线输能、波束/场综合以及电磁器件逆设计等方面的应用，希望能对读者在这一领域的深入学习和研究有所帮助。

在第一篇"时间反演电磁学的背景和基础"中，本书第二版重写了第1章"绪论"，从电磁时间反演理论、电磁时间反演实现和电磁时间反演应用三个方面较为系统地对时间反演电磁学的研究进展进行以点带面的介绍，以期读者能够整体了解时间反演电磁学的发展现状。

在第二篇"时间反演电磁波的传播特性"中，本书第二版在第5章"散射结构辅助的时间反演超分辨率聚焦"中新增了"缺陷超表面辅助的时间反演远场超分辨率聚焦"，介绍了时间反演超分辨率空间电磁场赋形的最新进展。

在第三篇"时间反演电磁波应用技术与应用系统"中，本书第二版对第6章"时间反演信号的时域聚焦"进行了修订；在第10章"时间反演超分辨率成像与探测"中增加了"基于时间反演时频相位纹-神经网络方法的亚波长物体识别与定位"；在第11章"时间反演无线功率传输"中增加了"基于时间反演的无线信能同传技术"；新增了第12章"时间反演波束/场综合"和第13章"时间反演电磁器件逆设计"，以更加全面地介绍时间反演电磁学的最新研究进展。

本书的修订内容与课题组多年的科研工作密切相关，修订的内容主要来源于电子科技大学计算电磁学实验室的师生所做的研究工作。感谢国家自然科学基金对我们科研工作的资助，感谢电子科技大学研究生院对本书出版的资助。希望本书第二版能够对读者的教学和科研工作有所帮助，并促进时间反演电磁学领域的进一步发展。

作　者

2025年于电子科技大学

前　言

以波动方程为基础的声学、电磁学在通信、遥感、医疗、国防等诸多领域具有极为广泛且重要的应用。一般而言，无耗介质中的波动方程都是时间对称的。因此，其中任一波源产生的波都存在一个时间反演解，该解对应的波随着时间的流动会沿着原波动的传播路径反向演进并同时返回到原波源处，即时间反演波具有空时同步聚焦特性。20 世纪 60 年代以来，这种类似时光倒流又并非时光倒流的时间反演波动现象获得了学术界的广泛关注和研究。一系列声学时间反演实验表明，时间反演技术在超声波碎石、水下通信等领域具有极大的应用潜力。

近年来，时间反演技术逐渐应用到了电磁学领域。通过对电磁波或电磁信号进行时间反演操作，可以使电磁波波矢方向反转，形成反演传播的电磁波，产生很多新奇的现象，从而衍生出大量基于时间反演电磁学的新技术和新系统，如无损探伤、大容量无线通信、超分辨率成像和探测、微波肿瘤治疗、定域能量传输与功率合成等。

本书是时间反演电磁学研究进展的系统总结，和作者课题组的多年科研工作密切相关。全书共分为四篇。第一篇为“时间反演电磁学的背景和基础”，概述时间反演电磁学的发展历史、现状和趋势，力图使读者对该领域的全貌从总体上有一个正确的把握。第二篇为“时间反演电磁波的传播特性”，深入浅出地介绍时间反演电磁波在不同环境中的传播特性，为时间反演电磁波的应用打下坚实的基础。第三篇为“时间反演电磁波应用技术与应用系统”，重点介绍时间反演技术在成像探测、无线通信和无线功率传输等方面的应用。第四篇为“时间反演电磁信号的产生”，系统介绍电磁信号时间反演操作的实现方法。

在此，感谢国家自然科学基金对我们科研工作的资助，感谢电子科技大学计算电磁学实验室的师生所做的卓有成效的研究工作，感谢电子科技大学研究生院对本书出版的资助。最后需要指出的是，时间反演电磁学的研究方兴未艾，时间反演电磁波的很多特性还需要发掘，时间反演电磁波应用系统及其实现方法还有待开拓，作者诚挚地希望能够得到读者的意见与建议，以使本书不断完善。让我们共同努力，携手推动时间反演电磁学的进一步发展。

作　者

2019 年于电子科技大学

目　　录

第一篇　时间反演电磁学的背景和基础

第二篇　时间反演电磁波的传播特性

第三篇 时间反演电磁波应用技术与应用系统

第四篇 时间反演电磁信号的产生

第一篇

时间反演电磁学的背景和基础

时间反演电磁学是研究时间反演电磁波传播特性及其应用系统的电磁学分支学科。本篇综述了时间反演电磁学的研究进展和基础知识，并介绍了本书的知识架构和章节布局，为读者展示了时间反演电磁学的概貌。

第1章　绪　论

古今中外，时光流逝都是一个能够引起人们哲思和感伤的话题。两千多年前，孔子望着奔涌前行的流水，不禁感叹："逝者如斯夫，不舍昼夜。"两百多年前，曾迎着雷电放风筝的本杰明·富兰克林同样发出感慨："Lost time is never found again."当代著名作词人林煌坤也曾在作品《往事只能回味》中写道："时光已逝永不回，往事只能回味。"如果时间可以倒流，那么曾经发生的事件便可以在未来的某个时刻重现，覆水可收，破镜能圆，一切遗憾之事都将不复存在。然而，我们不得不接受的事实是，这一设想到目前为止都只存在于文学作品中，使用科学技术实现时间倒流仍如镜花水月一般难以触及。

不过，通过时间反演(time reversal, TR)技术，可以对接收到的电磁波信号先进行时间反转处理，再发射出去，形成波矢方向反转的时间反演电磁波。时间反演电磁波的反向演进过程虽然并非时光的倒流，却伴有很多有趣的物理现象[1]，尤其是波的自适应空时同步聚焦特性。基于这些特性可以构建许多新型应用系统，用于水下超声探测[2]、水下超声通信[3]、无损探伤[4]、超声波医学成像和超声波碎石[5]、无线通信[6]、微波探测[7]、微波肿瘤治疗[8]、微波能量的传输与合成[9]、全息成像[10]等。这些基于时间反演的技术可以应用于声波、电磁波，甚至水波等领域。基于空时变换的时间反演全息水波成像如图 1-1 所示。某物体在t_0时刻接触水面，即在t_0时刻产生水的波动，若整个水体在$t_0+\Delta t$时刻受到均一的扰动，则一部分水波将会反向传播，进而在$t_0+2\Delta t$时刻重建出原物体的形状。

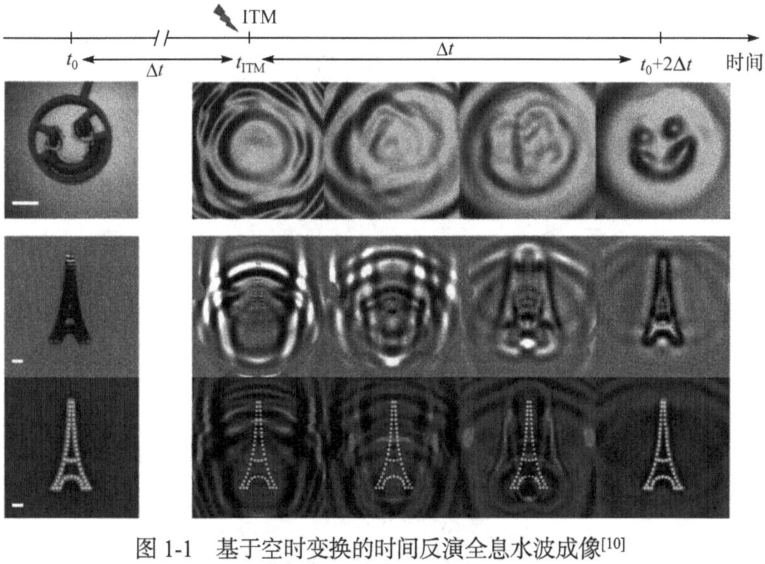

图 1-1　基于空时变换的时间反演全息水波成像[10]

时间反演技术起源于声学领域，从 20 世纪 80 年代开始在电磁学领域快速发展。在数据库 Web of Science 中搜索电磁时间反演(electromagnetic time reversal)获得的结果如图 1-2 所示。因为时间反演电磁波具有空时同步聚焦等新奇且有价值的特性，所以相关研究从 20 世纪 90 年代开始呈现爆发式增长。

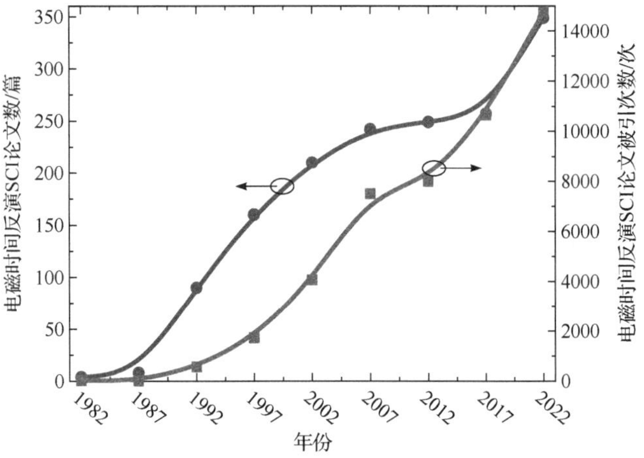

图 1-2 数据库 Web of Science 中涉及电磁时间反演的论文发表趋势

近年来，电磁时间反演相关研究在深度和广度方面都有了长足进展。在理论方面，学者已经建立了时间反演腔和时间反演镜模型，并研究了时间反演电磁波在不同环境下的空间和时间聚焦特性；在实现方面，学者已经提出了时域成像、色散补偿、瞬变介质等多种时间反演信号的产生方法；在应用方面，电磁时间反演已经广泛用于大容量无线通信、密集多端口阵列、自适应波束/场综合、远距离无线输能、远场雷达成像、超分辨率探测、智能电磁逆设计等领域。随着电磁时间反演理论日趋完善，实现日趋成熟，应用日趋广泛，针对电磁时间反演的研究已逐渐成为一个相对独立的学科领域——时间反演电磁学[2]，如图 1-3 所示。

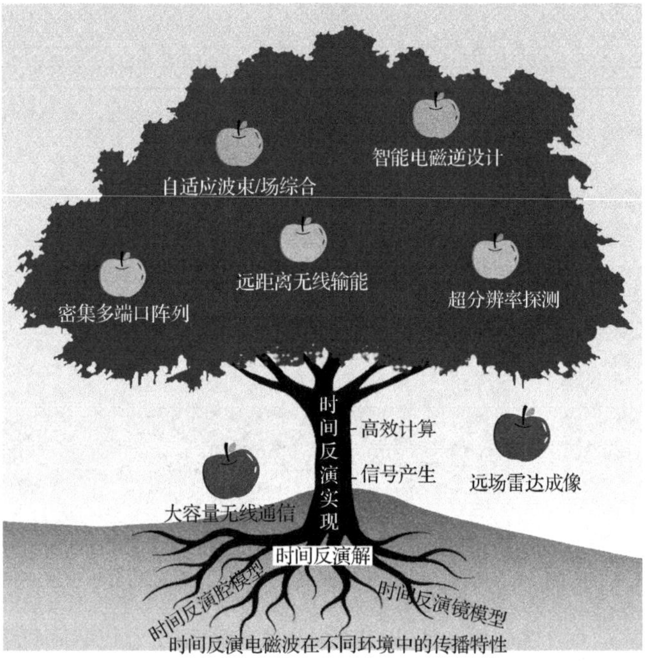

图 1-3 时间反演电磁学知识树

1.1 电磁时间反演理论进展简介

时间反演电磁学第一个需要明晰的问题是时间反演电磁波的存在性，即其是否能够满足波动方程。1959 年，Wigner[11]指出时间反演态不是时间倒流，而是运动方向的倒转，正反运动过程都必须遵循相同的因果性。本书将在第 3 章证明，如果 $\boldsymbol{E}(\boldsymbol{r},t)$ 是波动方程的一个解，则其时间反演变换 $\boldsymbol{E}(\boldsymbol{r},-t)$ 也是波动方程的一个解，这奠定了时间反演电磁学的理论基础。

不过，$\boldsymbol{E}(\boldsymbol{r},-t)$ 表示将空间中所有位置的场都变换为正向场的时间反演，这在实现上存在困难，因此 Fink[12,13]小组分别于 1992 年和 1993 年提出了时间反演腔(time reversal cavity，TRC)和时间反演镜(time reversal mirror，TRM)的概念。文献[12]从波动方程出发，利用格林函数得到了一个封闭腔中的时间反演场，提出了时间反演腔理论。该理论假设的时间反演腔是一个三维密闭腔体，其腔壁上布满探测器，用于完整地获得该封闭腔壁上的场信息。时间反演腔基于的原理是时间反演场的聚焦特性源自波动方程的时间反演对称性[14]，即时间变量从 t 变为 $-t$ 时，得到的场分布仍然是波动方程的解；换句话说，在给定的介质和边界条件下，如果场 $\Psi(\boldsymbol{r},t)$ 是波动方程的解，那么 $\Psi(\boldsymbol{r},-t)$ 也是波动方程的解。因此，如果能记录介质中的源所发出的全部场，再将接收到的信号经过时间反演处理后发射回去，在初始源的位置处就会得到一个聚焦点，即时间反演波具有空时同步聚焦能力。

基于工程实现考虑，时间反演镜模型对时间反演腔模型进行了简化，其利用分布于有限范围内的有限个传感器代替时间反演腔模型封闭腔内的无数个传感器[13]。当信号传播至这种有限传感器阵列后即被进行时间反演操作并重新发射，就好像遇到可以在时间轴上对信号进行反射的镜子一样，因而这种传感器阵列称为时间反演镜。虽然时间反演镜系统的有限传感器不能接收场的所有信息，但在工程上，其仍然具有空时同步聚焦的能力。

时间反演腔理论与散射矩阵的互易性(reciprocity)密不可分，学者对互易性的许多研究成果，加深了人们对时间反演波传播特性的理解。

1998 年，Carminati 等[15]指出含有凋落波分量的电磁波也满足洛伦兹(Lorentz)互易原理，得出了含有凋落波分量的矢量波的广义反射矩阵和传输矩阵所具有的互易性。该研究对后来分析时间反演电磁波的超分辨率聚焦提供了理论参考。2000 年，Carminati 等[16]推导了含有凋落波分量的散射矩阵，得出这种散射矩阵具有互易性、幺正性、时间反演对称性，并给出了互易性与时间反演对称性之间的联系。

2007 年，Carminati 等[17]从频域的矢量散射理论出发，利用并矢格林函数成功地将声波的时间反演腔理论拓展到了电磁波。与声波中的时间反演实验不同的是，由于电磁波的矢量特性，理论上电磁时间反演腔表面上的接收天线必须能够探测场在三个正交方向上的分量，因此在电磁波时间反演实验中，极化特性必须保留，与标量波相比，矢量波的时间反演提供了更多的自由度。对频率为 ω 的电磁波，其时间反演聚焦点的场是并矢格林函数的虚部点乘以源的极化方向[17]。如果腔体内的并矢格林函数采用自由空间的格林函数，时间反演场呈现出 sinc 函数的分布，聚焦点的大小受限于衍射极限。如果时间反演镜距离源很近，可以得到优于衍射极限的聚焦。在此情况下，原有时间反演腔理论中的格林函数需做修正，应该对凋落波分量加以考虑[18]。时间反演腔理论是针对单频信号推导出的，使用的是频域格林函数。对于有一定带宽的信号，所得到的聚焦场应该是单频场的频域积分[17]，因而信号的带宽也会影响聚焦效果。如果在聚焦点处各频率的信号在某一时刻能同相叠加，则宽带信号会得到比窄带信号更好的分辨率[19]。

2013 年，Chen 等[20]研究了电磁场在时域、频域、空域及空间谱域所具有的操作对称性，并给出了手征操作、相位共轭操作、负频率操作、时间反转操作、空间反转操作和 k 空间反转操作之间的二重组合乘法表以及操作与论域的恰当结合图。同年，Chen 等[21,22]还研究了电磁边界的对称性对时间反演空间聚焦模式的影响，指出边界的对称性可能导致时间反演电磁波出现多点聚焦或连续聚焦模式。

1.2 电磁时间反演实现进展简介

探明时间反演电磁波在不同环境下的传播特性之后，另一个应用时间反演技术必须要解决的问题是如何实现电磁时间反演。这包含两个方面的内容，一是在仿真中高效计算时间反演电磁波，二是在应用中有效产生时间反演电磁信号。

为了仿真不同场景下时间反演电磁波的传播，学者提出了高阶复频率平移、区域分解、Newmark-Beta-FDTD 等方法，实现了多尺度复杂时间反演场景的高效计算[23,24]。

为了有效产生时间反演电磁信号，学者提出了两类实现方案，即基于数字信号处理的方案和基于模拟信号处理的方案。前者依赖于高速数字处理芯片，通过对时域信号采样、存储和反转实现时间反演；后者则利用器件的物理特性直接实现反演变换，不依赖高速芯片，更具实时性。

时域成像是一种基于模拟信号处理实现电磁信号时间反演的方案，可以通过微波光子技术和全电子技术实现，基于微波光子技术的时间反演系统如图 1-4 所示[25]。相比微波光子系统，全电子技术方案采用微波色散延迟线(DDL)产生群时延响应，具有易于集成的特点，适合用于微波时间反演处理[26,27]。

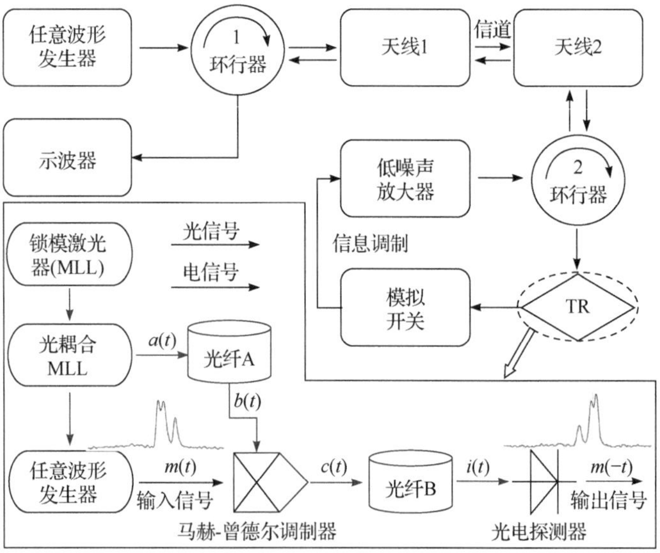

图 1-4 基于微波光子技术的时间反演系统[25]

瞬变介质方法是另一类基于模拟信号处理实现宽带信号时间反演的方法。当电磁波遇到时间界面时，会产生时间反演反射，这为实现电磁时间反演提供了理论基础[28]。基于此方案，电子科技大学王秉中团队和纽约城市大学的Alu团队分别使用时变传输线实现了宽带微波信号时间反演[29-31]，如图1-5所示。瞬变介质方法为电磁信号反演变换开辟了新的途径，其在高转化效率、低时延和易集成方面展现出显著优势，值得进一步的探索和研究。

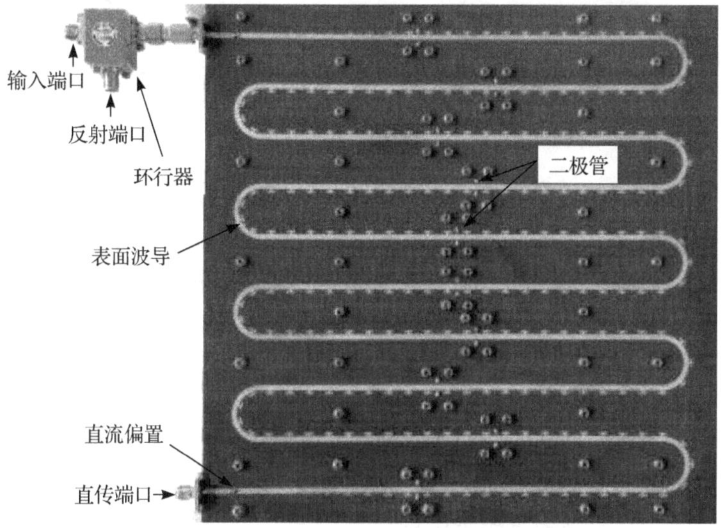

图1-5 用于实现时间反演的时变传输线[30]

1.3 电磁时间反演应用进展简介

基于时间反演电磁波的上述特性，可以构建多种新型电磁波应用系统，为无线信息技术带来突破性的进步。本节将简要介绍基于时间反演电磁波空时同步聚焦特性构建的大容量无线通信、密集多端口阵列、自适应波束/场综合、远距离无线输能、远场雷达成像、超分辨率探测、智能电磁逆设计等应用。

1.3.1 时间反演大容量无线通信

基于空时同步聚焦特性，时间反演技术可以与多入多出(MIMO)、正交频分多路复用(OFDM)等技术结合，构建具有抗多径衰落能力的大容量无线通信系统。与传统通信系统相比，时间反演通信系统具有更低的误码率和更大的信道容量[32-34]。此外，研究表明，时间反演技术还可以大幅提升通信系统的信噪比[35]，准确获得信息传输的起始时间[36]，降低频段干扰[37]。电子科技大学的研究团队已经搭建了一套时间反演MIMO通信平台，实现了1.5Gbit/s的传输速率[38]。

时间反演的空时同步聚焦特性能够使多径信号在同一时刻汇聚到初始源位置处，而非聚焦区域的信号极其微弱[39]，这使得时间反演无线通信系统具有保密传输特性。基于此特性，学者提出了基于时间反演的时域匿迹无线传输系统[40]，在保持无线传输系统大容量特性的前提下可以实现物理加密的保密传输，如图1-6所示。

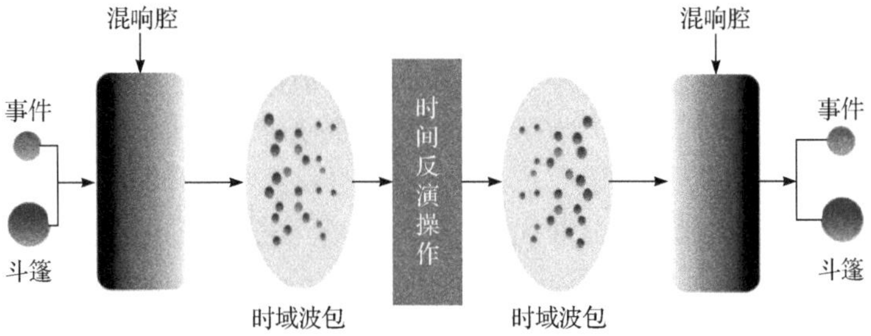

图 1-6 时间反演时域匿迹无线传输系统原理图[40]

1.3.2 时间反演密集多端口阵列

一般而言，当 MIMO 天线单元的间距远小于半波长时，由于单元间的信道具有强相关性，各通道无法独立传输数据。而基于时间反演电磁波的空时同步聚焦特性，可以构建密集多端口阵列，即在单元间距远小于波长的情况下实现数据的独立传输。

一种实现时间反演密集多端口阵列的方法是在天线近场设置微散射结构，通过微散射结构实现凋落波和传输波之间的转化[41,42]。上述多通道系统中每个端口都需要连接一个带有微散射结构的辐射器，这限制了天线的小型化和集成化，因此王任等提出了一种共用辐射器多端口阵列并实现了车内密集多通道传输[43]，如图 1-7 所示。结果表明，在时间反演系统中，密集多端口阵列的接收信号幅度与发射信号幅度之比比普通通信系统高出 8 倍以上。将时间反演与密集多端口阵列相结合，可以显著增强接收信号。

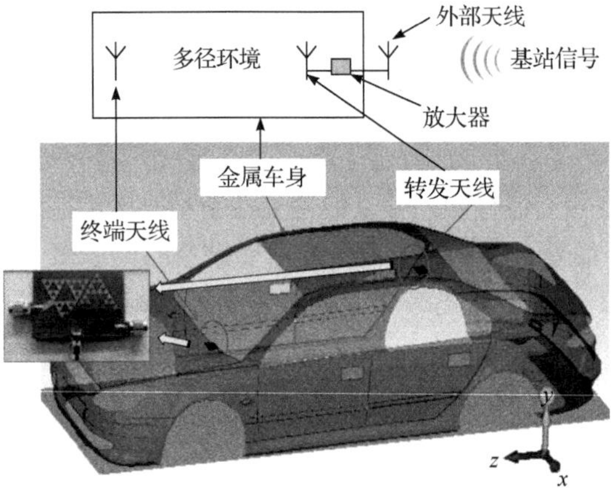

图 1-7 时间反演车内密集多通道传输[43]

另一种实现密集多端口阵列的方法是使用色散延迟线(DDL)、脉冲整形电路(PSC)等器件在天线后端构造辅助信道[44-46]。使用该方法可以实现密集多端口天线的定量设计，甚至使用单根天线实现多通道独立传输[47]。

1.3.3 时间反演自适应波束/场综合

基于时间反演电磁波的空时同步聚焦特性可以实现任意形状的场赋形[48-50]。将时间反演与缺陷超表面结合，可以将赋形场的精度提高到 1/10 波长量级[49]。此外，使用时间反演技术还可以产生贝塞尔(Bessel)波束等非衍射波[51,52]，如图 1-8 所示。该综合方法具有速度快、全局优化、不累积误差等优点[53]。

当初始源距离时间反演镜阵列无穷远时，时间反演电磁波的自适应空时同步聚焦表现为方向回溯特性，因此使用时间反演技术还可以实现波束综合。理论研究表明，使用时间反演波束综合方法获得的方向图在目标方向的增益比使用其他任何方法获得的增益都要大[54]。而且，因为时间反演电磁波的空时同步聚焦是环境自适应的，所以时间反演波束综合方法可以纠正天线罩形变、结冰等引起的波束畸变[55]，从而在复杂条件下产生具有优异性能的波束。

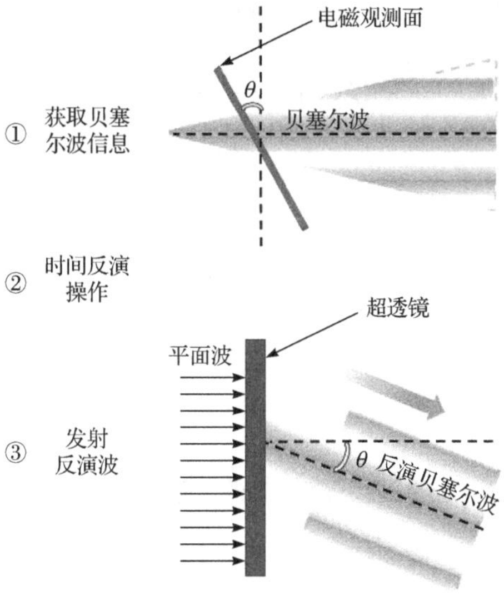

图 1-8　基于时间反演产生贝塞尔波束[51]

1.3.4　时间反演远距离无线输能

远距离高效无线输能是无线输能领域的难题。基于时间反演电磁波的自适应点聚焦特性，可以在保持受能位置场强满足需求的同时使非受能位置保持较低功率，从而实现高效率、高安全性、多用户无线能量传输[56,57]。

在时间反演远距离无线输能系统中，受能设备首先发送信标信号，然后各辐射单元对接收到的信标信号进行时间反演操作，再将其放大后重新发送。根据时间反演理论，这些信号会自适应地聚焦于用户位置，从而实现时间反演自动追踪远距离无线输能[58]，如图 1-9 所示。

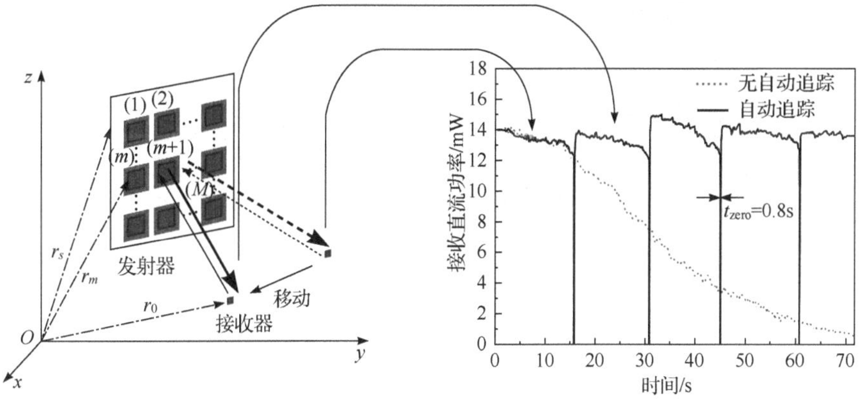

图 1-9　时间反演自动追踪远距离无线输能[58]

1.3.5　时间反演远场雷达成像

一般而言，雷达成像的过程为使用接收到的电磁信号恢复出散射物体形状等信息的过程。因为散射物体可以视为空间波激励的次生源，时间反演电磁波具有在初始源位置处聚焦的特性，所以时间反演过程和成像过程是非常吻合的。基于此，刘小飞等提出了用于远场雷达成像的时间反演多信号分类法(TR-MUSIC)、时间反演算子分解法(DORT)等雷达成像算法，并将其用于地下探测、光学全息扫描等[59-63]，实现了高鲁棒性精确成像，如图 1-10 所示。此外，使用时间反演技术还可以实现周期分层材料相对介电常数的精确测量[64]。

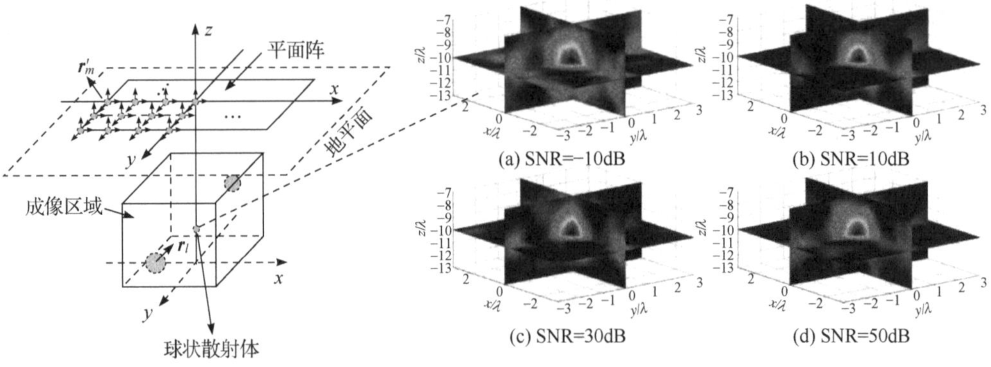

图 1-10 时间反演多信号分类法雷达成像[60]

1.3.6 时间反演超分辨率探测

在成像探测中，衍射极限的存在严重限制了分辨率，使系统难以获得目标物体的细微结构。通过在目标近场设置波数调制结构，可以将目标发射或散射的凋落波转化为传输波并传输到远场，再结合时间反演技术即可恢复出物体的精细结构，即实现超分辨率探测[65,66]。研究表明，将光栅结构、金属丝阵列、螺旋线阵列、谐振环阵列、多孔金属板等周期/非周期亚波长阵列与时间反演结合，均可实现 1/10 波长量级的超分辨率探测[67-71]，如图 1-11 所示。

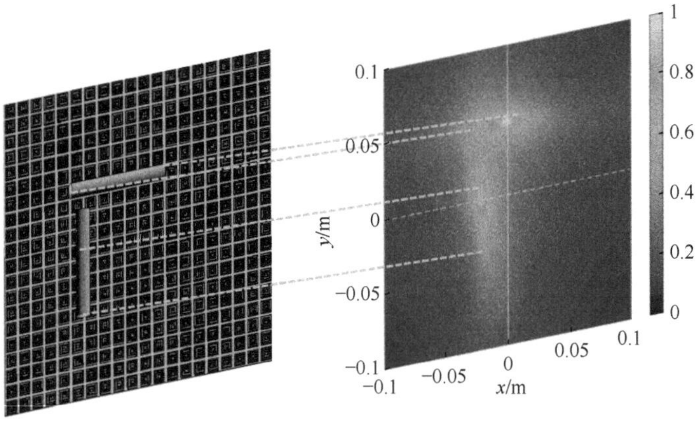

图 1-11 亚波长阵列辅助的时间反演超分辨率探测[68]

除在目标近场加载亚波长阵列外，基于时间反演电磁波本身的空时同步聚焦特性和相位敏感特性也可以构建超分辨率探测系统。基于该原理，学者已经成功实现了对深度亚波长扰动和肿瘤等目标的探测[72,73]。

1.3.7 时间反演智能电磁逆设计

近期，电磁时间反演的应用已经从通信、探测等领域拓展至器件设计领域。基于时间反演技术可以将电磁器件的端口场转换成内部场[74]；通过将电磁器件看作散射系统，可以基于时间反演由器件的目标特性逆向构造出器件初始结构，从而实现高效的智能逆设计[75]，如图 1-12 所示。范劲松等的研究表明，通过将时间反演和主成分分析等方法结合，可以实现宽带器件的智能电磁逆设计，并有效提高设计效率[76]。

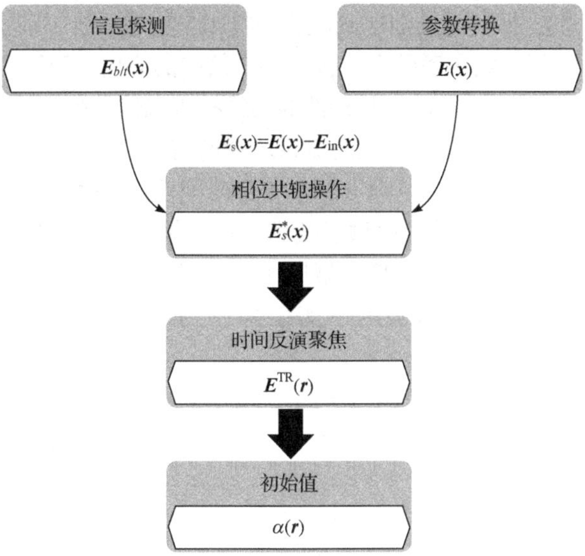

图 1-12 基于时间反演构造逆设计初始结构的过程[75]

在上述应用中，基于时间反演的大容量无线通信和远场雷达成像已相对成熟并进入实用阶段，中国 IMT-2030(6G)推进组已发布了时间反演大容量无线通信技术相关的技术白皮书；学者也已经对基于时间反演的密集多端口阵列、远距离无线输能和超分辨率探测进行了大量研究；基于时间反演的自适应波束/场综合和智能电磁逆设计近期刚刚被学者提出并进行了初步研究。这说明时间反演电磁学是一个有着重要研究潜力的方向，未来基于电磁时间反演原理还可能开发出更多新颖的技术。

1.4 本书内容导读

本书是时间反演电磁学研究进展的系统总结，根据“特性-应用-实现”的思路构建知识体系，在论述时间反演电磁学的产生背景、现状和发展趋势的基础上，系统地介绍时间反演电磁学中的三个核心问题，即时间反演电磁波的传播特性、时间反演电磁波应用系统及电磁信号时间反演操作的实现方法。本书努力对三大核心问题的介绍做到平衡，在每一个模块选择具有代表性的知识点进行详细讲解：关于第一个核心问题，本书主要介绍时间反演电磁波在不同环境中的空时自适应同步聚焦特性；关于第二个核心问题，本书主要介绍电磁时间反演在无线通信、雷达成像、无线输能、波束/场综合、电磁器件逆设计等方面的应用；关于第三个核心问题，本书着重介绍实现电磁信号时间反演的时域成像方法、色散补偿方法和瞬变介质方法。

围绕时间反演电磁学的三大核心问题，本书共分 14 章。

第一篇(第 1、2 章)，即时间反演电磁学的背景和基础。第 1 章综述时间反演电磁学的发展历史和发展趋势；第 2 章回顾学习时间反演电磁学所必备的时变电磁场基本理论，为介绍时间反演电磁波的传播特性打下基础。

第二篇(第 3～5 章)，即时间反演电磁波的传播特性，涉及时间反演电磁学的第一个核心问题，具体包括时间反演电磁波的基本特性(第 3 章)、时间反演电磁波在腔体内的聚焦特性(第 4 章)和散射结构辅助的时间反演超分辨率聚焦(第 5 章)。

第三篇(第 6～13 章)，即时间反演电磁波应用技术与应用系统，涉及时间反演电磁学的第二个核心问题。第 6、7 章介绍了时间反演技术在通信中的应用。第 6 章从信道的角度分析了时间反演信号的时域聚焦特性以及基于此特性的天线技术和信号处理技术。第 7 章进一步系统化地介绍了时间反演信号时域聚焦特性在超宽带脉冲通信系统中的应用。第 8～10 章介绍了时间反演技术在成像中的应用。第 8 、9 章介绍了基于时间反演空时同步聚焦特性的矩阵分析方法和成像算法，为时间反演成像系统提供了技术支持。第 10 章在第 8、9 章的基础上介绍了时间反演技术在几种典型超分辨率成像和探测系统中的应用。第 11、12 章分别介绍了基于时间反演空间聚焦特性的无线功率传输技术和波束/场综合技术。第 13 章介绍了时间反演技术在电磁器件逆设计中的应用。

第四篇(第 14 章)，即时间反演电磁信号的产生，涉及时间反演电磁学的第三个核心问题。第 14 章介绍了时间反演应用系统中的核心部件时间反演镜的实现方法，为电磁时间反演应用系统的实现准备了条件。

本书的内容涉及电磁场与电磁波、雷达信号处理、通信原理等多方面的知识，为读者较为完整地展现了时间反演电磁学的当前面貌。由于本书中的很多内容属于前沿研究，现在仍处于不断更新、拓展的进程之中，所以本书的理论体系和应用系统仍有不完善之处，希望读者与作者共同努力，为建成时间反演电磁学的“大厦”贡献自己的力量。

参 考 文 献

[1] OESTGES C, KIM A D, PAPANICOLAOU G, et al. Characterization of space-time focusing in time-reversed random fields[J]. IEEE transactions on antennas and propagation, 2005, 53(1): 283-293.

[2] KUPERMAN W A, HODGKISS W S, SONG H C, et al. Phase conjugation in the ocean: experimental demonstration of an acoustic time-reversal mirror[J]. The journal of the acoustical society of America, 1998, 103(1): 25-40.

[3] ING R K, QUIEFFIN N, CATHELINE S, et al. In solid localization of finger impacts using acoustic time-reversal process[J]. Applied physics letters, 2005, 87(20): 204104.

[4] FINK M, MONTALDO G, TANTER M. Time-reversal acoustics in biomedical engineering[J]. Annual review of biomedical engineering, 2003, 5(1): 465-497.

[5] THOMAS J L, WU F, FINK M. Time reversal focusing applied to lithotripsy[J]. Ultrasonic imaging, 1996, 18(2): 106-121.

[6] QIU R C. Generalized time domain multipath channel and its application in ultra-wideband(UWB)wireless optimal receiver-part Ⅲ: system performance analysis[J]. IEEE transactions on wireless communications, 2006, 5(10): 2685-2695.

[7] GONG Z S, WANG B Z, YANG Y, et al. Far-field super-resolution imaging of scatterers with a time reversal system aided by a grating plate[J]. IEEE photonics journal, 2017, 9(1): 1-8.

[8] TREFNÁ H D, VRBA J, PERSSON M. Time-reversal focusing in microwave hyperthermia for deep-seated tumors[J]. Physics in medicine and biology, 2010, 55(8): 2167-2185.

[9] DAVY M, DE ROSNY J, JOLY J C, et al. Focusing and amplification of electromagnetic waves by time reversal in an leaky reverberation chamber[J]. Comptes rendus physique, 2010, 11(1): 37-43.

[10] BACOT V, LABOUSSE M, EDDI A, et al. Time reversal and holography with spacetime transformations[J]. Nature physics, 2016, 12(10): 972-977.

[11] WIGNER E P. Group theory and its application to the quantum mechanics of atomic spectra[M]. New York: Academic Press, 1959.

[12] FINK M. Time reversal of ultrasonic fields. I. Basic principles[J]. IEEE transactions on ultrasonics, ferroelectrics, and frequency control, 1992, 39(5): 555-566.

[13] FINK M. Time-reversal mirrors[J]. Journal of physics D: applied physics, 1993, 26(9): 1333-1350.
[14] FINK M. Time reversal of ultrasonic fields. Ⅱ. Experimental results[J]. IEEE transactions on ultrasonics, ferroelectrics and frequency control, 1992, 39(5): 567-578.
[15] CARMINATI R, NIETO-VESPERINAS M, GREFFET J J. Reciprocity of evanescent electromagnetic waves[J]. Journal of the optical society of America A, 1998, 15(3): 706-712.
[16] CARMINATI R, SÁENZ J J, GREFFET J J, et al. Reciprocity, unitarity, and time-reversal symmetry of the S matrix of fields containing evanescent components[J]. Physical review A, 2000, 62(1): 012712.
[17] CARMINATI R, PIERRAT R, DE ROSNY J, et al. Theory of the time reversal cavity for electromagnetic fields[J]. Optics letters, 2007, 32(21): 3107-3109.
[18] DE ROSNY J, FINK M. Focusing properties of near-field time reversal[J]. Physical review A, 2007, 76(6): 065801.
[19] LEROSEY G, DE ROSNY J, TOURIN A, et al. Time reversal of wideband microwaves[J]. Applied physics letters, 2006, 88(15): 154101.
[20] CHEN Y M, WANG B Z. Four-domain dual-combination operation invariance and time reversal symmetry of electromagnetic fields[J]. Optics express, 2013, 21(21): 24702-24710.
[21] CHEN Y M, WANG B Z. Polycentric spatial focus of time-reversal electromagnetic field in rectangular conductor cavity[J]. Optics express, 2013, 21(22): 26657-26662.
[22] CHEN Y M, WANG B Z, ZANG R, et al. Three focus rings of time-reversal electromagnetic fields in parallel-plate waveguide: theory and simulation[C]//2013 International workshop on microwave and millimeter wave circuits and system technology. Chengdu: IEEE, 2013: 20-23.
[23] WEI X K, SHAO W, OU H Y, et al. Efficient WLP-FDTD with complex frequency-shifted PML for super-resolution analysis[J]. IEEE antennas and wireless propagation letters, 2017, 16: 1007-1010.
[24] WEI X K, SHAO W, SHI S B, et al. An optimized higher order PML in domain decomposition WLP-FDTD method for time reversal analysis[J]. IEEE transactions on antennas and propagation, 2016, 64(10): 4374-4383.
[25] WANG Z P, WANG B Z, ZHAO D S, et al. Full analog broadband time-reversal module for ultra-wideband communication system[J]. IEEE photonics journal, 2019, 11(5): 1-10.
[26] LIANG M S, WANG B Z, DING S, et al. Time reversal of electromagnetic waves using the dispersion compensation approach[J]. IEEE photonics journal, 2015, 7(4): 1-7.
[27] WANG D, WANG B Z, GE G D, et al. The feasibility of envelope-based time reversal[J]. Journal of electromagnetic waves and applications, 2011, 25(1): 63-74.
[28] WANG R, WANG B Z, ZHOU H C, et al. A transient material scheme for realizing time reversal mirror[C]//2019 International conference on microwave and millimeter wave technology(ICMMT). Guangzhou: IEEE, 2019: 1-3.
[29] SUN C G, LI J L, WANG B Z. Time reversal of a high frequency signal based on time-varying guided wave system[J]. AEU-international journal of electronics and communications, 2018, 84: 186-191.
[30] LI J L, YIN S Y, SUN C G, et al. Spoof surface plasmon polaritons for time reversal electromagnetic signals[J]. IEEE antennas and wireless propagation letters, 2021, 20(8): 1547-1551.
[31] MOUSSA H, XU G Y, YIN S X, et al. Observation of temporal reflection and broadband frequency translation at photonic time interfaces[J]. Nature physics, 2023, 19(6): 863-868.
[32] LIU X F, WANG B Z, XIAO S Q, et al. Performance of impulse radio UWB communications based on time reversal technique[J]. Progress in electromagnetics research, 2008, 79: 401-413.
[33] YANG Y, WANG B Z, DING S. Shannon information capacity of time reversal wideband multiple-input multiple-output system based on correlated statistical channels[J]. Chinese physics B, 2016, 25(5): 050101.
[34] LIU X F, WANG B Z, LI L W. Tradeoff of transmitted power in time-reversed impulse radio ultrawideband communications[J]. IEEE antennas and wireless propagation letters, 2009, 8: 1426-1429.
[35] LIU X F, WANG B Z, XIAO S Q, et al. Post-time-reversed MIMO ultrawideband transmission scheme[J]. IEEE transactions on antennas and propagation, 2010, 58(5): 1731-1738.
[36] ZHAO D S, WANG B Z, JIN Y W. Time reversal based timing acquisition for ultra-wideband wireless

communications: numerical and experimental study[J]. Wireless personal communications, 2014, 77: 3013-3026.
[37] LIU J, ZHAO D S, WANG B Z, et al. Time-reversal method for coexistence between ultrawideband radios and IEEE802.11a systems[J]. IEEE transactions on electromagnetic compatibility, 2011, 53(4): 1065-1071.
[38] GE G D, WANG B Z, WANG D, et al. Subwavelength array of planar monopoles with complementary split rings based on far-field time reversal[J]. IEEE transactions on antennas and propagation, 2011, 59(11): 4345-4350.
[39] YANG Z M, ZHAO D S, WANG J. Point focusing wireless communication: a diffraction limit communication paradigm[J]. International journal of RF and microwave computer-aided engineering, 2022, 32(9): e23282.
[40] DING S, FANG Y, ZHU J F, et al. Wireless cloaking system based on time-reversal multipath propagation effects[J]. IEEE transactions on antennas and propagation, 2019, 67(2): 1386-1391.
[41] GE G D, WANG D, WANG B Z. Subwavelength array of planar triangle monopoles with cross slots based on far-field time reversal[J]. Progress in electromagnetics research, 2011, 114: 429-441.
[42] GE G D, ZANG R, WANG D, et al. Sub-wavelength array of planar antennas with defect oval rings based on far-field time reversal[J]. Electronics letters, 2011, 47(16): 901-903.
[43] WANG R, WANG B Z, GONG Z S, et al. Compact multiport antenna with radiator-sharing approach and its performance evaluation of time reversal in an intra-car environment[J]. IEEE transactions on antennas and propagation, 2015, 63(9): 4213-4219.
[44] DING S, WANG B Z, GE G D, et al. Sub-wavelength array with embedded chirped delay lines based on time reversal technique[J]. IEEE transactions on antennas and propagation, 2013, 61(5): 2868-2873.
[45] LIANG M S, WANG B Z, ZHANG Z M, et al. Simplified pulse shaping network for microwave signal focusing based on time reversal[J]. IEEE antennas and wireless propagation letters, 2015, 14: 225-228.
[46] DING S, GUPTA S, ZANG R, et al. Enhancement of time-reversal subwavelength wireless transmission using pulse shaping[J]. IEEE transactions on antennas and propagation, 2015, 63(9): 4169-4174.
[47] WANG R, WANG Z P, CHEN C S, et al. Time-reversal multi-channel transmission with single receiving antenna[J]. IEEE access, 2019, 7: 66476-66484.
[48] CHEN Z W, LIANG F, ZHANG Q L, et al. Synthesis method for 1-D uniform microwave field generation based on Fourier transform and time reversal[J]. IEEE transactions on antennas and propagation, 2021, 69(10): 7011-7016.
[49] WANG R, LIU J P, LV Y H, et al. Subwavelength field shaping approach based on time reversal technique and defective metasurfaces[J]. IEEE access, 2019, 7: 84629-84636.
[50] LI B, ZHAO D S, LIU S Q, et al. Precise transient electric field shaping with prescribed amplitude pattern by discrete time reversal[J]. IEEE access, 2019, 7: 84558-84564.
[51] JIA Q S, DING S, DONG H B, et al. Synthesis of Bessel beam using time-reversal method incorporating metasurface[J]. IEEE access, 2021, 9: 30677-30686.
[52] HAN X, DING S, JIA Q S, et al. Control of time-reversal aperture by high-precision phase-modulated and dual-polarized metasurface[J]. IEEE transactions on antennas and propagation, 2023, 71(6): 5446-5451.
[53] HAN X, DING S, JIA Q S, et al. Limit values acquisition in field control problems using information-based time-reversal technique[J]. IEEE transactions on antennas and propagation, 2023, 71(9): 7694-7699.
[54] ZHAO D S, JIN Y W, WANG B Z, et al. Time reversal based broadband synthesis method for arbitrarily structured beam-steering arrays[J]. IEEE transactions on antennas and propagation, 2012, 60(1): 164-173.
[55] 安腾远，丁霄，王秉中. 基于时间反演技术的复杂天线罩辐射波束畸变纠正[J]. 物理学报，2023，72(3): 62-70.
[56] CHENG Z H, LI T, HU L, et al. Selectively powering multiple small-size devices spaced at diffraction limited distance with point-focused electromagnetic waves[J]. IEEE transactions on industrial electronics, 2022, 69(12): 13696-13705.
[57] YANG Z M, ZHAO D S, BAO J L, et al. Asynchronous focusing time reversal wireless power transfer for multi-users with equal received power assignment[J]. IEEE access, 2021, 9: 150744-150752.
[58] HU L, MA X, YANG G, et al. Auto-tracking time reversal wireless power transfer system with a low-profile

planar RF-channel cascaded transmitter[J]. IEEE transactions on industrial electronics, 2023, 70(4): 4245-4255.
[59] LIU X F, WANG B Z, LI J L W. Transmitting-mode time reversal imaging using MUSIC algorithm for surveillance in wireless sensor network[J]. IEEE transactions on antennas and propagation, 2012, 60(1): 220-230.
[60] LIU X F, WANG B Z, XIAO S Q. Electromagnetic subsurface detection using subspace signal processing and half-space dyadic Green's function[J]. Progress in electromagnetics research, 2009, 98: 315-331.
[61] OU H Y, WU Y, LAM E Y, et al. Axial localization using time reversal multiple signal classification in optical scanning holography[J]. Optics express, 2018, 26(4): 3756-3771.
[62] WANG X H, GAO W, WANG B Z. Efficient hybrid method for time reversal superresolution imaging[J]. Journal of systems engineering and electronics, 2015, 26(1): 32-37.
[63] GAO W, WANG X H, WANG B Z. Time-reversal ESPRIT imaging method for the detection of single target[J]. Journal of electromagnetic waves and applications, 2014, 28(5): 634-640.
[64] ZHANG Z M, WANG B Z, LIANG M S, et al. The determination of the relative permittivity of periodic stratified media based on the iterative time-reversal method[J]. Chinese physics B, 2014, 23(4): 048403.
[65] WANG K, SHAO W, OU H Y, et al. Time reversal focusing beyond the diffraction limit using near-field auxiliary sources[J]. IEEE antennas and wireless propagation letters, 2017: 16: 2828-2831.
[66] ZANG R, WANG B Z, DING S, et al. Evanescent-wave reconstruction in time reversal system[J]. Frequenz, 2018, 72(5-6): 285-292.
[67] GAO Q, WANG B Z, WANG X H. Far-field super-resolution imaging with compact and multifrequency planar resonant lens based on time reversal[J]. IEEE transactions on antennas and propagation, 2015, 63(12): 5586-5592.
[68] GAO Q, WANG X H, WANG B Z. Far-field sub-wavelength imaging of two-dimensional extended target aided by compact planar resonant structures[J]. IEEE photonics journal, 2018, 10(1): 1-11.
[69] HUANG H Y, DING S, WANG B Z, et al. Split-ring-based metamaterial for far-field subwavelength focusing based on time reversal[J]. Chinese physics B, 2014, 23(6): 064101.
[70] WANG R, WANG B Z, GONG Z S, et al. Far-field subwavelength imaging with near-field resonant metalens scanning at microwave frequencies[J]. Scientific reports, 2015, 5: 11131.
[71] WANG X H, HU M, WANG B Z, et al. Near-field periodic subwavelength holey metallic plate for far-field superresolution focusing[J]. IEEE photonics journal, 2017, 9(1): 1-7.
[72] CHEN Y M, WANG B Z. Far-field detection of sub-wavelength Tetris without extra near-field metal parts based on phase prints of time-reversed fields with intensive background interference[J]. Optics express, 2014, 22(14): 17073-17078.
[73] ZHOU H C, FUSCO V, WANG B Z, et al. Using dispersive delay lines and time reversal for low contrast tumour detection[J]. Electronics letters, 2015, 51(9): 678-680.
[74] 陈传升, 王秉中, 王任. 基于时间反演技术的电磁器件端口场与内部场转换方法[J]. 物理学报, 2021, 70(7): 39-48.
[75] WANG Z P, WANG B Z, LIU J P, et al. Method to obtain the initial value for the inverse design in nanophotonics based on a time-reversal technique[J]. Optics letters, 2021, 46(12): 2815-2818.
[76] FAN J S, WANG R, WANG B Z. Initial structure construction for multi-frequency nanophotonic devices based on TR-PCA method[J]. IEEE photonics technology letters, 2023, 35(18): 967-970.

第2章　时变电磁场的基本理论

麦克斯韦在总结前人经验的基础上，创立了一整套描述电磁场普遍规律的方程组(即麦克斯韦方程组)，并预见了电磁波的存在。麦克斯韦方程组的建立和电磁波的发现，有着划时代的意义。然而，在大多数电磁学教材中，长期以来将电磁量对时间的变化关系限定为稳态正弦波，因而将时间变量 t 隐去，求解时变电磁场转为电磁场的边值问题，这种处理简化了求解过程，但对于研究电磁量对时空变化的多样性是一种束缚。当在麦克斯韦方程组中考虑时间变量 t 时，会发现一些有趣的非正弦解，如绪论和本书接下来的章节将要提到的时间反演解，进而构建出一个崭新的电磁理论与应用体系。

本章将从最基本的麦克斯韦方程组出发，考虑时间变量 t，介绍一般时变电磁场的表达方法及时变电磁场问题的求解方法，为时间反演电磁学的研究打下基础。

2.1　电磁场基本方程

对于时变电磁场，其电场和磁场所满足的方程并不是各自独立的，两者通过对时间的一阶微分而发生相互耦合。当源只有电荷 ρ 和电流 $\boldsymbol{J}$ 时，它所产生的电磁场分别用 $\boldsymbol{E}$ 和 $\boldsymbol{H}$ 表示，则 $\boldsymbol{E}$ 和 $\boldsymbol{H}$ 满足下列麦克斯韦方程组：

$$\nabla\times\boldsymbol{E}=-\frac{\partial\boldsymbol{B}}{\partial t} \tag{2-1}$$

$$\nabla\times\boldsymbol{H}=\boldsymbol{J}+\frac{\partial\boldsymbol{D}}{\partial t} \tag{2-2}$$

$$\nabla\cdot\boldsymbol{D}=\rho \tag{2-3}$$

$$\nabla\cdot\boldsymbol{B}=0 \tag{2-4}$$

与此对应，当源只有磁荷 ρ_{m} 和磁流 $\boldsymbol{J}_{\mathrm{m}}$ 时，它所产生的电磁场分别用 $\boldsymbol{E}_{\mathrm{m}}$ 和 $\boldsymbol{H}_{\mathrm{m}}$ 表示，则 $\boldsymbol{E}_{\mathrm{m}}$ 和 $\boldsymbol{H}_{\mathrm{m}}$ 满足下列麦克斯韦方程组：

$$\nabla\times\boldsymbol{H}_{\mathrm{m}}=\frac{\partial\boldsymbol{D}_{\mathrm{m}}}{\partial t} \tag{2-5}$$

$$\nabla\times\boldsymbol{E}_{\mathrm{m}}=-\boldsymbol{J}_{\mathrm{m}}-\frac{\partial\boldsymbol{B}_{\mathrm{m}}}{\partial t} \tag{2-6}$$

$$\nabla\cdot\boldsymbol{D}_{\mathrm{m}}=0 \tag{2-7}$$

$$\nabla\cdot\boldsymbol{B}_{\mathrm{m}}=\rho_{\mathrm{m}} \tag{2-8}$$

ρ 和 $\boldsymbol{J}$ 、ρ_{m} 和 $\boldsymbol{J}_{\mathrm{m}}$ 满足下列连续性方程：

$$\nabla\cdot\boldsymbol{J}=-\frac{\partial\rho}{\partial t} \tag{2-9}$$

$$\nabla\cdot\boldsymbol{J}_{\rm m}=-\frac{\partial\rho_{\rm m}}{\partial t} \tag{2-10}$$

或写成积分形式

$$\rho(\boldsymbol{r},t)=-\int_0^t\nabla\cdot\boldsymbol{J}(\boldsymbol{r},t')\mathrm{d}t' \tag{2-11}$$

$$\rho_{\rm m}(\boldsymbol{r},t)=-\int_0^t\nabla\cdot\boldsymbol{J}_{\rm m}(\boldsymbol{r},t')\mathrm{d}t' \tag{2-12}$$

从方程组[(2-1)～(2-4)]和方程组[(2-5)～(2-8)]可以看出，两组方程是相互对称的。这表明电荷和电流所产生的场与磁荷和磁流所产生的场在形式上是对偶的，这些对偶量分别是

$$\boldsymbol{E}(\boldsymbol{D})\leftrightarrow\boldsymbol{H}_{\rm m}(\boldsymbol{B}_{\rm m}) \tag{2-13}$$

$$\boldsymbol{H}(\boldsymbol{B})\leftrightarrow-\boldsymbol{E}_{\rm m}(-\boldsymbol{D}_{\rm m}) \tag{2-14}$$

$$\boldsymbol{J}\leftrightarrow\boldsymbol{J}_{\rm m} \tag{2-15}$$

$$\rho\leftrightarrow\rho_{\rm m} \tag{2-16}$$

概括地说，如果描述两种不同物理现象的方程有相同的数学形式，则它们的解也将具有相同的数学形式。这样的事实称为对偶性，这种形式相同的两个方程则为对偶方程，在对偶方程中占有同样位置的量称为对偶量，所以可以根据对偶量的关系直接写出对偶方程的解答。在电磁学中常利用这种对偶关系来求解对偶量的场分布。

由电源$(\rho,\boldsymbol{J})$和磁源$(\rho_{\rm m},\boldsymbol{J}_{\rm m})$共同产生的场应是上述两部分场的叠加，因此总场 $\boldsymbol{E}$ 和 $\boldsymbol{H}$ 满足下列方程：

$$\nabla\times\boldsymbol{E}(\boldsymbol{r},t)=-\frac{\partial}{\partial t}\boldsymbol{B}(\boldsymbol{r},t)-\boldsymbol{J}_{\rm m}(\boldsymbol{r},t) \tag{2-17}$$

$$\nabla\times\boldsymbol{H}(\boldsymbol{r},t)=\frac{\partial}{\partial t}\boldsymbol{D}(\boldsymbol{r},t)+\boldsymbol{J}(\boldsymbol{r},t) \tag{2-18}$$

$$\nabla\cdot\boldsymbol{J}(\boldsymbol{r},t)=-\frac{\partial}{\partial t}\nabla\cdot\boldsymbol{D}(\boldsymbol{r},t)=-\frac{\partial}{\partial t}\rho(\boldsymbol{r},t) \tag{2-19}$$

$$\nabla\cdot\boldsymbol{J}_{\rm m}(\boldsymbol{r},t)=-\frac{\partial}{\partial t}\nabla\cdot\boldsymbol{B}(\boldsymbol{r},t)=-\frac{\partial}{\partial t}\rho_{\rm m}(\boldsymbol{r},t) \tag{2-20}$$

在源分布$(\rho,\boldsymbol{J})$和$(\rho_{\rm m},\boldsymbol{J}_{\rm m})$已知的情况下，上述方程组中共有 $\boldsymbol{E}$、$\boldsymbol{D}$、$\boldsymbol{H}$、$\boldsymbol{B}$ 4 个未知矢量，即 $4\times3=12$ 个未知标量，而独立的标量方程不足 12 个(只有 8 个)，因而不足以确定 12 个未知标量。如果要求解这 12 个未知标量，必须补充给出这些未知标量之间的关系，这些关系通常称为本构关系，由对介质的实验研究结果给出。对于一般的线性介质，本构关系通常为频率的函数

$$\boldsymbol{D}(\boldsymbol{r},\omega)=\overset{=}{\boldsymbol{\varepsilon}}(\boldsymbol{r},\omega)\cdot\boldsymbol{E}(\boldsymbol{r},\omega) \tag{2-21}$$

$$\boldsymbol{B}(\boldsymbol{r},\omega)=\overset{=}{\boldsymbol{\mu}}(\boldsymbol{r},\omega)\cdot\boldsymbol{H}(\boldsymbol{r},\omega) \tag{2-22}$$

$$\boldsymbol{J}(\boldsymbol{r},\omega)=\overset{=}{\boldsymbol{\sigma}}(\boldsymbol{r},\omega)\cdot\boldsymbol{E}(\boldsymbol{r},\omega) \tag{2-23}$$

$$\boldsymbol{J}_{\rm m}(\boldsymbol{r},\omega)=\overset{=}{\boldsymbol{\sigma}}_{\rm m}(\boldsymbol{r},\omega)\cdot\boldsymbol{H}(\boldsymbol{r},\omega) \tag{2-24}$$

变换到时域，这些关系为

$$\boldsymbol{D}(\boldsymbol{r},t)=\overset{=}{\boldsymbol{\varepsilon}}(\boldsymbol{r},t)\otimes\boldsymbol{E}(\boldsymbol{r},t) \tag{2-25}$$

$$\boldsymbol{B}(\boldsymbol{r},t)=\overset{=}{\boldsymbol{\mu}}(\boldsymbol{r},t)\otimes\boldsymbol{H}(\boldsymbol{r},t) \tag{2-26}$$

$$\boldsymbol{J}(\boldsymbol{r},t)=\overline{\overline{\boldsymbol{\sigma}}}(\boldsymbol{r},t)\otimes\boldsymbol{E}(\boldsymbol{r},t) \tag{2-27}$$

$$\boldsymbol{J}_{\mathrm{m}}(\boldsymbol{r},t)=\overline{\overline{\boldsymbol{\sigma}}}_{\mathrm{m}}(\boldsymbol{r},t)\otimes\boldsymbol{H}(\boldsymbol{r},t) \tag{2-28}$$

式中，$\otimes$表示卷积。

对均匀、无色散、各向同性、时不变的无耗介质，本构关系化简为

$$\boldsymbol{D}(\boldsymbol{r},t)=\varepsilon\boldsymbol{E}(\boldsymbol{r},t) \tag{2-29}$$

$$\boldsymbol{B}(\boldsymbol{r},t)=\mu\boldsymbol{H}(\boldsymbol{r},t) \tag{2-30}$$

$$\sigma=0 \tag{2-31}$$

$$\sigma_{\mathrm{m}}=0 \tag{2-32}$$

在这种情况下，由麦克斯韦方程(2-17)和(2-18)可以推导得到场矢量$\boldsymbol{E}$和$\boldsymbol{H}$分别满足下列矢量波动方程：

$$\nabla\times\nabla\times\boldsymbol{E}(\boldsymbol{r},t)+\mu\varepsilon\frac{\partial^2}{\partial t^2}\boldsymbol{E}(\boldsymbol{r},t)=-\mu\frac{\partial}{\partial t}\boldsymbol{J}(\boldsymbol{r},t)-\nabla\times\boldsymbol{J}_{\mathrm{m}}(\boldsymbol{r},t) \tag{2-33}$$

$$\nabla\times\nabla\times\boldsymbol{H}(\boldsymbol{r},t)+\mu\varepsilon\frac{\partial^2}{\partial t^2}\boldsymbol{H}(\boldsymbol{r},t)=-\varepsilon\frac{\partial}{\partial t}\boldsymbol{J}_{\mathrm{m}}(\boldsymbol{r},t)+\nabla\times\boldsymbol{J}(\boldsymbol{r},t) \tag{2-34}$$

或者，利用矢量公式

$$\nabla\times\nabla\times\boldsymbol{A}=\nabla\nabla\cdot\boldsymbol{A}-\nabla^2\boldsymbol{A} \tag{2-35}$$

将式(2-33)、式(2-34)化为

$$\nabla^2\boldsymbol{E}(\boldsymbol{r},t)-\mu\varepsilon\frac{\partial^2}{\partial t^2}\boldsymbol{E}(\boldsymbol{r},t)=\mu\frac{\partial}{\partial t}\boldsymbol{J}(\boldsymbol{r},t)+\nabla\times\boldsymbol{J}_{\mathrm{m}}(\boldsymbol{r},t)+\frac{1}{\varepsilon}\nabla\rho(\boldsymbol{r},t) \tag{2-36}$$

$$\nabla^2\boldsymbol{H}(\boldsymbol{r},t)-\mu\varepsilon\frac{\partial^2}{\partial t^2}\boldsymbol{H}(\boldsymbol{r},t)=\varepsilon\frac{\partial}{\partial t}\boldsymbol{J}_{\mathrm{m}}(\boldsymbol{r},t)-\nabla\times\boldsymbol{J}(\boldsymbol{r},t)+\frac{1}{\mu}\nabla\rho_{\mathrm{m}}(\boldsymbol{r},t) \tag{2-37}$$

波动方程(2-36)和(2-37)与麦克斯韦方程有两点区别：①前者为二阶偏微分方程，后者为一阶偏微分方程；②前者无耦合，后者的$\boldsymbol{E}$和$\boldsymbol{H}$方程有耦合。

在跨越面源分布时，两者的场分量满足边界条件：

$$\boldsymbol{n}_1\cdot\boldsymbol{D}_1+\boldsymbol{n}_2\cdot\boldsymbol{D}_2=\rho_{\mathrm{s}} \tag{2-38}$$

$$\boldsymbol{n}_1\cdot\boldsymbol{B}_1+\boldsymbol{n}_2\cdot\boldsymbol{B}_2=\rho_{\mathrm{ms}} \tag{2-39}$$

$$\boldsymbol{n}_1\times\boldsymbol{H}_1+\boldsymbol{n}_2\times\boldsymbol{H}_2=\boldsymbol{J}_{\mathrm{s}} \tag{2-40}$$

$$\boldsymbol{n}_1\times\boldsymbol{E}_1+\boldsymbol{n}_2\times\boldsymbol{E}_2=\boldsymbol{J}_{\mathrm{ms}} \tag{2-41}$$

式中，$\boldsymbol{n}_i(i=1,2)$表示单位法向矢量。

2.2 场的辅助位函数表示法

电磁场理论的主要内容是在给定初始、边界条件下求解麦克斯韦方程。直接求解 2.1 节中的麦克斯韦方程组或矢量波动方程，由于需要求解的相应的标量偏微分方程过多，困难较大。通常引入一些辅助位函数，使得待求的电磁场可由这些辅助位函数求出，辅助位函数的未知量个数较之待定的电磁场分量个数要少，更便于问题求解。

2.2.1 Lorentz 辅助位

由方程(2-4)可知 $\nabla \cdot \boldsymbol{B}=0$。由于任一矢量的旋度取散度为零，因此存在一个矢量 $\boldsymbol{A}$，使得

$$\boldsymbol{B}=\nabla \times \boldsymbol{A} \tag{2-42}$$

代入式(2-1)，得

$$\nabla \times\left(\boldsymbol{E}+\frac{\partial}{\partial t} \boldsymbol{A}\right)=0 \tag{2-43}$$

或

$$\boldsymbol{E}=-\frac{\partial \boldsymbol{A}}{\partial t}-\nabla \phi \tag{2-44}$$

式中，$\boldsymbol{A}$、ϕ 分别称为辅助矢量位和标量位，通过式(2-42)、式(2-44)，可由辅助位求得电磁场分量。于是，问题转化为辅助位函数的求解，总共有四个标量分量，未知量个数减少。

可以验证，如果 $\boldsymbol{A}'$、ϕ' 为一组辅助位函数，并由式(2-42)、式(2-44)给出电磁场，则

$$\boldsymbol{A}=\boldsymbol{A}'-\nabla \psi \tag{2-45}$$

$$\phi=\phi'+\frac{\partial \psi}{\partial t} \tag{2-46}$$

也是一组辅助位函数，并由式(2-42)、式(2-44)给出同样的电磁场结果，其中，ψ 为任一标量函数。也就是说，场的表达式(2-42)、式(2-44)，在变换式(2-45)、式(2-46)下具有不变性，称这种表达式具有规范变换不变性(invariant under a gauge transformation)。

到此为止，只应用了两个麦克斯韦方程，为考察另外两个麦克斯韦方程(2-2)和(2-3)对辅助位函数的限制，将式(2-42)、式(2-44)代入其中，得

$$\nabla \times \nabla \times \boldsymbol{A}(\boldsymbol{r}, t)+\mu \varepsilon\left(\frac{\partial^2}{\partial t^2} \boldsymbol{A}(\boldsymbol{r}, t)+\nabla \frac{\partial}{\partial t} \phi(\boldsymbol{r}, t)\right)=\mu \boldsymbol{J}(\boldsymbol{r}, t) \tag{2-47}$$

$$-\nabla \cdot \frac{\partial}{\partial t} \boldsymbol{A}(\boldsymbol{r}, t)-\nabla^2 \phi(\boldsymbol{r}, t)=\frac{1}{\varepsilon} \rho(\boldsymbol{r}, t) \tag{2-48}$$

利用矢量关系式(2-35)，则式(2-47)可写成另一种形式：

$$-\nabla^2 \boldsymbol{A}(\boldsymbol{r}, t)+\mu \varepsilon \frac{\partial^2}{\partial t^2} \boldsymbol{A}(\boldsymbol{r}, t)+\nabla\left(\nabla \cdot \boldsymbol{A}(\boldsymbol{r}, t)+\mu \varepsilon \frac{\partial}{\partial t} \phi(\boldsymbol{r}, t)\right)=\mu \boldsymbol{J}(\boldsymbol{r}, t) \tag{2-49}$$

考虑上述规范变换不变性，如果式(2-48)、式(2-49)被满足，那么由式(2-45)、式(2-46)定义的 $\boldsymbol{A}'$、ϕ' 也满足式(2-48)、式(2-49)，因此 $\boldsymbol{A}$、ϕ 的选择具有较大的任意性。这种选择任意性可附加一些辅助关系加以限制，恰当地选择这种辅助关系还可以使 $\boldsymbol{A}$、ϕ 满足的方程化简。表达式(2-42)仅限定了 $\boldsymbol{A}$ 的旋度，而要确定一个矢量，必须同时限定其散度。通常，选用下面这种辅助关系式：

$$\nabla \cdot \boldsymbol{A}(\boldsymbol{r}, t)+\mu \varepsilon \frac{\partial}{\partial t} \phi(\boldsymbol{r}, t)=0 \tag{2-50}$$

称式(2-50)为 Lorentz 条件。对任意一组辅助位函数 $\boldsymbol{A}'$、ϕ' (不一定满足式(2-50))，选择 ψ 满足：

$$\nabla^2 \psi(\boldsymbol{r}, t)-\mu \varepsilon \frac{\partial^2}{\partial t^2} \psi(\boldsymbol{r}, t)=\nabla \cdot \boldsymbol{A}'(\boldsymbol{r}, t)+\mu \varepsilon \frac{\partial}{\partial t} \phi'(\boldsymbol{r}, t) \tag{2-51}$$

则由式(2-45)、式(2-46)变换得到的 $\boldsymbol{A}$、ϕ 满足 Lorentz 条件，即便如此，ψ 仍具有一定的任意性，在 ψ 上附加下述齐次方程

$$\nabla^2\psi(\boldsymbol{r},t)-\mu\varepsilon\frac{\partial^2}{\partial t^2}\psi(\boldsymbol{r},t)=0 \tag{2-52}$$

的任一解并不影响场表达式，$\boldsymbol{A}$、ϕ 仍满足 Lorentz 条件。

满足 Lorentz 条件的辅助位 $\boldsymbol{A}$、ϕ 称为 Lorentz 辅助位函数，它们满足的方程简化为

$$\nabla^2\boldsymbol{A}(\boldsymbol{r},t)-\mu\varepsilon\frac{\partial^2}{\partial t^2}\boldsymbol{A}(\boldsymbol{r},t)=-\mu\boldsymbol{J}(\boldsymbol{r},t) \tag{2-53}$$

$$\nabla^2\phi(\boldsymbol{r},t)-\mu\varepsilon\frac{\partial^2}{\partial t^2}\phi(\boldsymbol{r},t)=-\frac{1}{\varepsilon}\rho(\boldsymbol{r},t) \tag{2-54}$$

通过 Lorentz 辅助位 $\boldsymbol{A}$、ϕ(共四个标量函数)可求得电磁场分量。由于 $\boldsymbol{A}$、ϕ 之间存在 Lorentz 条件式(2-50)，因此实际上只有三个独立标量位函数。若用这三个标量构成一个矢量，则电磁场六个分量可以通过某个单一的矢量辅助位函数来表示，这就将六个场分量的求解简化为一个矢量(三个分量)的求解。例如，将 Lorentz 条件式(2-50)代入式(2-42)、式(2-44)，得

$$\boldsymbol{B}=\nabla\times\boldsymbol{A} \tag{2-55}$$

$$\boldsymbol{E}=-\frac{\partial\boldsymbol{A}}{\partial t}+\left(\frac{1}{\mu\varepsilon}\frac{\partial}{\partial t}\right)^{-1}\nabla(\nabla\cdot\boldsymbol{A})=-\frac{\partial\boldsymbol{A}}{\partial t}+\frac{1}{\mu\varepsilon}\int\nabla(\nabla\cdot\boldsymbol{A})\mathrm{d}t \tag{2-56}$$

怎样从物理概念上来理解这一结果呢？事实上，这里面有着内在的联系。根据连续性方程，时变电荷 ρ 可以用电流密度 $\boldsymbol{J}$ 来代替，也就是说，$\boldsymbol{J}$ 和 ρ 是同一场源的两种不同表现形式，任取其一即可，因此单独用 $\boldsymbol{J}$ 就可以确定全部的场源。于是，由含有 $\boldsymbol{J}$ 的方程(2-53)解出 $\boldsymbol{J}$，就能唯一地、完全地确定电场和磁场，而场源以 ρ 的形式出现的方程(2-54)便无须求解了。

上面给出了由电源 $(\rho,\boldsymbol{J})$ 、方程组[(2-1)～(2-4)]导出的一组辅助位 $\boldsymbol{A}$、ϕ。根据对偶性，由磁源 $(\rho_{\mathrm{m}},\boldsymbol{J}_{\mathrm{m}})$ 、方程组[(2-5)～(2-8)]可导出另一组辅助位 $\boldsymbol{A}_{\mathrm{m}}$ 、ϕ_{m} ，满足下列关系式：

$$\boldsymbol{E}_{\mathrm{m}}=-\frac{1}{\varepsilon}\nabla\times\boldsymbol{A}_{\mathrm{m}} \tag{2-57}$$

$$\boldsymbol{B}_{\mathrm{m}}=-\mu\left(\nabla\phi_{\mathrm{m}}+\frac{\partial\boldsymbol{A}_{\mathrm{m}}}{\partial t}\right)=-\mu\left(\frac{\partial\boldsymbol{A}_{\mathrm{m}}}{\partial t}-\frac{1}{\mu\varepsilon}\int\nabla(\nabla\cdot\boldsymbol{A}_{\mathrm{m}})\mathrm{d}t\right) \tag{2-58}$$

$$\nabla\cdot\boldsymbol{A}_{\mathrm{m}}(\boldsymbol{r},t)+\mu\varepsilon\frac{\partial}{\partial t}\phi_{\mathrm{m}}(\boldsymbol{r},t)=0 \tag{2-59}$$

$$\nabla^2\boldsymbol{A}_{\mathrm{m}}(\boldsymbol{r},t)-\mu\varepsilon\frac{\partial^2}{\partial t^2}\boldsymbol{A}_{\mathrm{m}}(\boldsymbol{r},t)=-\varepsilon\boldsymbol{J}_{\mathrm{m}}(\boldsymbol{r},t) \tag{2-60}$$

$$\nabla^2\phi_{\mathrm{m}}(\boldsymbol{r},t)-\mu\varepsilon\frac{\partial^2}{\partial t^2}\phi_{\mathrm{m}}(\boldsymbol{r},t)=-\frac{1}{\mu}\rho_{\mathrm{m}}(\boldsymbol{r},t) \tag{2-61}$$

因此，麦克斯韦方程组[(2-17)～(2-20)]的通解为

$$\boldsymbol{B}=\nabla\times\boldsymbol{A}-\mu\frac{\partial\boldsymbol{A}_{\mathrm{m}}}{\partial t}-\mu\nabla\phi_{\mathrm{m}} \tag{2-62}$$

$$\boldsymbol{E}=-\nabla\phi-\frac{\partial\boldsymbol{A}}{\partial t}-\frac{1}{\varepsilon}\nabla\times\boldsymbol{A}_{\mathrm{m}} \tag{2-63}$$

2.2.2　用两个标量位表示无源区的场

上面已经谈到，用辅助位函数表示电磁场，未知量由六个标量降为四个独立标量；而在 Lorentz 条件下，未知量进一步下降为三个独立标量，可表示为一个矢量位 $\boldsymbol{A}_0$，电磁场由式(2-64)给出

$$\boldsymbol{B} = \nabla \times \boldsymbol{A}_0 \tag{2-64}$$

$$\boldsymbol{E} = -\frac{\partial \boldsymbol{A}_0}{\partial t} + \left(\frac{1}{\mu\varepsilon}\frac{\partial}{\partial t}\right)^{-1} \nabla(\nabla \cdot \boldsymbol{A}_0) = -\frac{\partial \boldsymbol{A}_0}{\partial t} + \frac{1}{\mu\varepsilon}\int \nabla(\nabla \cdot \boldsymbol{A}_0)\mathrm{d}t \tag{2-65}$$

$\boldsymbol{A}_0$、ϕ_0 满足 Lorentz 条件及波动方程(2-53)和(2-54)。

下面进一步考察无源区$(\rho = 0, \boldsymbol{J} = 0)$的情况。在此情况下，独立未知量可进一步下降为两个。做规范变换有

$$\boldsymbol{A} = \boldsymbol{A}_0 - \nabla\psi \tag{2-66}$$

$$\phi = \phi_0 + \frac{\partial \psi}{\partial t} \tag{2-67}$$

根据场的规范变换不变性，应有

$$\boldsymbol{B} = \nabla \times \boldsymbol{A} \tag{2-68}$$

$$\boldsymbol{E} = -\frac{\partial \boldsymbol{A}}{\partial t} - \nabla\phi \tag{2-69}$$

式中，$\boldsymbol{A}_0$、ϕ_0 为 Lorentz 辅助位；$\boldsymbol{A}$、ϕ 不一定为 Lorentz 辅助位(这要看 ψ 是否为齐次方程 $\nabla^2\psi(\boldsymbol{r},t) - \mu\varepsilon\partial^2\psi(\boldsymbol{r},t)/\partial t^2 = 0$ 的解而定)。$\boldsymbol{A}$、ϕ 满足一般方程(2-47)和(2-48)，注意到无源条件，方程化为

$$\nabla \times \nabla \times \boldsymbol{A}(\boldsymbol{r},t) + \mu\varepsilon\nabla\frac{\partial \phi(\boldsymbol{r},t)}{\partial t} + \mu\varepsilon\frac{\partial^2 \boldsymbol{A}(\boldsymbol{r},t)}{\partial t^2} = 0 \tag{2-70}$$

$$\nabla^2\phi(\boldsymbol{r},t) + \nabla \cdot \frac{\partial \boldsymbol{A}(\boldsymbol{r},t)}{\partial t} = 0 \tag{2-71}$$

由式(2-65)得

$$\boldsymbol{E} = -\frac{\partial}{\partial t}\left\{\boldsymbol{A}_0 - \nabla\left(\frac{1}{\mu\varepsilon}\iint \nabla \cdot \boldsymbol{A}_0 \mathrm{d}t\mathrm{d}t\right)\right\} \tag{2-72}$$

若取规范变换式(2-66)为如下具体形式：

$$\boldsymbol{A} = \boldsymbol{A}_0 - \nabla\left(\frac{1}{\mu\varepsilon}\iint \nabla \cdot \boldsymbol{A}_0 \mathrm{d}t\mathrm{d}t\right) \tag{2-73}$$

即

$$\psi = \frac{1}{\mu\varepsilon}\iint \nabla \cdot \boldsymbol{A}_0 \mathrm{d}t\mathrm{d}t \tag{2-74}$$

则有

$$\frac{\partial \psi}{\partial t} = \frac{1}{\mu\varepsilon}\int \nabla \cdot \boldsymbol{A}_0 \mathrm{d}t \overset{\text{式(2-50)}}{=\!=\!=} \frac{1}{\mu\varepsilon}\int\left(-\mu\varepsilon\frac{\partial \phi_0}{\partial t}\right)\mathrm{d}t = -\phi_0 \tag{2-75}$$

即另一个规范变换式(2-67)为

$$\phi=\phi_0+\frac{\partial\psi}{\partial t}\equiv 0 \tag{2-76}$$

因此，由式(2-71)得

$$\nabla\cdot\boldsymbol{A}=0 \tag{2-77}$$

代入式(2-68)～式(2-71)可知，在无源区域，电磁场可由式(2-78)～式(2-81)唯一确定：

$$\boldsymbol{B}=\nabla\times\boldsymbol{A} \tag{2-78}$$

$$\boldsymbol{E}=-\frac{\partial\boldsymbol{A}}{\partial t} \tag{2-79}$$

$$\nabla^2\boldsymbol{A}(\boldsymbol{r},t)-\mu\varepsilon\frac{\partial^2\boldsymbol{A}(\boldsymbol{r},t)}{\partial t^2}=0 \tag{2-80}$$

$$\nabla\cdot\boldsymbol{A}(\boldsymbol{r},t)=0 \tag{2-81}$$

即电磁场的六个场分量可由 $\boldsymbol{A}$ 的三个分量表示，而 $\boldsymbol{A}$ 的三个分量之间又存在着 $\nabla\cdot\boldsymbol{A}=0$ 的关系，实际上只有两个独立分量。

上述过程说明，无源区的场总可以通过恰当地选取 ψ，由两个独立标量位来表述。

2.2.3 Hertz 矢量位

前面已经说过，一般情况下，电磁场矢量 $\boldsymbol{B}$ 及 $\boldsymbol{E}$ 可以通过某一矢量辅助位函数(含三个标量函数)来表示，如式(2-55)、式(2-56)所示。下面讨论一种新的矢量位：赫兹(Hertz)矢量位 $\boldsymbol{\Pi}$，希望由它给出的场表达式比式(2-55)、式(2-56)简单，仅含微分运算。

定义 Hertz 矢量位 $\boldsymbol{\Pi}$ 与 Lorentz 辅助位 $\boldsymbol{A}$ 的关系为

$$\boldsymbol{A}=\mu\varepsilon\frac{\partial\boldsymbol{\Pi}}{\partial t} \tag{2-82}$$

于是，代入 Lorentz 辅助位满足的方程(2-50)和(2-53)得

$$\phi(\boldsymbol{r},t)=-\nabla\cdot\boldsymbol{\Pi}(\boldsymbol{r},t) \tag{2-83}$$

$$\mu\varepsilon\frac{\partial}{\partial t}\left(\nabla^2\boldsymbol{\Pi}(\boldsymbol{r},t)-\mu\varepsilon\frac{\partial^2}{\partial t^2}\boldsymbol{\Pi}(\boldsymbol{r},t)\right)=-\mu\boldsymbol{J}(\boldsymbol{r},t) \tag{2-84}$$

或

$$\nabla^2\boldsymbol{\Pi}(\boldsymbol{r},t)-\mu\varepsilon\frac{\partial^2}{\partial t^2}\boldsymbol{\Pi}(\boldsymbol{r},t)=-\frac{1}{\varepsilon}\int_{-\infty}^{t}\boldsymbol{J}(\boldsymbol{r},t)\mathrm{d}t \tag{2-85}$$

再代入场表达式(2-42)、式(2-44)，得到用 Hertz 矢量位 $\boldsymbol{\Pi}$ 表达的场为

$$\boldsymbol{B}=\mu\varepsilon\nabla\times\frac{\partial\boldsymbol{\Pi}}{\partial t} \tag{2-86}$$

$$\boldsymbol{E}=\nabla\nabla\cdot\boldsymbol{\Pi}-\mu\varepsilon\frac{\partial^2\boldsymbol{\Pi}}{\partial t^2} \tag{2-87}$$

方程(2-85)等号右方为积分形式，不便处理，为此，引入电偶极矩密度矢量 $\boldsymbol{P}$，其定义为

$$\boldsymbol{P}(\boldsymbol{r},t)=\int_{-\infty}^{t}\boldsymbol{J}(\boldsymbol{r},t)\mathrm{d}t \tag{2-88}$$

$$\frac{\partial\boldsymbol{P}(\boldsymbol{r},t)}{\partial t}=\boldsymbol{J}(\boldsymbol{r},t) \tag{2-89}$$

则 Hertz 矢量位 $\boldsymbol{\Pi}$ 满足的方程变为

$$\nabla^2\boldsymbol{\Pi}(\boldsymbol{r},t)-\mu\varepsilon\frac{\partial^2}{\partial t^2}\boldsymbol{\Pi}(\boldsymbol{r},t)=-\frac{1}{\varepsilon}\boldsymbol{P}(\boldsymbol{r},t) \tag{2-90}$$

由连续性方程

$$\nabla\cdot\boldsymbol{J}(\boldsymbol{r},t)=-\frac{\partial}{\partial t}\rho(\boldsymbol{r},t) \tag{2-91}$$

可知，$\boldsymbol{P}$ 与 ρ 之间的关系为

$$\nabla\cdot\boldsymbol{P}(\boldsymbol{r},t)=-\rho(\boldsymbol{r},t) \tag{2-92}$$

由对偶性，从方程组[(2-5)～(2-8)]出发，可由 $\nabla\cdot\boldsymbol{D}_{\mathrm{m}}=0$ 取

$$\boldsymbol{D}_{\mathrm{m}}=-\mu\varepsilon\nabla\times\frac{\partial\boldsymbol{\Pi}_{\mathrm{m}}}{\partial t} \tag{2-93}$$

同样可得

$$\boldsymbol{H}_{\mathrm{m}}=\nabla\nabla\cdot\boldsymbol{\Pi}_{\mathrm{m}}-\mu\varepsilon\frac{\partial^2\boldsymbol{\Pi}_{\mathrm{m}}}{\partial t^2} \tag{2-94}$$

式中，Hertz 磁矢量位 $\boldsymbol{\Pi}_{\mathrm{m}}$ 满足波动方程如下：

$$\nabla^2\boldsymbol{\Pi}_{\mathrm{m}}(\boldsymbol{r},t)-\mu\varepsilon\frac{\partial^2}{\partial^2 t}\boldsymbol{\Pi}_{\mathrm{m}}(\boldsymbol{r},t)=-\boldsymbol{M}(\boldsymbol{r},t) \tag{2-95}$$

$$\boldsymbol{M}(\boldsymbol{r},t)=\frac{1}{\mu}\int_{-\infty}^{t}\boldsymbol{J}_{\mathrm{m}}(\boldsymbol{r},t)\mathrm{d}t \tag{2-96}$$

$$\mu\frac{\partial\boldsymbol{M}(\boldsymbol{r},t)}{\partial t}=\boldsymbol{J}_{\mathrm{m}}(\boldsymbol{r},t) \tag{2-97}$$

$$\mu\nabla\cdot\boldsymbol{M}(\boldsymbol{r},t)=-\rho_{\mathrm{m}}(\boldsymbol{r},t) \tag{2-98}$$

于是，方程组[(2-17)～(2-20)]的通解用 Hertz 矢量位来表示如下：

$$\boldsymbol{E}=\nabla\nabla\cdot\boldsymbol{\Pi}-\mu\varepsilon\frac{\partial^2\boldsymbol{\Pi}}{\partial t^2}-\mu\nabla\times\frac{\partial\boldsymbol{\Pi}_{\mathrm{m}}}{\partial t}=\nabla\times\nabla\times\boldsymbol{\Pi}-\mu\nabla\times\frac{\partial\boldsymbol{\Pi}_{\mathrm{m}}}{\partial t} \tag{2-99}$$

$$\boldsymbol{H}=\varepsilon\nabla\times\frac{\partial\boldsymbol{\Pi}}{\partial t}+\nabla\nabla\cdot\boldsymbol{\Pi}_{\mathrm{m}}-\mu\varepsilon\frac{\partial^2\boldsymbol{\Pi}_{\mathrm{m}}}{\partial t^2}=\varepsilon\nabla\times\frac{\partial\boldsymbol{\Pi}}{\partial t}+\nabla\times\nabla\times\boldsymbol{\Pi}_{\mathrm{m}} \tag{2-100}$$

式中，$\boldsymbol{\Pi}$ 、$\boldsymbol{\Pi}_{\mathrm{m}}$ 分别满足矢量波动方程(2-90)和(2-95)。

由前面结论可知，在无源区，通过恰当选取，电磁场量总可以由两个独立标量位表达出来，因此在无源区，$\boldsymbol{\Pi}$ 及 $\boldsymbol{\Pi}_{\mathrm{m}}$ 矢量的六个分量中只有两个是必要的。在某些特殊坐标系中，这两个分量是容易给出的。例如，在柱坐标系中，可选取 Hertz 电矢量位函数 $\boldsymbol{\Pi}=\boldsymbol{a}_z\Pi_z$ 和 Hertz 磁矢量位函数 $\boldsymbol{\Pi}_{\mathrm{m}}=\boldsymbol{a}_z\Pi_{\mathrm{m}z}$ 求出所有的场分量。同样，在球坐标系中，场的各分量则可以通过选取 $\boldsymbol{\Pi}=\boldsymbol{a}_r rP$ 和 $\boldsymbol{\Pi}_{\mathrm{m}}=\boldsymbol{a}_r rQ$ 求出。其中，Π_z 、$\Pi_{\mathrm{m}z}$ 、P 、Q 均为标量波动方程的解。

2.3　场的积分表达式

2.3.1　无界空间中波动方程的积分形式解

由 2.2 节的讨论可知，通过引入位函数，电磁场问题的求解可转化归结于矢量波动方程

$$\nabla^2 \boldsymbol{A}(\boldsymbol{r},t)-\frac{1}{v^2}\frac{\partial^2}{\partial t^2}\boldsymbol{A}(\boldsymbol{r},t)=-\mu \boldsymbol{J}(\boldsymbol{r},t) \tag{2-101}$$

及标量波动方程

$$\nabla^2 \phi(\boldsymbol{r},t)-\frac{1}{v^2}\frac{\partial^2}{\partial t^2}\phi(\boldsymbol{r},t)=-\frac{1}{\varepsilon}\rho(\boldsymbol{r},t) \tag{2-102}$$

的求解，其中 $v^2=1/(\mu\varepsilon)$。

对方程(2-102)，先考虑 ρ 为位于原点的一个点源，则在原点以外，ϕ 满足齐次波动方程：

$$\nabla^2 \phi(\boldsymbol{r},t)-\frac{1}{v^2}\frac{\partial^2}{\partial t^2}\phi(\boldsymbol{r},t)=0 \tag{2-103}$$

其通解可由数学物理方法中的特征线法求得，为

$$\phi(\boldsymbol{r},t)=\frac{g_1\left(t-\frac{r}{v}\right)}{r}+\frac{g_2\left(t+\frac{r}{v}\right)}{r} \tag{2-104}$$

式中，$g_1(x)$、$g_2(x)$ 为任意函数。

首先来考察因子 $g_1(t-r/v)$，当时间变量由 t 增加至 $t+t'$，将距离由 r 增加至 $r+vt'$ 时，其总量保持不变。换句话说，如果 g_1 在时刻 t、距离 r 处具有某一个定值，那么它在时延 t' 以后、距离多出 vt' 处具有相同值。因而，得到了一个以速度 v 离开原点向外的行波，即第一项代表振幅按 $1/r$ 衰减的外向行波，第二项代表振幅按 $1/r$ 增加的内向行波。

$g_1(x)$、$g_2(x)$ 的具体形式由外加激励条件确定。如果在原点放一个点电荷 $f(t)\delta(\boldsymbol{r})$，它只能产生外向行波，而 $g_2(x)\equiv 0$，因此必须选取恰当的 $g_1(x)$，以使原点处的电荷分布值 $f(t)\delta(\boldsymbol{r})$ 正确。如果该原点电荷是一个恒定时不变值 Q，则静电位为 $Q/(4\pi\varepsilon r)$，因此位于原点处的点电荷 $f(t)$ 产生的标量位应具有下面的形式，即

$$\phi(\boldsymbol{r},t)=\frac{f\left(t-\frac{r}{v}\right)}{4\pi\varepsilon r} \tag{2-105}$$

将其代入式(2-102)，可以验证式(2-105)确实是标量波动方程的解。

对位于任意点 $\boldsymbol{r}'$ 的点电荷 $f(t)\delta(\boldsymbol{r}-\boldsymbol{r}')$，标量位应为

$$\phi(\boldsymbol{r},t)=\frac{f\left(t-\frac{|\boldsymbol{r}-\boldsymbol{r}'|}{v}\right)}{4\pi\varepsilon|\boldsymbol{r}-\boldsymbol{r}'|} \tag{2-106}$$

对于四维点源分布：

$$\rho(\boldsymbol{r},t)=\delta(t-t')\delta(\boldsymbol{r}-\boldsymbol{r}') \tag{2-107}$$

则有

$$\phi(\boldsymbol{r},t)=\frac{\delta\left(t-t'-\frac{|\boldsymbol{r}-\boldsymbol{r}'|}{v}\right)}{4\pi\varepsilon|\boldsymbol{r}-\boldsymbol{r}'|} \tag{2-108}$$

对于一般的电荷分布：

$$\rho(\boldsymbol{r},t)=\iiint\limits_V\int\limits_T\rho(\boldsymbol{r}',t')\delta(t-t')\delta(\boldsymbol{r}-\boldsymbol{r}')\mathrm{d}V'\mathrm{d}t' \tag{2-109}$$

则有

$$\phi(\boldsymbol{r},t)=\frac{1}{4\pi\varepsilon}\iiint\limits_V\int\limits_T\rho(\boldsymbol{r}',t')\frac{\delta\left(t-t'-\frac{|\boldsymbol{r}-\boldsymbol{r}'|}{v}\right)}{|\boldsymbol{r}-\boldsymbol{r}'|}\mathrm{d}V'\mathrm{d}t'=\frac{1}{4\pi\varepsilon}\iiint\limits_V\frac{\rho\left(\boldsymbol{r}',t-\frac{|\boldsymbol{r}-\boldsymbol{r}'|}{v}\right)}{|\boldsymbol{r}-\boldsymbol{r}'|}\mathrm{d}V' \tag{2-110}$$

式(2-110)是标量波动方程(2-102)的积分形式解。

对于矢量波动方程(2-101)，在直角坐标系下，其每一个分量满足的方程都为标量波动方程(2-102)的形式，因此其每一个分量都具有式(2-110)形式的解，合成后得解为

$$\boldsymbol{A}(\boldsymbol{r},t)=\frac{\mu}{4\pi}\iiint\limits_V\frac{\boldsymbol{J}\left(\boldsymbol{r}',t-\frac{|\boldsymbol{r}-\boldsymbol{r}'|}{v}\right)}{|\boldsymbol{r}-\boldsymbol{r}'|}\mathrm{d}V' \tag{2-111}$$

同理，因为 Hertz 电矢量位 $\boldsymbol{\Pi}$ 满足方程：

$$\nabla^2\boldsymbol{\Pi}(\boldsymbol{r},t)-\frac{1}{v^2}\frac{\partial^2}{\partial t^2}\boldsymbol{\Pi}(\boldsymbol{r},t)=-\frac{1}{\varepsilon}\boldsymbol{P}(\boldsymbol{r},t) \tag{2-112}$$

所以，其积分形式解为

$$\boldsymbol{\Pi}(\boldsymbol{r},t)=\frac{1}{4\pi\varepsilon}\iiint\limits_V\frac{\boldsymbol{P}\left(\boldsymbol{r}',t-\frac{|\boldsymbol{r}-\boldsymbol{r}'|}{v}\right)}{|\boldsymbol{r}-\boldsymbol{r}'|}\mathrm{d}V'=\frac{1}{4\pi\varepsilon}\int_{-\infty}^{t}\mathrm{d}t'\iiint\limits_V\frac{\boldsymbol{J}\left(\boldsymbol{r}',t-\frac{|\boldsymbol{r}-\boldsymbol{r}'|}{v}\right)}{|\boldsymbol{r}-\boldsymbol{r}'|}\mathrm{d}V' \tag{2-113}$$

Hertz 磁矢量位 $\boldsymbol{\Pi}_{\mathrm{m}}$ 满足方程：

$$\nabla^2\boldsymbol{\Pi}_{\mathrm{m}}(\boldsymbol{r},t)-\frac{1}{v^2}\frac{\partial^2}{\partial t^2}\boldsymbol{\Pi}_{\mathrm{m}}(\boldsymbol{r},t)=-\boldsymbol{M}(\boldsymbol{r},t) \tag{2-114}$$

所以，其积分形式解为

$$\boldsymbol{\Pi}_{\mathrm{m}}(\boldsymbol{r},t)=\frac{1}{4\pi}\iiint\limits_V\frac{\boldsymbol{M}\left(\boldsymbol{r}',t-\frac{|\boldsymbol{r}-\boldsymbol{r}'|}{v}\right)}{|\boldsymbol{r}-\boldsymbol{r}'|}\mathrm{d}V'=\frac{1}{4\pi\mu}\int_{-\infty}^{t}\mathrm{d}t'\iiint\limits_V\frac{\boldsymbol{J}_{\mathrm{m}}\left(\boldsymbol{r}',t-\frac{|\boldsymbol{r}-\boldsymbol{r}'|}{v}\right)}{|\boldsymbol{r}-\boldsymbol{r}'|}\mathrm{d}V' \tag{2-115}$$

下面以电偶极子为例，展示辐射场的求解过程。设有一个位于原点的电偶极子 $\boldsymbol{p}(t)$，其电偶极矩密度为

$$\boldsymbol{P}(\boldsymbol{r},t)=\boldsymbol{p}(t)\delta(\boldsymbol{r}) \tag{2-116}$$

设电偶极子可由一对时变电荷 $\pm q(t)$ 及电偶极子取向矢量 $\boldsymbol{s}$ 表示为

$$\boldsymbol{p}(t)=q(t)\boldsymbol{s} \tag{2-117}$$

设长度 $\boldsymbol{s}$ 极短，$\pm q(t)$ 分别位于该短导线的两端，相应的导线上的电流可看成均匀分布的。$i(t)\boldsymbol{s}$ 与 $\boldsymbol{p}(t)$ 的关系为

$$\boldsymbol{p}'(t)=\frac{\mathrm{d}\boldsymbol{p}(t)}{\mathrm{d}t}=\frac{\mathrm{d}q(t)}{\mathrm{d}t}\boldsymbol{s}=i(t)\boldsymbol{s} \tag{2-118}$$

将式(2-116)代入式(2-113)，得到由它产生的 Hertz 矢量位为

$$\boldsymbol{\Pi}(\boldsymbol{r},t)=\frac{1}{4\pi\varepsilon}\iiint_V\frac{\delta(\boldsymbol{r}')\boldsymbol{p}\left(t-\frac{|\boldsymbol{r}-\boldsymbol{r}'|}{v}\right)}{|\boldsymbol{r}-\boldsymbol{r}'|}\mathrm{d}V'=\frac{1}{4\pi\varepsilon r}\boldsymbol{p}\left(t-\frac{r}{v}\right) \tag{2-119}$$

代入式(2-99)、式(2-100)，可求出它产生的电磁场为

$$\begin{aligned}\boldsymbol{H}(\boldsymbol{r},t)&=\varepsilon\nabla\times\frac{\partial}{\partial t}\left\{\frac{1}{4\pi\varepsilon r}\boldsymbol{p}\left(t-\frac{r}{v}\right)\boldsymbol{s}\right\}=\frac{1}{4\pi}\nabla\times\left\{\boldsymbol{p}'\left(t-\frac{r}{v}\right)\frac{\boldsymbol{s}}{r}\right\}\\&=\frac{1}{4\pi}\nabla\times\left\{i\left(t-\frac{r}{v}\right)\frac{\boldsymbol{s}}{r}\right\}=\frac{1}{4\pi}\nabla\left\{\frac{i(t-r/v)}{r}\right\}\times\boldsymbol{s}\\&=\frac{1}{4\pi}\left\{\frac{i(t-r/v)}{r}\right\}'_r\frac{\boldsymbol{r}}{r}\times\boldsymbol{s}\\&=\frac{s}{4\pi v}\left\{\frac{1}{r}i'\left(t-\frac{r}{v}\right)+\frac{v}{r^2}i\left(t-\frac{r}{v}\right)\right\}\frac{\boldsymbol{s}\times\boldsymbol{r}}{sr}\end{aligned} \tag{2-120}$$

$$\begin{aligned}\boldsymbol{E}(\boldsymbol{r},t)&=\nabla\nabla\cdot\left\{\frac{s}{4\pi\varepsilon r}\boldsymbol{p}\left(t-\frac{r}{v}\right)\right\}-\mu\varepsilon\frac{\partial^2}{\partial t^2}\left\{\frac{s}{4\pi\varepsilon r}\boldsymbol{p}\left(t-\frac{r}{v}\right)\right\}\\&=\frac{1}{4\pi\varepsilon}\nabla\left\{\nabla\left(\frac{\boldsymbol{p}(t-r/v)}{r}\right)\cdot\boldsymbol{s}\right\}-\frac{\mu}{4\pi r}\boldsymbol{p}''\left(t-\frac{r}{v}\right)\boldsymbol{s}\\&=\frac{1}{4\pi\varepsilon}\nabla\left\{\left(-\frac{1}{vr^2}\boldsymbol{p}'\left(t-\frac{r}{v}\right)-\frac{1}{r^3}\boldsymbol{p}\left(t-\frac{r}{v}\right)\right)(\boldsymbol{r}\cdot\boldsymbol{s})\right\}-\frac{\mu\boldsymbol{s}}{4\pi r}i'\left(t-\frac{r}{v}\right)\\&=-\frac{1}{4\pi\varepsilon}\left\{\begin{aligned}&(\boldsymbol{r}\cdot\boldsymbol{s})\nabla\left(\frac{1}{vr^2}i\left(t-\frac{r}{v}\right)+\frac{1}{r^3}\boldsymbol{p}\left(t-\frac{r}{v}\right)\right)\\&+\left(\frac{1}{vr^2}i\left(t-\frac{r}{v}\right)+\frac{1}{r^3}\boldsymbol{p}\left(t-\frac{r}{v}\right)\right)\cdot\nabla(\boldsymbol{r}\cdot\boldsymbol{s})\end{aligned}\right\}-\frac{\mu\boldsymbol{s}}{4\pi r}i'\left(t-\frac{r}{v}\right)\\&=-\frac{1}{4\pi\varepsilon}\left\{\begin{aligned}&(\boldsymbol{r}\cdot\boldsymbol{s})\left(-\frac{i'(t-r/v)}{v^2r^3}-\frac{2i(t-r/v)}{vr^4}-\frac{\boldsymbol{p}'(t-r/v)}{vr^4}-\frac{3\boldsymbol{p}(t-r/v)}{r^5}\right)\boldsymbol{r}\\&+\left(\frac{1}{vr^2}i\left(t-\frac{r}{v}\right)+\frac{1}{r^3}\boldsymbol{p}\left(t-\frac{r}{v}\right)\right)\boldsymbol{s}\end{aligned}\right\}\\&\quad-\frac{\mu\boldsymbol{s}}{4\pi r}i'\left(t-\frac{r}{v}\right)\\&=\frac{\mu}{4\pi}\cdot\frac{(\boldsymbol{r}\cdot\boldsymbol{s})\boldsymbol{r}-r^2\boldsymbol{s}}{r^3}i'\left(t-\frac{r}{v}\right)+\frac{\mu}{4\pi}\left(\frac{v}{r^4}i\left(t-\frac{r}{v}\right)+\frac{v^2}{r^5}\boldsymbol{p}\left(t-\frac{r}{v}\right)\right)\left(3(\boldsymbol{r}\cdot\boldsymbol{s})\boldsymbol{r}-r^2\boldsymbol{s}\right)\end{aligned} \tag{2-121}$$

因为有

$$\boldsymbol{r}\times(\boldsymbol{r}\times\boldsymbol{s})=(\boldsymbol{r}\cdot\boldsymbol{s})\boldsymbol{r}-(\boldsymbol{r}\cdot\boldsymbol{r})\boldsymbol{s}=(\boldsymbol{r}\cdot\boldsymbol{s})\boldsymbol{r}-r^2\boldsymbol{s} \tag{2-122}$$

$$3(\boldsymbol{r}\cdot\boldsymbol{s})\boldsymbol{r}-r^2\boldsymbol{s}=\boldsymbol{r}\times(\boldsymbol{r}\times\boldsymbol{s})+2(\boldsymbol{r}\cdot\boldsymbol{s})\boldsymbol{r} \tag{2-123}$$

所以有

$$\boldsymbol{E}(\boldsymbol{r},t)=\frac{\mu s}{4\pi}\left\{\begin{array}{l}\dfrac{1}{r}i'\left(t-\dfrac{r}{v}\right)\dfrac{\boldsymbol{r}\times(\boldsymbol{r}\times\boldsymbol{s})}{sr^2}\\+\left(\dfrac{v}{r^2}i\left(t-\dfrac{r}{v}\right)+\dfrac{v^2}{r^3}\displaystyle\int i\left(t-\dfrac{r}{v}\right)\mathrm{d}t\right)\left(\dfrac{\boldsymbol{r}\times(\boldsymbol{r}\times\boldsymbol{s})}{sr^2}+2\dfrac{(\boldsymbol{r}\cdot\boldsymbol{s})\boldsymbol{r}}{sr^2}\right)\end{array}\right\} \tag{2-124}$$

式(2-120)、式(2-124)是时变电偶极子产生的电磁场的表达式，从中可以看出以下几点。

(1) 磁场的方向为$(\boldsymbol{s}\times\boldsymbol{r})/(sr)$，只有一种，垂直于$\boldsymbol{r}$方向；电场的方向在远区也只有$\boldsymbol{r}\times(\boldsymbol{r}\times\boldsymbol{s})/(sr^2)$一种，垂直于$\boldsymbol{r}$方向，在近区则除$\boldsymbol{r}\times(\boldsymbol{r}\times\boldsymbol{s})/(sr^2)$方向分量外，还有$\boldsymbol{r}$方向的分量。

(2) 在远区，辐射电磁场相互垂直，并都垂直于$\boldsymbol{r}$方向，大小变化均正比于$i'(t-r/v)$。

(3) 坡印亭(Poynting)矢量可求得为

$$\boldsymbol{S}=\boldsymbol{E}\times\boldsymbol{H}=\boldsymbol{S}_{\mathrm{r}}+\boldsymbol{S}_{\mathrm{T}} \tag{2-125}$$

式中，径向分量为

$$\boldsymbol{S}_{\mathrm{r}}=\left(\frac{s}{4\pi}\right)^2\frac{\mu}{v}\left\{\begin{array}{l}\dfrac{1}{r^2}\left(i'\left(t-\dfrac{r}{v}\right)\right)^2+\dfrac{2v}{r^3}i'\left(t-\dfrac{r}{v}\right)i\left(t-\dfrac{r}{v}\right)\\+\dfrac{v^2}{r^4}\left(i^2\left(t-\dfrac{r}{v}\right)+i'\left(t-\dfrac{r}{v}\right)\displaystyle\int i\left(t-\dfrac{r}{v}\right)\mathrm{d}t\right)\\+\dfrac{v^3}{r^5}i\left(t-\dfrac{r}{v}\right)\displaystyle\int i\left(t-\dfrac{r}{v}\right)\mathrm{d}t\end{array}\right\}\sin^2\theta\cdot\frac{\boldsymbol{r}}{r} \tag{2-126}$$

横向分量为

$$\boldsymbol{S}_{\mathrm{T}}=2\left(\frac{s}{4\pi}\right)^2\frac{\mu}{v}\left\{\begin{array}{l}\dfrac{2v}{r^3}i'\left(t-\dfrac{r}{v}\right)i\left(t-\dfrac{r}{v}\right)\\+\dfrac{v^2}{r^4}\left(i^2\left(t-\dfrac{r}{v}\right)+i'\left(t-\dfrac{r}{v}\right)\displaystyle\int i\left(t-\dfrac{r}{v}\right)\mathrm{d}t\right)\\+\dfrac{v^3}{r^5}i\left(t-\dfrac{r}{v}\right)\displaystyle\int i\left(t-\dfrac{r}{v}\right)\mathrm{d}t\end{array}\right\}\cos\theta\cdot\frac{\boldsymbol{r}\times(\boldsymbol{s}\times\boldsymbol{r})}{sr^2} \tag{2-127}$$

$$\frac{|\boldsymbol{s}\times\boldsymbol{r}|}{sr}=\sin\theta,\quad \frac{\boldsymbol{s}\cdot\boldsymbol{r}}{sr}=\cos\theta \tag{2-128}$$

(4) 由 Poynting 矢量可求得穿过包围原点半径为r的球面$\boldsymbol{\varSigma}$的功率为

$$\begin{aligned}P_{\mathrm{e}}&=\oiint_{\varSigma}\boldsymbol{S}\cdot\mathrm{d}\boldsymbol{\varSigma}=\int_{\theta=0}^{\pi}\int_{\phi=0}^{2\pi}\boldsymbol{S}_{\mathrm{r}}r^2\sin\theta\,\mathrm{d}\theta\,\mathrm{d}\phi\\&=\frac{\mu s^2}{6\pi v}\left\{\begin{array}{l}\left(i'\left(t-\dfrac{r}{v}\right)\right)^2+\dfrac{2v}{r}i'\left(t-\dfrac{r}{v}\right)i\left(t-\dfrac{r}{v}\right)\\+\dfrac{v^2}{r^2}\left(i^2\left(t-\dfrac{r}{v}\right)+i'\left(t-\dfrac{r}{v}\right)\displaystyle\int i\left(t-\dfrac{r}{v}\right)\mathrm{d}t\right)+\dfrac{v^3}{r^3}i\left(t-\dfrac{r}{v}\right)\displaystyle\int i\left(t-\dfrac{r}{v}\right)\mathrm{d}t\end{array}\right\}\end{aligned} \tag{2-129}$$

式(2-129)中第一项不含球面半径参数r，因此该项功率可穿过任意大的球面传播至无限远处。而式(2-129)中的其余项，随着球面半径r的增大，传输的功率分别按$1/r$、$1/r^2$、$1/r^3$的趋势减小，它们代表存储于局部(近区)的能量。

(5) 由上述结果可知，为了增大辐射功率，必须使 $s^2\left(i'(t-r/v)\right)^2$ 增大。要么加大 $i(t)$ 对时间的变化速率；要么在 $i(t)$ 给定的情况下，增大其振幅或电偶极子的长度 s。

(6) 对无欧姆损耗的电偶极子，增大振幅和增长 s 的作用相同。但是，对于欧姆损耗不能忽略的电偶极子线，增加 s 将比增加 i 更有效。因为欧姆损耗 $\propto si^2$，而辐射功率 $\propto s^2i^2$。当然，s 必须在保证线元上电流分布均匀的条件下增加。

位于原点的磁偶极子

$$\boldsymbol{M}(\boldsymbol{r},t)=\boldsymbol{m}(t)\delta(\boldsymbol{r}) \tag{2-130}$$

产生的电磁场为

$$\boldsymbol{E}(\boldsymbol{r},t)=\frac{\mu}{4\pi v}\left\{\frac{1}{r}\boldsymbol{m}''\left(t-\frac{r}{v}\right)+\frac{v}{r^2}\boldsymbol{m}'\left(t-\frac{r}{v}\right)\right\}\times\frac{\boldsymbol{r}}{r} \tag{2-131}$$

$$\boldsymbol{H}(\boldsymbol{r},t)=-\frac{1}{4\pi v^2}\left\{\begin{aligned}&\frac{1}{r}\cdot\frac{\boldsymbol{r}}{r^2}\times\left(\boldsymbol{r}\times\boldsymbol{m}''\left(t-\frac{r}{v}\right)\right)\\&+\frac{v}{r^2}\left(\frac{\boldsymbol{r}}{r^2}\times\left(\boldsymbol{r}\times\boldsymbol{m}'\left(t-\frac{r}{v}\right)\right)+2\frac{\boldsymbol{r}}{r^2}\left(\boldsymbol{m}'\left(t-\frac{r}{v}\right)\cdot\boldsymbol{r}\right)\right)\\&+\frac{v^2}{r^3}\left(\frac{\boldsymbol{r}}{r^2}\times\left(\boldsymbol{r}\times\boldsymbol{m}\left(t-\frac{r}{v}\right)\right)+2\frac{\boldsymbol{r}}{r^2}\left(\boldsymbol{m}\left(t-\frac{r}{v}\right)\cdot\boldsymbol{r}\right)\right)\end{aligned}\right\} \tag{2-132}$$

式中，$\boldsymbol{m}$ 的指向设为不变。

对于由小环电流 $i(t)$ 构成的磁偶极子，用面元 $\boldsymbol{a}$ 代表环面积，则 $\boldsymbol{m}(t)=i(t)\boldsymbol{a}$，代入式(2-131)、式(2-132)，得

$$\boldsymbol{E}(\boldsymbol{r},t)=\frac{\mu a}{4\pi v}\left\{\frac{1}{r}i''\left(t-\frac{r}{v}\right)+\frac{v}{r^2}i'\left(t-\frac{r}{v}\right)\right\}\frac{\boldsymbol{a}\times\boldsymbol{r}}{ar} \tag{2-133}$$

$$\boldsymbol{H}(\boldsymbol{r},t)=-\frac{a}{4\pi v^2}\left\{\begin{aligned}&\frac{1}{r}i''\left(t-\frac{r}{v}\right)\frac{\boldsymbol{r}\times(\boldsymbol{r}\times\boldsymbol{a})}{ar^2}\\&+\left(\frac{v}{r^2}i'\left(t-\frac{r}{v}\right)+\frac{v^2}{r^3}i\left(t-\frac{r}{v}\right)\right)\left(\frac{\boldsymbol{r}\times(\boldsymbol{r}\times\boldsymbol{a})}{ar^2}+2\frac{(\boldsymbol{a}\cdot\boldsymbol{r})\boldsymbol{r}}{ar^2}\right)\end{aligned}\right\} \tag{2-134}$$

从式(2-133)、式(2-134)可以看出以下几点。

(1) 电场的方向为 $(\boldsymbol{a}\times\boldsymbol{r})/(ar)$，只有一种，垂直于 $\boldsymbol{r}$ 方向；磁场的方向在远区也只有 $\boldsymbol{r}\times(\boldsymbol{r}\times\boldsymbol{a})/(ar^2)$ 一种，垂直于 $\boldsymbol{r}$ 方向，在近区则除 $\boldsymbol{r}\times(\boldsymbol{r}\times\boldsymbol{a})/(ar^2)$ 方向分量外，还有 $\boldsymbol{r}$ 方向的分量。

(2) 在远区，辐射电磁场相互垂直，并都垂直于 $\boldsymbol{r}$ 方向，大小变化均正比于 $i''(t-r/v)$。

(3) 在远区，Poynting 矢量可求得为

$$\boldsymbol{S}_{\mathrm{r}}=\left(\frac{a}{4\pi}\right)^2\frac{\mu}{v^3}\cdot\frac{1}{r^2}\left(i''\left(t-\frac{r}{v}\right)\right)^2\sin^2\theta\cdot\frac{\boldsymbol{r}}{r} \tag{2-135}$$

(4) 在远区，穿过包围原点半径为 r 的球面 $\boldsymbol{\Sigma}$ 的功率为

$$P_{\mathrm{m}}=\frac{\mu a^2}{6\pi v^3}\left(i''\left(t-\frac{r}{v}\right)\right)^2 \tag{2-136}$$

2.3.2　有界空间中波动方程的积分形式解

本节将介绍有界空间中标量波动方程

$$\nabla^2\phi(\boldsymbol{r},t)-\frac{1}{v^2}\frac{\partial^2}{\partial t^2}\phi(\boldsymbol{r},t)=-\frac{1}{\varepsilon}\rho(\boldsymbol{r},t) \tag{2-137}$$

的积分形式一般解——基尔霍夫(Kirchhoff)公式。

令 V 为由表面 S 包围的闭合区域，$\boldsymbol{r}$ 为 V 中的场点，根据格林定理有

$$\iiint_V\left(\varphi\nabla'^2\psi-\psi\nabla'^2\varphi\right)\mathrm{d}V'=\oiint_S\left(\varphi\frac{\partial\psi}{\partial n'}-\psi\frac{\partial\varphi}{\partial n'}\right)\mathrm{d}S' \tag{2-138}$$

取

$$\varphi(\boldsymbol{r},t)=\phi(\boldsymbol{r},t) \tag{2-139}$$

$$\psi(\boldsymbol{r},t)=\frac{\delta\left(t-t'-|\boldsymbol{r}-\boldsymbol{r}'|/v\right)}{4\pi|\boldsymbol{r}-\boldsymbol{r}'|} \tag{2-140}$$

$\phi(\boldsymbol{r},t)$ 满足式(2-137)，而 ψ 满足方程：

$$\nabla^2\psi(\boldsymbol{r},t)-\frac{1}{v^2}\frac{\partial^2}{\partial t^2}\psi(\boldsymbol{r},t)=-\delta(t-t')\delta(\boldsymbol{r}-\boldsymbol{r}') \tag{2-141}$$

将其代入式(2-138)，两边对 t' 积分，得

$$\text{左边}=\int_{-\infty}^{\infty}\iiint_V\left\{\begin{aligned}&\phi\left(\frac{1}{v^2}\frac{\partial^2\psi}{\partial t'^2}-\delta(t-t')\delta(\boldsymbol{r}-\boldsymbol{r}')\right)\\&-\frac{\delta\left(t-t'-|\boldsymbol{r}-\boldsymbol{r}'|/v\right)}{4\pi|\boldsymbol{r}-\boldsymbol{r}'|}\left(\frac{1}{v^2}\frac{\partial^2\phi}{\partial t'^2}-\frac{\rho(\boldsymbol{r}',t')}{\varepsilon}\right)\end{aligned}\right\}\mathrm{d}V'\mathrm{d}t' \tag{2-142}$$

因为有

$$\frac{\partial^2\psi}{\partial t'^2}=\frac{\delta''\left(t-t'-|\boldsymbol{r}-\boldsymbol{r}'|/v\right)}{4\pi|\boldsymbol{r}-\boldsymbol{r}'|} \tag{2-143}$$

而

$$\int f(x')\delta''(x-x')\mathrm{d}x'=f''(x) \tag{2-144}$$

所以有

$$\begin{aligned}\text{左边}=&-\phi(\boldsymbol{r},t)+\iiint_V\left\{\frac{1}{4\pi|\boldsymbol{r}-\boldsymbol{r}'|}\cdot\frac{1}{v^2}\cdot\frac{\partial^2\varphi\left(\boldsymbol{r}',t-|\boldsymbol{r}-\boldsymbol{r}'|/v\right)}{\partial t'^2}\right\}\mathrm{d}V'\\&-\iiint_V\left\{\frac{1}{4\pi|\boldsymbol{r}-\boldsymbol{r}'|}\left(\frac{1}{v^2}\frac{\partial^2\phi\left(\boldsymbol{r}',t-\frac{|\boldsymbol{r}-\boldsymbol{r}'|}{v}\right)}{\partial t'^2}-\frac{\rho\left(\boldsymbol{r}',t-\frac{|\boldsymbol{r}-\boldsymbol{r}'|}{v}\right)}{\varepsilon}\right)\right\}\mathrm{d}V'\\=&-\phi(\boldsymbol{r},t)+\frac{1}{4\pi\varepsilon}\iiint_V\frac{\rho\left(\boldsymbol{r}',t-|\boldsymbol{r}-\boldsymbol{r}'|/v\right)}{|\boldsymbol{r}-\boldsymbol{r}'|}\mathrm{d}V'\end{aligned} \tag{2-145}$$

$$
\begin{aligned}
\text{右边} &= \int_{-\infty}^{\infty} \oiint_S \left\{ \phi \frac{\partial \psi}{\partial n'} - \psi \frac{\partial \phi}{\partial n'} \right\} \mathrm{d}S' \mathrm{d}t' \\
&= -\frac{1}{4\pi} \oiint_S \frac{1}{|\boldsymbol{r}-\boldsymbol{r}'|} \frac{\partial \phi\left(\boldsymbol{r}', t-|\boldsymbol{r}-\boldsymbol{r}'|/v\right)}{\partial n'} \mathrm{d}S' \\
&\quad + \oiint_S \int_{-\infty}^{\infty} \frac{\phi(\boldsymbol{r}', t')}{4\pi} \left\{ \delta\left(t-t'-\frac{|\boldsymbol{r}-\boldsymbol{r}'|}{v}\right) \frac{\partial\left(\frac{1}{|\boldsymbol{r}-\boldsymbol{r}'|}\right)}{\partial n'} - \frac{\delta'\left(t-t'-\frac{|\boldsymbol{r}-\boldsymbol{r}'|}{v}\right)}{v|\boldsymbol{r}-\boldsymbol{r}'|} \frac{\partial\left(|\boldsymbol{r}-\boldsymbol{r}'|\right)}{\partial n'} \right\} \mathrm{d}t' \mathrm{d}S' \\
&= -\frac{1}{4\pi} \oiint_S \frac{1}{|\boldsymbol{r}-\boldsymbol{r}'|} \frac{\partial \phi\left(\boldsymbol{r}', t-|\boldsymbol{r}-\boldsymbol{r}'|/v\right)}{\partial n'} \mathrm{d}S' \\
&\quad + \frac{1}{4\pi} \oiint_S \left\{ \phi\left(\boldsymbol{r}', t-\frac{|\boldsymbol{r}-\boldsymbol{r}'|}{v}\right) \frac{\partial\left(\frac{1}{|\boldsymbol{r}-\boldsymbol{r}'|}\right)}{\partial n'} - \frac{1}{v|\boldsymbol{r}-\boldsymbol{r}'|} \frac{\partial \phi\left(\boldsymbol{r}', t-\frac{|\boldsymbol{r}-\boldsymbol{r}'|}{v}\right)}{\partial t} \frac{\partial\left(|\boldsymbol{r}-\boldsymbol{r}'|\right)}{\partial n'} \right\} \mathrm{d}S'
\end{aligned}
\tag{2-146}
$$

比较式(2-145)和式(2-146)，得 Kirchhoff 公式如下，其中的$[F]=F\left(\boldsymbol{r}, t-|\boldsymbol{r}-\boldsymbol{r}'|/v\right)$，

$$
\begin{aligned}
\phi(\boldsymbol{r}, t) &= \frac{1}{4\pi\,\varepsilon} \iiint_V \frac{[\rho]}{|\boldsymbol{r}-\boldsymbol{r}'|} \mathrm{d}V' \\
&\quad + \frac{1}{4\pi} \oiint_S \left\{ \frac{1}{|\boldsymbol{r}-\boldsymbol{r}'|} \left[\frac{\partial \phi}{\partial n'}\right] - [\phi] \frac{\partial\left(\frac{1}{|\boldsymbol{r}-\boldsymbol{r}'|}\right)}{\partial n'} + \frac{1}{v|\boldsymbol{r}-\boldsymbol{r}'|} \left[\frac{\partial \phi}{\partial t}\right] \frac{\partial\left(|\boldsymbol{r}-\boldsymbol{r}'|\right)}{\partial n'} \right\} \mathrm{d}S'
\end{aligned}
\tag{2-147}
$$

式中，体积分项代表 V 内电荷对 ϕ 的贡献；面积分项则代表 V 外源对 ϕ 的贡献。如果 ϕ 及 $\partial\phi/\partial n$ 在表面上已知，那么 V 内任一点的 $\phi(\boldsymbol{r}, t)$ 可由式(2-147)求出。

对于矢量波动方程：

$$
\nabla^2 \boldsymbol{A}(\boldsymbol{r}, t) - \frac{1}{v^2} \frac{\partial^2}{\partial t^2} \boldsymbol{A}(\boldsymbol{r}, t) = -\mu \boldsymbol{J}(\boldsymbol{r}, t) \tag{2-148}
$$

在直角坐标系中，其每一分量满足的方程都为标量波动方程的形式，因此其每一分量都具有 Kirchhoff 公式的通解形式，合成后，得到方程(2-148)的积分形式解为

$$
\begin{aligned}
\boldsymbol{A}(\boldsymbol{r}, t) &= \frac{\mu}{4\pi} \iiint_V \frac{[\boldsymbol{J}]}{|\boldsymbol{r}-\boldsymbol{r}'|} \mathrm{d}V' \\
&\quad + \frac{1}{4\pi} \oiint_S \left\{ \frac{\left[(\boldsymbol{n}' \cdot \nabla')\boldsymbol{A}\right]}{|\boldsymbol{r}-\boldsymbol{r}'|} - [\boldsymbol{A}] \frac{\partial\left(\frac{1}{|\boldsymbol{r}-\boldsymbol{r}'|}\right)}{\partial n'} + \frac{1}{v|\boldsymbol{r}-\boldsymbol{r}'|} \left[\frac{\partial \boldsymbol{A}}{\partial t}\right] \frac{\partial\left(|\boldsymbol{r}-\boldsymbol{r}'|\right)}{\partial n'} \right\} \mathrm{d}S'
\end{aligned}
\tag{2-149}
$$

通过式(2-147)、式(2-149)，由辅助位 $\boldsymbol{A}$、ϕ 导出电磁场的积分公式，在不存在表面积分时

较为简单，当存在表面积分时却比较复杂。为此，直接从电磁场满足的波动方程(2-36)和(2-37)出发

$$\nabla^2 \boldsymbol{E}(\boldsymbol{r},t) - \mu\varepsilon\frac{\partial^2}{\partial t^2}\boldsymbol{E}(\boldsymbol{r},t) = \mu\frac{\partial}{\partial t}\boldsymbol{J}(\boldsymbol{r},t) + \nabla\times\boldsymbol{J}_{\mathrm{m}}(\boldsymbol{r},t) + \frac{1}{\varepsilon}\nabla\rho(\boldsymbol{r},t) \tag{2-36}$$

$$\nabla^2 \boldsymbol{H}(\boldsymbol{r},t) - \mu\varepsilon\frac{\partial^2}{\partial t^2}\boldsymbol{H}(\boldsymbol{r},t) = \varepsilon\frac{\partial}{\partial t}\boldsymbol{J}_{\mathrm{m}}(\boldsymbol{r},t) - \nabla\times\boldsymbol{J}(\boldsymbol{r},t) + \frac{1}{\mu}\nabla\rho_{\mathrm{m}}(\boldsymbol{r},t) \tag{2-37}$$

由于场分量的每一分量在直角坐标系下都满足标量波动方程，因此也可以通过矢量合成每一分量的 Kirchhoff 解，得

$$\begin{aligned}\boldsymbol{E}(\boldsymbol{r},t) = &-\frac{1}{4\pi}\iiint_V\left[\mu\frac{\partial\boldsymbol{J}}{\partial t} + \nabla'\times\boldsymbol{J}_{\mathrm{m}} + \frac{1}{\varepsilon}\nabla'\rho\right]\frac{1}{|\boldsymbol{r}-\boldsymbol{r}'|}\mathrm{d}V' \\ &+\frac{1}{4\pi}\oiint_S\left\{\frac{[(\boldsymbol{n}'\cdot\nabla')\boldsymbol{E}]}{|\boldsymbol{r}-\boldsymbol{r}'|} - [\boldsymbol{E}]\frac{\partial\left(\frac{1}{|\boldsymbol{r}-\boldsymbol{r}'|}\right)}{\partial n'} + \frac{1}{v|\boldsymbol{r}-\boldsymbol{r}'|}\left[\frac{\partial\boldsymbol{E}}{\partial t}\right]\frac{\partial(|\boldsymbol{r}-\boldsymbol{r}'|)}{\partial n'}\right\}\mathrm{d}S'\end{aligned} \tag{2-150}$$

$$\begin{aligned}\boldsymbol{H}(\boldsymbol{r},t) = &-\frac{1}{4\pi}\iiint_V\left[\varepsilon\frac{\partial\boldsymbol{J}_{\mathrm{m}}}{\partial t} - \nabla'\times\boldsymbol{J} + \frac{1}{\mu}\nabla'\rho_{\mathrm{m}}\right]\frac{1}{|\boldsymbol{r}-\boldsymbol{r}'|}\mathrm{d}V' \\ &+\frac{1}{4\pi}\oiint_S\left\{\frac{[(\boldsymbol{n}'\cdot\nabla')\boldsymbol{H}]}{|\boldsymbol{r}-\boldsymbol{r}'|} - [\boldsymbol{H}]\frac{\partial\left(\frac{1}{|\boldsymbol{r}-\boldsymbol{r}'|}\right)}{\partial n'} + \frac{1}{v|\boldsymbol{r}-\boldsymbol{r}'|}\left[\frac{\partial\boldsymbol{H}}{\partial t}\right]\frac{\partial(|\boldsymbol{r}-\boldsymbol{r}'|)}{\partial n'}\right\}\mathrm{d}S'\end{aligned} \tag{2-151}$$

本章在考虑时间变量的情况下，简要介绍了一般时变电磁场的基础知识和表示方法，为波动方程时间反演解的提出奠定了基础。因为本书的主要介绍对象是时间反演电磁波及其应用系统，所以本章对于一般含时间变量的电磁场的介绍比较浅显，有兴趣的读者可以阅读文献[1]～[3]，以系统地学习非正弦电磁波的相关理论和技术。

参 考 文 献

[1] HARMUTH H F. Propagation of nonsinusoidal electromagnetic waves[M]. Cambridge: Academic Press, 1986.
[2] HARMUTH H F. Antennas and waveguides for nonsinusoidal waves[M]. Cambridge: Academic Press, 1984.
[3] FELSEN L B. Transient electromagnetic fields[M]. Berlin and New York: Springer-Verlag, 1976.

第二篇

时间反演电磁波的传播特性

时间反演电磁波作为一种特殊的电磁波，具有很多新奇的特性，基于这些特性可以构建多种电磁应用系统。本篇将从时间反演电磁波的基本特性出发，介绍时间反演电磁波在自由空间和复杂空间的空时自适应聚焦特性以及超分辨率聚焦特性，为时间反演电磁应用系统打下基础。

第3章 时间反演电磁波的基本特性

3.1 时间反演解

第 2 章已经讲到，对无源区域的标量波动方程：

$$\nabla^2\phi(\boldsymbol{r},t)-\frac{1}{v^2}\frac{\partial^2}{\partial t^2}\phi(\boldsymbol{r},t)=0 \tag{3-1}$$

其通解为

$$\phi(\boldsymbol{r},t)=\frac{g_1\left(t-\dfrac{r}{v}\right)}{r}+\frac{g_2\left(t+\dfrac{r}{v}\right)}{r} \tag{3-2}$$

式中，$g_1(x)$、$g_2(x)$ 为任意函数。记

$$\phi_1(\boldsymbol{r},t)=\frac{g_1\left(t-\dfrac{r}{v}\right)}{r} \tag{3-3}$$

$$\phi_2(\boldsymbol{r},t)=\frac{g_2\left(t+\dfrac{r}{v}\right)}{r} \tag{3-4}$$

显然，$\phi_1(\boldsymbol{r},t)$、$\phi_2(\boldsymbol{r},t)$ 都是波动方程的解，分别代表相向传播的两类波。

对 $\phi_1(\boldsymbol{r},t)$ 做如下时间反演变换：

$$\phi_1(\boldsymbol{r},-t)=\frac{g_1\left(-t-\dfrac{r}{v}\right)}{r}=\frac{g_1\left(-\left(t+\dfrac{r}{v}\right)\right)}{r}=\frac{G_1\left(t+\dfrac{r}{v}\right)}{r} \tag{3-5}$$

显然，$\phi_1(\boldsymbol{r},-t)$ 也是波动方程的一个解，属于 $\phi_2(\boldsymbol{r},-t)$ 类的解。相似地，如果对 $\phi_2(\boldsymbol{r},t)$ 做时间反演变换，$\phi_2(\boldsymbol{r},-t)$ 也是波动方程的一个解，属于 $\phi_1(\boldsymbol{r},t)$ 类的解。同理，对于通解(3-2)做时间反演变换，所得的 $\phi(\boldsymbol{r},-t)$ 也是波动方程的解。进一步，如果时间反演不是用 $-t$ 置换 t，而是更一般地用 $T-t$ 置换 t（T 为一个常数），同样可知 $\phi(\boldsymbol{r},T-t)$ 也是波动方程的解。

类似地，第 2 章讲到，在均匀、无色散及各向同性的无源区域，电磁场 $(\boldsymbol{E},\boldsymbol{H})$ 满足下列齐次矢量波动方程：

$$\nabla^2\boldsymbol{E}(\boldsymbol{r},t)-\mu\varepsilon\frac{\partial^2}{\partial t^2}\boldsymbol{E}(\boldsymbol{r},t)=0 \tag{3-6}$$

$$\nabla^2\boldsymbol{H}(\boldsymbol{r},t)-\mu\varepsilon\frac{\partial^2}{\partial t^2}\boldsymbol{H}(\boldsymbol{r},t)=0 \tag{3-7}$$

如果 $\boldsymbol{E}(\boldsymbol{r},t)$ 是矢量波动方程(3-6)的一个解，对其做时间反演变换得 $\boldsymbol{E}(\boldsymbol{r},-t)$。将 $\boldsymbol{E}(\boldsymbol{r},-t)$ 代

入方程(3-6)左侧，其中，$\boldsymbol{E}$ 对时间的偏导数仅体现在第二项且是二阶的：

$$\begin{aligned}\nabla^2\boldsymbol{E}(\boldsymbol{r},-t)-\mu\varepsilon\frac{\partial^2}{\partial t^2}\boldsymbol{E}(\boldsymbol{r},-t)&\overset{令\tau=-t}{=\!=\!=}\nabla^2\boldsymbol{E}(\boldsymbol{r},\tau)-\mu\varepsilon\frac{\partial^2}{\partial(-\tau)^2}\boldsymbol{E}(\boldsymbol{r},\tau)\\&=\nabla^2\boldsymbol{E}(\boldsymbol{r},\tau)-\mu\varepsilon\frac{\partial^2}{\partial\tau^2}\boldsymbol{E}(\boldsymbol{r},\tau)\\&\overset{由式(3\text{-}6)}{=\!=\!=}0\end{aligned}\tag{3-8}$$

即 $\boldsymbol{E}(\boldsymbol{r},-t)$ 也是矢量波动方程(3-6)的一个解。同样，如果 $\boldsymbol{H}(\boldsymbol{r},t)$ 是矢量波动方程(3-7)的一个解，对其做时间反演变换所得到的 $\boldsymbol{H}(\boldsymbol{r},-t)$ 也是矢量波动方程(3-7)的一个解。进一步，如果时间反演不是用 $-t$ 置换 t，而是更一般地用 $T-t$ 置换 t（T 为一个常数)，同样可知 $\boldsymbol{E}(\boldsymbol{r},T-t)$、$\boldsymbol{H}(\boldsymbol{r},T-t)$ 也是波动方程的解。

需要注意的是，在由波动方程得到时间反演解之后需要代回麦克斯韦方程组检查解的合理性。例如，将时间反演解 $\boldsymbol{E}(\boldsymbol{r},T-t)$ 代入麦克斯韦方程(2-1)并利用本构关系得到其对应的磁场为 $-\boldsymbol{H}(\boldsymbol{r},T-t)$，也就是说，$\left(\boldsymbol{E}(\boldsymbol{r},t),\boldsymbol{H}(\boldsymbol{r},t)\right)$ 对应的时间反演解为 $\left(\boldsymbol{E}(\boldsymbol{r},T-t),-\boldsymbol{H}(\boldsymbol{r},T-t)\right)$，而非 $\left(\boldsymbol{E}(\boldsymbol{r},T-t),\boldsymbol{H}(\boldsymbol{r},T-t)\right)$。

3.2 时间反演腔

3.2.1 标量波动问题的时间反演腔

波动问题的时间反演理论与实现最早是在声学领域开展的[1-4]，首先研究的是时间反演腔模型。声波是标量波动问题，其声压场满足标量波动方程；而电磁波是矢量波动问题，其电磁场矢量 $(\boldsymbol{E},\boldsymbol{H})$ 满足矢量波动方程。但是，正如第 2 章所讲，无源区域的场可以用两个独立标量位来表示，而标量位满足标量波动方程，因此可以先从标量波动问题出发，讲述其时间反演腔的基本原理。

根据第 2 章给出的 Kirchhoff 公式，一个封闭区域内的任何一点的波动解，可以通过区域内的源信息和封闭面上的场及其法向导数信息得到。考虑如图 3-1 所示的闭合腔体，体积 V 由封闭面 S 所包围，假定介质均匀无耗，$\boldsymbol{r}$ 是 S 内的任意一点，表面单位法向矢量 $\boldsymbol{n}$ 指向体积外。源 $\rho(\boldsymbol{r},t)$ 分布在 V 内的阴影部分，可以由式(3-9)给出其频域表达式

$$\rho(\boldsymbol{r},\omega)=\frac{1}{2\pi}\int_{-\infty}^{+\infty}\rho(\boldsymbol{r},t)\mathrm{e}^{-\mathrm{j}\omega t}\mathrm{d}t\tag{3-9}$$

可以看出时域反演与频域共轭是等价的。

在频域，标量场关系满足下列亥姆霍兹方程：

$$\left(\nabla^2+k^2\right)\phi(\boldsymbol{r},\omega)=-\rho(\boldsymbol{r},\omega)\tag{3-10}$$

式中，$k^2=\omega^2/v^2=(2\pi/\lambda)^2$，$k$ 为波数，λ 为波在介质中的波长。与亥姆霍兹方程(3-10)对应的格林函数 $G(\boldsymbol{r},\boldsymbol{r}')$ 满足下列波动方程：

$$\left(\nabla^2+k^2\right)G(\boldsymbol{r},\boldsymbol{r}')=-\delta(\boldsymbol{r}-\boldsymbol{r}')\tag{3-11}$$

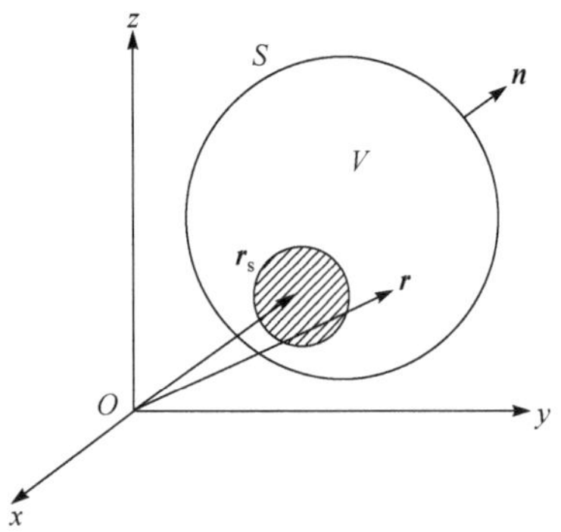

图 3-1 源场分布示意图

根据标量格林定理

$$\iiint_V \left(\varphi(\boldsymbol{r}')\nabla'^2\psi(\boldsymbol{r}')-\psi(\boldsymbol{r}')\nabla'^2\varphi(\boldsymbol{r}')\right)\mathrm{d}V'=\oiint_S \left(\varphi(\boldsymbol{r}')\nabla'\psi(\boldsymbol{r}')-\psi(\boldsymbol{r}')\nabla'\varphi(\boldsymbol{r}')\right)\cdot\boldsymbol{n}'\mathrm{d}S' \tag{3-12}$$

令 $\psi(\boldsymbol{r})=\phi(\boldsymbol{r},\omega)$，$\varphi(\boldsymbol{r})=G(\boldsymbol{r},\boldsymbol{r}')$，可得

$$\begin{aligned}&\iiint_V \left(G(\boldsymbol{r}',\boldsymbol{r})\nabla'^2\phi(\boldsymbol{r}',\omega)-\phi(\boldsymbol{r}',\omega)\nabla'^2G(\boldsymbol{r}',\boldsymbol{r})\right)\mathrm{d}V'\\&=\oiint_S \left(G(\boldsymbol{r}',\boldsymbol{r})\nabla'\phi(\boldsymbol{r}',\omega)-\phi(\boldsymbol{r}',\omega)\nabla'G(\boldsymbol{r}',\boldsymbol{r})\right)\cdot\boldsymbol{n}'\mathrm{d}S'\end{aligned} \tag{3-13}$$

式(3-13)等号左边可以化简为

$$\begin{aligned}&\iiint_V \left(G(\boldsymbol{r}',\boldsymbol{r})\nabla'^2\phi(\boldsymbol{r}',\omega)-\phi(\boldsymbol{r}',\omega)\nabla'^2G(\boldsymbol{r}',\boldsymbol{r})\right)\mathrm{d}V'\\&=\iiint_V \left\{G(\boldsymbol{r}',\boldsymbol{r})\nabla'^2\phi(\boldsymbol{r}',\omega)-\phi(\boldsymbol{r}',\omega)\left(-\delta(\boldsymbol{r}'-\boldsymbol{r})-k^2G(\boldsymbol{r}',\boldsymbol{r})\right)\right\}\mathrm{d}V'\\&=\iiint_V \left\{G(\boldsymbol{r}',\boldsymbol{r})\left(\nabla'^2+k^2\right)\phi(\boldsymbol{r}',\omega)+\phi(\boldsymbol{r}',\omega)\delta(\boldsymbol{r}'-\boldsymbol{r})\right\}\mathrm{d}V'\\&=\iiint_V \left\{-G(\boldsymbol{r}',\boldsymbol{r})\rho(\boldsymbol{r}',\omega)+\phi(\boldsymbol{r}',\omega)\delta(\boldsymbol{r}'-\boldsymbol{r})\right\}\mathrm{d}V'\\&=\phi(\boldsymbol{r},\omega)-\iiint_V G(\boldsymbol{r}',\boldsymbol{r})\rho(\boldsymbol{r}',\omega)\mathrm{d}V'\end{aligned} \tag{3-14}$$

考虑格林函数的对称性 $G(\boldsymbol{r}',\boldsymbol{r})=G(\boldsymbol{r},\boldsymbol{r}')$，由式(3-13)、式(3-14)可得

$$\phi(\boldsymbol{r},\omega)=\iiint_V G(\boldsymbol{r},\boldsymbol{r}')\rho(\boldsymbol{r}',\omega)\mathrm{d}V'+\oiint_S \left(G(\boldsymbol{r},\boldsymbol{r}')\nabla'\phi(\boldsymbol{r}',\omega)-\phi(\boldsymbol{r}',\omega)\nabla'G(\boldsymbol{r},\boldsymbol{r}')\right)\cdot\boldsymbol{n}'\mathrm{d}S' \tag{3-15}$$

式中，体积分项代表体积 V 内的源分布 $\rho(\boldsymbol{r},\omega)$ 在 $\boldsymbol{r}$ 处产生的场；面积分项代表体积 V 外的源(也是封闭面 S 上的等效次级辐射源)在 $\boldsymbol{r}$ 处产生的场。

时间反演腔模型如图 3-2 所示。

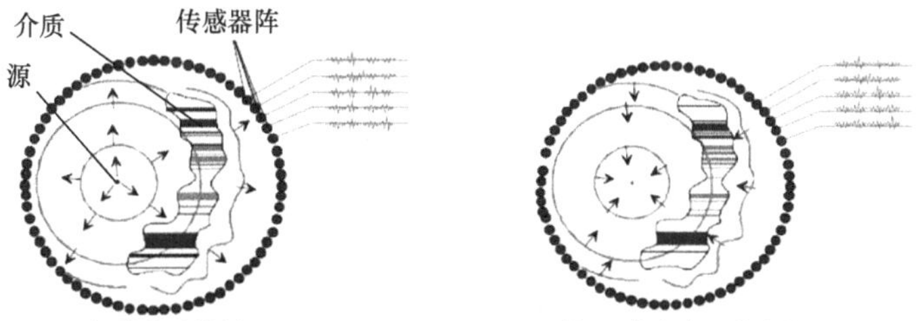

(a) 初始激励传播　　(b) 时间反演次生源激励传播

图 3-2　时间反演腔模型[1]

波动传播实验过程如下。

步骤 1：在 $\boldsymbol{r}=\boldsymbol{r}_{\mathrm{s}}$ 处放置一初始激励点源 $\delta(\boldsymbol{r}-\boldsymbol{r}_{\mathrm{s}})$，在包围该源的闭合面 S 上记录由该点源产生的场 $G(\boldsymbol{r},\boldsymbol{r}_{\mathrm{s}})\big|\boldsymbol{r}\in S$，如图 3-2(a)所示。

步骤 2：把接收到的场进行时间反转(等效于在频域取共轭)，得到 $G^{*}(\boldsymbol{r},\boldsymbol{r}_{\mathrm{s}})\big|\boldsymbol{r}\in S$。

步骤 3：取出 $\boldsymbol{r}=\boldsymbol{r}_{\mathrm{s}}$ 处的初始激励点源，将 $G^{*}(\boldsymbol{r},\boldsymbol{r}_{\mathrm{s}})\big|\boldsymbol{r}\in S$ 作为次生源置于闭合面 S 上，在

闭合腔内场点 $\boldsymbol{r}$ 记录由其产生的场，该场仅由时间反演源 $G^*(\boldsymbol{r},\boldsymbol{r}_\mathrm{s})\big|\boldsymbol{r}\in S$ 产生，称为时间反演场，记为 $G^{\mathrm{TR}}(\boldsymbol{r},\boldsymbol{r}_\mathrm{s})$，如图 3-2(b)所示。

根据式(3-15)，对于时间反演场 $G^{\mathrm{TR}}(\boldsymbol{r},\boldsymbol{r}_\mathrm{s})$，式(3-15)中体积分项中的源为零，面积分项中的表面次生源 $\phi(\boldsymbol{r}',\omega)=G^*(\boldsymbol{r}',\boldsymbol{r}_\mathrm{s})\big|\boldsymbol{r}'\in S$，所以有

$$\begin{aligned}G^{\mathrm{TR}}(\boldsymbol{r},\boldsymbol{r}_\mathrm{s})&=\oiint_S\left(G(\boldsymbol{r},\boldsymbol{r}')\nabla'G^*(\boldsymbol{r}',\boldsymbol{r}_\mathrm{s})-G^*(\boldsymbol{r}',\boldsymbol{r}_\mathrm{s})\nabla'G(\boldsymbol{r},\boldsymbol{r}')\right)\cdot\boldsymbol{n}'\mathrm{d}S'\\&\overset{\text{式(3.13)}}{=\!=\!=}\iiint_V\left(G(\boldsymbol{r},\boldsymbol{r}')\nabla'^2G^*(\boldsymbol{r}',\boldsymbol{r}_\mathrm{s})-G^*(\boldsymbol{r}',\boldsymbol{r}_\mathrm{s})\nabla'^2G(\boldsymbol{r},\boldsymbol{r}')\right)\mathrm{d}V'\\&=\iiint_V\left\{\begin{aligned}&G(\boldsymbol{r},\boldsymbol{r}')\left(-\delta(\boldsymbol{r}'-\boldsymbol{r}_\mathrm{s})-k^2G^*(\boldsymbol{r}',\boldsymbol{r}_\mathrm{s})\right)\\&-G^*(\boldsymbol{r}',\boldsymbol{r}_\mathrm{s})\left(-\delta(\boldsymbol{r}-\boldsymbol{r}')-k^2G(\boldsymbol{r},\boldsymbol{r}')\right)\end{aligned}\right\}\mathrm{d}V'\\&=\iiint_V\left\{-G(\boldsymbol{r},\boldsymbol{r}')\delta(\boldsymbol{r}'-\boldsymbol{r}_\mathrm{s})+G^*(\boldsymbol{r}',\boldsymbol{r}_\mathrm{s})\delta(\boldsymbol{r}-\boldsymbol{r}')\right\}\mathrm{d}V'\\&=G^*(\boldsymbol{r},\boldsymbol{r}_\mathrm{s})-G(\boldsymbol{r},\boldsymbol{r}_\mathrm{s})\end{aligned}\tag{3-16}$$

当观测时间反演场的场点 $\boldsymbol{r}$ 与初始激励源点 $\boldsymbol{r}_\mathrm{s}$ 之间的距离无限接近，空间中的散射与反射可以忽略时，有

$$G(\boldsymbol{r},\boldsymbol{r}_\mathrm{s})\approx\frac{\mathrm{e}^{-\mathrm{j}k|\boldsymbol{r}-\boldsymbol{r}_\mathrm{s}|}}{4\pi|\boldsymbol{r}-\boldsymbol{r}_\mathrm{s}|}\tag{3-17}$$

从而有

$$G^{\mathrm{TR}}(\boldsymbol{r},\boldsymbol{r}_\mathrm{s})=G^*(\boldsymbol{r},\boldsymbol{r}_\mathrm{s})-G(\boldsymbol{r},\boldsymbol{r}_\mathrm{s})\approx\mathrm{j}\frac{\sin k|\boldsymbol{r}-\boldsymbol{r}_\mathrm{s}|}{2\pi|\boldsymbol{r}-\boldsymbol{r}_\mathrm{s}|}=\frac{\mathrm{j}}{\lambda}\left(\frac{\sin k|\boldsymbol{r}-\boldsymbol{r}_\mathrm{s}|}{k|\boldsymbol{r}-\boldsymbol{r}_\mathrm{s}|}\right)\tag{3-18}$$

式(3-18)表明，时间反演场在初始激励源点 $\boldsymbol{r}_\mathrm{s}$ 处实现空间聚焦，场值从 $\boldsymbol{r}_\mathrm{s}$ 处向外迅速递减，首次过零点出现在距 $\boldsymbol{r}_\mathrm{s}$ 半径为 $\lambda/2$ 的整个球面 $k|\boldsymbol{r}-\boldsymbol{r}_\mathrm{s}|=\pi$ 上，如图 3-3 所示。

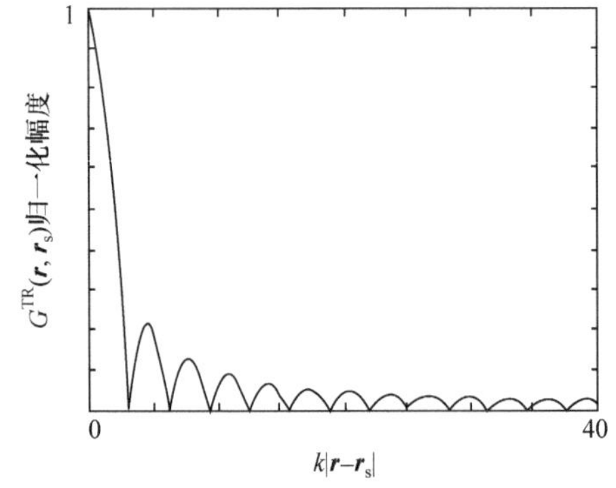

图 3-3 $G^{\mathrm{TR}}(\boldsymbol{r},\boldsymbol{r}_\mathrm{s})$ 的归一化幅度随着 $k|\boldsymbol{r}-\boldsymbol{r}_\mathrm{s}|$ 的变化情况

若上述时间反演实验中第一步的初始激励源为

$$\rho(\boldsymbol{r},\omega)=I(\omega)\delta(\boldsymbol{r}-\boldsymbol{r}_\mathrm{s})\tag{3-19}$$

则根据叠加原理，时间反演场应为

$$\phi^{\mathrm{TR}}(\boldsymbol{r},t)=\int_{-\infty}^{+\infty}I^*(\omega)G^{\mathrm{TR}}(\boldsymbol{r},\boldsymbol{r}_\mathrm{s},\omega)\mathrm{e}^{\mathrm{j}\omega t}\mathrm{d}\omega\tag{3-20}$$

当观测时间反演场的场点 $\boldsymbol{r}$ 与初始激励源点 $\boldsymbol{r}_\mathrm{s}$ 之间的距离无限接近，空间中的散射与反射可以忽略时，结合式(3-18)，有

$$\phi^{\mathrm{TR}}(\boldsymbol{r},t)=\int_{-\infty}^{+\infty}I^*(\omega)\left(\frac{\mathrm{e}^{\mathrm{j}k|\boldsymbol{r}-\boldsymbol{r}_\mathrm{s}|}}{4\pi|\boldsymbol{r}-\boldsymbol{r}_\mathrm{s}|}-\frac{\mathrm{e}^{-\mathrm{j}k|\boldsymbol{r}-\boldsymbol{r}_\mathrm{s}|}}{4\pi|\boldsymbol{r}-\boldsymbol{r}_\mathrm{s}|}\right)\mathrm{e}^{\mathrm{j}\omega t}\mathrm{d}\omega$$

$$
\begin{aligned}
&= \frac{1}{4\pi|\boldsymbol{r}-\boldsymbol{r}_{\mathrm{s}}|}\int_{-\infty}^{+\infty} I^{*}(\omega)\mathrm{e}^{\mathrm{j}\omega t}\left(\mathrm{e}^{\mathrm{j}\omega\frac{|\boldsymbol{r}-\boldsymbol{r}_{\mathrm{s}}|}{v}}-\mathrm{e}^{-\mathrm{j}\omega\frac{|\boldsymbol{r}-\boldsymbol{r}_{\mathrm{s}}|}{v}}\right)\mathrm{d}\omega \\
&= \frac{1}{4\pi|\boldsymbol{r}-\boldsymbol{r}_{\mathrm{s}}|}\left\{i\left(-t-\frac{|\boldsymbol{r}-\boldsymbol{r}_{\mathrm{s}}|}{v}\right)-i\left(-t+\frac{|\boldsymbol{r}-\boldsymbol{r}_{\mathrm{s}}|}{v}\right)\right\}
\end{aligned}
\tag{3-21}
$$

式中，$i(t)$ 是 $I(\omega)$ 的傅里叶逆变换。当 $\boldsymbol{r}=\boldsymbol{r}_{\mathrm{s}}$ 时，有

$$
\phi^{\mathrm{TR}}(\boldsymbol{r}_{\mathrm{s}},t)=-\frac{1}{2\pi v}\frac{\mathrm{d}i(-t)}{\mathrm{d}t}
\tag{3-22}
$$

式(3-22)意味着聚焦点处的时间反演场 $\phi^{\mathrm{TR}}(\boldsymbol{r}_{\mathrm{s}},t)$ 与 $i'(-t)$ 成线性关系，即 S 面上所有接收器的信号经过时间反演后重新发射，会在同一时刻 t 到达 $\boldsymbol{r}_{\mathrm{s}}$ 处，具有时间聚焦特征。图 3-3 为 $G^{\mathrm{TR}}(\boldsymbol{r},\boldsymbol{r}_{\mathrm{s}})$ 的归一化幅度随着 $k|\boldsymbol{r}-\boldsymbol{r}_{\mathrm{s}}|$ 的变化情况。

在实际执行上述时间反演实验时，如果是在时域直接进行实验，通常，在 S 面上记录接收场 $G(\boldsymbol{r},\boldsymbol{r}_{\mathrm{s}};t)\big|\boldsymbol{r}\in S$ 的时间是有限的，如 T。这种情况下，取 S 面上的时间反演源为 $G(\boldsymbol{r},\boldsymbol{r}_{\mathrm{s}};T-t)\big|\boldsymbol{r}\in S$，相应地，$\boldsymbol{r}=\boldsymbol{r}_{\mathrm{s}}$ 处的时间反演场为

$$
\phi^{\mathrm{TR}}(\boldsymbol{r}_{\mathrm{s}},t)=-\frac{1}{2\pi v}\frac{\mathrm{d}i(T-t)}{\mathrm{d}t}
\tag{3-23}
$$

由上述时间反演腔模型可知：在封闭区域的某一源产生波动并向外传播，假设在包围该区域的封闭面上能够全面地接收这些信息，当波动信号全部通过时，将记录的信号进行时间反演后作为次生源从封闭面上向区域内发射，由此产生的波动将能够在原来的源点处实现空间和时间聚焦。人们已经将这一特性用到水下声学通信、地下目标探测、超声波医学探测与超声波碎石等领域。

3.2.2　矢量波动问题的时间反演腔

电磁波传播是矢量波动问题，其电磁场矢量 $(\boldsymbol{E},\boldsymbol{H})$ 满足矢量波动方程。使用并矢格林函数可以对矢量波动问题的时间反演腔模型的空间和时间聚焦特性进行证明[5]。

仍然考虑如图 3-1 所示的闭合腔体，体积 V 由封闭面 S 所包围，假定介质均匀无耗，$\boldsymbol{r}$ 是 S 内的任意一点，表面单位法向矢量 $\boldsymbol{n}$ 指向体积外。电流源分布在 V 内的阴影部分，电流密度矢量为 $\boldsymbol{J}(\boldsymbol{r},t)$，其频域表达式可以由式(3-24)给出：

$$
\boldsymbol{J}(\boldsymbol{r},\omega)=\frac{1}{2\pi}\int_{-\infty}^{+\infty}\boldsymbol{J}(\boldsymbol{r},t)\mathrm{e}^{-\mathrm{j}\omega t}\mathrm{d}t
\tag{3-24}
$$

在频域，电场矢量 $\boldsymbol{E}$ 满足下列矢量波动方程：

$$
\nabla\times\nabla\times\boldsymbol{E}(\boldsymbol{r},\omega)-k^{2}\boldsymbol{E}(\boldsymbol{r},\omega)=-\mathrm{j}\omega\mu\boldsymbol{J}(\boldsymbol{r},\omega)
\tag{3-25}
$$

与矢量波动方程(3-25)对应的电并矢格林函数 $\overline{\overline{\boldsymbol{G}}}_{\mathrm{e}}(\boldsymbol{r},\boldsymbol{r}')$ 满足下列矢量波动方程：

$$
\nabla\times\nabla\overline{\overline{\boldsymbol{G}}}_{\mathrm{e}}(\boldsymbol{r},\boldsymbol{r}')-k^{2}\overline{\overline{\boldsymbol{G}}}_{\mathrm{e}}(\boldsymbol{r},\boldsymbol{r}')=\delta(\boldsymbol{r}-\boldsymbol{r}')\overline{\overline{\boldsymbol{I}}}
\tag{3-26}
$$

式中，$\overline{\overline{\boldsymbol{I}}}$ 为单位并矢。

根据矢量格林定理：

$$\begin{aligned}&\iiint_V \left(\boldsymbol{P}(\boldsymbol{r}')\cdot\nabla'\times\nabla'\times\boldsymbol{Q}(\boldsymbol{r}')-\boldsymbol{Q}(\boldsymbol{r}')\cdot\nabla'\times\nabla'\times\boldsymbol{P}(\boldsymbol{r}')\right)\mathrm{d}V'\\&=\oiint_S \left(\boldsymbol{Q}(\boldsymbol{r}')\times\nabla'\times\boldsymbol{P}(\boldsymbol{r}')-\boldsymbol{P}(\boldsymbol{r}')\times\nabla'\times\boldsymbol{Q}(\boldsymbol{r}')\right)\cdot\boldsymbol{n}'\mathrm{d}S'\end{aligned}\tag{3-27}$$

令 $\boldsymbol{P}(\boldsymbol{r})=\boldsymbol{E}(\boldsymbol{r},\omega)$，$\boldsymbol{Q}(\boldsymbol{r})=\overline{\overline{\boldsymbol{G}}}_{\mathrm{e}}(\boldsymbol{r},\boldsymbol{r}')\boldsymbol{a}$ ($\boldsymbol{a}$ 为任意常矢量)，可得

$$\begin{aligned}&\iiint_V \left(\boldsymbol{E}(\boldsymbol{r}',\omega)\cdot\nabla'\times\nabla'\times\overline{\overline{\boldsymbol{G}}}_{\mathrm{e}}(\boldsymbol{r}',\boldsymbol{r})\boldsymbol{a}-\overline{\overline{\boldsymbol{G}}}_{\mathrm{e}}(\boldsymbol{r}',\boldsymbol{r})\boldsymbol{a}\cdot\nabla'\times\nabla'\times\boldsymbol{E}(\boldsymbol{r}',\omega)\right)\mathrm{d}V'\\&=\oiint_S \left(\overline{\overline{\boldsymbol{G}}}_{\mathrm{e}}(\boldsymbol{r}',\boldsymbol{r})\boldsymbol{a}\times\nabla'\times\boldsymbol{E}(\boldsymbol{r}',\omega)-\boldsymbol{E}(\boldsymbol{r}',\omega)\times\nabla'\times\overline{\overline{\boldsymbol{G}}}_{\mathrm{e}}(\boldsymbol{r}',\boldsymbol{r})\boldsymbol{a}\right)\cdot\boldsymbol{n}'\mathrm{d}S'\end{aligned}\tag{3-28}$$

由于并矢满足关系式 $\boldsymbol{u}\cdot\overline{\overline{\boldsymbol{D}}}\boldsymbol{v}=\boldsymbol{v}\cdot\overline{\overline{\boldsymbol{D}}}^{\mathrm{T}}\boldsymbol{u}$，其中 $\overline{\overline{\boldsymbol{D}}}$ 是并矢，$\boldsymbol{u}$ 与 $\boldsymbol{v}$ 是矢量，T 是对矩阵的转置运算，再考虑并矢格林函数满足互易定理 $\overline{\overline{\boldsymbol{G}}}_{\mathrm{e}}^{\mathrm{T}}(\boldsymbol{r},\boldsymbol{r}')=\overline{\overline{\boldsymbol{G}}}_{\mathrm{e}}(\boldsymbol{r}',\boldsymbol{r})$，式(3-28)等号左边可以化简为

$$\begin{aligned}&\iiint_V \left(\boldsymbol{E}(\boldsymbol{r}',\omega)\cdot\nabla'\times\nabla'\times\overline{\overline{\boldsymbol{G}}}_{\mathrm{e}}(\boldsymbol{r}',\boldsymbol{r})\boldsymbol{a}-\overline{\overline{\boldsymbol{G}}}_{\mathrm{e}}(\boldsymbol{r}',\boldsymbol{r})\boldsymbol{a}\cdot\nabla'\times\nabla'\times\boldsymbol{E}(\boldsymbol{r}',\omega)\right)\mathrm{d}V'\\&=\iiint_V \left\{\begin{array}{l}\boldsymbol{E}(\boldsymbol{r}',\omega)\cdot\left(k^2\overline{\overline{\boldsymbol{G}}}_{\mathrm{e}}(\boldsymbol{r}',\boldsymbol{r})\boldsymbol{a}+\delta(\boldsymbol{r}'-\boldsymbol{r})\boldsymbol{a}\right)\\-\overline{\overline{\boldsymbol{G}}}_{\mathrm{e}}(\boldsymbol{r}',\boldsymbol{r})\boldsymbol{a}\cdot\left(k^2\boldsymbol{E}(\boldsymbol{r}',\omega)-\mathrm{j}\omega\mu\boldsymbol{J}(\boldsymbol{r}',\omega)\right)\end{array}\right\}\mathrm{d}V'\\&=\iiint_V \left\{\mathrm{j}\omega\mu\boldsymbol{J}(\boldsymbol{r}',\omega)\cdot\overline{\overline{\boldsymbol{G}}}_{\mathrm{e}}(\boldsymbol{r}',\boldsymbol{r})\boldsymbol{a}+\boldsymbol{E}(\boldsymbol{r}',\omega)\cdot\delta(\boldsymbol{r}'-\boldsymbol{r})\boldsymbol{a}\right\}\mathrm{d}V'\\&=\boldsymbol{E}(\boldsymbol{r},\omega)\cdot\boldsymbol{a}+\mathrm{j}\omega\mu\iiint_V \overline{\overline{\boldsymbol{G}}}_{\mathrm{e}}(\boldsymbol{r},\boldsymbol{r}')\boldsymbol{J}(\boldsymbol{r}',\omega)\mathrm{d}V'\cdot\boldsymbol{a}\end{aligned}\tag{3-29}$$

所以，由式(3-28)和式(3-29)得

$$\begin{aligned}\boldsymbol{E}(\boldsymbol{r},\omega)\cdot\boldsymbol{a}=&-\mathrm{j}\omega\mu\iiint_V \overline{\overline{\boldsymbol{G}}}_{\mathrm{e}}(\boldsymbol{r},\boldsymbol{r}')\boldsymbol{J}(\boldsymbol{r}',\omega)\mathrm{d}V'\cdot\boldsymbol{a}+\oiint_S \Big(\overline{\overline{\boldsymbol{G}}}_{\mathrm{e}}(\boldsymbol{r}',\boldsymbol{r})\boldsymbol{a}\times\nabla'\times\boldsymbol{E}(\boldsymbol{r}',\omega)\\&-\boldsymbol{E}(\boldsymbol{r}',\omega)\times\nabla'\times\overline{\overline{\boldsymbol{G}}}_{\mathrm{e}}(\boldsymbol{r}',\boldsymbol{r})\boldsymbol{a}\Big)\cdot\boldsymbol{n}'\mathrm{d}S'\end{aligned}\tag{3-30}$$

式中，体积分项代表体积 V 内的源分布 $\boldsymbol{J}(\boldsymbol{r},\omega)$ 在 $\boldsymbol{r}$ 处产生的场；面积分项代表体积 V 外的源(也是封闭面 S 上的等效次级辐射源)在 $\boldsymbol{r}$ 处产生的场。

时间反演腔模型如图 3-2 所示，电磁波传播实验过程如下。

步骤 1：在 $\boldsymbol{r}=\boldsymbol{r}_{\mathrm{s}}$ 处放置一初始激励源 $\boldsymbol{J}(\boldsymbol{r},\omega)=\delta(\boldsymbol{r}-\boldsymbol{r}_{\mathrm{s}})\boldsymbol{i}(\omega)$，$\boldsymbol{i}(\omega)$ 为点电流源矢量(注：$I\mathrm{d}\boldsymbol{l}$)，取向任意但保持不变。在包围该源的闭合面 S 上记录由该点源产生的场 $\boldsymbol{E}(\boldsymbol{r},\boldsymbol{r}_{\mathrm{s}})\big|\boldsymbol{r}\in S=-\mathrm{j}\omega\mu\overline{\overline{\boldsymbol{G}}}_{\mathrm{e}}(\boldsymbol{r},\boldsymbol{r}_{\mathrm{s}})\boldsymbol{i}\big|\boldsymbol{r}\in S$，如图 3-2(a)所示。

步骤 2：把接收到的场进行时间反转(等效于在频域取共轭)，可以得到 $\boldsymbol{E}^*(\boldsymbol{r},\boldsymbol{r}_{\mathrm{s}})\big|\boldsymbol{r}\in S=\mathrm{j}\omega\mu\overline{\overline{\boldsymbol{G}}}_{\mathrm{e}}^*(\boldsymbol{r},\boldsymbol{r}_{\mathrm{s}})\boldsymbol{i}^*\big|\boldsymbol{r}\in S$。

步骤 3：取出 $\boldsymbol{r}=\boldsymbol{r}_{\mathrm{s}}$ 处的初始激励源，将 $\boldsymbol{E}^*(\boldsymbol{r},\boldsymbol{r}_{\mathrm{s}})\big|\boldsymbol{r}\in S=\mathrm{j}\omega\mu\overline{\overline{\boldsymbol{G}}}_{\mathrm{e}}^*(\boldsymbol{r},\boldsymbol{r}_{\mathrm{s}})\boldsymbol{i}^*\big|\boldsymbol{r}\in S$ 作为次生源置于闭合面 S 上，在闭合腔内场点 $\boldsymbol{r}$ 记录由其产生的场，该场仅由时间反演源 $\boldsymbol{E}^*(\boldsymbol{r},\boldsymbol{r}_{\mathrm{s}})\big|\boldsymbol{r}\in S=$

$\mathrm{j}\omega\mu\overline{\overline{G}}_{\mathrm{e}}^{*}(\boldsymbol{r},\boldsymbol{r}_{\mathrm{s}})\boldsymbol{i}^{*}\big|\boldsymbol{r}\in S$ 产生，称为时间反演场，记为 $\boldsymbol{E}^{\mathrm{TR}}(\boldsymbol{r},\boldsymbol{r}_{\mathrm{s}})$，如图 3-2(b)所示。

根据式(3-30)，对于时间反演场 $\boldsymbol{E}^{\mathrm{TR}}(\boldsymbol{r},\boldsymbol{r}_{\mathrm{s}})$，式(3-30)中体积分项中的源为零，所以有

$$
\begin{aligned}
\boldsymbol{E}^{\mathrm{TR}}(\boldsymbol{r},\boldsymbol{r}_{\mathrm{s}})\cdot\boldsymbol{a}&=\oint\!\!\!\oint_{S}\left(\overline{\overline{G}}_{\mathrm{e}}(\boldsymbol{r}',\boldsymbol{r})\boldsymbol{a}\times\nabla'\times\boldsymbol{E}^{*}(\boldsymbol{r}',\boldsymbol{r}_{\mathrm{s}})-\boldsymbol{E}^{*}(\boldsymbol{r}',\boldsymbol{r}_{\mathrm{s}})\times\nabla'\times\overline{\overline{G}}_{\mathrm{e}}(\boldsymbol{r}',\boldsymbol{r})\boldsymbol{a}\right)\cdot\boldsymbol{n}'\mathrm{d}S'\\
&\overset{\text{式(3-28)}}{=\!=\!=}\iiint_{V}\left(\boldsymbol{E}^{*}(\boldsymbol{r}',\boldsymbol{r}_{\mathrm{s}})\cdot\nabla'\times\nabla'\times\overline{\overline{G}}_{\mathrm{e}}(\boldsymbol{r}',\boldsymbol{r})\boldsymbol{a}-\overline{\overline{G}}_{\mathrm{e}}(\boldsymbol{r}',\boldsymbol{r})\boldsymbol{a}\cdot\nabla'\times\nabla'\times\boldsymbol{E}^{*}(\boldsymbol{r}',\boldsymbol{r}_{\mathrm{s}})\right)\mathrm{d}V'\\
&=\iiint_{V}\left\{\begin{aligned}&\boldsymbol{E}^{*}(\boldsymbol{r}',\boldsymbol{r}_{\mathrm{s}})\cdot\left(k^{2}\overline{\overline{G}}_{\mathrm{e}}(\boldsymbol{r}',\boldsymbol{r})\boldsymbol{a}+\delta(\boldsymbol{r}-\boldsymbol{r}')\boldsymbol{a}\right)\\&-\overline{\overline{G}}_{\mathrm{e}}(\boldsymbol{r}',\boldsymbol{r})\boldsymbol{a}\cdot\left(k^{2}\boldsymbol{E}^{*}(\boldsymbol{r}',\boldsymbol{r}_{\mathrm{s}})+\mathrm{j}\omega\mu\delta(\boldsymbol{r}'-\boldsymbol{r}_{\mathrm{s}})\boldsymbol{i}^{*}\right)\end{aligned}\right\}\mathrm{d}V'\\
&=\iiint_{V}\left\{\boldsymbol{E}^{*}(\boldsymbol{r}',\boldsymbol{r}_{\mathrm{s}})\cdot\delta(\boldsymbol{r}-\boldsymbol{r}')\boldsymbol{a}-\mathrm{j}\omega\mu\overline{\overline{G}}_{\mathrm{e}}(\boldsymbol{r}',\boldsymbol{r})\boldsymbol{a}\cdot\delta(\boldsymbol{r}'-\boldsymbol{r}_{\mathrm{s}})\boldsymbol{i}^{*}\right\}\mathrm{d}V' \qquad (3\text{-}31)\\
&=\boldsymbol{E}^{*}(\boldsymbol{r},\boldsymbol{r}_{\mathrm{s}})\cdot\boldsymbol{a}-\mathrm{j}\omega\mu\overline{\overline{G}}_{\mathrm{e}}(\boldsymbol{r}_{\mathrm{s}},\boldsymbol{r})\boldsymbol{a}\cdot\boldsymbol{i}^{*}\\
&=\mathrm{j}\omega\mu\overline{\overline{G}}_{\mathrm{e}}^{*}(\boldsymbol{r},\boldsymbol{r}_{\mathrm{s}})\boldsymbol{i}^{*}\cdot\boldsymbol{a}-\mathrm{j}\omega\mu\overline{\overline{G}}_{\mathrm{e}}(\boldsymbol{r},\boldsymbol{r}_{\mathrm{s}})\boldsymbol{i}^{*}\cdot\boldsymbol{a}\\
&=\mathrm{j}\omega\mu\left\{\overline{\overline{G}}_{\mathrm{e}}^{*}(\boldsymbol{r},\boldsymbol{r}_{\mathrm{s}})-\overline{\overline{G}}_{\mathrm{e}}(\boldsymbol{r},\boldsymbol{r}_{\mathrm{s}})\right\}\boldsymbol{i}^{*}\cdot\boldsymbol{a}
\end{aligned}
$$

因为 $\boldsymbol{a}$ 为任意常矢量，所以时间反演电场的频域表达式为

$$\boldsymbol{E}^{\mathrm{TR}}(\boldsymbol{r},\boldsymbol{r}_{\mathrm{s}};\omega)=\mathrm{j}\omega\mu\left\{\overline{\overline{G}}_{\mathrm{e}}^{*}(\boldsymbol{r},\boldsymbol{r}_{\mathrm{s}})-\overline{\overline{G}}_{\mathrm{e}}(\boldsymbol{r},\boldsymbol{r}_{\mathrm{s}})\right\}\boldsymbol{i}^{*}(\omega) \qquad (3\text{-}32)$$

并矢格林函数为

$$\overline{\overline{G}}_{\mathrm{e}}(\boldsymbol{r},\boldsymbol{r}_{\mathrm{s}};\omega)=\left(\overline{\overline{I}}+\frac{\nabla\nabla}{k^{2}}\right)G(\boldsymbol{r},\boldsymbol{r}_{\mathrm{s}}) \qquad (3\text{-}33)$$

当观测时间反演场的场点 $\boldsymbol{r}$ 与初始激励源点 $\boldsymbol{r}_{\mathrm{s}}$ 之间的距离无限接近，空间中的散射与反射可以忽略时，有

$$G(\boldsymbol{r},\boldsymbol{r}_{\mathrm{s}})\approx\frac{\mathrm{e}^{-\mathrm{j}k|\boldsymbol{r}-\boldsymbol{r}_{\mathrm{s}}|}}{4\pi|\boldsymbol{r}-\boldsymbol{r}_{\mathrm{s}}|} \qquad (3\text{-}34)$$

从而有

$$
\begin{aligned}
\boldsymbol{E}^{\mathrm{TR}}(\boldsymbol{r},\boldsymbol{r}_{\mathrm{s}};\omega)&=\mathrm{j}\omega\mu\left\{\left(\overline{\overline{I}}+\frac{\nabla\nabla}{k^{2}}\right)\left(G^{*}(\boldsymbol{r},\boldsymbol{r}_{\mathrm{s}})-G(\boldsymbol{r},\boldsymbol{r}_{\mathrm{s}})\right)\right\}\boldsymbol{i}^{*}(\omega)\\
&\approx-\frac{\omega\mu}{\lambda}\left\{\left(\overline{\overline{I}}+\frac{\nabla\nabla}{k^{2}}\right)\left(\frac{\sin k|\boldsymbol{r}-\boldsymbol{r}_{\mathrm{s}}|}{k|\boldsymbol{r}-\boldsymbol{r}_{\mathrm{s}}|}\right)\right\}\boldsymbol{i}^{*}(\omega)
\end{aligned}
\qquad (3\text{-}35)
$$

式(3-35)表明，时间反演场在初始激励源点 $\boldsymbol{r}_{\mathrm{s}}$ 处实现空间聚焦，场值从 $\boldsymbol{r}_{\mathrm{s}}$ 处向外迅速递减。式(3-35)中并矢的第一项 $\left\{\sin k|\boldsymbol{r}-\boldsymbol{r}_{\mathrm{s}}|/(k|\boldsymbol{r}-\boldsymbol{r}_{\mathrm{s}}|)\right\}\overline{\overline{I}}$ 具有与标量时间反演场相同的空间聚焦分布，首次过零点出现在距 $\boldsymbol{r}_{\mathrm{s}}$ 半径为 $\lambda/2$ 的整个球面 $k|\boldsymbol{r}-\boldsymbol{r}_{\mathrm{s}}|=\pi$ 上。

由傅里叶逆变换和式(3-32)，时间反演电场的时域表达式应为

$$\boldsymbol{E}^{\mathrm{TR}}(\boldsymbol{r},\boldsymbol{r}_{\mathrm{s}};t)=\mu\frac{\partial}{\partial t}\int_{-\infty}^{+\infty}\left\{\overline{\overline{G}}_{\mathrm{e}}^{*}(\boldsymbol{r},\boldsymbol{r}_{\mathrm{s}})-\overline{\overline{G}}_{\mathrm{e}}(\boldsymbol{r},\boldsymbol{r}_{\mathrm{s}})\right\}\boldsymbol{i}^{*}(\omega)\mathrm{e}^{\mathrm{j}\omega t}\mathrm{d}\omega \qquad (3\text{-}36)$$

在空间聚焦点 $\boldsymbol{r}=\boldsymbol{r}_{\mathrm{s}}$ 处，时间反演电磁波具有空间和时间同步聚焦特性。

在实际执行上述时间反演实验时，如果是在时域直接进行实验，通常，在 S 面上记录接收场

$$\boldsymbol{E}\left(\boldsymbol{r},\boldsymbol{r}_{\mathrm{s}};t\right)\Big|\boldsymbol{r}\in S=\overline{\overline{\boldsymbol{G}}}_{\mathrm{e}}\left(\boldsymbol{r},\boldsymbol{r}_{\mathrm{s}};t\right)\otimes\left\{-\mu\frac{\partial}{\partial t}\boldsymbol{i}(t)\right\}\Bigg|\boldsymbol{r}\in S \tag{3-37}$$

的时间是有限的，如 T。这种情况下，取 S 面上的时间反演次生源为

$$\boldsymbol{E}\left(\boldsymbol{r},\boldsymbol{r}_{\mathrm{s}};t\right)\Big|\boldsymbol{r}\in S=\overline{\overline{\boldsymbol{G}}}_{\mathrm{e}}\left(\boldsymbol{r},\boldsymbol{r}_{\mathrm{s}};T-t\right)\otimes\left\{-\mu\frac{\partial}{\partial t}\boldsymbol{i}(T-t)\right\}\Bigg|\boldsymbol{r}\in S \tag{3-38}$$

将次生源从封闭面上向区域内发射，由此产生的电磁波将能够在原来的源点处实现空间和时间聚焦。人们已经将这一特性用于电磁波通信、电磁波成像等领域。

3.2.3 矢量时间反演场的空间聚焦特性

由 3.2.1 节可知，标量场的反演聚焦场幅度随空间位置的分布情况为，在以初始源所在位置处为球心的球内，反演场沿径向方向的幅度分布与 sinc 函数的变化趋势完全一致，即在距离球心半波长的位置处反演场的幅度值为零。对于矢量场而言，其每一个分量都是标量。但是，不同标量分量之间存在相互影响的关系。例如，沿 x 方向极化的电流源产生的电场除了具有 x 方向的电场分量外，还会包含 y 方向和 z 方向的电场分量。正是这种相互影响关系的存在，使得矢量场的反演场不能直接等效成三个标量反演场的直接叠加。

本节将从电流元和磁流元分别作为初始激励源两种情况讨论矢量时间反演场的空间聚焦特性[6]。

1. *初始激励源为电流元时的时间反演场*

根据上面的推导结果，初始激励源电流密度为 $\delta(\boldsymbol{r}-\boldsymbol{r}_0)\boldsymbol{i}(\omega)$ 的情况下，时间反演场为

$$\boldsymbol{E}^{\mathrm{TR}}\left(\boldsymbol{r},\boldsymbol{r}_0;\omega\right)\approx-\frac{\omega\mu}{\lambda}\left\{\left(\overline{\overline{\boldsymbol{I}}}+\frac{\nabla\nabla}{k^2}\right)\left(\frac{\sin k\left|\boldsymbol{r}-\boldsymbol{r}_0\right|}{k\left|\boldsymbol{r}-\boldsymbol{r}_0\right|}\right)\right\}\boldsymbol{i}^*(\omega) \tag{3-39}$$

式(3-39)括号内 sinc 函数反映的是标量时间反演场幅度随空间位置的变化情况。为了考察矢量时间反演场的空间分布情况，下面在直角坐标系中对式(3-39)进行展开。

记

$$R=\left|\boldsymbol{r}-\boldsymbol{r}_0\right|=\sqrt{\left(x-x_0\right)^2+\left(y-y_0\right)^2+\left(z-z_0\right)^2} \tag{3-40}$$

$$F=\frac{\sin kR}{kR} \tag{3-41}$$

$$f(R)=\frac{1}{R}\cdot\frac{\partial F(R)}{\partial R}=\frac{kR\cos kR-\sin kR}{kR^3} \tag{3-42}$$

$$g(R)=\frac{\partial f(R)}{\partial R}=\frac{\left(3-k^2R^2\right)\sin kR-3kR\cos kR}{kR^4} \tag{3-43}$$

$$h(R)=f(R)+k^2F(R) \tag{3-44}$$

在直角坐标系中有

$$\begin{aligned}\nabla\nabla=&\frac{\partial^2}{\partial x^2}\boldsymbol{e}_x\boldsymbol{e}_x+\frac{\partial^2}{\partial x\partial y}\boldsymbol{e}_x\boldsymbol{e}_y+\frac{\partial^2}{\partial x\partial z}\boldsymbol{e}_x\boldsymbol{e}_z\\&+\frac{\partial^2}{\partial y\partial x}\boldsymbol{e}_y\boldsymbol{e}_x+\frac{\partial^2}{\partial y^2}\boldsymbol{e}_y\boldsymbol{e}_y+\frac{\partial^2}{\partial y\partial z}\boldsymbol{e}_y\boldsymbol{e}_z\\&+\frac{\partial^2}{\partial z\partial x}\boldsymbol{e}_z\boldsymbol{e}_x+\frac{\partial^2}{\partial z\partial y}\boldsymbol{e}_z\boldsymbol{e}_y+\frac{\partial^2}{\partial z^2}\boldsymbol{e}_z\boldsymbol{e}_z\end{aligned}\tag{3-45}$$

式中，$\boldsymbol{e}_x$、$\boldsymbol{e}_y$ 和 $\boldsymbol{e}_z$ 分别代表 x、y 和 z 方向的单位矢量。则有

$$\frac{\partial F}{\partial x}=\frac{\partial F}{\partial R}\frac{\partial R}{\partial x}=\frac{kR\cos kR-\sin kR}{kR^3}(x-x_0)=f(R)(x-x_0)\tag{3-46}$$

$$\frac{\partial^2 F}{\partial x^2}=\frac{\partial f(R)}{\partial R}\frac{\partial R}{\partial x}(x-x_0)+f(R)=g(R)\frac{(x-x_0)^2}{R}+f(R)\tag{3-47}$$

$$\frac{\partial^2 F}{\partial x\partial y}=\frac{\partial f(R)}{\partial R}\frac{\partial R}{\partial y}(x-x_0)=g(R)\frac{(x-x_0)(y-y_0)}{R}\tag{3-48}$$

令

$$\begin{cases}p_{xy}=\dfrac{(x-x_0)(y-y_0)}{R},\quad p_{xz}=\dfrac{(x-x_0)(z-z_0)}{R},\quad p_{yz}=\dfrac{(y-y_0)(z-z_0)}{R}\\p_{xx}=\dfrac{(x-x_0)(x-x_0)}{R},\quad p_{yy}=\dfrac{(y-y_0)(y-y_0)}{R},\quad p_{zz}=\dfrac{(z-z_0)(z-z_0)}{R}\end{cases}\tag{3-49}$$

可类似得到

$$\begin{cases}\dfrac{\partial^2 F}{\partial x\partial z}=g(R)p_{xz}\\\dfrac{\partial^2 F}{\partial y\partial z}=g(R)p_{yz}\\\dfrac{\partial^2 F}{\partial y^2}=g(R)p_{yy}+f(R)\\\dfrac{\partial^2 F}{\partial z^2}=g(R)p_{zz}+f(R)\end{cases}\tag{3-50}$$

因此可得

$$\begin{aligned}\left(k^2\overline{\overline{\boldsymbol{I}}}+\nabla\nabla\right)F&=\begin{bmatrix}g(R)p_{xx}+h(R)&g(R)p_{xy}&g(R)p_{xz}\\g(R)p_{xy}&g(R)p_{yy}+h(R)&g(R)p_{yz}\\g(R)p_{xz}&g(R)p_{yz}&g(R)p_{zz}+h(R)\end{bmatrix}\\&=\frac{g(R)}{R}\begin{bmatrix}(x-x_0)\boldsymbol{R}\\(y-y_0)\boldsymbol{R}\\(z-z_0)\boldsymbol{R}\end{bmatrix}+h(R)\overline{\overline{\boldsymbol{I}}}\\&=\frac{g(R)}{R}\left\{\left((x-x_0)\boldsymbol{e}_x+(y-y_0)\boldsymbol{e}_y+(z-z_0)\boldsymbol{e}_z\right)\boldsymbol{R}\right\}+h(R)\overline{\overline{\boldsymbol{I}}}\\&=\frac{g(R)}{R}\boldsymbol{R}\boldsymbol{R}+h(R)\overline{\overline{\boldsymbol{I}}}\\&=g(R)R\boldsymbol{e}_R\boldsymbol{e}_R+h(R)\overline{\overline{\boldsymbol{I}}}\end{aligned}\tag{3-51}$$

于是，电流源激励情况下矢量时间反演电场的表达式如下：

$$\begin{aligned}\boldsymbol{E}^{\mathrm{TR}}(\boldsymbol{r},\boldsymbol{r}_0;\omega) &= -\frac{\omega\mu}{\lambda}\left[\frac{g(R)R}{k^2}\boldsymbol{e}_R\boldsymbol{e}_R+\frac{h(R)}{k^2}\overline{\overline{\boldsymbol{I}}}\right]\boldsymbol{i}^*(\omega)\\ &= -\frac{\omega\mu}{\lambda}\left\{\begin{aligned}&\left[-\frac{\sin kR}{kR}-\frac{3\cos kR}{(kR)^2}+\frac{3\sin kR}{(kR)^3}\right]\boldsymbol{e}_R\boldsymbol{e}_R\\ &+\left[\frac{\sin kR}{kR}+\frac{\cos kR}{(kR)^2}-\frac{\sin kR}{(kR)^3}\right]\overline{\overline{\boldsymbol{I}}}\end{aligned}\right\}\boldsymbol{i}^*(\omega)\end{aligned} \tag{3-52}$$

式中，$\boldsymbol{e}_R$为从源点指向场点的单位矢量；$\overline{\overline{\boldsymbol{I}}}$为单位并矢。式(3-52)为两个矢量的叠加，随着矢量 $\boldsymbol{i}$ 方向的改变，此式的计算结果也会发生较大的改变。其中第一项为沿$\boldsymbol{e}_R$方向的矢量，第二项为与矢量$\boldsymbol{i}$同方向的矢量。当$\boldsymbol{e}_R$与$\boldsymbol{i}$的方向一致时(记为情形一)，两矢量进行同相位的叠加；当$\boldsymbol{e}_R$与$\boldsymbol{i}$相互垂直时(记为情形二)，式(3-52)中第一项等于零，只有与$\boldsymbol{i}$同方向的第二项矢量存在。

式(3-52)中两个中括号代表的两项系数随kR值的变化情况如图 3-4 所示。在初始源点附近(当$kR < 2.5$时)，两项的系数均为正值，显然，情形二的计算结果要比情形一的计算结果小，即情形二的反演场幅度值在初始源点附近沿径向的衰减速度比情形一更快，因此可以推测，当观测平面经过初始源点所在位置点时，在与初始源点极化方向垂直的平面内时间反演场的聚焦斑要比平行于初始源点极化方向的平面内的聚焦斑小。

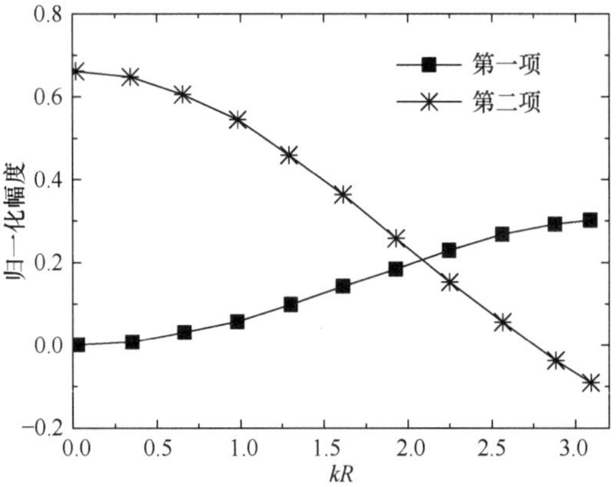

图 3-4　矢量时间反演电场表达式(3-52)中两项的系数随 kR 值的变化情况

下面通过一个实际算例来观察矢量时间反演场的空间聚焦分布情况。假设有一个位于坐标原点处且沿 z 方向极化的激励电流源，其电流密度为$\boldsymbol{i}=(0,0,1)$。在与激励源极化方向平行的 xz 平面内，按式(3-52)计算所得到的矢量时间反演场幅度分布如图 3-5 所示，表现出了明显的空间各向异性，这与标量场的各向同性有着本质的不同。在垂直于初始源极化的方向，即沿 x 轴方向，时间反演场的聚焦效果比沿 z 方向的聚焦效果更好。在 xz 平面内，x 方向的聚焦效果较其他所有方向都要好，z 方向的聚焦效果则是所有方向中最差的。图 3-6 给出了矢量时间反演场沿特定方向的幅度值随距离的分布情况，以及其与标量时间反演场分布的对比。

在 z 方向，即平行于初始电流源极化的方向，矢量时间反演场幅度的衰减速度比标量情况还慢，这说明此时矢量场的聚焦效果比标量情况要差，但是从图 3-6 中可以发现其尾部的振荡很小；在 x 方向，即垂直于初始电流源极化的方向，矢量时间反演场的衰减速度比标量情况更快，即说明矢量场的聚焦效果比标量情况要好，而且其尾部振荡与标量情况基本一致。而在其他方向，反演场幅度的变化情况则是居于两者之间，并且变化程度是一个渐变的过程。

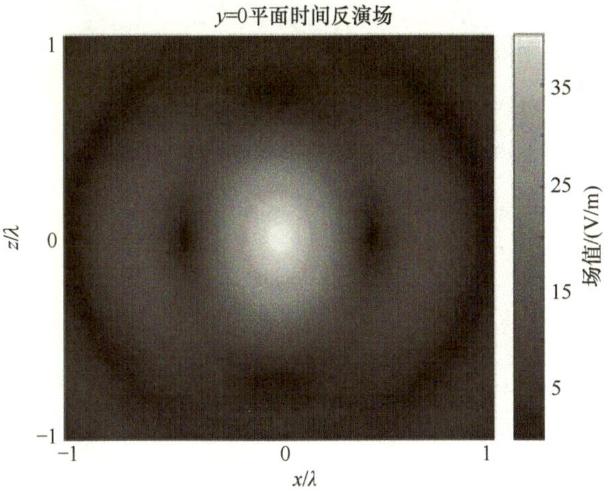

图 3-5 矢量时间反演场的幅度分布

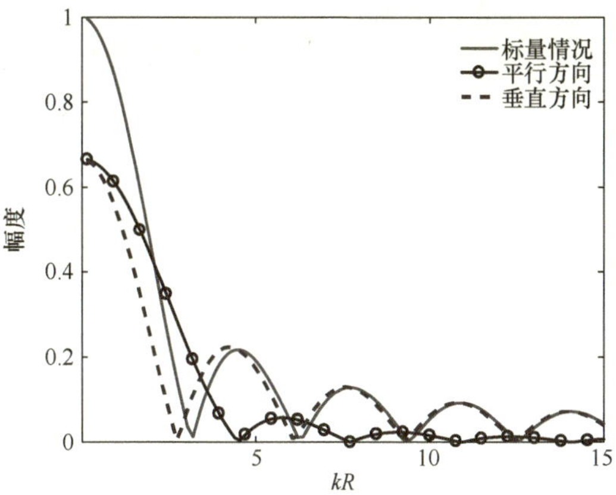

图 3-6 矢量时间反演场沿特定方向的幅度分布

由标量场的分析结果可以知道，其反演场的第一个过零点位置对应半波长的位置。根据瑞利准则，若通过反演场聚焦斑的强度大小来区分目标，两个光斑能够被区分开的前提条件是一个光斑的最大幅度值所对应的位置刚好与另一个光斑的幅度极小值所对应的位置发生重叠。据此准则可知，自由空间标量时间反演场对应的极限分辨率为半波长。前述矢量时间反演场的求解结果表明矢量场的时间反演场展现出了比标量情况更佳的聚焦效果。同样根据瑞利准则可知，自由空间中矢量场的时间反演场所对应的极限分辨率是优于半波长的。同时不难推出以下结论：为了得到最佳的时间反演场聚焦分辨率，最好使得源的极化方向与待分辨平面呈相互垂直的关系。

2. *初始激励源为磁流元时的时间反演场*

当初始激励源为磁流元时，反演场的求解可以按照类似方法完成，只是计算过程当中的格林函数选取不一样。具体的求解步骤如下所示。

步骤 1：在 $\boldsymbol{r}=\boldsymbol{r}_0$ 位置处放置一个磁流密度为 $\delta(\boldsymbol{r}-\boldsymbol{r}_0)\boldsymbol{i}^{\mathrm{m}}(\omega)$ 的任意磁流元，在一个包围该磁流元的闭合面 S 上记录由此源产生的初始入射电场：

$$\boldsymbol{E}(\boldsymbol{r},\boldsymbol{r}_0)\big|\boldsymbol{r}\in S=-\overline{\overline{\boldsymbol{G}}}_{\mathrm{m}}(\boldsymbol{r},\boldsymbol{r}_0)\cdot\boldsymbol{i}^{\mathrm{m}}\big|\boldsymbol{r}\in S \tag{3-53}$$

式中，$\overline{\overline{\boldsymbol{G}}}_{\mathrm{m}}(\boldsymbol{r},\boldsymbol{r}_0)$ 为磁并矢格林函数，其与电并矢格林函数 $\overline{\overline{\boldsymbol{G}}}_{\mathrm{e}}(\boldsymbol{r},\boldsymbol{r}_0)$ 之间的关系为

$$\overline{\overline{\boldsymbol{G}}}_{\mathrm{m}}(\boldsymbol{r},\boldsymbol{r}_0)=\nabla\times\overline{\overline{\boldsymbol{G}}}_{\mathrm{e}}(\boldsymbol{r},\boldsymbol{r}_0) \tag{3-54}$$

步骤 2：将接收到的场进行时间反转操作，在频域取共轭，得到

$$\boldsymbol{E}^*(\boldsymbol{r},\boldsymbol{r}_0)\big|\boldsymbol{r}\in S=-\overline{\overline{\boldsymbol{G}}}_{\mathrm{m}}^*(\boldsymbol{r},\boldsymbol{r}_0)\cdot\boldsymbol{i}^{\mathrm{m}*}\big|\boldsymbol{r}\in S \tag{3-55}$$

步骤 3：将初始激励磁流源取出，把 $\boldsymbol{E}^*(\boldsymbol{r},\boldsymbol{r}_0)\big|\boldsymbol{r}\in S=-\overline{\overline{\boldsymbol{G}}}_{\mathrm{m}}^*(\boldsymbol{r},\boldsymbol{r}_0)\cdot\boldsymbol{i}^{\mathrm{m}*}\big|\boldsymbol{r}\in S$ 作为次生源置于

闭合面 S 上，此次生源在闭合腔内产生的场称为时间反演场，记为 $\boldsymbol{E}^{\mathrm{TR}}\left(\boldsymbol{r},\boldsymbol{r}_0\right)$。

利用并矢格林定理和公式 $\nabla\cdot\left(\boldsymbol{a}\times\overline{\overline{\boldsymbol{b}}}\right)=\left(\nabla\times\boldsymbol{a}\right)\cdot\overline{\overline{\boldsymbol{b}}}-\boldsymbol{a}\cdot\left(\nabla\times\overline{\overline{\boldsymbol{b}}}\right)$(其中 $\boldsymbol{a}$ 为任意矢量，$\overline{\overline{\boldsymbol{b}}}$ 为任意并矢)，可推得时间反演场如下：

$$\begin{aligned}
\boldsymbol{E}^{\mathrm{TR}}\left(\boldsymbol{r},\boldsymbol{r}_0\right)&=\oiint_S\begin{pmatrix}\overline{\overline{\boldsymbol{G}}}_{\mathrm{e}}\left(\boldsymbol{r}',\boldsymbol{r}\right)\times\nabla'\times\boldsymbol{E}^*\left(\boldsymbol{r}',\boldsymbol{r}_0\right)\\-\boldsymbol{E}^*\left(\boldsymbol{r}',\boldsymbol{r}_0\right)\times\nabla'\times\overline{\overline{\boldsymbol{G}}}_{\mathrm{e}}\left(\boldsymbol{r}',\boldsymbol{r}\right)\end{pmatrix}\cdot\boldsymbol{n}'\mathrm{d}S'\\
&=\iiint_V\left(\boldsymbol{E}^*\left(\boldsymbol{r}',\boldsymbol{r}_0\right)\cdot\nabla'\times\nabla'\times\overline{\overline{\boldsymbol{G}}}_{\mathrm{e}}\left(\boldsymbol{r}',\boldsymbol{r}\right)-\overline{\overline{\boldsymbol{G}}}_{\mathrm{e}}\left(\boldsymbol{r}',\boldsymbol{r}\right)\cdot\nabla'\times\nabla'\times\boldsymbol{E}^*\left(\boldsymbol{r}',\boldsymbol{r}_0\right)\right)\mathrm{d}V'\\
&=\iiint_V\left\{\begin{array}{l}\boldsymbol{E}^*\left(\boldsymbol{r}',\boldsymbol{r}_0\right)\cdot\left(k^2\overline{\overline{\boldsymbol{G}}}_{\mathrm{e}}\left(\boldsymbol{r}',\boldsymbol{r}\right)+\delta\left(\boldsymbol{r}'-\boldsymbol{r}\right)\overline{\overline{\boldsymbol{I}}}\right)\\-\overline{\overline{\boldsymbol{G}}}_{\mathrm{e}}\left(\boldsymbol{r}',\boldsymbol{r}\right)\cdot\left[k^2\boldsymbol{E}^*\left(\boldsymbol{r}',\boldsymbol{r}_0\right)-\nabla'\times\left(\delta\left(\boldsymbol{r}'-\boldsymbol{r}_0\right)\boldsymbol{i}^{\mathrm{m}*}\right)\right]\end{array}\right\}\mathrm{d}V'\\
&=\iiint_V\left\{\delta\left(\boldsymbol{r}-\boldsymbol{r}'\right)\boldsymbol{E}^*\left(\boldsymbol{r}',\boldsymbol{r}_0\right)+\nabla'\times\left(\delta\left(\boldsymbol{r}'-\boldsymbol{r}_0\right)\boldsymbol{i}^{\mathrm{m}*}\right)\cdot\overline{\overline{\boldsymbol{G}}}_{\mathrm{e}}\left(\boldsymbol{r}',\boldsymbol{r}\right)\right\}\mathrm{d}V'\\
&=\boldsymbol{E}^*\left(\boldsymbol{r},\boldsymbol{r}_0\right)+\iiint_V\left\{\begin{array}{l}\delta\left(\boldsymbol{r}'-\boldsymbol{r}_0\right)\boldsymbol{i}^{\mathrm{m}*}\cdot\overline{\overline{\boldsymbol{G}}}_{\mathrm{m}}\left(\boldsymbol{r}',\boldsymbol{r}\right)\\+\nabla'\cdot\left[\delta\left(\boldsymbol{r}'-\boldsymbol{r}_0\right)\boldsymbol{i}^{\mathrm{m}*}\times\overline{\overline{\boldsymbol{G}}}_{\mathrm{m}}\left(\boldsymbol{r}',\boldsymbol{r}\right)\right]\end{array}\right\}\mathrm{d}V'\\
&=-\overline{\overline{\boldsymbol{G}}}{}^*_{\mathrm{m}}\left(\boldsymbol{r},\boldsymbol{r}_0\right)\cdot\boldsymbol{i}^{\mathrm{m}*}+\overline{\overline{\boldsymbol{G}}}_{\mathrm{m}}\left(\boldsymbol{r},\boldsymbol{r}_0\right)\cdot\boldsymbol{i}^{\mathrm{m}*}+\oiint_S\left[\delta\left(\boldsymbol{r}'-\boldsymbol{r}_0\right)\boldsymbol{i}^{\mathrm{m}*}\times\overline{\overline{\boldsymbol{G}}}_{\mathrm{m}}\left(\boldsymbol{r}',\boldsymbol{r}\right)\right]\cdot\boldsymbol{n}'\mathrm{d}S'\\
&=\left\{\overline{\overline{\boldsymbol{G}}}_{\mathrm{m}}\left(\boldsymbol{r},\boldsymbol{r}_0\right)-\overline{\overline{\boldsymbol{G}}}{}^*_{\mathrm{m}}\left(\boldsymbol{r},\boldsymbol{r}_0\right)\right\}\cdot\boldsymbol{i}^{\mathrm{m}*}
\end{aligned}\tag{3-56}$$

与前述分析电流元对应的矢量时间反演场类似，当待考察的区域为自由空间或者观测时间反演场的场点 $\boldsymbol{r}$ 与初始激励源点 $\boldsymbol{r}_0$ 之间的距离无限接近时，式(3-54)等号右边的格林函数可以取为自由空间中的电并矢格林函数，即

$$\overline{\overline{\boldsymbol{G}}}_{\mathrm{e}}\left(\boldsymbol{r},\boldsymbol{r}_0\right)\approx\left(\overline{\overline{\boldsymbol{I}}}+\frac{\nabla\nabla}{k^2}\right)\frac{\mathrm{e}^{-\mathrm{j}k\left|\boldsymbol{r}-\boldsymbol{r}_0\right|}}{4\pi\left|\boldsymbol{r}-\boldsymbol{r}_0\right|}\tag{3-57}$$

将其代入式(3-54)即可得到相应的磁并矢格林函数为

$$\overline{\overline{\boldsymbol{G}}}_{\mathrm{m}}\left(\boldsymbol{r},\boldsymbol{r}_0\right)=\nabla\times\overline{\overline{\boldsymbol{G}}}_{\mathrm{e}}\left(\boldsymbol{r},\boldsymbol{r}_0\right)\approx\nabla\left(\frac{\mathrm{e}^{-\mathrm{j}k\left|\boldsymbol{r}-\boldsymbol{r}_0\right|}}{4\pi\left|\boldsymbol{r}-\boldsymbol{r}_0\right|}\right)\times\overline{\overline{\boldsymbol{I}}}\tag{3-58}$$

继而可由式(3-56)得到磁流源激励情况下的矢量时间反演电场的表达式为

$$\begin{aligned}
\boldsymbol{E}^{\mathrm{TR}}\left(\boldsymbol{r},\boldsymbol{r}_0\right)&=\left\{\overline{\overline{\boldsymbol{G}}}_{\mathrm{m}}\left(\boldsymbol{r},\boldsymbol{r}_0\right)-\overline{\overline{\boldsymbol{G}}}{}^*_{\mathrm{m}}\left(\boldsymbol{r},\boldsymbol{r}_0\right)\right\}\cdot\boldsymbol{i}^{\mathrm{m}*}\\
&=\nabla\left[\frac{\mathrm{j}\sin\left(-k\left|\boldsymbol{r}-\boldsymbol{r}_0\right|\right)}{2\pi\left|\boldsymbol{r}-\boldsymbol{r}_0\right|}\right]\times\overline{\overline{\boldsymbol{I}}}\cdot\boldsymbol{i}^{\mathrm{m}*}=\frac{-\mathrm{j}k}{2\pi}\nabla\left(\frac{\sin kR}{kR}\right)\times\overline{\overline{\boldsymbol{I}}}\cdot\boldsymbol{i}^{\mathrm{m}*}
\end{aligned}\tag{3-59}$$

因为

$$\begin{aligned}
\nabla\left(\frac{\sin kR}{kR}\right)\times\overline{\overline{\boldsymbol{I}}}&=\frac{kR\cos kR-\sin kR}{kR^3}\left[\left(x-x_0\right)\boldsymbol{e}_x+\left(y-y_0\right)\boldsymbol{e}_y+\left(z-z_0\right)\boldsymbol{e}_z\right]\times\overline{\overline{\boldsymbol{I}}}\\
&=f\left(R\right)\boldsymbol{R}\times\overline{\overline{\boldsymbol{I}}}
\end{aligned}$$

$$=f(R)\begin{vmatrix} 0 & z_0-z & y-y_0 \\ z-z_0 & 0 & x_0-x \\ y_0-y & x-x_0 & 0 \end{vmatrix} \tag{3-60}$$

所以，由式(3-59)可得

$$\boldsymbol{E}^{\mathrm{TR}}(\boldsymbol{r},\boldsymbol{r}_0)=\frac{-\mathrm{j}k}{2\pi}f(R)\begin{vmatrix} 0 & z_0-z & y-y_0 \\ z-z_0 & 0 & x_0-x \\ y_0-y & x-x_0 & 0 \end{vmatrix}\cdot\boldsymbol{i}^{\mathrm{m}*} \tag{3-61}$$

假设初始激励磁流源为一个沿 x 方向极化的单位磁流源，根据式(3-61)计算对应的时间反演场，分别考察其沿不同方向的幅度分布情况，结果如图 3-7 所示。可见，磁流源对应的时间反演场仍然呈现各向异性的空间分布，并且磁流源与电流源对应的时间反演场有很大的差异。

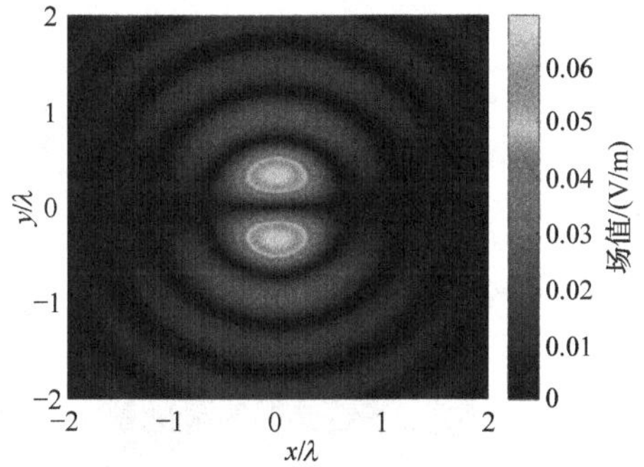

(a) z=0平面时间反演场

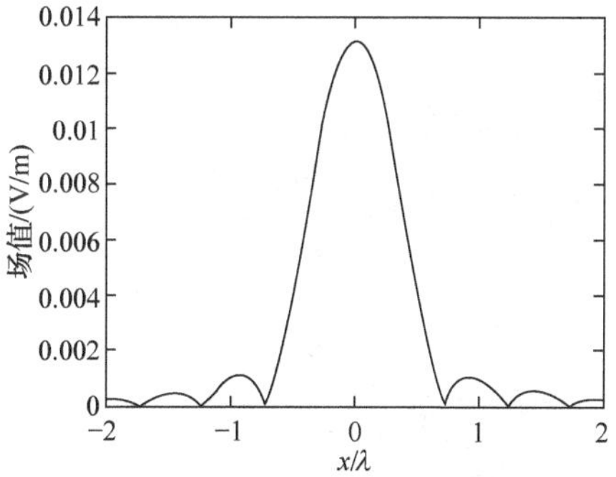

(b) y=0.04λ直线上时间反演场

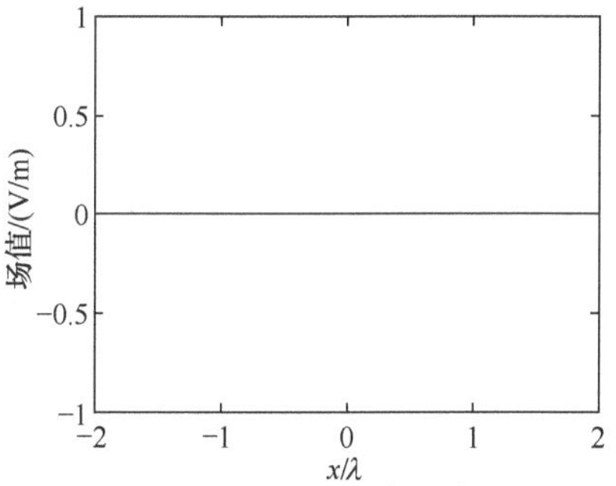

(c) y=0直线上时间反演场

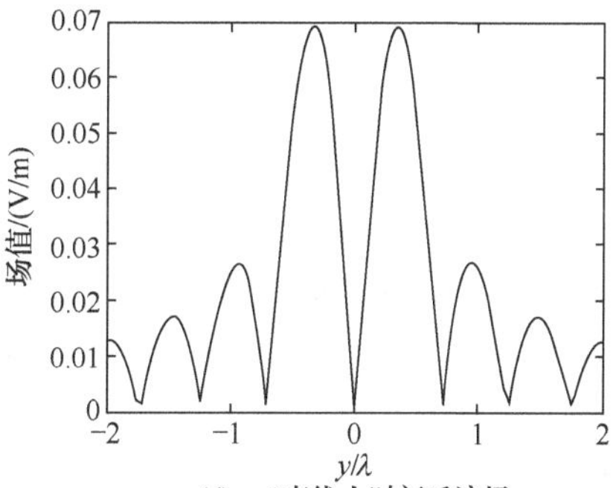

(d) x=0直线上时间反演场

图 3-7　单位磁流源对应的时间反演场幅度分布

在沿着初始源的极化方向上，过源所在位置的中心线上反演场幅度为零。而在略微偏离中心线的地方(依旧沿着初始源的极化方向)，反演场的聚焦斑则较标量场的聚焦斑略大一些，这与电流源的矢量时间反演场聚焦情况类似。然而在垂直于初始磁流源极化的方向，则与电流源的结果完全不同，其反演场强最大值点不处于初始源所在位置，初始源所在位置处反演场强反而为零，而且聚焦斑的大小也比半波长要小。

电流源与磁流源的聚焦位置不同，将两者进行合理的组合，有望实现更佳的聚焦效果。

3. 由时间反演场确定初始激励源的位置

从前面内容可知，当自由空间的初始激励源独立存在时，时间反演场在初始激励源位置具有明显的聚焦，但在包含初始激励源极化方向的平面上，由于极化方向的影响，时间反演聚焦斑并不呈旋转对称分布。事实上，在与初始激励电偶极子源或磁偶极子源垂直的平面上，时间反演场是旋转对称的，从图 3-8 中能够直观地观察到聚焦现象并准确判定初始激励电流源的位置。

但是，当在观测区域内同时存在多个距离很近的激励源时，由于不同初始激励源对应的时间反演场之间会发生复杂的干涉，直接观察到的时间反演场将会变得复杂，无法直接区分准确的聚焦位置，容易造成聚焦误判。当各个初始激励源还具有复杂的幅度和相位关系时，互相的影响将更为严重。例如，三个激励源的坐标分别为$(-\lambda,\lambda)$、$(0,\lambda)$、$(\lambda,-\lambda)$，幅相关系分别为$1e^{j0}$、$0.5e^{j0}$、$1e^{j\pi}$，在位于原点附近的区域内的时间反演场分布如图 3-9 所示。由于各源对应的时间反演场之间的互相影响，幅值较小的初始激励源位置并未观察到明显的聚焦现象，并且在不存在初始激励源的其他位置处，还形成了较多的场斑。在此情况下，无法直接从时间反演聚焦场中判定初始激励源的位置。

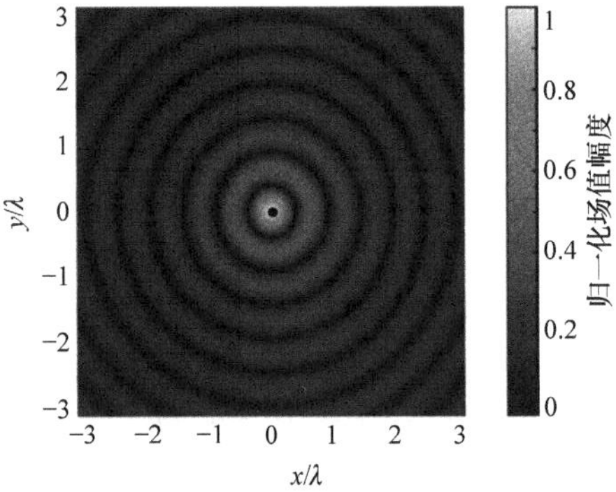

图 3-8 单激励源的归一化时间反演场分布

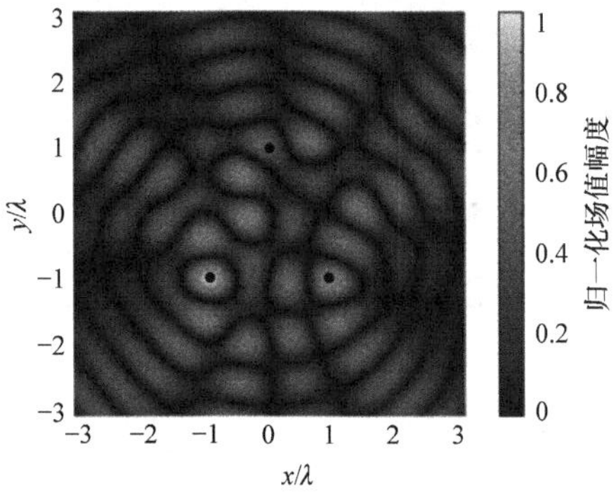

图 3-9 三个激励源的归一化时间反演场分布

在不考虑各个激励源之间相互干扰的前提下，聚焦区域总时间反演场可以认为是激励源分布和单一激励源形成的时间反演场的卷积，因此只要能够获取单一激励源的反演场，就能够通过逆卷积运算获得激励源分布。为了实现逆卷积运算，可以将 CLEAN 算法引入时间反演系统中来。CLEAN 算法是一种有效的逆卷积算法，已在通信信道提取、天文图像质量提高等方面有了广泛的应用[7]。

为了获取时间反演场对应的初始激励源的位置，可以以单个初始激励源的时间反演场为模板，利用 CLEAN 算法对多个初始激励源对应的总时间反演场分布进行处理，处理步骤如下所示。

步骤 1：记录所得到的成像区域内的时间反演场，并创建一个各点均为 0 的源分布函数(即点源分布图的迭代初值)。

步骤 2：通过逐点扫描的方式，找到成像区域内与单一激励源的时间反演场相关性最高的位置，将相关系数 a 的 m 倍与源分布函数在该点的值相加。为了算法的稳定，m 取小于 1 的数值。

步骤 3：在成像区域内总场的相应位置中减去 ma 倍单初始激励源对应的时间反演场。

步骤 4：重复步骤 2 和步骤 3，直到成像区域内各处的场均低于事先设定的阈值，即采用迭代去卷积的方法获得接近准确值的点源分布图，就得到了总时间反演场对应的初始激励源的位置。

按照上面提到的方法，对图 3-9 所示三个激励源场景下所得到的时间反演场进行处理，得到的初始激励源位置如图 3-10 所示。处理结果表明，使用 CLEAN 算法从时间反演场中获取初始激励源位置的方案切实可行，这有助于时间反演多目标成像的实现。需要指出的是，本节所介绍的都是单频时间反演场的特性，宽带时间反演场可以看作多个单频时间反演场的叠加，具有与单频时间反演场不同的性能表现。例如，宽带时间反演场各个频点的聚焦场会在初始激励源位置处同相叠加，而在非初始激励源位置处部分叠加或相互抵消，从而可以减弱图 3-9 所示的影响初始激励源位置判断的散斑。

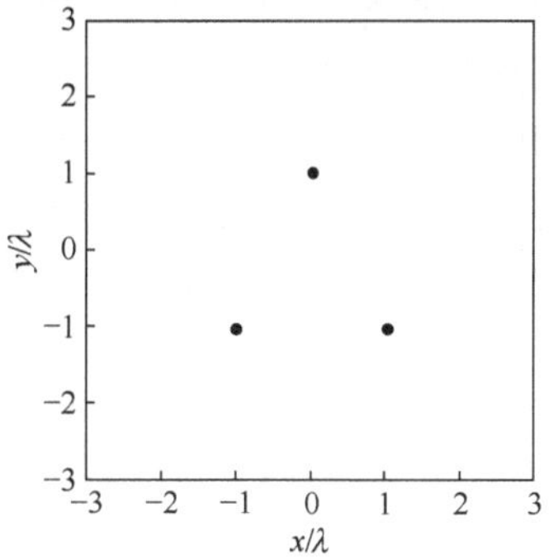

图 3-10　CLEAN 算法获得的三个初始激励源的位置

3.3　时间反演镜

时间反演腔实验需要在整个闭合面上布满接收/发射信号的天线阵列，多数情况下，这种条件是很难满足的。通常在一个有限的角度范围内布置接收/发射信号的天线阵列，构成时间反演镜[8]。时间反演镜的选取会对聚焦结果造成一定的影响，不论是时间反演镜的数量、排布，还是时间反演镜所实际使用的天线形式，都将影响时间反演场的汇聚效果。

为了展示时间反演镜分布对时间反演场的影响以及可行的修正方案，首先分析当时间反演镜均匀地排布在远场圆周上时，时间反演场的分布情况。当单一激励源位于原点，时间反演镜均匀地分布在距离源点 50 倍波长的圆周上时，对应的时间反演场如图 3-11 所示，图中黑色圆点表示

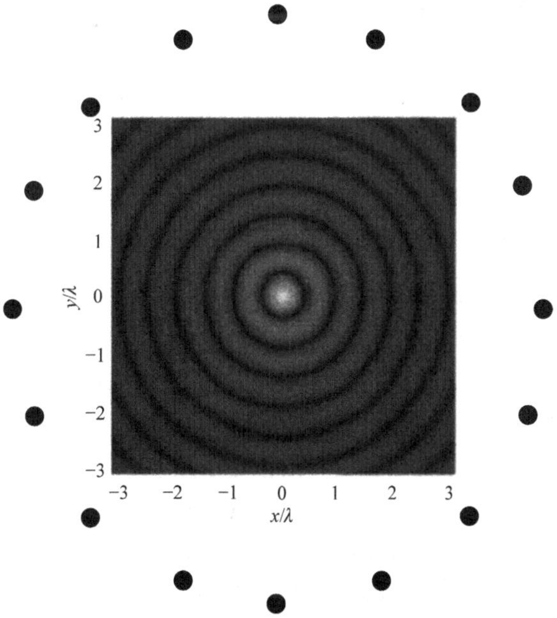

图 3-11　当时间反演镜等间距均匀分布在圆周上时，单激励源的归一化时间反演场分布

时间反演镜的排布情况。从图 3-11 中可以看出，单激励源在时间反演镜等间距均匀分布在圆周上时所形成的时间反演场也相对均匀，在所有的方向基本保持一致，时间反演场呈旋转对称。

但是，当离散时间反演镜不再均匀地分布在圆周上，而是等角间距地分布在椭圆周上或者不等角地分布在圆周上时，可以得到原点处单一激励源的时间反演场分布如图 3-12(a)和(b)所示，图中黑色圆点表示时间反演镜的排布情况。从图 3-12 中可以看出，图 3-12(a)和(b)所示的时间反演场分布已经与图 3-11 所示的均匀情况下的时间反演场分布有了很大的不同。虽然在初始激励源处仍能观察到明显的聚焦现象，但图 3-12(a)所示的聚焦斑在椭圆长轴方向被明显拉长，且时间反演场强度在椭圆长轴方向明显弱于椭圆短轴方向。

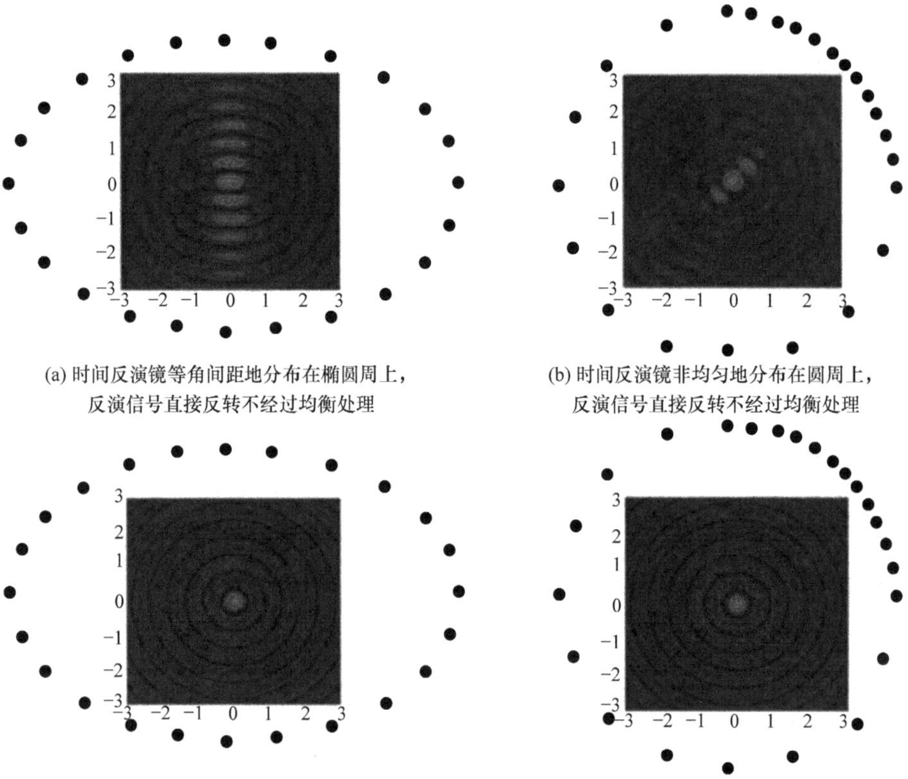

(a) 时间反演镜等角间距地分布在椭圆周上，反演信号直接反转不经过均衡处理

(b) 时间反演镜非均匀地分布在圆周上，反演信号直接反转不经过均衡处理

(c) 时间反演镜等角间距地分布在椭圆周上，反演信号经过均衡处理

(d) 时间反演镜非均匀地分布在圆周上，反演信号经过均衡处理

图 3-12　单一激励源的归一化时间反演场分布[9]

当不同的时间反演镜距离初始激励源的空间距离不同时，激励源发射的信号到达时间反演镜时会有强度的差别。一般情况下，距激励源位置越近的时间反演镜，接收到的信号强度越强。针对时间反演镜在椭圆周上分布的情况，若直接进行时间反演操作，虽然通过对各个时间反演镜处信号的相位补偿能够使时间反演场仍然在初始激励源位置汇聚，但从椭圆短轴方向的时间反演镜处发出的信号将具有更高的信号强度。该场经过空间传输到达初始激励源处时，由于传输距离较短，会使得该方向上的场强更强。

时间反演场会随时间反演镜的排布而变化，是因为在将时间反演腔离散为时间反演镜的过程中，如果每个时间反演镜所代表的区域大小不同，直接在时间反演镜处进行信号反转并不能准确地对时间反演腔上的积分进行近似，因此为了得到理想的时间反演场，需要使每个时间反演镜对应的积分区域相同。在实际的环境中，如果每个时间反演镜所对应的积分区域不同，则需要在信号反转的同时进行均衡。均衡的依据为将时间反演镜接收的信号分别乘以所对应的积分区域面积。在时间反演镜对应的区域内场值分布近似相同且远场传播方向沿球面法线方向的近似条件下，该均衡方法能够有效地还原理想的时间反演场。图 3-12(c)和(d)分别给出了经过均衡算法后，时间反演镜分布在椭圆周上，以及当时间反演镜非均匀地分布在圆周上时得到的时间反演场的分布情况。可以看出，经过均衡后所得到的时间反演场与理想的旋转对称时间反演场相一致。

在时间反演腔模型中，天线阵列截获的源辐射传播矢量的角谱分布是整个 4π 立体角，而时间反演镜模型的天线阵列只能截获来自源辐射传播矢量的有限角谱范围的信息。因此，当时间反演镜天线的数量很多、获取信息的角谱范围接近全空间时，使用时间反演镜模型获得的时间反演场性能与时间反演腔情况类似；当时间反演镜天线的数量较少时，与时间反演腔情况相比，使用时间反演镜模型获得的时间反演场空间聚焦程度会减弱。然而，在具有复杂边界条件或存在随机散射的复杂传播环境中，由于丰富的多重散射或多重反射存在，时间反演镜天线阵列截获的源辐射传播矢量的角谱分量会有较多增加，时间反演镜的视在孔径会远大于其在均匀自由空间中的常规孔径，时间反演场的空间聚焦程度会有较大的改善。

例如，在时间反演腔模型中，只保留一小部分天线阵列作为时间反演镜，而把闭合面的其余部分用理想反射面代替。这种情况下，由于时间反演镜孔径有限，许多来自源辐射的角谱分量不能直接进入天线阵列，发生泄漏；但是，由于理想反射面的多重反射作用，部分泄漏的角谱分量会通过多次反射后重新进入天线阵列，如图 3-13 所示，因此时间反演镜的视在孔径增加，其增加程度依赖于多重反射的丰富程度和时间反演窗 T 的大小，即在时域记录并反演信号的时间长度。

在开放的空间，只要传播空间存在丰富的多重散射或多重反射，时间反演镜的视在孔径也会远大于其常规意义下的孔径尺寸。如图 3-14 所示，时间反演过程的电磁波传播穿过随机介质，由随机介质引起丰富的多重散射，使位于右侧的时间反演镜的视在孔径大大增加，导致时间反演场在左侧源区的时空聚焦效果增强。

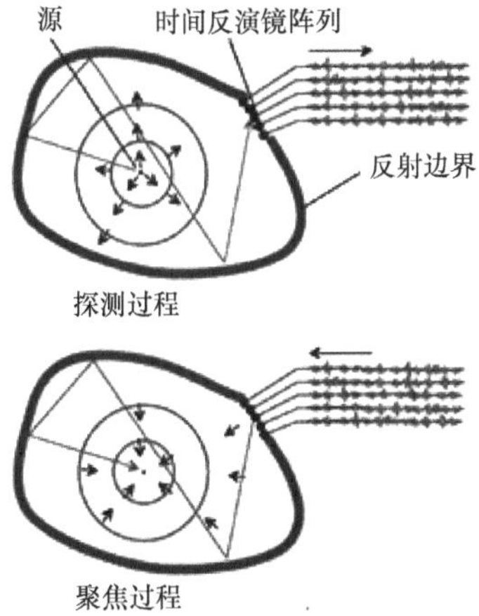

图 3-13　被反射腔闭合的时间反演镜模型

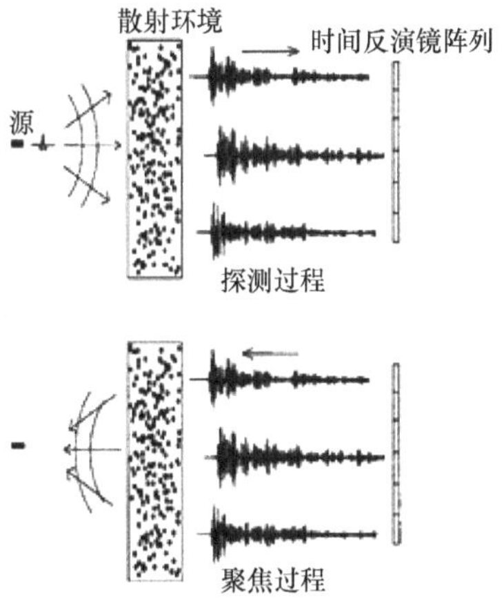

图 3-14　穿过随机介质的时间反演镜模型[4]

参 考 文 献

[1] FINK M. Time reversal of ultrasonic fields. I. Basic principles[J]. IEEE transactions on ultrasonics, ferroelectrics,

and frequency control, 1992, 39(5): 555-566.

[2] WU F, THOMAS J L, FINK M. Time reversal of ultrasonic fields. II. Experimental results [J]. IEEE transactions on ultrasonics, ferroelectrics, and frequency control, 1992, 39(5): 567-578.

[3] CASSEREAU D, FINK M. Time-reversal of ultrasonic fields. III. Theory of the closed time-reversal cavity[J]. IEEE transactions on ultrasonics, ferroelectrics and frequency control, 1992, 39(5): 579-592.

[4] FINK M, CASSEREAU D, DERODE A, et al. Time-reversed acoustics[J]. Reports on progress in physics, 2000, 63(12): 1933-1995.

[5] CARMINATI R, PIERRAT R, DE ROSNY J, et al. Theory of the time reversal cavity for electromagnetic fields[J]. Optics letters, 2007, 32(21): 3107-3109.

[6] 龚志双. 基于电磁时间反演的远场高分辨率成像技术研究[D]. 成都: 电子科技大学, 2018.

[7] TSAO J, STEINBERG B D. Reduction of sidelobe and speckle artifacts in microwave imaging: the CLEAN technique[J]. IEEE transactions on antennas and propagation, 1988, 36(4): 543-556.

[8] DE ROSNY J, LEROSEY G, FINK M. Theory of electromagnetic time-reversal mirrors[J]. IEEE transactions on antennas and propagation, 2010, 58(10): 3139-3149.

[9] 臧锐, 王秉中, 丁帅, 等. 基于反演场扩散消除的时间反演多目标成像技术[J]. 物理学报, 2016, 65(20): 59-64.

习　题

3-1 证明 $\boldsymbol{E}(\boldsymbol{r},T-t)$、$\boldsymbol{H}(\boldsymbol{r},T-t)$是波动方程的解。

3-2 通过数学推导证明时域反演与频域共轭是等价的；进一步，如果时间反演不是用 $-t$ 置换 t，而是更一般地用 $T-t$ 置换 t（T 为一个常数），给出时域反演与频域共轭等价的数学形式。

3-3 通过数学推导证明式(3-23)。

第4章 时间反演电磁波在腔体内的聚焦特性

腔体(包括封闭腔和半封闭腔)是电磁学领域常见的结构，如谐振腔、波导等。大量近似封闭的金属腔体内也需要无线通信，如集装箱内货品的识别、装甲战车内的无线传感、潜艇内的无线传感和通信、太空舱内的无线传感和通信等。但是，金属腔体内的多径效应尤为显著，这对于通常的超宽带或宽带无线通信而言是不利的。然而，时间反演技术恰恰能够利用多径效应来获得高的信号增益，并且能够自适应地寻找通信目标，其良好的空时同步聚焦特性有助于实现自适应高速率的通信。在前面的章节讨论了时间反演电磁波在自由空间的传播特性，本章将增加金属边界条件的限制，讨论时间反演电磁波在封闭腔和半封闭波导内的传播和聚焦特性。在前面的章节中，对于一个特定的初始激励源，时间反演电磁波将会聚焦且只会聚焦到该初始激励源处。事实上，时间反演电磁场并非必然造就唯一的空间聚焦点，本章将会展示时间反演电磁场的聚焦特性与边界条件的密切联系。

4.1 边界条件对时间反演电磁场空间聚焦模式的影响

4.1.1 矩形金属腔中的时间反演多中心聚焦

1. 矩形金属腔中多中心聚焦效应分析

真空矩形金属腔体($L_a \times L_b \times L_c$)内，处于$\boldsymbol{R}_{\mathrm{T}}$点的电流元$i(t)\boldsymbol{l}$激发出一个脉冲，极化方向为$\boldsymbol{l} = l_x\hat{\boldsymbol{x}} + l_y\hat{\boldsymbol{y}} + l_z\hat{\boldsymbol{z}}$，记$\boldsymbol{R}_{\mathrm{R}}$处的探针感知到的电场为$\boldsymbol{E}(\boldsymbol{R}_{\mathrm{R}},t)$。在导体边界存在镜像对称性的情况下，镜像法[1]可以用来计算$\boldsymbol{E}(\boldsymbol{R}_{\mathrm{R}},t)$：

$$
\begin{aligned}
\boldsymbol{E}(\boldsymbol{R}_{\mathrm{R}},t) &= \int \boldsymbol{E}(\boldsymbol{R}_{\mathrm{R}},\omega)\mathrm{e}^{-\mathrm{j}\omega t}\mathrm{d}\omega \\
&= \int \sum_{n_x,n_y,n_z}^{\infty}\sum_{m=1}^{8} \overline{\overline{\boldsymbol{G}}}_0\left(\omega,\boldsymbol{R}_{\mathrm{R}},\tilde{\mathrm{T}}_{n_x n_y n_z}\boldsymbol{R}_{\mathrm{T}}^{(m)}\right)\cdot \boldsymbol{l}_m i(\omega)\mathrm{e}^{-\mathrm{j}\omega t}\mathrm{d}\omega
\end{aligned} \tag{4-1}
$$

式中，$i(t) = \int i(\omega)\mathrm{e}^{-\mathrm{j}\omega t}\mathrm{d}\omega$；$\tilde{\mathrm{T}}_{n_x n_y n_z}$是平移算子，即

$$
\begin{cases}
\tilde{\mathrm{T}}_{n_x n_y n_z}\boldsymbol{R} = \boldsymbol{R} + 2\left(n_x L_a\hat{\boldsymbol{x}} + n_y L_b\hat{\boldsymbol{y}} + n_z L_c\hat{\boldsymbol{z}}\right) \\
n_x, n_y, n_z \in \mathbb{Z}
\end{cases} \tag{4-2}
$$

$\overline{\overline{\boldsymbol{G}}}_0$是自由空间并矢格林函数，即

$$
\overline{\overline{\boldsymbol{G}}}_0\left(\omega,\boldsymbol{R}_{\mathrm{R}},\tilde{\mathrm{T}}_{n_x n_y n_z}\boldsymbol{R}_{\mathrm{T}}^{(m)}\right) = \left(\overline{\overline{\boldsymbol{I}}} + \frac{1}{k_0^2}\nabla_{(\boldsymbol{R}_{\mathrm{R}})}\nabla_{(\boldsymbol{R}_{\mathrm{R}})}\right)\frac{\mathrm{j}\omega\mu_0 \mathrm{e}^{\mathrm{j}k_0\left|\boldsymbol{R}_{\mathrm{R}} - \tilde{\mathrm{T}}_{n_x n_y n_z}\boldsymbol{R}_{\mathrm{T}}^{(m)}\right|}}{4\pi\left|\boldsymbol{R}_{\mathrm{R}} - \tilde{\mathrm{T}}_{n_x n_y n_z}\boldsymbol{R}_{\mathrm{T}}^{(m)}\right|} \tag{4-3}
$$

其中，$k_0=\omega\sqrt{\mu_0\varepsilon_0}=\omega/c$，$c$是真空光速；$\overline{\overline{\boldsymbol{I}}}$是单位并矢。事实上，镜像电流元有无穷多个，这里使用了原胞的概念，即原胞内共 8 个电流元，然后再由平移算子$\tilde{\mathrm{T}}_{n_xn_yn_z}$把原胞拓展到全空间中。如图 4-1 所示，选腔体的顶点为坐标原点，则基本原胞内的初始激励电流元和 7 个镜像电流元的位矢与极化方向分别为

$$\begin{cases}\boldsymbol{R}_{\mathrm{T}}^{(1)}=\boldsymbol{R}_{\mathrm{T}}=x_{\mathrm{T}}\hat{\boldsymbol{x}}+y_{\mathrm{T}}\hat{\boldsymbol{y}}+z_{\mathrm{T}}\hat{\boldsymbol{z}}=-\boldsymbol{R}_{\mathrm{T}}^{(8)}\\ \boldsymbol{R}_{\mathrm{T}}^{(2)}=-x_{\mathrm{T}}\hat{\boldsymbol{x}}+y_{\mathrm{T}}\hat{\boldsymbol{y}}+z_{\mathrm{T}}\hat{\boldsymbol{z}}=-\boldsymbol{R}_{\mathrm{T}}^{(7)}\\ \boldsymbol{R}_{\mathrm{T}}^{(3)}=x_{\mathrm{T}}\hat{\boldsymbol{x}}-y_{\mathrm{T}}\hat{\boldsymbol{y}}+z_{\mathrm{T}}\hat{\boldsymbol{z}}=-\boldsymbol{R}_{\mathrm{T}}^{(6)}\\ \boldsymbol{R}_{\mathrm{T}}^{(4)}=x_{\mathrm{T}}\hat{\boldsymbol{x}}+y_{\mathrm{T}}\hat{\boldsymbol{y}}-z_{\mathrm{T}}\hat{\boldsymbol{z}}=-\boldsymbol{R}_{\mathrm{T}}^{(5)}\\ \boldsymbol{l}_1=\boldsymbol{l}=l_x\hat{\boldsymbol{x}}+l_y\hat{\boldsymbol{y}}+l_z\hat{\boldsymbol{z}}=\boldsymbol{l}_8\\ \boldsymbol{l}_2=l_x\hat{\boldsymbol{x}}-l_y\hat{\boldsymbol{y}}-l_z\hat{\boldsymbol{z}}=\boldsymbol{l}_7\\ \boldsymbol{l}_3=-l_x\hat{\boldsymbol{x}}+l_y\hat{\boldsymbol{y}}-l_z\hat{\boldsymbol{z}}=\boldsymbol{l}_6\\ \boldsymbol{l}_4=-l_x\hat{\boldsymbol{x}}-l_y\hat{\boldsymbol{y}}+l_z\hat{\boldsymbol{z}}=\boldsymbol{l}_5\end{cases}\tag{4-4}$$

经过时间反演操作以及再发射之后，$\boldsymbol{R}$处的探针感知到的时间反演电场$\boldsymbol{E}^{\mathrm{TR}}(\boldsymbol{R},t)$为

$$\boldsymbol{E}^{\mathrm{TR}}(\boldsymbol{R},t)=\int\sum_{p_x,p_y,p_z}^{\infty}\sum_{q=1}^{8}\overline{\overline{\boldsymbol{G}}}_0\left(\omega,\boldsymbol{R},\tilde{\mathrm{T}}_{p_xp_yp_z}\boldsymbol{R}_{\mathrm{R}}^{(q)}\right)\cdot\boldsymbol{E}_q^*\left(\boldsymbol{R}_{\mathrm{R}}^{(q)},\omega\right)\mathrm{e}^{-\mathrm{j}\omega t}\mathrm{d}\omega\tag{4-5}$$

式中，8 个电流元的位矢和极化方向分别为

$$\begin{cases}\boldsymbol{R}_{\mathrm{R}}^{(1)}=\boldsymbol{R}_{\mathrm{R}}=x_{\mathrm{R}}\hat{\boldsymbol{x}}+y_{\mathrm{R}}\hat{\boldsymbol{y}}+z_{\mathrm{R}}\hat{\boldsymbol{z}}=-\boldsymbol{R}_{\mathrm{R}}^{(8)}\\ \boldsymbol{R}_{\mathrm{R}}^{(2)}=-x_{\mathrm{R}}\hat{\boldsymbol{x}}+y_{\mathrm{R}}\hat{\boldsymbol{y}}+z_{\mathrm{R}}\hat{\boldsymbol{z}}=-\boldsymbol{R}_{\mathrm{R}}^{(7)}\\ \boldsymbol{R}_{\mathrm{R}}^{(3)}=x_{\mathrm{R}}\hat{\boldsymbol{x}}-y_{\mathrm{R}}\hat{\boldsymbol{y}}+z_{\mathrm{R}}\hat{\boldsymbol{z}}=-\boldsymbol{R}_{\mathrm{R}}^{(6)}\\ \boldsymbol{R}_{\mathrm{R}}^{(4)}=x_{\mathrm{R}}\hat{\boldsymbol{x}}+y_{\mathrm{R}}\hat{\boldsymbol{y}}-z_{\mathrm{R}}\hat{\boldsymbol{z}}=-\boldsymbol{R}_{\mathrm{R}}^{(5)}\\ \boldsymbol{E}_1^*=\boldsymbol{E}^*=E_x^*\hat{\boldsymbol{x}}+E_y^*\hat{\boldsymbol{y}}+E_z^*\hat{\boldsymbol{z}}=\boldsymbol{E}_8^*\\ \boldsymbol{E}_2^*=E_x^*\hat{\boldsymbol{x}}-E_y^*\hat{\boldsymbol{y}}-E_z^*\hat{\boldsymbol{z}}=\boldsymbol{E}_7^*\\ \boldsymbol{E}_3^*=-E_x^*\hat{\boldsymbol{x}}+E_y^*\hat{\boldsymbol{y}}-E_z^*\hat{\boldsymbol{z}}=\boldsymbol{E}_6^*\\ \boldsymbol{E}_4^*=-E_x^*\hat{\boldsymbol{x}}-E_y^*\hat{\boldsymbol{y}}+E_z^*\hat{\boldsymbol{z}}=\boldsymbol{E}_5^*\end{cases}\tag{4-6}$$

容易看出，在前向传播过程中，多径延时的集合$\left\{\tau_{n_xn_yn_z}^{(m)}\right\}$为

$$\left\{\tau_{n_xn_yn_z}^{(m)}\right\}=\left\{\left|\boldsymbol{R}_{\mathrm{R}}-\mathrm{T}_{n_xn_yn_z}\boldsymbol{R}_{\mathrm{T}}^{(m)}\right|/c\right\}\tag{4-7}$$

在时间反演回传过程中，又有多径延时集合$\left\{\tau_{n_xn_yn_z}^{(m)}\right\}$为

$$\left\{\tau_{p_xp_yp_z}^{(q)}\right\}=\left\{\left|\boldsymbol{R}-\mathrm{T}_{p_xp_yp_z}\boldsymbol{R}_{\mathrm{R}}^{(q)}\right|/c\right\}\tag{4-8}$$

如果$\boldsymbol{R}=\boldsymbol{R}_{\mathrm{T}}$，可以证明存在双射关系：

$$\left\{\tau_{n_xn_yn_z}^{(m)}\right\}=\left\{\tau_{p_xp_yp_z}^{(q)}\right\}\tag{4-9}$$

式(4-9)也是互易性的必然结果。前向、后向延时集合之间的双射关系是时间反演传输能够实

现时间聚焦的数学机制。一般地，定义延时补偿集合 D 和延时补偿系数 η 分别为

$$\begin{cases} D=\left\{\tau_{n_xn_yn_z}^{(m)}\right\}\bigcap\left\{\tau_{p_xp_yp_z}^{(q)}\right\} \\ \eta=\dfrac{\text{Card}:D}{\text{Card}:\left\{\tau_{n_xn_yn_z}^{(m)}\right\}} \end{cases} \tag{4-10}$$

在集合 D 中，总有

$$\left\{\left|\boldsymbol{R}_{\text{R}}-\widetilde{\text{T}}_{n_xn_yn_z}\boldsymbol{R}_{\text{T}}^{(m)}\right|\right\}_D=\left\{\left|\boldsymbol{R}-\widetilde{\text{T}}_{p_xp_yp_z}\boldsymbol{R}_{\text{R}}^{(q)}\right|\right\}_D \tag{4-11}$$

如果存在 $\boldsymbol{R}=\boldsymbol{R}_{\text{focus}}$ 使得 $\eta=\eta_{\text{focus}}\in(0,1]$，那么称 $\boldsymbol{R}_{\text{focus}}$ 为聚焦点。特别地，当 $\boldsymbol{R}_{\text{focus}}=\boldsymbol{R}_{\text{T}}$ 时有 $\eta_{\text{focus}}=1$，称 $\boldsymbol{R}_{\text{T}}$ 为主聚焦点，其他 $\eta_{\text{focus}}<1$ 的聚焦点称为次聚焦点。从方程(4-11)可以得到所有聚焦点的一般解为

$$\left\{\boldsymbol{R}_{\text{focus}}\right\}=\left\{\widetilde{\text{T}}_{p_xp_yp_z}\boldsymbol{R}_{\text{R}}^{(q)}\pm\left(\boldsymbol{R}_{\text{R}}-\widetilde{\text{T}}_{n_xn_yn_z}\boldsymbol{R}_{\text{T}}^{(m)}\right)\right\} \tag{4-12}$$

因为 $\boldsymbol{R}_{\text{focus}}$ 必须落在腔体内，可以证明聚焦点的数目 $\text{Card}:\left\{\boldsymbol{R}_{\text{focus}}\right\}$ 是有限的，并且至多 27 个，其中 1 个主聚焦点，26 个次聚焦点，称此为时间反演多中心聚焦效应。在给定腔体尺寸以及收发点的位置后，所有可能的聚焦点的坐标均可由式(4-12)一一写出。

由于镜像对称性，前向和后向多径延时集合可以分解为 8 个相互联系的子集，即

$$\begin{cases} \left\{\left|\boldsymbol{R}_{\text{R}}-\widetilde{\text{T}}_{n_xn_yn_z}\boldsymbol{R}_{\text{T}}^{(m)}\right|\right\}=\left\{\left|\boldsymbol{R}_{\text{T}}-\widetilde{\text{T}}_{p_xp_yp_z}\boldsymbol{R}_{\text{R}}^{(q)}\right|\right\} \\ m=q=1;\ n_x,n_y,n_z=-p_x,-p_y,-p_z \\ m=q=2;\ n_x,n_y,n_z=p_x,-p_y,-p_z \\ m=q=3;\ n_x,n_y,n_z=-p_x,p_y,-p_z \\ m=q=4;\ n_x,n_y,n_z=-p_x,-p_y,p_z \\ m=q=5;\ n_x,n_y,n_z=p_x,p_y,-p_z \\ m=q=6;\ n_x,n_y,n_z=p_x,-p_y,p_z \\ m=q=7;\ n_x,n_y,n_z=-p_x,p_y,p_z \\ m=q=8;\ n_x,n_y,n_z=p_x,p_y,p_z \end{cases} \tag{4-13}$$

式(4-13)展示了互易性的细节，即任意一条前向过程中的多径将唯一地被时间反演后向过程中的某一条多径补偿。在次聚焦点的情形中，只有部分的延时子集被补偿。例如，$q=1$ 的情形所对应的次聚焦点为

$$\begin{cases} \boldsymbol{R}_{\text{focus}}=\left(2\boldsymbol{R}_{\text{R}}^{(1)}-\boldsymbol{R}_{\text{T}}^{(m)}\right)+\widetilde{\text{T}}_{(p_x-n_x)(p_y-n_y)(p_z-n_z)}\boldsymbol{0} \\ \left|\boldsymbol{R}_{\text{R}}-\widetilde{\text{T}}_{n_xn_yn_z}\boldsymbol{R}_{\text{T}}^{(m)}\right|=\left|\boldsymbol{R}_{\text{focus}}-\widetilde{\text{T}}_{p_xp_yp_z}\boldsymbol{R}_{\text{R}}^{(1)}\right| \end{cases} \tag{4-14}$$

将式(4-12)得到的聚焦点的位置代回式(4-5)，则可以计算出每个聚焦点的时间反演聚焦增益。如果只有一个延时子集的多径延时被补偿，那么有 $\eta_{\text{focus}}=1/8$；更多的多径延时被补偿则补偿系数 η_{focus} 将更大。显然，η_{focus} 越大，时间反演聚焦增益倾向于越大。

2. 矩形金属腔中的时间反演 6 点聚焦算例

图 4-1 中，矩形腔的尺寸为 $L_a=40\text{cm}$，$L_b=50\text{cm}$，$L_c=60\text{cm}$，收发点的位置分别为

$\boldsymbol{R}_{\mathrm{R}}:(10\mathrm{cm},19\mathrm{cm},20\mathrm{cm})$，$\boldsymbol{R}_{\mathrm{T}}:(20\mathrm{cm},38\mathrm{cm},49\mathrm{cm})$。将设定的参数代入式(4-12)，可以求出腔体内可能出现的聚焦点有 6 个，具体见表 4-1，其中包含一个主聚焦点(MFP)，5 个次聚焦点(SFP1, SFP2,SFP3,SFP4,SFP5)。

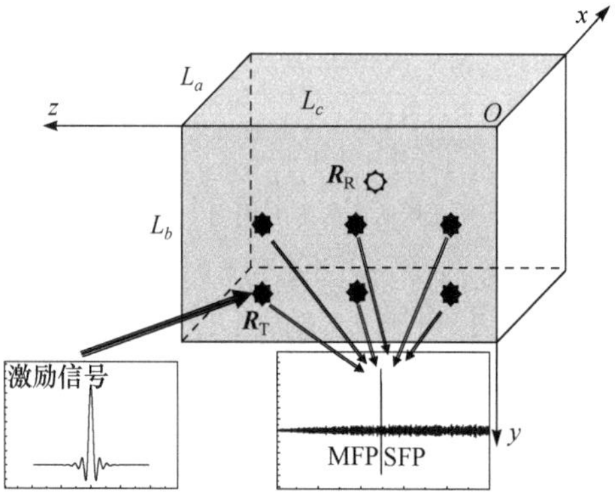

图 4-1 矩形金属谐振腔中时间反演电磁场的多中心聚焦效应

表 4-1 理论计算和 CST 数值模拟得到的时间反演聚焦点坐标

聚焦点	理论计算得到的 6 个聚焦点坐标/cm	CST 数值模拟得到的 6 个聚焦点坐标/cm
MFP	(20, 38, 49)	(20, 38.1, 48.9)
SFP1	(20, 38, 31)	(20, 38.1, 30.8)
SFP2	(20, 38, 9)	(20, 37.9, 8.7)
SFP3	(20, 24, 49)	(20, 23.9, 49.1)
SFP4	(20, 24, 31)	(20, 23.9, 30.7)
SFP5	(20, 24, 9)	(20, 24, 8.8)

为了验证理论的预言，使用 CST Microwave Studio 来仿真图 4-1 给出的实验模型。模拟可分为 5 步进行：第一步，设定脉冲激励信号，采用带宽为 2～6GHz 的 sinc(t) 函数，然后将激励从 $\boldsymbol{R}_{\mathrm{T}}$ 点馈入，极化方向为 $\boldsymbol{l}=\hat{\boldsymbol{x}}+\hat{\boldsymbol{y}}+\hat{\boldsymbol{z}}$；第二步，在 $\boldsymbol{R}_{\mathrm{R}}$ 点记录足够长(20ns 以上)的多径响应信号 $\boldsymbol{l}\cdot\boldsymbol{E}(\boldsymbol{R}_{\mathrm{R}},t)$，其中 $\boldsymbol{l}=\hat{\boldsymbol{x}}+\hat{\boldsymbol{y}}+\hat{\boldsymbol{z}}$ 是记录探针的极化方向；第三步，用计算软件将信号 $\boldsymbol{l}\cdot\boldsymbol{E}(\boldsymbol{R}_{\mathrm{R}},t)$ 的时序反转成 $\boldsymbol{l}\cdot\boldsymbol{E}(\boldsymbol{R}_{\mathrm{R}},-t)$；第四步，从 $\boldsymbol{R}_{\mathrm{R}}$ 点的探针馈入时间反演信号；第五步，根据理论计算得到的聚焦点坐标确定观察面，展示实际获得的聚焦点，如图 4-2 所示。表 4-1 中模拟的结果来自聚焦时刻 $x=20\mathrm{cm}$ 平面上的电场幅度分布，即图 4-2 的结果，它与理论预言吻合得很好。

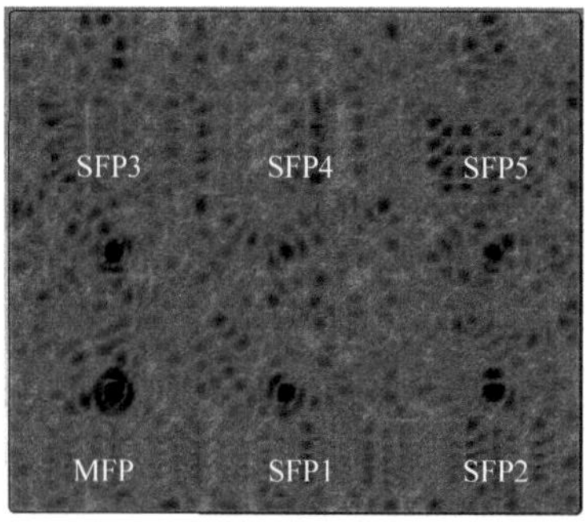

图 4-2 聚焦时刻 $x=20\mathrm{cm}$ 平面的二维成像，其中显示出 1 个主聚焦点(MFP)和 5 个次聚焦点(SFP1,SFP2,SFP3,SFP4,SFP5)

图 4-3 展示了 6 个聚焦点在时域的聚焦表现。6 个聚焦点都表现出了良好的时间反演时域聚焦特性，其中主聚焦点(MFP)表现最好，次聚焦点(SFP1,SFP2,SFP3,SFP4,SFP5)表现并不一致，这说明时间反演聚焦增益与空间位置有关。MFP 的时间反演聚焦增益最高；SFP1、SFP2、SFP3 的时间反演聚焦增益约为 MFP 的 1/2；SFP4 的时间反演聚焦增益约为 MFP 的 1/4；SFP5 的时间反演聚焦增益约为 MFP 的 1/3。所有聚焦点的聚焦时刻是同步的。

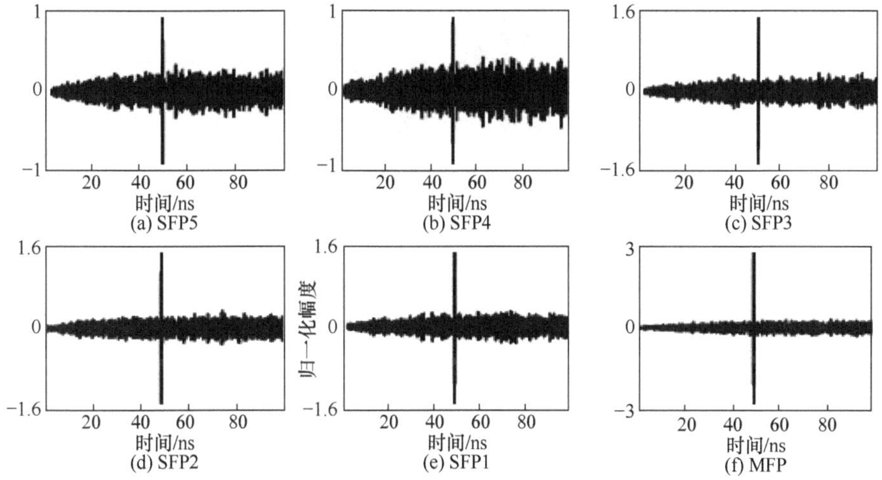

图 4-3　主聚焦点和次聚焦点的时间聚焦特性

在使用时间反演成像技术时，需要考虑环境边界的对称性可能造成的多中心聚焦效应，或者说，在某些对称性边界情形下，时间反演成像的非唯一性是物理的，而不是计算的误差。在图 4-3 中，次聚焦点可以获得较高的时间反演聚焦增益，因此在电子设备较多的封闭腔体内，如在太空舱和现代化潜艇内，时间反演次聚焦点可能引发潜在的电磁兼容问题；在时间反演通信中，后时间反演滤波[2]是规避多中心聚焦效应的一种可能方案。从正面利用的角度来说，如果需要一对多的同步无线广播(或无线能量分配)，那么多中心聚焦效应提供了一种可能的多路同步分配方案；反过来，如果需要多对一的同步无线广播(或无线能量合成)，多中心聚焦效应是可供选择的机制之一。

4.1.2　平行板波导中时间反演电磁场的环状连续聚焦

1. 平行板波导中环状连续聚焦分析

时间反演电磁场的空时同步聚焦特性已经被广泛地研究和报道[3,4]。时间反演空间聚焦模式可以分为三大类：第一类，超越瑞利极限的超分辨空间聚焦[5-7]；第二类，正常的离散点状聚焦；第三类，带有一维或二维空间结构的连续聚焦。通过上面离散点状聚焦的讨论，发现矩形腔的镜像对称性已经参与了塑造时间反演电磁场空间聚焦的过程。本节给出另一个可解析计算的例子——平行板波导内的时间反演环状连续聚焦，即第三类聚焦。平行板波导也可以看作一些应用场景的简化，如带平顶的大厅、广场或两栋挨得很近的高大建筑物之间，以及人为的实验环境和仪器设备中出现的近似平行板波导结构。

图 4-4 是真空平行板波导中的时间反演过程。前向传播过程记作步骤 1，时间反演回传过程记作步骤 2。坐标原点安置在下面的平板上，z 轴垂直于上下平板。在前向过程中，脉冲激

励信号 $i(t)\boldsymbol{l}$ 从 $\boldsymbol{r}_{\mathrm{T}}:(x_{\mathrm{T}},y_{\mathrm{T}},z_{\mathrm{T}})$ 点馈入，然后处在 $\boldsymbol{r}_{\mathrm{R}}:(x_{\mathrm{R}},y_{\mathrm{R}},z_{\mathrm{R}})$ 点的探针记录下多径响应电场 $\boldsymbol{E}(\boldsymbol{r}_{\mathrm{R}},t)$；在时间反演回传过程中，时间反演信号 $\boldsymbol{E}(\boldsymbol{r}_{\mathrm{R}},-t)$ 从 $\boldsymbol{r}_{\mathrm{R}}$ 点馈入并发射出去，然后在平行板波导内的任意一点 $\boldsymbol{r}:(x,y,z)$ 接收到时间反演电场 $\boldsymbol{E}^{\mathrm{TR}}(\boldsymbol{r},t)$。

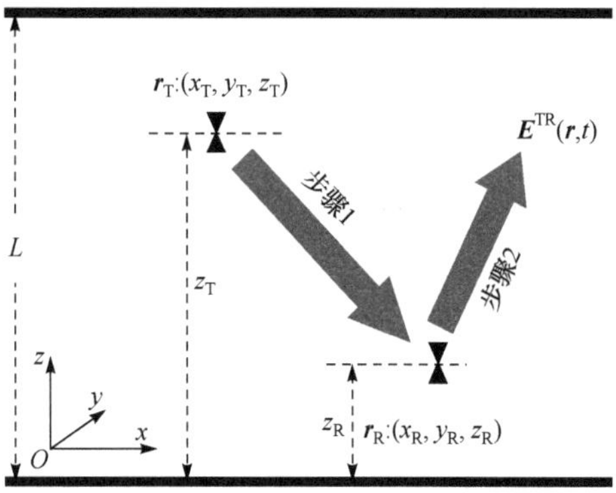

图 4-4 真空平行板波导中的时间反演过程

类似于前面的分析方法，由于平行板波导的边界存在镜像对称性，由镜像法可以计算得到

$$\boldsymbol{E}(\boldsymbol{r}_{\mathrm{R}},t)=\int \boldsymbol{E}(\boldsymbol{r}_{\mathrm{R}},\omega)\mathrm{e}^{-\mathrm{j}\omega t}\mathrm{d}\omega=\int\sum_{n_z}^{\infty}\sum_{m=1}^{2}\overline{\overline{\boldsymbol{G}}}_0\left(\omega,\boldsymbol{r}_{\mathrm{R}},\tilde{\mathrm{T}}_{n_z}\boldsymbol{r}_{\mathrm{T}}^{(m)}\right)\cdot\boldsymbol{l}_m i(\omega)\mathrm{e}^{-\mathrm{j}\omega t}\mathrm{d}\omega \tag{4-15}$$

式中，$i(t)=\int i(\omega)\mathrm{e}^{-\mathrm{j}\omega t}\mathrm{d}\omega$；$\tilde{\mathrm{T}}_{n_z}$ 是 $\pm\hat{\boldsymbol{z}}$ 方向上的周期平移算子，即

$$\tilde{\mathrm{T}}_{n_z}\boldsymbol{r}=\boldsymbol{r}+2n_z L\hat{\boldsymbol{z}},\quad n_z\in\mathbb{Z} \tag{4-16}$$

其中，$\boldsymbol{r}$ 是任意位矢；$\overline{\overline{\boldsymbol{G}}}_0$ 是自由空间并矢格林函数，即

$$\overline{\overline{\boldsymbol{G}}}_0\left(\omega,\boldsymbol{r}_{\mathrm{R}},\tilde{\mathrm{T}}_{n_z}\boldsymbol{r}_{\mathrm{T}}^{(m)}\right)=\left(\overline{\overline{\boldsymbol{I}}}+\frac{1}{k_0^2}\nabla_{(\boldsymbol{r}_{\mathrm{R}})}\nabla_{(\boldsymbol{r}_{\mathrm{R}})}\right)\frac{\mathrm{j}\omega\mu_0\mathrm{e}^{\mathrm{j}k_0\left|\boldsymbol{r}_{\mathrm{R}}-\tilde{\mathrm{T}}_{n_z}\boldsymbol{r}_{\mathrm{T}}^{(m)}\right|}}{4\pi\left|\boldsymbol{r}_{\mathrm{R}}-\tilde{\mathrm{T}}_{n_z}\boldsymbol{r}_{\mathrm{T}}^{(m)}\right|} \tag{4-17}$$

其中，$k_0=\omega\sqrt{\mu_0\varepsilon_0}=\omega/c$，$c$ 是真空光速，$\overline{\overline{\boldsymbol{I}}}$ 是单位并矢。坐标原点安置在下面的平板上，z 轴垂直于上下平板。基本原胞内的初始激励电流元和镜像电流元的位矢与极化方向分别为

$$\begin{cases}\boldsymbol{r}_{\mathrm{T}}^{(1)}=\boldsymbol{r}_{\mathrm{T}}=x_{\mathrm{T}}\hat{\boldsymbol{x}}+y_{\mathrm{T}}\hat{\boldsymbol{y}}+z_{\mathrm{T}}\hat{\boldsymbol{z}}\\ \boldsymbol{r}_{\mathrm{T}}^{(2)}=x_{\mathrm{T}}\hat{\boldsymbol{x}}+y_{\mathrm{T}}\hat{\boldsymbol{y}}-z_{\mathrm{T}}\hat{\boldsymbol{z}}\\ \boldsymbol{l}_1=l_x\hat{\boldsymbol{x}}+l_y\hat{\boldsymbol{y}}+l_z\hat{\boldsymbol{z}}\\ \boldsymbol{l}_2=-l_x\hat{\boldsymbol{x}}-l_y\hat{\boldsymbol{y}}+l_z\hat{\boldsymbol{z}}\end{cases} \tag{4-18}$$

经过时间反演操作以及再发射之后，$\boldsymbol{r}$ 处的探针感知到的时间反演电场 $\boldsymbol{E}^{\mathrm{TR}}(\boldsymbol{r},t)$ 为

$$\boldsymbol{E}^{\mathrm{TR}}(\boldsymbol{r},t)=\int\sum_{p_z}^{\infty}\sum_{q=1}^{2}\overline{\overline{\boldsymbol{G}}}_0\left(\omega,\boldsymbol{r},\tilde{\mathrm{T}}_{p_z}\boldsymbol{r}_{\mathrm{R}}^{(q)}\right)\cdot\boldsymbol{E}_q^*\left(\boldsymbol{r}_{\mathrm{R}}^{(q)},\omega\right)\mathrm{e}^{-\mathrm{j}\omega t}\mathrm{d}\omega \tag{4-19}$$

式中，两个电流元的位矢和极化方向分别为

$$\begin{cases} \boldsymbol{r}_{\mathrm{R}}^{(1)} = \boldsymbol{r}_{\mathrm{R}} = x_{\mathrm{R}}\hat{\boldsymbol{x}} + y_{\mathrm{R}}\hat{\boldsymbol{y}} + z_{\mathrm{R}}\hat{\boldsymbol{z}} \\ \boldsymbol{r}_{\mathrm{R}}^{(2)} = x_{\mathrm{R}}\hat{\boldsymbol{x}} + y_{\mathrm{R}}\hat{\boldsymbol{y}} - z_{\mathrm{R}}\hat{\boldsymbol{z}} \\ \boldsymbol{E}_1^* = E_x^*\hat{\boldsymbol{x}} + E_y^*\hat{\boldsymbol{y}} + E_z^*\hat{\boldsymbol{z}} \\ \boldsymbol{E}_2^* = -E_x^*\hat{\boldsymbol{x}} - E_y^*\hat{\boldsymbol{y}} + E_z^*\hat{\boldsymbol{z}} \end{cases} \tag{4-20}$$

无数的多径信号来自无穷多的镜像激励源。在前向传播过程中，式(4-15)中多径延时的集合$\left\{\tau_{n_z}^{(m)}\right\}$为

$$\left\{\tau_{n_z}^{(m)}\right\} = \left\{\frac{\left|\boldsymbol{r}_{\mathrm{R}} - \tilde{\mathrm{T}}_{n_z}\boldsymbol{r}_{\mathrm{T}}^{(m)}\right|}{c}\right\} \tag{4-21}$$

在时间反演后向回传过程中，又有类似的多径延时集合$\left\{\tau_{p_z}^{(q)}\right\}$为

$$\left\{\tau_{p_z}^{(q)}\right\} = \left\{\frac{\left|\boldsymbol{r} - \tilde{\mathrm{T}}_{p_z}\boldsymbol{r}_{\mathrm{R}}^{(q)}\right|}{c}\right\} \tag{4-22}$$

多径延时集合$\left\{\tau_{n_z}^{(m)}\right\}$和$\left\{\tau_{p_z}^{(q)}\right\}$能够按照上标分为相对应的两组，特别地，当$\boldsymbol{r} = \boldsymbol{r}_{\mathrm{T}}$时，有如下双射关系：

$$\begin{cases} \left|\boldsymbol{r}_{\mathrm{R}} - \tilde{\mathrm{T}}_{n_z}\boldsymbol{r}_{\mathrm{T}}^{(m)}\right| = \left|\boldsymbol{r}_{\mathrm{T}} - \tilde{\mathrm{T}}_{p_z}\boldsymbol{r}_{\mathrm{R}}^{(q)}\right| \\ D = \left\{\tau_{n_z}^{(m)}\right\} = \left\{\tau_{p_z}^{(q)}\right\}, \eta_{\text{focus}} = 1 \end{cases}; \quad m = q = 1,\ n_z = -p_z; \quad m = q = 2,\ n_z = p_z \tag{4-23}$$

互易性使得$\boldsymbol{r} = \boldsymbol{r}_{\mathrm{T}}$时的多径延时被全部补偿。

为了刻画平行板波导绕z轴的旋转对称性，定义旋转算子$\overline{\overline{\boldsymbol{\Psi}}}(\varphi, \boldsymbol{r})_z$，其旋转轴平行于$z$轴并且穿过$\boldsymbol{r}$点：

$$\begin{aligned} \overline{\overline{\boldsymbol{\Psi}}}(\varphi, \boldsymbol{r})_z \cdot \boldsymbol{r}' = & \left[(x' - x)\cos\varphi - (y' - y)\sin\varphi + x\right]\hat{\boldsymbol{x}} \\ & + \left[(x' - x)\sin\varphi + (y' - y)\cos\varphi + y\right]\hat{\boldsymbol{y}} + z'\hat{\boldsymbol{z}} \end{aligned} \tag{4-24}$$

容易验证有以下关系：

$$\begin{aligned} \left|\overline{\overline{\boldsymbol{\Psi}}}(\varphi, \boldsymbol{r}_{\mathrm{R}})_z \cdot \boldsymbol{r} - \tilde{\mathrm{T}}_{p_z}\boldsymbol{r}_{\mathrm{R}}^{(q)}\right| &= \left|\overline{\overline{\boldsymbol{\Psi}}}\left(\varphi, \boldsymbol{r}_{\mathrm{R}}^{(q)}\right)_z \cdot \boldsymbol{r} - \tilde{\mathrm{T}}_{p_z}\boldsymbol{r}_{\mathrm{R}}^{(q)}\right| \\ &= \left|\overline{\overline{\boldsymbol{\Psi}}}\left(\varphi, \tilde{\mathrm{T}}_{p_z}\boldsymbol{r}_{\mathrm{R}}^{(q)}\right)_z \cdot \boldsymbol{r} - \tilde{\mathrm{T}}_{p_z}\boldsymbol{r}_{\mathrm{R}}^{(q)}\right| = \left|\boldsymbol{r} - \tilde{\mathrm{T}}_{p_z}\boldsymbol{r}_{\mathrm{R}}^{(q)}\right| \end{aligned} \tag{4-25}$$

然后求解使得前、后向传播过程中多径延时能够被补偿的方程，即

$$\left\{\left|\boldsymbol{r}_{\mathrm{R}} - \tilde{\mathrm{T}}_{n_z}\boldsymbol{r}_{\mathrm{T}}^{(m)}\right|\right\}_D = \left\{\left|\boldsymbol{r} - \tilde{\mathrm{T}}_{p_z}\boldsymbol{r}_{\mathrm{R}}^{(q)}\right|\right\}_D \tag{4-26}$$

得到聚焦位置$\boldsymbol{r}_{\text{focus}}$通解的代数形式如下：

$$\begin{cases} \boldsymbol{r}_{\text{focus}} = x_{\text{focus}}\hat{\boldsymbol{x}} + y_{\text{focus}}\hat{\boldsymbol{y}} + z_{\text{focus}}\hat{\boldsymbol{z}} = \overline{\overline{\boldsymbol{\Psi}}}(\varphi, \boldsymbol{r}_{\mathrm{R}})_z \cdot \left[\pm\left(\boldsymbol{r}_{\mathrm{R}} - \tilde{\mathrm{T}}_{n_z}\boldsymbol{r}_{\mathrm{T}}^{(m)}\right) + \tilde{\mathrm{T}}_{p_z}\boldsymbol{r}_{\mathrm{R}}^{(q)}\right] \\ z_{\text{focus}} \in (0, L) \end{cases} \tag{4-27}$$

式(4-27)包含一个必然出现的主聚焦环和两个可能出现的次聚焦环。主聚焦环的位置和增益分别为$z_{\text{focus}} = z_{\mathrm{T}}$和$\eta_{\text{focus}} = 1$；两个次聚焦环增益为$\eta_{\text{focus}}^{1,2} = 1/2$，其位置分别为$z_{\text{focus}} = z_1$和$z_{\text{focus}} = z_2$，

其中，$\{z_1\}=\{\pm[2L-(2z_R+z_T)],(2z_R+z_T)\}\cap(0,L)$，$\{z_2\}=\{\pm(2z_R-z_T),[2L-(2z_R-z_T)]\}\cap(0,L)$。三个聚焦环的中心位置分别为$(x_R,y_R,z_T)$、$(x_R,y_R,z_1)$、$(x_R,y_R,z_2)$，其半径可以统一写为$\text{Radius}_{\text{focus}}=\sqrt{(x_R-x_T)^2+(y_R-y_T)^2}$。通解(4-27)给出的聚焦结构是连续的环状结构，属于第三类时间反演空间聚焦结构。主聚焦环上的多径延时都得到了全部的补偿，次聚焦环上的多径延时得到了一半的补偿，因此平均来看，次聚焦环的时间反演聚焦增益是主聚焦环的一半。

图 4-4 中真空平行板波导的尺寸设置为$L=24\text{cm}$；收发端的空间坐标分别为$\boldsymbol{r}_R:(0,0,6)\text{cm}$和$\boldsymbol{r}_T:(16,12,16)\text{cm}$，它们工作时的极化方向平行于$x$轴；输入的一阶高斯脉冲信号的带宽是3.1～10.6GHz。将参数代入式(4-27)计算得到理论预言的主聚焦环位置在$z=16\text{cm}$平面上，两个次聚焦环的位置分别在$z=20\text{cm}$平面上和$z=4\text{cm}$平面上，三个聚焦环统一的半径是$\text{Radius}_{\text{focus}}^{\text{Theory}}=10\text{cm}$，三个环的中心坐标分别为$(0,0,16)\text{cm}$、$(0,0,20)\text{cm}$、$(0,0,4)\text{cm}$。

图 4-5 展示了$z=16\text{cm}$平面上聚焦时刻$t_{\text{focus}}\approx29.41\text{ns}$的 CST 仿真结果，可以清楚地看到主聚焦环结构，并且它的半径大小以及中心坐标位置与理论预言吻合。但是，因为式(4-24)定义的旋转算子$\overline{\overline{\boldsymbol{\Psi}}}(\varphi,\boldsymbol{r})_z$不是极化的函数，上述过程没有考虑电磁场的矢量特性，所以环上各点的时间反演聚焦增益并不相同。

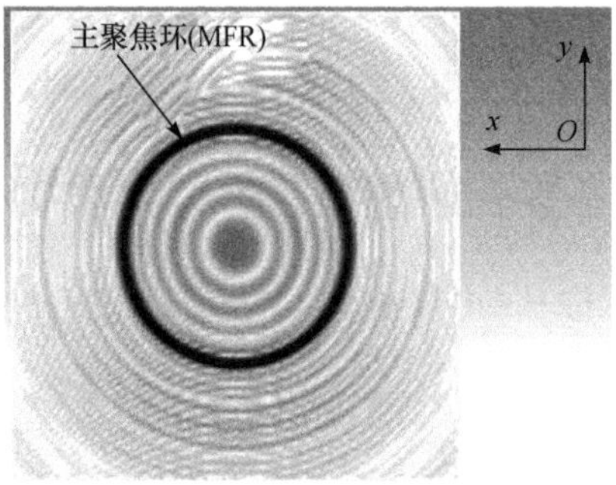

图 4-5 在$z=16\text{cm}$观测面上，聚焦时刻$t_{\text{focus}}\approx29.41\text{ns}$，$|\boldsymbol{E}^{\text{TR}}|$的二维像，其中清晰可见主聚焦环

图 4-6 展示了$z=20\text{cm}$平面上聚焦时刻$t_{\text{focus}}\approx29.41\text{ns}$的 CST 仿真结果，可以清楚地看到第一个次聚焦环结构，并且它的半径大小以及中心坐标位置与理论预言吻合。次聚焦环上各点的时间反演聚焦增益并不相同，平均来说，其时间反演聚焦增益相较主聚焦环有所下降。

图 4-7 展示了$z=4\text{cm}$平面上聚焦时刻$t_{\text{focus}}\approx29.41\text{ns}$的 CST 仿真结果，可以清楚地看到第二个次聚焦环结构，并且它的半径大小以及中心坐标位置与理论预言也相吻合。次聚焦环上各点的时间反演聚焦增益并不相同，平均来说，时间反演聚焦增益相较主聚焦环有所下降。时间反演回传信号的发射点在$\boldsymbol{r}_R:(0,0,6)\text{cm}$，它距离环面$z=4\text{cm}$的中心仅仅2cm；而直到聚焦时刻$t_{\text{focus}}\approx29.41\text{ns}$，时间反演回传信号仍然没有发射完毕，因此中心出现了一个直接来自激励源近场照射的亮点。

图 4-5～图 4-7 中的三个聚焦环大小一致，并且同步出现。这里的同步包括两个内容，一是同一个环内不同点之间的同步，二是不同环之间的同步。图 4-8～图 4-10 分别是主聚焦环和两个次聚焦环上最强点处接收到的时间反演信号。可以发现不同环之间的聚焦时刻确实同步，并且时间反演峰值增益都相当显著。特别地，两个次聚焦环的时间反演峰值增益大约为主聚焦环的一半，这与式(4-27)中次聚焦环的时延补偿系数$\eta_{\text{focus}}^{1,2}=1/2$的理论演

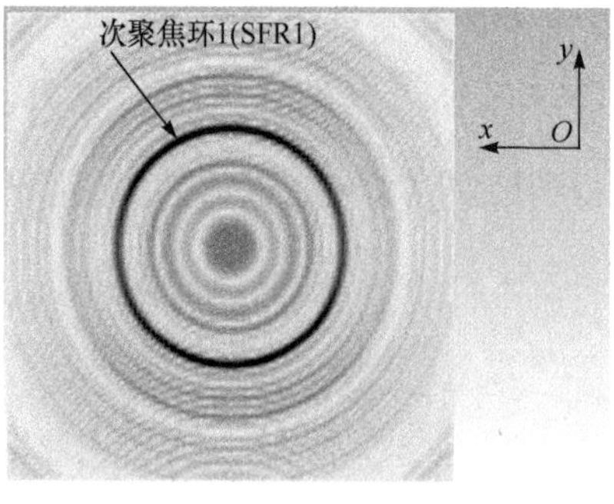

图 4-6 第一个次聚焦环

绎相吻合。综合而言，数值结果验证了理论分析得到的关于聚焦环的预测。

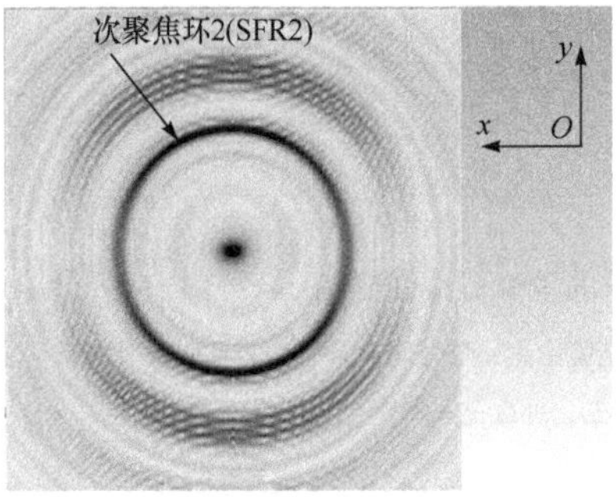

图 4-7　第二个次聚焦环

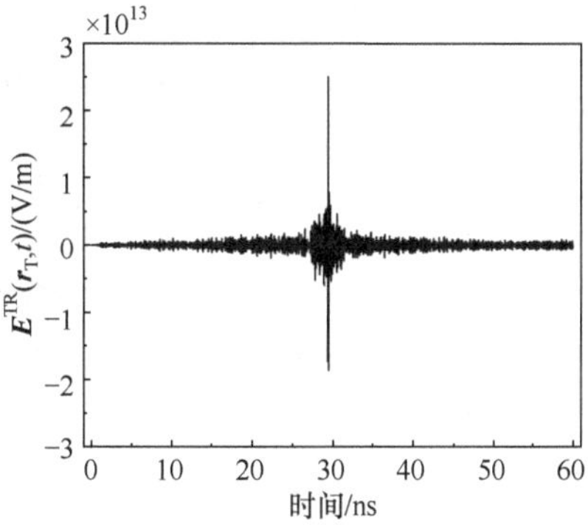

图 4-8　主聚焦环上最强点 $\boldsymbol{r}_{\mathrm{T}}:(16,12,16)\mathrm{cm}$ 处接收到的时间反演信号

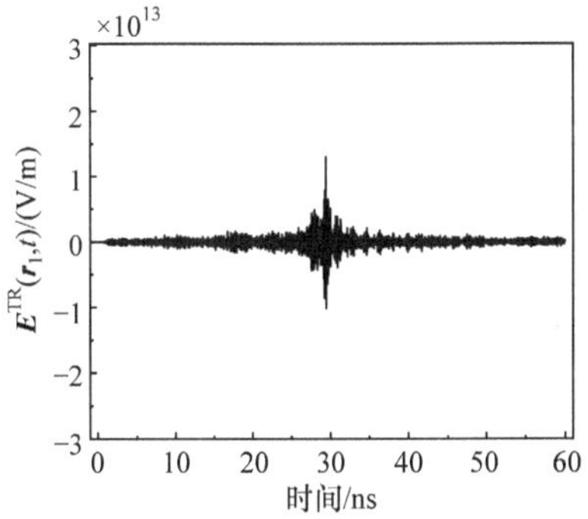

图 4-9　第一个次聚焦环上接收的时间反演信号

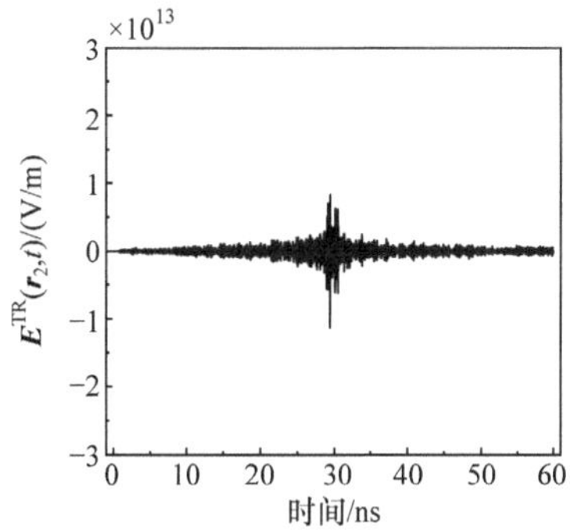

图 4-10　第二个次聚焦环上接收的时间反演信号

2. 环状聚焦的对称性解释

图 4-11 列出了平行板波导上时间反演系统的镜像对称性延拓，可以看出，镜像对称性延拓出了一个周期为 $2L$ 的周期结构。“$\boldsymbol{r}_{\mathrm{T}}$ 以及其所有镜像关于 $\boldsymbol{r}_{\mathrm{R}}$ 的正向延时集合”与“$\boldsymbol{r}_{\mathrm{R}}$ 以及其所有镜像关于 $\boldsymbol{r}_{\mathrm{T}}$ 的时间反演逆向延时集合”可以简单地使用两对几何关系来证明它们的等价性：等腰梯形关系，如 $\left|\boldsymbol{r}_{\mathrm{T}}-\boldsymbol{r}_{\mathrm{R}}^{(-1)}\right|=\left|\boldsymbol{r}_{\mathrm{R}}-\boldsymbol{r}_{\mathrm{T}}^{(-1)}\right|$；平行四边形关系，如 $\left|\boldsymbol{r}_{\mathrm{T}}-\boldsymbol{r}_{\mathrm{R}}^{(-2)}\right|=\left|\boldsymbol{r}_{\mathrm{R}}-\boldsymbol{r}_{\mathrm{T}}^{(+2)}\right|$，延拓开来，即时间反演实现了对于正向多径延时的一一补偿。但空间中出现了两个可能的新位置，它们获得补偿的效果是 $\boldsymbol{r}_{\mathrm{T}}$ 的一半，它们是以上两种几何关系的次生结果，如平行四边形关系中的 $z_1-z_{\mathrm{R}}^{(+1)}=z_{\mathrm{T}}-z_{\mathrm{R}}$ 和等腰梯形关系中的 $z_2-z_{\mathrm{R}}^{(+1)}=z_{\mathrm{R}}^{(-1)}-z_{\mathrm{T}}$；需要注意的是，如果 z_1 或 z_2 不能落在两条实线所夹的区域，那么相应的次聚焦环不存在。

如果再考虑旋转对称性，那么 $\forall\varphi,\varphi'\in[0,2\pi)$，有

$$\begin{cases}\left|\overline{\overline{\boldsymbol{\Psi}}}(\varphi,\boldsymbol{r}_{\mathrm{R}})_{\hat{z}}\cdot\boldsymbol{r}_{\mathrm{T}}-\tilde{\mathrm{T}}_{-p_z}\boldsymbol{r}_{\mathrm{R}}^{(2)}-2L\hat{z}\right|=\left|\overline{\overline{\boldsymbol{\Psi}}}(\varphi,\boldsymbol{r}_{\mathrm{R}})_{\hat{z}}\cdot\boldsymbol{r}_1-\tilde{\mathrm{T}}_{p_z}\boldsymbol{r}_{\mathrm{R}}^{(2)}\right|\\ \left|\overline{\overline{\boldsymbol{\Psi}}}(\varphi,\boldsymbol{r}_{\mathrm{R}})_{\hat{z}}\cdot\boldsymbol{r}_{\mathrm{T}}-\tilde{\mathrm{T}}_{p_z}\boldsymbol{r}_{\mathrm{R}}\right|=\left|\overline{\overline{\boldsymbol{\Psi}}}(\varphi,\boldsymbol{r}_{\mathrm{R}})_{\hat{z}}\cdot\boldsymbol{r}_2-\tilde{\mathrm{T}}_{p_z}\boldsymbol{r}_{\mathrm{R}}^{(2)}\right|\end{cases}\tag{4-28}$$

式(4-28)是次聚焦环的更进一步明确的代数解形式，是根据图 4-11 提供的几何关系来写的。

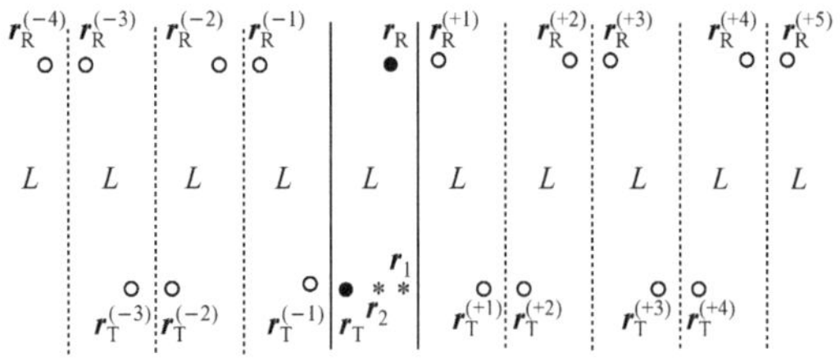

图 4-11 平行板波导上时间反演系统的镜像对称性延拓

$\boldsymbol{r}_\mathrm{T}^{(m)}$ 是 $\boldsymbol{r}_\mathrm{T}$ 的镜像；$\boldsymbol{r}_\mathrm{R}^{(q)}$ 是 $\boldsymbol{r}_\mathrm{R}$ 的镜像；两条实线表示平行板内壁，虚线表示其镜像；$\boldsymbol{r}_\mathrm{T}$ 在主聚焦环上，$\boldsymbol{r}_1$ 和 $\boldsymbol{r}_2$ 在次聚焦环上；L 是平行板间距，镜像结构的周期是 $2L$；如果 $\left|\boldsymbol{r}_\mathrm{R}^{(+1)}-\boldsymbol{r}_\mathrm{R}\right|\leqslant L$，$\left|\boldsymbol{r}_\mathrm{T}^{(-1)}-\boldsymbol{r}_\mathrm{T}\right|\leqslant L$，那么 $z_1=z_\mathrm{R}^{(+1)}-z_\mathrm{R}+z_\mathrm{T}$ 且 $z_2=z_\mathrm{R}^{(+1)}-z_\mathrm{T}+z_\mathrm{R}^{(-1)}$

同一个环内的同步性从旋转对称性容易理解；不同环之间的同步性则与两类几何图形的结构有关——平行四边形的对边相等和等腰梯形的腰(对角线)相等，或者反过来说，如果不同步，那么不再是平行四边形和等腰梯形；代数形式的解释则是式(4-28)。

平行板波导内的时间反演环状连续聚焦效应属于第三类时间反演空间聚焦；纯粹从时间反演聚焦增益的角度来说连续聚焦效应是不利的，因为它分散了空间聚焦能量。但是，如果需要实现电磁能量的环状无线分配，则此效应提供了一种选择，或者反过来，可以环形布置能量发射器，然后利用时间反演技术实现能量的时空合成。

4.2 波导内的时间反演场

4.2.1 矩形波导内的 TE_{m0} 模式的时间反演场

在 4.1 节中，利用对称性讨论了矩形腔和平行板内波导的时间反演电磁波的聚焦特性，但大多数场景都无法做到严格对称，所以很难使用对称性严格求解其时间反演场。本节将介绍基于一般腔模理论讨论矩形波导内时间反演电磁波聚焦特性的方法[8]。

考虑矩形波导的主模为 TE_{10} 模式，从抓住主要矛盾、忽略次要矛盾的研究思路出发，研究波导内没有 y 方向不连续的情况，即波导内只有 TE_{m0} 模式，此时可将波导的激励源进行简化处理，设激励电流为 $\boldsymbol{J}=\boldsymbol{e}_y J_y\left(x,z\right)$ 且 $\partial J_y/\partial y=0$，由波导内激励电流可知，辅助矢量位函数 $\boldsymbol{A}$ 也只有 y 分量，即 $\boldsymbol{A}=\boldsymbol{e}_y A_y$ 且 $\partial A_y/\partial y=0$，故求解矢量场问题可以简化为求解标量场问题。

下面研究矩形波导内 TE_{m0} 波的时间反演场，使用的坐标系和实验示意图如图 4-12 所示。矩形波导的长和宽分别为 a 和 b。实验过程如下：设在矩形波导内位置 $\left(x_\mathrm{S},z_\mathrm{S}\right)$ 处有一沿 y 方向的线电流 J_y，$\partial J_y/\partial y=0$，根据时间反演腔理论，记录由 $z=z_1$ 和 $z=z_2$ 平面与波导壁所围成的封闭矩形柱内表面的场；对这些场进行时间反演处理；将时间反演处理后的场作为次生源发射出去，将形成新的场分布，即时间反演场。后面的分析将发现，对于 TE_{m0} 模式，除了 $z=z_1$ 和 $z=z_2$ 平面，其他四个平面上的次生源对时间反演场的贡献都为零，因此对于 TE_{m0} 波，只用反转 $z=z_1$ 和 $z=z_2$ 平面上的场即可。换句话说，在这种情况下只要两个位于 $z=z_1$ 和 $z=z_2$ 的时间反演镜平面就可以实现时间反演腔的效果。

A_y 满足的亥姆霍兹方程为

$$\nabla^2 A_y+k^2 A_y=-\mu J_y(x,z) \tag{4-29}$$

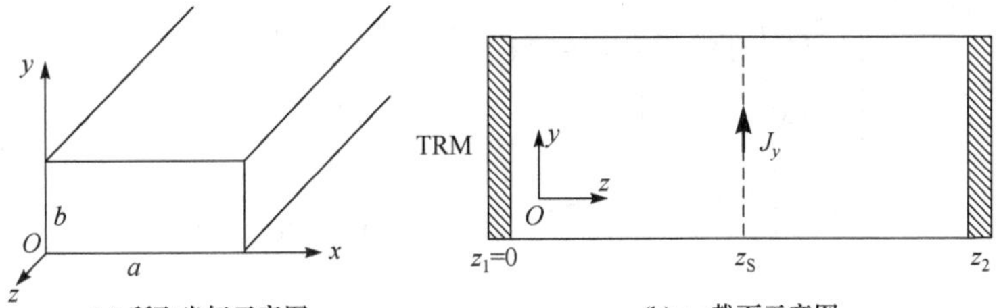

(a) 所取坐标示意图　(b) y-z截面示意图

图 4-12　矩形波导内的 TE_{m0} 波的时间反演场

由辅助矢量位函数 $\boldsymbol{A}$ 可求解波导内的电磁场，即

$$\boldsymbol{E}=-\mathrm{j}\omega\boldsymbol{A}+\frac{1}{\mathrm{j}\omega\varepsilon\mu}\nabla\nabla\cdot\boldsymbol{A} \tag{4-30}$$

$$\boldsymbol{H}=\frac{1}{\mu}\nabla\times\boldsymbol{A} \tag{4-31}$$

由式(4-30)和式(4-31)可得电磁场各分量为

$$\begin{cases}E_y=-\mathrm{j}\omega A_y;\quad E_x=E_z=0\\ H_x=\dfrac{-1}{\mu}\dfrac{\partial A_y}{\partial z};\quad H_y=0;\quad H_z=\dfrac{1}{\mu}\dfrac{\partial A_y}{\partial x}\end{cases} \tag{4-32}$$

电磁场的边界条件为

$$\begin{cases}E_y\big|_{x=0,a}=0;\quad A_y\big|_{x=0,a}=0\\ \lim\limits_{z\to\pm\infty}\left(\dfrac{\partial E_y}{\partial z}\pm\mathrm{j}k_zE_y\right)=0;\quad \lim\limits_{z\to\pm\infty}\left(\dfrac{\partial A_y}{\partial z}\pm\mathrm{j}k_zA_y\right)=0\end{cases} \tag{4-33}$$

式(4-29)对应的格林函数及其边界条件分别为

$$\begin{cases}\nabla^2G(x|x_S,z|z_S)+k^2G(x|x_S,z|z_S)=-\delta(x-x_S)\delta(z-z_S)\\ G(x|x_S,z|z_S)\big|_{x=0,a}=0\\ \lim\limits_{z\to\pm\infty}\left[\dfrac{\partial G(x|x_S,z|z_S)}{\partial z}\pm\mathrm{j}k_zG(x|x_S,z|z_S)\right]=0\end{cases} \tag{4-34}$$

式中，$G(x|x_S,z|z_S)$ 表示位于 (x_S,z_S) 处沿 y 方向的线电流 J_y 产生的场对应的格林函数。式(4-34)可采用分区格林函数求解。在 $z=z_S$ 处作一法向为 $+z$ 方向的平面，将电磁场存在的区域划分为区域(1) $z<z_S$ 和区域(2) $z>z_S$，则两个区域分别满足：

$$\begin{cases}\nabla^2G_1(x|x_S,z|z_S)+k^2G_1(x|x_S,z|z_S)=0,\quad z<z_S\\ G_1(x|x_S,z|z_S)\big|_{x=0,a}=0\\ \lim\limits_{z\to-\infty}\left[\dfrac{\partial G_1(x|x_S,z|z_S)}{\partial z}-\mathrm{j}k_zG_1(x|x_S,z|z_S)\right]=0\end{cases} \tag{4-35}$$

$$\begin{cases}\nabla^2 G_2\left(x|x_S,z|z_S\right)+k^2G_2\left(x|x_S,z|z_S\right)=0, & z>z_S\\ G_2\left(x|x_S,z|z_S\right)\Big|_{x=0,a}=0 \\ \lim\limits_{z\to+\infty}\left[\dfrac{\partial G_2\left(x|x_S,z|z_S\right)}{\partial z}+\mathrm{j}k_zG_2\left(x|x_S,z|z_S\right)\right]=0\end{cases}\tag{4-36}$$

式(4-35)和式(4-36)可分别用分离变量法求解，解得

$$\begin{cases}G_1\left(x|x_S,z|z_S\right)=\sum\limits_{m=1}^{+\infty}P_m\sin\left(\dfrac{m\pi}{a}x\right)\mathrm{e}^{\mathrm{j}k_{zm}z}, & z<z_S\\ G_2\left(x|x_S,z|z_S\right)=\sum\limits_{m=1}^{+\infty}Q_m\sin\left(\dfrac{m\pi}{a}x\right)\mathrm{e}^{-\mathrm{j}k_{zm}z}, & z>z_S\end{cases}\tag{4-37}$$

式中，$\dfrac{m^2\pi^2}{a^2}+k_{zm}^2=k^2$，$k_{zm}$表示第 m 个模式对应的 z 向波数；$G_1\left(x|x_S,z|z_S\right)$和$G_2\left(x|x_S,z|z_S\right)$分别表示区域(1)和(2)的格林函数；$P_m$和$Q_m$为待定系数。

由分割面上电磁场的连续性可以写出补充边界条件：

$$\begin{cases}G_1\left(x|x_S,z|z_S\right)\Big|_{z=z_S}=G_2\left(x|x_S,z|z_S\right)\Big|_{z=z_S}\\ \left[\dfrac{\partial}{\partial z}G_1\left(x|x_S,z|z_S\right)-\dfrac{\partial}{\partial z}G_2\left(x|x_S,z|z_S\right)\right]\Bigg|_{z=z_S}=\delta(x-x_S)\end{cases}\tag{4-38}$$

将式(4-37)代入式(4-38)可求解出待定系数P_m和Q_m，从而求出格林函数：

$$G(x\,|\,x_S,z\,|\,z_S)=-\frac{\mathrm{j}}{a}\sum_{m=1}^{+\infty}\sin\left(\frac{m\pi}{a}x\right)\sin\left(\frac{m\pi}{a}x_S\right)\frac{\mathrm{e}^{-\mathrm{j}k_{zm}|z-z_S|}}{k_{zm}}\tag{4-39}$$

根据第 3 章的标量时间反演腔理论公式(3-16)，时间反演场可由式(4-40)给出：

$$G^{\mathrm{TR}}\left(\boldsymbol{r},\boldsymbol{r}_S\right)=\oiint_S\left(G\left(\boldsymbol{r},\boldsymbol{r}'\right)\nabla'G^*\left(\boldsymbol{r}',\boldsymbol{r}_S\right)-G^*\left(\boldsymbol{r}',\boldsymbol{r}_S\right)\nabla'G\left(\boldsymbol{r},\boldsymbol{r}'\right)\right)\cdot\boldsymbol{n}'\mathrm{d}S'\tag{4-40}$$

式中，下标 S 表示源位置；上标$'$表示边界位置；$\oiint_S\boldsymbol{n}'\mathrm{d}S'$表示对边界面进行积分。

根据式(4-39)，对于图 4-12 的矩形波导有

$$G(\boldsymbol{r},\boldsymbol{r}')=G(x\,|\,x',z\,|\,z')=-\frac{\mathrm{j}}{a}\sum_{m=1}^{+\infty}\sin\left(\frac{m\pi}{a}x\right)\sin\left(\frac{m\pi}{a}x'\right)\frac{\mathrm{e}^{-\mathrm{j}k_{zm}|z-z'|}}{k_{zm}}\tag{4-41}$$

$$G^*(\boldsymbol{r}',\boldsymbol{r}_S)=G^*(x'\,|\,x_S,z'\,|\,z_S)=\frac{\mathrm{j}}{a}\sum_{m=1}^{+\infty}\sin\left(\frac{m\pi}{a}x'\right)\sin\left(\frac{m\pi}{a}x_S\right)\frac{\mathrm{e}^{\mathrm{j}k_{zm}|z'-z_S|}}{k_{zm}}\tag{4-42}$$

式(4-40)的积分封闭面可分为如下 6 个面：$x'=0,a$；$y'=0,b$；$z'=0,z_2$。在$x'=0,a$面，$G(x\,|\,x',z\,|\,z')=0$，故式(4-40)在这两个面上积分为零；在$y'=0,b$面，$\partial G(x\,|\,x',z\,|\,z')/\partial y'$和$\partial G^*(x'\,|\,x_S,z'\,|\,z_S)/\partial y'$都为零，因而式(4-40)在这两个面上积分为零，因此式(4-40)的积分项对 S 封闭面的积分只需在$z'=0,z_2$两个面上进行。

在$z'=z_1=0$平面上有

$$G(x\,|\,x',z\,|\,z_1)=-\frac{\mathrm{j}}{a}\sum_{m=1}^{+\infty}\sin\left(\frac{m\pi}{a}x\right)\sin\left(\frac{m\pi}{a}x'\right)\frac{\mathrm{e}^{-\mathrm{j}k_{zm}(z-z_1)}}{k_{zm}} \tag{4-43}$$

$$G^*(x'\,|\,x_\mathrm{S},z_1\,|\,z_\mathrm{S})=\frac{\mathrm{j}}{a}\sum_{m=1}^{+\infty}\sin\left(\frac{m\pi}{a}x'\right)\sin\left(\frac{m\pi}{a}x_\mathrm{S}\right)\frac{\mathrm{e}^{\mathrm{j}k_{zm}(z_\mathrm{S}-z_1)}}{k_{zm}} \tag{4-44}$$

式(4-40)在 $z'=z_1=0$ 面上的积分如式(4-45)所示，注意到 $z'=z_1=0$ 面的外法向为 $-z'$ 方向，因此在式(4-45)中对 z' 的偏导数前有“–”号：

$$\begin{aligned}G^{\mathrm{TR}}(x\,|\,x_\mathrm{S},z\,|\,z_\mathrm{S})\Big|_{z'=z_1\text{面贡献}}&=\int_0^b\int_0^a\left(\begin{aligned}&G(x\,|\,x',z\,|\,z')\frac{-\partial G^*(x'\,|\,x_\mathrm{S},z'\,|\,z_\mathrm{S})}{\partial z'}\\&-G^*(x'\,|\,x_\mathrm{S},z'\,|\,z_\mathrm{S})\frac{-\partial G(x\,|\,x',z\,|\,z')}{\partial z'}\end{aligned}\right)\mathrm{d}x'\mathrm{d}y'\\&=\frac{\mathrm{j}b}{a}\sum_{m=1}^{+\infty}\sin\left(\frac{m\pi}{a}x\right)\sin\left(\frac{m\pi}{a}x_\mathrm{S}\right)\frac{\mathrm{e}^{-\mathrm{j}k_{zm}(z-z_\mathrm{S})}}{k_{zm}}\end{aligned} \tag{4-45}$$

在 $z'=z_2$ 平面上可类似地分析。根据式(4-39)，可得式(4-46)和式(4-47)。值得注意的是，$z'=z_2$ 面上的次生源发出的时间反演场，在反向传播过程中，因为 $z<z_2$，所以式(4-46)的传播因子中，j 前面为正号，表示波沿 $-z$ 方向传播：

$$G(x\,|\,x',z\,|\,z_2)=-\frac{\mathrm{j}}{a}\sum_{m=1}^{+\infty}\sin\left(\frac{m\pi}{a}x\right)\sin\left(\frac{m\pi}{a}x'\right)\frac{\mathrm{e}^{\mathrm{j}k_{zm}(z-z_2)}}{k_{zm}} \tag{4-46}$$

$$G^*(x'\,|\,x_\mathrm{S},z_2\,|\,z_\mathrm{S})=\frac{\mathrm{j}}{a}\sum_{m=1}^{+\infty}\sin\left(\frac{m\pi}{a}x'\right)\sin\left(\frac{m\pi}{a}x_\mathrm{S}\right)\frac{\mathrm{e}^{\mathrm{j}k_{zm}(z_2-z_\mathrm{S})}}{k_{zm}} \tag{4-47}$$

式(4-40)在 $z'=z_2$ 面上的积分如式(4-48)所示：

$$\begin{aligned}G^{\mathrm{TR}}(x\,|\,x_\mathrm{S},z\,|\,z_\mathrm{S})\Big|_{z'=z_2\text{面贡献}}&=\int_0^b\int_0^a\left(\begin{aligned}&G(x\,|\,x',z\,|\,z')\frac{\partial G^*(x'\,|\,x_\mathrm{S},z'\,|\,z_\mathrm{S})}{\partial z'}\\&-G^*(x'\,|\,x_\mathrm{S},z'\,|\,z_\mathrm{S})\frac{\partial G(x\,|\,x',z\,|\,z')}{\partial z'}\end{aligned}\right)\mathrm{d}x'\mathrm{d}y'\\&=\frac{\mathrm{j}b}{a}\sum_{m=1}^{+\infty}\sin\left(\frac{m\pi}{a}x\right)\sin\left(\frac{m\pi}{a}x_\mathrm{S}\right)\frac{\mathrm{e}^{\mathrm{j}k_{zm}(z-z_\mathrm{S})}}{k_{zm}}\end{aligned} \tag{4-48}$$

将式(4-45)与式(4-48)相加可得图 4-12 所示波导内 TE_{m0} 模式的时间反演场，即

$$\begin{aligned}G^{\mathrm{TR}}(x\,|\,x_\mathrm{S},z\,|\,z_\mathrm{S})&=G^{\mathrm{TR}}(x\,|\,x_\mathrm{S},z\,|\,z_\mathrm{S})\Big|_{z'=z_1\text{面贡献}}+G^{\mathrm{TR}}(x\,|\,x_\mathrm{S},z\,|\,z_\mathrm{S})\Big|_{z'=z_2\text{面贡献}}\\&=\frac{2\mathrm{j}b}{a}\sum_{m=1}^{+\infty}\sin\left(\frac{m\pi}{a}x\right)\sin\left(\frac{m\pi}{a}x_\mathrm{S}\right)\frac{\cos(k_{zm}(z-z_\mathrm{S}))}{k_{zm}}\end{aligned} \tag{4-49}$$

令场点 (x,z) 趋向初始源位置 $(x_\mathrm{S},z_\mathrm{S})$，由式(4-49)可得初始源位置处的聚焦场：

$$G^{\mathrm{TR}}(x_\mathrm{S}\,|\,x_\mathrm{S},z_\mathrm{S}\,|\,z_\mathrm{S})=\frac{2\mathrm{j}b}{a}\sum_{m=1}^{\infty}\frac{1}{k_{zm}}\sin^2\left(\frac{m\pi}{a}x_\mathrm{S}\right) \tag{4-50}$$

假设实验中的激励电流为 $\delta(x-x_\mathrm{S})\delta(z-z_\mathrm{S})$，那么有 A_y 与 G 的关系式 $A_y=\mu G(x\,|\,x_\mathrm{S},z\,|\,z_\mathrm{S})$，再由 $E_y=-\mathrm{j}\omega A_y$，根据式(4-49)可得时间反演聚焦场 E^{TR} 为

$$E^{\mathrm{TR}}(x\,|\,x_{\mathrm{S}},z\,|\,z_{\mathrm{S}})=\frac{2\omega\mu b}{a}\sum_{m=1}^{+\infty}\sin\left(\frac{m\pi}{a}x\right)\sin\left(\frac{m\pi}{a}x_{\mathrm{S}}\right)\frac{\cos(k_{zm}(z-z_{\mathrm{S}}))}{k_{zm}} \tag{4-51}$$

在初始源位置处的聚焦场为

$$E^{\mathrm{TR}}(x_{\mathrm{S}}\,|\,x_{\mathrm{S}},z_{\mathrm{S}}\,|\,z_{\mathrm{S}})=\frac{2\omega\mu b}{a}\sum_{m=1}^{\infty}\frac{1}{k_{zm}}\sin^2\left(\frac{m\pi}{a}x_{\mathrm{S}}\right) \tag{4-52}$$

由式(4-51)可知，图 4-12 所示矩形波导内的时间反演场与时间反演镜所在位置 $z=z_1$ 和 $z=z_2$ 无关。对于波导内的 TE_{m0} 波，式(4-40)在 $x'=0,a$ 和 $y'=0,b$ 面上的积分都为零，在此矩形波导中，只要两个时间反演镜就可起到时间反演腔的作用。

虽然以上分析的是波导内只有 TE_{m0} 波的简单情况，但是分析结论对波导内任意波形都适用。在矩形波导内不管是 TE 波还是 TM 波，总有

$$E_y\propto\sin\left(\frac{m\pi}{a}x\right)\cos\left(\frac{n\pi}{b}y\right) \tag{4-53}$$

$$E_x\propto\cos\left(\frac{m\pi}{a}x\right)\sin\left(\frac{n\pi}{b}y\right) \tag{4-54}$$

因此，在金属壁上式(4-40)的积分总为零。

由式(4-51)可知，矩形波导内 TE_{m0} 波的时间反演场在 x 方向和 z 方向上都呈驻波分布。设矩形波导的宽 a=10cm，高 b=30cm，源位于 x=2.5cm、z=10cm 位置处，根据式(4-51)可得在此矩形波导内的时间反演场分布，如图 4-13 所示。

由式(4-51)可知，时间反演场分布与工作频率和波导结构所支持的模式数量有关。该矩形波导的 TE_{10} 模式截止频率为 1.5GHz。图 4-13 给出了当工作频率分别为 1.6GHz、3.1GHz、4.6GHz、6.1GHz 时的归一化时间反演场分布。当波导内只有 1 个传播模式时，时间反演并不能在源点处聚

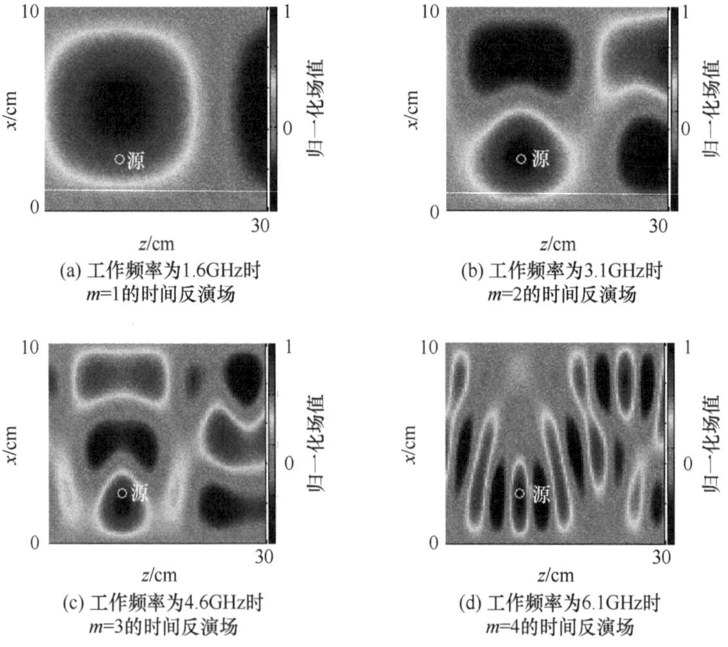

(a) 工作频率为1.6GHz时 m=1的时间反演场

(b) 工作频率为3.1GHz时 m=2的时间反演场

(c) 工作频率为4.6GHz时 m=3的时间反演场

(d) 工作频率为6.1GHz时 m=4的时间反演场

图 4-13 矩形波导内的 TE_{m0} 波的归一化时间反演场

焦；当模式数增加时，聚焦点出现在源位置的附近，但源位置并不是场强最强区域的中心。此外，在其他位置还会出现场强较大的伪聚焦点。由此可见，单频时间反演并不能取得很好的聚焦效果。

单频时间反演等效于相位共轭，下面考虑对一段脉冲的时间反演，也就是将频域得到的时间反演场分布进行傅里叶逆变换。对式(4-51)做傅里叶逆变换将得到不同位置处所接收到的时域信号，即

$$E^{\mathrm{TR}}(x\,|\,x_{\mathrm{S}},z\,|\,z_{\mathrm{S}},t)=\int_{-\infty}^{+\infty}\left(\frac{2\omega\mu b}{a}\sum_{m=1}^{\infty}\sin\left(\frac{m\pi}{a}x\right)\sin\left(\frac{m\pi}{a}x_{\mathrm{S}}\right)\frac{\cos(k_{zm}(z-z_{\mathrm{S}}))}{k_{zm}}\right)\mathrm{e}^{\mathrm{j}\omega t}\mathrm{d}\omega \quad (4\text{-}55)$$

由于式(4-55)的积分没有解析表达式，因此下面采用时域有限差分法来研究时间反演场的空间聚焦和时间聚焦。使用高斯脉冲作为激励源，其最高频率为 $f_{\max}$，在该频率位置的振幅下降为直流分量的 8%左右[9]。矩形波导时间反演场在源位置处的时间聚焦信号如图 4-14 所示。带宽越宽，所得到的时域聚焦效果越好。矩形波导内 TE_{m0} 波的归一化时间反演场如图 4-15 所示。工作频率越高、带宽越宽，空间聚焦的效果也越好。图 4-14 还显示，只有在聚焦时刻，初始源位置处所接收的信号强度才最大。仿真结果显示，在非聚焦时刻，源位置处的场强并非最强。

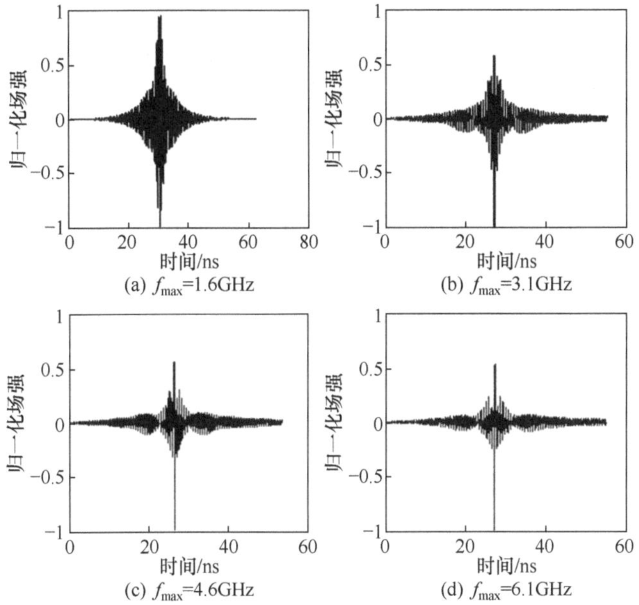

(a) $f_{\max}$=1.6GHz　(b) $f_{\max}$=3.1GHz

(c) $f_{\max}$=4.6GHz　(d) $f_{\max}$=6.1GHz

图 4-14　矩形波导时间反演场在源位置处的时间聚焦信号

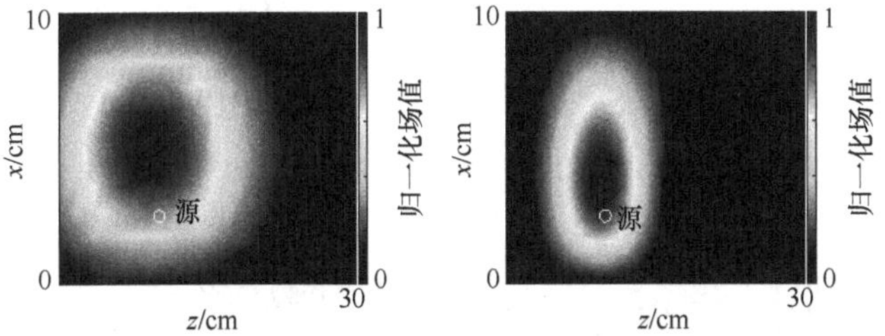

(a) $f_{\max}$=1.6GHz　(b) $f_{\max}$=3.1GHz

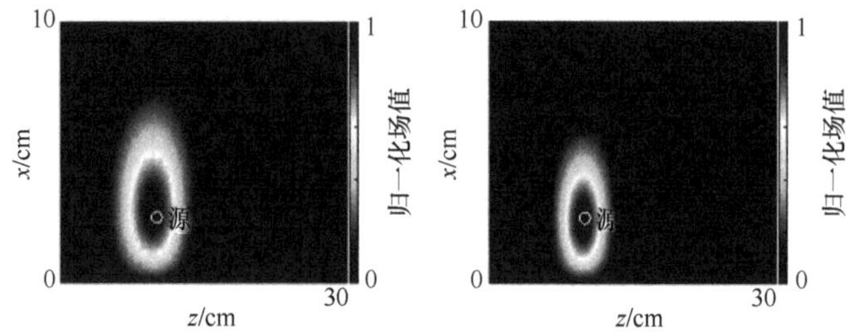

(c) f_{max}=4.6GHz　　(d) f_{max}=6.1GHz

图 4-15　矩形波导内聚焦时刻的归一化时间反演场

4.2.2　一端短路的矩形波导内的 TE$_{m0}$ 模式的时间反演场

本节将讨论一端短路的矩形波导内的时间反演场，讨论当波导的谐振性增加时，是否能提高时间反演的聚焦效果。一端短路的矩形波导结构如图 4-16 所示。矩形波导的长和宽分别为 a 和 b。

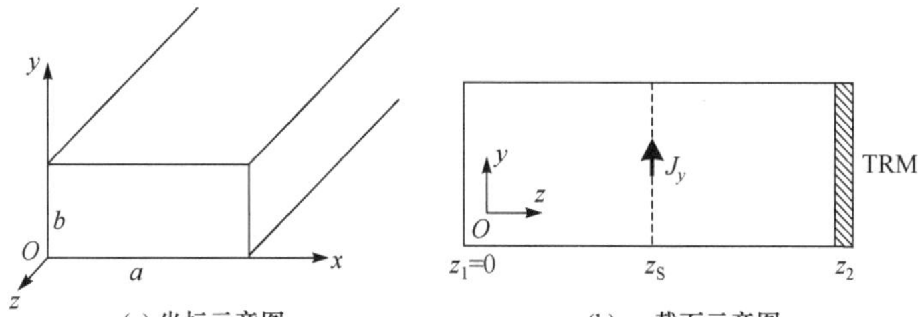

(a) 坐标示意图　　(b) y-z截面示意图

图 4-16　一端短路的矩形波导内 TE$_{m0}$ 波的时间反演场

在此只考虑激励为 TE$_{m0}$ 波的简单情况，激励电流仍然为 $\boldsymbol{J}=\boldsymbol{e}_y J_y(x,z)$ 且 $\partial J_y/\partial y=0$，此时的亥姆霍兹方程和对应的格林函数与式(4-29)和式(4-34)相同，只是边界条件发生变化。当矩形波导一端短路时，场的边界条件为

$$
\begin{cases}
E_y\big|_{x=0,a}=0; \quad A_y\big|_{x=0,a}=0 \\
E_y\big|_{z=0}=0 \\
\lim\limits_{z\to+\infty}\left(\dfrac{\partial E_y}{\partial z}+\mathrm{j}k_z E_y\right)=0; \quad \lim\limits_{z\to+\infty}\left(\dfrac{\partial A_y}{\partial z}+\mathrm{j}k_z A_y\right)=0
\end{cases}
\tag{4-56}
$$

对应的格林函数满足的方程和边界条件分别如下：

$$
\begin{cases}
\nabla^2 G(x|x_S,z|z_S)+k^2 G(x|x_S,z|z_S)=-\delta(x-x_S)\delta(z-z_S) \\
G(x|x_S,z|z_S)\big|_{x=0,a}=0 \\
G(x|x_S,z|z_S)\big|_{z=0}=0 \\
\lim\limits_{z\to+\infty}\left[\dfrac{\partial G(x|x_S,z|z_S)}{\partial z}+\mathrm{j}k_z G(x|x_S,z|z_S)\right]=0
\end{cases}
\tag{4-57}
$$

利用与求解式(4-34)相似的方法，可以求得方程(4-57)的解。由于波导一端短路，边界条

件改变，当 $z \neq z_S$ 时，源两侧区域的格林函数分别为

$$\begin{cases} G_1\left(x\middle|x_S,z\middle|z_S\right)=\sum\limits_{m=1}^{\infty}P_m\sin\left(\dfrac{m\pi}{a}x\right)\sin(k_{zm}z), & 0\leqslant z<z_S \\ G_2\left(x\middle|x_S,z\middle|z_S\right)=\sum\limits_{m=1}^{\infty}Q_m\sin\left(\dfrac{m\pi}{a}x\right)\mathrm{e}^{-\mathrm{j}k_{zm}z}, & z\geqslant z_S \end{cases} \tag{4-58}$$

将式(4-58)代入补充边界条件(4-38)，可以求出 P_m 和 Q_m：

$$\begin{cases} P_m=\dfrac{2}{a}\sin\left(\dfrac{m\pi}{a}x_S\right)\dfrac{\mathrm{e}^{-\mathrm{j}k_{zm}z_S}}{k_{zm}} \\ Q_m=\dfrac{2}{a}\sin\left(\dfrac{m\pi}{a}x_S\right)\dfrac{\sin(k_{zm}z_S)}{k_{zm}} \end{cases} \tag{4-59}$$

将式(4-59)代入式(4-58)可得到 $G(x\,|\,x_S,z\,|\,z_S)$ 为

$$\begin{cases} G(x\,|\,x_S,z\,|\,z_S)=\dfrac{2}{a}\sum\limits_{m=1}^{\infty}\sin\left(\dfrac{m\pi}{a}x\right)\sin\left(\dfrac{m\pi}{a}x_S\right)\dfrac{\mathrm{e}^{-\mathrm{j}k_{zm}z_S}}{k_{zm}}\sin(k_{zm}z), & 0\leqslant z<z_S \\ G(x\,|\,x_S,z\,|\,z_S)=\dfrac{2}{a}\sum\limits_{m=1}^{\infty}\sin\left(\dfrac{m\pi}{a}x\right)\sin\left(\dfrac{m\pi}{a}x_S\right)\dfrac{\sin(k_{zm}z_S)}{k_{zm}}\mathrm{e}^{-\mathrm{j}k_{zm}z}, & z\geqslant z_S \end{cases} \tag{4-60}$$

式中，$m\pi/a=k_{xm}$ 为第 m 个模式的 x 向波数；k_{zm} 为对应的 z 向波数；$k_{xm}^2+k_{zm}^2=k^2$。

根据式(4-60)，对图 4-16 所示矩形波导，有

$$\begin{cases} G(x\,|\,x',z\,|\,z')=\dfrac{2}{a}\sum\limits_{m=1}^{\infty}\sin\left(\dfrac{m\pi}{a}x\right)\sin\left(\dfrac{m\pi}{a}x'\right)\dfrac{\mathrm{e}^{-\mathrm{j}k_{zm}z'}}{k_{zm}}\sin(k_{zm}z), & 0\leqslant z<z' \\ G(x\,|\,x',z\,|\,z')=\dfrac{2}{a}\sum\limits_{m=1}^{\infty}\sin\left(\dfrac{m\pi}{a}x\right)\sin\left(\dfrac{m\pi}{a}x'\right)\dfrac{\sin(k_{zm}z')}{k_{zm}}\mathrm{e}^{-\mathrm{j}k_{zm}z}, & z\geqslant z' \end{cases} \tag{4-61}$$

$$\begin{cases} G^*(x'\,|\,x_S,z'\,|\,z_S)=\dfrac{2}{a}\sum\limits_{m=1}^{\infty}\sin\left(\dfrac{m\pi}{a}x'\right)\sin\left(\dfrac{m\pi}{a}x_S\right)\dfrac{\mathrm{e}^{\mathrm{j}k_{zm}z_S}}{k_{zm}}\sin(k_{zm}z'), & 0\leqslant z'<z_S \\ G^*(x'\,|\,x_S,z'\,|\,z_S)=\dfrac{2}{a}\sum\limits_{m=1}^{\infty}\sin\left(\dfrac{m\pi}{a}x'\right)\sin\left(\dfrac{m\pi}{a}x_S\right)\dfrac{\sin(k_{zm}z_S)}{k_{zm}}\mathrm{e}^{\mathrm{j}k_{zm}z'}, & z'\geqslant z_S \end{cases} \tag{4-62}$$

对一端短路波导，当式(4-40)在 6 个面上积分时，在 $x'=0,a$ 和 $y'=0,b$ 面上的积分为零；在 $z'=z_1=0$ 面上 $E_y=0$，积分也为零；在 $z'=z_2$ 面上 $z_2>z_S$，有

$$G^*(x'\,|\,x_S,z'\,|\,z_S)=\frac{2}{a}\sum_{m=1}^{\infty}\sin\left(\frac{m\pi}{a}x'\right)\sin\left(\frac{m\pi}{a}x_S\right)\frac{\sin(k_{zm}z_S)}{k_{zm}}\mathrm{e}^{\mathrm{j}k_{zm}z'} \tag{4-63}$$

在回传过程中，$z'=z_2$ 平面为次生源平面，因为 $z<z_2$，应当取式(4-61)中的第一项：

$$G(x\,|\,x',z\,|\,z')=\frac{2}{a}\sum_{m=1}^{\infty}\sin\left(\frac{m\pi}{a}x\right)\sin\left(\frac{m\pi}{a}x'\right)\frac{\mathrm{e}^{-\mathrm{j}k_{zm}z'}}{k_{zm}}\sin(k_{zm}z) \tag{4-64}$$

由式(4-63)、式(4-64)可得式(4-40)在 $z'=z_2$ 平面上的积分为

$$G^{\mathrm{TR}}(x|x_{\mathrm{S}},z|z_{\mathrm{S}})=\int_0^b\int_0^a\left(\begin{array}{l}G(x|x',z|z')\dfrac{\partial G^*(x'|x_{\mathrm{S}},z'|z_{\mathrm{S}})}{\partial z'}\\-G^*(x'|x_{\mathrm{S}},z'|z_{\mathrm{S}})\dfrac{\partial G(x|x',z|z')}{\partial z'}\end{array}\right)\mathrm{d}x'\mathrm{d}y'$$
$$=\frac{4\mathrm{j}b}{a}\sum_{m=1}^{\infty}\sin\left(\frac{m\pi}{a}x\right)\sin\left(\frac{m\pi}{a}x_{\mathrm{S}}\right)\frac{\sin\left(k_{zm}z_{\mathrm{S}}\right)\cos\left(k_{zm}z\right)}{k_{zm}} \tag{4-65}$$

由式(4-65)可得时间反演电场表达式为

$$E^{\mathrm{TR}}(x|x_{\mathrm{S}},z|z_{\mathrm{S}})=\frac{4\omega\mu b}{a}\sum_{m=1}^{\infty}\sin\left(\frac{m\pi}{a}x\right)\sin\left(\frac{m\pi}{a}x_{\mathrm{S}}\right)\frac{\sin\left(k_{zm}z_{\mathrm{S}}\right)\cos\left(k_{zm}z\right)}{k_{zm}} \tag{4-66}$$

对比式(4-66)与式(4-51)可知，当波导一端短路时，时间反演场沿 z 方向的场分布发生改变，而沿 x 方向的场分布与非短路的情况相同。

令场点 (x,z) 趋向初始源位置 $(x_{\mathrm{S}},z_{\mathrm{S}})$ ，由式(4-66)可得初始源位置处的聚焦场为

$$E^{\mathrm{TR}}(x_{\mathrm{S}}|x_{\mathrm{S}},z_{\mathrm{S}}|z_{\mathrm{S}})=\frac{4\omega\mu b}{a}\sum_{m=1}^{\infty}\sin^2\left(\frac{m\pi}{a}x_{\mathrm{S}}\right)\frac{\sin k_{zm}z_{\mathrm{S}}}{k_{zm}}\cos\left(k_{zm}z_{\mathrm{S}}\right) \tag{4-67}$$

图 4-17 给出了根据式(4-66)所得的一端短路矩形波导内的归一化时间反演场。对比图 4-17 与图 4-13 可知，当波导一端短路时，z 方向的对称性不再存在，在 z 方向上场不再以源位置 z_{S} 为中心呈对称分布。

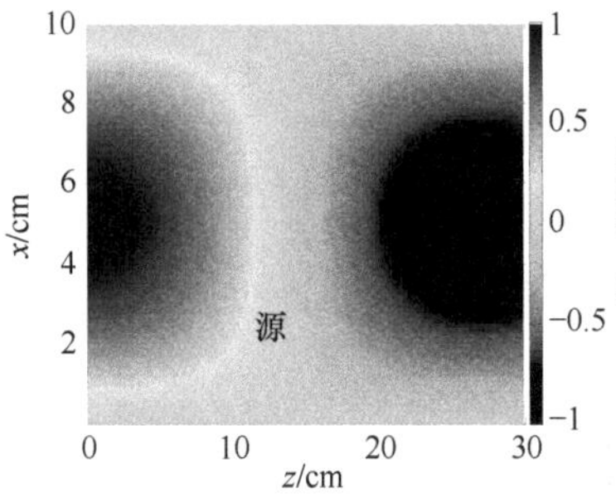

(a) 工作频率为1.6GHz

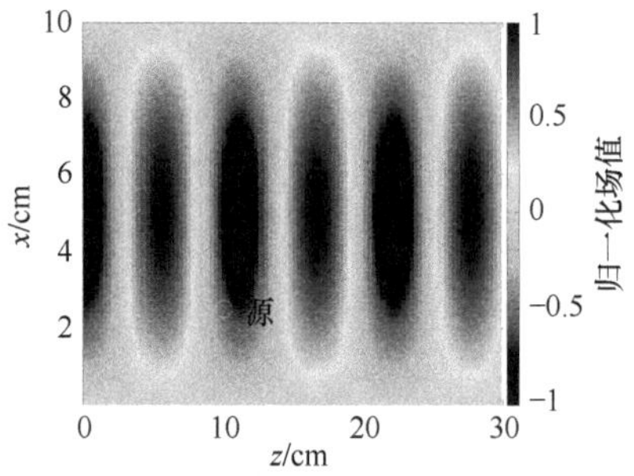

(b) 工作频率为3.1GHz

图 4-17 一端短路的矩形波导内的归一化时间反演场

如果使用高斯脉冲作为激励源，设其最高频率为 $f_{\max}$，图 4-18 给出一端短路的矩形波导内聚焦时刻的归一化时间反演场。与图 4-15 对比，波导一端短路时，场聚焦效果要略优于非短路情况。图 4-19 给出了过源所在位置沿 z 方向的一条直线上的场强分布。图中虚线表示电场强度减为最大值一半的参考线。图 4-19(a)中半衰减位置位于 $z=1.8$ cm 和 $z=17.1$ cm，二者之差是该矩形波导主模截止波长的 76%；图 4-19(b)中半衰减位置位于 $z=6.9$ cm 和 $z=12.3$ cm，二者之差是中心工作频率对应波长的 54%；图 4-19(c)中半衰减位置位于 $z=3.6$ cm 和 $z=16.2$ cm，二者之差是主模截止波长的 63%；图 4-19(d)中半衰减位置位于 $z=7.2$ cm 和 $z=12$ cm，二者之差是中心工作波长的 48.8%。

由以上分析可知，对于波导一端短路情况，当工作频率低、带宽窄时，场聚焦效果明显优于非短路情况；当工作频率高、带宽宽时，场聚焦效果仍然优于非短路情况，但区别没有第一种情况下明显。在这两种情况下，聚焦分辨率仍受限于衍射极限，即使是图 4-19(d)略优于一般认为的衍射极限，也仍在半波长数量级，并不是亚波长的超分辨率聚焦。

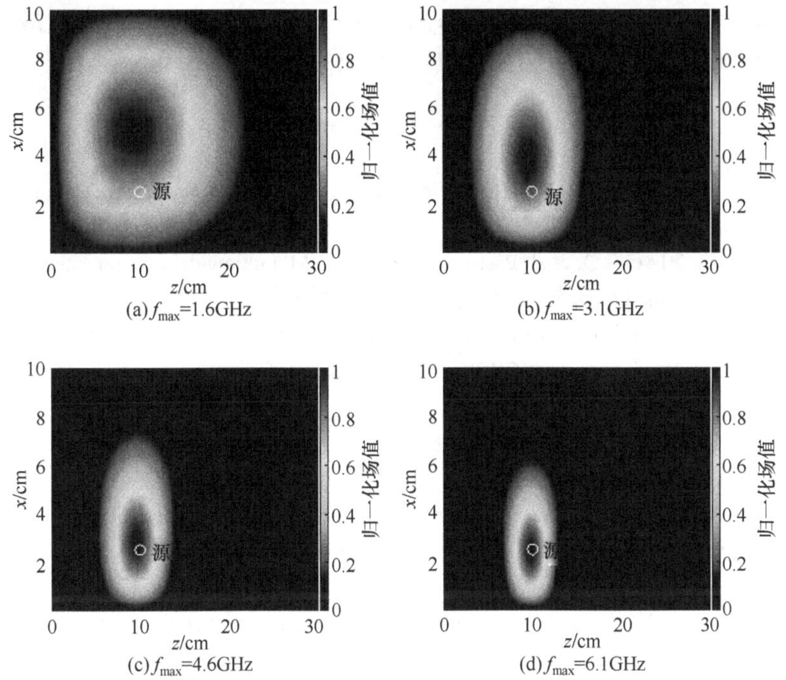

(a) f_{max}=1.6GHz　(b) f_{max}=3.1GHz　(c) f_{max}=4.6GHz　(d) f_{max}=6.1GHz

图 4-18　一端短路的矩形波导内聚焦时刻的归一化时间反演场

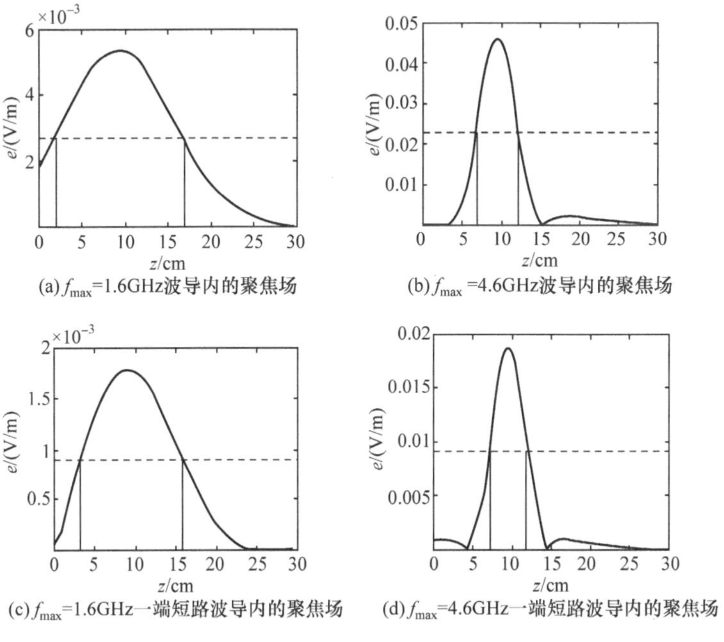

(a) f_{max}=1.6GHz波导内的聚焦场　(b) f_{max} =4.6GHz波导内的聚焦场　(c) f_{max}=1.6GHz一端短路波导内的聚焦场　(d) f_{max}=4.6GHz一端短路波导内的聚焦场

图 4-19　对比两种情况下的聚焦效果

由本节的讨论可知：在均匀波导中，源位置处的时间反演场只在聚焦时刻才会出现场强最强；但在某些时刻，某些位置的场甚至比源位置处的场更强。这一现象与波导结构的对称性有关，4.1 节已经指出，在对称的金属腔体内会出现伪聚焦现象[10]。为了避免这种伪聚焦现象，减小对其他电子系统的干扰，同时也为了降低信息被窃听的可能性，应尽量改变金属腔体结构的镜像特征，如改变金属腔体的结构，或在腔体内增加散射体从而改变波的传播环境。其中，第二种方法还可以用来提高聚焦分辨率[7]。

参考文献

[1] RAMO S, WHINNERY J R, VAN DUZER T. Fields and waves in communication electronics[M]. New York: Wiley, 1994: 46-50.

[2] LIU X F, WANG B Z, XIAO S Q, et al. Post-time-reversed MIMO ultrawideband transmission scheme[J]. IEEE transactions on antennas and propagation, 2010, 58(5): 1731-1738.

[3] SUNDARALINGAM P, FUSCO V, ZELENCHUK D, et al. Detection of an object in a reverberant environment using direct and differential time reversal[C]//2012 6th European conference on antennas and propagation(EUCAP). Prague: IEEE, 2012: 1115-1117.

[4] HOSSAIN M D, MOHAN A S, ABEDIN M J. Beamspace time-reversal microwave imaging for breast cancer detection[J]. IEEE antennas and wireless propagation letters, 2013, 12: 241-244.

[5] GE G D, WANG B Z, ZHAO D S, et al. Design on super-resolution characteristics of planar microstructured antenna array[C]//2010 International conference on microwave and millimeter wave technology. Chengdu: IEEE, 2010: 345-347.

[6] GE G D, WANG B Z, WANG D, et al. Subwavelength array of planar monopoles with complementary split rings based on far-field time reversal[J]. IEEE transactions on antennas and propagation, 2011, 59(11): 4345-4350.

[7] LEROSEY G, DE ROSNY J, TOURIN A, et al. Focusing beyond the diffraction limit with far-field time reversal[J]. Science, 2007, 315(5815): 1120-1122.

[8] 黄海燕. 时间反演电磁波传播特性研究[D]. 成都: 电子科技大学, 2014.

[9] 王秉中. 计算电磁学[M]. 北京: 科学出版社, 2002: 153-155.

[10] 陈英明. 时间反演电磁系统的多论域分析及可计算建模[D]. 成都: 电子科技大学, 2014.

第5章 散射结构辅助的时间反演超分辨率聚焦

突破瑞利极限实现超分辨率聚焦具有重要意义。在自由空间中，理想点源的时间反演场幅度随离开点源的距离呈 sinc 函数分布，其第一过零点与源中心相距半个波长，即未能突破瑞利极限。研究表明，在目标近场区加载合适的亚波长散射结构可以实现时间反演电磁波的超分辨率聚焦[1-4]。本章将以小金属球、金属丝阵列以及缺陷超表面加载为例，展示时间反演电磁波的超分辨率聚焦特性。

5.1 小金属球散射场分析

5.1.1 偶极子源激励情况散射场求解

1. 水平电偶极子源激励情况

如图 5-1 所示，$r'=(0,0,b)$处有一沿 x 方向水平极化的电偶极子 $\boldsymbol{p}_{\mathrm{e}}=I_{\mathrm{e}}l\boldsymbol{e}_x$，半径为 a 的小金属球散射体位于坐标原点。空间总场可以分解为入射场与散射场的叠加，分别用上标 inc 和 sca 表示，入射场为自由空间中电偶极子源的辐射场。

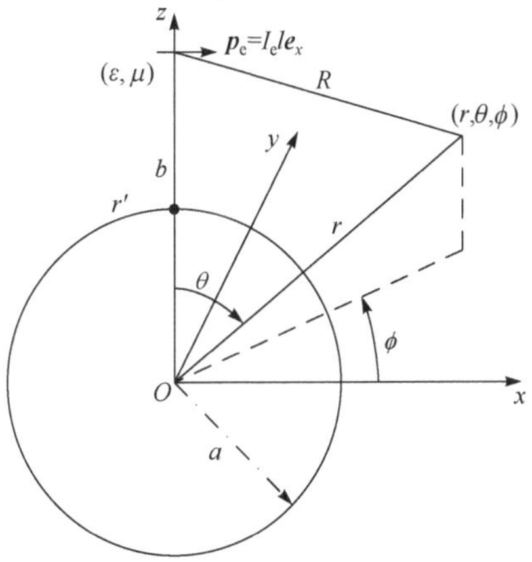

图 5-1 水平电偶极子源激励情况示意图

在球坐标下求解该散射问题。用 $\mathrm{j}_n(x)$ 和 $\mathrm{h}_n^{(2)}(x)$ 分别表示球贝塞尔函数和第二类球汉克尔函数，定义 $\hat{\mathrm{J}}_n(x)=x\mathrm{j}_n(x)$ 和 $\widehat{\mathrm{H}}_n^{(2)}(x)=x\mathrm{h}_n^{(2)}(x)$；用 $\mathrm{P}_n(x)$ 和 $\mathrm{P}_n^1(x)$ 分别表示第一类勒让德多项式和第一类连带勒让德多项式。Hertz 电矢量位和 Hertz 磁矢量位分别记为 $\boldsymbol{\varPi}_{\mathrm{e}}=\varPi_{\mathrm{e}}\boldsymbol{e}_r$ 和 $\boldsymbol{\varPi}_{\mathrm{m}}=\varPi_{\mathrm{m}}\boldsymbol{e}_r$。

电偶极子的入射场所对应的磁矢量位为

$$\boldsymbol{A}(\boldsymbol{r})=\frac{\mu I_{\mathrm{e}}l}{R}\mathrm{e}^{-\mathrm{j}kR}\boldsymbol{e}_x=A_x\boldsymbol{e}_x \tag{5-1}$$

式中，$R=\|\boldsymbol{r}-\boldsymbol{r}'\|$。该磁矢量位在球坐标系下的三个分量分别为

$$\begin{cases}A_\phi=-A_x\sin\phi\\A_\theta=A_x\cos\theta\cos\phi\\A_r=A_x\sin\theta\cos\phi\end{cases} \tag{5-2}$$

根据

$$\begin{cases} \boldsymbol{E}^{\text{inc}}(\boldsymbol{r}) = \dfrac{\left(k^2 + \nabla\nabla\right)\boldsymbol{A}(\boldsymbol{r})}{\mathrm{j}\omega\mu\varepsilon} \\ \boldsymbol{H}^{\text{inc}}(\boldsymbol{r}) = \dfrac{\nabla \times \boldsymbol{A}(\boldsymbol{r})}{\mu} \end{cases} \tag{5-3}$$

以及

$$\begin{cases} \dfrac{\mathrm{e}^{-\mathrm{j}kR}}{R} = \sum\limits_{n=0}^{+\infty} D_n \mathrm{j}_n(kr)\mathrm{P}_n(\cos\theta), \quad r < b \\ \mathrm{P}_n^1(\cos\theta) = -\dfrac{\partial}{\partial\theta}\mathrm{P}_n(\cos\theta) \end{cases} \tag{5-4}$$

式中，$D_n = -\mathrm{j}k(2n+1)\mathrm{h}_n^{(2)}(kb)$，可以推导得

$$\begin{aligned} H_r^{\text{inc}} &= \frac{1}{\mu r\sin\theta}\left[\frac{\partial}{\partial\theta}\left(A_\phi \sin\theta\right) - \frac{\partial A_\theta}{\partial\phi}\right] \\ &= \frac{I_\mathrm{e} l}{r\sin\theta}\left[\begin{aligned} &\sin\phi\sum_{n=1}^{\infty} D_n \mathrm{j}_n(kr)\mathrm{P}_n^1(\cos\theta)\sin\theta \\ &-\sin\phi\sum_{n=1}^{\infty} D_n \mathrm{j}_n(kr)\mathrm{P}_n(\cos\theta)\cos\theta \\ &+\cos\theta\sum_{n=1}^{\infty} D_n \mathrm{j}_n(kr)\mathrm{P}_n(\cos\theta)\sin\phi \end{aligned}\right] \\ &= \frac{I_\mathrm{e} l}{r}\sin\phi\sum_{n=1}^{+\infty} D_n \mathrm{j}_n(kr)\mathrm{P}_n^1(\cos\theta), \quad r < b \end{aligned} \tag{5-5}$$

设入射场所对应的 Hertz 磁矢量位的 r 向分量展开式为

$$\Pi_\mathrm{m}^{\text{inc}} = I_\mathrm{e} l\sin\phi\sum_{n=1}^{+\infty} a_n \mathrm{j}_n(kr) r\mathrm{P}_n^1(\cos\theta), \quad r < b \tag{5-6}$$

式中，a_n 为待定系数。根据

$$\begin{cases} E_r = \left(\dfrac{\partial^2}{\partial r^2} + k^2\right)\Pi_\mathrm{e} \\ E_\theta = \dfrac{1}{r}\dfrac{\partial^2 \Pi_\mathrm{e}}{\partial r\partial\theta} - \dfrac{\mathrm{j}\omega\mu}{r\sin\theta}\dfrac{\partial \Pi_\mathrm{m}}{\partial\phi} \\ E_\phi = \dfrac{1}{r\sin\theta}\dfrac{\partial^2 \Pi_\mathrm{e}}{\partial r\partial\phi} + \dfrac{\mathrm{j}\omega\mu}{r}\dfrac{\partial \Pi_\mathrm{m}}{\partial\theta} \\ H_r = \left(\dfrac{\partial^2}{\partial r^2} + k^2\right)\Pi_\mathrm{m} \\ H_\theta = \dfrac{1}{r}\dfrac{\partial^2 \Pi_\mathrm{m}}{\partial r\partial\theta} + \dfrac{\mathrm{j}\omega\varepsilon}{r\sin\theta}\dfrac{\partial \Pi_\mathrm{e}}{\partial\phi} \\ H_\phi = \dfrac{1}{r\sin\theta}\dfrac{\partial^2 \Pi_\mathrm{m}}{\partial r\partial\phi} - \dfrac{\mathrm{j}\omega\varepsilon}{r}\dfrac{\partial \Pi_\mathrm{e}}{\partial\theta} \end{cases} \tag{5-7}$$

由式(5-6)和式(5-7)并结合式(5-8)：

$$\left(k^2+\frac{\partial^2}{\partial r^2}-\frac{n(n+1)}{r^2}\right)\left[\mathrm{j}_n(kr)r\right]=0 \tag{5-8}$$

可得磁场的 r 向分量为

$$H_r^{\mathrm{inc}}=I_{\mathrm{e}}l\sin\phi\sum_{n=1}^{+\infty}a_n\frac{n(n+1)}{r}\mathrm{j}_n(kr)\mathrm{P}_n^1(\cos\theta),\quad r<b \tag{5-9}$$

对比式(5-5)和式(5-9)即可得到

$$a_n=\frac{D_n}{n(n+1)}=\frac{-\mathrm{j}k(2n+1)}{n(n+1)}\mathrm{h}_n^{(2)}(kb) \tag{5-10}$$

类似地，通过对比 r 向电场的表达式可求得

$$\Pi_{\mathrm{e}}^{\mathrm{inc}}=I_{\mathrm{e}}l\cos\phi\sum_{n=1}^{+\infty}b_n\mathrm{j}_n(kr)r\mathrm{P}_n^1(\cos\theta),\quad r<b \tag{5-11}$$

式中

$$b_n=\frac{-\eta_0(2n+1)}{bn(n+1)}\widehat{\mathrm{H}}_n^{(2)'}(kb) \tag{5-12}$$

其中，$\eta_0=k/(\omega\varepsilon)$ 为自由空间波阻抗。

总场在金属球表面需满足电场切向分量为零的边界条件，因此散射场的 Hertz 矢量位应具有与 $r<b$ 区域内入射场的 Hertz 矢量位类似的表达式。同时，散射场是外向传播波，为满足无穷远处的辐射边界条件，需要将 $\mathrm{j}_n(kr)$ 替换为 $\mathrm{h}_n^{(2)}(kr)$。因此，可设散射场对应的 Hertz 矢量位的 r 向分量分别为

$$\begin{cases}\Pi_{\mathrm{e}}^{\mathrm{sca}}=I_{\mathrm{e}}l\cos\phi\displaystyle\sum_{n=1}^{+\infty}d_{\mathrm{e}n}\mathrm{h}_n^{(2)}(kr)r\mathrm{P}_n^1(\cos\theta)\\ \Pi_{\mathrm{m}}^{\mathrm{sca}}=I_{\mathrm{e}}l\sin\phi\displaystyle\sum_{n=1}^{+\infty}c_{\mathrm{e}n}\mathrm{h}_n^{(2)}(kr)r\mathrm{P}_n^1(\cos\theta)\end{cases} \tag{5-13}$$

由金属球表面总场电场切向分量为零的边界条件，可解得 $c_{\mathrm{e}n}$ 和 $d_{\mathrm{e}n}$ 分别为

$$\begin{cases}c_{\mathrm{e}n}=-a_n\dfrac{\hat{\mathrm{J}}_n(ka)}{\widehat{\mathrm{H}}_n^{(2)}(ka)}\\ d_{\mathrm{e}n}=-b_n\dfrac{\hat{\mathrm{J}}_n'(ka)}{\widehat{\mathrm{H}}_n^{(2)'}(ka)}\end{cases} \tag{5-14}$$

将式(5-10)、式(5-12)和式(5-14)代入式(5-13)并由式(5-7)得散射场的表达式为

$$\begin{cases}E_\theta^{\mathrm{sca}}=I_{\mathrm{e}}l\displaystyle\sum_{n=1}^{+\infty}\left\{\begin{array}{l}\dfrac{-\mathrm{j}\omega\mu\cos\phi}{kr\sin\theta}c_{\mathrm{e}n}\widehat{\mathrm{H}}_n^{(2)}(kr)\mathrm{P}_n^1(\cos\theta)\\ \dfrac{\cos\phi}{kr}d_{\mathrm{e}n}\dfrac{\partial^2}{\partial r\partial\theta}\left[\widehat{\mathrm{H}}_n^{(2)}(kr)\mathrm{P}_n^1(\cos\theta)\right]\end{array}\right\}\\ E_\phi^{\mathrm{sca}}=I_{\mathrm{e}}l\displaystyle\sum_{n=1}^{+\infty}\left\{\begin{array}{l}\dfrac{\mathrm{j}\omega\mu\sin\phi}{kr}c_{\mathrm{e}n}\widehat{\mathrm{H}}_n^{(2)}(kr)\dfrac{\partial}{\partial\theta}\left[\mathrm{P}_n^1(\cos\theta)\right]\\ \dfrac{-\sin\phi}{kr\sin\theta}\mathrm{P}_n^1(\cos\theta)d_{\mathrm{e}n}\dfrac{\partial}{\partial r}\left[\widehat{\mathrm{H}}_n^{(2)}(kr)\right]\end{array}\right\}\end{cases} \tag{5-15}$$

考虑散射金属球半径很小($ka<1$)的情况，将式(5-10)和式(5-12)代入式(5-14)，利用球贝塞尔函数、球汉克尔函数的小宗量近似表达式，可得

$$c_{\mathrm{en}}=-a_n\frac{\hat{\mathrm{J}}_n(ka)}{\widehat{\mathrm{H}}_n^{(2)}(ka)}\approx a_n\mathrm{j}(2n+1)n^2\left[\frac{2^n(n-1)!}{(2n+1)!}\right]^2(ka)^{2n+1}$$

$$=\left[\frac{2^n(n-1)!}{(2n)!}\right]^2(ka)^{2n+1}\frac{nk}{n+1}\mathrm{h}_n^{(2)}(kb) \tag{5-16}$$

$$d_{\mathrm{en}}=-b_n\frac{\hat{\mathrm{J}}_n'(ka)}{\widehat{\mathrm{H}}_n^{(2)'}(ka)}\approx -b_n\mathrm{j}\left[\frac{2^n(n-1)!}{(2n+1)!}\right]^2(2n+1)n(n+1)(ka)^{2n+1}$$

$$=\left[\frac{2^n(n-1)!}{(2n)!}\right]^2(ka)^{2n+1}\frac{\mathrm{j}\eta_0}{b}\widehat{\mathrm{H}}_n^{(2)'}(kb) \tag{5-17}$$

在本章中，记 n=1、n=2 和 n=3 时公式等号右边的值分别为该式的第一项、第二项和第三项。

设场观测面为 $z=b$ 平面。在观测面上，计算式(5-15)中 n 分别取 1 和 2 的前两项的绝对值的最大值之比 ρ，该比值随小球半径 a 以及观测面与小球之间间距 b 的变化情况如图 5-2(a)所示。式(5-15)中更高次项的绝对值会越来越小，可以忽略不计。

由图 5-2(a)易知，ρ 等于 10 的等高线近似为一条直线，对其进行线性拟合的结果为

$$b=1.2646a+0.1168\lambda \tag{5-18}$$

以 ρ 大于 10 为能够近似采用式(5-15)的第一项代表整体散射场的条件，可知需要满足的条件为

$$b>1.2646a+0.1168\lambda,\quad a<0.08\lambda \tag{5-19}$$

例如，当 $a=0.03\lambda$且 $b=0.3\lambda$时，式(5-15)前三项的绝对值沿观测面上 x 方向的分布情况如图 5-2(b)所示，第二项和第三项的绝对值确实远小于第一项。

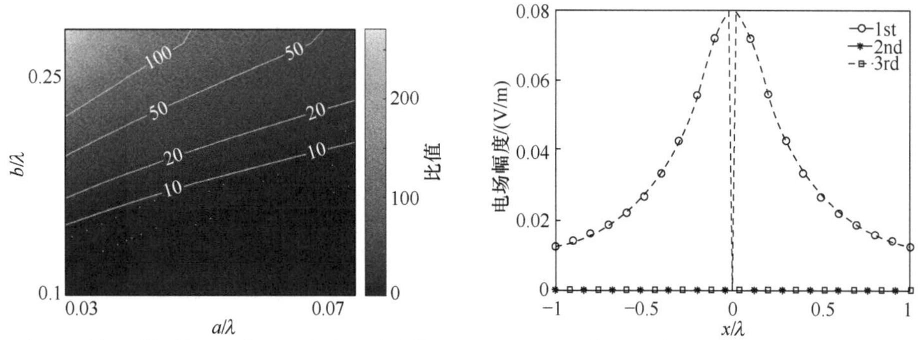

(a) 式(5-15)前两项绝对值最大值之比随a和b的变化情况　　(b) 式(5-15)前三项绝对值沿x方向分布情况

图 5-2　水平电流源激励情况下散射电场级数展开式

(其中 $a=0.03\lambda$，$b=0.3\lambda$，观测面为 $z=b$ 平面)

下面对式(5-15)的第一项进行详细分析。根据球汉克尔函数及其导函数的性质：

$$\begin{cases}\widehat{\mathrm{H}}_1^{(2)}(kr)=kr\mathrm{h}_1^{(2)}(kr)=(\mathrm{j}/kr-1)\mathrm{e}^{-\mathrm{j}kr}\\ \widehat{\mathrm{H}}_1^{(2)'}(kr)=\left(-\dfrac{\mathrm{j}}{k^2r^2}+\dfrac{1}{kr}+\mathrm{j}\right)\mathrm{e}^{-\mathrm{j}kr}\end{cases} \tag{5-20}$$

将其代入散射场的表达式(5-15)可得

$$\begin{cases} E_{\theta}^{\text{sca}} = \dfrac{-\mathrm{j}\omega\mu I_{\mathrm{e}} l}{kr} c_{\mathrm{e1}} \left(\dfrac{\mathrm{j}}{kr} - 1 \right) \mathrm{e}^{-\mathrm{j}kr} \cos\phi \\ \qquad + \dfrac{I_{\mathrm{e}} l}{r} d_{\mathrm{e1}} \left(\dfrac{-\mathrm{j}}{k^2 r^2} + \dfrac{1}{kr} + \mathrm{j} \right) \mathrm{e}^{-\mathrm{j}kr} \cos\phi \cos\theta \\ E_{\phi}^{\text{sca}} = \dfrac{\mathrm{j}\omega\mu I_{\mathrm{e}} l}{kr} c_{\mathrm{e1}} \left(\dfrac{\mathrm{j}}{kr} - 1 \right) \mathrm{e}^{-\mathrm{j}kr} \sin\phi \cos\theta \\ \qquad - \dfrac{I_{\mathrm{e}} l}{r} d_{\mathrm{e1}} \left(\dfrac{-\mathrm{j}}{k^2 r^2} + \dfrac{1}{kr} + \mathrm{j} \right) \mathrm{e}^{-\mathrm{j}kr} \sin\phi \end{cases} \tag{5-21}$$

对比沿 x 方向极化电流元 $\boldsymbol{p}_{\mathrm{e}} = p_{\mathrm{e}} \boldsymbol{e}_x$ 的辐射场：

$$\begin{cases} E_{\theta} = -\cos\phi \cos\theta \dfrac{p_{\mathrm{e}} k^2}{\omega\varepsilon r} \left(\dfrac{-\mathrm{j}}{k^2 r^2} + \dfrac{1}{kr} + \mathrm{j} \right) \mathrm{e}^{-\mathrm{j}kr} \\ E_{\phi} = \sin\phi \dfrac{p_{\mathrm{e}} k^2}{\omega\varepsilon r} \left(\dfrac{-\mathrm{j}}{k^2 r^2} + \dfrac{1}{kr} + \mathrm{j} \right) \mathrm{e}^{-\mathrm{j}kr} \end{cases} \tag{5-22}$$

以及沿 y 方向极化磁流元 $\boldsymbol{p}_{\mathrm{m}} = p_{\mathrm{m}} \boldsymbol{e}_y$ 的辐射场：

$$\begin{cases} E_{\theta} = \cos\phi \dfrac{\mathrm{j}k^2 p_{\mathrm{m}}}{kr} \left(\dfrac{\mathrm{j}}{kr} - 1 \right) \mathrm{e}^{-\mathrm{j}kr} \\ E_{\phi} = -\sin\phi \cos\theta \dfrac{\mathrm{j}k^2 p_{\mathrm{m}}}{kr} \left(\dfrac{\mathrm{j}}{kr} - 1 \right) \mathrm{e}^{-\mathrm{j}kr} \end{cases} \tag{5-23}$$

可以发现，式(5-21)所示的散射场等效于位于原点的一个沿 x 方向极化电流元和一个沿 y 方向极化磁流元辐射场的叠加，其对应的等效源表达式分别为

$$\begin{cases} \boldsymbol{p}_{\text{equ}}^{\mathrm{e}} = -I_{\mathrm{e}} l \dfrac{\omega\varepsilon}{k^2} d_{\mathrm{e1}} \boldsymbol{e}_x \\ \boldsymbol{p}_{\text{equ}}^{\mathrm{m}} = -I_{\mathrm{e}} l \dfrac{1}{\omega\varepsilon} c_{\mathrm{e1}} \boldsymbol{e}_y \end{cases} \tag{5-24}$$

式中

$$\begin{cases} c_{\mathrm{e1}} = \dfrac{1}{2b} (ka)^3 \left(\dfrac{\mathrm{j}}{kb} - 1 \right) \mathrm{e}^{-\mathrm{j}kb} \\ d_{\mathrm{e1}} = \dfrac{\mathrm{j}\eta_0}{b} (ka)^3 \left(-\dfrac{\mathrm{j}}{k^2 b^2} + \dfrac{1}{kb} + \mathrm{j} \right) \mathrm{e}^{-\mathrm{j}kb} \end{cases} \tag{5-25}$$

上述分析只考虑了观测面位于激励源所在平面内的散射场。当观测面与散射体之间的间距继续增大时，前两项之间的比值会继续增大，极限情况为观测面与散射体之间的间距趋于无穷大，根据球贝塞尔函数大宗量近似公式可知式(5-15)的第一项远大于第二项，因此可得结论，在满足式(5-19)所述条件下，只要观测面与散射体之间的间距大于或等于激励电流源与散射体之间的间距，就可以将小金属球散射体的散射场等效为电偶极子和磁偶极子辐射场的叠加。

2. 垂直电偶极子源激励情况

在图 5-1 中，当激励源换为沿 z 方向极化的垂直电偶极子 $\boldsymbol{p}_{\mathrm{e}} = I_{\mathrm{e}} l \boldsymbol{e}_z$ 时，该系统的电磁场

解具有与 ϕ 无关的旋转对称性。根据对称性可知 H_r 分量为零，Π_{m} 为零，因此只需要求解出 Π_{e} 即可根据式(5-7)得到整个空间的电磁场。

电偶极子的入射场所对应的磁矢量位为

$$\boldsymbol{A}=\frac{\mu I_{\mathrm{e}}l}{R}\mathrm{e}^{-\mathrm{j}kR}\boldsymbol{e}_z \tag{5-26}$$

根据式(5-3)可得入射场的磁场 ϕ 分量为

$$\begin{aligned}H_{\phi}^{\mathrm{inc}}&=\frac{1}{\mu r}\left[\frac{\partial}{\partial r}\left(rA_{\theta}\right)-\frac{\partial A_r}{\partial\theta}\right]\\&=-I_{\mathrm{e}}lr\sin\theta\frac{-\mathrm{j}kR-1}{R^3}\mathrm{e}^{-\mathrm{j}kR}\\&=-\frac{I_{\mathrm{e}}l}{b}\frac{\partial}{\partial\theta}\left(\frac{\mathrm{e}^{-\mathrm{j}kR}}{R}\right)\end{aligned} \tag{5-27}$$

根据式(5-7)有

$$H_{\phi}^{\mathrm{inc}}=-\frac{\mathrm{j}\omega\varepsilon}{r}\frac{\partial\Pi_{\mathrm{e}}^{\mathrm{inc}}}{\partial\theta} \tag{5-28}$$

对比式(5-27)和式(5-28)，可得 $\Pi_{\mathrm{e}}^{\mathrm{inc}}$ 的表达式为

$$\begin{aligned}\Pi_{\mathrm{e}}^{\mathrm{inc}}&=\frac{I_{\mathrm{e}}lr}{\mathrm{j}\omega\varepsilon b}\frac{\mathrm{e}^{-\mathrm{j}kR}}{R}=\frac{I_{\mathrm{e}}l}{\mathrm{j}\omega\varepsilon kb}\sum_{n=1}^{+\infty}D_n\hat{\mathrm{J}}_n\left(kr\right)\mathrm{P}_n\left(\cos\theta\right)\\&=\frac{-I_{\mathrm{e}}l}{\omega\varepsilon b}\mathrm{h}_n^{(2)}\left(kb\right)\sum_{n=1}^{+\infty}\left(2n+1\right)\hat{\mathrm{J}}_n\left(kr\right)\mathrm{P}_n\left(\cos\theta\right)\\&=I_{\mathrm{e}}l\sum_{n=1}^{+\infty}a_n\hat{\mathrm{J}}_n\left(kr\right)\mathrm{P}_n\left(\cos\theta\right)\end{aligned} \tag{5-29}$$

式中

$$a_n=-\frac{1}{\omega\varepsilon b}(2n+1)\mathrm{h}_n^{(2)}(kb) \tag{5-30}$$

为满足金属球表面的边界条件，散射场 Hertz 矢量位与入射场 Hertz 矢量位的相应分量形式上应一致；同时，考虑到散射场是外向传播波，为了满足无穷远处的辐射边界条件，需要将 $\hat{\mathrm{J}}_n\left(kr\right)$ 替换为 $\widehat{\mathrm{H}}_n^{(2)}\left(kr\right)$。综上，可设散射场的 Hertz 电矢量位的 r 向分量为

$$\Pi_{\mathrm{e}}^{\mathrm{sca}}=I_{\mathrm{e}}l\sum_{n=1}^{+\infty}b_{\mathrm{e}n}\widehat{\mathrm{H}}_n^{(2)}\left(kr\right)\mathrm{P}_n\left(\cos\theta\right) \tag{5-31}$$

根据总场在金属球边界需满足的边界条件可以求得 $b_{\mathrm{e}n}$ 的表达式为

$$b_{\mathrm{e}n}=-a_n\frac{\hat{\mathrm{J}}_n'\left(ka\right)}{\widehat{\mathrm{H}}_n^{(2)\prime}\left(ka\right)} \tag{5-32}$$

再根据式(5-7)即可得

$$\begin{cases}E_{\theta}^{\mathrm{sca}}=-I_{\mathrm{e}}l\displaystyle\sum_{n=1}^{+\infty}\frac{kb_{\mathrm{e}n}}{r}\widehat{\mathrm{H}}_n^{(2)\prime}\left(kr\right)\mathrm{P}_n^1\left(\cos\theta\right)\\E_{\phi}^{\mathrm{sca}}=0\end{cases} \tag{5-33}$$

在金属球半径很小的情况下，利用球贝塞尔函数的小宗量近似表达式可得

$$
\begin{aligned}
b_{en} &= -a_n \frac{\hat{\mathrm{J}}_n'(ka)}{\hat{\mathrm{H}}_n^{(2)'}(ka)} \approx -a_n \mathrm{j}\left[\frac{2^n(n-1)!}{(2n+1)!}\right]^2 (2n+1)n(n+1)(ka)^{2n+1} \\
&= \frac{\mathrm{j}}{\omega\varepsilon b}\left[\frac{2^n(n-1)!}{(2n)!}\right]^2 n(n+1)\mathrm{h}_n^{(2)}(kb)(ka)^{2n+1}, \quad r<b
\end{aligned}
\tag{5-34}
$$

依旧考察 $z=b$ 观测面上的散射场，计算式(5-33)前两项的绝对值最大值之比 ρ 随 a 和 b 的变化情况，结果如图 5-3(a)所示。对 ρ 等于 10 的等高线进行线性拟合的结果为

$$b = 1.0429a + 0.1416\lambda \tag{5-35}$$

仍以 ρ 大于 10 为判断可以忽略式(5-33)第二项的依据，可以得到能够采用式(5-33)的第一项代表整体散射场所需满足的条件为

$$b > 1.0429a + 0.1416\lambda, \quad a < 0.08\lambda \tag{5-36}$$

当 $a=0.03\lambda$ 且 $b=0.3\lambda$ 时，式(5-33)前三项的绝对值沿观测面上 x 方向的分布情况如图 5-3(b)所示，可见式(5-33)第二项和第三项的绝对值确实是远小于第一项的。

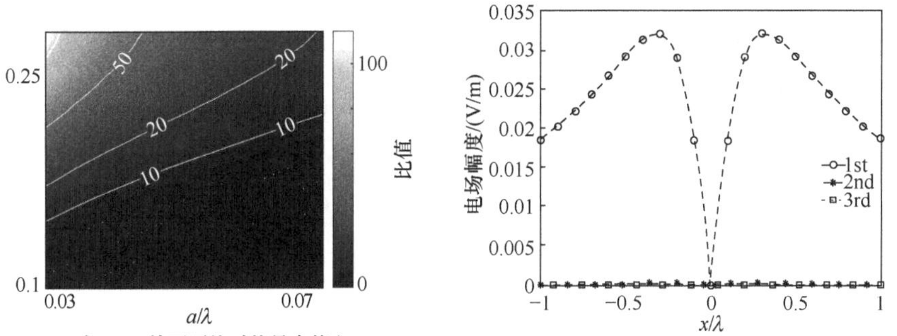

(a) 式(5-33)前两项绝对值最大值之比随a和b的变化情况

(b) 式(5-33)前三项绝对值沿x方向分布情况

图 5-3　垂直电流源激励情况下散射电场级数展开式

(其中 $a=0.03\lambda$，$b=0.3\lambda$，观测面为 $z=b$ 平面)

只取式(5-33)的第一项，此时散射场表达式为

$$
\begin{cases}
E_\theta^{\mathrm{sca}} = -\sin\theta \dfrac{I_{\mathrm{e}} l k b_1}{r}\left(-\dfrac{\mathrm{j}}{k^2r^2} + \dfrac{1}{kr} + \mathrm{j}\right)\mathrm{e}^{-\mathrm{j}kr} \\
E_\phi^{\mathrm{sca}} = 0
\end{cases}
\tag{5-37}
$$

对比沿 z 方向极化电流元 $\boldsymbol{p}_{\mathrm{e}} = p_{\mathrm{e}}\boldsymbol{e}_z$ 的辐射场：

$$
\begin{cases}
E_\theta = \sin\theta \dfrac{p_{\mathrm{e}}k^2}{\omega\varepsilon r}\left(\dfrac{-\mathrm{j}}{k^2r^2} + \dfrac{1}{kr} + \mathrm{j}\right)\mathrm{e}^{-\mathrm{j}kr} \\
E_\phi = 0
\end{cases}
\tag{5-38}
$$

可以发现，此时散射场就等于一个沿 z 方向极化的电偶极子的辐射场，相应的等效电流元矢量可表示为

$$\boldsymbol{p}_{\mathrm{equ}}^{\mathrm{e}} = -I_{\mathrm{e}} l \frac{b_{\mathrm{e}1}}{\eta_0}\boldsymbol{e}_z \tag{5-39}$$

式中

$$b_{\mathrm{e}1}=\frac{2\mathrm{j}}{k\omega\varepsilon b^2}(ka)^3\left(\frac{\mathrm{j}}{kb}-1\right)\mathrm{e}^{-\mathrm{j}kb} \tag{5-40}$$

此即表明，对于图 5-1 所示场景，当激励源的极化沿 z 方向时，如果小金属球半径 a 以及垂直激励偶极子源与小金属球之间的间距 b 满足式(5-36)所示的条件，那么在观测面与散射体之间的间距大于激励电流源与散射体之间间距的情况下，小金属球的散射场可以等效为如式(5-39)所示的电流元的辐射场。

3. 水平磁偶极子源激励情况

当激励源为沿 x 方向极化的磁偶极子 $\boldsymbol{p}_{\mathrm{m}}=I_{\mathrm{m}}l\boldsymbol{e}_x$ 时，对应的入射场可由电磁对偶性及式(5-9)和式(5-11)得到：

$$\begin{cases} E_r^{\mathrm{inc}}=-I_{\mathrm{m}}l\sin\phi\sum\limits_{n=1}^{+\infty}a_n\dfrac{n(n+1)}{r}\mathrm{j}_n(kr)\mathrm{P}_n^1(\cos\theta), & r<b \\ H_r^{\mathrm{inc}}=I_{\mathrm{m}}l\cos\phi\sum\limits_{n=1}^{+\infty}b_n\dfrac{n(n+1)}{r}\mathrm{j}_n(kr)\mathrm{P}_n^1(\cos\theta), & r<b \end{cases} \tag{5-41}$$

再根据式(5-7)即可得到入射场对应的电磁 Hertz 矢量位的 r 向分量分别为

$$\begin{cases} \varPi_{\mathrm{e}}^{\mathrm{inc}}=-I_{\mathrm{m}}l\sin\phi\sum\limits_{n=1}^{+\infty}a_n\mathrm{j}_n(kr)r\mathrm{P}_n^1(\cos\theta), & r<b \\ \varPi_{\mathrm{m}}^{\mathrm{inc}}=I_{\mathrm{m}}l\cos\phi\sum\limits_{n=1}^{+\infty}b_n\mathrm{j}_n(kr)r\mathrm{P}_n^1(\cos\theta), & r<b \end{cases} \tag{5-42}$$

式中，a_n 和 b_n 的表达式分别为

$$\begin{cases} a_n=\dfrac{-\mathrm{j}k(2n+1)}{n(n+1)}\mathrm{h}_n^{(2)}(kb) \\ b_n=\dfrac{-(2n+1)}{b\eta_0 n(n+1)}\widehat{\mathrm{H}}_n^{(2)\prime}(kb) \end{cases} \tag{5-43}$$

按照与前面分析电流源激励情况类似的分析可知，散射场对应的电磁 Hertz 矢量位的 r 向分量可以分别假设为

$$\begin{cases} \varPi_{\mathrm{e}}^{\mathrm{sca}}=-I_{\mathrm{m}}l\sin\phi\sum\limits_{n=1}^{+\infty}c_{\mathrm{m}n}\mathrm{h}_n^{(2)}(kr)r\mathrm{P}_n^1(\cos\theta) \\ \varPi_{\mathrm{m}}^{\mathrm{sca}}=I_{\mathrm{m}}l\cos\phi\sum\limits_{n=1}^{+\infty}d_{\mathrm{m}n}\mathrm{h}_n^{(2)}(kr)r\mathrm{P}_n^1(\cos\theta) \end{cases} \tag{5-44}$$

继而可以根据金属球边界处电磁场需满足的边界条件得到其中系数的表达式分别为

$$\begin{cases} c_{\mathrm{m}n}=-a_n\dfrac{\hat{\mathrm{J}}_n'(ka)}{\widehat{\mathrm{H}}_n^{(2)\prime}(ka)} \\ d_{\mathrm{m}n}=-b_n\dfrac{\hat{\mathrm{J}}_n(ka)}{\widehat{\mathrm{H}}_n^{(2)}(ka)} \end{cases} \tag{5-45}$$

最后根据式(5-7)可得到此时散射场的表达式为

$$\begin{cases} E_\theta^{\mathrm{sca}} = \sum\limits_{n=1}^{+\infty} \left\{ \begin{array}{l} \dfrac{\mathrm{j}\omega\mu I_{\mathrm{m}} l \sin\phi}{kr\sin\theta} d_{\mathrm{m}n} \widehat{\mathrm{H}}_n^{(2)}(kr) \mathrm{P}_n^1(\cos\theta) \\ -\dfrac{I_{\mathrm{m}} l \sin\phi}{kr} c_{\mathrm{m}n} \dfrac{\partial^2}{\partial r \partial\theta} \left[\widehat{\mathrm{H}}_n^{(2)}(kr) \mathrm{P}_n^1(\cos\theta) \right] \end{array} \right\} \\ E_\phi^{\mathrm{sca}} = \sum\limits_{n=1}^{+\infty} \left\{ \begin{array}{l} \dfrac{\mathrm{j}\omega\mu I_{\mathrm{m}} l \cos\phi}{kr} d_{\mathrm{m}n} \widehat{\mathrm{H}}_n^{(2)}(kr) \dfrac{\partial}{\partial\theta} \left[\mathrm{P}_n^1(\cos\theta) \right] \\ -\dfrac{I_{\mathrm{m}} l \cos\phi}{kr\sin\theta} \mathrm{P}_n^1(\cos\theta) c_{\mathrm{m}n} \dfrac{\partial}{\partial r} \left[\widehat{\mathrm{H}}_n^{(2)}(kr) \right] \end{array} \right\} \end{cases} \tag{5-46}$$

式(5-46)前两项的绝对值最大值之比 ρ 随 a 和 b 的变化情况如图 5-4(a)所示。对 ρ 等于 10 的等高线进行线性拟合的结果为

$$b = 0.9938a + 0.1248\lambda \tag{5-47}$$

以 ρ 大于 10 为可以忽略式(5-46)第二项的依据，可得能够采用式(5-46)第一项代表整体散射场的条件为

$$b > 0.9938a + 0.1248\lambda, \quad a < 0.08\lambda \tag{5-48}$$

当 a=0.03λ且 b=0.3λ时，式(5-46)前三项的绝对值沿观测面上 x 方向的分布情况如图 5-4(b)所示，式(5-46)第二项和第三项的绝对值确实是远小于式(5-46)第一项的。

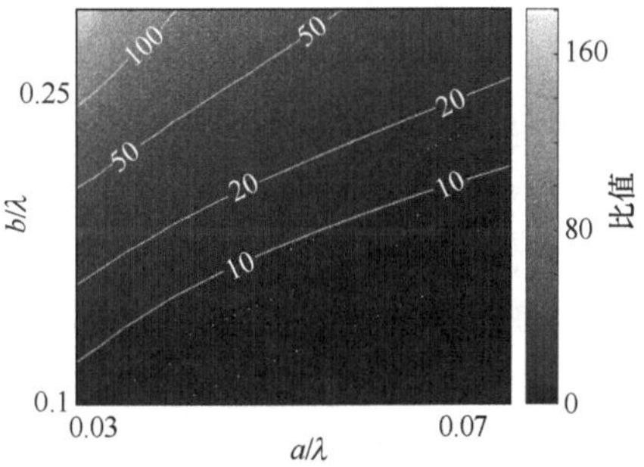

(a) 式(5-46)前两项绝对值最大值之比随a和b的变化情况

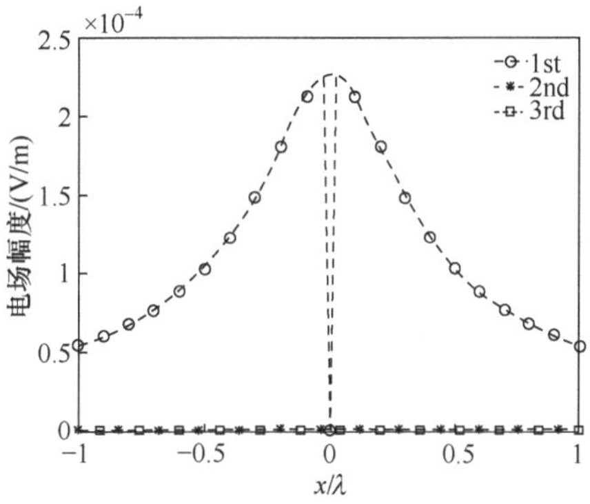

(b) 式(5-46)前三项绝对值沿x方向分布情况

图 5-4　水平磁流源激励情况下散射电场级数展开式

(其中 a=0.03λ，b=0.3λ，观测面为 z=b 平面)

只取式(5-46)第一项，可得散射场的表达式为

$$\begin{cases} E_\theta^{\mathrm{sca}} = \sin\phi \dfrac{\mathrm{j}\omega\mu I_{\mathrm{m}} l}{kr} d_{\mathrm{m}1} \left(\dfrac{\mathrm{j}}{kr} - 1 \right) \mathrm{e}^{-\mathrm{j}kr} - \sin\phi\cos\theta \dfrac{I_{\mathrm{m}} l}{r} c_{\mathrm{m}1} \left(\dfrac{-\mathrm{j}}{k^2 r^2} + \dfrac{1}{kr} + \mathrm{j} \right) \mathrm{e}^{-\mathrm{j}kr} \\ E_\phi^{\mathrm{sca}} = \cos\phi\cos\theta \dfrac{\mathrm{j}\omega\mu I_{\mathrm{m}} l}{kr} d_{\mathrm{m}1} \left(\dfrac{\mathrm{j}}{kr} - 1 \right) \mathrm{e}^{-\mathrm{j}kr} - \cos\phi \dfrac{I_{\mathrm{m}} l}{r} c_{\mathrm{m}1} \left(\dfrac{-\mathrm{j}}{k^2 r^2} + \dfrac{1}{kr} + \mathrm{j} \right) \mathrm{e}^{-\mathrm{j}kr} \end{cases} \tag{5-49}$$

对比沿 x 方向极化的磁流元 $\boldsymbol{p}_{\mathrm{m}} = p_{\mathrm{m}} \boldsymbol{e}_x$ 的辐射场：

$$\begin{cases} E_\theta = -\sin\phi \dfrac{\mathrm{j}k^2 p_\mathrm{m}}{kr}\left(\dfrac{\mathrm{j}}{kr}-1\right)\mathrm{e}^{-\mathrm{j}kr} \\ E_\phi = -\cos\phi\cos\theta \dfrac{\mathrm{j}k^2 p_\mathrm{m}}{kr}\left(\dfrac{\mathrm{j}}{kr}-1\right)\mathrm{e}^{-\mathrm{j}kr} \end{cases} \tag{5-50}$$

以及沿 y 方向极化的电流元 $\boldsymbol{p}_\mathrm{e} = p_\mathrm{e}\boldsymbol{e}_y$ 的辐射场：

$$\begin{cases} E_\theta = -\sin\phi\cos\theta \dfrac{p_\mathrm{e}k^2}{\omega\varepsilon r}\left(\dfrac{-\mathrm{j}}{k^2r^2}+\dfrac{1}{kr}+\mathrm{j}\right)\mathrm{e}^{-\mathrm{j}kr} \\ E_\phi = -\cos\phi \dfrac{p_\mathrm{e}k^2}{\omega\varepsilon r}\left(\dfrac{-\mathrm{j}}{k^2r^2}+\dfrac{1}{kr}+\mathrm{j}\right)\mathrm{e}^{-\mathrm{j}kr} \end{cases} \tag{5-51}$$

可见，此时散射场就等于一个沿 x 方向极化的磁偶极子与一个沿 y 方向极化的电偶极子辐射场之和，相应的等效电流元和磁流元矢量可分别表示为

$$\begin{cases} \boldsymbol{p}_\mathrm{equ}^\mathrm{e} = I_\mathrm{m} l \dfrac{\omega\varepsilon}{k^2} c_\mathrm{m1}\boldsymbol{e}_y \\ \boldsymbol{p}_\mathrm{equ}^\mathrm{m} = -I_\mathrm{m} l \dfrac{1}{\omega\varepsilon} d_\mathrm{m1}\boldsymbol{e}_x \end{cases} \tag{5-52}$$

式中

$$\begin{cases} c_\mathrm{m1} = -\dfrac{1}{b}(ka)^3\left(\dfrac{\mathrm{j}}{kb}-1\right)\mathrm{e}^{-\mathrm{j}kb} \\ d_\mathrm{m1} = -\dfrac{\mathrm{j}}{2b\eta_0}(ka)^3\left(\dfrac{-\mathrm{j}}{k^2b^2}+\dfrac{1}{kb}+\mathrm{j}\right)\mathrm{e}^{-\mathrm{j}kb} \end{cases} \tag{5-53}$$

上述分析表明，对于图 5-1 所示场景，当激励源为一个沿 x 方向极化的磁偶极子时，如果小金属球半径 a 以及垂直激励偶极子源与小金属球之间的间距 b 满足式(5-48)所示条件，那么在观测面与散射体之间的间距大于激励磁流源与散射体之间间距的情况下，小金属球的散射场可以等效为式(5-52)所示的电流元和磁流元辐射场的叠加。

4. 垂直磁偶极子源激励情况

当激励源为一个沿 z 方向极化的磁偶极子 $\boldsymbol{p}_\mathrm{m} = I_\mathrm{m} l\boldsymbol{e}_z$ 时，与前面分析垂直电偶极子源激励情况类似，此时 Hertz 矢量位的 Π_e 分量为零，只需要求解出 Π_m 的表达式即可推出整个空间的电磁场表达式。根据电磁对偶性，由式(5-29)可知入射场及散射场所对应的 Hertz 磁矢量位的 r 向分量可分别假设为

$$\begin{cases} \Pi_\mathrm{m}^\mathrm{inc} = I_\mathrm{m} l \sum\limits_{n=1}^{+\infty} a_n \hat{\mathrm{J}}_n(kr)\mathrm{P}_n(\cos\theta) \\ \Pi_\mathrm{m}^\mathrm{sca} = I_\mathrm{m} l \sum\limits_{n=1}^{+\infty} b_{mn} \widehat{\mathrm{H}}_n^{(2)}(kr)\mathrm{P}_n(\cos\theta) \end{cases} \tag{5-54}$$

式中，a_n 可直接根据式(5-28)对入射场进行展开求解得到；b_{mn} 则可根据金属球表面总场需满足的边界条件求解得到，结果分别为

$$\begin{cases} a_n = -\dfrac{1}{\omega\mu b}(2n+1)\mathrm{h}_n^{(2)}(kb) \\ b_{\mathrm{m}n} = -a_n \dfrac{\hat{\mathrm{J}}_n(ka)}{\widehat{\mathrm{H}}_n^{(2)}(ka)} \end{cases} \tag{5-55}$$

根据式(5-7)即可得到此时散射电场的表达式为

$$\begin{cases} E_\theta^{\mathrm{sca}} = 0 \\ E_\phi^{\mathrm{sca}} = -I_{\mathrm{m}} l \sum\limits_{n=1}^{+\infty} \dfrac{\mathrm{i}\omega\mu b_{\mathrm{m}n}}{r} \widehat{\mathrm{H}}_n^{(2)}(kr)\mathrm{P}_n^1(\cos\theta) \end{cases} \tag{5-56}$$

式(5-56)前两项的绝对值最大值之比 ρ 随 a 和 b 的变化情况如图 5-5(a)所示。对 ρ 等于 10 的等高线进行线性拟合的结果为

$$b = 4.1361a - 0.0251\lambda \tag{5-57}$$

以 ρ 大于 10 为可以忽略式(5-56)第二项的依据，可得能够采用式(5-56)第一项代表整体散射场的条件为

$$b > 4.1361a - 0.0251\lambda, \quad a < 0.08\lambda \tag{5-58}$$

当 a=0.03λ，b=0.3λ时，式(5-56)前三项的绝对值沿观测面上 x 方向的分布情况如图 5-5(b)所示，式(5-56)第二项和第三项的绝对值确实是远小于式(5-56)第一项的。

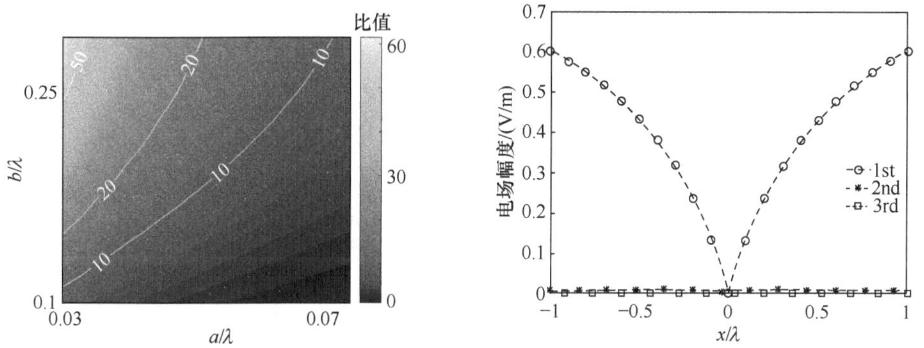

(a) 式(5-56)前两项绝对值最大值之比随a和b的变化情况

(b) 式(5-56)前三项绝对值沿x方向分布情况

图 5-5 垂直磁流源激励情况下散射电场级数展开式

(其中 a=0.03λ，b=0.3λ，观测面为 z=b 平面)

只取式(5-56)的第一项，可以得到此时散射电场的表达式为

$$\begin{cases} E_\theta^{\mathrm{sca}} = 0 \\ E_\phi^{\mathrm{sca}} = -\sin\theta \dfrac{\mathrm{j}\omega\mu I_{\mathrm{m}} l}{r} b_{\mathrm{m1}} \left(\dfrac{\mathrm{j}}{kr} - 1\right)\mathrm{e}^{-\mathrm{j}kr} \end{cases} \tag{5-59}$$

对比沿 z 方向极化的磁流元 $\boldsymbol{p}_{\mathrm{m}} = p_{\mathrm{m}}\boldsymbol{e}_z$ 的辐射场：

$$\begin{cases} E_\theta = 0 \\ E_\phi = \sin\theta \dfrac{\mathrm{j}k^2 p_{\mathrm{m}}}{kr}\left(\dfrac{\mathrm{j}}{kr} - 1\right)\mathrm{e}^{-\mathrm{j}kr} \end{cases} \tag{5-60}$$

可见，此时散射场就等于一个沿 z 方向极化的磁偶极子的辐射场，相应的等效磁流元为

$$\boldsymbol{p}_{\text{equ}}^{\text{m}} = -I_{\text{m}} l b_{\text{m1}} \eta_0 \boldsymbol{e}_z \tag{5-61}$$

式中

$$b_{\text{m1}} = \frac{-\text{j}}{k\omega\mu b^2}(ka)^3\left(\frac{\text{j}}{kb}-1\right)\text{e}^{-\text{j}kb} \tag{5-62}$$

上述分析表明，对于图 5-1 所示场景，当激励源为一个沿 z 轴方向极化的磁偶极子时，如果小金属球半径 a 以及垂直激励偶极子源与小金属球之间的间距 b 满足式(5-58)所示条件，那么在观测面与散射体之间的间距大于激励磁流源与散射体之间间距的情况下，小金属球的散射场可以等效为式(5-61)所示磁流元的辐射场。

综上所述，只要满足相应的限制条件，偶极子源照射小金属球之后的散射场都可以等效为电磁偶极子辐射场的叠加。此时如果考察远区的总场，就相当于是初始偶极子源和等效电磁偶极子源辐射场的叠加。

5.1.2 单金属散射体情况并矢格林函数分析

根据文献[3]，只需要知道正向场所对应的解析格林函数即可直接得到相应的解析时间反演格林函数。本节将详细分析偶极子源激励情况下的正向解析格林函数表达式。在下面的分析中，假设初始源所在的位置为 $\boldsymbol{r}_0$，第 i 个金属球中心所处的位置用 $\boldsymbol{r}_i$ 表示，场点所处的位置用 $\boldsymbol{r}$ 表示，上标 T 代表取转置操作。$\overline{\overline{\boldsymbol{G}}}_{\text{e0}}(\boldsymbol{r},\boldsymbol{r}_0)$ 和 $\overline{\overline{\boldsymbol{G}}}_{\text{m0}}(\boldsymbol{r},\boldsymbol{r}_0)$ 分别代表自由空间电并矢格林函数和磁并矢格林函数。

1. 单一散射体位于坐标原点且激励源处于 z 轴上的情况

一个电偶极子源 $\boldsymbol{p}_{\text{e0}} = I_{\text{e}}\boldsymbol{l} = \left(p_{\text{e0}x}, p_{\text{e0}y}, p_{\text{e0}z}\right)^{\text{T}}$ 位于 $\boldsymbol{r}_0 = (0,0,b)$ 处；一个半径为 a 的小金属球散射体的中心在 $\boldsymbol{r}_1 = (0,0,0)$，$a<b$，与小球散射场相应的等效电偶极子和磁偶极子分别为

$$\begin{cases} \boldsymbol{p}_{\text{e1}} = -\dfrac{\omega\varepsilon}{k^2} d_{\text{e1}} p_{\text{e0}x} \boldsymbol{e}_x - \dfrac{\omega\varepsilon}{k^2} d_{\text{e1}} p_{\text{e0}y} \boldsymbol{e}_y - \dfrac{1}{\eta_0} b_{\text{e1}} p_{\text{e0}z} \boldsymbol{e}_z \\ \boldsymbol{p}_{\text{m1}} = -\dfrac{1}{\omega\varepsilon} c_{\text{e1}} p_{\text{e0}x} \boldsymbol{e}_y + \dfrac{1}{\omega\varepsilon} c_{\text{e1}} p_{\text{e0}y} \boldsymbol{e}_x \end{cases} \tag{5-63}$$

写成矩阵形式为

$$\left[\boldsymbol{p}_{\text{e1}} \;\; \boldsymbol{p}_{\text{m1}}\right]^{\text{T}} = \boldsymbol{Q}_{\text{e}}(\boldsymbol{r}_1, \boldsymbol{r}_0) \cdot \boldsymbol{p}_{\text{e0}} \tag{5-64}$$

式中

$$\boldsymbol{Q}_{\text{e}}(\boldsymbol{r}_1, \boldsymbol{r}_0) = \begin{bmatrix} -\omega\varepsilon d_{\text{e1}}/k^2 & 0 & 0 \\ 0 & -\omega\varepsilon d_{\text{e1}}/k^2 & 0 \\ 0 & 0 & -b_{\text{e1}}/\eta_0 \\ 0 & c_{\text{e1}}/(\omega\varepsilon) & 0 \\ -c_{\text{e1}}/(\omega\varepsilon) & 0 & 0 \\ 0 & 0 & 0 \end{bmatrix} \tag{5-65}$$

继而可以得出散射电场表达式为

$$\begin{aligned}\begin{bmatrix}E_{ex}^{s}(\boldsymbol{r})\\E_{ey}^{s}(\boldsymbol{r})\\E_{ez}^{s}(\boldsymbol{r})\end{bmatrix}&=\begin{bmatrix}-\mathrm{j}\omega\mu\overline{\overline{\boldsymbol{G}}}_{e0}(\boldsymbol{r},\boldsymbol{r}_1) & -\overline{\overline{\boldsymbol{G}}}_{m0}(\boldsymbol{r},\boldsymbol{r}_1)\end{bmatrix}\begin{bmatrix}\boldsymbol{p}_{e1}\\\boldsymbol{p}_{m1}\end{bmatrix}\\&=\begin{bmatrix}-\mathrm{j}\omega\mu\overline{\overline{\boldsymbol{G}}}_{e0}(\boldsymbol{r},\boldsymbol{r}_1) & -\overline{\overline{\boldsymbol{G}}}_{m0}(\boldsymbol{r},\boldsymbol{r}_1)\end{bmatrix}\boldsymbol{Q}_e(\boldsymbol{r}_1,\boldsymbol{r}_0)\begin{bmatrix}p_{e0x}\\p_{e0y}\\p_{e0z}\end{bmatrix}\end{aligned}\tag{5-66}$$

在无界空间，记电偶极子源 $\boldsymbol{p}_{e0}$ 产生的辐射电场为

$$\boldsymbol{E}(\boldsymbol{r})=-\mathrm{j}\omega\mu\overline{\overline{\boldsymbol{G}}}_{e}(\boldsymbol{r},\boldsymbol{r}_0)\cdot\boldsymbol{p}_{e0}\tag{5-67}$$

式中，$\overline{\overline{\boldsymbol{G}}}_{e}(\boldsymbol{r},\boldsymbol{r}_0)$ 为电并矢格林函数。对比式(5-66)可知，此情况下：

$$\overline{\overline{\boldsymbol{G}}}_{e}(\boldsymbol{r},\boldsymbol{r}_0)=\begin{bmatrix}\overline{\overline{\boldsymbol{G}}}_{e0}(\boldsymbol{r},\boldsymbol{r}_1) & \dfrac{-\mathrm{j}}{\omega\mu}\overline{\overline{\boldsymbol{G}}}_{m0}(\boldsymbol{r},\boldsymbol{r}_1)\end{bmatrix}\boldsymbol{Q}_e(\boldsymbol{r}_1,\boldsymbol{r}_0)+\overline{\overline{\boldsymbol{G}}}_{e0}(\boldsymbol{r},\boldsymbol{r}_0)\tag{5-68}$$

2. *电流源激励且单一散射体和激励源位置均为任意的情况*

记初始激励电偶极子为 $\boldsymbol{p}_{e0}=p_{e0}\boldsymbol{e}$，由金属球中心指向初始源位置的单位方向矢量为 $\boldsymbol{e}_{01}=(\boldsymbol{r}_0-\boldsymbol{r}_1)/\|\boldsymbol{r}_0-\boldsymbol{r}_1\|$。考虑不同极化方向的偶极子源照射小金属球时的散射场等效偶极子不相同，故先将初始电偶极子源分解为垂直于 $\boldsymbol{e}_{01}$ 的垂直分量 $\boldsymbol{p}_{\perp e}$ 和平行于 $\boldsymbol{e}_{01}$ 的水平分量 $\boldsymbol{p}_{\|e}$：

$$\begin{cases}\boldsymbol{p}_{\perp e}=(\boldsymbol{p}_{e0}\cdot\boldsymbol{e}_{01})\boldsymbol{e}_{01}=(\boldsymbol{e}_{01}\boldsymbol{e}_{01})\cdot\boldsymbol{p}_{e0}\\\boldsymbol{p}_{\|e}=\boldsymbol{p}_{e0}-\boldsymbol{p}_{\perp e}=\left(\overline{\overline{\boldsymbol{I}}}-\boldsymbol{e}_{01}\boldsymbol{e}_{01}\right)\cdot\boldsymbol{p}_{e0}\end{cases}\tag{5-69}$$

根据前面的推导，垂直分量照射小金属球产生的散射场的等效电流元为

$$\boldsymbol{p}_{\perp e}^{e}=-\frac{b_{e1}}{\eta_0}\boldsymbol{p}_{\perp e}=Q_1(\boldsymbol{e}_{01}\boldsymbol{e}_{01})\cdot\boldsymbol{p}_{e0}\tag{5-70}$$

式中，$Q_1=-b_{e1}/\eta_0$。水平分量照射小金属球产生的散射场的等效电流元和磁流元分别为

$$\boldsymbol{p}_{\|e}^{e}=\frac{-\omega\varepsilon}{k^2}d_{e1}\boldsymbol{p}_{\|e}=Q_2\left(\overline{\overline{\boldsymbol{I}}}-\boldsymbol{e}_{01}\boldsymbol{e}_{01}\right)\cdot\boldsymbol{p}_{e0}\tag{5-71}$$

$$\boldsymbol{p}_{\|e}^{m}=\frac{-1}{\omega\varepsilon}c_{e1}(\boldsymbol{e}_{01}\times\boldsymbol{p}_{\|e})=Q_3(\boldsymbol{e}_{01}\times\boldsymbol{p}_{\|e})=Q_3\boldsymbol{e}_{01}\times\boldsymbol{p}_{e0}\tag{5-72}$$

式中

$$\begin{cases}Q_2=\dfrac{-\omega\varepsilon}{k^2}d_{e1}\\Q_3=\dfrac{-1}{\omega\varepsilon}c_{e1}\end{cases}\tag{5-73}$$

据此可得，此情况下小金属球散射场的总等效电流元和磁流元分别为

$$\begin{cases}\boldsymbol{p}_{e1}=\boldsymbol{p}_{\perp e}^{e}+\boldsymbol{p}_{\|e}^{e}=Q_1(\boldsymbol{e}_{01}\boldsymbol{e}_{01})\cdot\boldsymbol{p}_{e0}+Q_2\left(\overline{\overline{\boldsymbol{I}}}-\boldsymbol{e}_{01}\boldsymbol{e}_{01}\right)\cdot\boldsymbol{p}_{e0}\\\boldsymbol{p}_{m1}=\boldsymbol{p}_{\|e}^{m}=Q_3\boldsymbol{e}_{01}\times\boldsymbol{p}_{e0}\end{cases}\tag{5-74}$$

写成矩阵形式为

$$\begin{bmatrix} \boldsymbol{p}_{\mathrm{e1}} \\ \boldsymbol{p}_{\mathrm{m1}} \end{bmatrix} = \boldsymbol{Q}_{\mathrm{e}}(\boldsymbol{r}_1,\boldsymbol{r}_0)\boldsymbol{p}_{\mathrm{e0}} \tag{5-75}$$

式中

$$\boldsymbol{Q}_{\mathrm{e}}(\boldsymbol{r}_1,\boldsymbol{r}_0) = \begin{bmatrix} Q_1(\boldsymbol{e}_{01}\boldsymbol{e}_{01}) + Q_2\left(\overline{\overline{\boldsymbol{I}}} - (\boldsymbol{e}_{01}\boldsymbol{e}_{01})\right) \\ Q_3\langle \boldsymbol{e}_{01}\rangle \end{bmatrix} \tag{5-76}$$

其中，$\overline{\overline{\boldsymbol{I}}}$ 为单位并矢。$\overline{\overline{\boldsymbol{D}}} = (\boldsymbol{e}_{ji}\boldsymbol{e}_{ji})$ 为并矢，假设 $\boldsymbol{e}_{ji} = (a,b,c)$，则有

$$\overline{\overline{\boldsymbol{D}}} = (\boldsymbol{e}_{ji}\boldsymbol{e}_{ji}) = \begin{bmatrix} aa & ab & ac \\ ba & bb & bc \\ ca & cb & cc \end{bmatrix} \tag{5-77}$$

$\overline{\overline{\boldsymbol{E}}} = \langle \boldsymbol{e}_{ji}\rangle$ 也为并矢，即

$$\overline{\overline{\boldsymbol{E}}} = \langle \boldsymbol{e}_{ji}\rangle = \begin{bmatrix} 0 & -c & b \\ c & 0 & -a \\ -b & a & 0 \end{bmatrix} \tag{5-78}$$

对任意一个矢量 $\boldsymbol{A}$，$\overline{\overline{\boldsymbol{E}}}$ 满足 $\overline{\overline{\boldsymbol{E}}} \cdot \boldsymbol{A} = \boldsymbol{e}_{ji} \times \boldsymbol{A}$。此情况下的电并矢格林函数可表示为

$$\overline{\overline{\boldsymbol{G}}}_{\mathrm{e}}(\boldsymbol{r},\boldsymbol{r}_0) = \begin{bmatrix} \overline{\overline{\boldsymbol{G}}}_{\mathrm{e0}}(\boldsymbol{r},\boldsymbol{r}_1) & \dfrac{-\mathrm{j}}{\omega\mu}\overline{\overline{\boldsymbol{G}}}_{\mathrm{m0}}(\boldsymbol{r},\boldsymbol{r}_1) \end{bmatrix} \boldsymbol{Q}_{\mathrm{e}}(\boldsymbol{r}_1,\boldsymbol{r}_0) + \overline{\overline{\boldsymbol{G}}}_{\mathrm{e0}}(\boldsymbol{r},\boldsymbol{r}_0) \tag{5-79}$$

3. *磁流源激励且单一散射体和激励源位置均为任意的情况*

若初始激励源为磁流元 $\boldsymbol{p}_{\mathrm{m0}} = p_{\mathrm{m0}}\boldsymbol{e}$，其垂直分量和水平分量分别为

$$\begin{cases} \boldsymbol{p}_{\perp\mathrm{m}} = (\boldsymbol{p}_{\mathrm{m0}} \cdot \boldsymbol{e}_{01})\boldsymbol{e}_{01} = (\boldsymbol{e}_{01}\boldsymbol{e}_{01}) \cdot \boldsymbol{p}_{\mathrm{m0}} \\ \boldsymbol{p}_{\parallel\mathrm{m}} = \boldsymbol{p}_{\mathrm{m0}} - \boldsymbol{p}_{\perp\mathrm{m}} = \left(\overline{\overline{\boldsymbol{I}}} - \boldsymbol{e}_{01}\boldsymbol{e}_{01}\right) \cdot \boldsymbol{p}_{\mathrm{m0}} \end{cases} \tag{5-80}$$

根据前面的推导，垂直分量照射小金属球后散射场的等效磁流元为

$$\boldsymbol{p}_{\perp\mathrm{m}}^{\mathrm{m}} = -b_{\mathrm{m1}}\eta_0 \boldsymbol{p}_{\perp\mathrm{m}} = Q_4(\boldsymbol{e}_{01}\boldsymbol{e}_{01}) \cdot \boldsymbol{p}_{\mathrm{m0}} \tag{5-81}$$

式中，$Q_4 = -b_{m1}\eta_0$。水平分量照射小金属球后散射场的等效磁流元和电流元分别为

$$\boldsymbol{p}_{\parallel\mathrm{m}}^{\mathrm{m}} = \frac{-1}{\omega\varepsilon} d_{\mathrm{e1}} \boldsymbol{p}_{\parallel\mathrm{m}} = Q_5\left(\overline{\overline{\boldsymbol{I}}} - \boldsymbol{e}_{01}\boldsymbol{e}_{01}\right) \cdot \boldsymbol{p}_{\mathrm{m0}} \tag{5-82}$$

$$\boldsymbol{p}_{\parallel\mathrm{m}}^{\mathrm{e}} = \frac{\omega\varepsilon}{k^2} c_{\mathrm{m1}}(\boldsymbol{e}_{01} \times \boldsymbol{p}_{\parallel\mathrm{m}}) = Q_6(\boldsymbol{e}_{01} \times \boldsymbol{p}_{\parallel\mathrm{m}}) = Q_6 \boldsymbol{e}_{01} \times \boldsymbol{p}_{\mathrm{m0}} \tag{5-83}$$

式中

$$\begin{cases} Q_5 = \dfrac{-1}{\omega\varepsilon} d_{\mathrm{m1}} \\ Q_6 = \dfrac{\omega\varepsilon}{k^2} c_{\mathrm{m1}} \end{cases} \tag{5-84}$$

据此可得，此情况下小金属球散射场的总等效电流元和磁流元分别为

$$\begin{cases} \boldsymbol{p}_{\mathrm{e1}} = \boldsymbol{p}_{\parallel\mathrm{m}}^{\mathrm{e}} = Q_6 \boldsymbol{e}_{01} \times \boldsymbol{p}_{\mathrm{m0}} \\ \boldsymbol{p}_{\mathrm{m1}} = \boldsymbol{p}_{\perp\mathrm{m}}^{\mathrm{m}} + \boldsymbol{p}_{\parallel\mathrm{m}}^{\mathrm{m}} = Q_4(\boldsymbol{e}_{01}\boldsymbol{e}_{01}) \cdot \boldsymbol{p}_{\mathrm{m0}} + Q_5\left(\overline{\overline{\boldsymbol{I}}} - \boldsymbol{e}_{01}\boldsymbol{e}_{01}\right) \cdot \boldsymbol{p}_{\mathrm{m0}} \end{cases} \tag{5-85}$$

写成矩阵形式为

$$\begin{bmatrix} \boldsymbol{p}_{\mathrm{e}} \\ \boldsymbol{p}_{\mathrm{m}} \end{bmatrix} = \boldsymbol{Q}_{\mathrm{m}}\left(\boldsymbol{r}_1, \boldsymbol{r}_0\right) \boldsymbol{p}_{\mathrm{m0}} \tag{5-86}$$

式中

$$\boldsymbol{Q}_{\mathrm{m}}\left(\boldsymbol{r}_1, \boldsymbol{r}_0\right) = \begin{bmatrix} Q_6 \left\langle \boldsymbol{e}_{01} \right\rangle \\ Q_4 \left(\boldsymbol{e}_{01}\boldsymbol{e}_{01}\right) + Q_5 \left(\overline{\overline{\boldsymbol{I}}} - \left(\boldsymbol{e}_{01}\boldsymbol{e}_{01}\right)\right) \end{bmatrix} \tag{5-87}$$

继而可以得到此情况下的散射电场表达式为

$$\begin{aligned} \boldsymbol{E}(\boldsymbol{r}) &= \begin{bmatrix} -\mathrm{j}\omega\mu\overline{\overline{\boldsymbol{G}}}_{\mathrm{e0}}\left(\boldsymbol{r}, \boldsymbol{r}_1\right) & -\overline{\overline{\boldsymbol{G}}}_{\mathrm{m0}}\left(\boldsymbol{r}, \boldsymbol{r}_1\right) \end{bmatrix} \begin{bmatrix} \boldsymbol{p}_{\mathrm{e1}} \\ \boldsymbol{p}_{\mathrm{m1}} \end{bmatrix} \\ &= \begin{bmatrix} -\mathrm{j}\omega\mu\overline{\overline{\boldsymbol{G}}}_{\mathrm{e0}}\left(\boldsymbol{r}, \boldsymbol{r}_1\right) & -\overline{\overline{\boldsymbol{G}}}_{\mathrm{m0}}\left(\boldsymbol{r}, \boldsymbol{r}_1\right) \end{bmatrix} \boldsymbol{Q}_{\mathrm{m}}\left(\boldsymbol{r}_1, \boldsymbol{r}_0\right) \boldsymbol{p}_{\mathrm{m0}} \end{aligned} \tag{5-88}$$

在无界空间，单一磁流元 $\boldsymbol{p}_{\mathrm{m0}}$ 的辐射电场为

$$\boldsymbol{E}(\boldsymbol{r}) = -\overline{\overline{\boldsymbol{G}}}_{\mathrm{m}}\left(\boldsymbol{r}, \boldsymbol{r}_0\right) \cdot \boldsymbol{p}_{\mathrm{m0}} \tag{5-89}$$

对比式(5-88)，可得此情况下的磁并矢格林函数为

$$\overline{\overline{\boldsymbol{G}}}_{\mathrm{m}}\left(\boldsymbol{r}, \boldsymbol{r}_0\right) = \begin{bmatrix} \mathrm{j}\omega\mu\overline{\overline{\boldsymbol{G}}}_{\mathrm{e0}}\left(\boldsymbol{r}, \boldsymbol{r}_1\right) & \overline{\overline{\boldsymbol{G}}}_{\mathrm{m0}}\left(\boldsymbol{r}, \boldsymbol{r}_1\right) \end{bmatrix} \boldsymbol{Q}_{\mathrm{m}}\left(\boldsymbol{r}_1, \boldsymbol{r}_0\right) + \overline{\overline{\boldsymbol{G}}}_{\mathrm{m0}}\left(\boldsymbol{r}, \boldsymbol{r}_0\right) \tag{5-90}$$

5.1.3 金属球阵列情况并矢格林函数分析

当多个小金属球组成阵列时，对每个金属球而言，在计算其总的等效电流元和磁流元时应考虑其余所有金属球与初始激励偶极子的贡献之和。现将初始激励源看作 0 号源，其对应等效源即等于初始源的实际分量，即有 $\boldsymbol{p}_{\mathrm{e0}} = I_{\mathrm{e}}\boldsymbol{l}$ 和 $\boldsymbol{p}_{\mathrm{m0}} = I_{\mathrm{m}}\boldsymbol{l}$，因此有

$$\begin{bmatrix} p_{iex} \\ p_{iey} \\ p_{iez} \\ p_{imx} \\ p_{imy} \\ p_{imz} \end{bmatrix} = \sum_{j=0}^{N} \begin{bmatrix} \boldsymbol{Q}_{\mathrm{e}}\left(\boldsymbol{r}_i, \boldsymbol{r}_j\right) & \boldsymbol{Q}_{\mathrm{m}}\left(\boldsymbol{r}_i, \boldsymbol{r}_j\right) \end{bmatrix} \begin{bmatrix} p_{jex} \\ p_{jey} \\ p_{jez} \\ p_{jmx} \\ p_{jmy} \\ p_{jmz} \end{bmatrix} \tag{5-91}$$

式中，$i \in [1, \cdots, N]$，N 为小金属球的个数，且有

$$\boldsymbol{Q}_{\mathrm{e}}\left(\boldsymbol{r}_i, \boldsymbol{r}_j\right) = \begin{bmatrix} Q_1 \left(\boldsymbol{e}_{ji}\boldsymbol{e}_{ji}\right) + Q_2 \left(\overline{\overline{\boldsymbol{I}}} - \left(\boldsymbol{e}_{ji}\boldsymbol{e}_{ji}\right)\right) \\ Q_3 \left\langle \boldsymbol{e}_{ji} \right\rangle \end{bmatrix} \tag{5-92}$$

$$\boldsymbol{Q}_{\mathrm{m}}\left(\boldsymbol{r}_i, \boldsymbol{r}_j\right) = \begin{bmatrix} Q_6 \left\langle \boldsymbol{e}_{ji} \right\rangle \\ Q_4 \left(\boldsymbol{e}_{ji}\boldsymbol{e}_{ji}\right) + Q_5 \left(\overline{\overline{\boldsymbol{I}}} - \left(\boldsymbol{e}_{ji}\boldsymbol{e}_{ji}\right)\right) \end{bmatrix} \tag{5-93}$$

式中，$\boldsymbol{e}_{ji}$ 为从第 i 个小球中心指向第 j 个小球中心的单位矢量。当 i=j 时，$\boldsymbol{Q}_{\mathrm{e}}\left(r_i, r_j\right) = 0$，$\boldsymbol{Q}_{\mathrm{m}}\left(r_i, r_j\right) = 0$。为了后续表达式书写简洁，以下将矩阵 $\boldsymbol{Q}_{\mathrm{e}}\left(r_i, r_j\right)$ 记为 $\boldsymbol{Q}_{ij}^{\mathrm{e}}$，$\boldsymbol{Q}_{\mathrm{m}}\left(r_i, r_j\right)$ 记为 $\boldsymbol{Q}_{ij}^{\mathrm{m}}$，

$\left[\boldsymbol{Q}_{\rm e}\left(\boldsymbol{r}_i,\boldsymbol{r}_j\right) \quad \boldsymbol{Q}_{\rm m}\left(\boldsymbol{r}_i,\boldsymbol{r}_j\right)\right]$ 记为 $\boldsymbol{Q}_{ij}$。将所有金属球的电磁等效源写到一起的矩阵形式为

$$\begin{bmatrix}\boldsymbol{p}_{\rm e1}\\\boldsymbol{p}_{\rm m1}\\\vdots\\\boldsymbol{p}_{{\rm e}N}\\\boldsymbol{p}_{{\rm m}N}\end{bmatrix}=\begin{bmatrix}\boldsymbol{Q}_{11}&\cdots&\boldsymbol{Q}_{1N}\\\boldsymbol{Q}_{21}&\cdots&\boldsymbol{Q}_{2N}\\\vdots&&\vdots\\\boldsymbol{Q}_{N1}&\cdots&\boldsymbol{Q}_{NN}\end{bmatrix}\begin{bmatrix}\boldsymbol{p}_{\rm e1}\\\boldsymbol{p}_{\rm m1}\\\vdots\\\boldsymbol{p}_{{\rm e}N}\\\boldsymbol{p}_{{\rm m}N}\end{bmatrix}+\begin{bmatrix}\boldsymbol{Q}_{10}\\\boldsymbol{Q}_{20}\\\vdots\\\boldsymbol{Q}_{N0}\end{bmatrix}\begin{bmatrix}\boldsymbol{p}_{\rm e0}\\\boldsymbol{p}_{\rm m0}\end{bmatrix} \tag{5-94}$$

求解上述线性方程组即可得到

$$\begin{bmatrix}\boldsymbol{p}_{\rm e1}\\\boldsymbol{p}_{\rm m1}\\\vdots\\\boldsymbol{p}_{{\rm e}N}\\\boldsymbol{p}_{{\rm m}N}\end{bmatrix}=\left(\boldsymbol{I}-\begin{bmatrix}\boldsymbol{Q}_{11}&\cdots&\boldsymbol{Q}_{1N}\\\boldsymbol{Q}_{21}&\cdots&\boldsymbol{Q}_{2N}\\\vdots&&\vdots\\\boldsymbol{Q}_{N1}&\cdots&\boldsymbol{Q}_{NN}\end{bmatrix}\right)^{-1}\begin{bmatrix}\boldsymbol{Q}_{10}\\\boldsymbol{Q}_{20}\\\vdots\\\boldsymbol{Q}_{N0}\end{bmatrix}\begin{bmatrix}\boldsymbol{p}_{\rm e0}\\\boldsymbol{p}_{\rm m0}\end{bmatrix} \tag{5-95}$$

式中，$\boldsymbol{I}$ 为单位矩阵。继而可以根据电偶极子和磁偶极子的辐射场求解方法计算得到空间中的总场，相应的表达式如下所示：

$$\begin{aligned}\boldsymbol{E}(\boldsymbol{r})&=\sum_{i=0}^{N}\left[-\mathrm{j}\omega\mu\overline{\overline{\boldsymbol{G}}}_{\rm e0}(\boldsymbol{r},\boldsymbol{r}_i)\cdot\boldsymbol{p}_{{\rm e}i}-\overline{\overline{\boldsymbol{G}}}_{\rm m0}(\boldsymbol{r},\boldsymbol{r}_i)\cdot\boldsymbol{p}_{{\rm m}i}\right]\\&=-\mathrm{j}\omega\mu\begin{bmatrix}\overline{\overline{\boldsymbol{G}}}_{\rm e0}(\boldsymbol{r},\boldsymbol{r}_1)&\dfrac{\overline{\overline{\boldsymbol{G}}}_{\rm m0}(\boldsymbol{r},\boldsymbol{r}_1)}{\mathrm{j}\omega\mu}&\cdots&\overline{\overline{\boldsymbol{G}}}_{\rm e0}(\boldsymbol{r},\boldsymbol{r}_N)&\dfrac{\overline{\overline{\boldsymbol{G}}}_{\rm m0}(\boldsymbol{r},\boldsymbol{r}_N)}{\mathrm{j}\omega\mu}\end{bmatrix}\begin{bmatrix}\boldsymbol{p}_{\rm e1}\\\boldsymbol{p}_{\rm m1}\\\vdots\\\boldsymbol{p}_{{\rm e}N}\\\boldsymbol{p}_{{\rm m}N}\end{bmatrix}\\&=-\mathrm{j}\omega\mu\begin{bmatrix}\overline{\overline{\boldsymbol{G}}}_{\rm e0}(\boldsymbol{r},\boldsymbol{r}_1)\\\dfrac{\overline{\overline{\boldsymbol{G}}}_{\rm m0}(\boldsymbol{r},\boldsymbol{r}_1)}{\mathrm{j}\omega\mu}\\\vdots\\\overline{\overline{\boldsymbol{G}}}_{\rm e0}(\boldsymbol{r},\boldsymbol{r}_N)\\\dfrac{\overline{\overline{\boldsymbol{G}}}_{\rm m0}(\boldsymbol{r},\boldsymbol{r}_N)}{\mathrm{j}\omega\mu}\end{bmatrix}^{\mathrm{T}}\left(\boldsymbol{I}-\begin{bmatrix}\boldsymbol{Q}_{11}&\cdots&\boldsymbol{Q}_{1N}\\\boldsymbol{Q}_{21}&\cdots&\boldsymbol{Q}_{2N}\\\vdots&&\vdots\\\boldsymbol{Q}_{N1}&\cdots&\boldsymbol{Q}_{NN}\end{bmatrix}\right)^{-1}\begin{bmatrix}\boldsymbol{Q}_{10}\\\boldsymbol{Q}_{20}\\\vdots\\\boldsymbol{Q}_{N0}\end{bmatrix}\begin{bmatrix}\boldsymbol{p}_{\rm e0}\\\boldsymbol{p}_{\rm m0}\end{bmatrix}\end{aligned} \tag{5-96}$$

因此可以得到此情况下的电并矢格林函数为

$$\overline{\overline{\boldsymbol{G}}}_{\rm e}(\boldsymbol{r},\boldsymbol{r}_0)=\begin{bmatrix}\overline{\overline{\boldsymbol{G}}}_{\rm e0}(\boldsymbol{r},\boldsymbol{r}_1)\\\dfrac{\overline{\overline{\boldsymbol{G}}}_{\rm m0}(\boldsymbol{r},\boldsymbol{r}_1)}{\mathrm{j}\omega\mu}\\\vdots\\\overline{\overline{\boldsymbol{G}}}_{\rm e0}(\boldsymbol{r},\boldsymbol{r}_N)\\\dfrac{\overline{\overline{\boldsymbol{G}}}_{\rm m0}(\boldsymbol{r},\boldsymbol{r}_N)}{\mathrm{j}\omega\mu}\end{bmatrix}^{\mathrm{T}}\left(\boldsymbol{I}-\begin{bmatrix}\boldsymbol{Q}_{11}&\cdots&\boldsymbol{Q}_{1N}\\\boldsymbol{Q}_{21}&\cdots&\boldsymbol{Q}_{2N}\\\vdots&&\vdots\\\boldsymbol{Q}_{N1}&\cdots&\boldsymbol{Q}_{NN}\end{bmatrix}\right)^{-1}\begin{bmatrix}\boldsymbol{Q}_{10}^{\rm e}\\\boldsymbol{Q}_{20}^{\rm e}\\\vdots\\\boldsymbol{Q}_{N0}^{\rm e}\end{bmatrix}+\overline{\overline{\boldsymbol{G}}}_{\rm e0}(\boldsymbol{r},\boldsymbol{r}_0) \tag{5-97}$$

相应的磁并矢格林函数为

$$\overline{\overline{G}}_{\mathrm{m}}(\boldsymbol{r},\boldsymbol{r}_0)=\begin{bmatrix}\mathrm{j}\omega\mu\overline{\overline{G}}_{\mathrm{e}0}(\boldsymbol{r},\boldsymbol{r}_1)\\ \overline{\overline{G}}_{\mathrm{m}0}(\boldsymbol{r},\boldsymbol{r}_1)\\ \vdots\\ \mathrm{j}\omega\mu\overline{\overline{G}}_{\mathrm{e}0}(\boldsymbol{r},\boldsymbol{r}_N)\\ \overline{\overline{G}}_{\mathrm{m}0}(\boldsymbol{r},\boldsymbol{r}_N)\end{bmatrix}^{\mathrm{T}}\left(\boldsymbol{I}-\begin{bmatrix}\boldsymbol{Q}_{11} & \cdots & \boldsymbol{Q}_{1N}\\ \boldsymbol{Q}_{21} & \cdots & \boldsymbol{Q}_{2N}\\ \vdots & & \vdots\\ \boldsymbol{Q}_{N1} & \cdots & \boldsymbol{Q}_{NN}\end{bmatrix}\right)^{-1}\begin{bmatrix}\boldsymbol{Q}_{10}^{\mathrm{m}}\\ \boldsymbol{Q}_{20}^{\mathrm{m}}\\ \vdots\\ \boldsymbol{Q}_{N0}^{\mathrm{m}}\end{bmatrix}+\overline{\overline{G}}_{\mathrm{m}0}(\boldsymbol{r},\boldsymbol{r}_0) \tag{5-98}$$

5.2 小金属球辅助的时间反演超分辨率聚焦

5.2.1 时间反演场超分辨率聚焦数值求解结果

电流源的时间反演场的格林函数与正向场格林函数的虚部成正比[3]:

$$\overline{\overline{G}}_{\mathrm{e}}^{\mathrm{TR}}(\boldsymbol{r},\boldsymbol{r}_0)=-2\mathrm{j}\times\mathrm{imag}\left[\overline{\overline{G}}_{\mathrm{e}}(\boldsymbol{r},\boldsymbol{r}_0)\right] \tag{5-99}$$

式中，imag[•]代表取虚部操作。将上述推导得到的并矢格林函数表达式代入式(5-99)中即可得到各种情况下的时间反演并矢格林函数。相应的时间反演场为

$$\boldsymbol{E}^{\mathrm{TR}}(\boldsymbol{r})=\mathrm{j}\omega\mu\overline{\overline{G}}_{\mathrm{e}}^{\mathrm{TR}}(\boldsymbol{r},\boldsymbol{r}_0)\cdot\boldsymbol{p}_{\mathrm{e}0}^{*} \tag{5-100}$$

1. 单金属球情况

设小金属球中心位于坐标原点，半径为 a=0.03λ；初始激励电流源位于(0,0,h)处，沿 x 轴方向极化，h=0.1λ，如图 5-6 所示。

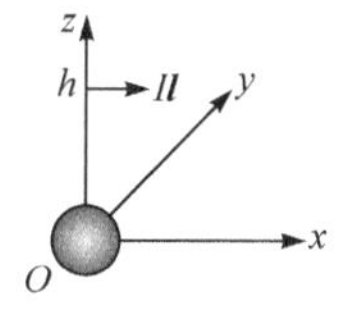

图 5-6　初始源位于小金属球正上方示意图

根据式(5-68)和式(5-99)可得此时的时间反演电并矢格林函数为

$$\overline{\overline{G}}_{\mathrm{e}}^{\mathrm{TR}}(\boldsymbol{r},\boldsymbol{r}_0)=-2\mathrm{j}\times\mathrm{imag}\left\{\left[\overline{\overline{G}}_{\mathrm{e}0}(\boldsymbol{r},\boldsymbol{r}_1)\quad\frac{-\mathrm{j}}{\omega\mu}\overline{\overline{G}}_{\mathrm{m}0}(\boldsymbol{r},\boldsymbol{r}_1)\right]\boldsymbol{Q}_{\mathrm{e}}(\boldsymbol{r}_1,\boldsymbol{r}_0)+\overline{\overline{G}}_{\mathrm{e}0}(\boldsymbol{r},\boldsymbol{r}_0)\right\} \tag{5-101}$$

式中，$\boldsymbol{Q}_{\mathrm{e}}(\boldsymbol{r}_1,\boldsymbol{r}_0)$的表达式如式(5-65)所示。根据式(5-101)计算及由 CST 仿真得到的反演电场分布如图 5-7 所示，场观测面为 z=0.1λ平面，下同。

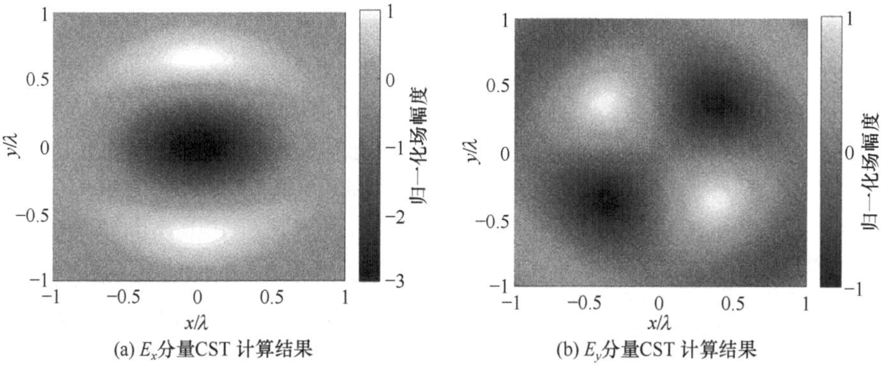

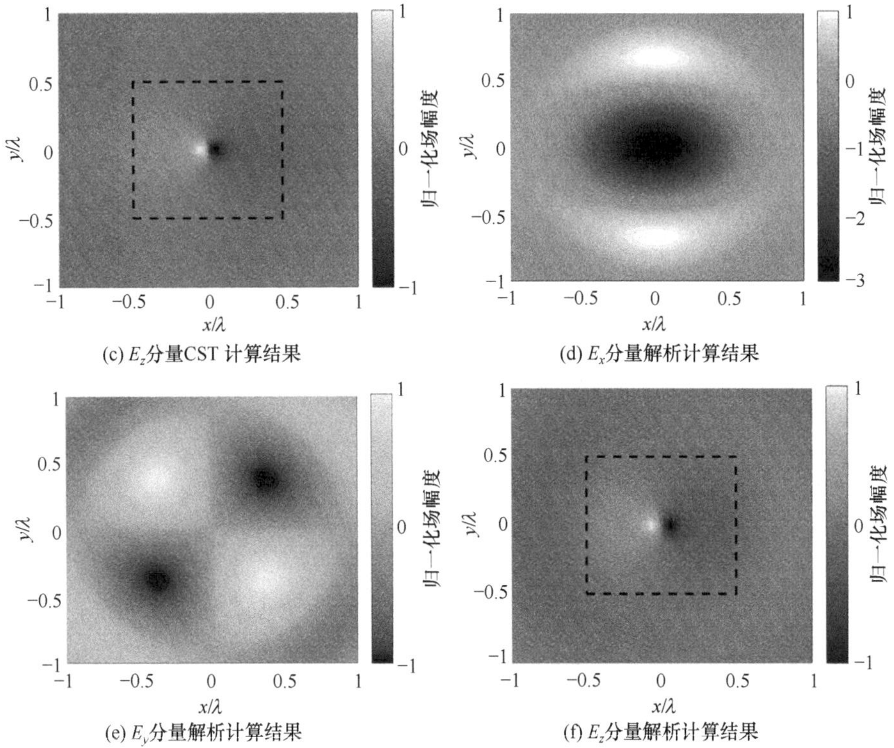

(c) E_z分量CST 计算结果　(d) E_x分量解析计算结果

(e) E_y分量解析计算结果　(f) E_z分量解析计算结果

图 5-7　反演电场分布图

通过计算场值大小对应矩阵的相关性即可得到场解的相似度。矩阵的相关性可以通过以下公式计算：

$$r=\frac{\sum_{i,j}\left(x_{ij}-\bar{x}\right)\left(y_{ij}-\bar{y}\right)}{\sqrt{\sum_{i,j}\left(x_{ij}-\bar{x}\right)^2\sum_{i,j}\left(y_{ij}-\bar{y}\right)^2}} \tag{5-102}$$

式中，x_{ij} 和 y_{ij} 分别代表两个矩阵中的元素；$\bar{x}$ 和 $\bar{y}$ 则分别代表相应矩阵中元素的平均值。

计算反演腔内反演电场的相似度即可验证解析结果的正确性。因为反演场主要集中在距离初始源±0.5λ的范围之内，因此下面求解两者相似度时只考虑此范围内的场。利用式(5-102)计算图 5-7(c)和(f)中黑色虚线框内反演电场 z 分量的相似度结果为 0.9817，可以认为两者几乎完全一样，这也说明了解析计算结果的正确性。

2. 小金属球阵列情况

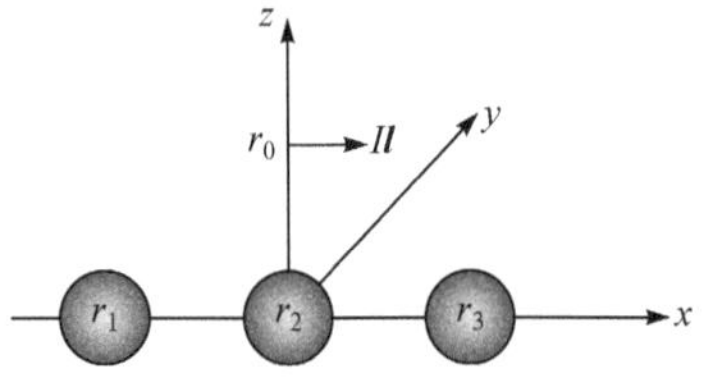

图 5-8　初始源及三个位于 x 轴上的小金属球

采用式(5-101)计算反演场的最大优势在于求解速度快，在散射体数目增多时能够方便地快速计算。下面求解一个例子，假设小金属球均匀分布于 x 轴上，如图 5-8 所示，其中，电偶极子激励源位于 $\boldsymbol{r}_0=\left(0,0,0.1\lambda\right)$ 处，三个小金属球的中心分别位于 $\boldsymbol{r}_1=\left(-0.4\lambda,0,0\right)$、$\boldsymbol{r}_2=\left(0,0,0\right)$、$\boldsymbol{r}_3=\left(0.4\lambda,0,0\right)$ 处。

此时的时间反演电并矢格林函数为

$$\overline{\overline{G}}_{\mathrm{e}}^{\mathrm{TR}}(\boldsymbol{r},\boldsymbol{r}_0)=-2\mathrm{j}\times\mathrm{imag}\left\{\begin{bmatrix}\overline{\overline{G}}_{\mathrm{e0}}(\boldsymbol{r},\boldsymbol{r}_1)\\ \overline{\overline{G}}_{\mathrm{m0}}(\boldsymbol{r},\boldsymbol{r}_1)/(\mathrm{j}\omega\mu)\\ \vdots\\ \overline{\overline{G}}_{\mathrm{e0}}(\boldsymbol{r},\boldsymbol{r}_N)\\ \overline{\overline{G}}_{\mathrm{m0}}(\boldsymbol{r},\boldsymbol{r}_N)/(\mathrm{j}\omega\mu)\end{bmatrix}^{\mathrm{T}}\left(\boldsymbol{I}-\begin{bmatrix}\boldsymbol{Q}_{11}&\cdots&\boldsymbol{Q}_{1N}\\ \boldsymbol{Q}_{21}&\cdots&\boldsymbol{Q}_{2N}\\ \vdots&&\vdots\\ \boldsymbol{Q}_{N1}&\cdots&\boldsymbol{Q}_{NN}\end{bmatrix}\right)^{-1}\begin{bmatrix}\boldsymbol{Q}_{10}^{\mathrm{e}}\\ \boldsymbol{Q}_{20}^{\mathrm{e}}\\ \vdots\\ \boldsymbol{Q}_{N0}^{\mathrm{e}}\end{bmatrix}+\overline{\overline{G}}_{\mathrm{e0}}(\boldsymbol{r},\boldsymbol{r}_0)\right\} \tag{5-103}$$

式中，$\boldsymbol{Q}_{ij}$ 的表达式如式(5-92)和式(5-93)所示。表达式内的 b 代表相应两个金属球之间的间距。根据式(5-103)及由 CST 计算得到的时间反演场分布如图 5-9 所示。相应地，根据式(5-102)计算得到的两解相似度为 0.9613，解析解与仿真解吻合得很好。

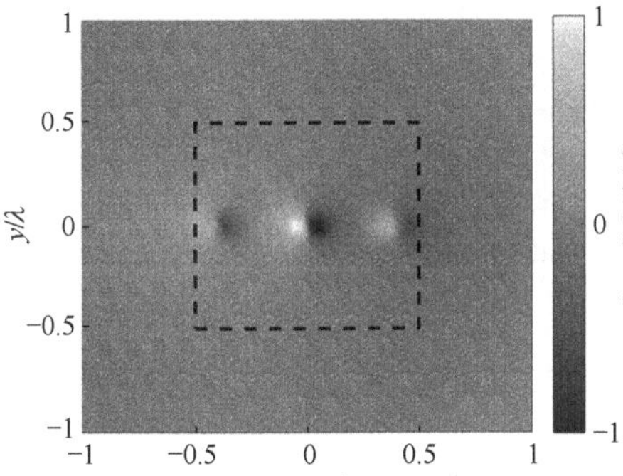

(a) E_z分量CST计算结果

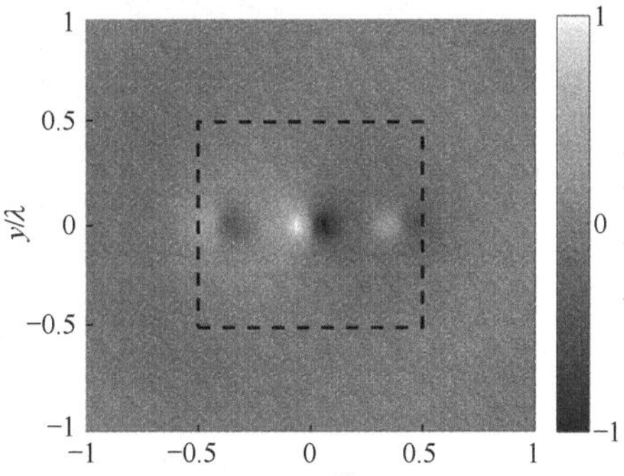

(b) E_z分量解析计算结果

图 5-9　时间反演电场分布图

5.2.2　小金属球辅助的聚焦分辨率讨论

5.2.1 节已经从理论上分析了小金属球加载情况下的时间反演超分辨率聚焦现象。接下来，使用 5.2.1 节的计算方法展示加载金属球散射体会如何影响源的聚焦分辨率。

1. 单激励源、单个小金属球情况

如图 5-10 所示，沿 z 轴方向极化的初始电偶极子激励源位于坐标原点，加载小金属球位于$(0.3\lambda,0,0)$处。考察 y=0.1λ平面上时间反演场的分布情况，计算结果如图 5-11 所示。其中，图 5-11(a)～(c)分别对应 E_x、E_y 和 E_z 分量；图 5-11(d)则为图 5-11(b)中 E_y 分量沿 z=0 直线的分布情况，虚线对应加载散射体所处的位置。

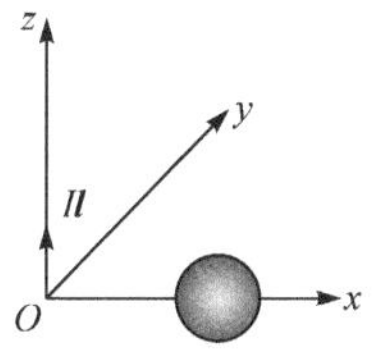

图 5-10　z 轴极化的电偶极子激励源及单个小金属球的位置

从图 5-11(c)可见，反演场 E_z 分量的空间分布会在金属球所在位置处产生一个明显的“下沉点”；从整体来看，反演场的主体分布于初始源所对应位置处，并且聚焦斑的大小与自由空间一个单独电流源反演场的分布基本一致。对于 E_y 分量，仅在对应加载金属球的位置处有一个明显的亮斑。同时，其具有磁流源反演场的特点，即在 $y=0.1\lambda$ 平面内的 z=0 直线上反演场基本为零，只在对应散射体加载的位置处形成了一个明显的聚焦峰，如图 5-11(d)所示。最后观察 E_x

分量，其在加载金属球的位置处有一定的突变。

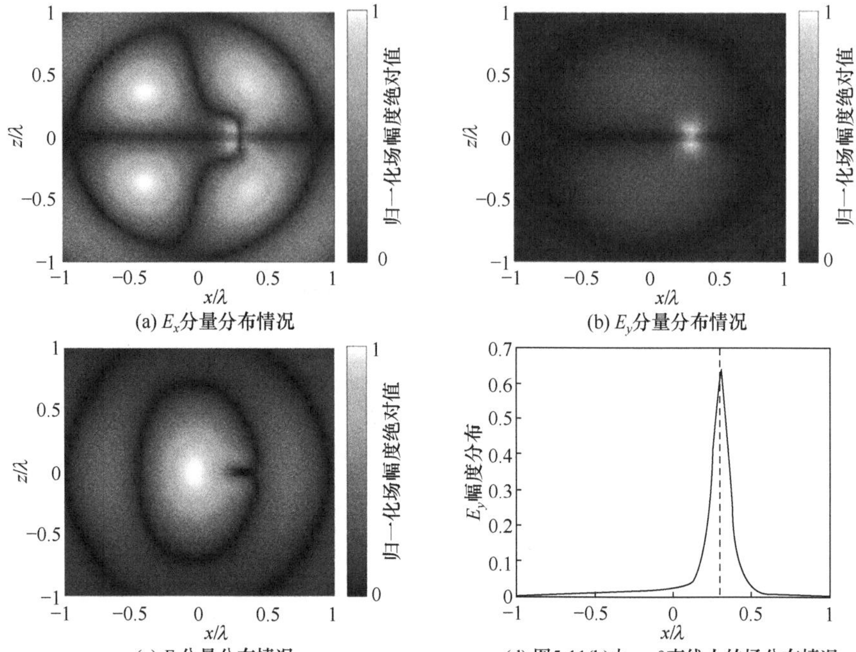

(a) E_x分量分布情况　(b) E_y分量分布情况

(c) E_z分量分布情况　(d) 图5-11(b)中$z=0$直线上的场分布情况(虚线为加载散射体处)

图 5-11　单激励源、单个小金属球情况时反演电场分布

2. 单激励源、小金属球阵列情况

如图 5-12 所示，沿 x 轴方向极化的初始电偶极子激励源位于$(0,0,0.1\lambda)$处，三个加载小金属球的中心位置分别为$\boldsymbol{r}_1=(0,d,0)$、$\boldsymbol{r}_2=(0,0,0)$、$\boldsymbol{r}_3=(0,-d,0)$，$d=0.3\lambda$。

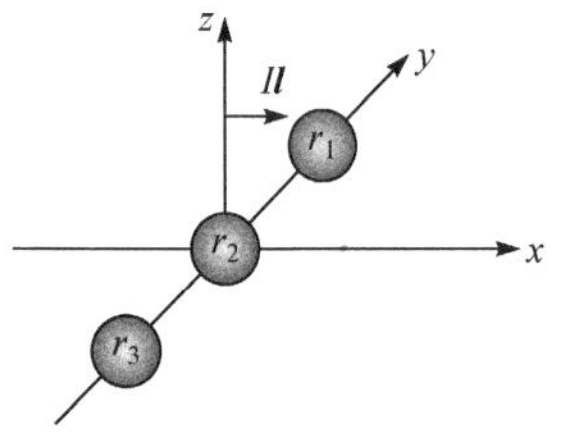

图 5-12　单初始源及三个小金属球的位置

反演场观测面取为 z=0.1λ平面，结果如图 5-13 所示，图 5-13(a)～(c)分别为 E_x、E_y和 E_z分量的分布情况；图 5-13(d)则为 E_z分量沿 z=0.1λ平面内 x=0 直线的分布情况，三条虚线分别对应三个小金属球的位置。由图 5-13(d)可见，聚焦斑的大小远小于半个波长，相距 0.3λ位置处的反演场幅度小于最大幅值的一半。以场幅值减小一半为可分辨的临界标准，可知此系统的成像分辨率是小于半波长的。

计算结果显示，整体规律与单金属球加载情况类似，即便加载有小金属球阵列，反演场 E_x和 E_y分量的空间分布受到的影响依然很有限，只有 E_z分量明显地与初始源和加载散射体的位置相对应。E_x和 E_y分量受加载散射体的影响很小是因为所加载的小金属球体积很小，而其等效电磁偶极子矢量的强度大小与金属球的半径大小呈正相关关系，从而使得其等效出来的偶极子矢量强度相对于初始激励源而言会非常小；观测面上的 E_x和 E_y分量主要来源于初始激励源的贡献，因此加载小金属球也就不会对反演场的相应分量产生较大的影响。而对于反演场的 E_z分量而言，在观测面上初始激励源的贡献几乎为零，该相应分量几乎全部来自加载小金属球的贡献。这是由于初始激励源就处于反演场观测面上，而此源的极化方向沿 x 轴方

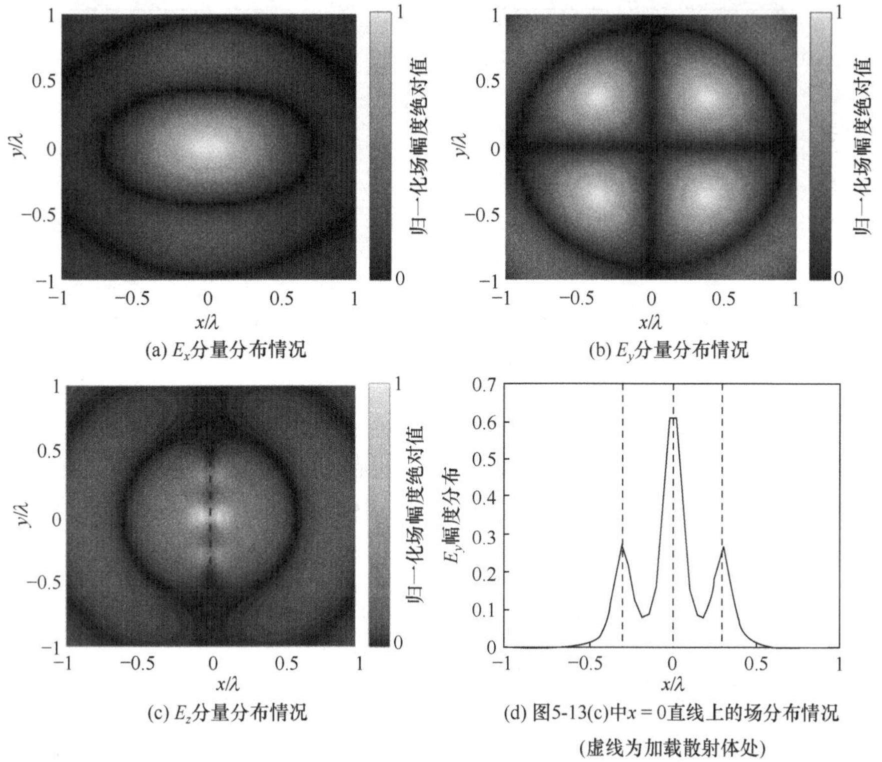

图 5-13　单激励源、小金属球陈列情况时反演电场分布

向，根据理想偶极子的辐射场特性可知其在观测面上的 E_z 分量为零。此例中，加载小球的等效源包含有沿 x 方向极化的电偶极子和沿 y 方向极化的磁偶极子，其产生的辐射场必然包含有 E_z 分量，因此对应的反演场会与等效源辐射最强的金属球所处的位置相对应。等效源的大小与初始激励源和加载散射体之间的间距成反比关系，因此反演场的 E_z 分量分布最大值会与距离初始源位置最近的金属球位置相对应。

3. 多激励源、小金属球阵列情况

如图 5-14 所示，沿 z 轴方向极化的三个初始电偶极子激励源分别位于 $\boldsymbol{r}_1=(d,h,0)$、$\boldsymbol{r}_2=(0,h,0)$、$\boldsymbol{r}_3=(-d,h,0)$处，$d=0.3\lambda$，$h=0.1\lambda$；在 x 轴上等间距加载有 11 个金属球，相邻金属球之间间距为 0.3λ。反演场观测面设为 y=0.1λ平面。根据前几个例子的计算结果可知，直接考察反演场观测面内 z=0 直线上反演电场的 E_y 分量幅度绝对值大小的分布情况即可得到相应系统的成像结果，如图 5-15(a)所示。图中虚线位置分别对应三个初始激励源的准确位置，可见此系统能够很好地重构出源目标的位置。图 5-15(b)所示为相应的不加载小金属球情况的反演场计算结果，显然此时的成像分辨率是受限于半波长衍射极限的。

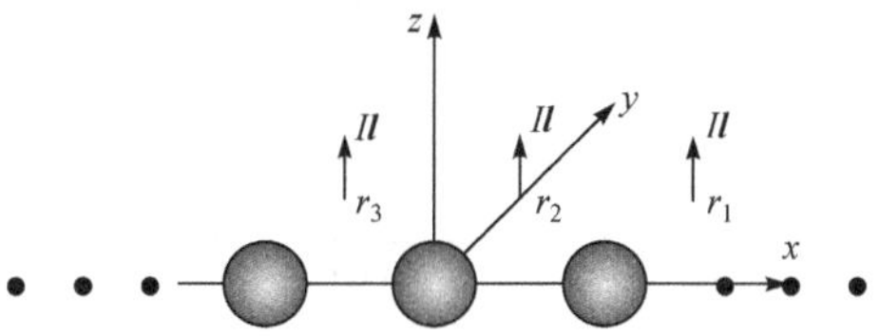

图 5-14　多初始源及小金属球阵列的位置示意图

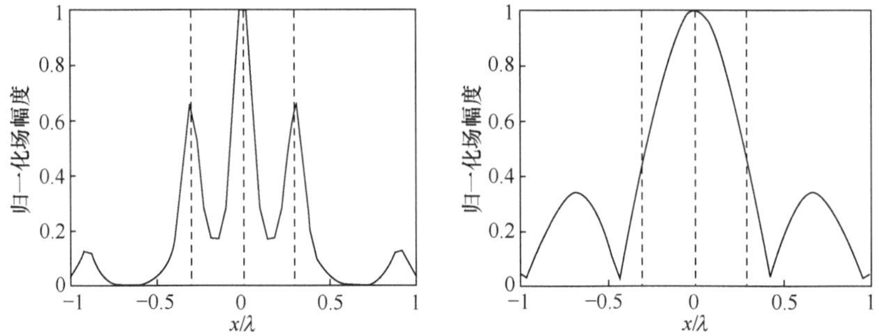

(a) 加载小金属球阵列的情况　　(b) 不加载小金属球阵列的情况

图 5-15　成像结果图

对图 5-14 所示小金属球加载系统，如果初始源极化方向沿 x 方向，反演场分布结果如图 5-16 所示，图 5-16(a)为反演场 E_y 分量幅度的空间分布情况。此时若直接采用前面观察反演场沿一条特定直线的幅度分布，即考察场幅度沿图 5-16(a)中虚线的分布，将无法得到初始源的准确位置，相应的结果如图 5-16(b)所示。

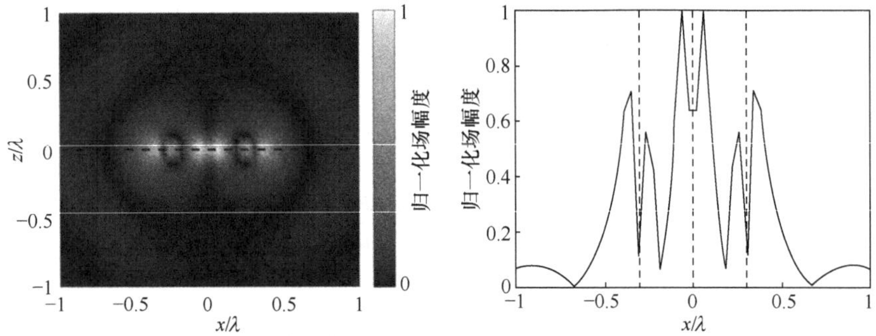

(a) 反演场 E_y 分量幅度空间分布情况　　(b) 图5-16(a)中 $z=0$ 直线上反演场 E_y 分量的幅度分布情况

图 5-16　多激励源、小金属球阵列情况时反演场分布

观察图 5-16 所示反演场分布，若初始源极化方向与加载散射体的延伸方向相同，反演场分布类似于若干个 M 形场分布小区域的组合。在对应每一个激励源所在的位置处，都有一个幅度较大的 M 形场分布小区域。将每一个加载小金属球所对应位置范围内(称为一个像素点)所有采样点处的反演场的绝对值叠加，通过判断每一个区域内的反演场幅度绝对值之和的大小即可判断出初始激励源所在位置区域。例如，取图 5-16(b)对应的数据，如图 5-17(a)所示进行子区域划分，将子区域[-0.75λ,-0.45λ]、[-0.45λ,-0.15λ]、[-0.15λ,0.15λ]、[0.15λ,0.45λ]、[0.45λ,0.75λ]内的采样点对应的反演场幅度绝对值分别进行求和，作为每一个子区域中心点所对应位置处的图像伪谱值大小，结果如图 5-17(b)所示。可见，如此就能顺利地分辨出几个激励源目标所处的位置。

在近场加载小金属球的系统中，源目标天线辐射出来的场包含传播波和凋落波两部分。传播波可以在自由空间中传播至远场区；凋落波则随离开源的距离呈指数衰减，因而被局限于近场区。小金属球加载于初始源的近场区，在此区域凋落波的幅度大于传播波[4]，初始激励源在小金属球上引起的感应电流很大部分源于凋落波，通过小球散射转化为传播波辐射至远

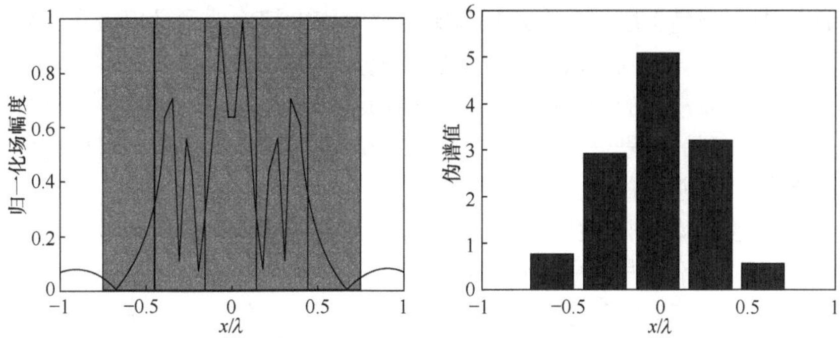

(a) 区域划分情况　　(b) 图像伪谱分布图

图 5-17　基于像素概念的图像处理

场。在反演回传时，一部分原始凋落波能够被恢复，从而也就可以实现突破衍射极限的超分辨率成像。

4. 小球加载系统分辨率讨论

下面以图 5-14 所示系统为例讨论成像分辨率。选成像面为 z=0.1λ平面；可以优化的量为加载小金属球的半径 a 和小金属球之间的间距 d；限定条件为 5.1 节和 5.2.1 节求得的不同情形下可以进行等效近似的条件，以及客观上的物理限定条件(如相邻小金属球不重叠)；优化目标设为 z=0.1λ平面上沿 x=0 直线上 y=0 位置处反演聚焦场的幅度值与 y=d 位置处反演聚焦场的幅度值之比，即成像平面上相邻像素点所对应位置处的聚焦场幅度值之比 ρ。下面约定 ρ>2 即可以实现分辨。

因为优化变量只有 a 和 d，可采用参数扫描方式进行寻优，计算 a 和 d 取不同值时 ρ 的变化情况，结果如图 5-18 所示。图 5-18 的纵坐标为小球半径 a 的取值序列号，不同 d 所对应的 a 实际取值与其取值序列号的关系如图 5-19 所示。能够实现对相邻像素点进行分辨的加载小球之间最小间距为图 5-18 中所示数值为 2 的等高线上所对应的 d 值，最小值约为 0.2368λ，与此相应的 a 值约为 0.0606λ。

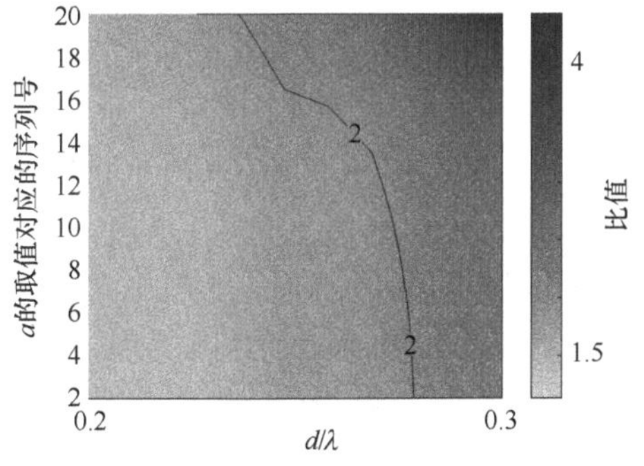

图 5-18　相邻像素点处聚焦场幅度之比

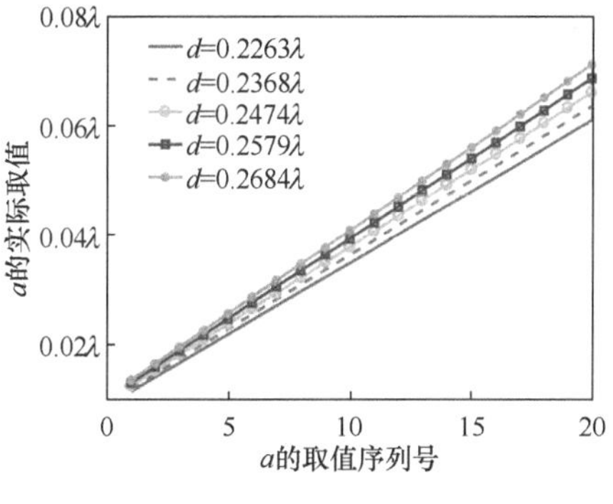

图 5-19　a 取值序列号与实际取值的关系

5.3　金属丝阵列辅助的时间反演远场超分辨率聚焦

成像分辨率受限的根本原因是包含结构亚波长信息的凋落波无法有效地传输至远场区

域。在实际使用中，测量手段很难在远场具有足够的精度精确地测量出微小的凋落波分量，以至于在实验中根据精确的凋落波传播规律实现超分辨率成像成为一个难题。为了将凋落波信息传输至远场，目前常用的做法是使用谐振结构将凋落波转化为传播波，这样再根据凋落波的转化规律对接收到的信号进行分析，即可使用时间反演技术反推出目标的信息。本节将以金属丝阵列为例对此进行介绍。

电磁波照射到散射体上产生的散射场由传播波和凋落波构成，传播波分量对应物体的低空间谱分量，凋落波分量则与对应于物体包含的亚波长细节的高空间谱分量相关联。凋落波只存在于结构表面，其幅度沿外法线方向呈指数衰减而无法传播到远场，导致远场成像缺少大量精细结构信息，无法实现超分辨率。可见，实现超分辨率成像的关键是获取亚波长信息(高空间谱分量)，传统的方法是在目标近场范围内探测目标细节信息所对应的高空间谱分量实现超分辨[5-7]。在远场超分辨率成像应用中，需要设计转化结构将物体的凋落波转化为传播波并辐射到远场。文献[8]～[10]提出了谐振超透镜的概念，通过周期排列的亚波长谐振器，可将物体的凋落波转化为传播波并辐射到远场，本节将介绍基于金属丝阵列的谐振结构及其辅助的远场超分辨率聚焦[11-14]。

5.3.1 周期金属丝阵列的模式转换原理

图 5-20 是由理想导体构成的二维周期金属丝阵列，其在 z 方向上为无限长，即 L 无限大，在 xOy 平面上为无限大的周期结构。这里对金属丝做细线近似，即它的直径远小于周期。该电磁问题满足麦克斯韦方程组：

$$\nabla\times\boldsymbol{E}=-\mu_0\frac{\partial\boldsymbol{H}}{\partial t} \tag{5-104}$$

$$\nabla\times\boldsymbol{H}=\varepsilon_0\frac{\partial\boldsymbol{E}}{\partial t} \tag{5-105}$$

式中，μ_0 和 ε_0 分别代表真空中的磁导率和介电常数。这里假设电磁波只在真空中传播，金属表面由边界条件限制。因为 z 方向为无限长，二维时谐电磁场 $\boldsymbol{E}$ 和 $\boldsymbol{H}$ 可分别表示为

$$\boldsymbol{E}(\boldsymbol{x}_\perp,z,t)=\mathrm{Re}\left(\boldsymbol{E}(\boldsymbol{x}_\perp)\mathrm{e}^{\mathrm{j}(\omega t-kz)}\right) \tag{5-106}$$

$$\boldsymbol{H}(\boldsymbol{x}_\perp,z,t)=\mathrm{Re}\left(\boldsymbol{H}(\boldsymbol{x}_\perp)\mathrm{e}^{\mathrm{j}(\omega t-kz)}\right) \tag{5-107}$$

式中，$\boldsymbol{x}_\perp$ 代表 xOy 平面中的矢量坐标；k 代表 z 方向上的传播常数。然后根据结构的几何特性对 $\boldsymbol{E}$ 和 $\boldsymbol{H}$ 进行分解，有

$$\begin{cases}\boldsymbol{E}(\boldsymbol{x}_\perp)=\boldsymbol{E}_\perp(\boldsymbol{x}_\perp)+E_\parallel(\boldsymbol{x}_\perp)\boldsymbol{e}_z\\ \boldsymbol{H}(\boldsymbol{x}_\perp)=\boldsymbol{H}_\perp(\boldsymbol{x}_\perp)+H_\parallel(\boldsymbol{x}_\perp)\boldsymbol{e}_z\end{cases} \tag{5-108}$$

由于在 xOy 平面的周期特征，该问题的求解变为对布洛赫波的求解。在固体物理学中，布洛赫波是周期性势场中粒子(一般为电子)的波函数，又称布洛赫态。布洛赫波由一个平面波和一个周期函数(布洛赫波包)相乘得到，其满足以下形式：

$$\begin{cases}U_{\boldsymbol{k}_\perp}(\boldsymbol{x}_\perp)=\mathrm{e}^{-\mathrm{j}\boldsymbol{k}_\perp\cdot\boldsymbol{x}_\perp}\tilde{U}(\boldsymbol{x}_\perp)\\ \tilde{U}(\boldsymbol{x}_\perp)=\tilde{U}(\boldsymbol{x}_\perp+\boldsymbol{R})\end{cases} \tag{5-109}$$

式中，U 代表 $\boldsymbol{E}_\perp$、$\boldsymbol{H}_\perp$、$E_\parallel$ 和 $H_\parallel$；$\boldsymbol{k}_\perp$ 代表横向布洛赫波矢；$\boldsymbol{R}$ 代表周期晶格矢量。经过以上处理后，麦克斯韦方程组可简化为

$$\begin{cases} \mathrm{j}\omega\mu_0\tilde{H}_{\parallel}\boldsymbol{e}_z = \left(\mathrm{j}\boldsymbol{k}_{\perp} - \nabla\right)\times\tilde{\boldsymbol{E}}_{\perp} \\ \mathrm{j}\omega\mu_0\tilde{\boldsymbol{H}}_{\perp} = \boldsymbol{e}_z \times \left(\mathrm{j}k\tilde{\boldsymbol{E}}_{\perp} - \left(\mathrm{j}\boldsymbol{k}_{\perp} - \nabla\right)\tilde{E}_{\parallel}\right) \\ -\mathrm{j}\omega\varepsilon_0\tilde{E}_{\parallel}\boldsymbol{e}_z = \left(\mathrm{j}\boldsymbol{k}_{\perp} - \nabla\right)\times\tilde{\boldsymbol{H}}_{\perp} \\ \mathrm{j}\omega\varepsilon_0\tilde{\boldsymbol{E}}_{\perp} = \boldsymbol{e}_z \times \left(\mathrm{j}k\tilde{\boldsymbol{H}}_{\perp} - \left(\mathrm{j}\boldsymbol{k}_{\perp} - \nabla\right)\tilde{H}_{\parallel}\right) \end{cases} \tag{5-110}$$

分别分析三种形式的布洛赫模式：TM 模式，$\tilde{H}_{\parallel} = 0$；TE 模式，$\tilde{E}_{\parallel} = 0$；TEM 模式，$\tilde{E}_{\parallel} = \tilde{H}_{\parallel} = 0$。每种模式对应的本征方程分别为

$$\begin{cases} \mathrm{TM:}\left({k_{\perp}}^2 + {k_{\parallel}}^2 - \left(\dfrac{\omega}{c}\right)^2\right)\tilde{E}_{\parallel} + 2\mathrm{j}\left(\boldsymbol{k}_{\perp}\cdot\nabla\right)\tilde{E}_{\parallel} - \Delta\tilde{E}_{\parallel} = 0 \\ \mathrm{TE:}\left({k_{\perp}}^2 + {k_{\parallel}}^2 - \left(\dfrac{\omega}{c}\right)^2\right)\tilde{H}_{\parallel} + 2\mathrm{j}\left(\boldsymbol{k}_{\perp}\cdot\nabla\right)\tilde{H}_{\parallel} - \Delta\tilde{H}_{\parallel} = 0 \\ \mathrm{TEM:}\left({k_{\parallel}}^2 - \left(\dfrac{\omega}{c}\right)^2\right)\tilde{\boldsymbol{E}}_{\perp} = 0 \end{cases} \tag{5-111}$$

布洛赫波的色散关系也是周期性函数。例如，$E(k) = E(k+\pi/a)$，则 k 和 $k+\pi/a$ 表示相同的状态。当$-\pi/a < k < \pi/a$ 时，称为第一布里渊区，其他区域的色散关系均可由第一布里渊区外推得到。在第一布里渊区，方程(5-111)所示本征问题的解满足以下色散关系：

$$\begin{cases} \mathrm{TM:}\,{k_{\perp}}^2 + {k_{\parallel}}^2 = \dfrac{\omega^2}{c^2} - {k_p}^2 \\ \mathrm{TE:}\,{k_{\perp}}^2 + {k_{\parallel}}^2 = \dfrac{\omega^2}{c^2} \\ \mathrm{TEM:}\,{k_{\parallel}}^2 = \dfrac{\omega^2}{c^2} \end{cases} \tag{5-112}$$

式中，k_p 为等离子体波数，是与阵列周期 a 和金属丝半径 r 相关的函数[15]。

当周期间距远小于自由空间的波长时，亚波长微结构阵列在细线近似条件下，等离子体波数远大于自由空间中的波数 $k_0 = \omega/c$，因此 TM 模始终为凋落模；沿 z 方向传播的 TE 模包含在真空色散范围中；TEM 模为传播模，并且其纵向波数与横向波数无关，色散曲线为两条平坦的直线，如图 5-21 所示。

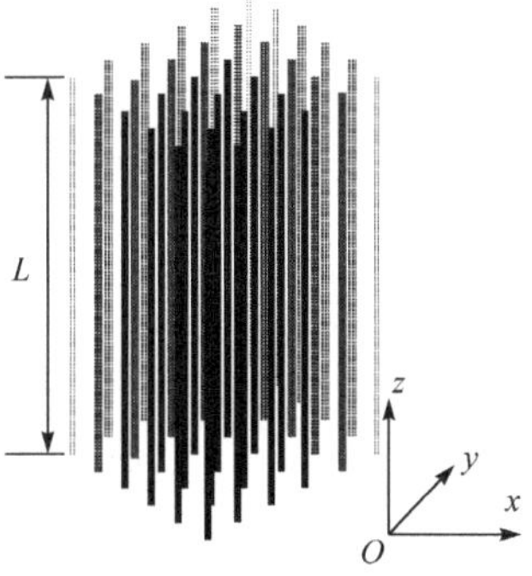

图 5-20　二维周期金属丝阵列示意图

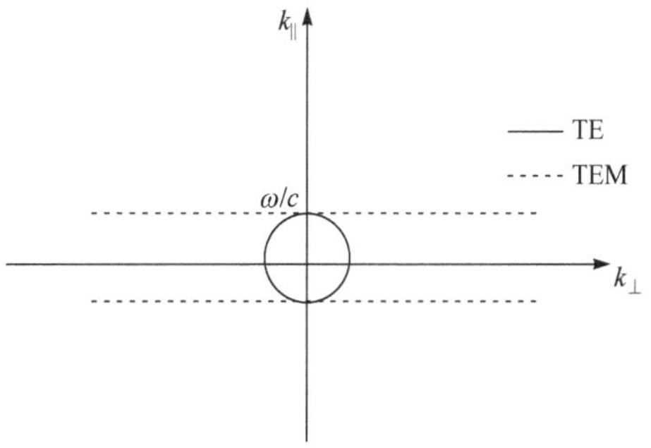

图 5-21　周期金属丝阵列不同模式的色散曲线[10]

当横向布洛赫波数$k_{\perp} > k$时，对应的就是亚波长细节信息，此时TE模和TM模都是凋落模，只有TEM模是传播模。这里只考虑这部分TEM模式，此时对于给定的$k_{\perp}$，阵列结构中的场可通过标量位函数$\tilde{\phi}(\boldsymbol{x}_{\perp})$来表示：

$$\begin{cases}\boldsymbol{E}_{\boldsymbol{k}_{\perp}}(\boldsymbol{x}_{\perp}) = -\nabla \mathrm{e}^{-\mathrm{j}\boldsymbol{k}_{\perp}\cdot\boldsymbol{x}_{\perp}}\tilde{\phi}(\boldsymbol{x}_{\perp}) \\ \boldsymbol{H}_{\boldsymbol{k}_{\perp}}(\boldsymbol{x}_{\perp}) = \dfrac{1}{\mu_0 c}\boldsymbol{e}_z \times \nabla \mathrm{e}^{-\mathrm{j}\boldsymbol{k}_{\perp}\cdot\boldsymbol{x}_{\perp}}\tilde{\phi}(\boldsymbol{x}_{\perp})\end{cases} \tag{5-113}$$

且$\tilde{\phi}(\boldsymbol{x}_{\perp})$满足金属表面的周期边界条件。

在实际情况中，并不存在无限长的阵列结构，所以接下来要分析L有限长时该结构的电磁特性，此时布洛赫波会在$z = \pm L/2$处被边界条件所限制。为了方便分析，令横向布洛赫波矢$\boldsymbol{k}_{\perp} = k_{\perp}\boldsymbol{e}_x$。分析该问题的第一步是要寻找满足此时分界面条件的广义斯涅尔(Snell)定律。这时布洛赫波的入射角满足$\tan\theta_i = k_{\perp}/k$，反射角和透射角分别是$\theta_r$和$\theta_t$。由于入射波和透射波的横向波数相等，满足条件$k_{\perp} = (\omega/c)\sin\theta_t$，并且入射波为TEM模式，其纵向传播常数$k_{\parallel} = \omega/c$，综合以上条件可得

$$\begin{cases}\theta_r = -\theta_i \\ \tan\theta_i = \sin\theta_t\end{cases} \tag{5-114}$$

可以计算出全反射的临界角$\theta_c = \pi/4$。为了简化计算切向分量连续性的过程，忽略TM模和其他高阶凋落模式。根据式(5-113)，边界面两边的电场可以表示为

$$\begin{cases}\boldsymbol{E}^{(i)} = E_0 \mathrm{e}^{-\mathrm{j}\left(k_{\perp}x + k_{\parallel}(z-L/2)\right)}\begin{bmatrix}1\\0\\0\end{bmatrix} \\ \boldsymbol{E}^{(r)} = RE_0 \mathrm{e}^{-\mathrm{j}\left(k_{\perp}x - k_{\parallel}(z-L/2)\right)}\begin{bmatrix}1\\0\\0\end{bmatrix} \\ \boldsymbol{E}^{(t)} = TE_0 \mathrm{e}^{-\mathrm{j}\left(k_{\perp}x + \gamma(z-L/2)\right)}\begin{bmatrix}\cos\theta_t\\0\\-\sin\theta_t\end{bmatrix}\end{cases} \tag{5-115}$$

式中，R为反射系数；T为透射系数。对应的磁场表示为

$$\begin{cases}\boldsymbol{H}^{(i)} = \dfrac{E_0}{\mu_0 c} \mathrm{e}^{-\mathrm{j}\left(k_{\perp}x + k_{\parallel}(z-L/2)\right)}\begin{bmatrix}0\\1\\0\end{bmatrix} \\ \boldsymbol{H}^{(r)} = \dfrac{RE_0}{\mu_0 c} \mathrm{e}^{-\mathrm{j}\left(k_{\perp}x - k_{\parallel}(z-L/2)\right)}\begin{bmatrix}0\\-1\\0\end{bmatrix} \\ \boldsymbol{H}^{(t)} = \dfrac{TE_0}{\mu_0 c} \mathrm{e}^{-\mathrm{j}\left(k_{\perp}x + \gamma(z-L/2)\right)}\begin{bmatrix}0\\1\\0\end{bmatrix}\end{cases} \tag{5-116}$$

式中

$$\begin{cases}\gamma=\sqrt{k^2-k_\perp^2}, & \theta_i\leqslant\theta_c\\ \gamma=\mathrm{j}\sqrt{k^2-k_\perp^2}, & \theta_i>\theta_c\end{cases} \tag{5-117}$$

通过边界上切向分量的连续性和式(5-114)的反射定律，可以求出：

$$R=-\frac{k-\gamma}{k+\gamma} \tag{5-118}$$

可以看出，当发生全反射时，R 是一个复数，并且全反射产生了一个相位变化：

$$\varphi(k_\perp,k)=\pi-2\arctan\left(\frac{\sqrt{k_\perp^2-k^2}}{k}\right) \tag{5-119}$$

受 $z=\pm L/2$ 处的边界条件约束，阵列结构中的场将产生类似于法布里-珀罗(Fabry-Perot)的谐振效应，即该结构构成了一种两端均为强反射边界的谐振腔。所以，总的谐振电长度 δ 满足：

$$\delta=2k_{\parallel}L+2\varphi(k_\perp,k_{\parallel})=2n\pi \tag{5-120}$$

式中，n 为整数。根据式(5-119)和式(5-120)，一阶谐振(n=1)下的阵列结构中电磁波的色散关系为

$$\tan\left(\frac{kL}{2}\right)=\frac{\sqrt{k_\perp^2-k^2}}{k} \tag{5-121}$$

再根据在 $z=\pm L/2$ 范围内，TEM 模式的能量密度为常数以及在 $z=\pm L/2$ 范围外迅速衰减至零的特性，色散关系可以写成以下形式：

$$\frac{f_0}{f}=1+\frac{2}{\pi}\left[\left(\frac{k_\perp}{k_0}\right)^2-\left(\frac{f}{f_0}\right)^2\right]^{-1/2} \tag{5-122}$$

式中，k_0 和 f_0 代表一阶 Fabry-Perot 谐振，$k_0=\pi/L$，$f_0=c/(2L)$。这个色散关系就是模式转换原理的重要组成部分。

当一个点源放置在阵列的端面位置时，可以通过这个阵列的工作原理来求出阵列内部的场分布。这些场则是由阵列里面产生的布洛赫模式场叠加组成的，并且可以写成关于 $\boldsymbol{k}_\perp$ 的表达式：

$$U(\boldsymbol{x}_\perp)=\iint\tilde{U}(\boldsymbol{k}_\perp)\mathrm{e}^{-\mathrm{j}\boldsymbol{k}_\perp\cdot\boldsymbol{x}_\perp}\mathrm{d}\boldsymbol{k}_\perp \tag{5-123}$$

根据式(5-122)的色散关系可以看出，横向布洛赫波数 $k_\perp$ 和角频率 ω 相对应，并且相对于真空中的波长，$k_\perp$ 可代表物体的亚波长细节信息，因此场的表达式 $\tilde{U}(\boldsymbol{k}_\perp)$ 可变换为关于角频率 ω 的表达式：

$$\tilde{U}(\boldsymbol{k}_\perp)=F(\omega) \tag{5-124}$$

这就相当于对亚波长细节信息进行频率编码，意味着通过记录频率信息可以得到源的空间谱信息。

前面所讨论的是阵列的内部或者近场区域场分布，接下来就是将需要的频率信息辐射到远场。首先令 xOy 平面上的周期数量有限，且两个方向上的周期数量相同。引入有限周期的目的是对横向布洛赫波数 $\boldsymbol{k}_\perp$ 进行具体量化：$\boldsymbol{k}_\perp=\pi(m\cdot\boldsymbol{e}_x+n\cdot\boldsymbol{e}_y)/D$，$m$ 和 n 为整数且$(m,n)\in[0,N-1]^2$，$D=a(N-1)$为 x 和 y 方向上的长度。根据前面的结论，每个 $\boldsymbol{k}_\perp(m,n)$ 对应一个谐振频

率 $f(m,n)$，更代表着相应的空间特征信息。由于有限长金属丝阵列呈亚波长间距排列，呈现出强耦合谐振器的特性，对于一阶谐振，每根金属丝会产生 z 极化方向的偶极子辐射。这样叠加后的辐射场就将包含空间亚波长特征的频率信息传播到了远场。因为频率信息与时域信号是一一对应的，这样就可以通过在远场接收时域信号并利用时间反演技术重构出超分辨率的像。

在标准的时间反演过程中，激励源发射一个脉冲信号，经过空间传播后被时间反演镜接收，然后这些接收到的信号在时域上经过反转后再通过时间反演镜发射，最终会在初始源的位置 $\boldsymbol{r}_0$ 处发生空时同步聚焦。对于单频点激励，时域上的时间反演等同于频域上的相位共轭，因此目标点 $\boldsymbol{r}$ 处的时间反演场的表达式为

$$\boldsymbol{E}_{\mathrm{tr}}(\boldsymbol{r},\omega)=2\mathrm{j}\mu_0\omega^2\mathrm{Imag}\overline{\overline{\boldsymbol{G}}}(\boldsymbol{r},\boldsymbol{r}_0,\omega)\boldsymbol{p}^* \tag{5-125}$$

式中，$\overline{\overline{\boldsymbol{G}}}$ 表示并矢格林函数；$\boldsymbol{p}^*$ 表示激励源偶极矩的共轭。从式(5-125)可以看出，聚焦点处的时间反演场的幅度正比于格林函数的虚部，而在所考虑的周期金属丝阵列中，格林函数依赖于 TEM 布洛赫模式，因此为了充分地利用这些模式，需要在宽带范围内进行傅里叶变换以获得时间反演场，其聚焦时刻的表达式为

$$\boldsymbol{E}_{\mathrm{tr}}(\boldsymbol{r},t=0)=2\mathrm{j}\mu_0\int_{\Delta\omega}\omega^2\mathrm{Imag}\overline{\overline{\boldsymbol{G}}}(\boldsymbol{r},\boldsymbol{r}_0,\omega)\boldsymbol{p}^*\mathrm{d}\omega \tag{5-126}$$

可以看出，在聚焦时刻聚焦点位置的时间反演场幅度正比于 TEM 模式的数量，这些模式又对应着激励源的亚波长细节信息，所以可以通过时间反演技术实现远场超分辨率成像。

5.3.2 平面金属丝阵列辅助的远场超分辨率聚焦

本节采用平面金属丝阵列对时间反演超分辨率聚焦结果进行直观展示。平面金属丝阵列如图 5-22(a)所示，金属条带印刷在相对介电常数为 2.65、厚度为 1mm 的介质板上，条带的长度为 75mm、宽度为 1mm，相邻条带之间的间距为 4mm。

为了展示该阵列的近远场模式转换特性，采用电磁仿真软件进行建模并仿真。仿真设置如图 5-22(b)所示，取 6 层平面结构组成一个完整的阵列。使用一个小偶极子天线来对阵列进行激励，偶极子的单臂长度 l=1.5mm、直径为 1mm，双臂之间的距离 g=1.5mm。该偶极子天线放置在 yOz 平面上，距离阵列为 h=5mm。仿真频率范围为 1～2GHz。在距离阵列 50mm 处放置一个近场探针来记录电场的 x 方向分量，同时在距离阵列 2000mm 处放置一个远场探针来记录远场信息，仿真时长为 500ns。

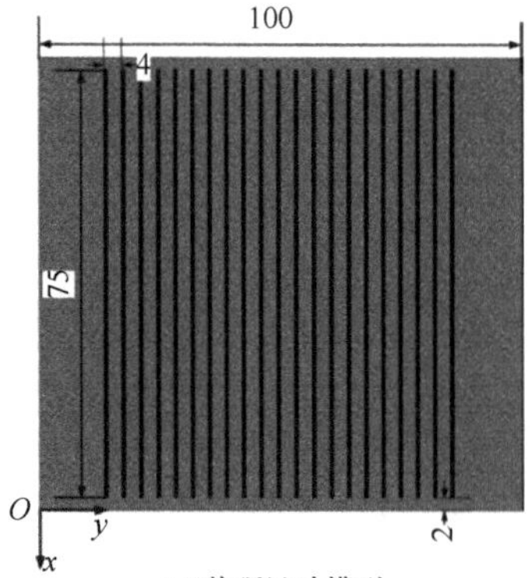

(a) 物理尺寸模型

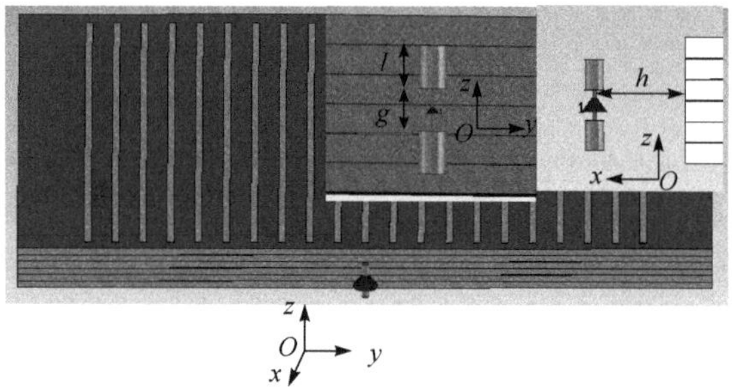

(b) 仿真模型

图 5-22 平面金属丝阵列的物理尺寸模型和仿真模型(单位：mm)

仿真得到的近远场频谱如图 5-23 所示，可以看出近远场频谱具有相似的频率特征，有阵列时的频谱集中在 1.2～1.4GHz，无阵列情况下得到的频谱幅度远远小于有阵列的频谱幅度，并且未观察到任何谐振特征，因为小偶极子天线的工作频率远远高于所设置的频段。这就说明，在这个阵列的作用下，凋落波被有效地转化为传播波并辐射到了远场。

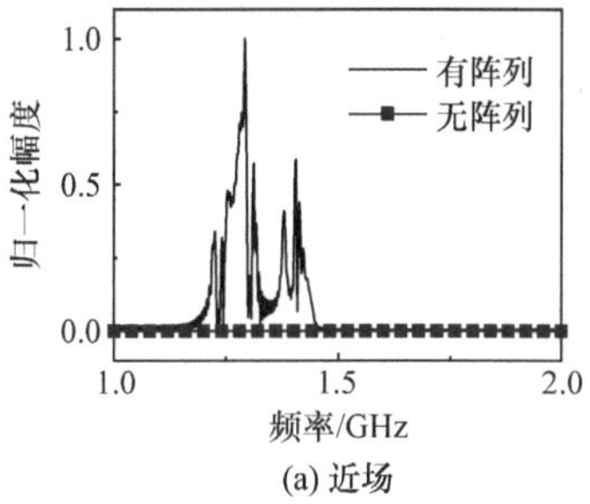

图 5-23 有阵列和无阵列场景下近远场频谱的接收频谱

下面将该阵列结合时间反演技术来验证其远场超分辨率聚焦特性。设置图 5-24 所示的仿真系统，背景为真空，在距离阵列 10 个波长的四周等角度间隔放置 8 个半波偶极子天线作为时间反演镜。选择两个小偶极子天线 A1 和 A2 来作为超分辨率聚焦的目标，小偶极子的参数设置与图 5-22 中一样，间距为 8mm，相当于 $\lambda/25$。首先，选取 A1 作为目标天线，当 A1 发射信号 $x(t)$时，8 个时间反演镜天线接收到信号 $y_n(t)$，n=1,2,⋯,8；然后，将这些信号进行反演得到 $y_n(-t)$，再导入电磁仿真软件中由 8 个时间反演镜天线同时发射对应的反演信号，此时 A1 和 A2 作为接收天线接收信号，接收到的信号如图 5-25 所示。为了区分两条曲线，A2 的曲线向上平移了两个单位。将 A2 的信号幅度以 A1 信号幅度的峰值进行归一化处理，可以看出在聚焦时刻 A1 天线的信号幅度是 A2 天线信号幅度的两倍多，也就是说可以分辨出 A1 天线为目标天线，此时的分辨率为两个小天线的间距，即 $\lambda/25$。

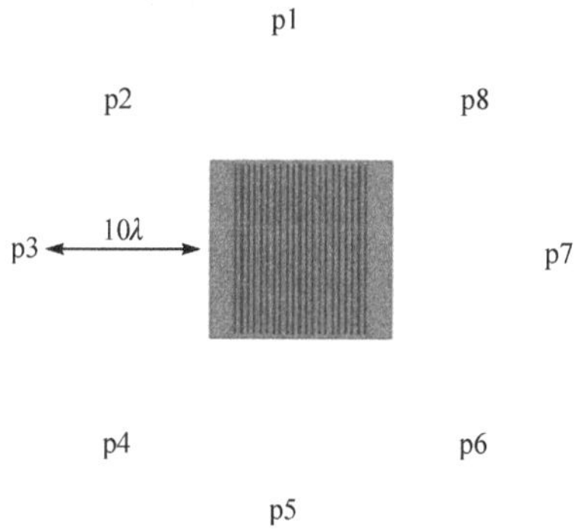

图 5-24 时间反演超分辨率聚焦仿真模型

作为对比，将阵列移去，直接对两个小偶极子天线进行时间反演聚焦仿真，仿真步骤与上面一致，得到的结果如图 5-26 所示，为了区分两条曲线，A2 的曲线向上平移了两个单位。从图 5-26 中可以看到，A1 和 A2 接收到的时间反演聚焦信号峰值幅度基本一样，无法分辨出目标天线与非目标天线，即没有获得超分辨率特性，验证了阵列具有模式转换并实现远场辐射的超分辨率作用。

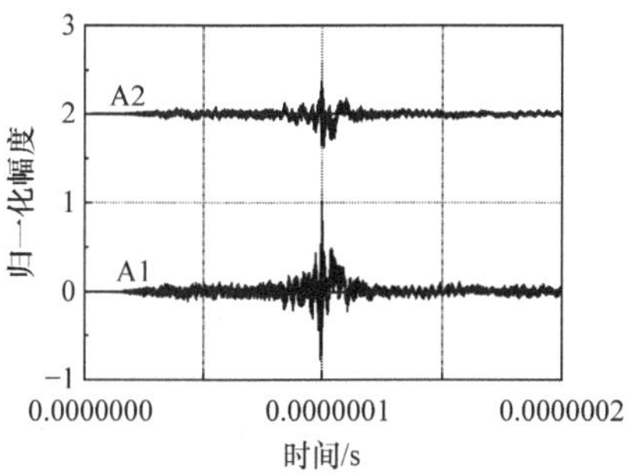

图 5-25 有阵列时的时间反演聚焦结果

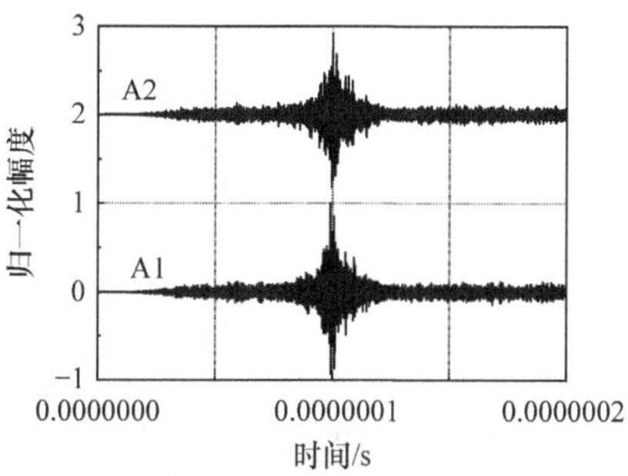

图 5-26 无阵列时的时间反演聚焦结果

图 5-25 是从时域的角度展示时间反演超分辨率聚焦效果的，事实上，以上系统在空间域同样可以展现出超分辨率聚焦特性。文献[11]~[14]指出，不仅等长的金属丝阵列可以起到凋落波/传播波转化的作用，非等长的金属丝阵列也可以用于时间反演超分辨率聚焦。例如，在如图 5-27(a)所示的系统中，使用非等长的金属丝阵列可以直观地展示时间反演的超分辨空间聚焦特点。在图 5-27 所示的数值实验中，三个点源作为目标，放置在 yOz 平面，距离阵列的端面位置 5mm 处，相互之间间距为 $\lambda/20$。8 个半波偶极子天线作为时间反演镜，距离阵列为 2000mm，相当于 10λ，偶极子天线的中心位置与阵列处于同一水平面上，如图 5-27(a)所示。仿真设置与前面的聚焦过程相同，在 x=5mm 的平面上设置了一个电场监视器来观察聚焦结果。这里源 1 和源 3 同时作为激励源发射信号，信号被时间反演镜接收反演并重新发射。聚焦时刻的结果如图 5-27(b)所示，源 1 和源 3 作为亮源得到了很好的反演幅值，而源 2 作为哑源幅值较小，这说明借助于金属丝阵列，本节所提的方法具有很高的空间分辨率。

此外，使用非等长的金属丝阵列可以进一步增加时间反演超分辨率聚焦的频带范围，使用弯折的金属丝阵列可以进一步减小阵列的体积[11,12]。凋落波/传播波转化结构并不局限于金属丝阵列，很多其他形式的阵列谐振结构也可以辅助时间反演系统实现超分辨率聚焦[11,13]。

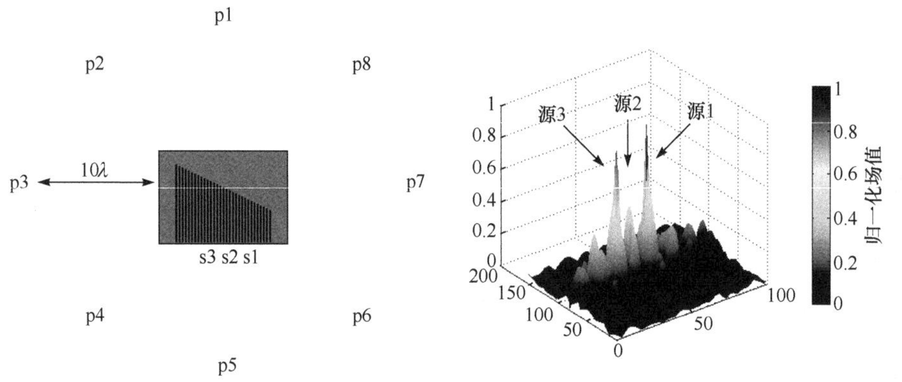

(a) 仿真结构示意图　　(b) 空间聚焦结果(单位：mm)

图 5-27　时间反演超分辨率源聚焦

5.3.3　平面金属丝阵列辅助的时间反演远场聚焦实验

下面介绍平面金属丝阵列辅助的时间反演聚焦实验，如图 5-28(a)所示，采用一个具有宽带特性的喇叭天线作为时间反演镜，三个小的单极子天线作为亚波长的激励源，间距为 $\lambda/20$，距阵列的端面 2mm，喇叭天线与亚波长激励源之间的间距为 6λ。图 5-28(b)是实验系统原理图，一个宽带喇叭天线连接着功率放大器和任意波形发生器 Taktronix AWG7122B，三个小单极子天线连接着数字示波器 Tektronix DSA72004B。这两个仪器都通过计算机来控制。

具体的实验步骤如下。

步骤 1：AWG7122B 产生激励信号 $x(t)$，该信号为调制脉冲信号，中心频率为 1.5GHz，然后通过喇叭天线发射。

步骤 2：三个小单极子天线接收信号，并通过数字示波器记录，记为 $y_n(t)$，n=1,2,3。

步骤 3：选定第 n 个单元作为目标单元。

步骤 4：通过计算机将 $y_n(t)$在时域上进行反转获得 $y_n(-t)$，然后利用 AWG7122B 产生信号 $y_n(-t)$，再通过喇叭天线发射。

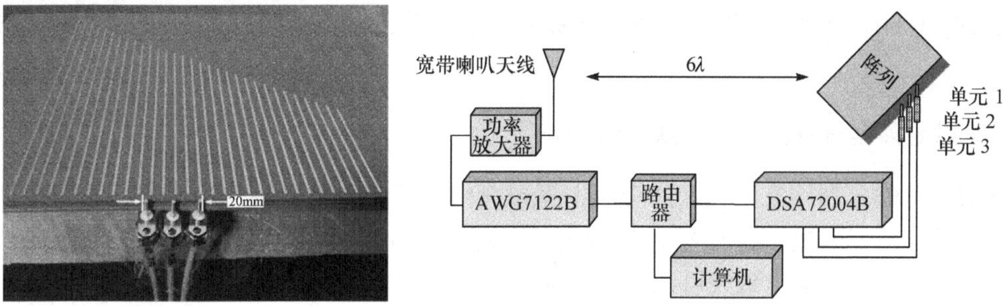

(a) 实验设置　　(b) 实验系统原理示意图

图 5-28　时间反演超分辨率聚焦实验

步骤 5：单极子天线接收最终信号，记为 $y_{m,n}(t)$，m=1,2,3。

步骤 6：当 n 取其他值时，重复步骤 3～5。

根据互易性定理，这种实验步骤是合理的，它等效为单极子天线作为发射天线，喇叭天线作为时间反演镜接收和发射时间反演信号。

初始激励信号 $x(t)$如图 5-29(a)所示，经过在空间中传播，三个单极子天线接收的信号见图 5-29(b)～(d)。根据步骤 3～5，当 n=1 时，最终聚焦信号 $y_{m,1}(t)$(m=1,2,3)见图 5-29(e)～(g)；当 n 取其他值时，可以得到同样类似的结果。对比信号 $y_{m,1}(t)$ (m=1,2,3)可知，目标单元的幅度是其他单元幅度的两倍多，依据这个结果，可以分辨出间距为 $\lambda/20$ 的三个点源。接下来在没有阵列的情况下做同样的实验作为对比，只是将阵列去掉，聚焦信号 $y'_{m,1}(t)$ (m=1,2,3)

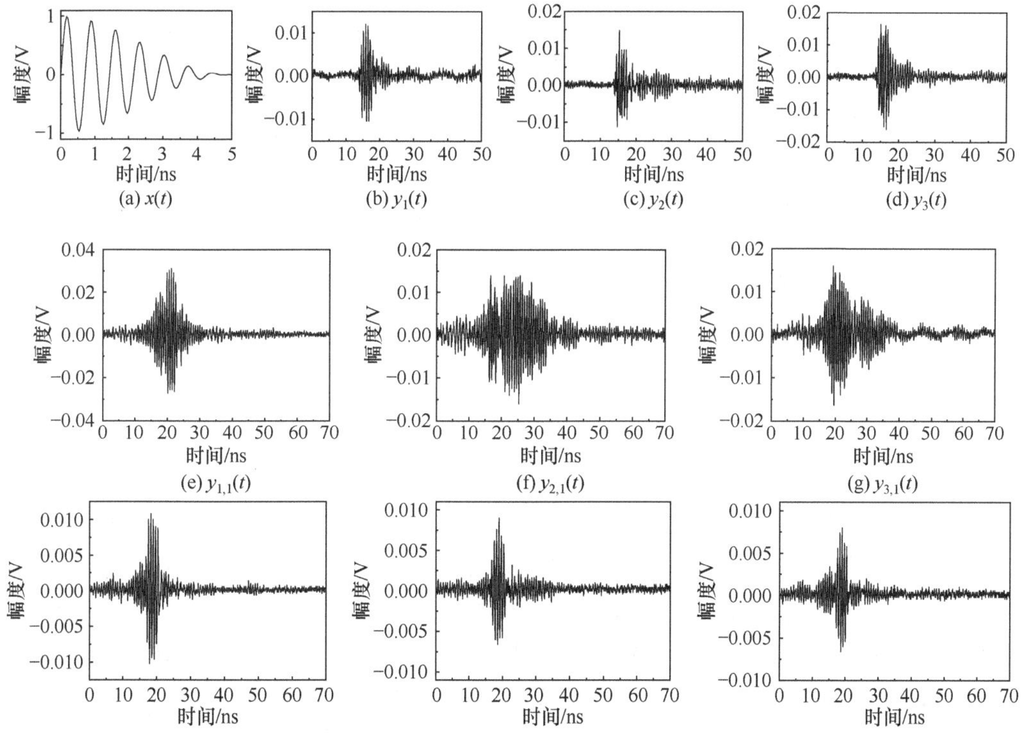

(a) $x(t)$　(b) $y_1(t)$　(c) $y_2(t)$　(d) $y_3(t)$

(e) $y_{1,1}(t)$　(f) $y_{2,1}(t)$　(g) $y_{3,1}(t)$

(h) $y'_{1,1}(t)$　(i) $y'_{2,1}(t)$　(j) $y'_{3,1}(t)$

图 5-29　时域信号

见图 5-29(h)～(j)。以峰值电平一半的分辨率标准来看，并不能很好地分辨目标单元与非目标单元。

5.3.4 加载金属丝阵列的时间反演微结构天线

由前面可知，利用有限长度的金属谐振单元组成的结构可以转化凋落波，进而辅助实现时间反演超分辨率聚焦。2007 年，Lerosey 等[16]在 *Science* 发表的文章指出，使用金属丝阵列辅助的方法，时间反演电磁波可以实现 $\lambda/30$ 的超分辨率聚焦。亚波长量级的金属丝散射体的衍射作用使得凋落波转化成传播波，因此远场的时间反演镜可以接收到由初始发射天线传输的携带有位置信息的亚波长信息，基于凋落波与传播波之间的广义互易定理，远场时间反演波在发射天线处转化为初始的凋落波分量，参与到时间反演电磁波的聚焦过程，实现了目标源天线处电磁波的超分辨率传输。此技术可以在受限空间内实现天线的密集排布，构建电磁波的超分辨率传输系统。

该实验所使用的金属丝加载亚波长天线阵列由间距为 $\lambda/30$ 的 8 个金属丝加载天线组成，如图 5-30 所示，天线的中心频率为 2.45GHz。每个天线单元均由同轴探针和周围加载的随机金属丝组成，随机加载的金属丝可以将凋落波转化为传播波，以便被设置在远场的时间反演镜天线接收。时间反演镜由 8 个中心频率为 2.45GHz、带宽为 150MHz 的偶极子天线组成，其间距为 $\lambda/2$，距离金属丝加载亚波长阵列约为 10λ。整个实验装置放置在一个 1m^3 的金属腔内，以增加散射复杂度。

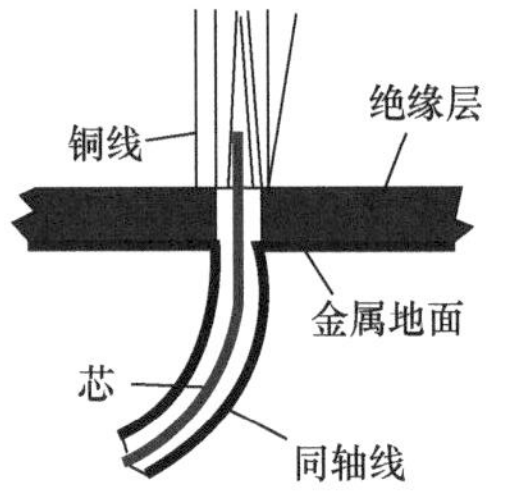

(a) 金属丝加载天线

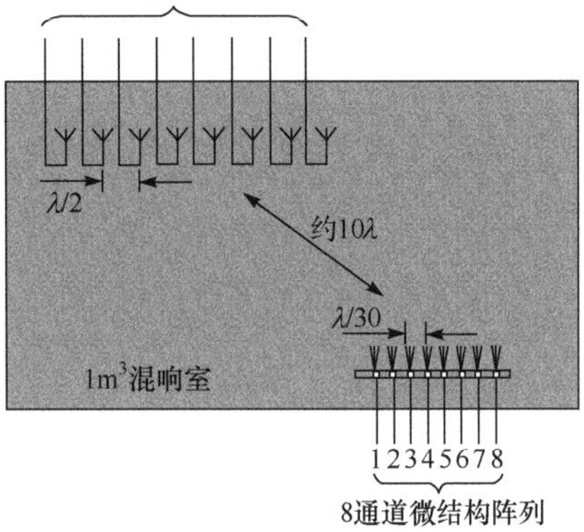

(b) 腔内时间反演聚焦实验

图 5-30 金属丝加载亚波长天线阵列[16]

在实验中，当其中一个金属丝加载天线发射一个 10ns 的信号时，由于金属腔具有复杂的散射，时间反演镜天线可以接收到约为 500ns 的复杂信号。当对所有时间反演镜天线接收到的信号进行时间反演操作并重新发射时，信号将在原金属丝加载天线处产生聚焦。图 5-31 展示了其中两个天线分别作为发射源时，各个天线接收到的时间反演信号的归一化幅度，其中虚线表示不加载随机金属丝的情况，实线表示加载金属丝的情况。从图 5-31 中可以看出，在加载金属丝的情况下，即使两个亚波长天线的间距只有 $\lambda/30$，但在时间反演系统中其仍能独立地接收信号。

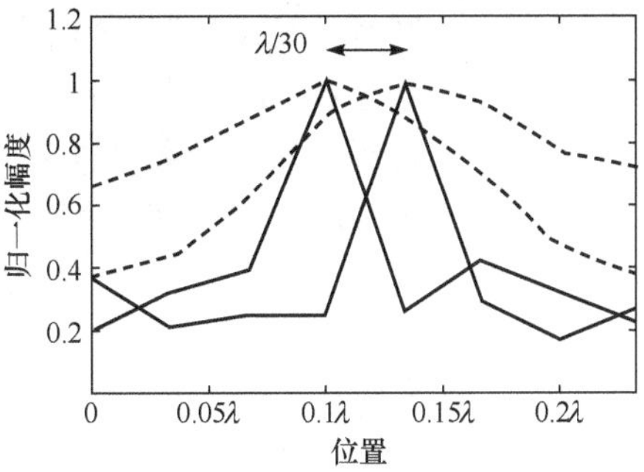

图 5-31 腔内时间反演超分辨率聚焦结果[16]

5.4 缺陷超表面辅助的时间反演远场超分辨率聚焦

从 5.1～5.3 节可知，当初始源为点源时，时间反演波可以聚焦于初始源位置。由电磁场的叠加原理可以推测，当初始源为多个点源组成的某种形状时，时间反演波将聚焦成该形状。本节将首先展示基于多个初始源的时间反演空间场赋形，然后使用缺陷超表面辅助实现时间反演远场超分辨率聚焦和场赋形。

5.4.1 时间反演空间电磁场赋形

根据唯一性定理，在内部无源的闭合表面 S 内，内部任意点任意时刻的场由 S 表面的切向电场或切向磁场分量唯一确定。在内部无源的闭合表面 S 内，根据场的积分表达式可以由 S 表面的电磁场算出内部任意点任意时刻的电磁场分布。据此，可以调控表面切向电/磁场分量实现不同的 S 内电磁场分布。传统的场分布优化步骤：首先，确定优化目标，即确定预期的空间场分布；其次，建设一个初始 S 表面场源分布；最后，不断改变表面场源分布，最终实现优化目标。

时间反演空间电磁场赋形模型由赋形场源阵和时间反演天线阵组成。电磁场赋形的实现步骤如下所示。

步骤 1：设定一个电磁场空间分布的预期赋形区域。

步骤 2：对预期赋形区域进行离散、采样，形成由多个栅格点组成的点阵。

步骤 3：在这些栅格点阵上放置全向天线，构建赋形场源阵。

步骤 4：赋形场源阵向空间辐射电磁波。

步骤 5：时间反演天线阵接收来自赋形场源阵的辐射信号，并对其做时间反转处理，然后再次发射回去。

步骤 6：根据时间反演电磁波的自适应空时聚焦特性，电磁场能量将在赋形场源阵位置聚焦，形成预期形状的电磁场分布。

这种方法无须大量的优化计算，只需要一次正向计算或测量，即可以得到所需的解，这是时间反演方法相对于传统方法的优势。

下面按照时间反演电磁场赋形方法在自由空间中产生一个 L 形的赋形场。按照上述步骤设置 L 形的赋形场源阵，如图 5-32 所示，其中 D 为采样点即赋形场源阵的相邻阵列单元间距。根据瑞利衍射极限，为了保证 L 形赋形电磁场在空间上是光滑连续的，D 需要小于半个波长；

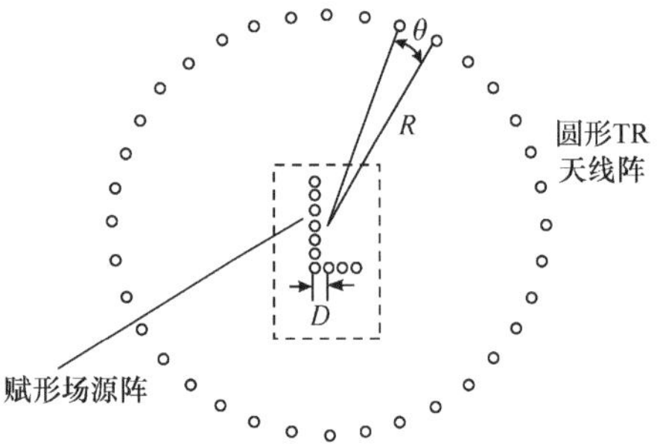

图 5-32 圆形时间反演天线阵和 L 形赋形场源阵排布示意图

同时，天线在小于半个波长后，它们之间的互耦效应会增加，D 越小，天线之间的相互作用越强，且赋形场源阵的单元数目越多，系统的复杂度提高，所以为了减小天线之间的相互作用以及降低系统的复杂度，D 的取值应该尽量大。综合考虑，最后 D 只需略小于半个波长即可。因为本节仿真时的频率为 1.5～3.5GHz，中心波长 λ 为 120mm，此处 D 值取 59mm。利用偶极子天线设计出一个圆形的时间反演天线阵，它在 L 形赋形场源阵周围，呈包围结构，其具体分布排列如图 5-32 所示。图中 D 为 L 形赋形场源阵的相邻阵元天线间距，R 和 θ 分别为圆形时间反演天线阵的半径以及相邻单元天线的空间角距。

为了展示影响赋形电磁场的主要参数，圆形时间反演天线阵的半径 R 分别选取 15 倍半波长和 10 倍半波长(λ=120mm)，相邻单元角间距分别取 5°、10°、20°，这样一共可以建立 6 个仿真模型。本节中，L 形赋形场源阵的阵元个数 N 都为 10，时间反演天线阵个数由 θ 决定，即 M=360°/θ。数值仿真过程如下所示。

步骤 1：在 CST 中，用调制高斯脉冲作为激励信号 $x(t)$，频率为 1.5～3.5GHz；将此信号馈入 L 形赋形场源阵，同步激励所有阵元，向空间辐射电磁信号。

步骤 2：时间反演天线阵各阵元接收并记录赋形场源阵辐射的电磁波信号。

步骤 3：从 CST 中导出上述接收信号，用计算机对其做时间反演处理，得到各阵元对应的时间反演信号。

步骤 4：将所得时间反演信号导入 CST 中，作为时间反演天线阵的激励信号，分别对应地同步馈入各阵元。

步骤 5：移除 L 形赋形场源阵，在 L 形的拐角处设置探针，用来探测空间场强最强时刻点和最大场强值；设置空间场观察器，用来观察时间反演电磁波在某时间段的空间电磁场分布。

步骤 6：查看所设置探针得到的结果，观察场强最大的时刻点和最大场强值，然后在场观察器的结果中得到此时刻的场强分布结果。

设 R 分别取 10λ/2 和 15λ/2，θ 分别取 20°、10°、5°，创建 6 个不同 R 值与 θ 值的 L 形赋形电磁场模型，按上述步骤进行数值仿真，结果如图 5-33 所示。对比图 5-33(a)与(b)、图 5-33(c)与(d)、图 5-33(e)与(f) 3 组图像，时间反演天线阵圆半径的变化对电磁场赋形结果的影响不显著，只是聚焦能量会随传播距离增加而降低。在图 5-33 中，对比(a)、(c)、(e)与(b)、(d)、(f)两组图像，时间反演天线阵相邻阵元的角间距(阵元个数)对电磁场赋形结果的影响显著，因为阵元个数越多，截获来自赋形场辐射源的信息越丰富。

由第 2 章可知，相比于均匀自由空间，在存在复杂散射的传播环境中，时间反演镜的视在孔径会大很多。这意味着，相同阵元个数的时间反演镜，在复杂散射环境下所得的时间反演场的空间聚焦程度优于在均匀自由空间环境下时间反演场的空间聚焦程度。换句话说，在复杂散射环境下，可以用更少的时间反演天线阵阵元获得较好的 L 形赋形电磁场效果。为了与自由空间情形相比较，在图 5-32 所示模型外添加一个金属腔，并重复上述时间反演场赋形步骤。金属腔的长、宽、高分别为 2160mm、2160mm、260mm，其金属厚度为 30mm。圆形

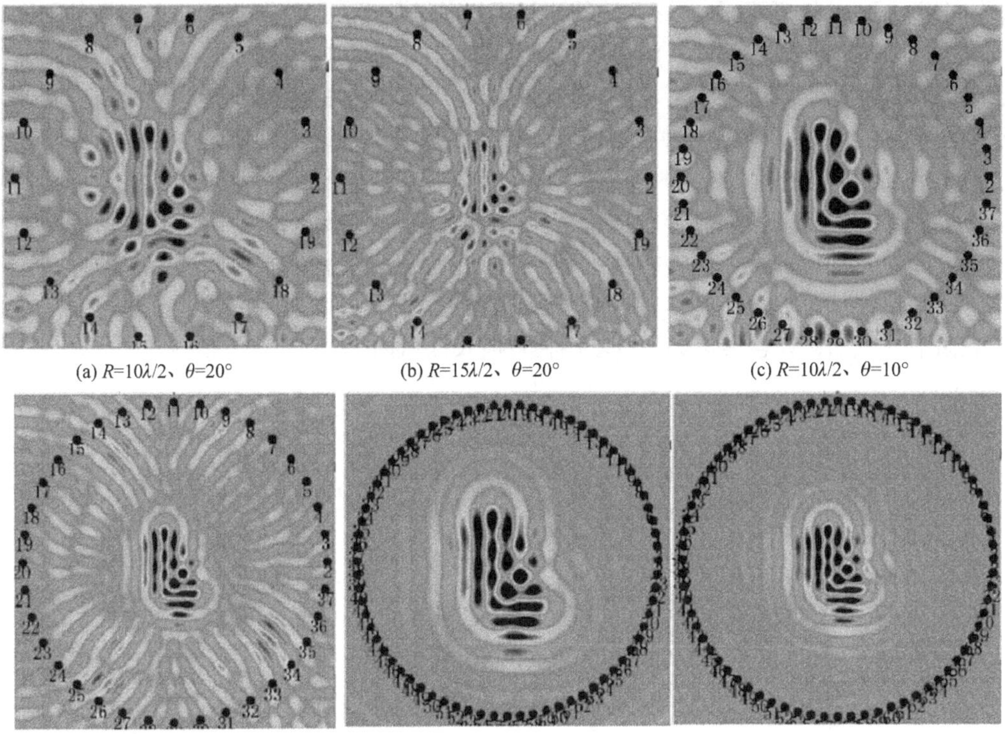

(a) R=10λ/2、θ=20°　(b) R=15λ/2、θ=20°　(c) R=10λ/2、θ=10°

(d) R=15λ/2、θ=10°　(e) R=10λ/2、θ=5°　(f) R=15λ/2、θ=5°

图 5-33　自由空间中，不同参数下的 L 形赋形电磁场仿真结果图

时间反演天线阵的 $R=15\lambda/2$，θ 值分别取 20°、10°和 5°。

在金属腔内，圆形时间反演天线阵三种不同相邻阵元角间距情况下的 L 形电磁场赋形仿真结果如图 5-34 所示。与图 5-33(b)、(d)、(f)的自由空间环境下的结果对比，可以看出，金属腔的添加丰富了多径散射，增加了时间反演镜的接收信号的角谱信息，使得聚焦效果更为明显，因此相对于自由空间来说，复杂环境不仅可以增加时间反演电磁波聚焦能量值，还可以用较少的时间反演天线阵阵元实现所需的电磁场赋形。

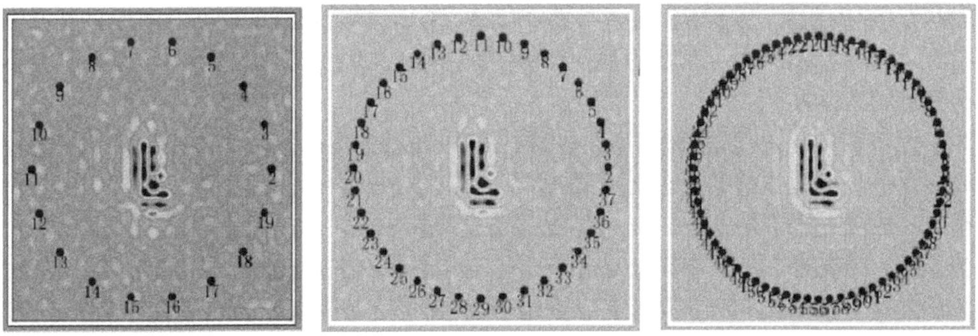

(a) θ=20°　(b) θ=10°　(c) θ=5°

图 5-34　金属腔内 L 形电磁场赋形仿真结果图

5.4.2　缺陷超表面辅助的时间反演超分辨率空间电磁场赋形

缺陷超表面辅助的时间反演超分辨率空间电磁场赋形过程如图 5-35 所示。对于任意期望

场(图中展示了一个 L 形目标)，该方法的流程可以总结如下：①将期望的赋形场及其周围区域离散化为一些均匀间隔的网格，将一些源天线放置在期望赋形场对应的网格上，并将谐振超表面单元放置在每个源天线附近，同时在距离非源天线较远的区域放置非谐振超表面单元。②赋形区域内的源天线同时发射探测信号，该探测信号由围绕场赋形区域的时间反演镜天线记录下来。③记录的信号被时间反转并由时间反演镜天线重新发射，时间反演波在经过相同环境传播后会聚焦到期望的赋形区域。在探测过程中，赋形区域内的源天线产生的电磁波在谐振超表面单元的辅助下可以传播到远场。在场赋形过程中，由于时间反演波的自适应聚焦特性，时间反演波可以聚焦到目标区域。谐振超表面单元可以视为由非谐振超表面单元组成的超表面中的缺陷，并且聚焦场可以限制在亚波长区域内[17]。

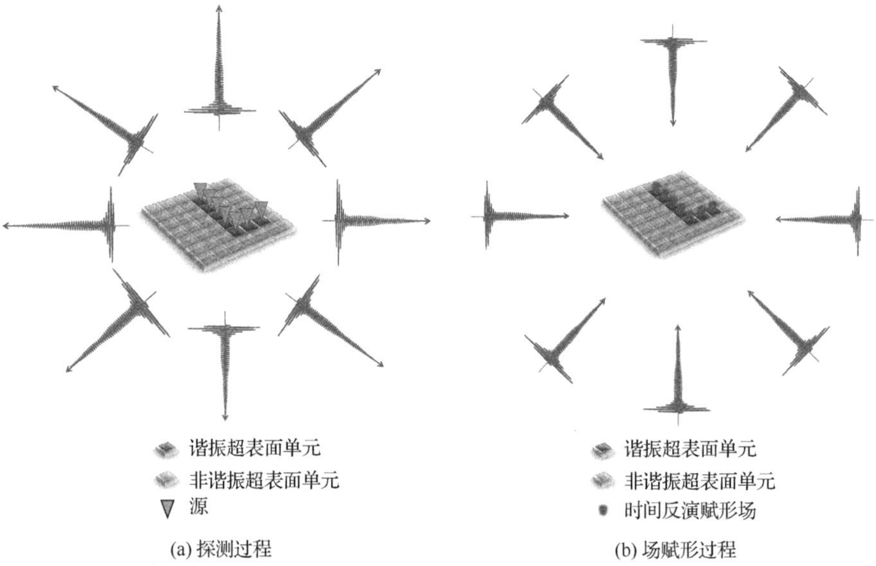

图 5-35　缺陷超表面辅助的时间反演超分辨率空间电磁场赋形过程

本节使用一种常见的谐振结构——开口环谐振器(SRR)来演示上述超分辨率场赋形方法。SRR 单元呈正方形，其边长约为 1/10 工作波长。SRR 中间有一个可切换的缝隙。当 SRR 处于谐振状态(SRR 没有中间间隙)时，其可以在 3.55GHz 耦合附近的凋落波并通过谐振将电磁场辐射至远场；当 SRR 处于非谐振状态(SRR 有中间间隙)时，其在 2～5GHz 范围内均不能有效耦合附近的凋落波[17]。

为了比较在具有缺陷超表面情况下和没有缺陷超表面情况下时间反演场赋形的性能，本节首先展示一个典型的单点时间反演聚焦示例，如图 5-36(a)所示。超表面由 8 × 8 个单元组成，目标聚焦处放置一个谐振 SRR，其余位置都是非谐振 SRR。缺陷超表面周围放置了 8 个时间反演镜天线，距离为 5λ，其中 λ 是对应于 3.55GHz 的自由空间波长。在经过图 5-35 展示的场赋形过程之后，不存在和存在缺陷超表面情况下时间反演聚焦磁场在 3.55GHz 的分布分别如图 5-36(b)和(c)所示。从图中可以看出，在缺陷超表面存在时，因为 SRR 谐振模式的场被有效地限制在缺陷区域内，所以时间反演聚焦斑的尺寸为 0.1λ 量级；而缺陷超表面不存在时，时间反演聚焦斑约为 0.5λ，这表明通过缺陷超表面辅助可以获得出色的时间反演超分辨率聚焦。

为展示超分辨率场赋形性能，本节采用由 50 个亚波长环天线构成的 UESTC 形状构成目标聚焦区域，并在 UESTC 形状位置处放置谐振 SRR 单元，其他位置放置非谐振 SRR 单元。

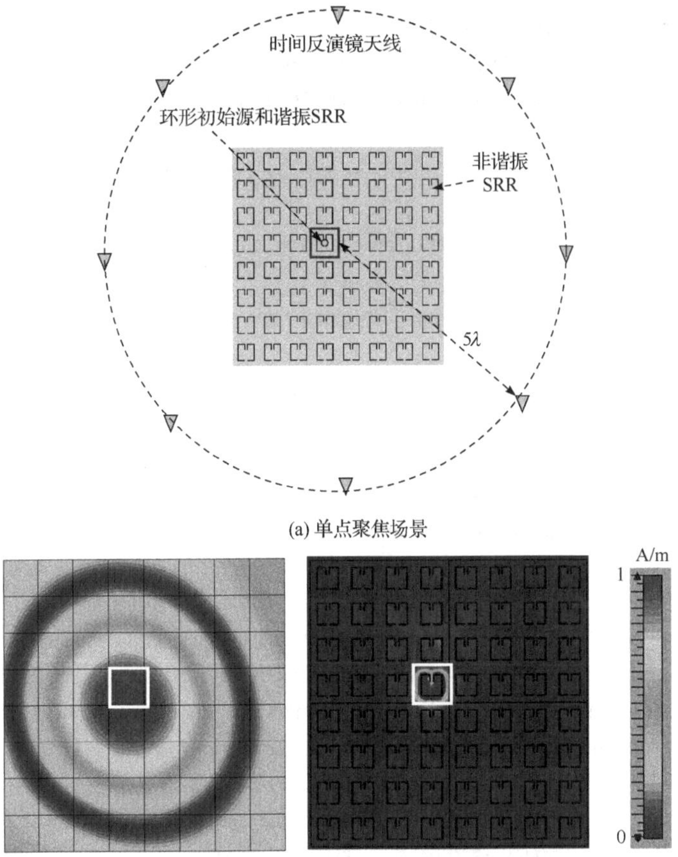

(a) 单点聚焦场景

(b) 缺陷超表面不存在时的聚焦　(c) 缺陷超表面存在时的聚焦

图 5-36　缺陷超表面辅助的单点超分辨率时间反演聚焦

经前述场赋形步骤后，获得的时间反演聚焦场如图 5-37 所示。从图中可以清晰看出 UESTC 图案，其分辨率为 1/10 波长，这证明了缺陷超表面辅助的超分辨率时间反演空间电磁场赋形方法的有效性。

图 5-37　基于时间反演的 UESTC 形状超分辨率聚焦

参 考 文 献

[1] 龚志双. 基于电磁时间反演的远场高分辨率成像技术研究[D]. 成都: 电子科技大学, 2018.

[2] 龚志双, 王秉中, 王任. 亚波长间距理想导体球阵列近区时间反演电磁场的快速求解[J]. 物理学报, 2018, 67(8): 77-86.

[3] CARMINATI R, PIERRAT R, DE ROSNY J, et al. Theory of the time reversal cavity for electromagnetic

fields[J]. Optics letters, 2007, 32(21): 3107-3109.

[4] MALYUSKIN O, FUSCO V. Far field subwavelength source resolution using phase conjugating lens assisted with evanescent-to-propagating spectrum conversion[J]. IEEE transactions on antennas and propagation, 2010, 58(2): 459-468.

[5] MERLIN R. Radiationless electromagnetic interference: evanescent-field lenses and perfect focusing[J]. Science, 2007, 317(5840): 927-929.

[6] GRBIC A, JIANG L, MERLIN R. Near-field plates: subdiffraction focusing with patterned surfaces[J]. Science, 2008, 320(5875): 511-513.

[7] GRBIC A, MERLIN R. Near-field focusing plates and their design[J]. IEEE transactions on antennas and propagation, 2008, 56(10): 3159-3165.

[8] LEMOULT F, LEROSEY G, DE ROSNY J, et al. Resonant metalenses for breaking the diffraction barrier[J]. Physical review letters, 2010, 104(20): 203901.

[9] LEMOULT F, FINK M, LEROSEY G. Far-field sub-wavelength imaging and focusing using a wire medium based resonant metalens[J]. Waves in random and complex media, 2011, 21(4): 614-627.

[10] LEMOULT F, FINK M, LEROSEY G. Revisiting the wire medium: an ideal resonant metalens[J]. Waves in random and complex media, 2011, 21(4): 591-613.

[11] 高强. 用于时间反演远场超分辨率成像的微结构阵列研究[D]. 成都: 电子科技大学, 2018.

[12] GAO Q, WANG B Z, WANG X H. Far-field super-resolution imaging with compact and multifrequency planar resonant lens based on time reversal[J]. IEEE transactions on antennas and propagation, 2015, 63(12): 5586-5592.

[13] GAO Q, WANG X H, WANG B Z. Far-field sub-wavelength imaging of two-dimensional extended target aided by compact planar resonant structures[J]. IEEE photonics journal, 2018, 10(1): 1-11.

[14] 高强, 王晓华, 王秉中. 基于宽带立体超透镜的远场超分辨率成像[J]. 物理学报, 2018, 67(9): 88-94.

[15] BELOV P A, MARQUÉS R, MASLOVSKI S I, et al. Strong spatial dispersion in wire media in the very large wavelength limit[J]. Physical review B, 2003, 67(11): 113103.

[16] LEROSEY G, DE ROSNY J, TOURIN A, et al. Focusing beyond the diffraction limit with far-field time reversal[J]. Science, 2007, 315(5815): 1120-1122.

[17] WANG R, LIU J P, LV Y H, et al. Subwavelength field shaping approach based on time reversal technique and defective metasurfaces[J]. IEEE access, 2019, 7: 84629-84636.

习　题

5-1　设半径 a =0.03λ的小金属球中心位于$\boldsymbol{r}_1=(0.3\lambda,0,0)$处；初始激励电流源位于$\boldsymbol{r}_0=(0,0,0.1\lambda)$处，沿 x 方向极化，如图 5-38 所示。求系统的时间反演电场，并和仿真软件得到的结果对比。

5-2　设散射体和初始激励电偶极子如图 5-39 所示，激励源位于$\boldsymbol{r}_0=(0,0,0.1\lambda)$处，沿 x 方向极化；金属球中心分别在$\boldsymbol{r}_1=(d,0,0)$、$\boldsymbol{r}_2=(0,0,0)$、$\boldsymbol{r}_3=(-d,d,0)$、$\boldsymbol{r}_4=(-d,-d,0)$处，$d$=0.3$\lambda$。求系统的时间反演场，并和仿真软件得到的结果对比。

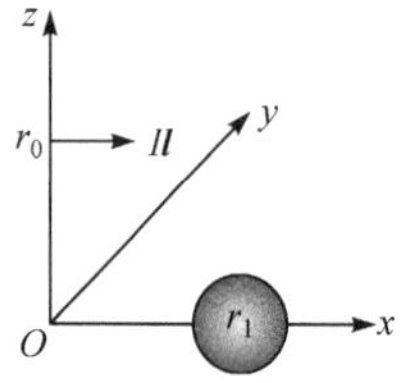

图 5-38　初始源及单个小金属球分布

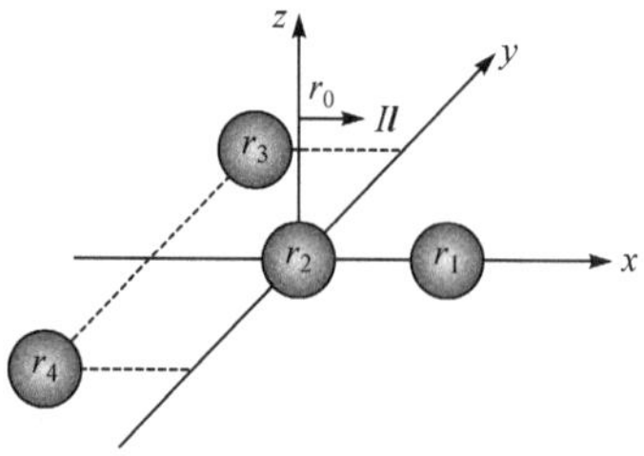

图 5-39　初始源及 4 个小金属球分布

第三篇

时间反演电磁波应用技术与应用系统

时间反演电磁波在自由空间和复杂环境中都具有的空时同步聚焦特性，以及在结构辅助的情况下具有的超分辨率聚焦特性为多种电磁时间反演应用打下了坚实的基础。例如，基于时间反演电磁波的时域聚焦特性可以构建具有抗噪声能力的大容量无线通信系统；基于时间反演电磁波的空间聚焦特性可以构建多种高分辨率雷达成像系统、能量传输系统，还可以实现自适应波束/场综合以及智能电磁逆设计。本篇将介绍几种基于时间反演电磁波传播特性的方法和系统，以点带面地展示时间反演在电磁领域的工程应用。

第6章　时间反演信号的时域聚焦

第 3 章已经指出，时间反演电磁波不仅具有空间聚焦特性，而且具有时间聚焦特性，即空时同步聚焦特性。第 3 章和第 5 章已经讨论了时间反演电磁波在不同边界条件下的空间聚焦特性，包括自由空间的聚焦特性、腔体内的聚焦特性以及近场加载情况下的空间超分辨率聚焦特性。在介绍时间反演电磁波的空间聚焦特性时，已经部分展示了其时间聚焦特性，即不同传播路径的时间反演电磁波是在同一时刻汇聚到初始源位置处的。本章将从信道响应的角度详细介绍时间反演信号的时域聚焦特性，并给出基于此特性的一些典型应用。

6.1　从信道响应的角度看时间反演时域聚焦

6.1.1　时间反演多用户系统的信道矩阵分析

一个具有 N 个天线单元、单元间距为亚波长、单元天线均为全向天线的亚波长线阵的耦合矩阵可以写为[1]

$$\boldsymbol{C}_{\mathrm{r}}=\left(z_{\mathrm{l}}+z_{\mathrm{a}}\right)\left[\boldsymbol{Z}_{\mathrm{L}}+\boldsymbol{Z}\right]^{-1} \tag{6-1}$$

式中，$\boldsymbol{Z}_{\mathrm{L}}$ 为对角元素为负载阻抗的对角矩阵；$\boldsymbol{Z}$ 为互阻抗矩阵；z_{l} 与 z_{a} 分别为单元天线的负载阻抗和自阻抗。对于一个三单元阵列天线，即三个用户，$\boldsymbol{C}_{\mathrm{r}}$ 可以写为

$$\boldsymbol{C}_{\mathrm{r}}=\begin{bmatrix} c_{11} & c_{12} & c_{13} \\ c_{21} & c_{22} & c_{23} \\ c_{31} & c_{32} & c_{33} \end{bmatrix} \tag{6-2}$$

式中，对角线元素为单元天线的自耦合系数；对角线两边的元素为阵列天线单元间的互耦合系数。由于单元天线的自阻抗、互阻抗与负载阻抗均存在实部与虚部，因此阵列天线单元之间的耦合系数也可表示为 $|c|\mathrm{e}^{\mathrm{j}A}$ 的形式，其中，$|c|$ 为幅度，A 为相位。

若在阵列天线远场放置时间反演镜，在不计互耦的条件下，阵列各天线单元与时间反演镜间的频域信道响应矩阵可以表示为[2]

$$\boldsymbol{H}^{\mathrm{NC}}=\begin{bmatrix} \left|H_1^{\mathrm{NC}}\right|\mathrm{e}^{\mathrm{j}\alpha_1} \\ \left|H_2^{\mathrm{NC}}\right|\mathrm{e}^{\mathrm{j}\alpha_2} \\ \left|H_3^{\mathrm{NC}}\right|\mathrm{e}^{\mathrm{j}\alpha_3} \end{bmatrix} \tag{6-3}$$

式中，$\left|H_1^{\mathrm{NC}}\right|$、$\left|H_2^{\mathrm{NC}}\right|$ 和 $\left|H_3^{\mathrm{NC}}\right|$ 为频域信道响应的幅度；α_1、α_2 和 α_3 为频域信道响应的相位。在远场条件下，时间反演镜发射的电磁波在抵达相距较近的阵列天线时可看作平面波，当单元天线间距很小(如 1/10 波长量级)时，H_1^{NC}、H_2^{NC} 和 H_3^{NC} 间的差异也较小。

在计及互耦条件下，阵列天线与时间反演镜间的频域信道响应矩阵为

$$\boldsymbol{H}^{\mathrm{C}}=\begin{bmatrix} c_{11} & c_{12} & c_{13} \\ c_{21} & c_{22} & c_{23} \\ c_{31} & c_{32} & c_{33} \end{bmatrix}\begin{bmatrix} \left|H_1^{\mathrm{NC}}\right|\mathrm{e}^{\mathrm{j}\alpha_1} \\ \left|H_2^{\mathrm{NC}}\right|\mathrm{e}^{\mathrm{j}\alpha_2} \\ \left|H_3^{\mathrm{NC}}\right|\mathrm{e}^{\mathrm{j}\alpha_3} \end{bmatrix} \tag{6-4}$$

式(6-4)可以展开为

$$\boldsymbol{H}^{\mathrm{C}}=\begin{bmatrix} c_{11}\left|H_1^{\mathrm{NC}}\right|\mathrm{e}^{\mathrm{j}\alpha_1}+c_{12}\left|H_2^{\mathrm{NC}}\right|\mathrm{e}^{\mathrm{j}\alpha_2}+c_{13}\left|H_3^{\mathrm{NC}}\right|\mathrm{e}^{\mathrm{j}\alpha_3} \\ c_{21}\left|H_1^{\mathrm{NC}}\right|\mathrm{e}^{\mathrm{j}\alpha_1}+c_{22}\left|H_2^{\mathrm{NC}}\right|\mathrm{e}^{\mathrm{j}\alpha_2}+c_{23}\left|H_3^{\mathrm{NC}}\right|\mathrm{e}^{\mathrm{j}\alpha_3} \\ c_{31}\left|H_1^{\mathrm{NC}}\right|\mathrm{e}^{\mathrm{j}\alpha_1}+c_{32}\left|H_2^{\mathrm{NC}}\right|\mathrm{e}^{\mathrm{j}\alpha_2}+c_{33}\left|H_3^{\mathrm{NC}}\right|\mathrm{e}^{\mathrm{j}\alpha_3} \end{bmatrix} \tag{6-5}$$

由于耦合系数与信道响应函数具有相同的表达形式，因此考虑单元天线互耦条件下的阵列天线与时间反演镜间的频域信道响应可以表示为

$$H_1^{\mathrm{C}}=\left|H_1^{\mathrm{C}}\right|\mathrm{e}^{\mathrm{j}\theta_1} \tag{6-6}$$

$$H_2^{\mathrm{C}}=\left|H_2^{\mathrm{C}}\right|\mathrm{e}^{\mathrm{j}\theta_2} \tag{6-7}$$

$$H_3^{\mathrm{C}}=\left|H_3^{\mathrm{C}}\right|\mathrm{e}^{\mathrm{j}\theta_3} \tag{6-8}$$

式中，$\left|H_1^{\mathrm{C}}\right|$、$\left|H_2^{\mathrm{C}}\right|$和$\left|H_3^{\mathrm{C}}\right|$为考虑互耦时频域信道响应的幅度；$\theta_1$、$\theta_2$和$\theta_3$为考虑互耦时频域信道响应的相位。单元天线间互耦的存在会导致θ_1、θ_2和θ_3出现差异。

将阵列中的 1 号天线设置为目标天线，由时间反演镜发射探测信号$S\mathrm{e}^{\mathrm{j}x}$，其中，$S$为信号幅值，$x$为信号的相位，若假设信号的相位为 0，在计及耦合的情况下，阵列各单元天线所接收到的信号为

$$\boldsymbol{S}^{\mathrm{NPC}}=\begin{bmatrix} S\left|H_1^{\mathrm{C}}\right|\mathrm{e}^{\mathrm{j}\theta_1} \\ S\left|H_2^{\mathrm{C}}\right|\mathrm{e}^{\mathrm{j}\theta_2} \\ S\left|H_3^{\mathrm{C}}\right|\mathrm{e}^{\mathrm{j}\theta_3} \end{bmatrix} \tag{6-9}$$

频域的相位共轭变换等同于时域的时间反演变换。若将式(6-9)中的 1 号天线所接收到的信号做相位共轭变换，将其由时间反演镜重新发射，则阵列中各天线单元所接收到的信号为

$$\boldsymbol{S}^{\mathrm{PC}}=\begin{bmatrix} S\left|H_1^{\mathrm{C}}\right|^2 \\ S\left|H_1^{\mathrm{C}}\right|\left|H_2^{\mathrm{C}}\right|\mathrm{e}^{\mathrm{j}(\theta_2-\theta_1)} \\ S\left|H_1^{\mathrm{C}}\right|\left|H_3^{\mathrm{C}}\right|\mathrm{e}^{\mathrm{j}(\theta_3-\theta_1)} \end{bmatrix} \tag{6-10}$$

由式(6-10)可知，相位共轭操作仅可对目标天线所接收到的信号进行相位补偿，即在目标单元出现时间聚焦现象，而对非目标单元不能进行相位补偿。阵列天线的非目标单元能否出现和目标单元相似的时间聚焦现象将由$\left|H_1^{\mathrm{C}}\right|$、$\left|H_2^{\mathrm{C}}\right|$和$\left|H_3^{\mathrm{C}}\right|$以及$\theta_1$、$\theta_2$和$\theta_3$的值共同决定。当各个用户(即天线单元)之间的距离较大时，如大于半波长，$\left|H_1^{\mathrm{C}}\right|$、$\left|H_2^{\mathrm{C}}\right|$和$\left|H_3^{\mathrm{C}}\right|$之间的差异较大，

此时非目标单元不能出现和目标单元相似的时间聚焦现象；但当上述三个单元的间距很小时，如小于 1/10 波长，$\left|H_1^{\mathrm{C}}\right|$、$\left|H_2^{\mathrm{C}}\right|$和$\left|H_3^{\mathrm{C}}\right|$以及$\theta_1$、$\theta_2$和$\theta_3$之间的差异很小，此时非目标单元也会出现和目标单元相似的时间聚焦现象，下面将详细讨论该现象。为了讨论时间反演的聚焦特性，下面设天线单元的间距远小于半波长，这种天线阵称为亚波长天线阵。

6.1.2　亚波长间距一般天线阵列的时间反演时域聚焦

为了直观地展示上述分析，建立如图 6-1 所示仿真模型。模型中一个含有三个单元的亚波长阵列天线与时间反演镜天线被封闭在尺寸为 100cm×60cm×40cm 的立方体区域中。立方体内部环境为真空，边界设定为电壁。时间反演镜天线与亚波长阵列天线间的距离为 80cm。测试信号$s(t)$是中心频率为 4.5GHz、频谱宽度为 3～6GHz 的调制高斯脉冲，其波形如图 6-2 所示。测试信号中心频率所对应的电磁波在真空中的波长λ_0为 66.7mm。亚波长阵列单元采用文献[3]中所提到过的无金属丝加载的微结构探针天线，单元间距为 2mm，小于 1/30λ_0。时间反演镜天线采用一种全向宽带蝶形天线[4]。

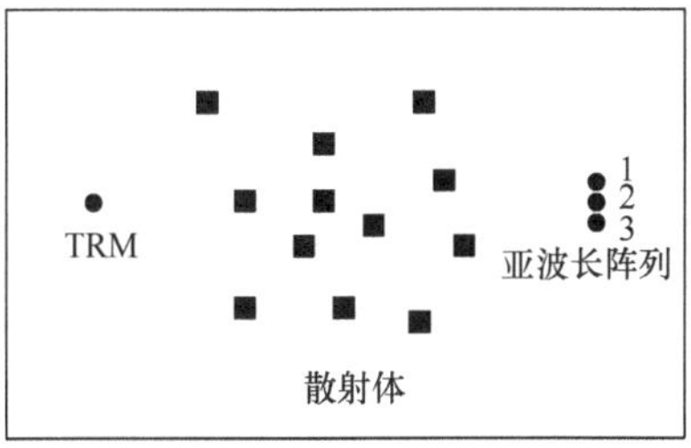

图 6-1　仿真模型

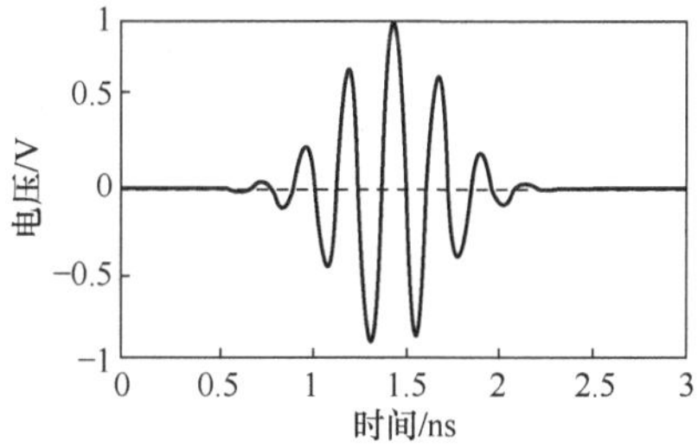

图 6-2　测试信号

利用电磁仿真软件，可以对亚波长阵列天线的互阻抗与自阻抗进行计算。各单元天线负载阻抗设定为 50Ω。利用计算所得到的天线互阻抗与自阻抗值，可计算出单元天线的自耦合系数与互耦合系数，并计算出单元天线与时间反演镜天线间的频域信道响应。图 6-3 展示了单元天线在测试频带范围内的频域响应曲线。由图 6-3 可以看出，亚波长阵列单元天线的频域响应幅度与相位差异很小。根据式(6-10)可以初步判断，亚波长阵列天线单元与时间反演镜间的时域信道响应具有强相关性，亚波长阵列天线不能表现出时间反演超分辨率特性。

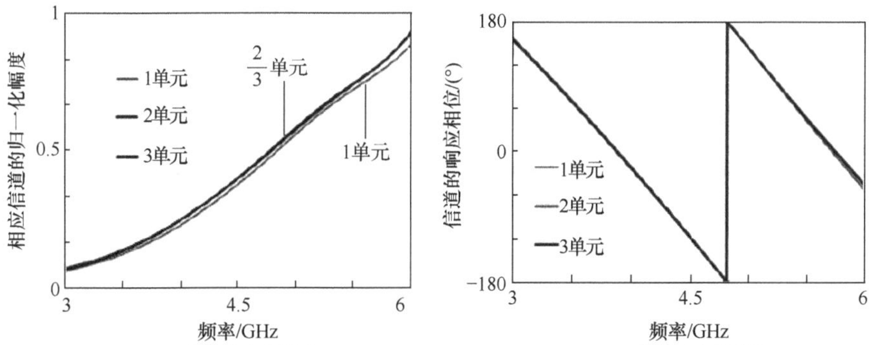

(a) 信道响应的幅度　(b) 信道响应的相位

图 6-3　考虑互耦时单元天线与时间反演镜天线间的频域信道响应

在时域上，单元天线与时间反演镜间的信道冲激响应$h_1(t)$、$h_2(t)$和$h_3(t)$可以利用

CLEAN 算法求得。为了展示各单元天线与时间反演镜间信道的差异，对 $h_1(t)$、$h_2(t)$ 和 $h_3(t)$ 间的相关系数矩阵进行了求解，式(6-11)为 $h_1(t)$、$h_2(t)$ 和 $h_3(t)$ 间的相关系数矩阵：

$$\rho=\begin{bmatrix}1 & 0.921 & 0.881\\ 0.921 & 1 & 0.937\\ 0.881 & 0.937 & 1\end{bmatrix} \tag{6-11}$$

通过信道间的相关系数可知，$h_1(t)$、$h_2(t)$ 和 $h_3(t)$ 间彼此具有强相关性[5]。

仍以 $s(t)$ 为测试信号，如果将 1 号天线设定为目标天线，一次完整的时间反演操作之后，亚波长阵列三个天线所接收到的时域信号可以分别表示为

$$y_{1\mathrm{st}}^{\mathrm{tr}}=s(-t)\otimes h_1(-t)\otimes h_1(t) \tag{6-12}$$

$$y_{2\mathrm{nd}}^{\mathrm{tr}}=s(-t)\otimes h_1(-t)\otimes h_2(t) \tag{6-13}$$

$$y_{3\mathrm{rd}}^{\mathrm{tr}}=s(-t)\otimes h_1(-t)\otimes h_3(t) \tag{6-14}$$

式(6-12)～式(6-14)中，$\otimes$ 为卷积符号。由式(6-12)～式(6-14)可以初步推断，信号 $y_{1\mathrm{st}}^{\mathrm{tr}}$、$y_{2\mathrm{nd}}^{\mathrm{tr}}$ 和 $y_{3\mathrm{rd}}^{\mathrm{tr}}$ 的波形将由方程后两项的卷积决定。当 $h_1(t)$、$h_2(t)$ 和 $h_3(t)$ 具有强相关性时，三个单元天线会同时接收到波形相似的信号；当 $h_1(t)$、$h_2(t)$ 和 $h_3(t)$ 具有弱相关性时，只有目标天线可以接收到聚焦信号。根据式(6-11)所求得的信道相关性系数可知，由于各单元天线与时间反演镜天线之间的信道响应具有很强的相关性，因此亚波长阵列天线的各单元应该具有相似的时域聚焦波形，即不能展现出时间反演超分辨率特性。图 6-4 为设定 1 号天线为目标天线时，采用时间反演技术后各单元天线所接收到的信号。可以看出，不仅目标天线接收到了聚焦信号，非目标天线也接收到了聚焦信号，并且聚焦信号峰值幅度与波形差别很小，仿真结果与推测吻合。

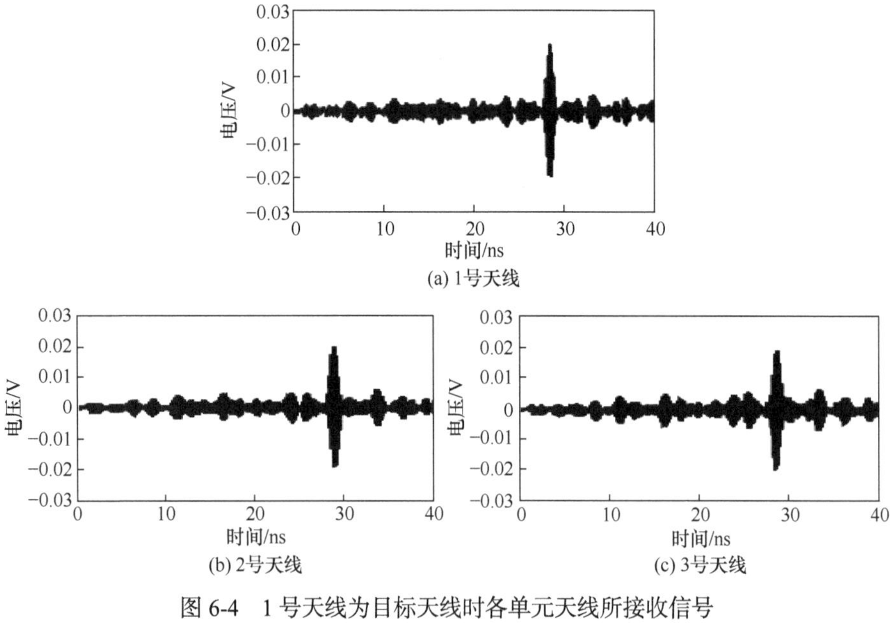

图 6-4 1 号天线为目标天线时各单元天线所接收信号

图 6-5 为亚波长阵列的三个单元分别作为目标天线时的聚焦效果。从图 6-5 中可以看出，目标天线接收到的信号峰值与非目标天线所接收到的峰值几乎相等。普通的亚波长阵列的单

元天线与时间反演镜间的信道响应具有强相关性，即使采用时间反演技术，亚波长阵列也不能表现出时间反演超分辨率特性。

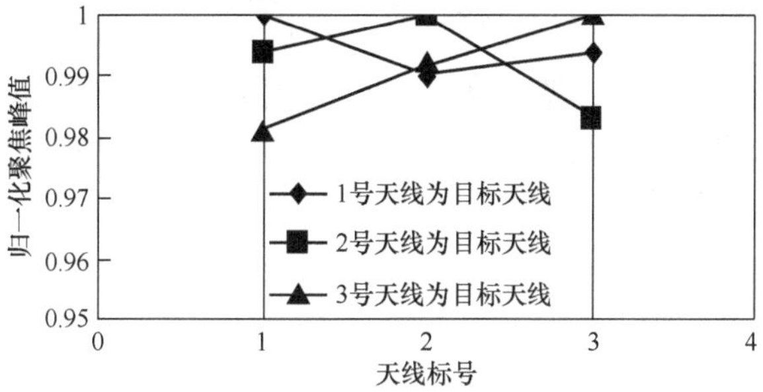

图 6-5　不同天线作为目标天线时的单元天线接收到的归一化峰值

从上述案例可以看出，各接收天线能否独立聚焦取决于时间反演镜天线和各接收天线之间的信道相关性，因此设法增强时间反演镜天线和各接收天线之间的信道差异性有助于亚波长天线阵在时间反演系统中的独立传输。一般而言，增强信道差异性的方法有两种：第一种是在电磁波到达接收天线之前的传播空间中加载散射体；第二种是使信号在通过接收天线后再经过差异化的级联信道，因为置于接收天线之后的级联信道可以使用电路设计，所以更有助于实现集成化。下面将介绍使用后置级联电路设置差异化信道，进而消除天线单元与时间反演镜间信道响应强相关性的方法，以获得远场超分辨率聚焦。

6.1.3　二次相位色散对亚波长阵列的影响

若亚波长阵列单元天线的馈电网络传输函数为

$$H^{\mathrm{D}}(\omega)=\left|H^{\mathrm{D}}(\omega)\right|\mathrm{e}^{\mathrm{j}\varphi(\omega)} \tag{6-15}$$

当式(6-15)中的相位满足

$$\varphi(\omega)=\frac{1}{2}\sigma\omega^2 \tag{6-16}$$

时，可认为馈电网络具有二次相位传输特性。式(6-16)中，σ 为馈电网络的传输群时延斜率，单位为 $\mathrm{s^2/rad}$。在计及互耦的情况下，将具有二次相位色散特性的馈电网络引入亚波长阵列天线单元中，亚波长阵列单元天线与时间反演镜间的频域响应函数为

$$H_1^{\mathrm{C}}(\omega)=\left|H_1^{\mathrm{D}}(\omega)\right|\mathrm{e}^{\mathrm{j}\frac{1}{2}\sigma_1\omega^2}\left|H_1^{\mathrm{C}}(\omega)\right|\mathrm{e}^{\mathrm{j}\alpha_1(\omega)} \tag{6-17}$$

$$H_2^{\mathrm{C}}(\omega)=\left|H_2^{\mathrm{D}}(\omega)\right|\mathrm{e}^{\mathrm{j}\frac{1}{2}\sigma_2\omega^2}\left|H_2^{\mathrm{C}}(\omega)\right|\mathrm{e}^{\mathrm{j}\alpha_2(\omega)} \tag{6-18}$$

$$H_3^{\mathrm{C}}(\omega)=\left|H_3^{\mathrm{D}}(\omega)\right|\mathrm{e}^{\mathrm{j}\frac{1}{2}\sigma_3\omega^2}\left|H_3^{\mathrm{C}}(\omega)\right|\mathrm{e}^{\mathrm{j}\alpha_3(\omega)} \tag{6-19}$$

式中，$\left|H_1^{\mathrm{D}}(\omega)\right|\mathrm{e}^{\mathrm{j}\frac{1}{2}\sigma_1\omega^2}$、$\left|H_2^{\mathrm{D}}(\omega)\right|\mathrm{e}^{\mathrm{j}\frac{1}{2}\sigma_2\omega^2}$ 和 $\left|H_3^{\mathrm{D}}(\omega)\right|\mathrm{e}^{\mathrm{j}\frac{1}{2}\sigma_3\omega^2}$ 项为引入亚波长阵列天线单元馈电网络的传输函数；$\left|H_1^{\mathrm{C}}(\omega)\right|\mathrm{e}^{\mathrm{j}\alpha_1(\omega)}$、$\left|H_2^{\mathrm{C}}(\omega)\right|\mathrm{e}^{\mathrm{j}\alpha_2(\omega)}$ 和 $\left|H_3^{\mathrm{C}}(\omega)\right|\mathrm{e}^{\mathrm{j}\alpha_3(\omega)}$ 项为未引入色散馈电网络时亚波

长阵列天线单元与时间反演镜间的频域响应函数。值得注意的是，此处引入的是具有二次相位色散特性的色散延迟线，引入其他馈电网络可以类比分析。为保证天线效率的一致性，令

$$\left|H_1^{\mathrm{D}}(\omega)\right| \approx \left|H_2^{\mathrm{D}}(\omega)\right| \approx \left|H_3^{\mathrm{D}}(\omega)\right| \tag{6-20}$$

将亚波长阵列中的 1 号天线设置为目标天线。由时间反演镜发射测试信号 $S\mathrm{e}^{\mathrm{j}x}$，假设信号的初始相位为 0，那么将目标天线所接收到的信号经相位共轭变换后由时间反演镜重新发射，亚波长阵列各单元天线所接收到的信号为

$$\boldsymbol{S}^{\mathrm{PC}} = \begin{bmatrix} S\left|H_1^{\mathrm{D}}(\omega)\right|^2 \left|H_1^{\mathrm{C}}(\omega)\right|^2 \\ S\left|H_1^{\mathrm{D}}(\omega)\right|\left|H_2^{\mathrm{D}}(\omega)\right|\left|H_1^{\mathrm{C}}(\omega)\right|\left|H_2^{\mathrm{C}}(\omega)\right|\mathrm{e}^{\mathrm{j}\left[\alpha_2(\omega)-\alpha_1(\omega)\right]}\mathrm{e}^{\mathrm{j}\frac{1}{2}\omega^2(\sigma_2-\sigma_1)} \\ S\left|H_1^{\mathrm{D}}(\omega)\right|\left|H_3^{\mathrm{D}}(\omega)\right|\left|H_1^{\mathrm{C}}(\omega)\right|\left|H_3^{\mathrm{C}}(\omega)\right|\mathrm{e}^{\mathrm{j}\left[\alpha_3(\omega)-\alpha_1(\omega)\right]}\mathrm{e}^{\mathrm{j}\frac{1}{2}\omega^2(\sigma_3-\sigma_1)} \end{bmatrix} \tag{6-21}$$

由 6.1.1 节和 6.1.2 节的分析可知，亚波长阵列单元天线在未引入色散馈电网络的情况下，时间反演镜与亚波长阵列各单元天线间的信道响应的幅度与相位差异很小，因此由式(6-21)可知，在单元天线引入色散特性后，亚波长阵列最终的分辨率效果将主要由群时延斜率 σ_1 与 σ_2、σ_3 的差异决定。

为了分析引入色散馈电网络的亚波长阵列天线，建立图 6-6 所示模型，在图 6-1 所示模型的基础上，亚波长阵列的单元天线引入了不同的色散馈电网络。

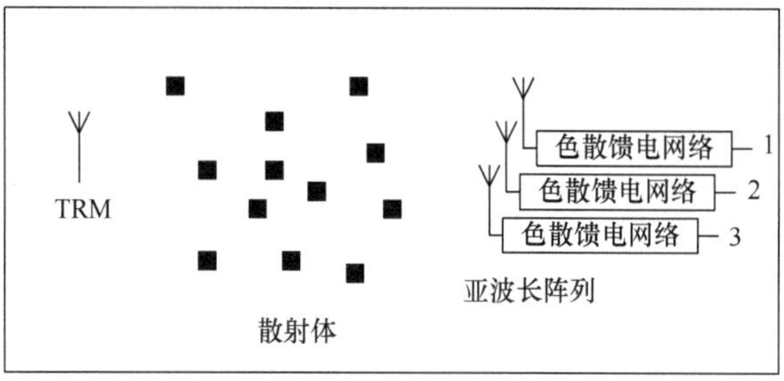

图 6-6 亚波长阵列单元天线引入色散馈电网络

以 1 号天线为目标天线，经时间反演操作后各天线所接收的时域信号为

$$f_{\mathrm{1st}}^{\mathrm{tr}} = s(-t) \otimes h_1'(-t) \otimes h_1'(t) \tag{6-22}$$

$$f_{\mathrm{2nd}}^{\mathrm{tr}} = s(-t) \otimes h_1'(-t) \otimes h_2'(t) \tag{6-23}$$

$$f_{\mathrm{3rd}}^{\mathrm{tr}} = s(-t) \otimes h_1'(-t) \otimes h_3'(t) \tag{6-24}$$

式中，$h_1'(t)$、$h_2'(t)$ 和 $h_3'(t)$ 为引入色散馈电网络后单元天线与时间反演镜天线之间的信道响应。它们由色散馈网络的时域传输函数以及未引入色散馈电网络时单元天线与时间反演镜间的信道响应函数共同决定：

$$h_1'(t) = h_1^{\mathrm{d}}(t) \otimes h_1(t) \tag{6-25}$$

$$h_2'(t) = h_2^{\mathrm{d}}(t) \otimes h_2(t) \tag{6-26}$$

$$h_3'(t) = h_3^{\mathrm{d}}(t) \otimes h_3(t) \tag{6-27}$$

式中，$h_1^{\mathrm{d}}(t)$、$h_2^{\mathrm{d}}(t)$和$h_3^{\mathrm{d}}(t)$为引入的色散馈电网络的时域传输函数；$h_1(t)$、$h_2(t)$和$h_3(t)$为未引入色散馈电网络时亚波长阵列与时间反演镜间的时域信道响应。由 6.1.1 节和 6.1.2 节可知，$h_1(t)$、$h_2(t)$和$h_3(t)$具有高度相关性，因此亚波长阵列能否展现出超分辨率将最终主要取决于为单元天线所引入的不同的馈电网络。很明显，$h_1^{\mathrm{d}}(t)$、$h_2^{\mathrm{d}}(t)$和$h_3^{\mathrm{d}}(t)$之间的互相关性越低，时间反演电磁波在各端口的聚焦分辨率就越高。

作为一种高效的色散延迟线，微波啁啾延迟线可作为亚波长阵列单元天线的馈电网络，其时域传输函数为[6]

$$h_i^{\mathrm{d}}(t)=\cos\left[\omega_i t+\frac{2\pi}{\sigma_i}t^2\right],\quad i=1,2,3 \tag{6-28}$$

式中，ω_i是初始角频率；σ_i是延迟线的群时延斜率。为了便于设计，定义参数$\Delta\sigma$为

$$\Delta\sigma=\left|\sigma_i-\sigma_j\right|,\quad j=1,2,3,i\neq j \tag{6-29}$$

各单元天线馈电网络群时延斜率σ_i的确定过程如下所示。

步骤 1：确定σ_1的值。σ_1的值应满足：

$$\left|\sigma_1\cdot B_1\right|>2\Delta t \tag{6-30}$$

式中，Δt为测试信号的持续时间；B_1为 1 号天线色散馈电网络的带宽。

步骤 2：计算$a_1(t)=s(-t)\otimes h_1^{\mathrm{d}}(-t)\otimes h_1^{\mathrm{d}}(t)$，并找出$a_1(t)$的峰值$a_{1\max}(t)$。

步骤 3：让$\sigma_2=\sigma_1\pm\Delta\sigma$，对$\Delta\sigma$进行参数扫描，计算得到

$$a_2(t)=s(-t)\otimes h_1^{\mathrm{d}}(-t)\otimes h_2^{\mathrm{d}}(t) \tag{6-31}$$

步骤 4：找出阈值$\Delta\sigma_{\mathrm{threshold}}$，当$\Delta\sigma>\Delta\sigma_{\mathrm{threshold}}$时，可以得到所需的目标单元聚焦峰和非目标单元聚焦峰的比值，在此例中，视$a_{1\max}(t)>2a_{2\max}(t)$为可接受的结果。

步骤 5：根据阈值条件，确定σ_2与σ_3的值。

下面通过一个实例展示色散馈电网络在时间反演系统中的性能。测试信号 $s(t)$为调制高斯脉冲，频谱带宽为 3～6GHz，啁啾延迟线的带宽应覆盖这个频率范围，因此啁啾延迟线的最低工作频率应小于 3GHz，最高工作频率应大于 6GHz。选择σ_1=–2ns/GHz，则阈值$\Delta\sigma_{\mathrm{threshold}}$为 1.5ns/GHz。当$\Delta\sigma$的值大于 1.5ns/GHz 时，满足$a_{1\max}(t)>2a_{2\max}(t)$。按此条件，选择$\sigma_2$= 2ns/GHz 和$\sigma_3$=–0.3ns/GHz。将满足上述条件的微波啁啾延迟线引入单元天线的馈电网络，各单元天线与时间反演镜间的信道响应的互相关性系数降低为ρ_{12}=0.240、ρ_{13}=0.212 和ρ_{23}= 0.332[7]。

仍以 1 号天线为例，对一个完整的时间反演过程进行仿真，最终得到的信号波形如图 6-7 与图 6-8 所示。时间反演技术能够对多径效应以及由天线馈电网络带来的色散效应进行有效补偿，时间反演电磁波在 1 号天线获得了理想的聚焦效果。对于非目标天线所接收到的信号，时间反演技术只补偿了其多径效应，馈电网络的色散效应未得到有效补偿，因此 2 号与 3 号天线所接收到的信号峰值均远小于目标天线所接收到的信号峰值，该亚波长阵列表现出了远场超分辨率特性。

本节介绍了使用二次相位色散馈线构造信道响应的方法，基于此技术，丁帅等[7-9]设计了色散馈电的亚波长天线阵。事实上，构造不同信道响应的方法有很多种，其中一种直观的方

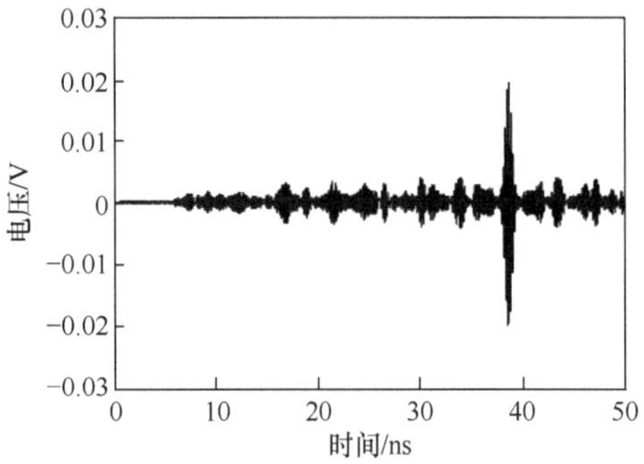

图 6-7 目标天线(1 号天线)接收到的聚焦信号

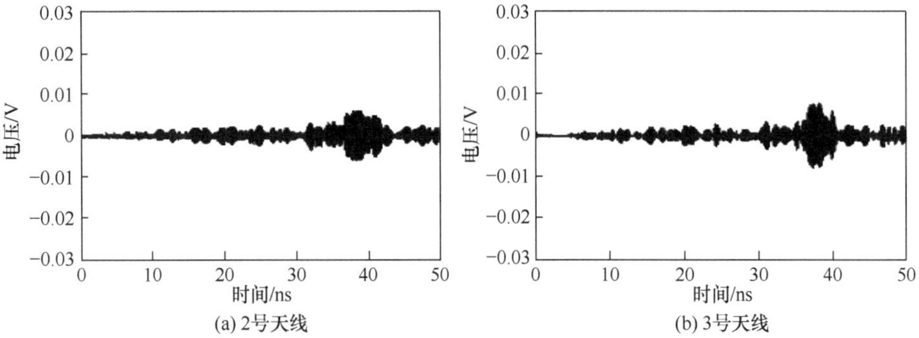

图 6-8 非目标天线接收到的信号

法为脉冲整形技术[9,10]。该技术基于多径延迟原理，构造多条具有不同时延的信号通路，从而实现信道响应的量化调节，有兴趣的读者可以阅读相关文献。

6.2 基于时间反演时域聚焦特性的密集多通道天线

6.2.1 色散分多址接入技术

在一般蜂窝移动通信系统中，终端是通过基站和其他终端进行通信的，基站发射的电磁波可以被网内所有终端接收到，因此必须对各个终端和基站的信号进行处理，为其赋予不同的特征，以使基站能够区分信号来自哪个终端、使终端区分哪个信号是发射给自己的，能够实现这项功能的技术称为多址接入技术。常用的多址接入技术包括时分多址接入技术、频分多址接入技术、码分多址接入技术和空分多址接入技术等。本节介绍一种基于时间反演时域聚焦特性的色散分多址接入技术以及基于色散分多址接入技术的密集多通道天线[11]。

色散分多址接入技术的一种结构配置如图 6-9 所示。在每个通道的电路部分接入一个彼此不同的时不变的色散模块，通道 n 的响应函数为 $h_n(t)$，若通道 n 输入的探测信号为 $x_n(t)$，则进入共同信道中的信号可以写为 $\sum_{n=1}^{N} x_n(t)\otimes h_n(t)$，其中 N 为通道总个数。对该信号做时间反演操作之后再送入各个通道，则通道 k 的输出响应为

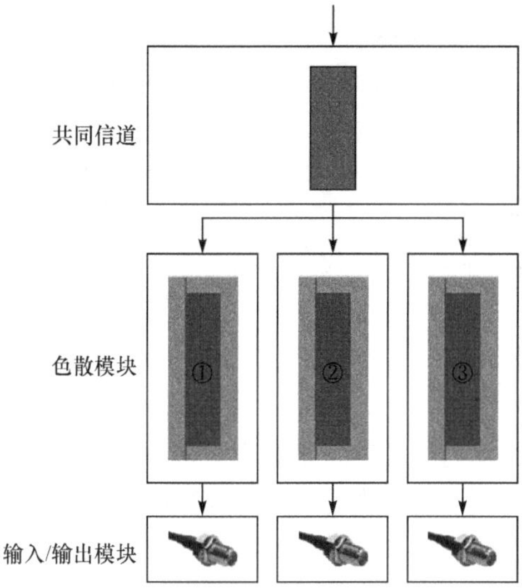

图 6-9　色散分多址接入技术结构配置示意图

$$\begin{aligned} y_k(t) &= h_k(t) \otimes \sum_{n=1}^{N} x_n(T-t) \otimes h_n(T-t) \\ &= \left[h_k(t) \otimes h_k(T-t) + \sum_{n \neq k} h_k(t) \otimes h_n(T-t) \right] \otimes x_k(T-t) \end{aligned} \tag{6-32}$$

式中，$h_k(t) \otimes h_k(T-t)$ 为时间反演聚焦项，其可在 $t=T$ 时刻产生一个聚焦峰；而当各个色散模块的响应不同时，$h_k(t) \otimes h_n(T-t)$ 在 $t=T$ 时刻不会产生聚焦峰。因此，在时间反演系统中，使用色散分多址接入技术可以区分不同通道的信号。

为了直观地展示色散分多址接入技术的工作过程和效果，本书首先设计了一种群时延响应可根据结构尺寸变化的色散延迟线，如图 6-10 所示。该色散延迟线印制在相对介电常数为 10.2、厚度为 1mm 的介质基板上，其正面为折线形的延迟线，背面具有完整的地板。该色散延迟线输入和输出馈线的特征阻抗均为 50Ω。调整该色散延迟线的整体宽度 w，则其散射系数和群时延响应均会发生移动，如图 6-11 和图 6-12 所示。由图 6-11 和图 6-12 可知，该色散延迟线在 1～2GHz 内的大部分频段具有带通特性，并且在 1.5GHz 附近具有一个明显的窄阻带，在此频点，该色散延迟线的弯折线可以看作一个两侧加载了大量细槽的贴片，当从一端对该贴片馈电时，其产生了反射型谐振，从而在谐振位置产生了一个很窄的阻带，并且在群时延响应上表现出突然的波动现象[11]。该阻带位置可以作为密集多通道天线的标志位。随着色散

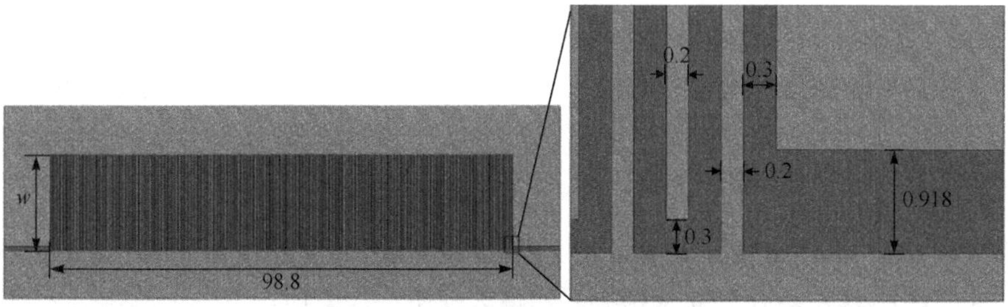

图 6-10　一种折线形色散延迟线(单位：mm)

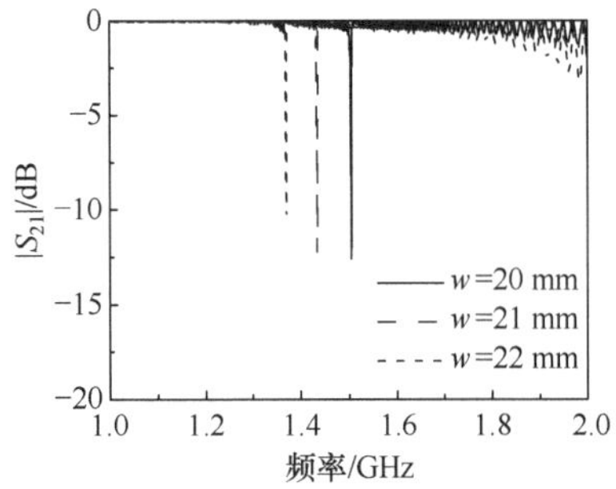

图 6-11 色散延迟线的散射系数

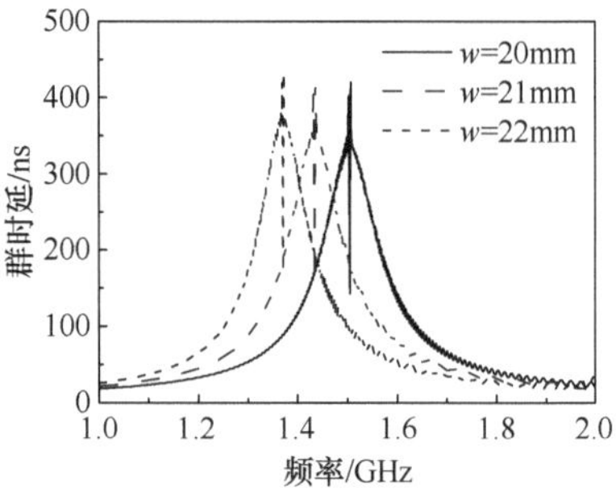

图 6-12 色散延迟线的群时延响应

延迟线整体宽度 w 的增加，延迟线的窄阻带和群时延峰值位置均向低频移动，并且，当 w 分别为 20mm、21mm 和 22mm 时，该色散延迟线的群时延响应在 1～2GHz 内具有明显的差异。

接下来使用 3 条如图 6-10 所示的色散延迟线展示如图 6-9 所示的色散分多址接入效果，对应于 3 个通道的色散延迟线的宽度 w 分别设置为 20mm、21mm 和 22mm。一个 1～2GHz 的高斯脉冲信号通过这 3 条色散延迟线之后的归一化时域波形如图 6-13 所示，为了清晰地比较这 3 个波形，将 w=21mm 和 w=22mm 的波形分别整体上移 2 个单位和 4 个单位。由图 6-13 可知，经过 3 条色散延迟线的波形具有明显的不同，其信号拉伸长度随 w 增大而增加。

为了展示色散分多址接入技术的效果，首先对图 6-13 中的 3 个信号做时间反演处理，然后根据幅度键控编码原理，将 3 个信号分别编码为 11001、10101 和 10011，码间距为 400ns。因为一般情况下，各通道应该是独立工作的，所以其信号可能不具有同步性。不失一般性地，将 3 个编码之后的信号分别延迟 0ns、200ns 和 400ns，以模拟各通道的非同步传输情况。在编码延迟之后，将 3 个信号叠加起来，以模拟共同信道传输的普遍情况，该叠加信号通过上述 3 条色散延迟线后的输出信号如图 6-14 所示，从图中可以清晰地分辨出传输给 3 条通道的信息分别为 11001、10101 和 10011。这说明色散分多址接入技术可以很好地实现标记不同通道的功能，为密集多通道天线奠定了技术基础。

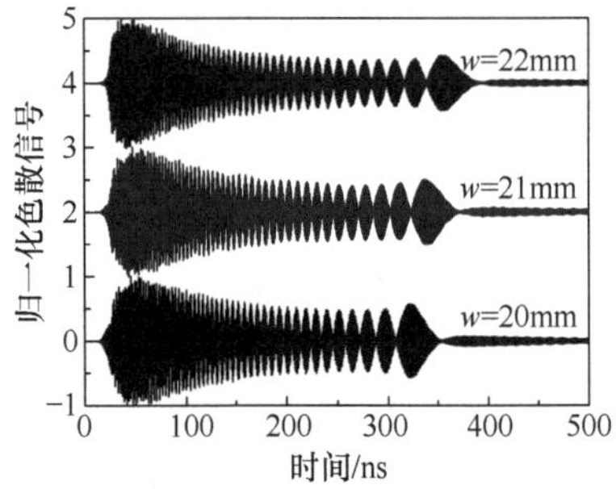

图 6-13 不同色散延迟线的色散效果

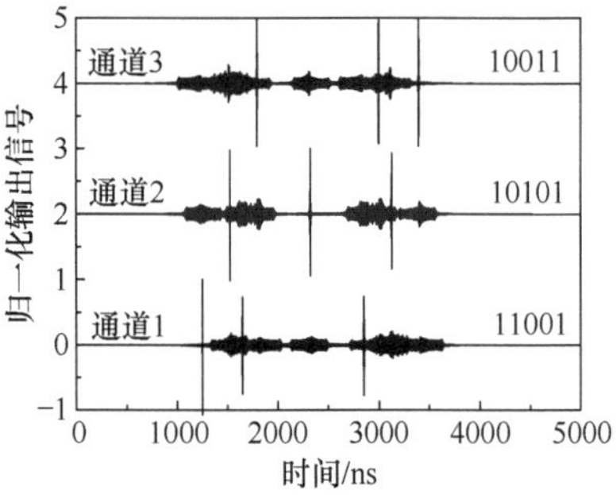

图 6-14 各通道的编码输出信号

6.2.2 色散延迟线加载的密集多通道天线

将图 6-9 中的共同信道部分更换为天线模块和功分模块，就可以构成一种并联式密集多通道天线，如图 6-15 所示。在并联式密集多通道天线中，天线模块由一个单端口天线构成，该单端口通过功分模块分为多个端口，即延伸出多个并联的通道。一般来说，每个通道都是平等的，所以功分模块需要具有等功分性能。在功分模块之后，每个通道均接入一个色散模块，各色散模块具有不同的色散特性。根据色散分多址接入技术，该配置中的各个通道可以具有独立工作的特性。现使用工作在 1～2GHz 的单极子天线作为天线模块[11]，使用一个一分三的功分器作为功分模块[11]，使用宽度 w 分别为 20mm、21mm 和 22mm 的 3 条色散延迟线作为色散模块[11]，通过时间反演过程展示该多通道天线各端口的独立工作特性。

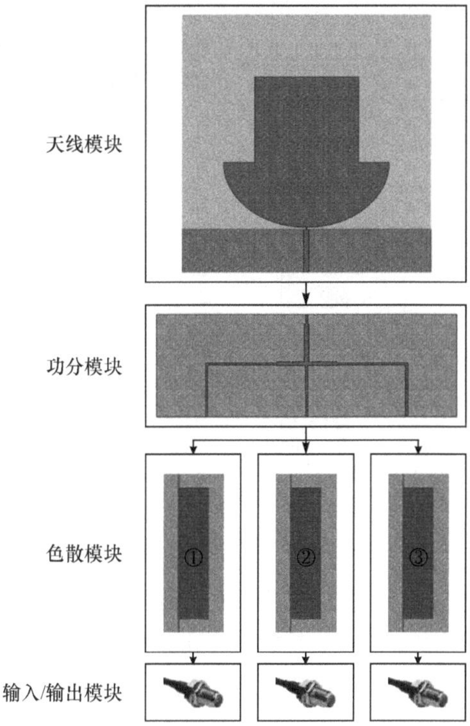

图 6-15　并联式密集多通道天线结构配置图

为了模拟远场时间反演通信的过程，将时间反演镜天线放在距离多通道天线 5 个波长的位置处，时间反演镜天线和图 6-15 中的单端口单极子天线相同。时间反演过程如下：①从多通道天线的一个端口输入 1～2GHz 的调制高斯脉冲作为探测信号，该端口为源端口，与其相连的通道为源通道；②探测信号通过色散模块、功分模块、天线模块以及空间信道后被时间反演镜天线接收；③对时间反演镜天线接收到的信号做时间反演操作，并且将其重新发射出去；④反演之后的信号再次通过空间信道、密集多通道天线的天线模块、功分模块后，通过各通道中的色散模块到达各端口，完成时间反演过程。该并联式密集多通道天线各通道接收到的归一化时间反演输出信号及其频谱如图 6-16 所示。

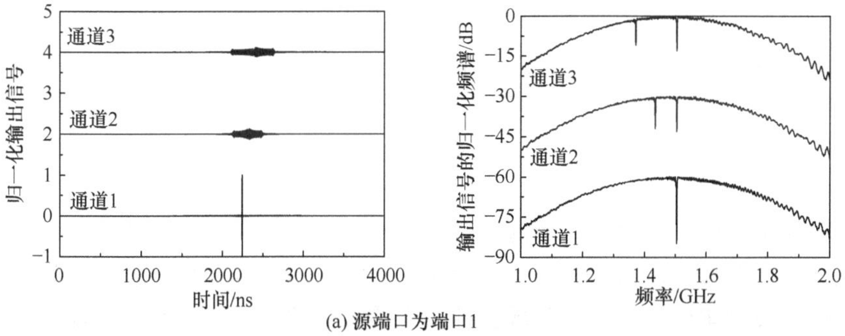

(a) 源端口为端口1

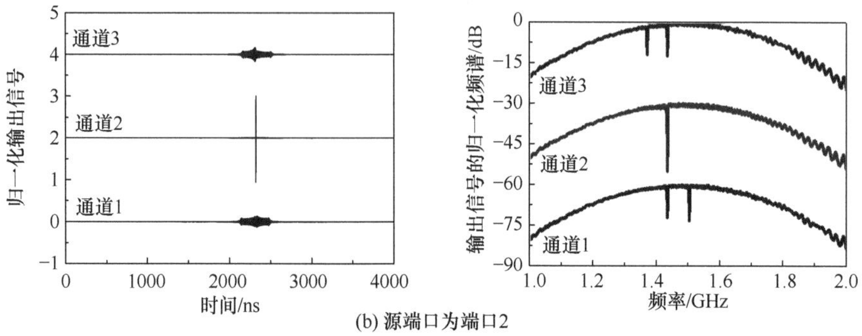

(b) 源端口为端口2

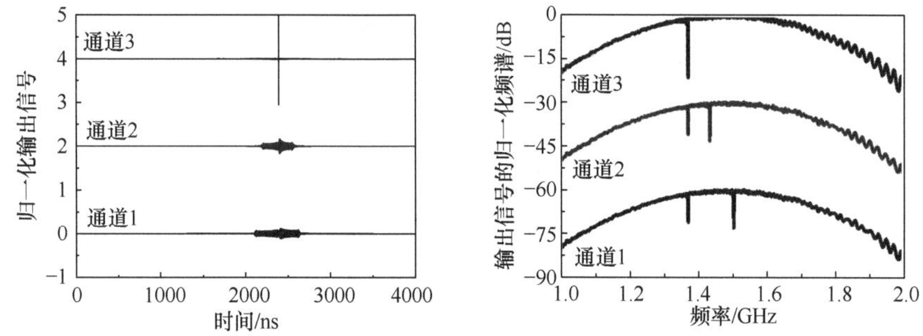

(c) 源端口为端口3

图 6-16 并联式密集多通道天线各通道的时间反演输出信号(左)及其频谱(右)

为了在一幅图中清晰地展示和对比各端口接收到的时域信号和频谱，在图 6-16 中，将通道 2 和通道 3 的接收信号分别整体上移 2 个单位和 4 个单位，并将通道 1 和通道 2 的接收频谱分别下移–60dB 和–30dB。从图 6-16 中可以看出，不管哪个端口作为源端口，其通道接收到的信号均具有明显的时间反演聚焦峰，其他非源端口则不具有明显的聚焦峰，并且，源端口接收到的信号幅度是其他端口接收到的信号幅度的 5 倍以上。这说明该天线的各端口在时间反演系统中具有很好的独立工作特性。

从各通道接收到的频谱可以清晰地看到，源通道接收信号的频谱只有一个奇异点，且该奇异点的位置与源通道所使用的色散延迟线的奇异点位置相吻合；而非源通道接收信号的频谱具有两个奇异点，且两个奇异点的位置分别对应源通道所用色散延迟线的奇异点位置和该非源通道所用色散延迟线的奇异点位置。从时间反演过程可以知道，时间反演镜天线接收的探测信号只经过了源通道，在该探测信号被时间反演并重新发射之后，其会通过不同的通道。源端口接收到的信号在探测过程和时间反演聚焦过程均只通过了源通道；而非源端口接收到的信号在探测过程通过了源通道，在时间反演聚焦过程通过了该非源通道，因此各端口接收信号经过的路径和各端口接收频谱的奇异点位置是吻合的。这种时间反演聚焦信号与单奇异点频谱之间的对应关系提供了判断时间反演聚焦的另一种方案。也就是说，可以通过观察频域结果中的奇异值标志位来判断该通道接收到的信号是否具有时间反演聚焦特性。

文献[11]指出，除了并联式配置方案，还可以使用串联式配置方案实现密集多通道天线，并且在串联式密集多通道天线中，可以实现色散延迟线的复用，从而简化设计。有兴趣的读者可阅读相关内容。

值得说明的是，和 6.1 节相同，色散分多址接入的本质也是通过后置的级联电路构造差异化信道，从而减弱各接收端口与时间反演镜天线之间的信道相关性，因此色散延迟线并非在时间反演系统中使用单个接收天线实现多址接入的唯一途径。有兴趣的读者可以尝试通过其他方式构建差异化信道，使用单天线实现多址接入，进一步增强系统的集成度以及与现有通信系统的匹配程度。

6.3　基于时间反演信号聚焦的时域匿迹通信系统

本节介绍一种基于时间反演信号聚焦的时域匿迹通信系统[12,13]，实现保密通信，其原理如图 6-17 所示，含有加载信息的脉冲串作为输入信号，并经过给定的系统后能够完成对脉冲串和加载信息的恢复。因为脉冲串如同隐身斗篷一样可以隐匿加载信息，所以称其为斗篷信号。系统中的色散模块用以提供色散作用，时间反演模块用以获得输入信号的时域波形反演结果。

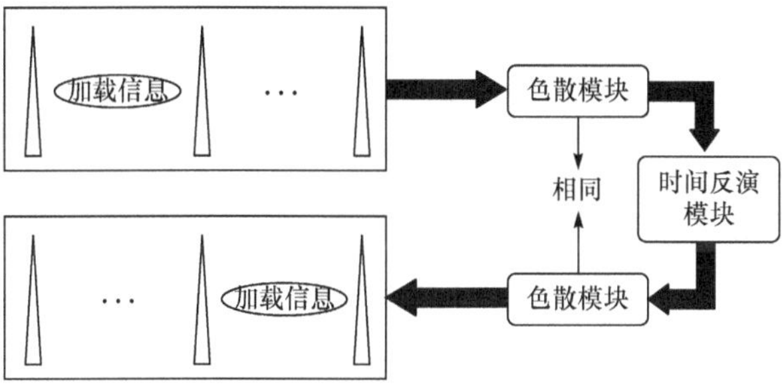

图 6-17　基于时间反演信号聚焦的时域匿迹通信系统原理图

假设包含有隐匿信息的脉冲信号为 $S(\omega)$，如图 6-18(a)所示。若色散信道响应为 $\mathrm{e}^{\mathrm{j}\psi(\omega)}$，当输入信号经过第一段色散信道时，输出的复杂扩散信号将是

$$Y(\omega) = S(\omega)\cdot \mathrm{e}^{\mathrm{j}\psi(\omega)} \tag{6-33}$$

由于色散响应的作用，$Y(\omega)$ 将呈现出杂乱无章的信号形式，完成对加载信号的有效隐藏，如图 6-18(b)所示。随后对该信号进行时间反演操作，即对应频域的相位共轭操作：

$$Y^*(\omega) = S^*(\omega)\cdot \mathrm{e}^{-\mathrm{j}\psi(\omega)} \tag{6-34}$$

接着将反演后的信号送入与之前同样的色散信道，根据时间反演的信道补偿作用会得到如下所示的解调信号：

$$F(\omega) = S^*(\omega)\cdot \mathrm{e}^{-\mathrm{j}\psi(\omega)}\cdot \mathrm{e}^{\mathrm{j}\psi(\omega)} = S^*(\omega) \tag{6-35}$$

由于 $S(\omega)$ 表示输入的脉冲信号，因此 $S^*(\omega)$ 与 $S(\omega)$ 只是相位共轭变换(在时域表现为时间反转)，脉冲形式保持不变(但已发生时间反转)，如图 6-18(c)所示。添加在脉冲串之间的加载信息，需要对解调后的结果再进行一次时间反演操作才能够获得准确的解密信号。

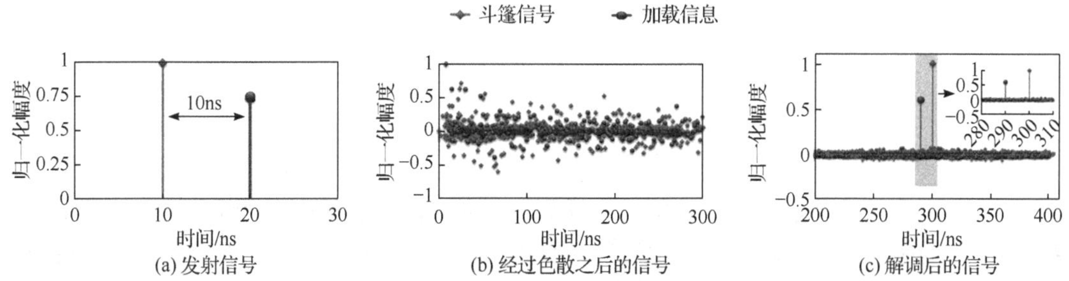

图 6-18　基于时间反演信号聚焦的时域匿迹通信系统信号图[13]

上述时域匿迹通信系统的有效性可以使用任意波形发生器(AWG)和数字信号分析仪(DSA)验证，实验系统如图 6-19 所示。按照如下实验步骤和操作，可完成对加载信息的隐匿和解密[12]。

步骤 1：将加载信号插入斗篷信号脉冲串之间，合成为如图 6-20 所示的信号，记为$C(t)$，加载信号的幅值远小于斗篷信号的幅值。在时域观察，此时时间斗篷信号处于收缩状态，未遮蔽加载信号。

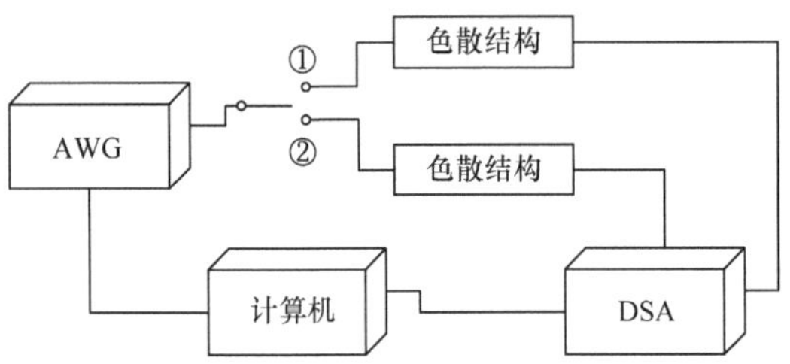

图 6-19 时域匿迹通信实验系统

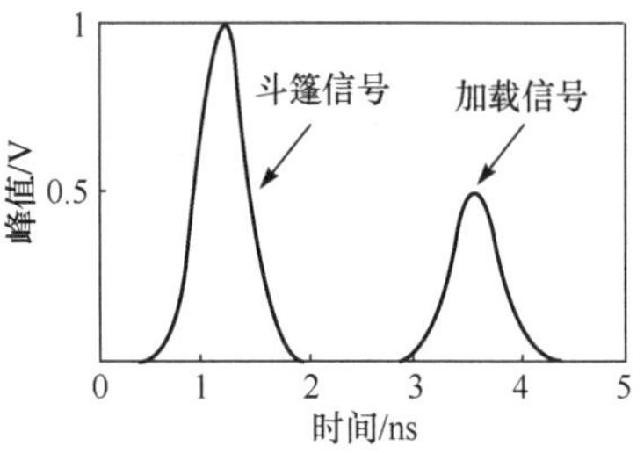

图 6-20 加载信号插入斗篷信号脉冲串间

步骤 2：将信号 $C(t)$由任意波形发生器经图 6-19 中所示的路径①送入色散结构。在色散结构作用下，斗篷信号波形发生畸变、拉伸，形成环境噪声信号，记为$N(t)$；同时加载信号也会发生色散效应，形成新的信号，记为$A(t)$。由于$A(t)$的幅度小于$N(t)$，因此$A(t)$淹没于噪声信号$N(t)$中，形成新的信号，记为$Z(t)$，在数字信号分析仪上观察得到的结果如图 6-21 所示。在时域观察，此时时间斗篷信号处于打开状态，实现了对加载信号的时域隐匿操作。

步骤 3：将 DSA 中记录的信号提取出来，并获得波形反演信号$Z(-t)$。

步骤 4：将$Z(-t)$由 AWG 经路径②送入色散结构，在 DSA 上观测并记录相应结果，图 6-22 所示是归一化输出信号。在色散结构作用下，在时域完成了对时间斗篷信号的再次收缩和加载信号的复原，恢复了加载信号与斗篷信号的分离，完成了对加载信号的显示和提取。由于路径①和②利用同一组色散结构，即色散器件相同，因此根据时间反演电磁波对色散效应的补偿作用，环境噪声信号将与加载信号分别聚焦，进而可得以区分。

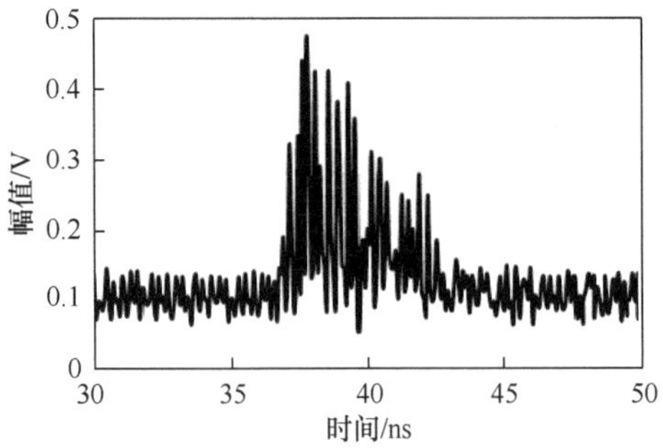

图 6-21 含有加载信号的色散结果

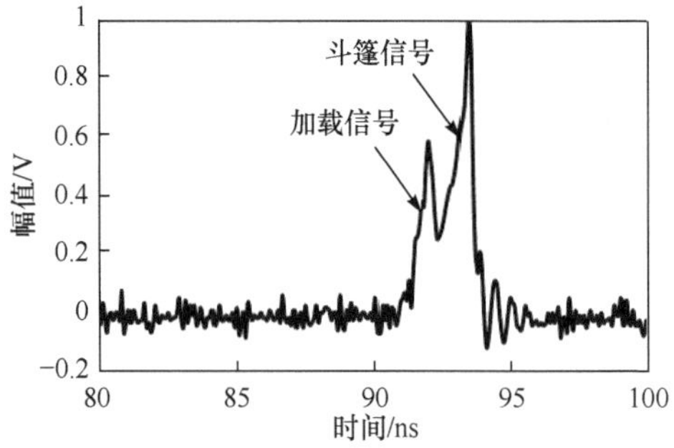

图 6-22 时域解密后恢复出的归一化输出信号

在此方法中，越是杂乱的色散响应，越是能够将加载信号更好地隐藏在斗篷信号中。加载斗篷的目的是使用一个较大的干扰信号将要传输的有用信号掩盖住，而使用时间反演的方法经过相同的色散结构才能复现原信号。如果将此方法看作一个加密系统，其解密需要一种新的方法(即时间反演方法)和一个物理密钥(即和加密相同的色散结构)。

参 考 文 献

[1] 李忻. 新一代无线通信系统中的 MIMO 信道建模与多天线设计研究[D]. 成都: 电子科技大学, 2005: 28-62.
[2] BLUM R S. MIMO capacity with interference[J]. IEEE journal on selected areas in communications, 2003, 21(5): 793-801.
[3] LEROSEY G, DE ROSNY J, TOURIN A, et al. Focusing beyond the diffraction limit with far-field time reversal[J]. Science, 2007, 315(5815): 1120-1122.
[4] LIU J, ZHAO D S, WANG B Z. A beveled and slot-loaded planar bow-tie antenna for UWB application[J]. Progress in electromagnetics research M, 2008, 2: 37-46.
[5] CRAMER R J M, SCHOLTZ R A, WIN M Z. Evaluation of an ultra-wide-band propagation channel[J]. IEEE transactions on antennas and propagation, 2002, 50(5): 561-570.
[6] 张直中. 雷达信号的选择与处理[M]. 北京: 国防工业出版社, 1979: 18-56.
[7] DING S, WANG B Z, GE G D, et al. Sub-wavelength array with embedded chirped delay lines based on time reversal technique[J]. IEEE transactions on antennas and propagation, 2013, 61(5): 2868-2873.
[8] LIANG M S, WANG B Z, ZHANG Z M, et al. Simplified pulse shaping network for microwave signal focusing based on time reversal[J]. IEEE antennas and wireless propagation letters, 2015, 14: 225-228.
[9] 丁帅. 高效时间反演电磁系统实现的关键技术研究[D]. 成都: 电子科技大学, 2013.
[10] DING S, GUPTA S, ZANG R, et al. Enhancement of time-reversal subwavelength wireless transmission using pulse shaping[J]. IEEE transactions on antennas and propagation, 2015, 63(9): 4169-4174.
[11] 王任. 用于时间反演电磁系统的密集多端口天线及阵列研究[D]. 成都: 电子科技大学, 2018.
[12] 周洪澄. 时间反演系统实现方案及其关键器件研究[D]. 成都: 电子科技大学, 2016.
[13] DING S, FANG Y, ZHU J F, et al. Wireless cloaking system based on time-reversal multipath propagation effects[J]. IEEE transactions on antennas and propagation, 2019, 67(2): 1386-1391.

第7章 时间反演超宽带脉冲通信

超宽带通信依赖纳秒级脉冲，而非传统的正弦载波。超宽带信号有相对较强的穿透能力[1]、高速率传输的潜力[1]、更高的多径分辨率[2]和更精确的定位[3]。2002 年美国联邦通信委员会(FCC)限定了超宽带通信系统的带宽为 3.1～10.6GHz，发射信号谱能量密度不得超过−41.3dBm[1]。大多数超宽带通信都是室内通信[1]，并已有大量的基于实测数据的信道模型[4-6]。然而室内通信具有严重的多径时延，阻碍了通信速率进一步提高。

基于时间反演电磁波的空时聚焦特性，TR 技术可以补偿密集多径信道的时延，汇集利用由多径信道传递的信息，有效地改善接收信号的信噪比，提高系统通信性能。本章将介绍基于时间反演的环境自适应超宽带脉冲通信。

7.1 超宽带室内信道模型

超宽带室内信道模型有统计信道模型和确定信道模型两种。统计信道模型是在大量实验测量的基础上建立的能有效地表达信道效应的统一规范模型，如 IEEE 802.15.3a 推荐的超宽带室内信道模型。确定信道模型是针对某一些确定问题，采用某种相对确定的方法，如电磁场数值仿真[7]，来预测信号在信道中的传播情况。本章主要使用时域有限差分(FDTD)法来实现确定性信道建模。

7.1.1 IEEE 802.15.3a 超宽带室内信道模型

IEEE 802.15.3a 工作组于 2003 年 7 月推荐了一种超宽带室内多径信道模型[8,9]，它的适用频率范围是美国无线电管理委员会规定的超宽带无线通信频率范围：3.1~10.6GHz。该模型是在总结各方面成果的基础上提出来的，其中最主要的思想来自由 Saleh 和 Valenzuela 提出的 S-V 模型。

S-V 模型假设来自同一脉冲的多径分量以簇的形式到达接收机，簇信号的形成与环境结构相关，簇到达时间可以表示为一个速率为 Λ 的泊松过程，即

$$p\left(T_n \mid T_{n-1}\right)=\Lambda \mathrm{e}^{-\Lambda\left(T_n-T_{n-1}\right)} \tag{7-1}$$

式中，T_n 和 T_{n-1} 分别是第 n 簇和第 $n-1$ 簇到达的时间，第一簇到达时间设为 0，即 $T_1=0$。在每一簇内，相继的多径分量到达时间服从速率为 λ 的泊松过程，即

$$p\left(\tau_{nk} \mid \tau_{n(k-1)}\right)=\lambda \mathrm{e}^{-\lambda\left(\tau_{nk}-\tau_{n(k-1)}\right)} \tag{7-2}$$

式中，τ_{nk} 和 $\tau_{n(k-1)}$ 分别是第 n 簇第 k 条和第 $k-1$ 条多径分量到达时间，每一簇内第一条多径分量到达时间为 0，即 $\tau_{n1}=0$，$n=1,2,\cdots,N$。

设第 n 簇第 k 条路径的增益为复随机变量 α_{nk}。其模 β_{nk} 为统计独立且服从瑞利分布的正随机变量：

$$p(\beta_{nk})=\frac{2\beta_{nk}}{\left\langle|\beta_{nk}|^2\right\rangle}\mathrm{e}^{-\frac{2\beta_{nk}}{\left\langle|\beta_{nk}|^2\right\rangle}} \tag{7-3}$$

式中，< · >是数学期望，$\left\langle|\beta_{nk}|^2\right\rangle$ 由式(7-4)计算：

$$\left\langle|\beta_{nk}|^2\right\rangle=\left\langle|\beta_{00}|^2\right\rangle\mathrm{e}^{-\frac{T_n}{\Gamma}}\mathrm{e}^{-\frac{\tau_{nk}}{\gamma}} \tag{7-4}$$

其中，β_{00} 是第一簇第一条路径的平均能量；Γ 和 γ 分别是簇和多径的衰减系数。α_{nk} 的相位 θ_{nk} 是在[0, 2π]中均匀分布的统计独立随机变量：

$$p(\theta_{nk})=\frac{1}{2\pi},\quad 0<\theta_{nk}<2\pi \tag{7-5}$$

S-V 模型的信道冲激响应为

$$h(t)=\sum_{n=1}^{\infty}\sum_{k=1}^{\infty}\alpha_{nk}\delta(t-T_n-\tau_{nk}) \tag{7-6}$$

IEEE 工作组在 S-V 模型基础上进行了一些改进。具体是用对数正态分布表示多径增益幅度，用另一个对数正态随机变量表示总多径增益波动，相位 θ_{nk} 以等概率出现在 ±π 。这样，改进的模型中各系数变成了实变量，模型结果与实际超宽带信号无线传播测试更为吻合。

在室内多径环境的 IEEE 超宽带信道模型中，信道冲激响应 $h(t)$ 表示为

$$h(t)=X\sum_{n=1}^{N}\sum_{k=1}^{K_{(n)}}\alpha_{nk}\delta(t-T_n-\tau_{nk}) \tag{7-7}$$

式中，信道的幅度增益 X 是对数正态随机变量；N 是可以观测到的簇数；$K_{(n)}$ 是第 n 簇内的多径数目；α_{nk} 是第 n 簇内第 k 条路径的系数；T_n 是第 n 簇到达时间；τ_{nk} 是第 n 簇内第 k 条路径的时延。信道系数可以定义为

$$\alpha_{nk}=p_{nk}\beta_{nk} \tag{7-8}$$

式中，p_{nk} 是以等概率取 ±1 的离散随机变量，这是由于前面提到的 θ_{nk} 在[0, 2π]中均匀分布被等概率出现在 ±π 的变量代替；β_{nk} 是第 n 簇内第 k 条路径服从对数正态分布的信道系数。β_{nk} 还要满足能量归一化的要求：

$$\sum_{n=1}^{N}\sum_{k=1}^{K_{(n)}}|\beta_{nk}|^2=1 \tag{7-9}$$

式中，$\beta_{nk}=10^{\frac{x_{nk}}{20}}$，$x_{nk}$ 是均值为 μ_{nk}、标准差为 σ_{nk} 的高斯随机变量，可以表示为 $x_{nk}=\mu_{nk}+\xi_n+\zeta_{nk}$，$\xi_n$ 和 ζ_{nk} 为两个高斯随机变量，分别表示每簇和每个分量的信道变化系数，其方差分别是 σ_ξ^2 和 σ_ζ^2。μ_{nk} 可用式(7-10)计算：

$$\mu_{nk}=\frac{10\ln\left(\left\langle|\beta_{00}|^2\right\rangle\right)-10\frac{T_n}{\Gamma}-10\frac{\tau_{nk}}{\gamma}}{\ln 10}-\frac{\left(\sigma_\xi^2+\sigma_\zeta^2\right)\ln 10}{20} \tag{7-10}$$

式中，T_n 和 τ_{nk} 分别是到达速率为 Λ 和 λ 的泊松过程。幅度增益 X 为对数正态随机变量：$X=10^{\frac{g}{20}}$，其中 g 是均值为 g_0、方差为 σ_g^2 的高斯随机变量，g_0 取决于平均总多径增益，它是在观测位置测量得到的，即

$$g_0=\frac{10\ln G}{\ln 10}-\frac{\sigma_g^2\ln 10}{20} \tag{7-11}$$

当多径衰减系数γ已知时，G可由超宽带冲激响应信道模型中的值代替。

可见，为了获得 IEEE 超宽带信道模型，需要知道如下相关参数：簇平均达到速率Λ、路径平均到达速率λ、簇功率衰减因子Γ、簇内路径功率衰减因子γ、簇的信道系数标准偏差σ_ξ、簇内路径的信道系数标准偏差σ_ζ、信道幅度增益标准偏差σ_g。

IEEE 802.15.3a 建议了四种典型室内无线电波传播环境下的信道模型参数取值，见表 7-1。其中，情形 1(CM1)为传播距离为 0～4m 的视线传播情况(LOS)，情形 2(CM2)为传播距离为 0～4m 的非视线传播情况(NLOS)，情形 3(CM3)为传播距离为 4～10m 的非视线传播情况，情形 4(CM4)为极限的非视线多径传播情况。若已知各参数取值，就可用此模型对超宽带信号的传播进行预测。

表 7-1　IEEE 802.15.3a 建议的四种室内超宽带信道模型的相关参数

模型参数	CM1 情形 1	CM2 情形 2	CM3 情形 3	CM4 情形 4
距离/m	0～4	0～4	4～10	—
视距/非视距	LOS	NLOS	NLOS	NLOS
簇平均到达速率 Λ /(ns^{-1})	0.0233	0.4	0.0667	0.0667
路径平均到达速率 λ /(ns^{-1})	2.5	0.5	2.1	2.1
簇功率衰减因子 Γ	7.1	5.5	14.00	24.00
簇内路径功率衰减因子 γ	4.3	6.7	7.9	12
簇的信道系数标准偏差 σ_ξ / dB	3.3941	3.3941	3.3941	3.3941
簇内路径信道系数标准偏差 σ_ζ / dB	3.3941	3.3941	3.3941	3.3941
信道幅度增益标准偏差 σ_g / dB	3	3	3	3

在超宽带信道模型的基础上，通过时域信道脉冲响应和其时间反演后的响应的卷积，可以获得时间反演等效信道模型。利用式(7-7)，重写时间反演镜发射天线到数据接收点$\boldsymbol{r}_0$的信道模型为

$$h_{\boldsymbol{r}_0}(t)=X_{\boldsymbol{r}_0}\sum_{n=1}^{N}\sum_{k=1}^{K_{(n)}}\alpha_{nk}^{\boldsymbol{r}_0}\delta(t-T_n^{\boldsymbol{r}_0}-\tau_{nk}^{\boldsymbol{r}_0}) \tag{7-12}$$

于是接收点$\boldsymbol{r}$处的时间反演等效信道模型为

$$\begin{aligned}R_{\boldsymbol{r},\boldsymbol{r}_0}(t)&=h_{\boldsymbol{r}}(t)\otimes h_{\boldsymbol{r}_0}(-t)\\&=\left[X_{\boldsymbol{r}}\sum_{n=1}^{N_{\boldsymbol{r}}}\sum_{k=1}^{K_{\boldsymbol{r}(n)}}\alpha_{nk}^{\boldsymbol{r}}\delta(t-T_n^{\boldsymbol{r}}-\tau_{nk}^{\boldsymbol{r}})\right]\otimes\left[X_{\boldsymbol{r}_0}\sum_{\eta=1}^{N_{\boldsymbol{r}_0}}\sum_{\xi=1}^{K_{\boldsymbol{r}_0(\eta)}}\alpha_{\eta\xi}^{\boldsymbol{r}_0}\delta(-t-T_\eta^{\boldsymbol{r}_0}-\tau_{\eta\xi}^{\boldsymbol{r}_0})\right]\\&=X_{\boldsymbol{r}}X_{\boldsymbol{r}_0}\sum_{n=1}^{N_{\boldsymbol{r}}}\sum_{k=1}^{K_{\boldsymbol{r}(n)}}\alpha_{nk}^{\boldsymbol{r}}\sum_{\eta=1}^{N_{\boldsymbol{r}_0}}\sum_{\xi=1}^{K_{\boldsymbol{r}_0(\eta)}}\alpha_{\eta\xi}^{\boldsymbol{r}_0}\delta(t-T_n^{\boldsymbol{r}}-\tau_{nk}^{\boldsymbol{r}}+T_\eta^{\boldsymbol{r}_0}+\tau_{\eta\xi}^{\boldsymbol{r}_0})\end{aligned} \tag{7-13}$$

如果$\boldsymbol{r}=\boldsymbol{r}_0$，即接收点位置就是$\boldsymbol{r}_0$，那么

$$\begin{aligned}R_{\boldsymbol{r}_0,\boldsymbol{r}_0}(t)&=h_{\boldsymbol{r}_0}(t)\otimes h_{\boldsymbol{r}_0}(-t)\\&=\left|X_{\boldsymbol{r}_0}\right|^2\sum_{n=1}^{N_{\boldsymbol{r}_0}}\sum_{k=1}^{K_{\boldsymbol{r}_0(n)}}\alpha_{nk}^{\boldsymbol{r}_0}\sum_{\eta=1}^{N_{\boldsymbol{r}_0}}\sum_{\xi=1}^{K_{\boldsymbol{r}_0(\eta)}}\alpha_{\eta\xi}^{\boldsymbol{r}_0}\delta(t-T_n^{\boldsymbol{r}_0}-\tau_{nk}^{\boldsymbol{r}_0}+T_\eta^{\boldsymbol{r}_0}+\tau_{\eta\xi}^{\boldsymbol{r}_0})\end{aligned} \tag{7-14}$$

式(7-14)表明信道冲激响应主峰在 t=0 时刻，它捕捉了传输的大部分能量，这正说明了时间反演的时间聚焦性。

实际执行时间反演操作时，时间反演镜单元总是对有限长度的信道冲激响应做时间反转，然后把反转后的信号发射回传出去。假设被反转的信道冲激响应时长为 T，时间反演镜单元发射的信号不是 $h_{r_0}(-t)$，而是 $h_{r_0}(T-t)$，于是 $\boldsymbol{r}_0$ 处的时间反演等效信道模型实际是

$$\begin{aligned} R_{r_0,r_0}(t) &= h_{r_0}(t) \otimes h_{r_0}(T-t) \\ &= \left|X_{r_0}\right|^2 \sum_{n=1}^{N_{r_0}} \sum_{k=1}^{K_{r_0(n)}} \alpha_{nk}^{r_0} \sum_{\eta=1}^{N_{r_0}} \sum_{\xi=1}^{K_{r_0(\eta)}} \alpha_{\eta\xi}^{r_0} \delta(t - T_n^{r_0} - \tau_{nk}^{r_0} + T_\eta^{r_0} + \tau_{\eta\xi}^{r_0} - T) \end{aligned} \tag{7-15}$$

信道冲激响应主峰在 t=T 时刻。

为了对比不同位置的信道冲激响应，可以使用式(7-15)仿真聚焦点位置和非聚焦点位置的室内环境时间反演超宽带等效信道，进行对比。结果表明：在 $\boldsymbol{r} = \boldsymbol{r}_0$ 位置，时间反演信号传输的等效时域冲激响应的主峰对信号传输起主要作用；而在 $\boldsymbol{r} \neq \boldsymbol{r}_0$ 位置，等效时域冲激响应没有明显的主峰。这意味着，目标接收天线处的有用信号在所传输的总信号能量中占绝大部分，而偏离目标接收天线的位置，有用信号淹没于噪声之中。这充分说明了时间反演信号的空间聚焦特性。

7.1.2 确定信道模型

确定信道模型相对精确地体现了某已知信道环境的传输特性，它们一般建立在对信号传输过程的电磁仿真分析上。本章采用 FDTD 方法获取整个仿真区域的完整电磁场信息，在获得某发射/接收天线对的发射和接收信号以后，用第 4 章介绍的 CLEAN 算法来提取该发射/接收天线对之间的信道响应[10]。

假设发射天线上的发射信号为 $p_m(t)$，接收天线上的接收信号为 $r_{mn}(t)$，CLEAN 算法提取信道模型的步骤如下所示。

步骤 1：输入信号 $p_m(t)$，输出信号 $r_{mn}(t)$，阈值为 β。

步骤 2：初始化 CLEAN 谱 $c(t)=0$ 和迭代次数记录 $i=0$。

步骤 3：建立方程 $\varGamma(\tau)=(1/\tau)\int_0^\tau p_m(t) r_{mn}(t+\tau)\mathrm{d}t$。

步骤 4：搜索峰值 $\varGamma_i$，并记录其在 $\varGamma(t)$ 的位置 τ_i。

步骤 5：清除对应分量 $r_{mn}(t)=r_{mn}(t)-\varGamma_i p_m(t)$。

步骤 6：更新 CLEAN 谱 $c(t)=c(t)+\varGamma_i\delta(t-\tau_i)$，更新迭代次数 $i=i+1$。

步骤 7：如果 $\varGamma_i > \beta$，返回步骤 3；如果 $\varGamma_i < \beta$，停止。

步骤 8：所得 $h_{mn}(t)=c(t)$ 为时域信道脉冲响应。

下面，针对一组具体场景，使用 FDTD 方法和 CLEAN 算法来获取一组确定信道及其时间反演信道，并对它们进行对比。仿真模型如图 7-1 所示，包括三种模型，均为 $1\text{m}\times 1\text{m}\times 1\text{m}$ 的立体空间，边界均为辐射吸收边界。接收天线和发射天线的位置分别是(0.9m, 0.9m, 0.1m)和(0.1m, 0.1m, 0.9m)，通过在天线周围加载金属线的方法改变信道的复杂度。在第一种模型中，信号在天线之间直接传输，天线周围没有任何的金属线存在。在第二种模型中，发射天线周围放置一个弧形铜线阵列。第三种模型中的发射天线被一个圆形铜线阵列包围。

仿真中使用二阶高斯脉冲进行激励，记录接收信号，然后采用 CLEAN 算法提取信道信息，并计算时间反演信道，结果如图 7-2 所示。由图 7-2 可见，铜线阵列引起的散射增加了信道的

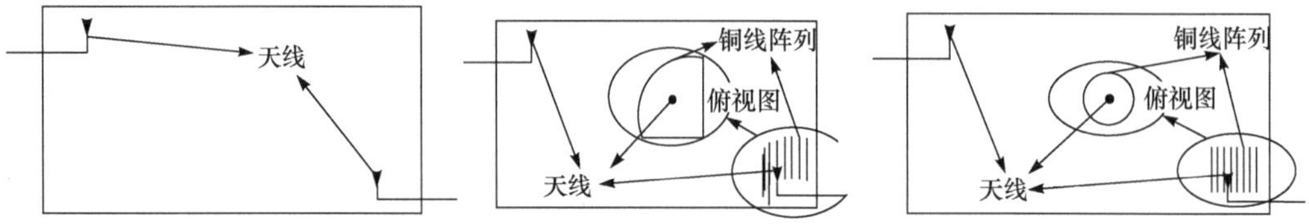

(a) 天线周围没有任何金属丝　(b) 发射天线周围有弧形铜线阵列　(c) 发射天线周围有圆形铜线阵列

图 7-1　确定信道仿真模型

复杂度和多径数量，导致传统通信系统中传输性能的降低。相反，因为时间反演信道可以有效地收集利用多径信号，明显地改善了系统的传输性能。

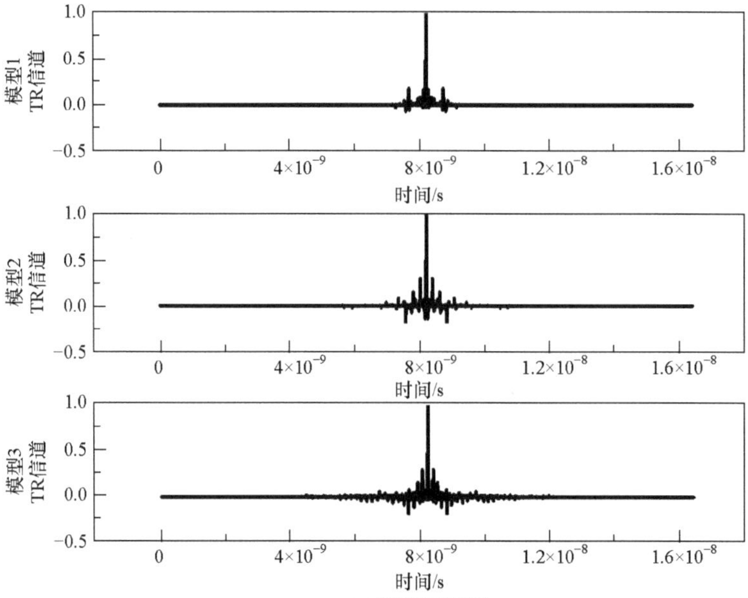

(a) 时间反演情况

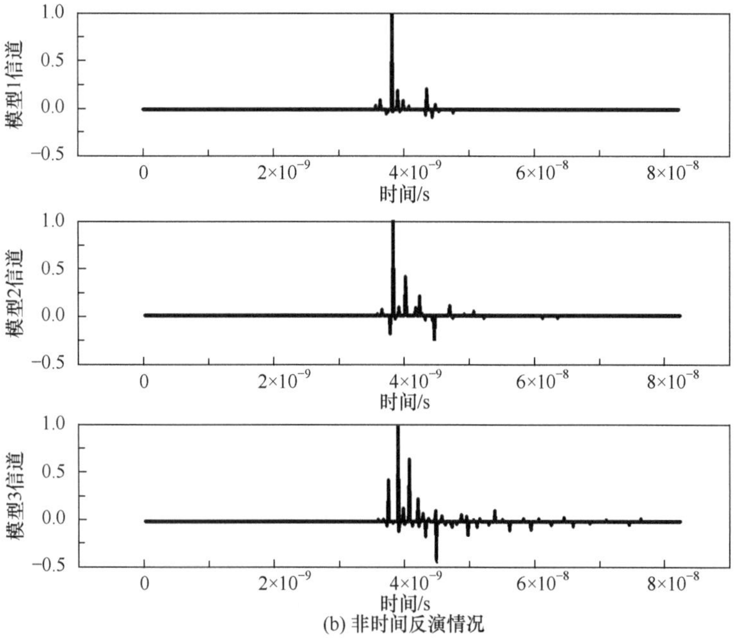

(b) 非时间反演情况

图 7-2　图 7-1 中三种模型的时域信道响应

7.2　时间反演超宽带脉冲通信系统仿真

在超宽带脉冲通信中，时间反演电磁波的空时聚焦特性可以保证有用信号的能量聚焦，有效地实现减小符号间干扰和共道干扰，提高传输可靠性，降低误码率。本节将对单输入单输出(SISO)和多输入单输出(MISO)时间反演超宽带(TR-UWB)通信系统进行仿真，展示其特点和性能优势[11]。

时间反演超宽带脉冲通信系统的工作流程可以分为四步。第一步，数据接收天线发送一个脉冲信号进行信道探测，该脉冲信号可以是高斯脉冲或其高阶导数；第二步，数据发射天线接收该信号，记录并进行时间反转；第三步，将记录的时间反转信号作为被调制脉冲，该脉冲受拟传信息调制后被发射出去，该调制的时间反演电磁波将在时间上相干聚焦、在空间上聚焦传送至数据接收天线处；第四步，接收机接收该信号，进行解调、译码等，最终获得传输信息。对于实际的通信系统，并非每一次数据传输都需要进行第一步和第二步的信道探测过程，当信道已知时，在系统中添加时间反演预滤波模块即可。图 7-3 是 SISO-TR-UWB 通信系统的简化框图。图 7-4 是 MISO-TR-UWB 通信系统的简化框图。

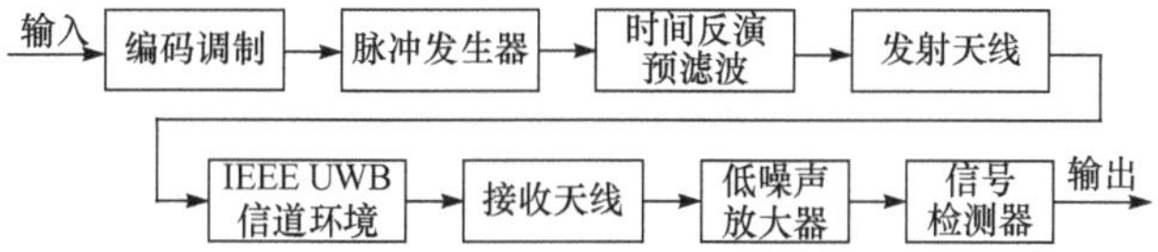

图 7-3　SISO-TR-UWB

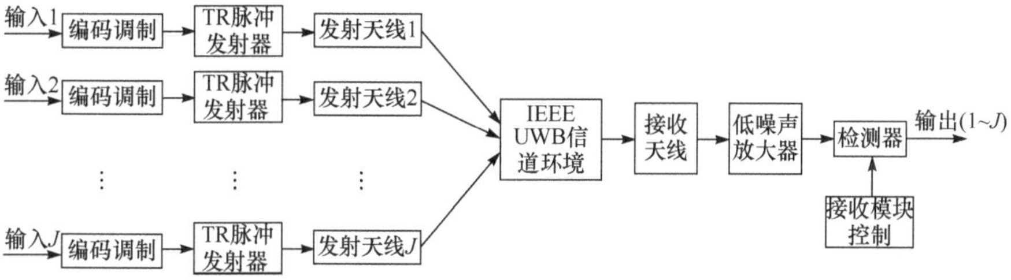

图 7-4　MISO-TR-UWB 通信系统的简化框图

假设数据接收天线位于 $\boldsymbol{r}_0$ 点，数据发射天线拟传输的信息为 $x(t)$ ， $n(t)$ 为双边功率谱密度为 $N_0/2$ 的加性高斯白噪声，那么 $\boldsymbol{r}_0$ 位置接收到的信号为

$$r(t) = x(t) \otimes R_{\boldsymbol{r}_0,\boldsymbol{r}_0}(t) + n(t) \tag{7-16}$$

联合式(7-15)和式(7-16)，可得 SISO 系统的接收信号为

$$r(t) = \left|X_{\boldsymbol{r}_0}\right|^2 \sum_{n=1}^{N_{\boldsymbol{r}_0}} \sum_{k=1}^{K_{\boldsymbol{r}_0(n)}} \alpha_{nk}^{\boldsymbol{r}_0} \sum_{\eta=1}^{N_{\boldsymbol{r}_0}} \sum_{\xi=1}^{K_{\boldsymbol{r}_0(\eta)}} \alpha_{\eta\xi}^{\boldsymbol{r}_0} x(t - T_n^{\boldsymbol{r}_0} - \tau_{nk}^{\boldsymbol{r}_0} + T_\eta^{\boldsymbol{r}_0} + \tau_{\eta\xi}^{\boldsymbol{r}_0} - T) + n(t) \tag{7-17}$$

MISO 系统的接收信号为

$$\begin{aligned} r(t) = &\left|X_{\boldsymbol{r}_0}\right|^2 \sum_{n=1}^{N_{\boldsymbol{r}_0}} \sum_{k=1}^{K_{\boldsymbol{r}_0(n)}} \alpha_{nk}^{\boldsymbol{r}_0} \sum_{\eta=1}^{N_{\boldsymbol{r}_0}} \sum_{\xi=1}^{K_{\boldsymbol{r}_0(\eta)}} \alpha_{\eta\xi}^{\boldsymbol{r}_0}\, x(t - T_n^{\boldsymbol{r}_0} - \tau_{nk}^{\boldsymbol{r}_0} + T_\eta^{\boldsymbol{r}_0} + \tau_{\eta\xi}^{\boldsymbol{r}_0} - T) \\ &+ \sum_{j=1}^{N_{\text{users}}-1} \left\{ X_{\boldsymbol{r}_j} X_{\boldsymbol{r}_0} \sum_{n=1}^{N_{\boldsymbol{r}_j}} \sum_{k=1}^{K_{\boldsymbol{r}_j(n)}} \alpha_{nk}^{\boldsymbol{r}_j} \sum_{\eta=1}^{N_{\boldsymbol{r}_0}} \sum_{\xi=1}^{K_{\boldsymbol{r}_0(\eta)}} \alpha_{\eta\xi}^{\boldsymbol{r}_0} \delta(t - T_n^{\boldsymbol{r}_j} - \tau_{nk}^{\boldsymbol{r}_j} + T_\eta^{\boldsymbol{r}_0} + \tau_{\eta\xi}^{\boldsymbol{r}_0} - T) \right\} + n(t) \end{aligned} \tag{7-18}$$

在超宽带脉冲通信系统中，常见的调制信号表达式如下。[8]

TH-PPM(跳时脉冲位置调制)为

$$x(t)=\sum_{j=-\infty}^{+\infty} p(t-jT_{\mathrm{s}}-\eta_j-a_j\varepsilon) \tag{7-19}$$

TH-PAM(跳时脉冲幅度调制)为

$$x(t)=\sum_{j=-\infty}^{+\infty} p_{a_j}(t-jT_{\mathrm{s}}-\eta_j) \tag{7-20}$$

DS-PAM(直接序列脉冲幅度调制)为

$$x(t)=\sum_{j=-\infty}^{+\infty} d_j p(t-jT_{\mathrm{s}}) \tag{7-21}$$

DS-PPM(直接序列脉冲位置调制)为

$$x(t)=\sum_{j=-\infty}^{+\infty} p\left(t-jT_{\mathrm{s}}-\varepsilon\frac{d_j+1}{2}\right) \tag{7-22}$$

式中，$p(t)$是单个脉冲，选为高斯脉冲或其高阶导数；T_{s}是脉冲周期；ε是脉冲位置调制位移；a_j和d_j是二进制信息；η_j是跳时编码决定的第j个脉冲的时移。

为了与 TR-UWB 通信方案比较，本节将同时仿真使用 Rake 接收机的传统超宽带通信系统。Rake 接收机是传统接收机中为了提高接收机接收信号的多径捕获能力，改善系统的误码率而采用的有效接收机。按照通信指标，需要对 Rake 接收机相关器分支数进行设计。性能要求越高，需要的 Rake 接收机相关器分支就越多。Rake 接收机按多径分量捕获方式的不同有选择性 Rake(S-Rake)和部分 Rake(P-Rake)。S-Rake 接收机在所获得的所有多径分量中选择最大的L个分量进行最大合并比相加。最大合并比相加是指不同的多径分量首先需要经过加权，权重按照使判决过程中信噪比(SNR)最大的原则确定，然后合并到一起。而 P-Rake 选择最先到达的L个多径分量进行最大合并比相加。显然，S-Rake 具有更优检测性能。当然，当最好分量位于信道冲激响应起始位置时，S-Rake 和 P-Rake 之间的性能差距会缩小。这里选用性能更优的 S-Rake 方案。

所有仿真中均使用了重复编码以降低系统整体误码率，仿真所得的误码率对信噪比的关系如图 7-5 和图 7-6 所示。图 7-5 对应于使用 TH-PPM 的 SISO-TR-UWB 系统，图 7-6 对应于使用 DS-PAM 的 SISO-TR-UWB 系统。由图 7-5 和图 7-6 可见，基于时间反演的 SISO 超宽带系统在 TH-PPM 和 DS-PAM 的情形下均优于传统超宽带系统。传统系统的相关器分支越多，其性能会越接近时间反演系统。

进一步考察需要多少分支个数传统系统的性能才能与时间反演系统近似。仿真结果表明：在 TH-PPM 情形下，拥有 50 个相关器分支的接收机可以获得与时间反演系统相当的信噪比；对于 DS-PAM 的情形，传统的方案则很难达到时间反演系统的性能。

接着按照式(7-18)仿真 MISO-TR-UWB 通信系统。前面已经讨论了当传统超宽带通信系统使用多少 Rake 分支时其性能可以与基于时间反演的系统相当。在讨论 MISO 系统时，作为对比对象的传统 Rake 接收机超宽带通信系统在 TH-PPM 方案中采用 50 个相关器分支，而在 DS-PAM 方案中采用 60 个相关器分支。仿真中主要考虑的用户数分别为$J=6$个、9 个、15 个。计算结果显示在图 7-7 和图 7-8 中。仿真结果表明，与传统超宽带通信相比，基于时间反演的超宽带通信能显著地提高通信性能。

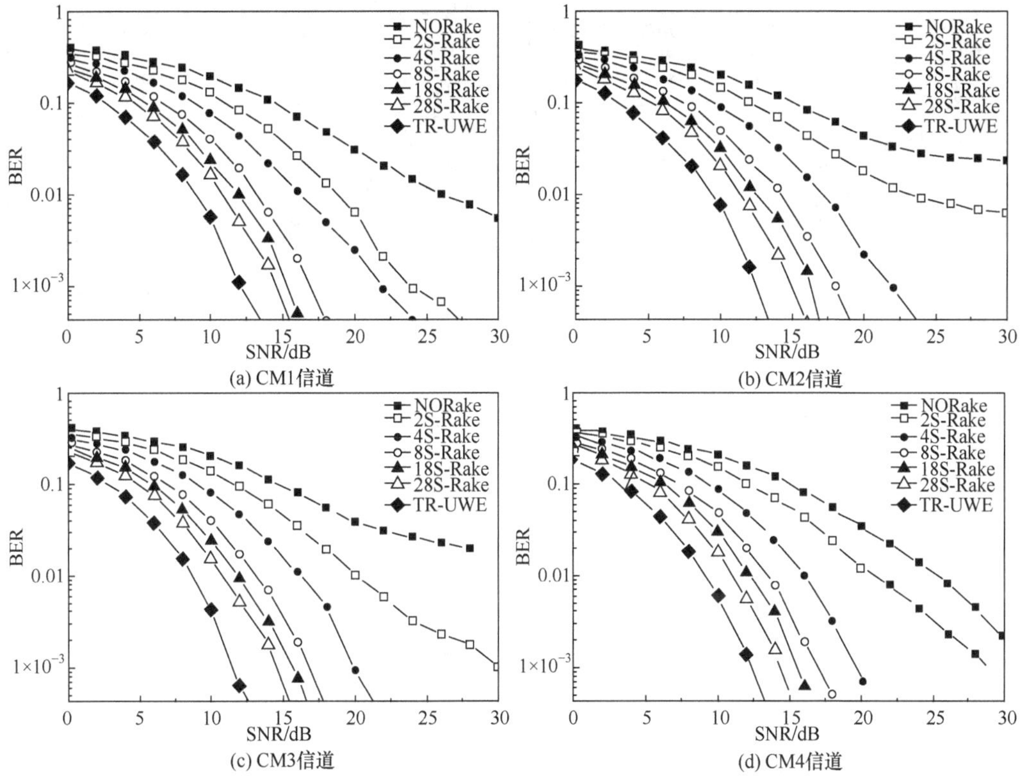

图 7-5 使用 TH-PPM 的 SISO-TR-UWB 系统的误码率对信噪比的关系

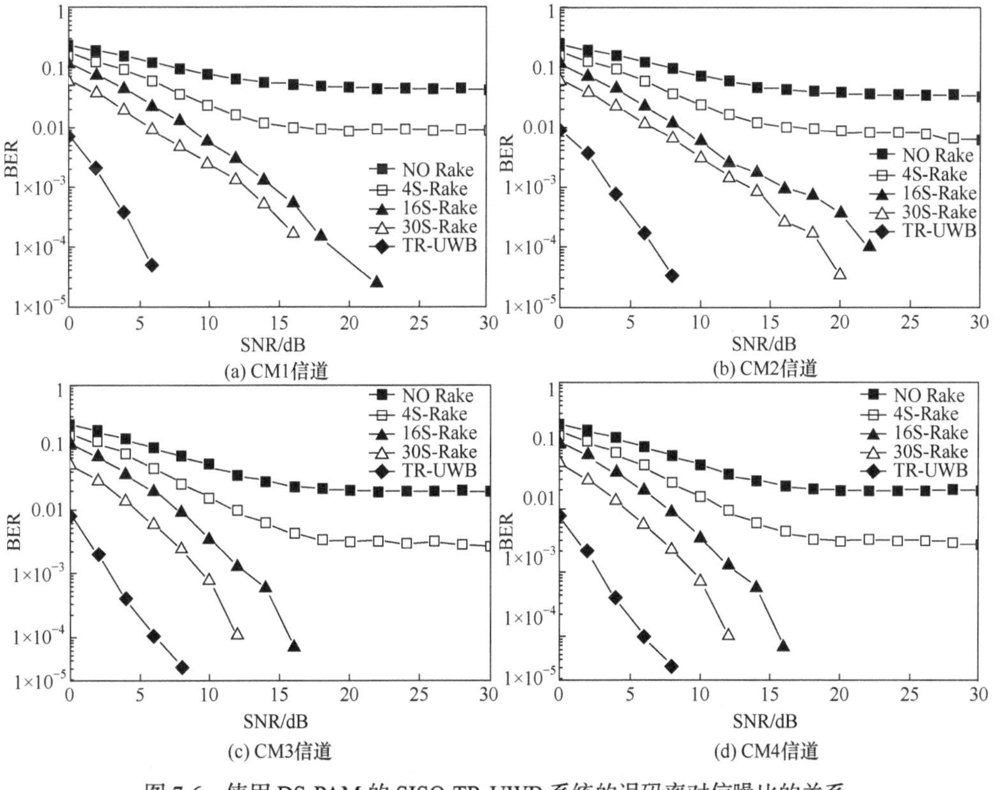

图 7-6 使用 DS-PAM 的 SISO-TR-UWB 系统的误码率对信噪比的关系

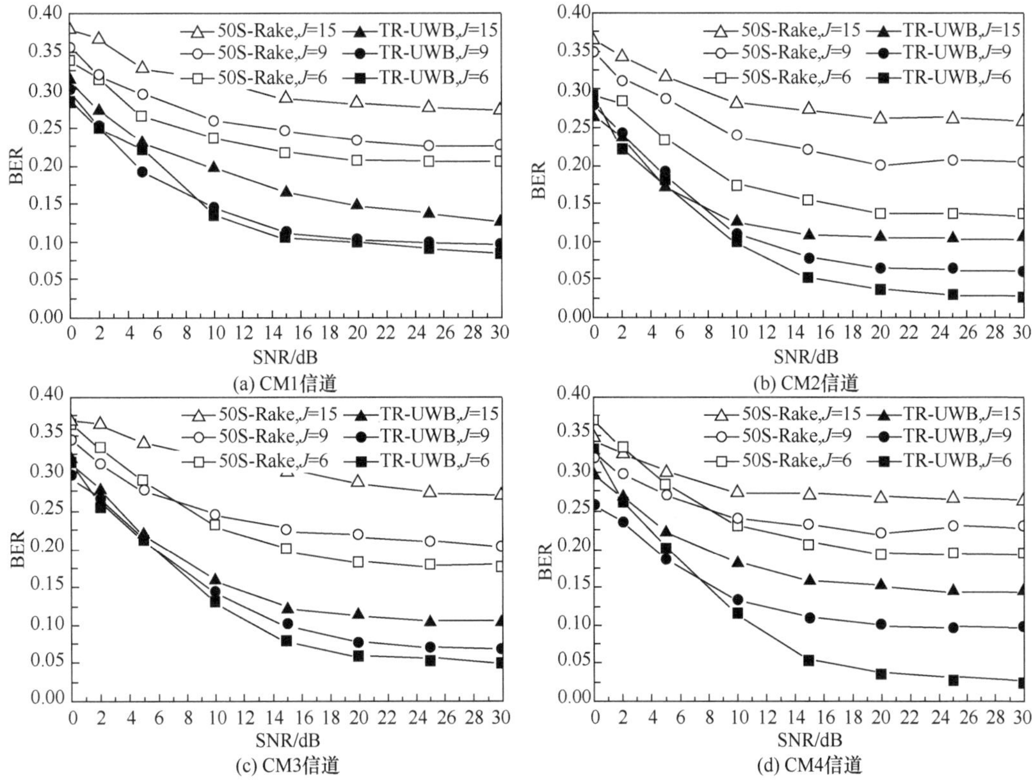

(a) CM1信道 (b) CM2信道

(c) CM3信道 (d) CM4信道

图 7-7 使用 TH-PPM 的 MISO-TR-UWB 系统的误码率对信噪比的关系

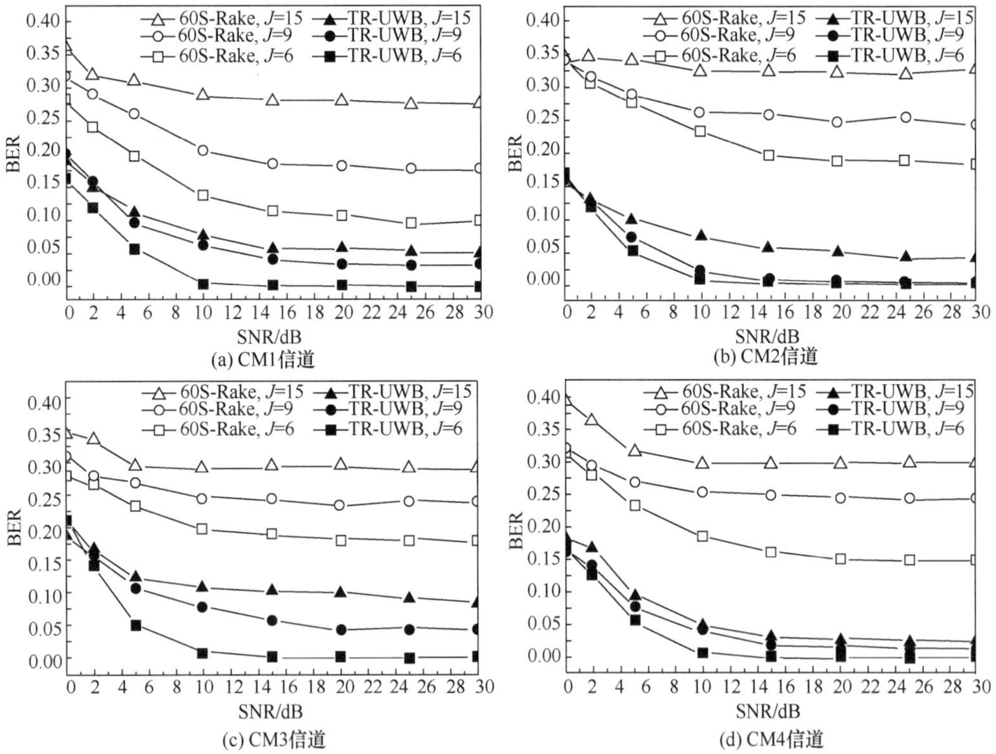

(a) CM1信道 (b) CM2信道

(c) CM3信道 (d) CM4信道

图 7-8 使用 DS-PAM 的 MISO-TR-UWB 系统的误码率对信噪比的关系

7.3　时间反演超宽带脉冲通信的功率优化控制

基于时间反演的超宽带系统中，时间反演后的调制脉冲的能量谱密度会在原脉冲能量谱密度的基础上产生波动。假如原脉冲能量谱密度恰好在 IEEE 规定的辐射掩蔽规定之下，那么时间反演后的能量谱密度必然违反此规定，因此需要对发射功率做一定补偿。本节讨论时间反演的超宽带系统的功率补偿，并通过蒙特卡罗方法获得在 IEEE 信道模型下的补偿系数，以指导实际系统设计[12]。

7.3.1　时间反演信号和补偿系数

根据时间反演实现的物理过程，时间反演脉冲可以表示为

$$p_{\mathrm{tr}}(t)=p(-t)*h_r(-t) \tag{7-23}$$

式中，$p(t)=\dfrac{\partial^n}{\partial^n t}\left\{\pm\dfrac{\sqrt{2}}{\alpha}\exp\left(-\dfrac{2\pi t^2}{\alpha^2}\right)\right\}(-1.1\alpha\leqslant t\leqslant 1.1\alpha)$；$h_r(t)$ 为 IEEE 超宽带室内信道，表达式为式(7-7)。通过傅里叶变换可得

$$P_{\mathrm{tr}}(f)=P^*(f)\cdot H_r^*(f) \tag{7-24}$$

考虑 $p(t)$ 和 $h_r(t)$ 均为实信号，那么

$$\left|P_{\mathrm{tr}}(f)\right|=\left|P(f)\right|\cdot\left|H_r(f)\right| \tag{7-25}$$

式中

$$P(f)=(\mathrm{j}2\pi f)^n\exp\left(-\pi\alpha^2 f^2/2\right) \tag{7-26}$$

$$H_r(f)=X_r\sum_{m=1}^{M}\sum_{k=1}^{K_{(m)}}\alpha_{mk}^r\mathrm{e}^{-\mathrm{j}2\pi f(T_m^r+\tau_{mk}^r)} \tag{7-27}$$

对于单路径加性高斯白噪声信道(AWGN)，易得 $\left|H_r(f)\right|=\left|\alpha\mathrm{e}^{-\mathrm{j}2\pi f\tau_0}\right|=\alpha$，即谱函数上没有额外的波动出现。而对两信道情况，$H_r(f)=\alpha_1^r\mathrm{e}^{-\mathrm{j}2\pi f t_1}+\alpha_2^r\mathrm{e}^{-\mathrm{j}2\pi f t_2}$，其中 $t_1=T_1^r+\tau_{1,0}^r$，$t_2=T_2^r+\tau_{2,0}^r$，此时

$$\left|H_r(f)\right|=\left|\sqrt{\left(\alpha_1^r\right)^2+\left(\alpha_2^r\right)^2+2\alpha_1^r\alpha_2^r\cos(2\pi f(t_1-t_2))}\right| \tag{7-28}$$

这表明路径延迟时间之差决定了谱函数的波动。此现象在通信中称为多径导致的频率选择性衰落。路径延迟时间之差越大，频域上的波动就越剧烈。进一步，如果有更多路径存在，就会出现更多不规则波动。从物理上来看，频率选择性衰落形成的原因有两种：一是来自路径损耗的色散特性；二是来自多条路径的相干特性。路径损耗的色散特性指的是某条路径对不同频率信号的损耗不同。多条路径的相干特性指的是多条路径的信号会在空间形成驻波或行驻波，如果接收器位于某一频率的波节位置，则接收频谱表现为衰落；如果接收器位于某一频率的波腹位置，则接收频谱表现为增强，也就是说路径相干造成的频率选择性衰落来自电磁场的空间不均匀分布。如果空间不存在多径，那么电磁场的能量在空间是均匀变化的。

由上述分析可以看出，确定一个补偿系数对信号功率进行优化，以保证功率谱不超过 FCC 规定的辐射掩蔽是必要的。定义补偿系数 $\rho_{\mathrm{c}}=\rho/X_r$，从而 $P_{\mathrm{tr}}(f)$ 可以写成

$$P_{\mathrm{tr}}(f)=\rho(-\mathrm{j}2\pi f)^{n}\exp\left(-\pi\alpha^{2}f^{2}/2\right)\sum_{m=1}^{M}\sum_{k=1}^{K_{(m)}}\alpha_{mk}^{r}\mathrm{e}^{\mathrm{j}2\pi f\left(T_{m}^{r}+\tau_{mk}^{r}\right)} \tag{7-29}$$

时间反演信号的能量谱密度可得

$$\begin{aligned}\xi_{\mathrm{tr}}=&\rho^{2}(2\pi)^{2n-1}f^{2n}\mathrm{e}^{-\left(\pi\alpha^{2}f^{2}\right)}\\&\cdot\left[\left(\sum_{m=1}^{M}\sum_{k=1}^{K_{(m)}}\alpha_{mk}^{r}\cos(2\pi f(T_{m}^{r}+\tau_{mk}^{r}))\right)^{2}+\left(\sum_{m=1}^{M}\sum_{k=1}^{K_{(m)}}\alpha_{mk}^{r}\sin(2\pi f(T_{m}^{r}+\tau_{mk}^{r}))\right)^{2}\right]\end{aligned} \tag{7-30}$$

基于式(7-30)，通过蒙特卡罗仿真可以获取一个 ρ_{c} 的适当值来指导设计。仿真中首先使用高斯脉冲的七阶导数作为标准脉冲，并假设它恰好符合 FCC 的标准。然后产生大量的信道获得时间反演信道，对于每个信道计算出能让其满足辐射掩蔽标准的 ρ_{c} 的值，最后将所有的 ρ_{c} 值取平均作为所需的补偿系数。在 CM2 的参数下，仿真计算得到 $\rho_{\mathrm{c}}=0.79$ 可以满足条件。对其他信道，可以使用类似方法得到补偿系数的适当值。图 7-9 给出了原始脉冲信号、未补偿的时间反演脉冲信号(包括等幅度的时间反演脉冲信号和等能量的时间反演脉冲信号)以及符合 $\rho_{\mathrm{c}}=0.79$ 能量补偿后的时间反演脉冲信号的波形及它们的能量谱密度的一个例子。

从图 7-9 中可知，如果原始脉冲恰好符合 FCC 辐射掩蔽的标准，那么等幅度时间反演脉冲和等能量时间反演脉冲的能量谱密度的波动均突破了辐射掩蔽的要求，而经能量补偿后的时间反演脉冲却能很好地符合要求，不会对现存的其他窄带系统造成严重干扰，保证了系统的电磁兼容性要求。

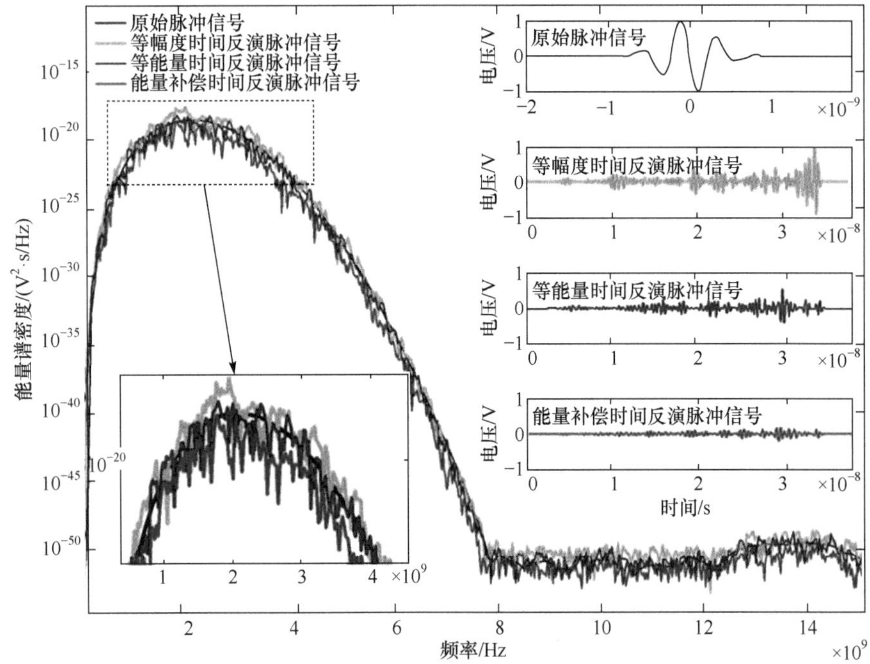

图 7-9　原始脉冲、等幅度时间反演脉冲、等能量时间反演脉冲和能量补偿时间反演脉冲信号的波形及其能量谱密度

7.3.2　确定信道下功率补偿后的系统性能

从前面章节可知，等幅度时间反演超宽带通信在误码率上明显优于传统超宽带通信。然

而，在 7.3.1 节功率补偿系数的指导下设计的时间反演超宽带通信满足辐射功率要求的同时，能否保持其性能上的优势是需要关注的问题。这关系着基于时间反演的超宽带脉冲通信在实际工程应用的生存能力和兼容性。

这里通过一个确定室内信道来考察该问题。室内环境图如图 7-10 所示，整个仿真区域是 $W \times L \times H = 4\text{m} \times 11\text{m} \times 3\text{m}$ 的办公室模型，墙壁的厚度是 0.2m，相对介电常数为 6。为简便起见，办公室中的桌子、椅子、设备、计算机等均假设为正方体或长方体，其部分尺寸在图 7-10 中可见。所有桌子高度为 0.8m，相对介电常数为 3。椅子为金属材料，高度为 0.5m。左上角为书柜，高度为 2.2m。另外，实验器件和计算机均假设为金属外壳，且设定为分别具有尺寸 $0.4\text{m} \times 0.4\text{m} \times 0.2\text{m}$ 和 $0.4\text{m} \times 0.5\text{m} \times 0.4\text{m}$。门的高度为 2.2m。

仿真过程包括两个部分，一是基于 FDTD 的电磁仿真，二是通信仿真。在电磁仿真部分，七阶高斯脉冲信号在图 7-10 中的天线 A 点 (1.4m,0.5m,2m) 被激励，经过室内信道传输，在天线 B 点 (3m,9.5m,0.5m) 记录下天线的接收信号。然后运用 CLEAN 算法综合天线 A 和天线 B 之间的信道冲激响应。在获得该信道冲激响应之后，再执行在该信道上的超宽带脉冲通信仿真。通信仿真主要考虑 TH-PPM 和 DS-PAM 两种调制方式。同样，为了对比系统性能，也在该信道上执行传统基于 S-Rake 接收机的超宽带仿真。此处使用的 Rake 接收机相关器个数为 18 个。通信仿真主要参数如表 7-2 所示，仿真结果如图 7-11 和图 7-12 所示。

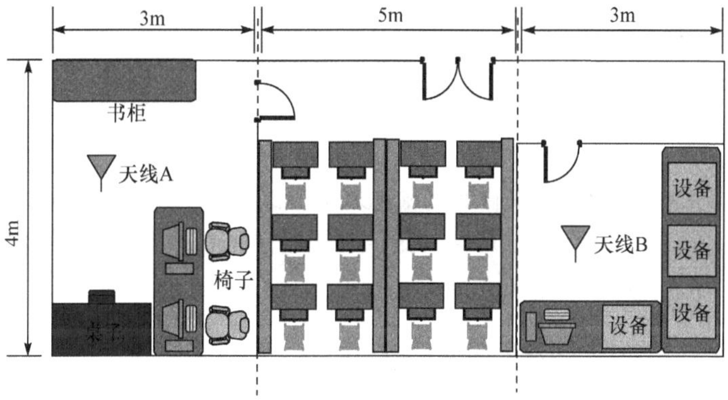

图 7-10　室内环境图

表 7-2　通信仿真主要参数

参数名称	符号	值	适用对象
数据速率/(Mbit/s)	D_r	66.7	TH-PPM 和 DS-PAM
脉冲宽度/ns	T_m	0.5	TH-PPM 和 DS-PAM
PPM 时延/ns	ε	0.5	TH-PPM
重复编码长度	N_s	5	TH-PPM 和 DS-PAM
多址编码长度	N_p	100	TH-PPM 和 DS-PAM
每帧码片个数	N_h	5	TH-PPM
码片长度/ns	T_c	1	TH-PPM
帧长度/ns	T_s	3	TH-PPM 和 DS-PAM

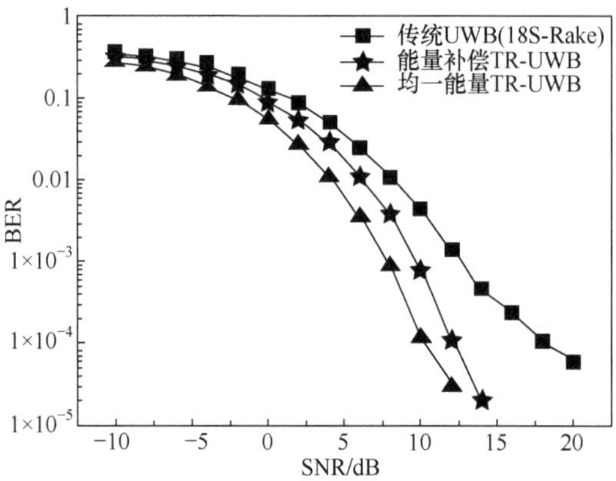

图 7-11　TH-PPM 调制误码率对信噪比的关系

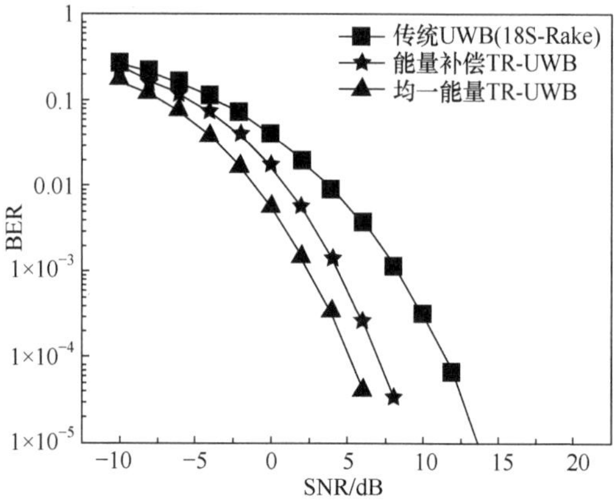

图 7-12　DS-PAM 调制误码率对信噪比的关系

由图 7-11 和图 7-12 可见，不管是在 TH-PPM 调制还是 DS-PAM 调制下，等能量脉冲的时间反演超宽带脉冲通信虽然在误码率性能上非常优越，但是其发射功率具有对其他已存窄带系统造成严重干扰的可能性。能量补偿后的时间反演超宽带脉冲通信在满足 FCC 辐射功率要求的同时仍能保持优于传统超宽带脉冲系统的性能。这对于时间反演超宽带脉冲系统的实际应用和工程设计具有重要意义。

7.4　后置时间反演 MIMO 超宽带通信

本节讨论时间反演在多输入多输出超宽带通信中的应用，介绍后置时间反演 MIMO 超宽带传输方案，并与前置时间反演方案相对比；利用确定信道模型，展示该方案的抗信道估计误差能力和抗天线相关效应的能力[13]。

7.4.1　后置时间反演 MIMO 超宽带通信系统

假设 MIMO 系统具有 M 个发射天线和 N 个接收天线，其信道矩阵为

$$\boldsymbol{H}(t)=\begin{bmatrix} h_{11}(t) & h_{12}(t) & \cdots & h_{1M}(t) \\ h_{21}(t) & h_{22}(t) & \cdots & h_{2M}(t) \\ \vdots & \vdots & & \vdots \\ h_{N1}(t) & h_{N2}(t) & \cdots & h_{NM}(t) \end{bmatrix} \tag{7-31}$$

式中，$h_{nm}(t)$ 是第 m 个发射天线到第 n 个接收天线之间的信道冲激响应。那么，前置时间反演 MIMO 超宽带通信的传输模型可以用公式表达为

$$\boldsymbol{Y}(t)=\boldsymbol{H}(t)\otimes\boldsymbol{E}^{\text{pre}}(t)\otimes\boldsymbol{P}(t)+\boldsymbol{N}_0(t) \tag{7-32}$$

式中，$\boldsymbol{Y}(t)=[y_1(t),y_2(t),\cdots,y_N(t)]^{\mathrm{T}}$ 是 N 个接收天线上接收到的时域信号；$\boldsymbol{P}(t)=[p_1(t),p_2(t),\cdots,p_M(t)]^{\mathrm{T}}$ 是 M 个发射天线上发射的时域信号；$\boldsymbol{E}^{\text{pre}}(t)$ 是前置时间反演滤波矩阵，记为 $\boldsymbol{E}^{\text{pre}}(t)=\operatorname{diag}\{e_1(t),e_2(t),\cdots,e_M(t)\}$，并且其单元为 $e_m(t)=\sum_{n=1}^{N}h_{nm}(-t)$；$\boldsymbol{N}_0(t)$ 是 N 个接收天线上的高斯白噪声组成的向量。与式(7-32)相对应的信号传输框图如图 7-13(a)所示，图 7-13(b)

则显示了后置时间反演 MIMO 超宽带通信的信号传输框图。

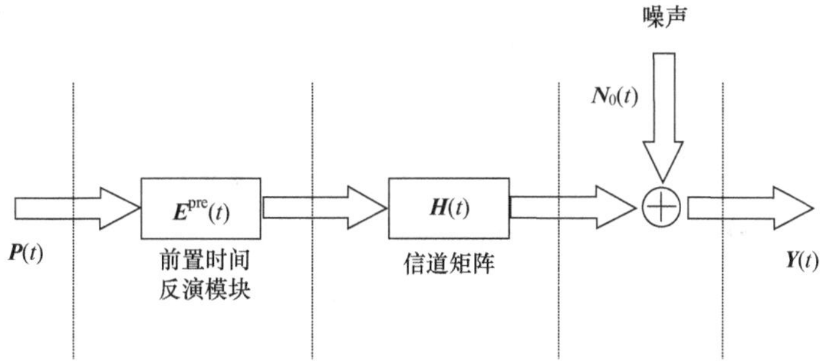

(a) 前置时间反演

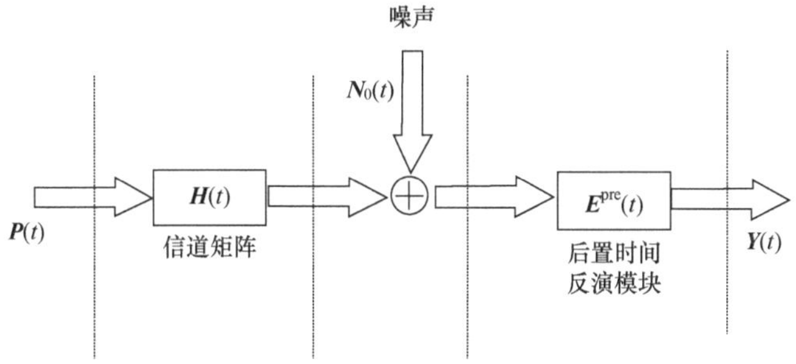

(b) 后置时间反演

图 7-13　前置和后置时间反演 MIMO-UWB 信号传输框图

后置时间反演 MIMO 超宽带通信系统来源于使用时间反演提高接收信号信噪比的构想。首先将每个天线接收的信号进行后置时间反演处理，然后根据不同信号的来源再对处理过的信号进行组合，从而得到具有高信噪比的接收信号。以第 n 个接收天线为例，该天线上接收到的信号经一个有 M 个时间反演信道等效滤波的处理单元后输出 M 个时域信号，这些信号又与其他接收天线上的 M 个输出相干叠加，最终输出得到 M 个高信噪比待解调信号。图 7-14 为后置时间反演 MIMO-UWB 通信系统的详细框图。

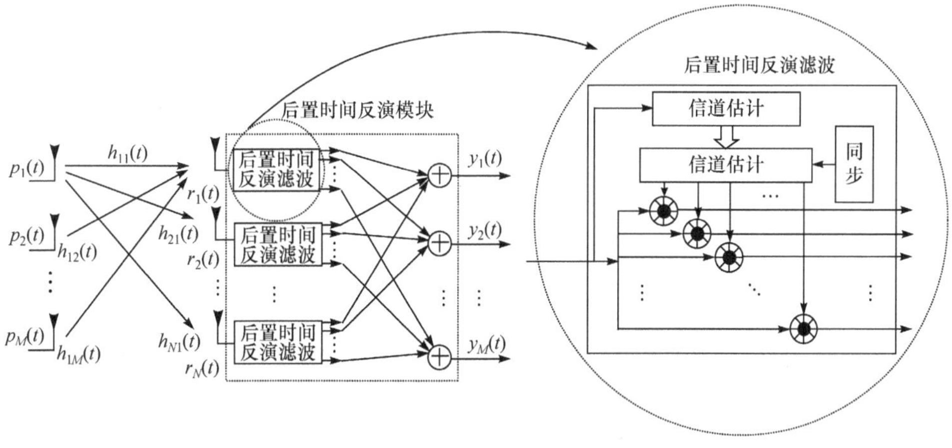

图 7-14　具有 $M \times N$ 个收发天线的后置时间反演 MIMO-UWB 通信系统详细框图

在后置情形下，信号在信道传输后，接收天线上的接收信号为

$$\boldsymbol{R}(t)=[r_1(t),r_2(t),\cdots,r_N(t)]^{\mathrm{T}}=\boldsymbol{H}(t)\otimes\boldsymbol{P}(t)+\boldsymbol{N}_0(t) \tag{7-33}$$

最终经过后置时间反演模块处理的第 m 个合成信号为

$$y_m(t)=\sum_{n=1}^{N}r_n(t)\otimes h_{mn}(-t) \tag{7-34}$$

写成矩阵形式为

$$\boldsymbol{Y}(t)=\boldsymbol{E}^{\text{post}}(t)\otimes\boldsymbol{R}(t)=\boldsymbol{H}^{\text{T}}(-t)\otimes\boldsymbol{R}(t) \tag{7-35}$$

于是，后置时间反演 MIMO 超宽带通信的信号传输表示为

$$\boldsymbol{Y}(t)=\boldsymbol{H}^{\text{T}}(-t)\otimes\boldsymbol{H}(t)\otimes\boldsymbol{P}(t)+\boldsymbol{H}^{\text{T}}(-t)\otimes\boldsymbol{N}_0(t) \tag{7-36}$$

两种情形下的第 l 个单元的信号分别为

$$y_l^{\text{pre}}(t)=\sum_{m=1}^{M}h_{lm}(t)\otimes h_{lm}(-t)\otimes p_m(t)+\sum_{m=1}^{M}h_{lm}(t)\otimes\sum_{\substack{n=1\\n\neq l}}^{N}h_{mn}(-t)\otimes p_m(t)+n_l(t) \tag{7-37}$$

$$y_l^{\text{post}}(t)=\sum_{n=1}^{N}h_{nl}(t)\otimes h_{nl}(-t)\otimes p_l(t)+\sum_{\substack{m=1\\m\neq l}}^{M}\sum_{n=1}^{N}h_{nm}(t)\otimes h_{nl}(-t)\otimes p_m(t)+\sum_{n=1}^{N}h_{nl}(-t)\otimes n_n(t) \tag{7-38}$$

根据式(7-38)可以估算后置时间反演 MIMO 超宽带通信系统输出信号的信噪比为

$$\frac{G_{\text{a}}}{(M-1)\times G_{\text{c}}+n_0} \tag{7-39}$$

式中，噪声功率记为 n_0；信道冲激响应的自相关和互相关峰值增益分别记为 G_{a} 和 G_{c}。由式(7-35)可以估算前置时间反演 MIMO 超宽带通信系统输出信号的信噪比：

$$\frac{G_{\text{a}}}{(M-1)\times G_{\text{c}}+n_0+[(M-1)\times G_{\text{a}}+(MN-2M+1)\times G_{\text{c}}]} \tag{7-40}$$

对比可知，后置方案比前置方案的信噪比大，符合理论预期。通常，G_{a} 比 G_{c} 大，其差距多少取决于信道复杂度。信道越复杂，差距越大，从而后置方案的优势就越大。这就是后置方案更适合于复杂环境下高速高效传输的原因。代价就是系统结构的复杂度和成本，包括时间反演滤波器、信道估计器、信号处理过程。因此，实际系统设计中需要根据系统指标在性能和成本之间做一定的权衡。

7.4.2 后置时间反演 MIMO 超宽带通信性能分析

下面讨论后置时间反演 MIMO 超宽带通信的链路性能。首先，通过 IEEE 802.15.3a 的超宽带统计信道模型分析其误码率性能。其后，利用基于 FDTD 法的确定信道模型展示多天线之间的相关性和信道估计误差对通信链路性能的影响。

1. 误码率

IEEE 802.15.3a 统计信道模型如式(7-7)所示，其中的参数由天线距离、簇到达速率、簇延迟因子、路径到达速率、路径延迟因子等参数按一定统计分布规律产生。信道的四种类型决定了信道的复杂度和部分信道特征，为了使传统的系统性能与本节方案可比，在本节的数值实验中主要使用 CM2 类型的信道模型。通信的调制解调机制主要考虑 TH-2PPM 和 DS-2PAM，表达式重写如下。

TH-2PPM 为

$$x(t)=\sum_{i=-\infty}^{+\infty}p(t-iT_{\text{s}}-c_iT_{\text{c}}-a_i\varepsilon) \tag{7-41}$$

DS-2PAM 为

$$x(t)=\sum_{i=-\infty}^{+\infty} d_i p(t-iT_s) \tag{7-42}$$

式中，T_s 为帧时间宽度；T_c 为码片时间宽度；ε 为 PPM 的脉冲位移；i 为第 i 个脉冲的跳时码；a_i 和 d_i 分别为 TH-2PPM 和 DS-2PAM 的二进制信息；c_i 为码片传输速度。另外，重复编码和多址编码分别记为 N_s 和 N_p，跳时码的势为 N_h，也就是说跳时编码在 $0\sim N_h-1$ 随机分布。通信仿真主要参数如表 7-3 所示。

表 7-3 通信仿真主要参数

参数名称	符号	值	适用对象
采样频率/GHz	f_c	20	TH-2PPM 和 DS-2PAM
脉冲宽度/ns	T_m	0.5	TH-PPM 和 DS-PAM
PPM 时延/ns	ε	0.5	TH-PPM
重复编码长度	N_s	1	TH-PPM 和 DS-PAM
多址编码长度	N_p	100	TH-PPM 和 DS-PAM
每帧码片个数	N_h	5	TH-PPM
码片长度/ns	T_c	*	TH-PPM
帧长度/ns	T_s	*	TH-PPM 和 DS-PAM

表 7-3 中，带星号的参数与传输速率 D_r 有关，由式(7-43)和式(7-44)给出：

$$T_s=\frac{M}{D_r N_s} \tag{7-43}$$

$$T_c=\frac{M}{D_r N_s N_h} \tag{7-44}$$

系统仿真中考虑天线的配置分别为 $M\times N=4\times4$、3×3、2×2 和 1×1。作为对比对象的传统超宽带脉冲 MIMO 通信系统采用具有 8 个 S-Rake 相关器的 Rake 接收机。通过通信系统仿真，传统超宽带通信方案、前置时间反演超宽带方案和后置时间反演超宽带方案的误码率性能如图 7-15 和图 7-16 所示。

图 7-15 显示，在 TH-2PPM 调制下，后置时间反演 MIMO 超宽带通信的性能相对于传统方案和前置时间反演方案有显著提高。这是由于后置时间反演模块收集更多的有用信号并将其相干叠加，从而获得了高信噪比的接收信号。同时，由于时间反演方案不需要采用 Rake 接收机，所以在接收解调这一过程中相对地降低了复杂度。图 7-15(b)显示了在 2×2 的天线配置下，400Mbit/s、600Mbit/s、800Mbit/s 传输速率时系统的误码率性能对比，可见后置时间反演 MIMO 超宽带通信链路在高速高效传输上优势显著。图 7-16 显示了 DS-2PAM 调制时的类似结果。在 AWGN 信道中，二进制 PAM 调制时的系统具有比二进制 PPM 调制系统低 3dB 的误码率性能。对比图 7-15 和图 7-16，可以得到类似的结论。

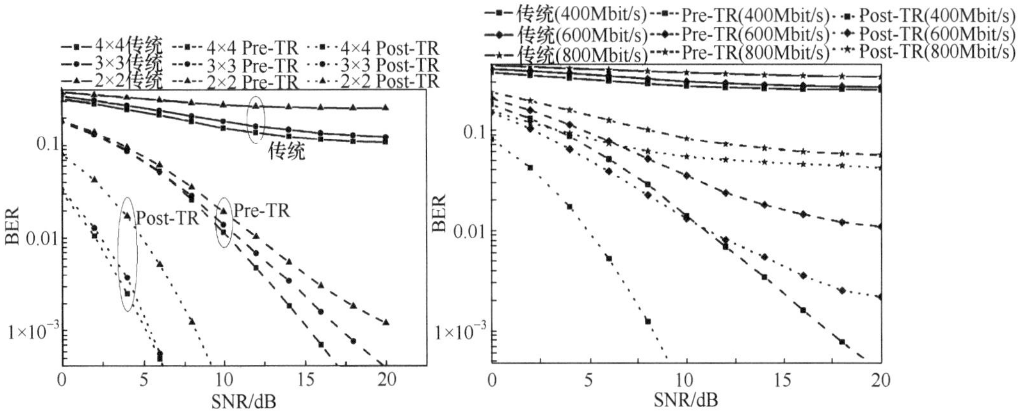

(a) 不同的天线配置，传输速率为400M/bit/s (b) 不同的传输速率，天线配置为2×2

图 7-15 调制方式采用 TH-2PPM 时，传统 MIMO-UWB、Pre-TR MIMO-UWB 以及 Post-TR MIMO-UWB 通信的性能对比

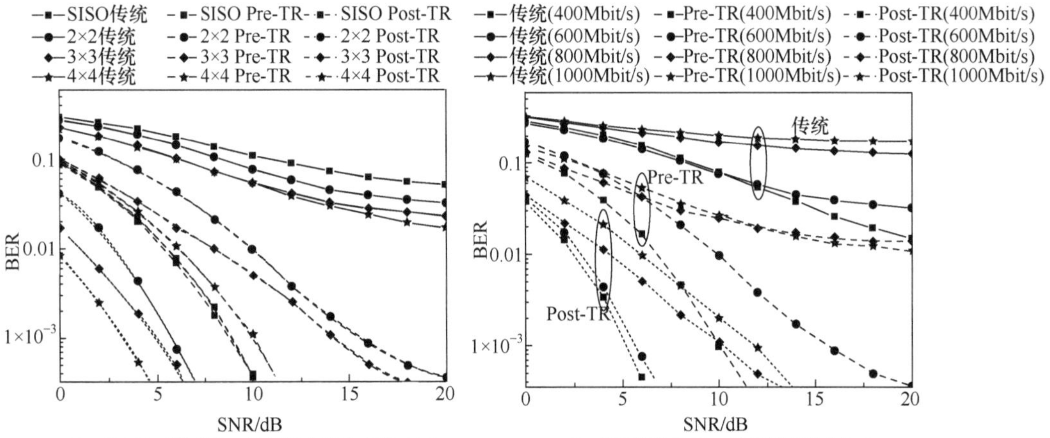

(a) 不同的天线配置，传输速率均为400Mbit/s (b) 不同传输速率，天线配置均为2×2

图 7-16 调制方式采用 DS-2PAM 时，传统 MIMO-UWB、Pre-TR MIMO-UWB 以及 Post-TR MIMO-UWB 通信的性能对比

2. 信道估计误差影响

前面的讨论忽视了信道估计误差和天线相关效应的影响。实际工程设计中，获得理想信道响应是不可能的，另外，由于系统的体积限制，多天线之间的相互耦合无法避免，天线的相关效应必然存在。系统的抗信道估计误差和抗天线相关效应能力是衡量其性能的重要指标，因此本节将在存在信道估计误差和天线相关效应的情况下，讨论各种通信方案的性能对比。

考虑图 7-17 所示室内确定信道模型，仿真空间为$W \times L \times H = 3\text{m} \times 5\text{m} \times 3\text{m}$，边界为 0.2m 厚的水泥墙壁，相对介电常数为 6。室内有 5 套桌椅，桌子尺寸为$W_\text{d} \times L_\text{d} \times H_\text{d} = 0.5\text{m} \times 0.9\text{m} \times 0.7\text{m}$，相对介电常数为 3；椅子材料为金属，尺寸为$W_\text{c} \times L_\text{c} \times H_\text{c} = 0.3\text{m} \times 0.4\text{m} \times 0.5\text{m}$。中心有一尺寸为$W_\text{e} \times L_\text{e} \times H_\text{e} = 1.1\text{m} \times 1.4\text{m} \times 0.7\text{m}$的实验平台，相对介电常数为 6。在角落配有尺寸为$W_\text{a} \times L_\text{a} \times H_\text{a} = 0.3\text{m} \times 0.5\text{m} \times 2\text{m}$的空调，其表面假设为全金属材料。收发天线阵列的第一个天线单元分别位于$(2.6\text{m}, 1.5\text{m}, 0.6\text{m})$和$(1.3\text{m}, 4.6\text{m}, 0.6\text{m})$，其他天线单元与第一个天线单元以

距离 d 等间距排放。图 7-17 所示是仅具有两个天线单元的情况。

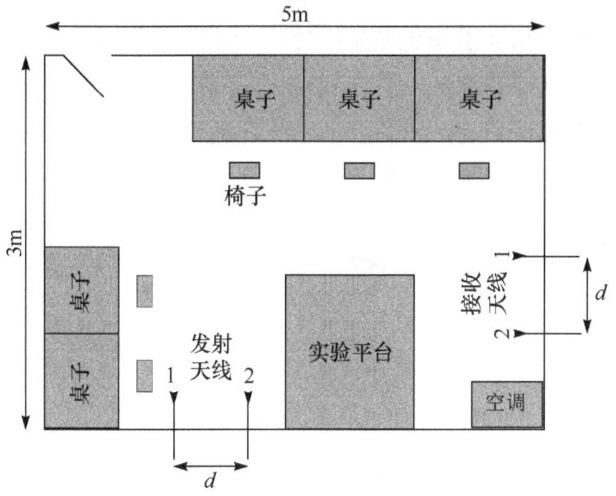

图 7-17　室内确定信道模型

类似于前面章节，在基于 FDTD 的电磁仿真中，发射天线用形因子为 0.25ns 的二阶高斯脉冲作为激励源，在接收天线处记录接收信号，然后使用 CLEAN 算法提取信道冲激响应。因采用的天线配置为 2×2，所以在使用电磁仿真和 CLEAN 算法后，可以获得此 MIMO 信道矩阵为

$$\boldsymbol{H}(t)=\begin{bmatrix} h_{11}(t) & h_{12}(t) \\ h_{21}(t) & h_{22}(t) \end{bmatrix} \tag{7-45}$$

其抽样形式可以写为

$$\boldsymbol{H}(i\Delta T)=\begin{bmatrix} h_{11}(i\Delta T) & h_{12}(i\Delta T) \\ h_{21}(i\Delta T) & h_{22}(i\Delta T) \end{bmatrix},\quad i=1,2,\cdots,I \tag{7-46}$$

式中，ΔT 为抽样周期；$i\Delta T$ 为信道冲激响应时长。简化该抽样描述可得

$$\boldsymbol{H}(i)=\begin{bmatrix} h_{11}(i) & h_{12}(i) \\ h_{21}(i) & h_{22}(i) \end{bmatrix} \tag{7-47}$$

设该信道为理想估计，为说明估计误差对系统的影响，由式(7-48)构造误差信道：

$$\boldsymbol{H}_{\mathrm{e}}=\sqrt{\frac{1}{K+1}}\boldsymbol{H}+\sqrt{\frac{K}{K+1}}\boldsymbol{H}^{\mathrm{error}} \tag{7-48}$$

式中，$K>0$ 为决定信道估计误差程度的误差因子；$\boldsymbol{H}^{\mathrm{error}}$ 为误差矩阵，它的单元 $h_{mn}^{\mathrm{error}}(i)$ 遵循均值为 0、标准方差为 1 的正态分布，且已经过能量归一化处理。

获得误差信道 $\boldsymbol{H}_{\mathrm{e}}$ 以后，将其应用于通信仿真，调制方式同样使用 TH-2PPM 和 DS-2PAM 两种，数据传输速率设定为 $D_{\mathrm{r}}=500\mathrm{Mbit/s}$，信噪比为 $\mathrm{SNR}=8\mathrm{dB}$。图 7-18 显示此时的误码率和信道估计误差因子的关系。通过图 7-18 中曲线的斜率可知，后置时间反演 MIMO 超宽带通信在信道估计误差因子 $K>100$ 时，误码率趋于严重，而前置方案的误码率性能在 $K=10$ 时已经无法满足通信要求。可见，后置方案比前置方案在抗信道估计误差性能方面具有更好的鲁棒性，因此该方案降低了对实际工程设计中信道估计模块的技术要求，节约了设计成本。

3. 多天线相关性影响

系统设计中的另一个实际问题是天线相关性，它源于天线单元之间没有足够距离而导致信号相互耦合。按照图 7-17 的模型，用电磁仿真获得信道矩阵 $\boldsymbol{H}(t)$，在 TH-2PPM 调制和 DS-2PAM 调制下，分析不同天线单元间距时的系统通信性能，如图 7-19 和图 7-20 所示，可见天线相关性对通信性能有非常重要的影响。

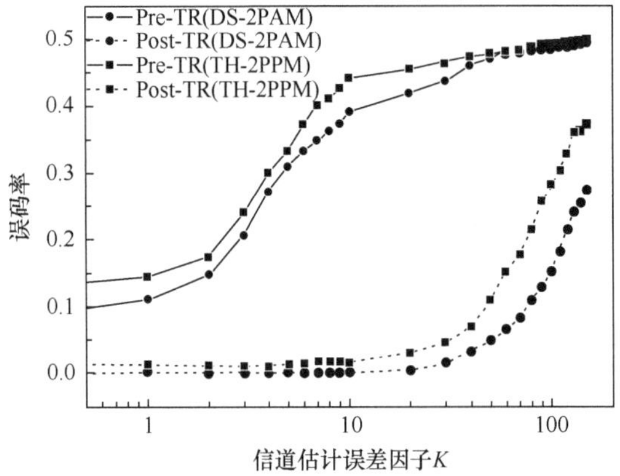

图 7-18 误码率随信道估计误差因子的变化

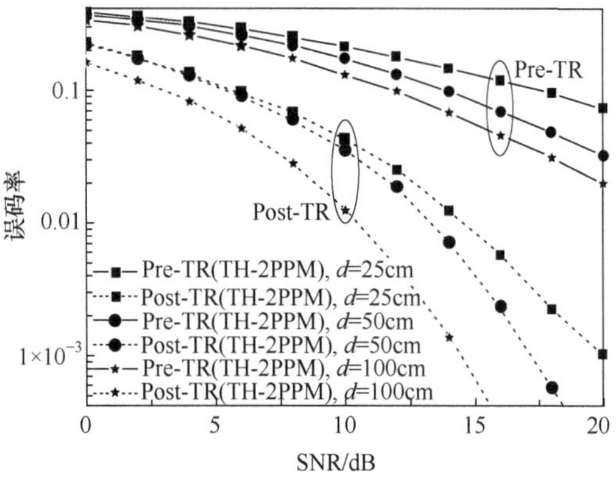

图 7-19 TH-2PPM 调制的系统通信性能

为了进一步展示天线相关性的影响，引入如下的信道相关矩阵：

$$\boldsymbol{H}_{\mathrm{c}} = \boldsymbol{R}_{\mathrm{r}}^{1/2}\boldsymbol{H}\boldsymbol{R}_{\mathrm{t}}^{1/2} \tag{7-49}$$

式中，$\boldsymbol{R}_{\mathrm{r}}^{1/2} = \boldsymbol{R}_{\mathrm{t}}^{1/2} = \begin{bmatrix} 1 & \alpha \\ \alpha & 1 \end{bmatrix}$，$\alpha$ 称为相关因子；假定 $\boldsymbol{H}$ 是空间不相干的(在天线间距足够远($d = 125\mathrm{cm}$)情况下获取)。将 $\boldsymbol{H}_{\mathrm{c}}$ 用于通信仿真，调制方式使用 TH-2PPM 和 DS-2PAM 两种，数据传输速率设定为 $D_{\mathrm{r}} = 500\mathrm{Mbit/s}$，信噪比为 $\mathrm{SNR} = 8\mathrm{dB}$。图 7-21 是所得误码率和相关因子的关系。图 7-21 中，前置和后置方案的误码率曲线的斜率基本相当，可见它们在抗信道相关性能上处于同一水平。

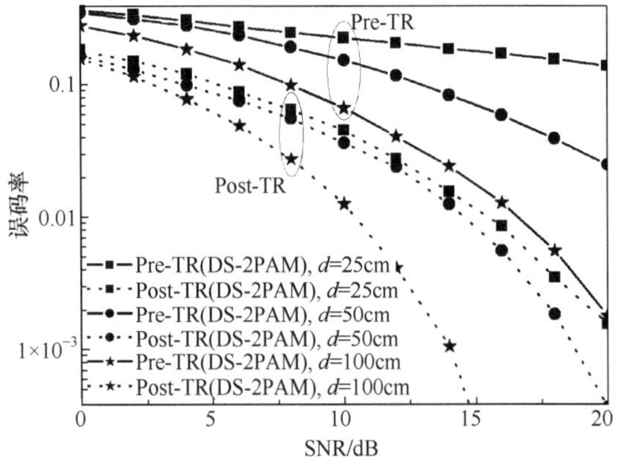

图 7-20 DS-2PAM 调制的系统通信性能

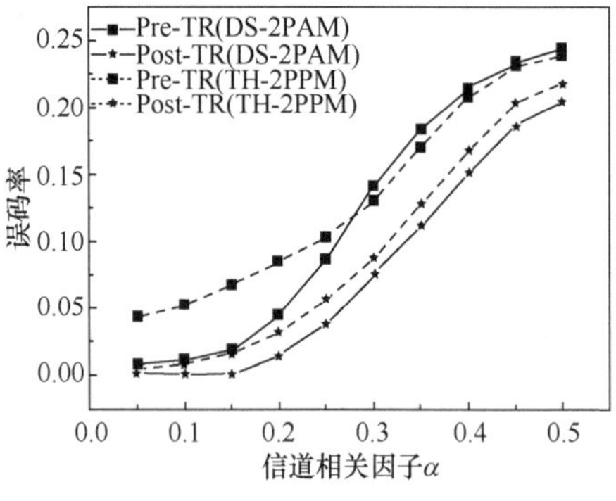

图 7-21 误码率与信道相关因子的关系

总体来讲，后置时间反演 MIMO 超宽带通信方案相对于传统方案在传输速度、信噪比等方面有显著的提高。由于后置方案接收机的信号收集能力的增强，它的抗信道估计误差能力增强。但是，后置时间反演 MIMO 超宽带通信方案在抗天线相关效应上与传统前置方案相当。

7.5 室内超宽带动态时间反演系统的鲁棒性分析

本节将定量刻画室内超宽带时间反演系统的动态演化，解释时间反演鲁棒性的机制[14-16]。基于 IEEE 802.15.3a 信道模型，第 i 次实现的信道冲激响应为

$$h_i(t)=X_i\sum_{l=0}^{L}\sum_{k=0}^{K}\alpha_{k,l}^{(i)}\delta\left(t-T_l^{(i)}-\tau_{k,l}^{(i)}\right) \tag{7-50}$$

时间反演等效信道模型为 $h_i(-t)h_{i+1}(t)$。如果信道稳定，$h_{i+1}(t)=h_i(t)$，其将保持时间反演高增益时域聚焦。如果信道不稳定，$h_{i+1}(t)\neq h_i(t)$，时变性使得信道发生退相干，则时间反演聚焦增益也将随之衰退。

假设 $h_2(t)$ 由 $h_1(t)$ 演化而来，那么时变性可以理解成两个基本操作：改变多径增益 $\left\{\delta\beta_{k,l}^{(1)}\right\}$，以及改变多径到达时间 $\left\{\delta T_{k,l}^{(1)}\right\}$。借助式(7-50)可以建立 $h_2(t)$ 和 $h_1(t)$ 之间的演化关系：

$$h_2(t)=\sum_{l=0}^{L_2}\sum_{k=0}^{K_2}\beta_{k,l}^{(2)}\delta\left(t-T_l^{(2)}-\tau_{k,l}^{(2)}\right)\equiv\sum_{l=0}^{L_1\cup L_2}\sum_{k=0}^{K_1\cup K_2}\left(\beta_{k,l}^{(1)}+\delta\beta_{k,l}^{(1)}\right)\delta\left[t-\left(T_{k,l}^{(1)}+\delta T_{k,l}^{(1)}\right)\right] \tag{7-51}$$

式中，$\beta_{k,l}^{(i)}=X_i\alpha_{k,l}^{(i)}$；$\beta_{k,l}^{(1)}+\delta\beta_{k,l}^{(1)}=\beta_{k,l}^{(2)}$；$T_{k,l}^{(1)}+\delta T_{k,l}^{(1)}=T_l^{(2)}+\tau_{k,l}^{(2)}$；基本操作 $\left\{\delta\beta_{k,l}^{(1)},\delta T_{k,l}^{(1)}\right\}$ 表达了系统信道状态的演化；符号 $\cup$ 表示模糊函数集合的并集。

首先来考察多径到达时间不变 $\left(\left\{\delta T_{k,l}^{(1)}\right\}=0\right)$，而增益有所改变的情形。假设多径增益的改变 $\left\{\delta\beta_{k,l}^{(1)}\right\}$ 满足均匀随机分布 $\left\{\delta\beta_{k,l}^{(1)}/\beta_{k,l}^{(1)}\right\}\sim U[-a,+a]$，其中 $a>0$ 表示多径增益改变的相对幅度。

鲁棒性是指在某种不确定性作用之下，系统行为维持稳定与可靠的一种性质[17,18]；相对应地，脆弱性则是指系统行为表现出不稳定与不可靠。下面定义两个鲁棒性参数，首先定义相对峰值为

$$\mathrm{peak}(a)=\left.\frac{\max\limits_{t\in\mathbb{R}}\left|h_1(-t)\otimes h_2(t)\right|}{\left\|h_1(-t)\otimes h_2(t)\right\|_2}\right|_{\left\{\delta T_{k,l}^{(1)}\right\}=0} \tag{7-52}$$

则 peak^2 正比于峰值功率占总接收功率的比例。如果 $\mathrm{peak}\approx 1$，则表示能量完全聚焦于峰值处。其次定义峰值-旁瓣比(SSR)为

$$\mathrm{SSR}(a)=20\lg\left.\frac{\max\limits_{t\in\mathbb{R}}\left|h_1(-t)\otimes h_2(t)\right|}{\max\limits_{t\in\mathbb{R}}{}'\left|h_1(-t)\otimes h_2(t)\right|}\right|_{\left\{\delta T_{k,l}^{(1)}\right\}=0} \tag{7-53}$$

式中，$\max\limits_{t\in\mathbb{R}}{}'$ 表示寻找信号包络的次峰(旁瓣)。

图 7-22 为时间反演聚焦的鲁棒性参数与多径增益相对改变量的关系。从图 7-22 可见，系统在 $a=1$ 附近发生从鲁棒性向脆弱性的转变，在 $a<1$ 区域，有 $\mathrm{peak}(a)\approx 0.71$ 和 $\mathrm{SSR}(a)\approx 21.5\mathrm{dB}$，大约 1/2 的功率聚焦在峰值处，且峰值-旁瓣比很高，在该区域内可以认为系统是鲁棒的；当 $a>1$ 时，系统行为迅速恶化且不稳定，表现出脆弱性。这一结论给时间反演通信方案乃至时间反演镜的设计带来了一定的宽松和弹性。

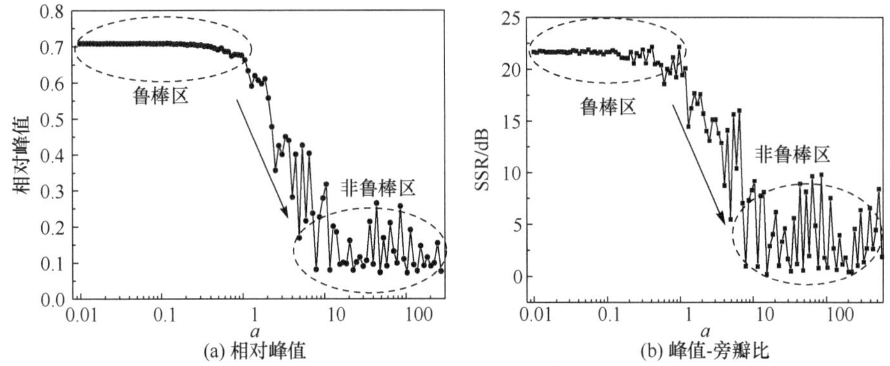

图 7-22 在 CM3 信道中，时间反演聚焦的鲁棒性参数与多径增益相对改变量的关系

引入一对参数 (b,p) 来刻画 $\left\{\delta T_{k,l}^{(1)}\right\}$ 的时变性，参数 b 表示多径到达时间改变的幅度，参数 p 表示多径到达时间发生改变的多径数目占全部多径数目的比例，$p\in[0,1]$。假设参数 p 给定情况下，$\left\{\delta T_{k,l}^{(1)}\right\}$ 的时变性满足 $\left\{\delta T_{k,l}^{(1)}\right\}_p \sim U[-b,+b]$，定义有

$$\operatorname{peak}(b,p)=\left.\frac{\max\limits_{t\in\mathbb{R}}\left|h_1(-t)\otimes h_2(t)\right|}{\left\|h_1(-t)\otimes h_2(t)\right\|_2}\right|_{\left\{\delta\beta_{k,l}^{(1)}\right\}=0} \tag{7-54}$$

$$\operatorname{SSR}(b,p)=20\lg\left.\frac{\max\limits_{t\in\mathbb{R}}\left|h_1(-t)\otimes h_2(t)\right|}{\max\limits_{t\in\mathbb{R}}{}'\left|h_1(-t)\otimes h_2(t)\right|}\right|_{\left\{\delta\beta_{k,l}^{(1)}\right\}=0} \tag{7-55}$$

在 CM3 信道中，时间反演聚焦鲁棒性的二维梯度如图 7-23 所示。在图 7-23 中的鲁棒区域，一半左右的能量集中在峰值附近，且峰值-旁瓣比很高。在贴近 b 轴和 p 轴附近系统是鲁棒的，一旦远离则迅速走向脆弱。

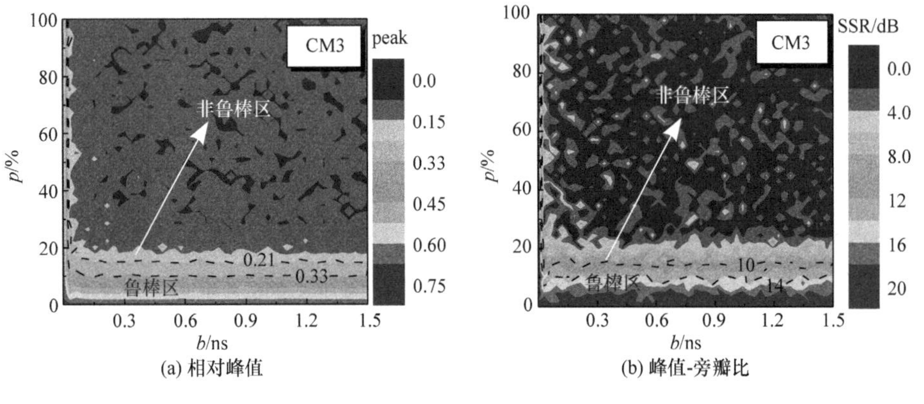

图 7-23 在 CM3 信道中，时间反演聚焦鲁棒性的二维梯度图

从图 7-23 可知，当 $p=10\%$ 时，$\operatorname{SSR}(b,10\%)\approx 14\text{dB}$，$\operatorname{peak}(b,10\%)\approx 0.33$，大约还有 10% 的能量聚焦在峰值附近；当 $p=15\%$ 时，$\operatorname{SSR}(b,15\%)\approx 10\text{dB}$，$\operatorname{peak}(b,15\%)\approx 0.21$，仅剩 4.4% 的能量聚焦在峰值附近。

当少量散射体被移入或移出时，绝大多数多径时延不会发生改变，时间反演系统表现为鲁棒的。如果收发端或大散射体被移动，则会引起相对较多的多径发生时延的改变，使得时间反演系统表现为脆弱的。这与时间反演系统的实验结果相吻合[11,12]。

为了更清晰地展示环境变化对系统性能的影响，对图 7-22 和图 7-23 所示的性能进行多次平均处理，并将图 7-22 和图 7-23 的有关结论拓展到全部室内超宽带信道(CM1、CM2、CM3 和 CM4)。记

$$\begin{cases} \text{peak}_h^{\text{CM}k} = \max\limits_{t\in\mathbb{R}}\left|h^{\text{CM}k}(t)\right| \\ \text{SSR}_h^{\text{CM}k} = 20\lg\dfrac{\max\limits_{t\in\mathbb{R}}\left|h^{\text{CM}k}(t)\right|}{\max\limits_{t\in\mathbb{R}}{}'\left|h^{\text{CM}k}(t)\right|} \end{cases} \tag{7-56}$$

式中，$h^{\text{CM}k}(t)$表示第 k 个信道类型下的 CIR，$k=1,2,3,4$。100 次的平均结果为

$$\text{peak}_h^{\text{CM2}} = 0.47 > \text{peak}_h^{\text{CM1}} = 0.38 > \text{peak}_h^{\text{CM3}} = 0.29 > \text{peak}_h^{\text{CM4}} = 0.22 \tag{7-57}$$

$$\text{SSR}_h^{\text{CM2}} = 3.38\text{dB} > \text{SSR}_h^{\text{CM1}} = 2.53\text{dB} > \text{SSR}_h^{\text{CM3}} = 2.37\text{dB} > \text{SSR}_h^{\text{CM4}} = 2.12\text{dB} \tag{7-58}$$

图 7-24 和图 7-25 分别为对图 7-22 和图 7-23 内容进行 100 次统计平均的结果。图 7-24 中，当 $a\gg 1$ 时，时间反演通信方案将退化为传统通信方案，因为时间反演聚焦已经退化为一般多径传输，$\text{peak}(a\gg 1)$ 主要依赖于 $\text{peak}_h^{\text{CM}k}$ 的贡献。

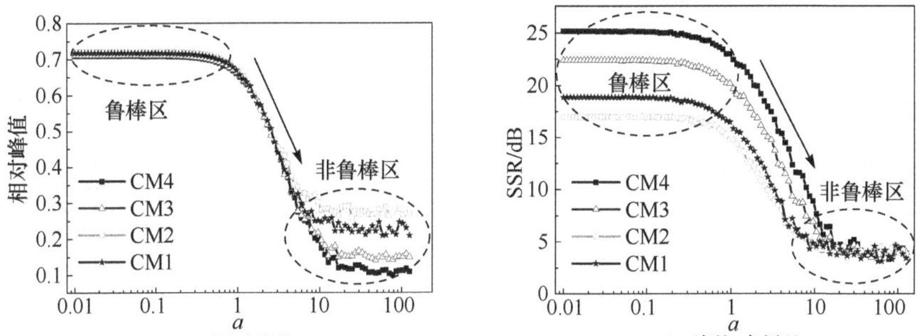

(a) 相对峰值　　(b) 峰值-旁瓣比

图 7-24　多径增益时变的情况下，时间反演聚焦行为的 100 次统计平均结果

数学上，存在两种极端对立的方式能够使得 $h^{\text{CM}k}$ 的自相关函数逼近 Dirac 函数，一种是 $h^{\text{CM}k}$ 自身逼近 Dirac 函数，另一种是 $h^{\text{CM}k}$ 逼近完全随机的白噪声。室内时间反演超宽带通信性能与两者的竞争有关。考虑 $\max\limits_{t\in\mathbb{R}}\left|h^{\text{CM}k}(t)\right| = \max\limits_{t\in\mathbb{R}}\left[\pm h^{\text{CM}k}(t)\right]$，令 $N^{\text{CM}k}(t) = h^{\text{CM}k}(t) \mp \text{peak}_h^{\text{CM}k}$，则时间反演 CIR 可以写为

$$\begin{aligned} h^{\text{CM}k}(-t)\otimes h^{\text{CM}k}(t) = {} & \overbrace{\text{peak}_h^{\text{CM}k}\otimes\text{peak}_h^{\text{CM}k}}^{\text{方式1的主项}} + \overbrace{N^{\text{CM}k}(-t)\otimes N^{\text{CM}k}(t)}^{\text{方式2的主项}} \\ & \overbrace{\pm N^{\text{CM}k}(-t)\otimes\text{peak}_h^{\text{CM}k} + \text{peak}_h^{\text{CM}k}\otimes N^{\text{CM}k}(t)}^{\text{两种方式共存}} \end{aligned} \tag{7-59}$$

联合考虑式(7-57)～式(7-59)，可以判断出图 7-24 中的鲁棒区域主要来自第二种方式的贡献。以 CM2 为例来说，如果第一种方式占据主导地位，那么逻辑上应该有 $\text{SSR}_h^{\text{CM2}} \approx \text{SSR}_{\text{TR}}^{\text{CM2}}$ 出现，此处的 $\text{SSR}_{\text{TR}}^{\text{CM2}}$ 就是在图 7-24(b) 中的 CM2 的 $\text{SSR}(a\to 0^+)$，然而事实上，$\text{SSR}_{\text{TR}}^{\text{CM2}} - \text{SSR}_h^{\text{CM2}} \approx 13.6\text{dB}$，差距甚远，因此多径的随机性是鲁棒区域的主要贡献者。进而，

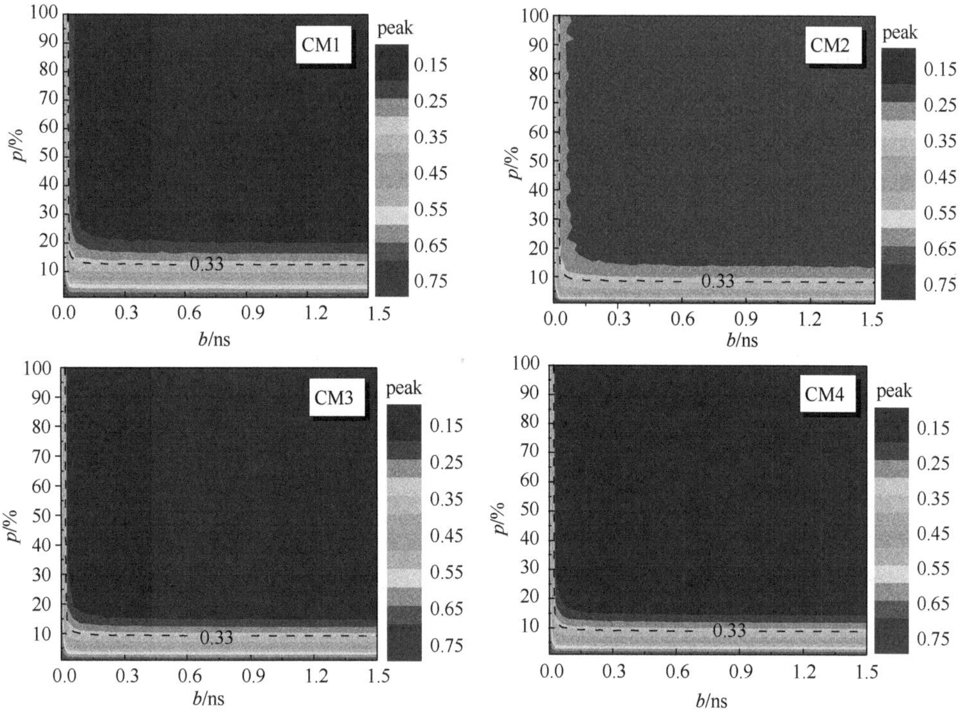

(a) 相对峰值

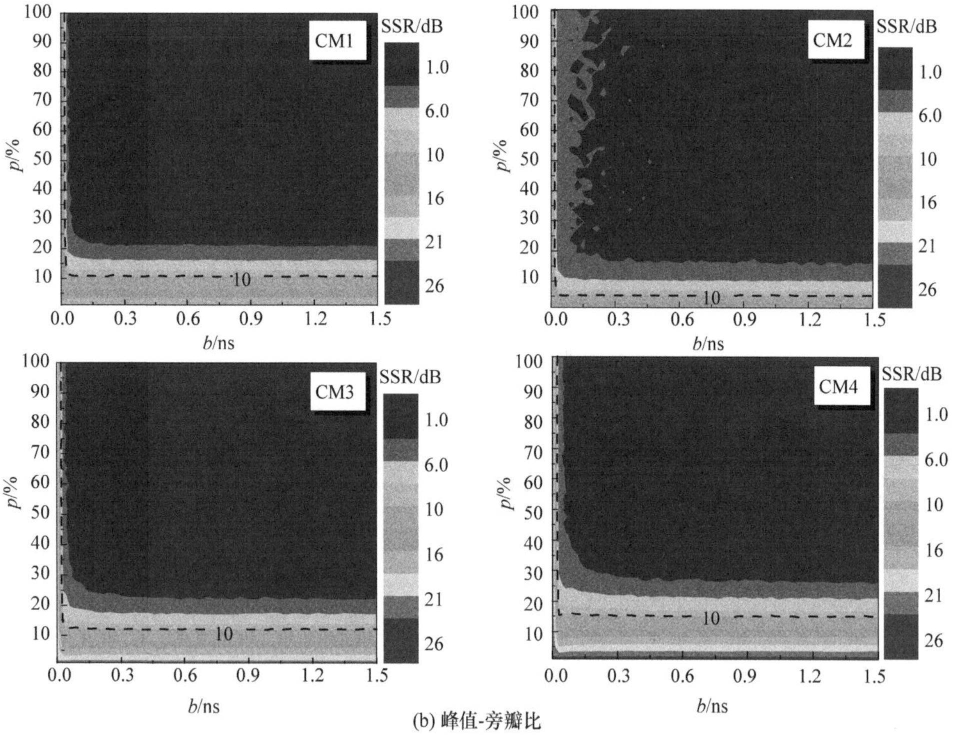

(b) 峰值-旁瓣比

图 7-25　在多径到达时间时变的情况下，时间反演聚焦行为的 100 次统计平均结果

越强的 $\text{peak}_h^{\text{CM}k}$ 就会越破坏起主导作用的多径随机性。此外，图 7-24(a)和(b)中四条曲线

$\mathrm{peak}(a \gg 1)$ 在脆弱区域的衰变次序与式(7-57)、式(7-58)是吻合的。这种次序也表明多径越是随机和丰富，时间反演聚焦的表现越好，时间反演通信恰恰是正向利用多径效应的。

图 7-25 中四种信道环境下 $\mathrm{peak}(b,p)$ 和 $\mathrm{SSR}(b,p)$ 次序问题的解释与上述分析类似。如果用 $\mathrm{peak}=0.33$ 作为图 7-25(a)中鲁棒区域与脆弱区域的分界线，那么鲁棒区域在 p 轴方向上的宽度 $\varDelta_{\mathrm{peak}}^{\mathrm{CM}k}$ 为

$$\varDelta_{\mathrm{peak}}^{\mathrm{CM1}} \approx 12.9 > \varDelta_{\mathrm{peak}}^{\mathrm{CM3}} \approx 9.8 > \varDelta_{\mathrm{peak}}^{\mathrm{CM4}} \approx 9.5 > \varDelta_{\mathrm{peak}}^{\mathrm{CM2}} \approx 9.1 \tag{7-60}$$

如果用 $\mathrm{SSR}=10\mathrm{dB}$ 作为图 7-25(b)中鲁棒区域与脆弱区域的分界线，那么鲁棒区域在 p 轴方向上的宽度 $\varDelta_{\mathrm{SSR}}^{\mathrm{CM}k}$ 为

$$\varDelta_{\mathrm{SSR}}^{\mathrm{CM4}} \approx 15.2 > \varDelta_{\mathrm{SSR}}^{\mathrm{CM3}} \approx 12.1 > \varDelta_{\mathrm{SSR}}^{\mathrm{CM1}} \approx 10.8 > \varDelta_{\mathrm{SSR}}^{\mathrm{CM2}} \approx 5.1 \tag{7-61}$$

式(7-60)和式(7-61)的工程意义在于：当低于 5% 的多径发生改变时，系统可以不必更新时间反演滤波函数而仍然有很好的时间反演性能。

图 7-24 和图 7-25 是在状态空间中计算得到的。三个参数 $(a、b、p)$ 撑满了超宽带室内 CIR 的状态空间。如果系统信道状态随时间的改变始终保持在图 7-26 的鲁棒区域中，那么系统是鲁棒的，时间反演信道不必更新，否则，就需要重新研究系统离开的模式及优化系统，使其能更长久地停留在鲁棒区域中。

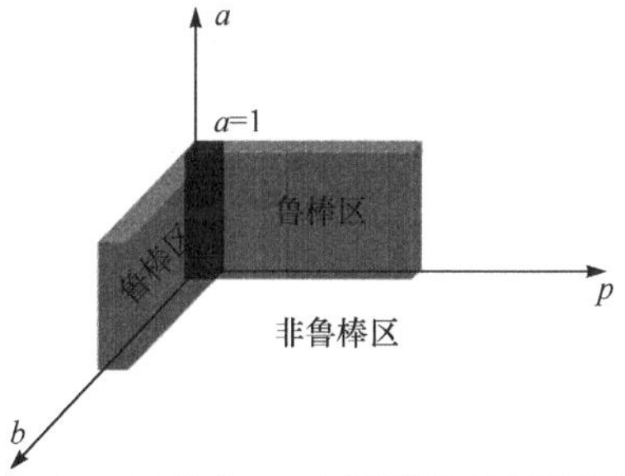

图 7-26　三维 (a,b,p) 信道状态空间中的时间反演鲁棒区域和脆弱区域

7.6　时间反演超宽带脉冲数据传输通信实验

7.6.1　系统结构

图 7-27 是含有亚波长阵列的 2×M TR-UWB-MIMO 实验系统示意图[19]。任意波形发生器 AWG7122B 仅有两个通道同时输出信号的能力。串行数字信号分析仪 DSA72004B 具有 4 通道同时接收信号的能力。时间反演镜中的两个天线分别固定连接到任意波形发生器 AWG7122B 的两个端口，亚波长阵列中的天线单元分别固定连接到串行数字信号分析仪 DSA72004B 的端口。依据信道的互易性，时间反演实验过程中，首先由时间反演镜中的天线发射信号，亚波长阵列中的天线接收到的信号经过计算机反演后仍然由时间反演镜中对应的天线继续发射。具体实施如下。

假定时间反演镜中的天线 $n(n=a,\ b)$发送的探测脉冲信号为 $x(t)$，则亚波长阵列中的天线 $m(m=1, 2, \cdots, M)$接收到的信号 $y_{mn}(t)$ 为

$$y_{mn}(t) = x(t) \otimes h_{mn}(t) \tag{7-62}$$

式中，$h_{mn}(t)$ 是天线 m 与时间反演镜中的天线 n 之间的信道冲激响应。时间反演后的信号 $y_{ma}(-t)$、$y_{mb}(-t)$ 经由时间反演镜中对应的天线 a、天线 b 再次同时发送，则亚波长阵列中的天线 m' 接收到的信号为 $y_{m'm}^{\mathrm{TR}}(t)$（m 与 m' 含义相同)，有

$$y_{m'm}^{\mathrm{TR}}(t)=\underbrace{x(-t)\otimes h_{mn}(-t)}_{y_{mn}(-t)}\otimes h_{m'n}(t) \tag{7-63}$$

当 $m'=m$ 时，信号 $y_{m'm}^{\mathrm{TR}}(t)$ 会在同一时刻聚焦到第 m 个天线位置处；当 $m'\neq m$ 时，信号 $y_{m'm}^{\mathrm{TR}}(t)$ 不会在第 m' 个天线位置处产生同步聚焦现象。

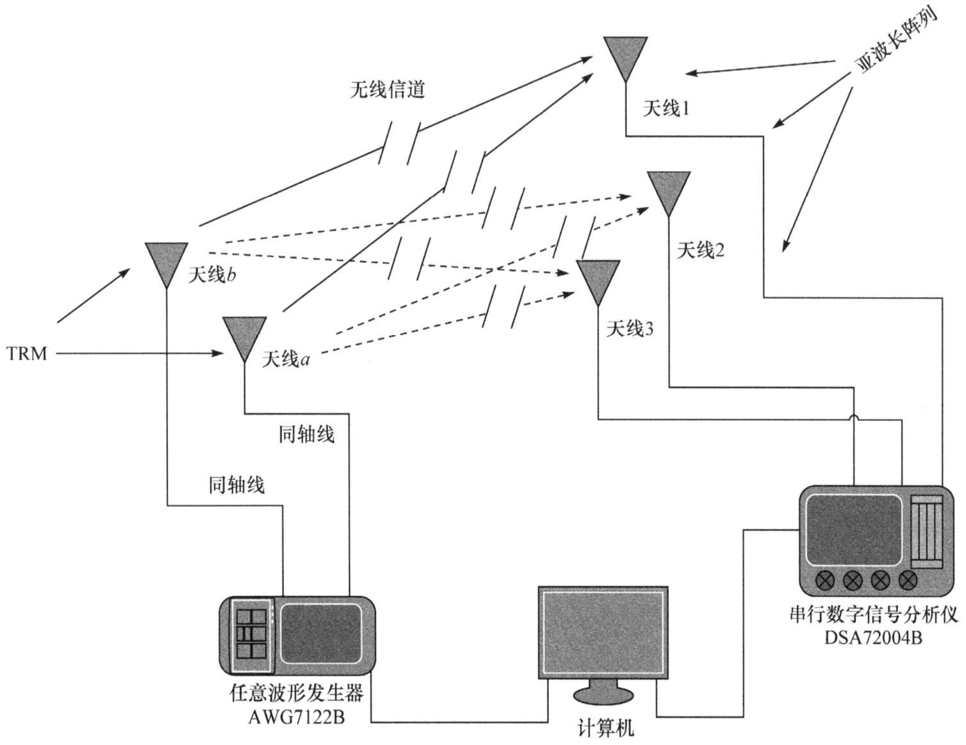

图 7-27 含有亚波长阵列的 2×M TR-UWB-MIMO 实验系统示意图

7.6.2 编码、调制与解调

采用 PPM 对脉冲进行调制。结合二进制 PPM 编码产生调制 UWB 信号，发射的信号 $s(t)$ 为

$$s(t)=\sum_{k=-\infty}^{+\infty} p_{c_k}(t-kT_{\mathrm{c}}) \tag{7-64}$$

式中，T_{c} 是码片时间；k 是整数；c_k 是二进制信息，对于信息比特“1”和“0”，可以发射两个不同的脉冲波形 $p_1(t)$ 和 $p_0(t)$ 来分别表示。

以图 7-27 中 2×M TR-UWB-MIMO 通信系统为例，拟被二进制信息做 PPM 调制的 UWB 信号为 $y_{ma(b)}(-t)$。选取合适码片时间 T_{c}，并假定 $y_{1_{ma(b)}}(-t)$ 是信号 $y_{ma(b)}(-t)$，代表信息比特“1”；$y_{0_{ma(b)}}(-t)$ 由 $y_{1_{ma(b)}}(-t)$ 通过移位 $T_{\mathrm{c}}/2$ 得到，代表信息比特“0”。需要传输到第 m 个天线的信息的二进制序列码确定后，调制到脉冲信号 $y_{ma(b)}(-t)$，得

$$\left[y_{ma(b)}(-t)\right]_{\mathrm{PPM\_mod}}=\sum_{k=-\infty}^{+\infty} y_{c_k ma(b)}(-t-kT_{\mathrm{c}}) \tag{7-65}$$

式中，当 k 取不同的整数时，c_k 根据信息编码后的二进制序列码对应取 1 或者 0。

在 TR-UWB-MIMO 系统中，时间反演镜中的天线 a(或 b)将欲发送给亚波长阵列所有天线的调制信号先叠加再发射，即天线 a、天线 b 发送如下合成后的信号：

$$y_{a\_\mathrm{mod}}=\sum_{m=1}^{M}\left[y_{ma}(-t)\right]_{\mathrm{PPM\_mod}} \tag{7-66}$$

$$y_{b\_\mathrm{mod}}=\sum_{m=1}^{M}\left[y_{mb}(-t)\right]_{\mathrm{PPM\_mod}} \tag{7-67}$$

调制好的合成信号经时间反演镜发送出去，受时间反演电磁波的空时聚焦特性约束，会分别聚焦于亚波长阵列中的对应单元。亚波长阵列中第 m 个天线接收到的信号为

$$\begin{aligned} Y_{m\mathrm{TRM}}(t)&=Y_{ma}(t)+Y_{mb}(t)\\ &=h_{ma}(t)\otimes\left[y_{ma}(-t)\right]_{\mathrm{PPM\_mod}}+h_{mb}(t)\otimes\left[y_{mb}(-t)\right]_{\mathrm{PPM\_mod}} \end{aligned} \tag{7-68}$$

式中，$Y_{ma}(t)$ 与 $Y_{mb}(t)$ 分别是亚波长阵列中第 m 个天线接收到的由时间反演镜中天线 a 与天线 b 发送出的调制信号。然后，通过循环移位的方式对接收到的信号 $Y_{m\mathrm{TRM}}(t)$ 进行相关运算，即能够解调出信号中包含的二进制码信息，可完成通信任务。亚波长阵列的第 m 个天线始终会同时接收到时间反演镜中的天线 a 与天线 b 同一个码对应的比特信息，并且，由于时间反演电磁波的空时聚焦特性，天线 a 与天线 b 发送给亚波长阵列其他天线的信息对第 m 个天线的邻道干扰也会降低，从而通信性能得以改善。

7.6.3　信息传输实验

1. 文字传输

首先以 2×2 TR-UWB-MIMO 通信方式为例，展示时间反演超宽带脉冲高速通信系统对文字的传输过程[20]，如图 7-28 所示。系统发射信号的脉冲宽度取 1.5ns，码片时间 T_c 取 3ns。图中文字是一篇论文的题目：“Subwavelength Array of Planar Monopole Antennas with Complementary Split Rings Based on Far Field Time Reversal”。

使用 ASCII 码对文字进行编码，每一个字母对应 8 位 ASCII 码。每个字符对应编码的前 4 位放入第一串数据，后 4 位放入第二串数据。两串数据分别结合各自时间反演信道模型通过脉冲位置调制后同时由时间反演镜发送，其中脉冲位置调制的调制方式是脉冲位置移位为 0，不移位为 1。亚波长阵列中的第一个单元接收第一串数据，第二个单元接收第二串数据。由于码片时间 T_c 取 3ns，同时此处的实验采用最简单的 PPM 编码，每个单元接收数据的传输速率是 $1/T_c=$ 330Mbit/s，两个天线单元同时接收数据的总传输速率是 660Mbit/s。

举例说明传输过程：文字串中的字符“S”对应的 8 位 ASCII 码是“01010011”，对此进行分割，前 4 位“0101”放入第一串数据当中，由亚波长阵列中的第一个单元负责接收，后 4 位“0011”放入第二串数据当中，由第二个单元负责接收。解调后这两组 4 位码将被重组成 8 位 ASCII 码“01010011”。这样整串文字将会从时间反演镜完整地传送到亚波长阵列处并被完整地接收。实验结果如图 7-28 所示，验证该时间反演系统可进行高速率、高质量的并行数据传输，通信效果良好。结果表明：在时间反演条件下，当亚波长阵列单元间距仅为 1/20 波长时，各单元仍可以并行传输数据，具有高质量的通信效果。

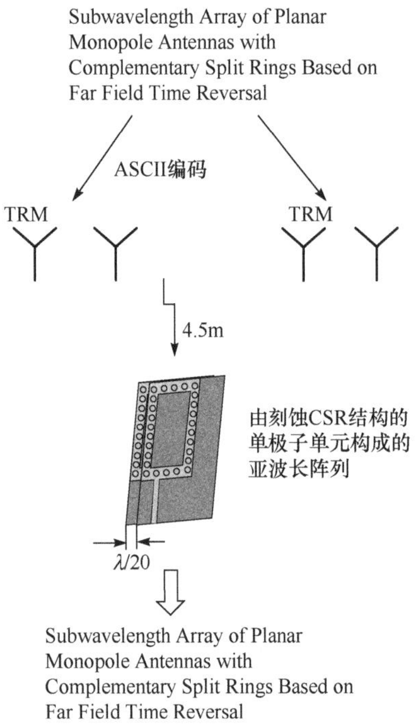

图 7-28 时间反演文字传输实验示意图

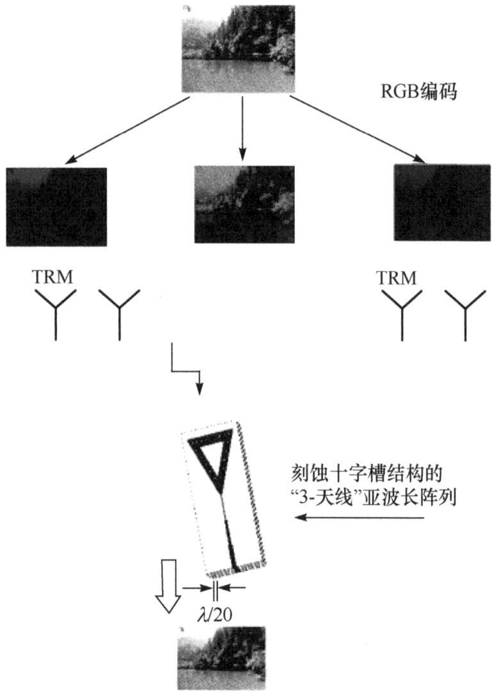

图 7-29 时间反演图片传输实验示意图

2. 图片传输

其次以 2×3 TR-UWB-MIMO 通信方式为例，验证时间反演超宽带脉冲通信系统对图片的传输性能，如图 7-29 所示。利用刻蚀十字槽的三角板单极子构建“3-天线”亚波长阵列[21]，传输一幅彩色图片。彩色图片使用 RGB 方式分解成红绿蓝三种颜色，每种颜色采用 ASCII 码方式进行编码，采用脉冲位置调制方式进行调制，脉冲宽度为 0.8ns，码片时间 T_c 取 2.0ns。这样，每一种颜色对应一种数据流，3 串数据分别结合各自时间反演信道模型通过脉冲位置调制后同时由时间反演镜发送，分别由亚波长阵列中的对应天线单元负责接收，3 个天线恰好可同时分别接收 3 种不同颜色对应编码调制后的数据流，每一个天线单元可以独立接收一路数据，其数据传输速率达到了 500Mbit/s，3 路总共的通信速率可达到 1.5Gbit/s。然后进行解调，如果数据没有失真，即可重构出一幅图片本来的面目。

实验结果如图 7-29 所示，该时间反演系统在亚波长阵列单元间距仅为 1/20 波长的情况下仍可以较为准确地接收到几乎未失真的彩色图片。文献[22]使用时间反演技术结合金属丝加载阵列展现了与本节相似的传输效果。将具有特殊结构的亚波长天线阵列与时间反演技术相结合，可以在非常有限的空间内展现出优秀的并行传输性能，这里所说的亚波长天线阵列包括本书前面提到的金属丝加载天线、微刻蚀天线、色散馈电天线等形式。

参考文献

[1] YANG L Q, GIANNAKIS G B. Ultra-wideband communications: an idea whose time has come[J]. IEEE signal processing magazine, 2004, 21(6): 26-54.

[2] WIN M Z, SCHOLTZ R A. Characterization of ultra-wide bandwidth wireless indoor channels: a communication-theoretic view[J]. IEEE journal on selected areas in communications, 2002, 20(9): 1613-1627.

[3] AIELLO G R, ROGERSON G D. Ultra-wideband wireless systems[J]. IEEE microwave magazine, 2003, 4(2): 36-47.
[4] SALEH A A M, VALENZUELA R. A statistical model for indoor multipath propagation[J]. IEEE journal on selected areas in communications, 1987, 5(2): 128-137.
[5] MOLISCH A F, FOERSTER J R, PENDERGRASS M. Channel models for ultrawideband personal area networks[J]. IEEE wireless communications, 2003, 10(6): 14-21.
[6] GHASSEMZADEH S S, JANA R, RICE C W, et al. Measurement and modeling of an ultra-wide bandwidth indoor channel[J]. IEEE transactions on communications, 2004, 52(10): 1786-1796.
[7] 王秉中. 计算电磁学[M]. 北京: 科学出版社, 2002.
[8] BENEDETTO M G D, GIANCOLA G. Understanding ultra wide band radio fundamentals[M]. Upper Saddle River: Prentice Hall, 2004.
[9] WIN M Z, SCHOLTZ R A. On the robustness of ultra-wide bandwidth signals in dense multipath environments[J]. IEEE communications letters, 1998, 2(2): 51-53.
[10] CRAMER R J M, SCHOLTZ R A, WIN M Z. Evaluation of an ultra-wide-band propagation channel[J]. IEEE transactions on antennas and propagation, 2002, 50(5): 561-570.
[11] 刘小飞. 基于电磁时间反演的高分辨率成像与自适应无线传输研究[D]. 成都: 电子科技大学, 2010.
[12] LIU X F, WANG B Z, LI L W. Tradeoff of transmitted power in time-reversed impulse radio ultrawideband communications[J]. IEEE antennas and wireless propagation letters, 2009, 8: 1426-1429.
[13] LIU X F, WANG B Z, XIAO S Q, et al. Post-time-reversed MIMO ultrawideband transmission scheme[J]. IEEE transactions on antennas and propagation, 2010, 58(5): 1731-1738.
[14] NAQVI I H, BESNIER P, ZEIN G E. Robustness of a time-reversal ultra-wideband system in non-stationary channel environments[J]. IET microwaves, antennas & propagation, 2011, 5(4): 468-475.
[15] NAQVI I H, ALEEM S A, USMAN O, et al. Robustness of a time reversal system: from ultra-wide to narrow bandwidths[C]//2012 IEEE wireless communications and networking conference (WCNC). Paris: IEEE, 2012: 37-41.
[16] 陈英明. 时间反演电磁系统的多论域分析及可计算建模[D]. 成都: 电子科技大学, 2014.
[17] WIN M Z, SCHOLTZ R A. On the robustness of ultra-wide bandwidth signals in dense multipath environments [J]. IEEE communications letters, 1998, 2(2): 51-53.
[18] O'HALLORAN M, GLAVIN M, JONES E. Performance and robustness of a multistatic mist beamforming algorithm for breast cancer detection[J]. Progress in electromagnetics research, 2010, 105: 403-424.
[19] 葛广顶. 时间反演电磁波的超分辨率特性及其应用[D]. 成都: 电子科技大学, 2011.
[20] GE G D, WANG B Z, WANG D, et al. Subwavelength array of planar monopoles with complementary split rings based on far-field time reversal[J]. IEEE transactions on antennas and propagation, 2011, 59(11): 4345-4350.
[21] GE G D, WANG D, WANG B Z. Subwavelength array of planar triangle monopoles with cross slots based on far-field time reversal[J]. Progress in electromagnetics research, 2011, 114: 429-441.
[22] LEROSEY G, DE ROSNY J, TOURIN A, et al. Focusing beyond the diffraction limit with far-field time reversal[J]. Science, 2007, 315(5815): 1120-1122.

第8章　时间反演系统响应和时间反演算子

第 3～5 章已经从场与波的物理层面分析了时间反演电磁波在不同环境下的传播特性。物理层面的分析从本质上理清楚时间反演电磁波的特性。然而，为了方便实际应用，往往不只需要物理层面的分析，还需要数学层面的建模和分析。因此，本章将从信号与系统的角度对时间反演电磁系统进行数学建模，并给出常用的时间算子表示方法。

8.1　时间反演镜的系统响应

8.1.1　回波模式的时间反演镜

考虑一个由 N 个单元组成的时间反演镜系统，每个单元都具有接收/发射功能，其时间反演传播过程可以用线性系统的冲激响应函数来描述。

在第 m 个单元施加一个冲激源 $\delta(t)$ 激励，它会在第 l 个单元处产生冲激响应 $h_{lm}(t)$ 。一般情况下，如果各个单元的传输信号是 $e_m(t)$, $1 \leqslant m \leqslant N$，则各单元的响应由式(8-1)给出：

$$r_l(t) = \sum_{m=1}^{N} h_{lm}(t) \otimes e_m(t), \quad 1 \leqslant l \leqslant N \tag{8-1}$$

在频域，式(8-1)可写成矩阵形式：

$$\boldsymbol{R}(\omega) = \bar{\boldsymbol{H}}(\omega)\boldsymbol{E}(\omega) \tag{8-2}$$

式中，$\boldsymbol{E}(\omega)$ 和 $\boldsymbol{R}(\omega)$ 分别为包含 N 个复数分量的传输信号矢量和接收信号矢量；$\bar{\boldsymbol{H}}(\omega)$ 为复数的 $N \times N$ 系统传输矩阵。

现在，对接收的响应信号在时域做时间反演，相当于在频域取共轭运算。如果记 $\boldsymbol{E}_0(\omega)$ 是初始传输信号矢量，将其响应取共轭后作为第一次时间反演传输的传输信号矢量：

$$\boldsymbol{E}_1(\omega) = \bar{\boldsymbol{H}}^*(\omega)\boldsymbol{E}_0^*(\omega) \tag{8.3}$$

该传输信号经过第二次传输后，得到时间反演镜阵列响应为

$$\boldsymbol{R}_1(\omega) = \bar{\boldsymbol{H}}(\omega)\boldsymbol{E}_1(\omega) = \left\{\bar{\boldsymbol{H}}(\omega)\bar{\boldsymbol{H}}^*(\omega)\right\}\boldsymbol{E}_0^*(\omega) \tag{8-4}$$

式中，$\bar{\boldsymbol{H}}(\omega)\bar{\boldsymbol{H}}^*(\omega)$ 称为时间反演算子。根据互易定理，$h_{lm}(t) = h_{ml}(t)$，即传输矩阵 $\bar{\boldsymbol{H}}(\omega)$ 是对称矩阵，因而时间反演算子 $\bar{\boldsymbol{H}}^*(\omega)\bar{\boldsymbol{H}}(\omega)$ 是本征值为正的厄米矩阵。

传输矩阵 $\bar{\boldsymbol{H}}(\omega)$、时间反演算子 $\bar{\boldsymbol{H}}^*(\omega)\bar{\boldsymbol{H}}(\omega)$ 包含了电磁波传播空间的许多信息，借助于已知的初始传输信号矢量和接收到的时间反演镜阵列响应信号，根据两个信号与时间反演算子的关系式(8-4)，可以提取传播空间的许多信息，而这正是雷达系统所要完成的工作。

在时间反演雷达系统中，从雷达回波中提取隐含在 $\bar{\boldsymbol{H}}^*(\omega)\bar{\boldsymbol{H}}(\omega)$ 中的信息，即时间反演雷达系统工作在回波模式，$\bar{\boldsymbol{H}}^*(\omega)\bar{\boldsymbol{H}}(\omega)$ 是信息之源。按照不同的工作目的设计不同的工作

过程，时间反演雷达系统可以对被照射区域进行目标探测、目标成像、目标攻击(能量聚焦定点攻击)。

将式(8-4)中的响应经过第二次时间反演，结果为

$$\boldsymbol{E}_2(\omega)=\left\{\bar{\boldsymbol{H}}^*(\omega)\bar{\boldsymbol{H}}(\omega)\right\}\boldsymbol{E}_0(\omega) \tag{8-5}$$

即经过两次时间反演，时间反演镜阵列的传输信号矢量正比于初始传输信号矢量与时间反演算子 $\bar{\boldsymbol{H}}^*(\omega)\bar{\boldsymbol{H}}(\omega)$ 相乘。经过 $2n$ 次传输及时间反演以后，时间反演镜阵列的传输信号矢量变为

$$\boldsymbol{E}_{2n}(\omega)=\left\{\bar{\boldsymbol{H}}^*(\omega)\bar{\boldsymbol{H}}(\omega)\right\}^n\boldsymbol{E}_0(\omega) \tag{8-6}$$

设时间反演算子 $\bar{\boldsymbol{H}}^*(\omega)\bar{\boldsymbol{H}}(\omega)$ 的最大本征值为 $\lambda_1(\omega)$，$\boldsymbol{V}_1(\omega)$ 是 $\boldsymbol{E}_0(\omega)$ 在 $\lambda_1(\omega)$ 对应的本征矢空间的投影，当 n 较大时，式(8-6)可近似为

$$\boldsymbol{E}_{2n}(\omega)\approx\left\{\lambda_1(\omega)\right\}^n\boldsymbol{V}_1(\omega) \tag{8-7}$$

可以证明，最大本征值及最大本征矢是与反射最强的散射体相对应的。

8.1.2　传输模式的时间反演镜

另一类时间反演镜是传输模式的时间反演镜，其特征是收发阵列在空间分开放置。一个例子是雷达系统中的多站雷达系统；另一个例子是通信系统。在通信系统中，其工作目的是将信息在系统中的单元间传递。$\boldsymbol{E}_0(\omega)$ 是信息之源，$\bar{\boldsymbol{H}}^*(\omega)\bar{\boldsymbol{H}}(\omega)$ 只是传递手段，利用时间反演电磁波的空时聚焦特性，实现高质量的信息传递，即时间反演通信系统工作在传输模式。

在传输模式下，时间反演通信系统的信息传感阵列自然分为两组，一组发射信息，另一组接收信息。尽管在很多情况下各信息终端可以收发两用，但就完成每一信息的发射和接收任务来说，其特征是单向传输，与回波模式的雷达系统有所区别。

8.2　标量波时间反演算子

8.2.1　时间反演算子及其特征值系统

时间反演算子是研究时间反演技术的一个主要对象，它表征着发射天线和接收天线之间的物理响应过程，与传输信号的信道传输矩阵密切相关。在时间反演算子的解析分析中，格林函数是一个直观而有效的工具，它反映了信号激励、传播及接收之间的物理过程。本节将借助格林函数对标量波动问题的时间反演算子做进一步的讨论。

假设信道中包含 S 个点状散射体，它们的频域反射系数分别为 $\tau_1(\omega),\tau_2(\omega),\cdots,\tau_s(\omega)$。于是传输矩阵 $\bar{\boldsymbol{H}}(\omega)$ 可以写为三部分的乘积：①从发射天线阵列到 S 个点状散射体的传输矩阵；② S 个点状散射体的散射矩阵(这里仅考虑单次散射)；③从 S 个点状散射体到接收天线阵列的传输矩阵。设位于 $\boldsymbol{r}_m$ 的第 m 个发射天线上的输入信号为 $p_m(t)(1\leqslant m\leqslant M)$，发射天线自身的响应为 $a_{\mathrm{e}}(t)$；发射天线阵列到位于 $\boldsymbol{r}_s(1\leqslant s\leqslant S)$ 的 S 个点状散射体的时域响应为 $g(\boldsymbol{r}_m,\boldsymbol{r}_s,t)(1\leqslant m\leqslant M)$；散射体到位于 $\boldsymbol{r}_n$ 的接收天线的时域响应为 $g(\boldsymbol{r}_s,\boldsymbol{r}_n,t)(1\leqslant n\leqslant N)$；接收天线自身的响应为 $a_{\mathrm{r}}(t)$，于是信号的时域传输表示为

$$p_s^{\text{in}}(t)=\sum_{m=1}^{M} g(\boldsymbol{r}_m,\boldsymbol{r}_s,t)\otimes a_{\text{e}}(t)\otimes p_m(t) \tag{8-8}$$

$$p_s^{\text{out}}(t)=\tau_s(t)\otimes p_s^{\text{in}}(t) \tag{8-9}$$

$$z_n(t)=\sum_{s=1}^{S} a_{\text{r}}(t)\otimes g(\boldsymbol{r}_s,\boldsymbol{r}_n,t)\otimes p_s^{\text{out}}(t) \tag{8-10}$$

频域形式为

$$P_s^{\text{in}}(\omega)=\sum_{m=1}^{M} G(\boldsymbol{r}_m,\boldsymbol{r}_s,\omega)A_{\text{e}}(\omega)P_m(\omega) \tag{8-11}$$

$$P_s^{\text{out}}(\omega)=\tau_s(\omega)P_s^{\text{in}}(\omega) \tag{8-12}$$

$$Z_n(\omega)=\sum_{s=1}^{S} G(\boldsymbol{r}_s,\boldsymbol{r}_n,\omega)A_{\text{r}}(\omega)P_s^{\text{out}}(\omega) \tag{8-13}$$

式中，$G(\boldsymbol{r}_i,\boldsymbol{r}_j,\omega)$ 为空间中 $\boldsymbol{r}_i$ 点到 $\boldsymbol{r}_j$ 点的标量格林函数。式(8-11)～式(8-13)可以进一步写成矩阵形式为

$$\overline{\boldsymbol{P}}^{\text{in}}(\omega)=A_{\text{e}}(\omega)\overline{\boldsymbol{G}}_{\text{e}}(\omega)\overline{\boldsymbol{P}}(\omega) \tag{8-14}$$

$$\overline{\boldsymbol{P}}^{\text{out}}(\omega)=\overline{\boldsymbol{\tau}}(\omega)\overline{\boldsymbol{P}}^{\text{in}}(\omega) \tag{8-15}$$

$$\overline{\boldsymbol{Z}}(\omega)=A_{\text{r}}(\omega)\overline{\boldsymbol{G}}_{\text{r}}(\omega)\overline{\boldsymbol{P}}^{\text{out}}(\omega) \tag{8-16}$$

式中，$\overline{\boldsymbol{G}}_{\text{e}}(\omega)$ 为从发射天线阵列到 S 个点状散射体的传输矩阵，为 $S\times M$ 矩阵；$\overline{\boldsymbol{\tau}}(\omega)$ 为 S 个点状散射体的散射矩阵；$\overline{\boldsymbol{G}}_{\text{r}}(\omega)$ 为从 S 个点状散射体到接收天线阵列的传输矩阵，为 $N\times S$ 矩阵。从而有

$$\overline{\boldsymbol{Z}}(\omega)=A_{\text{r}}(\omega)A_{\text{e}}(\omega)\overline{\boldsymbol{G}}_{\text{r}}(\omega)\overline{\boldsymbol{\tau}}(\omega)\overline{\boldsymbol{G}}_{\varepsilon}(\omega)\overline{\boldsymbol{P}}(\omega) \tag{8-17}$$

对于回波模式 $N=M$，$\overline{\boldsymbol{G}}_{\text{r}}(\omega)=\overline{\boldsymbol{G}}_{\text{e}}^{\text{T}}(\omega)$，可得

$$\overline{\boldsymbol{Z}}(\omega)=A_{\text{r}}(\omega)A_{\text{e}}(\omega)\overline{\boldsymbol{G}}_{\text{e}}^{\text{T}}(\omega)\overline{\boldsymbol{\tau}}(\omega)\overline{\boldsymbol{G}}_{\text{e}}(\omega)\overline{\boldsymbol{P}}(\omega)=\overline{\boldsymbol{H}}(\omega)\overline{\boldsymbol{P}}(\omega) \tag{8-18}$$

那么此时的传输矩阵为 $N\times M$ 矩阵：

$$\overline{\boldsymbol{H}}(\omega)=A_{\text{r}}(\omega)A_{\text{e}}(\omega)\overline{\boldsymbol{G}}_{\text{e}}^{\text{T}}(\omega)\overline{\boldsymbol{\tau}}(\omega)\overline{\boldsymbol{G}}_{\text{e}}(\omega) \tag{8-19}$$

如果省略天线响应系数 $A_{\text{e}}(\omega)$ 和 $A_{\text{r}}(\omega)$，传输矩阵的第 (n,m) 个元素为

$$\begin{aligned} H_{mn}(\omega)&=\sum_{s=1}^{S} G(\boldsymbol{r}_s,\boldsymbol{r}_n,\omega)\tau_s(\omega)G(\boldsymbol{r}_s,\boldsymbol{r}_m,\omega) \\ &=\sum_{s=1}^{S} G(\boldsymbol{r}_n,\boldsymbol{r}_s,\omega)\tau_s(\omega)G(\boldsymbol{r}_m,\boldsymbol{r}_s,\omega) \end{aligned} \tag{8-20}$$

设列向量 $\overline{\boldsymbol{G}}_s(\omega)=\left[G(\boldsymbol{r}_s,\boldsymbol{r}_1,\omega),G(\boldsymbol{r}_s,\boldsymbol{r}_2,\omega),\cdots,G(\boldsymbol{r}_s,\boldsymbol{r}_M,\omega)\right]^{\text{T}}$，传输矩阵可写为

$$\overline{\boldsymbol{H}}(\omega)=A_{\text{r}}(\omega)A_{\text{e}}(\omega)\sum_{s=1}^{S}\tau_s\overline{\boldsymbol{G}}_s(\omega)\overline{\boldsymbol{G}}_s^{\text{T}}(\omega) \tag{8-21}$$

可得时间反演算子表示为

$$\bar{\boldsymbol{T}}(\omega)=\bar{\boldsymbol{H}}^*(\omega)\bar{\boldsymbol{H}}(\omega) \tag{8-22}$$

接下来分析该时间反演算子的特征值和特征向量。理论上，时间反演算子 $\bar{\boldsymbol{T}}(\omega)$ 与传输矩阵 $\bar{\boldsymbol{H}}(\omega)$ 具有相同的秩。$\bar{\boldsymbol{H}}(\omega)$ 是由格林函数向量 $\bar{\boldsymbol{G}}_s(\omega)(1\leqslant s\leqslant S)$ 产生的外积矩阵的和，它的秩等于这些向量中线性独立的向量的个数。$\bar{\boldsymbol{T}}(\omega)$ 是厄米矩阵，它有一组正交特征向量对应一组非负特征值。

如果在第 i 个理想散射体的位置放置点状散射源 $\delta(t)$，那么第 m 个天线阵列单元的接收信号为 $a_{\mathrm{r}}(t)\otimes g(\boldsymbol{r}_i,\boldsymbol{r}_m,t)$，于是要聚焦到第 i 个散射体的时间反演发射信号可以为 $a_{\mathrm{r}}(-t)\otimes g(\boldsymbol{r}_i,\boldsymbol{r}_m,-t)$，此时第 j 个散射体处的接收信号的频域形式为

$$P_j(\omega)=\left|A_{\mathrm{r}}(\omega)\right|^2\sum_{m=1}^{M}G(\boldsymbol{r}_j,\boldsymbol{r}_m,\omega)G^*(\boldsymbol{r}_i,\boldsymbol{r}_m,\omega) \tag{8-23}$$

式(8-23)可以写为

$$P_j(\omega)=\left|A_{\mathrm{r}}(\omega)\right|^2\overline{\boldsymbol{G}}_j^{\mathrm{T}}(\omega)\overline{\boldsymbol{G}}_i^*(\omega) \tag{8-24}$$

如果散射体有理想分辨率，当 $j\neq i$，$P_j(\omega)$ 等于零时，$\bar{\boldsymbol{G}}_i(\omega)$ 是相互正交的。设天线阵列的输入信号为 $\bar{\boldsymbol{G}}_i(\omega)$，那么经散射后的天线的接收信号为 $\bar{\boldsymbol{H}}(\omega)\bar{\boldsymbol{G}}_i^*(\omega)$，省略天线响应系数 $A_{\mathrm{e}}(\omega)$ 和 $A_{\mathrm{r}}(\omega)$，写出其第 m 个元素：

$$\begin{aligned}\sum_{m'=1}^{M}H_{mn'}(\omega)G^*(\boldsymbol{r}_i,\boldsymbol{r}_{m'},\omega)&=\sum_{m'=1}^{M}\sum_{s=1}^{S}G(\boldsymbol{r}_s,\boldsymbol{r}_m,\omega)\tau_s(\omega)G(\boldsymbol{r}_s,\boldsymbol{r}_{m'},\omega)G^*(\boldsymbol{r}_i,\boldsymbol{r}_{m'},\omega)\\&=\sum_{s=1}^{S}G(\boldsymbol{r}_s,\boldsymbol{r}_m,\omega)\tau_s(\omega)\sum_{m'=1}^{M}G(\boldsymbol{r}_s,\boldsymbol{r}_{m'},\omega)G^*(\boldsymbol{r}_i,\boldsymbol{r}_{m'},\omega)\end{aligned} \tag{8-25}$$

由正交性：

$$\sum_{m'=1}^{M}H_{mn'}(\omega)G^*(\boldsymbol{r}_i,\boldsymbol{r}_{m'},\omega)=G(\boldsymbol{r}_i,\boldsymbol{r}_m,\omega)\tau_i(\omega)\sum_{m'=1}^{M}\left|G(\boldsymbol{r}_i,\boldsymbol{r}_{m'},\omega)\right|^2 \tag{8-26}$$

于是矩阵形式为

$$\bar{\boldsymbol{H}}(\omega)\bar{\boldsymbol{G}}_i^*(\omega)=\left[\tau_i(\omega)\sum_{m'=1}^{M}\left|G(\boldsymbol{r}_i,\boldsymbol{r}_{m'},\omega)\right|^2\right]\bar{\boldsymbol{G}}_i(\omega) \tag{8-27}$$

可得到

$$\bar{\boldsymbol{T}}(\omega)\bar{\boldsymbol{G}}_i^*(\omega)=\bar{\boldsymbol{H}}^*(\omega)\bar{\boldsymbol{H}}(\omega)\bar{\boldsymbol{G}}_i^*(\omega)=\left|\tau_i(\omega)\right|^2\left[\sum_{m'=1}^{M}\left|G(\boldsymbol{r}_i,\boldsymbol{r}_{m'},\omega)\right|^2\right]^2\bar{\boldsymbol{G}}_i^*(\omega) \tag{8-28}$$

可见，时间反演算子的特征值为 $\left|\tau_i(\omega)\right|^2\left[\sum_{m'=1}^{M}\left|G(\boldsymbol{r}_i,\boldsymbol{r}_{m'},\omega)\right|^2\right]^2$，与之对应的特征向量为格林函数向量的共轭 $\bar{\boldsymbol{G}}_i^*(\omega)$。式(8-28)表述了时间反演算子的特征值与目标散射体之间的关系，在下面的分析中将揭示迭代时间反演镜法聚焦于具有大散射系数的目标处的原因。

8.2.2　迭代时间反演镜法

迭代时间反演镜的实现方法是在原时间反演镜方法的基础上多次对信号进行接收、记录、时间反演和再发射的操作。该方法累积了时间反演过程的信号聚焦能力，从而获得对具有最

大散射系数的目标的收敛聚焦，本节中讨论迭代时间反演镜的理论及相关公式。假设发射天线阵列的单元个数为 M，接收天线阵列的单元个数为 N，(在回波模式下 $M=N$)，并且假设传输介质具有线性和时不变性。那么，信号发射与接收之间的关系可以表示为式(8-18)，重写为

$$\bar{\boldsymbol{Z}}(\omega)=\bar{\boldsymbol{H}}(\omega)\bar{\boldsymbol{P}}(\omega)$$

式中，$\bar{\boldsymbol{Z}}(\omega)=\left(Z_n(\omega)\right)_{1\leqslant n\leqslant N}$，$\bar{\boldsymbol{P}}(\omega)=\left(P_m(\omega)\right)_{1\leqslant m\leqslant M}$，$\bar{\boldsymbol{H}}(\omega)=\left(H_{nm}(\omega)\right)_{1\leqslant m\leqslant M,1\leqslant n\leqslant N}$ 为传输矩阵。根据互易定理，$H_{nm}(\omega)=H_{mn}(\omega)$，如果 $M=N$，那么传输矩阵 $\bar{\boldsymbol{H}}(\omega)$ 为对称矩阵。这一特性对于时间反演镜和迭代时间反演处理尤为重要。

设 $\bar{\boldsymbol{P}}^{(0)}(\omega)$ 为发射天线上激励的初始输入信号向量，则系统的接收端输出为 $\bar{\boldsymbol{Z}}^{(0)}(\omega)=\bar{\boldsymbol{H}}(\omega)\bar{\boldsymbol{P}}^{(0)}(\omega)$。如前面所述，时间反演等效于频域相位共轭，那么，时间反演 $\bar{\boldsymbol{Z}}^{(0)}(\omega)$ 后再次在发射天线上激励的信号为

$$\bar{\boldsymbol{P}}^{(1)}(\omega)=\bar{\boldsymbol{Z}}^{(0)*}(\omega)=\bar{\boldsymbol{H}}^{*}(\omega)\bar{\boldsymbol{P}}^{(0)*}(\omega) \tag{8-29}$$

此时接收天线阵列上新的接收信号为

$$\bar{\boldsymbol{Z}}^{(1)}(\omega)=\bar{\boldsymbol{H}}(\omega)\bar{\boldsymbol{P}}^{(1)}(\omega)=\bar{\boldsymbol{H}}(\omega)\bar{\boldsymbol{H}}^{*}(\omega)\bar{\boldsymbol{P}}^{(0)*}(\omega) \tag{8-30}$$

同理，时间反演第二次迭代发射天线阵列的激励信号为

$$\bar{\boldsymbol{P}}^{(2)}(\omega)=\bar{\boldsymbol{Z}}^{(1)*}(\omega)=\bar{\boldsymbol{H}}^{*}(\omega)\bar{\boldsymbol{H}}(\omega)\bar{\boldsymbol{P}}^{(0)}(\omega) \tag{8-31}$$

接收天线阵列接收信号为

$$\bar{\boldsymbol{Z}}^{(2)}(\omega)=\bar{\boldsymbol{H}}(\omega)\bar{\boldsymbol{P}}^{(2)}(\omega)=\bar{\boldsymbol{H}}(\omega)\bar{\boldsymbol{H}}^{*}(\omega)\bar{\boldsymbol{H}}(\omega)\bar{\boldsymbol{P}}^{(0)}(\omega) \tag{8-32}$$

以此类推，时间反演第 $2l$ 和第 $2l+1$ 次迭代的输入信号分别为

$$\bar{\boldsymbol{P}}^{(2l)}(\omega)=\left[\bar{\boldsymbol{H}}^{*}(\omega)\bar{\boldsymbol{H}}(\omega)\right]^{l}\bar{\boldsymbol{P}}^{(0)}(\omega) \tag{8-33}$$

$$\bar{\boldsymbol{P}}^{(2l+1)}(\omega)=\left[\bar{\boldsymbol{H}}^{*}(\omega)\bar{\boldsymbol{H}}(\omega)\right]^{l}\bar{\boldsymbol{H}}^{*}(\omega)\bar{\boldsymbol{P}}^{(0)}(\omega) \tag{8-34}$$

这里 $\bar{\boldsymbol{T}}(\omega)=\bar{\boldsymbol{H}}^{*}(\omega)\bar{\boldsymbol{H}}(\omega)$ 是时间反演算子。由于 $\bar{\boldsymbol{H}}(\omega)$ 的对称性：

$$\left[\bar{\boldsymbol{H}}^{*}(\omega)\bar{\boldsymbol{H}}(\omega)\right]^{*\mathrm{T}}=\left[\bar{\boldsymbol{H}}(\omega)\bar{\boldsymbol{H}}^{*}(\omega)\right]^{\mathrm{T}}=\bar{\boldsymbol{H}}^{*\mathrm{T}}(\omega)\bar{\boldsymbol{H}}^{\mathrm{T}}(\omega)=\bar{\boldsymbol{H}}^{*}(\omega)\bar{\boldsymbol{H}}(\omega) \tag{8-35}$$

这意味着 $\bar{\boldsymbol{T}}(\omega)$ 是厄米共轭并可以对角化，其特征向量是正交的，特征值为实数。如果 λ 为 $\bar{\boldsymbol{T}}(\omega)$ 的一个特征值，且与之相应的特征向量为 $\bar{\boldsymbol{v}}(\omega)$，那么由式(8-36)可以证明 λ 为正：

$$\begin{aligned}\left\|\bar{\boldsymbol{H}}(\omega)\bar{\boldsymbol{v}}(\omega)\right\|^{2}&=\left(\bar{\boldsymbol{H}}(\omega)\bar{\boldsymbol{v}}(\omega)\right)^{*\mathrm{T}}\left(\bar{\boldsymbol{H}}(\omega)\bar{\boldsymbol{v}}(\omega)\right)\\&=\bar{v}^{*\mathrm{T}}(\omega)\bar{\boldsymbol{H}}^{*}(\omega)\bar{\boldsymbol{H}}(\omega)\bar{\boldsymbol{v}}(\omega)=\bar{v}^{*\mathrm{T}}(\omega)\lambda\bar{\boldsymbol{v}}(\omega)=\lambda\left\|\bar{\boldsymbol{v}}(\omega)\right\|^{2}\end{aligned} \tag{8-36}$$

进一步设 $\bar{\boldsymbol{T}}(\omega)$ 具有 p ($p\leqslant M$) 个显著的特征值 $\lambda_1>\lambda_2>\cdots>\lambda_p$。$F_1,F_2,\cdots,F_p$ 为对应的特征空间，假设初始输入信号 $\bar{\boldsymbol{P}}^{(0)}(\omega)$ 在特征空间上的展开为

$$\bar{\boldsymbol{P}}^{(0)}(\omega)=\bar{\boldsymbol{v}}_1(\omega)+\bar{\boldsymbol{v}}_2(\omega)+\cdots+\bar{\boldsymbol{v}}_p(\omega),\quad \bar{\boldsymbol{v}}_1(\omega)\neq 0,\bar{\boldsymbol{v}}_i(\omega)\in F_i \tag{8-37}$$

那么第 $2l$ 次时间反演迭代输入信号为

$$\bar{\boldsymbol{P}}^{(2l)}(\omega)=\lambda_1^{l}\bar{\boldsymbol{v}}_1(\omega)+\lambda_2^{l}\bar{\boldsymbol{v}}_2(\omega)+\cdots+\lambda_p^{l}\bar{\boldsymbol{v}}_p(\omega) \tag{8-38}$$

对于大的迭代次数值 l，$\bar{\boldsymbol{P}}^{(2l)}(\omega)\approx\lambda_1^{l}\bar{\boldsymbol{v}}_1(\omega)$。这表明迭代时间反演镜过程收敛于时间反演算子

的最大特征值，又由式(8-28)可知最大特征值和具有最大散射系数的散射目标相对应，那么，这就解释了多次迭代时间反演聚焦效果在具有最大散射系数的目标处增强的现象。

对于奇数次迭代，$\bar{\boldsymbol{H}}^{*}(\omega)\bar{\boldsymbol{P}}^{(0)*}(\omega)$ 在特征空间上的展开为

$$\bar{\boldsymbol{H}}^{*}(\omega)\bar{\boldsymbol{P}}^{(0)*}(\omega)=\bar{\boldsymbol{H}}^{*}(\omega)\bar{\boldsymbol{v}}_{1}^{*}(\omega)+\bar{\boldsymbol{H}}^{*}(\omega)\bar{\boldsymbol{v}}_{2}^{*}(\omega)+\cdots+\bar{\boldsymbol{H}}^{*}(\omega)\bar{\boldsymbol{v}}_{p}^{*}(\omega) \tag{8-39}$$

而

$$\left[\bar{\boldsymbol{H}}^{*}(\omega)\bar{\boldsymbol{H}}(\omega)\right]\bar{\boldsymbol{H}}^{*}(\omega)\bar{\boldsymbol{v}}_{i}^{*}(\omega)=\bar{\boldsymbol{H}}^{*}(\omega)\left[\bar{\boldsymbol{H}}^{*}(\omega)\bar{\boldsymbol{H}}(\omega)\bar{\boldsymbol{v}}_{i}(\omega)\right]^{*}=\lambda_{i}\bar{\boldsymbol{H}}^{*}(\omega)\bar{\boldsymbol{v}}_{i}^{*}(\omega) \tag{8-40}$$

显示 $\bar{\boldsymbol{H}}^{*}(\omega)\bar{\boldsymbol{v}}_{i}^{*}(\omega)$ 是 $\bar{\boldsymbol{T}}(\omega)$ 对应于特征值 λ_i 的一个特征向量，于是第 $2l+1$ 次迭代时间反演的输入信号为

$$\bar{\boldsymbol{P}}^{(2l+1)}(\omega)=\lambda_{1}^{l}\bar{\boldsymbol{H}}^{*}(\omega)\bar{\boldsymbol{v}}_{1}^{*}(\omega)+\lambda_{2}^{l}\bar{\boldsymbol{H}}^{*}(\omega)\bar{\boldsymbol{v}}_{2}^{*}(\omega)+\cdots+\lambda_{p}^{l}\bar{\boldsymbol{H}}^{*}(\omega)\bar{\boldsymbol{v}}_{p}^{*}(\omega) \tag{8-41}$$

对于大的迭代次数值，$\bar{\boldsymbol{P}}^{(2l+1)}(\omega)\approx\lambda_{1}^{l}\bar{\boldsymbol{H}}^{*}(\omega)\bar{\boldsymbol{v}}_{1}^{*}(\omega)$。该表达式也同样解释了迭代时间反演聚焦效果，同时证明了迭代时间反演的收敛性。

如果目标处于严重的背景散射体造成的杂波噪声中，时间反演镜方法和迭代时间反演镜法在对目标聚焦时均遇到困难，因为背景噪声散射体所产生的反射回波与目标回波量级相当，甚至超过目标回波量，直接的时间反演镜方法和迭代时间反演镜法均有可能错误地聚焦到背景噪声散射体处，使对真正目标探测失效。为了解决该问题，美国卡内基·梅隆大学的 Moura 等[1,2]提出一种称为时间反演自适应干扰消除的技术，并指出其在合成孔径雷达[3,4]、自适应探测[5,6]等领域的应用。该方法的基本思想是：第一步，当动态目标未出现在所关心的区域时，阵列发射探测脉冲，经过背景噪声散射体散射后，阵列记录下接收到的杂波散射信号；第二步，基于这些散射信号，使用时间反演迫零技术将时间反演后的信号加权后再次发射，并重复这一步骤直到目标出现；第三步，目标出现时阵列记录新的散射信号，时间反演后再次发射，此时发射的信号能够很好地消除背景噪声散射体的影响并有效地在目标出现处聚焦。该方法在严重杂波环境下，具有较强的实用性。

8.3　电磁波时间反演算子

本节以电磁波散射为例，分析玻恩近似下的电磁波时间反演算子，假设散射过程为单次散射。

8.3.1　玻恩近似

玻恩近似假设成立的条件是散射体的电磁特性和背景介质的电磁特性的对比度不高[7]，也就是说散射体的介电常数、磁导率和背景介质接近。假设分析模型如图 8-1 所示，且介质中的散射体均是尺寸远小于波长的小三维散射体(不限定具体形状，其内部最大直径远小于波长)。

进一步，设发射天线阵列为 M 个单元，分别位于点 $\boldsymbol{r}_{m}^{\mathrm{t}}\left(m=1,2,\cdots,M\right)$，它们的极化方向分别为 $\boldsymbol{\beta}_{m}^{\mathrm{t}}(m=1,2,\cdots,M)$。散射体为 L 个，中心点分别位于 $\boldsymbol{r}_{l}^{\mathrm{s}}\left(l=1,2,\cdots,L\right)$，并且所占空间体积分别为 $V_{l}^{\mathrm{s}}\left(l=1,2,\cdots,L\right)$。接收天线阵列为 N 个单元，分别位于点 $\boldsymbol{r}_{n}^{\mathrm{r}}\left(n=1,2,\cdots,N\right)$，它们的极化方向分别为 $\boldsymbol{\beta}_{n}^{\mathrm{r}}(n=1,2,\cdots,N)$。

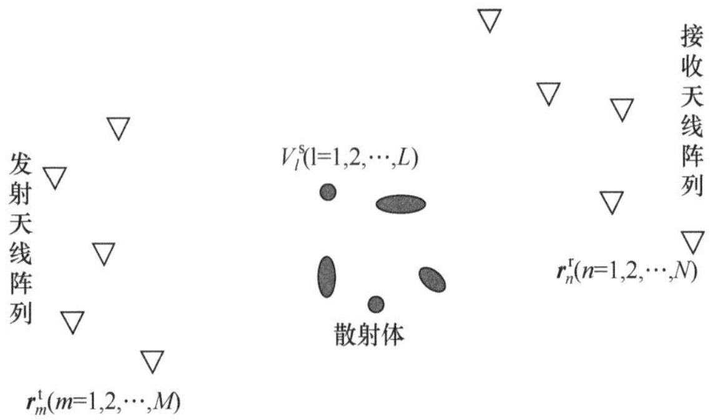

图 8-1 目标散射分析模型

在不考虑玻恩近似的情况下，散射场、入射场、总场的关系可以由式(8-42)和式(8-43)给出：

$$\begin{aligned}\boldsymbol{E}_{\mathrm{sca}}(\boldsymbol{r}_n^{\mathrm{r}}) &= \boldsymbol{E}_{\mathrm{tot}}(\boldsymbol{r}_n^{\mathrm{r}}) - \boldsymbol{E}_{\mathrm{inc}}(\boldsymbol{r}_n^{\mathrm{r}}) \\ &= \sum_{l=1}^{L}\int_{V_l^{\mathrm{s}}} \mathrm{d}\boldsymbol{r}'\Big[\mathrm{j}\omega(\mu_l(\boldsymbol{r}') - \mu_0(\boldsymbol{r}'))\nabla'\times\overline{\overline{\boldsymbol{G}}}(\boldsymbol{r}_n^{\mathrm{r}},\boldsymbol{r}')\cdot\boldsymbol{H}_{\mathrm{tot}}(\boldsymbol{r}') \\ &\quad + \omega^2\mu_0(\boldsymbol{r}_n^{\mathrm{r}})(\varepsilon_l(\boldsymbol{r}') - \varepsilon_0(\boldsymbol{r}'))\overline{\overline{\boldsymbol{G}}}(\boldsymbol{r}_n^{\mathrm{r}},\boldsymbol{r}')\cdot\boldsymbol{E}_{\mathrm{tot}}(\boldsymbol{r}')\Big]\end{aligned} \tag{8-42}$$

$$\begin{aligned}\boldsymbol{H}_{\mathrm{sca}}(\boldsymbol{r}_n^{\mathrm{r}}) &= \boldsymbol{H}_{\mathrm{tot}}(\boldsymbol{r}_n^{\mathrm{r}}) - \boldsymbol{H}_{\mathrm{inc}}(\boldsymbol{r}_n^{\mathrm{r}}) \\ &= \sum_{l=1}^{L}\int_{V_l^{\mathrm{s}}} \mathrm{d}\boldsymbol{r}'\Big[-\mathrm{j}\omega(\varepsilon_l(\boldsymbol{r}') - \varepsilon_0(\boldsymbol{r}'))\nabla'\times\overline{\overline{\boldsymbol{G}}}(\boldsymbol{r}_n^{\mathrm{r}},\boldsymbol{r}')\cdot\boldsymbol{E}_{\mathrm{tot}}(\boldsymbol{r}') \\ &\quad + \omega^2\varepsilon_0(\boldsymbol{r}_n^{\mathrm{r}})(\mu_l(\boldsymbol{r}') - \mu_0(\boldsymbol{r}'))\overline{\overline{\boldsymbol{G}}}(\boldsymbol{r}_n^{\mathrm{r}},\boldsymbol{r}')\cdot\boldsymbol{H}_{\mathrm{tot}}(\boldsymbol{r}')\Big]\end{aligned} \tag{8-43}$$

式中，$\boldsymbol{E}_{\mathrm{sca}}(\boldsymbol{r}_n^{\mathrm{r}})$、$\boldsymbol{H}_{\mathrm{sca}}(\boldsymbol{r}_n^{\mathrm{r}})$ 是散射场；$\boldsymbol{E}_{\mathrm{tot}}(\boldsymbol{r}_n^{\mathrm{r}})$、$\boldsymbol{H}_{\mathrm{tot}}(\boldsymbol{r}_n^{\mathrm{r}})$ 是总场；$\boldsymbol{E}_{\mathrm{inc}}(\boldsymbol{r}_n^{\mathrm{r}})$、$\boldsymbol{H}_{\mathrm{inc}}(\boldsymbol{r}_n^{\mathrm{r}})$ 是入射场。$\overline{\overline{\boldsymbol{G}}}(\boldsymbol{r},\boldsymbol{r}')$ 为位置点 $\boldsymbol{r}'$ 到位置点 $\boldsymbol{r}$ 的电场并矢格林函数，并且根据偶极子电流激励与电磁场的关系，入射场可以根据激励电偶极子源 $\boldsymbol{J}_m^0(\boldsymbol{r}) = Il\delta(\boldsymbol{r} - \boldsymbol{r}_m^{\mathrm{t}})\boldsymbol{\beta}_m^{\mathrm{t}}$ 按如下公式计算：$\boldsymbol{E}_{\mathrm{inc}}(\boldsymbol{r}) = -\mathrm{j}\omega\mu_0 Il\overline{\overline{\boldsymbol{G}}}(\boldsymbol{r},\boldsymbol{r}_m^{\mathrm{t}})\cdot\boldsymbol{\beta}_m^{\mathrm{t}}$，$\boldsymbol{H}_{\mathrm{inc}}(\boldsymbol{r}) = \nabla\times Il\overline{\overline{\boldsymbol{G}}}(\boldsymbol{r},\boldsymbol{r}_m^{\mathrm{t}})\cdot\boldsymbol{\beta}_m^{\mathrm{t}}$。考虑玻恩近似时，就可以用入射场直接代替式(8-42)和式(8-43)中积分项中的总场，继而直接得到入射场和散射场之间的关系，即

$$\begin{aligned}\boldsymbol{E}_{\mathrm{sca}}(\boldsymbol{r}_n^{\mathrm{r}}) &= \boldsymbol{E}_{\mathrm{tot}}(\boldsymbol{r}_n^{\mathrm{r}}) - \boldsymbol{E}_{\mathrm{inc}}(\boldsymbol{r}_n^{\mathrm{r}}) \\ &= \sum_{l=1}^{L}\int_{V_l^{\mathrm{s}}} \mathrm{d}\boldsymbol{r}'\Big[\mathrm{j}\omega(\mu_l(\boldsymbol{r}') - \mu_0(\boldsymbol{r}'))\nabla'\times\overline{\overline{\boldsymbol{G}}}(\boldsymbol{r}_n^{\mathrm{r}},\boldsymbol{r}')\cdot\boldsymbol{H}_{\mathrm{inc}}(\boldsymbol{r}') \\ &\quad + \omega^2\mu_0(\boldsymbol{r}_n^{\mathrm{r}})(\varepsilon_l(\boldsymbol{r}') - \varepsilon_0(\boldsymbol{r}'))\overline{\overline{\boldsymbol{G}}}(\boldsymbol{r}_n^{\mathrm{r}},\boldsymbol{r}')\cdot\boldsymbol{E}_{\mathrm{inc}}(\boldsymbol{r}')\Big]\end{aligned} \tag{8-44}$$

$$\begin{aligned}\boldsymbol{H}_{\mathrm{sca}}(\boldsymbol{r}_n^{\mathrm{r}}) &= \boldsymbol{H}_{\mathrm{tot}}(\boldsymbol{r}_n^{\mathrm{r}}) - \boldsymbol{H}_{\mathrm{inc}}(\boldsymbol{r}_n^{\mathrm{r}}) \\ &= \sum_{l=1}^{L}\int_{V_l^{\mathrm{s}}} \mathrm{d}\boldsymbol{r}'\Big[-\mathrm{j}\omega(\varepsilon_l(\boldsymbol{r}') - \varepsilon_0(\boldsymbol{r}'))\nabla'\times\overline{\overline{\boldsymbol{G}}}(\boldsymbol{r}_n^{\mathrm{r}},\boldsymbol{r}')\cdot\boldsymbol{E}_{\mathrm{inc}}(\boldsymbol{r}') \\ &\quad + \omega^2\varepsilon_0(\boldsymbol{r}_n^{\mathrm{r}})(\mu_l(\boldsymbol{r}') - \mu_0(\boldsymbol{r}'))\overline{\overline{\boldsymbol{G}}}(\boldsymbol{r}_n^{\mathrm{r}},\boldsymbol{r}')\cdot\boldsymbol{H}_{\mathrm{inc}}(\boldsymbol{r}')\Big]\end{aligned} \tag{8-45}$$

式(8-44)和式(8-45)在后面传输矩阵的获取中起着关键作用，它们把涉及位置或区域的散射场和入射场直接联系起来。

8.3.2 回波模式时间反演算子

回波模式下，发射天线阵列和接收天线阵列共用，阵列有 M 个天线单元，假设为理想电偶极子天线。它工作于发射状态时，在 M 个天线单元上的激励为 $\boldsymbol{J}_m(\boldsymbol{r})=I_m l_m \delta(\boldsymbol{r}-\boldsymbol{r}_m^{\mathrm{t}})\boldsymbol{\beta}_m^{\mathrm{t}}=(I_{mx}l_{mx}\hat{x}+I_{my}l_{my}\hat{y}+I_{mz}l_{mz}\hat{z})\delta(\boldsymbol{r}-\boldsymbol{r}_m^{\mathrm{t}})$，其中，$I_{mx}$、$I_{my}$、$I_{mz}$ 分别为 x、y、z 三个方向的驱动电流，l_{mx}、l_{my}、l_{mz} 分别为三个方向的电偶极子天线的长度。假设尺寸远小于波长的散射球体为 L 个，中心点分别位于 $\boldsymbol{r}_l^{\mathrm{s}}(l=1,2,\cdots,L)$，并且球体半径为 $a_l(l=1,2,\cdots,L)$，相对介电常数为 $\varepsilon(\boldsymbol{r}_l)$，磁导率为 $\mu(\boldsymbol{r}_i)$。

根据文献[8]，可得在散射体处的入射场为

$$\boldsymbol{E}_{\mathrm{inc}}^{m}(\boldsymbol{r}_l)=-\mathrm{j}\omega\mu_0(\boldsymbol{r}_m^{\mathrm{t}})\overline{\overline{\boldsymbol{G}}}(\boldsymbol{r}_l,\boldsymbol{r}_m^{\mathrm{t}})\cdot\boldsymbol{J}_m \tag{8-46}$$

$$\boldsymbol{H}_{\mathrm{inc}}^{m}(\boldsymbol{r}_l)=\frac{\mu_0(\boldsymbol{r}_m^{\mathrm{t}})}{\mu_0(\boldsymbol{r}_l)}\nabla\times\overline{\overline{\boldsymbol{G}}}(\boldsymbol{r}_l,\boldsymbol{r}_m^{\mathrm{t}})\cdot\boldsymbol{J}_m \tag{8-47}$$

式中，$\overline{\overline{\boldsymbol{G}}}(\boldsymbol{r}_l,\boldsymbol{r}_m^{\mathrm{t}})$ 为 $\boldsymbol{r}_m^{\mathrm{t}}$ 到 $\boldsymbol{r}_l$ 的电场并矢格林函数，将在后面进行讨论。$\varepsilon_0(\boldsymbol{r})$、$\mu_0(\boldsymbol{r})$ 分别代表位置点 $\boldsymbol{r}$ 处的背景介质的磁导率和介电常数。假如 M 个天线同时激励，那么在散射体处的入射场则为所有源的影响的叠加，即

$$\boldsymbol{E}_{\mathrm{inc}}(\boldsymbol{r}_l)=\sum_{m=1}^{M}-\mathrm{j}\omega\mu_0(\boldsymbol{r}_m^{\mathrm{t}})\overline{\overline{\boldsymbol{G}}}(\boldsymbol{r}_l,\boldsymbol{r}_m^{\mathrm{t}})\cdot\boldsymbol{J}_m \tag{8-48}$$

$$\boldsymbol{H}_{\mathrm{inc}}(\boldsymbol{r}_l)=\sum_{m=1}^{M}\frac{\mu_0(\boldsymbol{r}_m^{\mathrm{t}})}{\mu_0(\boldsymbol{r}_l)}\nabla\times\overline{\overline{\boldsymbol{G}}}(\boldsymbol{r}_l,\boldsymbol{r}_m^{\mathrm{t}})\cdot\boldsymbol{J}_m \tag{8-49}$$

记 $\boldsymbol{E}_{\mathrm{inc}}^{\mathrm{T}}(\boldsymbol{r}_l)=\left[E_{\mathrm{inc},x}(\boldsymbol{r}_l),E_{\mathrm{inc},y}(\boldsymbol{r}_l),E_{\mathrm{inc},z}(\boldsymbol{r}_l)\right]$，$\boldsymbol{H}_{\mathrm{inc}}^{\mathrm{T}}(\boldsymbol{r}_l)=\left[H_{\mathrm{inc},x}(\boldsymbol{r}_l),H_{\mathrm{inc},y}(\boldsymbol{r}_l),H_{\mathrm{inc},z}(\boldsymbol{r}_l)\right]$，把式(8-48)和式(8-49)写成矩阵形式可得

$$\overline{\boldsymbol{E}}_{\mathrm{inc}}=\overline{\boldsymbol{P}}\cdot\overline{\boldsymbol{M}}\cdot\overline{\boldsymbol{L}}\cdot\overline{\boldsymbol{I}} \tag{8-50}$$

式中

$$\overline{\boldsymbol{E}}_{\mathrm{inc}}=\left[\boldsymbol{E}_{\mathrm{inc}}^{\mathrm{T}}(\boldsymbol{r}_1),\boldsymbol{E}_{\mathrm{inc}}^{\mathrm{T}}(\boldsymbol{r}_2),\cdots,\boldsymbol{E}_{\mathrm{inc}}^{\mathrm{T}}(\boldsymbol{r}_L),\boldsymbol{H}_{\mathrm{inc}}^{\mathrm{T}}(\boldsymbol{r}_1),\boldsymbol{H}_{\mathrm{inc}}^{\mathrm{T}}(\boldsymbol{r}_2),\cdots,\boldsymbol{H}_{\mathrm{inc}}^{\mathrm{T}}(\boldsymbol{r}_L)\right]^{\mathrm{T}} \tag{8-51}$$

$$\overline{\boldsymbol{I}}=\left[I_{1x},I_{1y},I_{1z},I_{2x},I_{2y},I_{2z},\cdots,I_{Mz}\right]^{\mathrm{T}} \tag{8-52}$$

$$\overline{\boldsymbol{L}}=\mathrm{diag}\left[l_{1x},l_{1y},l_{1z},l_{2x},l_{2y},l_{2z},\cdots,l_{Mx},l_{My},l_{Mz}\right] \tag{8-53}$$

$$\overline{\boldsymbol{M}}=\mathrm{diag}\left[\mu_0(\boldsymbol{r}_1^{\mathrm{t}}),\mu_0(\boldsymbol{r}_1^{\mathrm{t}}),\mu_0(\boldsymbol{r}_1^{\mathrm{t}}),\mu_0(\boldsymbol{r}_2^{\mathrm{t}}),\mu_0(\boldsymbol{r}_2^{\mathrm{t}}),\mu_0(\boldsymbol{r}_2^{\mathrm{t}}),\cdots,\mu_0(\boldsymbol{r}_M^{\mathrm{t}}),\mu_0(\boldsymbol{r}_M^{\mathrm{t}}),\mu_0(\boldsymbol{r}_M^{\mathrm{t}})\right] \tag{8-54}$$

$$\overline{\boldsymbol{P}}=\begin{bmatrix}\overline{\overline{\boldsymbol{B}}}^{\mathrm{T}}\\ \overline{\overline{\boldsymbol{X}}}^{\mathrm{T}}\end{bmatrix} \tag{8-55}$$

式中，$\overline{\overline{\boldsymbol{B}}}$ 和 $\overline{\overline{\boldsymbol{X}}}$ 为背景并矢格林函数所组成的 $3M\times 3L$ 矩阵，它们的具体表达式分别为

$$\overline{\overline{\boldsymbol{B}}}=\begin{bmatrix}-\mathrm{j}\omega\overline{\overline{\boldsymbol{G}}}(\boldsymbol{r}_1,\boldsymbol{r}_1^{\mathrm{t}}) & -\mathrm{j}\omega\overline{\overline{\boldsymbol{G}}}(\boldsymbol{r}_2,\boldsymbol{r}_1^{\mathrm{t}}) & -\mathrm{j}\omega\overline{\overline{\boldsymbol{G}}}(\boldsymbol{r}_3,\boldsymbol{r}_1^{\mathrm{t}}) & \cdots & -\mathrm{j}\omega\overline{\overline{\boldsymbol{G}}}(\boldsymbol{r}_L,\boldsymbol{r}_1^{\mathrm{t}})\\ -\mathrm{j}\omega\overline{\overline{\boldsymbol{G}}}(\boldsymbol{r}_1,\boldsymbol{r}_2^{\mathrm{t}}) & -\mathrm{j}\omega\overline{\overline{\boldsymbol{G}}}(\boldsymbol{r}_2,\boldsymbol{r}_2^{\mathrm{t}}) & -\mathrm{j}\omega\overline{\overline{\boldsymbol{G}}}(\boldsymbol{r}_3,\boldsymbol{r}_2^{\mathrm{t}}) & \cdots & -\mathrm{j}\omega\overline{\overline{\boldsymbol{G}}}(\boldsymbol{r}_L,\boldsymbol{r}_2^{\mathrm{t}})\\ -\mathrm{j}\omega\overline{\overline{\boldsymbol{G}}}(\boldsymbol{r}_1,\boldsymbol{r}_3^{\mathrm{t}}) & -\mathrm{j}\omega\overline{\overline{\boldsymbol{G}}}(\boldsymbol{r}_2,\boldsymbol{r}_3^{\mathrm{t}}) & -\mathrm{j}\omega\overline{\overline{\boldsymbol{G}}}(\boldsymbol{r}_3,\boldsymbol{r}_3^{\mathrm{t}}) & \cdots & -\mathrm{j}\omega\overline{\overline{\boldsymbol{G}}}(\boldsymbol{r}_L,\boldsymbol{r}_3^{\mathrm{t}})\\ \vdots & \vdots & \vdots & & \vdots\\ -\mathrm{j}\omega\overline{\overline{\boldsymbol{G}}}(\boldsymbol{r}_1,\boldsymbol{r}_M^{\mathrm{t}}) & -\mathrm{j}\omega\overline{\overline{\boldsymbol{G}}}(\boldsymbol{r}_2,\boldsymbol{r}_M^{\mathrm{t}}) & -\mathrm{j}\omega\overline{\overline{\boldsymbol{G}}}(\boldsymbol{r}_3,\boldsymbol{r}_M^{\mathrm{t}}) & \cdots & -\mathrm{j}\omega\overline{\overline{\boldsymbol{G}}}(\boldsymbol{r}_L,\boldsymbol{r}_M^{\mathrm{t}})\end{bmatrix} \tag{8-56}$$

$$\overline{\overline{X}}=\begin{bmatrix}\frac{1}{\mu_0(\boldsymbol{r}_1)}\nabla\times\overline{\overline{G}}(\boldsymbol{r}_1,\boldsymbol{r}_1^{\mathrm{t}}) & \frac{1}{\mu_0(\boldsymbol{r}_2)}\nabla\times\overline{\overline{G}}(\boldsymbol{r}_2,\boldsymbol{r}_1^{\mathrm{t}}) & \cdots & \frac{1}{\mu_0(\boldsymbol{r}_L)}\nabla\times\overline{\overline{G}}(\boldsymbol{r}_L,\boldsymbol{r}_1^{\mathrm{t}})\\ \frac{1}{\mu_0(\boldsymbol{r}_1)}\nabla\times\overline{\overline{G}}(\boldsymbol{r}_1,\boldsymbol{r}_2^{\mathrm{t}}) & \frac{1}{\mu_0(\boldsymbol{r}_2)}\nabla\times\overline{\overline{G}}(\boldsymbol{r}_2,\boldsymbol{r}_2^{\mathrm{t}}) & \cdots & \frac{1}{\mu_0(\boldsymbol{r}_L)}\nabla\times\overline{\overline{G}}(\boldsymbol{r}_L,\boldsymbol{r}_2^{\mathrm{t}})\\ \frac{1}{\mu_0(\boldsymbol{r}_1)}\nabla\times\overline{\overline{G}}(\boldsymbol{r}_1,\boldsymbol{r}_3^{\mathrm{t}}) & \frac{1}{\mu_0(\boldsymbol{r}_2)}\nabla\times\overline{\overline{G}}(\boldsymbol{r}_2,\boldsymbol{r}_3^{\mathrm{t}}) & \cdots & \frac{1}{\mu_0(\boldsymbol{r}_L)}\nabla\times\overline{\overline{G}}(\boldsymbol{r}_L,\boldsymbol{r}_3^{\mathrm{t}})\\ \vdots & \vdots & & \vdots\\ \frac{1}{\mu_0(\boldsymbol{r}_1)}\nabla\times\overline{\overline{G}}(\boldsymbol{r}_1,\boldsymbol{r}_M^{\mathrm{t}}) & \frac{1}{\mu_0(\boldsymbol{r}_2)}\nabla\times\overline{\overline{G}}(\boldsymbol{r}_2,\boldsymbol{r}_M^{\mathrm{t}}) & \cdots & \frac{1}{\mu_0(\boldsymbol{r}_L)}\nabla\times\overline{\overline{G}}(\boldsymbol{r}_L,\boldsymbol{r}_M^{\mathrm{t}})\end{bmatrix} \tag{8-57}$$

利用玻恩近似，散射球体的散射场和入射场的关系为

$$\begin{aligned}\boldsymbol{E}_{\mathrm{sca}}(\boldsymbol{r}_m^{\mathrm{t}})=\sum_{l=1}^{L}\Bigg[&4\pi a_l^3\omega^2\mu_0(\boldsymbol{r}_l)\varepsilon_0(\boldsymbol{r}_l)\frac{\varepsilon(\boldsymbol{r}_l)-\varepsilon_0(\boldsymbol{r}_l)}{\varepsilon(\boldsymbol{r}_l)+2\varepsilon_0(\boldsymbol{r}_l)}\overline{\overline{G}}(\boldsymbol{r}_m^{\mathrm{t}},\boldsymbol{r}_l)\cdot\boldsymbol{E}_{\mathrm{inc}}(\boldsymbol{r}_l)\\&+\mathrm{j}4\pi a_l^3\omega\mu_0(\boldsymbol{r}_l)\frac{\mu(\boldsymbol{r}_l)-\mu_0(\boldsymbol{r}_l)}{\mu(\boldsymbol{r}_l)+2\mu_0(\boldsymbol{r}_l)}\nabla\times\overline{\overline{G}}(\boldsymbol{r}_m^{\mathrm{t}},\boldsymbol{r}_l)\cdot\boldsymbol{H}_{\mathrm{inc}}(\boldsymbol{r}_l)\Bigg]\end{aligned} \tag{8-58}$$

记 $\boldsymbol{E}_{\mathrm{sca}}^{\mathrm{T}}(\boldsymbol{r}_m)=\left[E_{\mathrm{sca},x}(\boldsymbol{r}_m),E_{\mathrm{sca},y}(\boldsymbol{r}_m),E_{\mathrm{sca},z}(\boldsymbol{r}_m)\right]$，于是有

$$\overline{\boldsymbol{E}}_{\mathrm{sca}}=\left[\overline{\overline{\boldsymbol{B}}},\overline{\overline{\boldsymbol{X}}}\right]\cdot\overline{\boldsymbol{F}}\cdot\overline{\boldsymbol{E}}_{\mathrm{inc}}=\overline{\boldsymbol{Q}}\cdot\overline{\boldsymbol{F}}\cdot\overline{\boldsymbol{E}}_{\mathrm{inc}} \tag{8-59}$$

式中

$$\overline{\boldsymbol{E}}_{\mathrm{sca}}=\left[\boldsymbol{E}_{\mathrm{sca}}^{\mathrm{T}}(\boldsymbol{r}_1^{\mathrm{t}}),\boldsymbol{E}_{\mathrm{sca}}^{\mathrm{T}}(\boldsymbol{r}_2^{\mathrm{t}}),\cdots,\boldsymbol{E}_{\mathrm{sca}}^{\mathrm{T}}(\boldsymbol{r}_M^{\mathrm{t}})\right]^{\mathrm{T}} \tag{8-60}$$

$$\overline{\boldsymbol{Q}}=\left[\overline{\overline{\boldsymbol{B}}},\overline{\overline{\boldsymbol{X}}}\right] \tag{8-61}$$

$$\overline{\boldsymbol{F}}=\mathrm{diag}\left[\overline{\boldsymbol{F}}_{\varepsilon},\overline{\boldsymbol{F}}_{\mu}\right] \tag{8-62}$$

$$\overline{\boldsymbol{F}}_{\varepsilon}=\mathrm{diag}\left[\overline{\xi}_1,\overline{\xi}_2,\cdots,\overline{\xi}_L\right] \tag{8-63}$$

$$\overline{\boldsymbol{F}}_{\mu}=\mathrm{diag}\left[\overline{\zeta}_1,\overline{\zeta}_2,\cdots,\overline{\zeta}_L\right] \tag{8-64}$$

$$\overline{\xi}_l=\mathrm{j}4\pi a_l^3\omega\mu_0(\boldsymbol{r}_l)\varepsilon_0(\boldsymbol{r}_l)\frac{\varepsilon(\boldsymbol{r}_l)-\varepsilon_0(\boldsymbol{r}_l)}{\varepsilon(\boldsymbol{r}_l)+2\varepsilon_0(\boldsymbol{r}_l)}\cdot\mathrm{diag}[1,1,1] \tag{8-65}$$

$$\overline{\zeta}_l=\mathrm{j}4\pi a_l^3\omega\mu_0^2(\boldsymbol{r}_l)\frac{\mu(\boldsymbol{r}_l)-\mu_0(\boldsymbol{r}_l)}{\mu(\boldsymbol{r}_l)+2\mu_0(\boldsymbol{r}_l)}\cdot\mathrm{diag}[1,1,1] \tag{8-66}$$

上述分析可以容易地扩展到各向异性材料的目标，只要修改 $\overline{\xi}_l$、$\overline{\zeta}_1$ 以及矩阵 $\overline{\boldsymbol{M}}$ 以符合各向异性材料的散射特性。在偶极子收发天线处接收到的电压信号可以根据偶极子的长度和偶极子上的电场求得

$$\overline{\boldsymbol{V}}=\overline{\boldsymbol{L}}\cdot\overline{\boldsymbol{E}}_{\mathrm{sca}} \tag{8-67}$$

联合式(8-48)、式(8-57)和式(8-65)，可得激励电流和接收电压的关系表达式为

$$\overline{\boldsymbol{V}}=\overline{\boldsymbol{L}}\cdot\overline{\boldsymbol{Q}}\cdot\overline{\boldsymbol{F}}\cdot\overline{\boldsymbol{P}}\cdot\overline{\boldsymbol{M}}\cdot\overline{\boldsymbol{L}}\cdot\overline{\boldsymbol{I}} \tag{8-68}$$

于是，传输矩阵可以写为

$$\overline{\boldsymbol{H}}=\overline{\boldsymbol{L}}\cdot\overline{\boldsymbol{Q}}\cdot\overline{\boldsymbol{F}}\cdot\overline{\boldsymbol{P}}\cdot\overline{\boldsymbol{M}}\cdot\overline{\boldsymbol{L}} \tag{8-69}$$

从而时间反演算子可以表示为

$$\bar{T} = \bar{H}^{+} \cdot \bar{H} \tag{8-70}$$

式中，上标“+”表示矩阵共轭转置。

记传输矩阵 $\bar{H}$ 的奇异值分解为 $\bar{H} = U\Sigma V^{+}$，正交矩阵 U 和 V 的第 j 列向量分别是 u_j 和 v_j，它们满足下列的奇异值系统方程：

$$\bar{H}u_j = \sigma_j v_j \tag{8-71}$$

$$\bar{H}^{+}v_j = \sigma_j u_j \tag{8-72}$$

式中，σ_j 是第 j 个奇异值。由式(8-71)或式(8-72)可以推出，时间反演算子 $\bar{T}$ 满足的特征值方程为

$$\bar{T}u_j = \sigma_j^2 u_j \tag{8-73}$$

与特征值 $\lambda_j = \sigma_j^2$ 对应的特征向量是 u_j。

8.3.3　传输模式时间反演算子

在有些应用中，如钻孔透析、分布式遥感等，系统采用的是收发天线阵列异置的情况。此时，采用传输模式的时间反演算子分解法分析可以获得更好的成像分辨率，并且提高了系统的灵活性和适用性。

为了分析传输模式的时间反演算子，此处改动前面的模型，增加 N 个位于 r_n^{r} $(n=1,2,3,\cdots,N)$ 的接收天线单元，且每个天线单元上具有指向三个方向的，长度分别为 l'_{nx}、l'_{ny}、l'_{nz} 的偶极子天线。此时，方程(8-58)改写为

$$\begin{aligned} E_{\mathrm{sca}}(r_n^{\mathrm{r}}) = \sum_{l=1}^{L}\Bigg[& 4\pi a_l^3\omega^2\mu_0(r_l)\varepsilon_0(r_l)\frac{\varepsilon(r_l)-\varepsilon_0(r_l)}{\varepsilon(r_l)+2\varepsilon_0(r_l)}\overline{\overline{G}}(r_n^{\mathrm{r}},r_l)\cdot E_{\mathrm{inc}}(r_l) \\ & + \mathrm{j}4\pi a_l^3\omega\mu_0(r_l)\frac{\mu(r_l)-\mu_0(r_l)}{\mu(r_l)+2\mu_0(r_l)}\nabla\times\overline{\overline{G}}(r_n^{\mathrm{r}},r_l)\cdot H_{\mathrm{inc}}(r_l)\Bigg] \end{aligned} \tag{8-74}$$

写成矩阵形式：

$$\bar{E}'_{\mathrm{sca}} = \left[\overline{\overline{B'}},\overline{\overline{X'}}\right]\cdot\bar{F}\cdot\bar{E}_{\mathrm{inc}} = \bar{Q}'\cdot\bar{F}\cdot\bar{E}_{\mathrm{inc}} \tag{8-75}$$

式中，$\overline{\overline{B'}}$ 和 $\overline{\overline{X'}}$ 分别是将 $\overline{\overline{B}}$ 和 $\overline{\overline{X}}$ 中的 r_m^{t} 替换为 r_n^{r} 而得到的。于是，类似地可以得到传输矩阵为

$$\bar{H}' = \bar{L}'\cdot\bar{Q}'\cdot\bar{F}\cdot\bar{P}\cdot\bar{M}\cdot\bar{L} \tag{8-76}$$

式中，$\bar{L}' = \mathrm{diag}\left[l'_{1x},l'_{1y},l'_{1z},l'_{2x},l'_{2y},l'_{2z},\cdots,l'_{Nx},l'_{Ny},l'_{Nz}\right]$；$\bar{H}'$ 是一个 $3N\times3M$ 矩阵，为发射天线阵列到接收天线阵列的映射，而其共轭转置 $\bar{H}'^{+}$ 表示从具有 N 个单元的接收天线阵列到具有 M 个单元的发射天线阵列的映射。此时，定义 $\bar{T}_{\mathrm{t}} = \bar{H}'^{+}\cdot\bar{H}'$ 和 $\bar{T}_{\mathrm{r}} = \bar{H}'\cdot\bar{H}'^{+}$，分别称为发射时间反演算子和接收时间反演算子，它们的特征值系统表示为

$$\bar{T}_{\mathrm{t}}u_j = \sigma_j^2 u_j \tag{8-77}$$

$$\bar{T}_{\mathrm{r}}v_j = \sigma_j^2 v_j \tag{8-78}$$

8.4 多散射下的传输矩阵和时间反演算子

本节将讨论在存在多散射体互散射条件下的传输矩阵和时间反演算子。如图 8-1 所示，发射天线阵列有 M 个天线单元(理想偶极子天线)，在 M 个天线单元上的激励为 $\boldsymbol{J}_m(\boldsymbol{r})=I_m l_m \delta(\boldsymbol{r}-\boldsymbol{r}_m^{\mathrm{t}})\boldsymbol{\beta}_m^{\mathrm{t}}=(I_{mx}l_{mx}\hat{x}+I_{my}l_{my}\hat{y}+I_{mz}l_{mz}\hat{z})\delta(\boldsymbol{r}-\boldsymbol{r}_m^{\mathrm{t}})$，其中 I_{mx}、I_{my}、I_{mz} 分别为 x、y、z 三个方向的驱动电流，l_{mx}、l_{my}、l_{mz} 分别为三个方向的偶极子天线的长度。N 个接收天线的位置为 $\boldsymbol{r}_n^{\mathrm{r}}(n=1,2,\cdots,N)$，也均包含三个方向的偶极子天线，$l_{nx}$、$l_{ny}$、$_{nz}$ 分别为 x、y、z 方向的天线长度。

假设尺寸远小于波长的散射球体有 L 个，中心点分别位于 $\boldsymbol{r}_l^{\mathrm{s}}\left(l=1,2,\cdots,L\right)$，并且球体半径为 $a_l(l=1,2,\cdots,L)$。散射球体可以是均匀的，也可以是各向异性的，考虑普遍性，假设散射球体的电磁特性如下所示：

$$\overline{\overline{\boldsymbol{\varepsilon}}}_l=\begin{bmatrix}\varepsilon_l^{xx} & \varepsilon_l^{xy} & \varepsilon_l^{xz}\\ \varepsilon_l^{yx} & \varepsilon_l^{yy} & \varepsilon_l^{yz}\\ \varepsilon_l^{zx} & \varepsilon_l^{zy} & \varepsilon_l^{zz}\end{bmatrix}=\overline{\overline{\Xi}}_{\varepsilon,l}^{-1}\begin{bmatrix}\varepsilon_l^{(1)} & 0 & 0\\ 0 & \varepsilon_l^{(2)} & 0\\ 0 & 0 & \varepsilon_l^{(3)}\end{bmatrix}\overline{\overline{\Xi}}_{\varepsilon,l} \tag{8-79}$$

$$\overline{\overline{\boldsymbol{\mu}}}_l=\begin{bmatrix}\mu_l^{xx} & \mu_l^{xy} & \mu_l^{xz}\\ \mu_l^{yx} & \mu_l^{yy} & \mu_l^{yz}\\ \mu_l^{zx} & \mu_l^{zy} & \mu_l^{zz}\end{bmatrix}=\overline{\overline{\Xi}}_{\mu,l}^{-1}\begin{bmatrix}\mu_l^{(1)} & 0 & 0\\ 0 & \mu_l^{(2)} & 0\\ 0 & 0 & \mu_l^{(3)}\end{bmatrix}\overline{\overline{\Xi}}_{\mu,l} \tag{8-80}$$

式中，$\varepsilon_l^{(i)}$、$\mu_l^{(i)}$ 分别是主轴方向的介电常数和磁导率；$\overline{\overline{\Xi}}\mu,\varepsilon,l$ 是关于旋转欧拉角的函数。旋转欧拉角表示为 $\phi_{n,l}\in[0,2\pi]$，$\theta_{n,l}\in[0,\pi]$，$\varphi_{n,l}\in[0,2\pi]$，$n=\varepsilon,\mu$，于是有

$$\begin{aligned}\overline{\overline{\Xi}}_{n,l}&=\boldsymbol{R}_\phi\boldsymbol{R}_\theta\boldsymbol{R}_\varphi\\&=\begin{bmatrix}\begin{gathered}\cos(\varphi_{n,l})\cos(\theta_{n,l})\cos(\phi_{n,l})\\-\sin(\varphi_{n,l})\sin(\phi_{n,l})\end{gathered} & \begin{gathered}\cos(\varphi_{n,l})\cos(\theta_{n,l})\sin(\phi_{n,l})\\+\sin(\varphi_{n,l})\cos(\phi_{n,l})\end{gathered} & -\cos(\varphi_{n,l})\sin(\theta_{n,l})\\ \begin{gathered}-\sin(\varphi_{n,l})\cos(\theta_{n,l})\cos(\phi_{n,l})\\-\cos(\varphi_{n,l})\sin(\phi_{n,l})\end{gathered} & \begin{gathered}-\sin(\varphi_{n,l})\cos(\theta_{n,l})\sin(\phi_{n,l})\\+\cos(\varphi_{nl})\cos(\phi_{n})\end{gathered} & \sin(\varphi_{n,l})\sin(\theta_{n,l})\\ \sin(\theta_{n,l})\cos(\phi_{n,l}) & \sin(\theta_{n,l})\sin(\phi_{n,l}) & \cos(\theta_{n,l})\end{bmatrix}\end{aligned} \tag{8-81}$$

式中

$$\boldsymbol{R}_\phi=\begin{bmatrix}\cos(\phi_{n,l}) & \sin(\phi_{n,l}) & 0\\ -\sin(\phi_{n,l}) & \cos(\phi_{n,l}) & 0\\ 0 & 0 & 1\end{bmatrix} \tag{8-82}$$

$$\boldsymbol{R}_\theta=\begin{bmatrix}\cos\left(\theta_{n,l}\right) & 0 & -\sin\left(\theta_{n,l}\right)\\ 0 & 1 & 0\\ \sin\left(\theta_{n,l}\right) & 0 & \cos\left(\theta_{n,l}\right)\end{bmatrix} \tag{8-83}$$

$$\boldsymbol{R}_\varphi=\begin{bmatrix}\cos\left(\varphi_{n,l}\right) & \sin\left(\varphi_{n,l}\right) & 0\\ -\sin\left(\varphi_{n,l}\right) & \cos\left(\varphi_{n,l}\right) & 0\\ 0 & 0 & 1\end{bmatrix} \tag{8-84}$$

根据偶极子天线上的激励电流与其引起的入射场之间的关系：

$$\boldsymbol{E}(\boldsymbol{r})=-\mathrm{j}\omega\int \mathrm{d}\boldsymbol{r}'\overline{\overline{\boldsymbol{G}}}(\boldsymbol{r},\boldsymbol{r}')\mu(\boldsymbol{r}')\cdot\boldsymbol{J}(\boldsymbol{r}') \tag{8-85}$$

$$\boldsymbol{H}(\boldsymbol{r})=\int \mathrm{d}\boldsymbol{r}'\mu^{-1}(\boldsymbol{r})\nabla\times\overline{\overline{\boldsymbol{G}}}(\boldsymbol{r},\boldsymbol{r}')\mu(\boldsymbol{r}')\cdot\boldsymbol{J}(\boldsymbol{r}') \tag{8-86}$$

式中，$\overline{\overline{\boldsymbol{G}}}(\boldsymbol{r},\boldsymbol{r}')$ 为电磁格林函数。当激励具有此处形式时，可得在散射体处的入射场为

$$\boldsymbol{E}_{\mathrm{inc}}(\boldsymbol{r}_l)=\sum_{m=1}^{M}-\mathrm{j}\omega\mu_0(\boldsymbol{r}_m^{\mathrm{t}})\overline{\overline{\boldsymbol{G}}}(\boldsymbol{r}_l,\boldsymbol{r}_m^{\mathrm{t}})\cdot\boldsymbol{Il}_m \tag{8-87}$$

$$\boldsymbol{H}_{\mathrm{inc}}(\boldsymbol{r}_l)=\sum_{m=1}^{M}\frac{\mu_0(\boldsymbol{r}_m^{\mathrm{t}})}{\mu_0(\boldsymbol{r}_l)}\nabla\times\overline{\overline{\boldsymbol{G}}}(\boldsymbol{r}_l,\boldsymbol{r}_m^{\mathrm{t}})\cdot\boldsymbol{Il}_m \tag{8-88}$$

式中，μ_0 为背景磁导率；$\boldsymbol{Il}_m=\left[I_{mx}l_{mx},I_{my}l_{my},I_{mz}l_{mz}\right]^{\mathrm{T}}$。式(8-88)可以写为矩阵形式：

$$\overline{\boldsymbol{E}}_{\mathrm{inc}}=\overline{\overline{\boldsymbol{P}}}\cdot\overline{\overline{\boldsymbol{L}}}\cdot\overline{\boldsymbol{I}} \tag{8-89}$$

式中

$$\overline{\boldsymbol{E}}_{\mathrm{inc}}=\left[\boldsymbol{E}_{\mathrm{inc}}^{\mathrm{T}}(\boldsymbol{r}_1),\boldsymbol{E}_{\mathrm{inc}}^{\mathrm{T}}(\boldsymbol{r}_2),\cdots,\boldsymbol{E}_{\mathrm{inc}}^{\mathrm{T}}(\boldsymbol{r}_L),\boldsymbol{H}_{\mathrm{inc}}^{\mathrm{T}}(\boldsymbol{r}_1),\boldsymbol{H}_{\mathrm{inc}}^{\mathrm{T}}(\boldsymbol{r}_2),\cdots,\boldsymbol{H}_{\mathrm{inc}}^{\mathrm{T}}(\boldsymbol{r}_L)\right]^{\mathrm{T}} \tag{8-90}$$

$$\overline{\boldsymbol{I}}=\left[I_{1x},I_{1y},I_{1z},I_{2x},I_{2y},I_{2z},\cdots,I_{Mz}\right]^{\mathrm{T}} \tag{8-91}$$

$$\overline{\overline{\boldsymbol{L}}}=\mathrm{diag}\left[l_{1x},l_{1y},l_{1z},l_{2x},l_{2y},l_{2z},\cdots,l_{Mz}\right] \tag{8-92}$$

$$\overline{\overline{\boldsymbol{P}}}=\begin{bmatrix}\overline{\overline{\boldsymbol{B}}}^{\mathrm{T}}{}_{(\boldsymbol{r}_{l=1}^{L},\boldsymbol{r}_{m=1}^{M})}\\ \overline{\overline{\boldsymbol{X}}}^{\mathrm{T}}{}_{(\boldsymbol{r}_{l=1}^{L},\boldsymbol{r}_{m=1}^{M})}\end{bmatrix} \tag{8-93}$$

式中

$$\overline{\overline{\boldsymbol{B}}}_{(\boldsymbol{r}_{l=1}^{L},\boldsymbol{r}_{m=1}^{M})}=$$

$$\begin{bmatrix}-\mathrm{j}\omega\mu_0(\boldsymbol{r}_1^{\mathrm{t}})\overline{\overline{\boldsymbol{G}}}(\boldsymbol{r}_1,\boldsymbol{r}_1^{\mathrm{t}}) & -\mathrm{j}\omega\mu_0(\boldsymbol{r}_1^{\mathrm{t}})\overline{\overline{\boldsymbol{G}}}(\boldsymbol{r}_2,\boldsymbol{r}_1^{\mathrm{t}}) & -\mathrm{j}\omega\mu_0(\boldsymbol{r}_1^{\mathrm{t}})\overline{\overline{\boldsymbol{G}}}(\boldsymbol{r}_3,\boldsymbol{r}_1^{\mathrm{t}}) & \cdots & -\mathrm{j}\omega\mu_0(\boldsymbol{r}_1^{\mathrm{t}})\overline{\overline{\boldsymbol{G}}}(\boldsymbol{r}_L,\boldsymbol{r}_1^{\mathrm{t}})\\ -\mathrm{j}\omega\mu_0(\boldsymbol{r}_2^{\mathrm{t}})\overline{\overline{\boldsymbol{G}}}(\boldsymbol{r}_1,\boldsymbol{r}_2^{\mathrm{t}}) & -\mathrm{j}\omega\mu_0(\boldsymbol{r}_2^{\mathrm{t}})\overline{\overline{\boldsymbol{G}}}(\boldsymbol{r}_2,\boldsymbol{r}_2^{\mathrm{t}}) & -\mathrm{j}\omega\mu_0(\boldsymbol{r}_2^{\mathrm{t}})\overline{\overline{\boldsymbol{G}}}(\boldsymbol{r}_3,\boldsymbol{r}_2^{\mathrm{t}}) & \cdots & -\mathrm{j}\omega\mu_0(\boldsymbol{r}_2^{\mathrm{t}})\overline{\overline{\boldsymbol{G}}}(\boldsymbol{r}_L,\boldsymbol{r}_2^{\mathrm{t}})\\ -\mathrm{j}\omega\mu_0(\boldsymbol{r}_3^{\mathrm{t}})\overline{\overline{\boldsymbol{G}}}(\boldsymbol{r}_1,\boldsymbol{r}_3^{\mathrm{t}}) & -\mathrm{j}\omega\mu_0(\boldsymbol{r}_3^{\mathrm{t}})\overline{\overline{\boldsymbol{G}}}(\boldsymbol{r}_2,\boldsymbol{r}_3^{\mathrm{t}}) & -\mathrm{j}\omega\mu_0(\boldsymbol{r}_3^{\mathrm{t}})\overline{\overline{\boldsymbol{G}}}(\boldsymbol{r}_3,\boldsymbol{r}_3^{\mathrm{t}}) & \cdots & -\mathrm{j}\omega\mu_0(\boldsymbol{r}_3^{\mathrm{t}})\overline{\overline{\boldsymbol{G}}}(\boldsymbol{r}_L,\boldsymbol{r}_3^{\mathrm{t}})\\ \vdots & \vdots & \vdots & & \vdots\\ -\mathrm{j}\omega\mu_0(\boldsymbol{r}_M^{\mathrm{t}})\overline{\overline{\boldsymbol{G}}}(\boldsymbol{r}_1,\boldsymbol{r}_M^{\mathrm{t}}) & -\mathrm{j}\omega\mu_0(\boldsymbol{r}_M^{\mathrm{t}})\overline{\overline{\boldsymbol{G}}}(\boldsymbol{r}_2,\boldsymbol{r}_M^{\mathrm{t}}) & -\mathrm{j}\omega\mu_0(\boldsymbol{r}_M^{\mathrm{t}})\overline{\overline{\boldsymbol{G}}}(\boldsymbol{r}_3,\boldsymbol{r}_M^{\mathrm{t}}) & \cdots & -\mathrm{j}\omega\mu_0(\boldsymbol{r}_M^{\mathrm{t}})\overline{\overline{\boldsymbol{G}}}(\boldsymbol{r}_L,\boldsymbol{r}_M^{\mathrm{t}})\end{bmatrix} \tag{8-94}$$

$$\overline{\overline{X}}_{(r_{l=1}^L, r_{m=1}^M)} = \begin{bmatrix} \nabla\times\overline{\overline{G}}(r_1, r_1^t) & \nabla\times\overline{\overline{G}}(r_2, r_1^t) & \nabla\times\overline{\overline{G}}(r_3, r_1^t) & \cdots & \nabla\times\overline{\overline{G}}(r_L, r_1^t) \\ \nabla\times\overline{\overline{G}}(r_1, r_2^t) & \nabla\times\overline{\overline{G}}(r_2, r_2^t) & \nabla\times\overline{\overline{G}}(r_3, r_2^t) & \cdots & \nabla\times\overline{\overline{G}}(r_L, r_2^t) \\ \nabla\times\overline{\overline{G}}(r_1, r_3^t) & \nabla\times\overline{\overline{G}}(r_2, r_3^t) & \nabla\times\overline{\overline{G}}(r_3, r_3^t) & \cdots & \nabla\times\overline{\overline{G}}(r_L, r_3^t) \\ \vdots & \vdots & \vdots & & \vdots \\ \nabla\times\overline{\overline{G}}(r_1, r_M^t) & \nabla\times\overline{\overline{G}}(r_2, r_M^t) & \nabla\times\overline{\overline{G}}(r_3, r_M^t) & \cdots & \nabla\times\overline{\overline{G}}(r_L, r_M^t) \end{bmatrix} \tag{8-95}$$

同时考虑目标之间的多散射，可求在散射体处的总场与入射场之间的关系，值得注意的是，这一步不能直接求接收天线处的总场，因为那样无法获得考虑互散射时散射体处总场和入射场的关系，从而无法建立关系表达式。散射体处的总场与入射场之间的关系式如下：

$$\boldsymbol{E}_{\text{tot}}(\boldsymbol{r}_l) = \boldsymbol{E}_{\text{inc}}(\boldsymbol{r}_l) + \sum_{l'\neq l}\left\{-\mathrm{j}\omega\mu_0\overline{\overline{G}}(\boldsymbol{r}_l,\boldsymbol{r}_{l'})\cdot\overline{\overline{\boldsymbol{\xi}}}_{l'}\cdot\boldsymbol{E}_{\text{tot}}(\boldsymbol{r}_{l'}) - \nabla\times\overline{\overline{G}}(\boldsymbol{r}_l,\boldsymbol{r}_{l'})\cdot\overline{\overline{\boldsymbol{\zeta}}}_{l'}\cdot\boldsymbol{H}_{\text{tot}}(\boldsymbol{r}_{l'})\right\} \tag{8-96}$$

$$\boldsymbol{H}_{\text{tot}}(\boldsymbol{r}_l) = \boldsymbol{H}_{\text{inc}}(\boldsymbol{r}_l) + \sum_{l'\neq l}\left\{-\mathrm{j}\omega\varepsilon_0\overline{\overline{G}}(\boldsymbol{r}_l,\boldsymbol{r}_{l'})\cdot\overline{\overline{\boldsymbol{\zeta}}}_{l'}\cdot\boldsymbol{H}_{\text{tot}}(\boldsymbol{r}_{l'}) - \nabla\times\overline{\overline{G}}(\boldsymbol{r}_l,\boldsymbol{r}_{l'})\cdot\overline{\overline{\boldsymbol{\xi}}}_{l'}\cdot\boldsymbol{E}_{\text{tot}}(\boldsymbol{r}_{l'})\right\} \tag{8-97}$$

式中

$$\begin{aligned}\overline{\overline{\boldsymbol{\xi}}}_{l'} &= \mathrm{j}4\pi k a_l^3\sqrt{\frac{\varepsilon_0(\boldsymbol{r}_l)}{\mu_0(\boldsymbol{r}_l)}}\,\overline{\overline{\Xi}}_{\varepsilon,l}^{-1} \\ &\cdot\mathrm{diag}\left[\frac{\varepsilon_l^{(1)}(\boldsymbol{r}_l)-\varepsilon_0(\boldsymbol{r}_l)}{\varepsilon_l^{(1)}(\boldsymbol{r}_l)+2\varepsilon_0(\boldsymbol{r}_l)}, \frac{\varepsilon_l^{(2)}(\boldsymbol{r}_l)-\varepsilon_0(\boldsymbol{r}_l)}{\varepsilon_l^{(2)}(\boldsymbol{r}_l)+2\varepsilon_0(\boldsymbol{r}_l)}, \frac{\varepsilon_l^{(3)}(\boldsymbol{r}_l)-\varepsilon_0(\boldsymbol{r}_l)}{\varepsilon_l^{(3)}(\boldsymbol{r}_l)+2\varepsilon_0(\boldsymbol{r}_l)}\right]\cdot\overline{\overline{\Xi}}_{\varepsilon,l}\end{aligned} \tag{8-98}$$

$$\begin{aligned}\overline{\overline{\boldsymbol{\zeta}}}_{l'} &= \mathrm{j}4\pi k a_l^3\sqrt{\frac{\mu_0(\boldsymbol{r}_l)}{\varepsilon_0(\boldsymbol{r}_l)}}\,\overline{\overline{\Xi}}_{\mu,l}^{-1} \\ &\cdot\mathrm{diag}\left[\frac{\mu_l^{(1)}(\boldsymbol{r}_l)-\mu_0(\boldsymbol{r}_l)}{\mu_l^{(1)}(\boldsymbol{r}_l)+2\mu_0(\boldsymbol{r}_l)}, \frac{\mu_l^{(2)}(\boldsymbol{r}_l)-\mu_0(\boldsymbol{r}_l)}{\mu_l^{(2)}(\boldsymbol{r}_l)+2\mu_0(\boldsymbol{r}_l)}, \frac{\mu_l^{(3)}(\boldsymbol{r}_l)-\mu_0(\boldsymbol{r}_l)}{\mu_l^{(3)}(\boldsymbol{r}_l)+2\mu_0(\boldsymbol{r}_l)}\right]\cdot\overline{\overline{\Xi}}_{\mu,l}\end{aligned} \tag{8-99}$$

于是可得如下矩阵形式关系式：

$$\overline{\overline{\boldsymbol{Q}}}\cdot\overline{\overline{\boldsymbol{\Lambda}}}\cdot\overline{\boldsymbol{E}}_{\text{tot}} = \overline{\boldsymbol{E}}_{\text{inc}} \tag{8-100}$$

式中

$$\overline{\boldsymbol{E}}_{\text{tot}} = \left[\boldsymbol{E}_{\text{tot}}^{\mathrm{T}}(\boldsymbol{r}_1), \boldsymbol{E}_{\text{tot}}^{\mathrm{T}}(\boldsymbol{r}_2), \cdots, \boldsymbol{E}_{\text{tot}}^{\mathrm{T}}(\boldsymbol{r}_L), \boldsymbol{H}_{\text{tot}}^{\mathrm{T}}(\boldsymbol{r}_1), \boldsymbol{H}_{\text{tot}}^{\mathrm{T}}(\boldsymbol{r}_2), \cdots, \boldsymbol{H}_{\text{tot}}^{\mathrm{T}}(\boldsymbol{r}_L)\right]^{\mathrm{T}} \tag{8-101}$$

$$\overline{\overline{\boldsymbol{\Lambda}}} = \mathrm{diag}[\overline{\overline{\boldsymbol{\xi}}}_1, \overline{\overline{\boldsymbol{\xi}}}_2, \cdots, \overline{\overline{\boldsymbol{\xi}}}_L, \overline{\overline{\boldsymbol{\zeta}}}_1, \overline{\overline{\boldsymbol{\zeta}}}_2, \cdots, \overline{\overline{\boldsymbol{\zeta}}}_L] \tag{8-102}$$

$$\overline{\overline{\boldsymbol{Q}}} = \begin{bmatrix} \overline{\overline{\boldsymbol{Q}}}_{11} & \overline{\overline{\boldsymbol{Q}}}_{12} \\ \overline{\overline{\boldsymbol{Q}}}_{21} & \overline{\overline{\boldsymbol{Q}}}_{22} \end{bmatrix} \tag{8-103}$$

并且有

$$\begin{aligned}&\overline{\overline{\boldsymbol{Q}}}_{11} \\ &= \begin{bmatrix} \overline{\overline{\boldsymbol{\xi}}}_1^{-1} & \mathrm{j}\omega\mu_0(\boldsymbol{r}_2)\overline{\overline{G}}(\boldsymbol{r}_1,\boldsymbol{r}_2) & \mathrm{j}\omega\mu_0(\boldsymbol{r}_3)\overline{\overline{G}}(\boldsymbol{r}_1,\boldsymbol{r}_3) & \cdots & \mathrm{j}\omega\mu_0(\boldsymbol{r}_L)\overline{\overline{G}}(\boldsymbol{r}_1,\boldsymbol{r}_L) \\ \mathrm{j}\omega\mu_0(\boldsymbol{r}_1)\overline{\overline{G}}(\boldsymbol{r}_2,\boldsymbol{r}_1) & \overline{\overline{\boldsymbol{\xi}}}_2^{-1} & \mathrm{j}\omega\mu_0(\boldsymbol{r}_3)\overline{\overline{G}}(\boldsymbol{r}_2,\boldsymbol{r}_3) & \cdots & \mathrm{j}\omega\mu_0(\boldsymbol{r}_L)\overline{\overline{G}}(\boldsymbol{r}_2,\boldsymbol{r}_L) \\ \mathrm{j}\omega\mu_0(\boldsymbol{r}_1)\overline{\overline{G}}(\boldsymbol{r}_3,\boldsymbol{r}_1) & \mathrm{j}\omega\mu_0(\boldsymbol{r}_2)\overline{\overline{G}}(\boldsymbol{r}_3,\boldsymbol{r}_2) & \overline{\overline{\boldsymbol{\xi}}}_3^{-1} & \cdots & \mathrm{j}\omega\mu_0(\boldsymbol{r}_L)\overline{\overline{G}}(\boldsymbol{r}_3,\boldsymbol{r}_L) \\ \vdots & \vdots & \vdots & & \vdots \\ \mathrm{j}\omega\mu_0(\boldsymbol{r}_1)\overline{\overline{G}}(\boldsymbol{r}_L,\boldsymbol{r}_1) & \mathrm{j}\omega\mu_0(\boldsymbol{r}_2)\overline{\overline{G}}(\boldsymbol{r}_L,\boldsymbol{r}_2) & \mathrm{j}\omega\mu_0(\boldsymbol{r}_3)\overline{\overline{G}}(\boldsymbol{r}_L,\boldsymbol{r}_3) & \cdots & \overline{\overline{\boldsymbol{\xi}}}_L^{-1} \end{bmatrix}\end{aligned} \tag{8-104}$$

$$\overline{\overline{Q}}_{22} = \begin{bmatrix} \overline{\overline{\zeta}}_1^{-1} & \mathrm{j}\omega\varepsilon_0(\boldsymbol{r}_2)\overline{\overline{G}}(\boldsymbol{r}_1,\boldsymbol{r}_2) & \mathrm{j}\omega\varepsilon_0(\boldsymbol{r}_3)\overline{\overline{G}}(\boldsymbol{r}_1,\boldsymbol{r}_3) & \cdots & \mathrm{j}\omega\varepsilon_0(\boldsymbol{r}_L)\overline{\overline{G}}(\boldsymbol{r}_1,\boldsymbol{r}_L) \\ \mathrm{j}\omega\varepsilon_0(\boldsymbol{r}_1)\overline{\overline{G}}(\boldsymbol{r}_2,\boldsymbol{r}_1) & \overline{\overline{\zeta}}_2^{-1} & \mathrm{j}\omega\varepsilon_0(\boldsymbol{r}_3)\overline{\overline{G}}(\boldsymbol{r}_2,\boldsymbol{r}_3) & \cdots & \mathrm{j}\omega\varepsilon_0(\boldsymbol{r}_L)\overline{\overline{G}}(\boldsymbol{r}_2,\boldsymbol{r}_L) \\ \mathrm{j}\omega\varepsilon_0(\boldsymbol{r}_1)\overline{\overline{G}}(\boldsymbol{r}_3,\boldsymbol{r}_1) & \mathrm{j}\omega\varepsilon_0(\boldsymbol{r}_2)\overline{\overline{G}}(\boldsymbol{r}_3,\boldsymbol{r}_2) & \overline{\overline{\zeta}}_3^{-1} & \cdots & \mathrm{j}\omega\varepsilon_0(\boldsymbol{r}_L)\overline{\overline{G}}(\boldsymbol{r}_3,\boldsymbol{r}_L) \\ \vdots & \vdots & \vdots & & \vdots \\ \mathrm{j}\omega\varepsilon_0(\boldsymbol{r}_1)\overline{\overline{G}}(\boldsymbol{r}_L,\boldsymbol{r}_1) & \mathrm{j}\omega\varepsilon_0(\boldsymbol{r}_2)\overline{\overline{G}}(\boldsymbol{r}_L,\boldsymbol{r}_2) & \mathrm{j}\omega\varepsilon_0(\boldsymbol{r}_3)\overline{\overline{G}}(\boldsymbol{r}_L,\boldsymbol{r}_3) & \cdots & \overline{\overline{\zeta}}_L^{-1} \end{bmatrix} \tag{8-105}$$

$$\overline{\overline{Q}}_{12} = -\overline{\overline{Q}}_{21} = \begin{bmatrix} \overline{\overline{0}} & \nabla\times\overline{\overline{G}}(\boldsymbol{r}_1,\boldsymbol{r}_2) & \nabla\times\overline{\overline{G}}(\boldsymbol{r}_1,\boldsymbol{r}_3) & \cdots & \nabla\times\overline{\overline{G}}(\boldsymbol{r}_1,\boldsymbol{r}_L) \\ \nabla\times\overline{\overline{G}}(\boldsymbol{r}_2,\boldsymbol{r}_1) & \overline{\overline{0}} & \nabla\times\overline{\overline{G}}(\boldsymbol{r}_2,\boldsymbol{r}_3) & \cdots & \nabla\times\overline{\overline{G}}(\boldsymbol{r}_2,\boldsymbol{r}_L) \\ \nabla\times\overline{\overline{G}}(\boldsymbol{r}_3,\boldsymbol{r}_1) & \nabla\times\overline{\overline{G}}(\boldsymbol{r}_3,\boldsymbol{r}_2) & \overline{\overline{0}} & \cdots & \nabla\times\overline{\overline{G}}(\boldsymbol{r}_3,\boldsymbol{r}_L) \\ \vdots & \vdots & \vdots & & \vdots \\ \nabla\times\overline{\overline{G}}(\boldsymbol{r}_L,\boldsymbol{r}_1) & \nabla\times\overline{\overline{G}}(\boldsymbol{r}_L,\boldsymbol{r}_2) & \nabla\times\overline{\overline{G}}(\boldsymbol{r}_L,\boldsymbol{r}_3) & \cdots & \overline{\overline{0}} \end{bmatrix} \tag{8-106}$$

此时，可以求由目标散射产生的天线位置处的散射场如下：

$$\boldsymbol{E}_{\mathrm{sca}}(\boldsymbol{r}_n^{\mathrm{r}}) = \sum_{l=1}^{L}\left\{-\mathrm{j}\omega\mu_0(\boldsymbol{r}_l)\overline{\overline{G}}(\boldsymbol{r}_n^{\mathrm{r}},\boldsymbol{r}_l)\cdot\overline{\overline{\xi}}_l\cdot\boldsymbol{E}_{\mathrm{tot}}(\boldsymbol{r}_l) - \nabla\times\overline{\overline{G}}(\boldsymbol{r}_n^{\mathrm{r}},\boldsymbol{r}_l)\cdot\overline{\overline{\zeta}}_l\cdot\boldsymbol{H}_{\mathrm{tot}}(\boldsymbol{r}_l)\right\} \tag{8-107}$$

可以写成矩阵形式如下：

$$\overline{\boldsymbol{E}}_{\mathrm{sca}}^{\mathrm{r}} = \overline{\overline{O}}\cdot\overline{\overline{\Lambda}}\cdot\overline{\boldsymbol{E}}_{\mathrm{tot}} \tag{8-108}$$

式中

$$\overline{\boldsymbol{E}}_{\mathrm{sca}}^{\mathrm{r}} = \left[\boldsymbol{E}_{\mathrm{sca}}^{\mathrm{T}}(\boldsymbol{r}_1^{\mathrm{r}}),\boldsymbol{E}_{\mathrm{sca}}^{\mathrm{T}}(\boldsymbol{r}_2^{\mathrm{r}}),\cdots,\boldsymbol{E}_{\mathrm{sca}}^{\mathrm{T}}(\boldsymbol{r}_N^{\mathrm{r}}),\boldsymbol{H}_{\mathrm{sca}}^{\mathrm{T}}(\boldsymbol{r}_1^{\mathrm{r}}),\boldsymbol{H}_{\mathrm{sca}}^{\mathrm{T}}(\boldsymbol{r}_2^{\mathrm{r}}),\cdots,\boldsymbol{H}_{\mathrm{sca}}^{\mathrm{T}}(\boldsymbol{r}_N^{\mathrm{r}})\right]^{\mathrm{T}} \tag{8-109}$$

$$\overline{\overline{O}} = \left[\overline{\overline{B}}^{\mathrm{T}}_{(\boldsymbol{r}_{n=1}^{N},\boldsymbol{r}_{l=1}^{L})},\quad \overline{\overline{X}}^{\mathrm{T}}_{(\boldsymbol{r}_{n=1}^{N},\boldsymbol{r}_{l=1}^{L})}\right] \tag{8-110}$$

于是在接收天线阵列上的感应电压写成向量形式为

$$\overline{\boldsymbol{V}} = \overline{\overline{L'}}\cdot\overline{\boldsymbol{E}}_{\mathrm{sca}}^{\mathrm{r}} \tag{8-111}$$

式中

$$\overline{\boldsymbol{V}} = \left[V_{1x},V_{1y},V_{1z},V_{2x},V_{2y},V_{2z},\cdots,V_{Nz}\right]^{\mathrm{T}} \tag{8-112}$$

$$\overline{\overline{L'}} = \mathrm{diag}\left[l_{1x},l_{1y},l_{1z},l_{2x},l_{2y},l_{2z},\cdots,l_{Nz}\right] \tag{8-113}$$

联合式(8-89)、式(8-100)、式(8-108)和式(8-111)，可得

$$\overline{\boldsymbol{V}} = \overline{\overline{L'}}\cdot\overline{\overline{O}}\cdot\overline{\overline{Q}}^{-1}\cdot\overline{\overline{P}}\cdot\overline{\overline{L}}\cdot\overline{\boldsymbol{I}} \tag{8-114}$$

于是传输矩阵(多元静态响应矩阵)写为

$$\overline{\overline{K}} = \overline{\overline{L'}}\cdot\overline{\overline{O}}\cdot\overline{\overline{Q}}^{-1}\cdot\overline{\overline{P}}\cdot\overline{\overline{L}} \tag{8-115}$$

进一步，时间反演算子(时间反演矩阵)为

$$\overline{\overline{T}}_{\mathrm{t}} = \overline{\overline{K}}^{*}\cdot\overline{\overline{K}} \tag{8-116}$$

参考文献

[1] MOURA J M F, JIN Y W, STANCIL D, et al. Single antenna time reversal adaptive interference cancellation[C]//Proceedings. (ICASSP'05). IEEE international conference on acoustics, speech, and signal processing, 2005. Philadelphia: IEEE, 2005, 4: 1121-1124.

[2] MOURA J M F, JIN Y W. Detection by time reversal: single antenna[J]. IEEE transactions on signal processing, 2007, 55(1): 187-201.

[3] JIANG Y, ZHU J G, STANCIL D D. Synthetic aperture radar ghost image cancellation using broadband time reversal averaging techniques[C]//2007 IEEE/MTT-S international microwave symposium. Honolulu: IEEE, 2007: 1479-1482.

[4] JIN Y W, MOURA J M F. TR-SAR: time reversal target focusing in spotlight SAR[C]//2007 IEEE international conference on acoustics, speech and signal processing-ICASSP'07. Honolulu: IEEE, 2007, 2: II-957-II-960.

[5] JIANG Y, ZHU J G, STANCIL D D, et al. Single antenna target detection using broadband frequency selection time reversal method[C]//2006 IEEE antennas and propagation society international symposium. Albuquerque: IEEE, 2006: 699-702.

[6] MOURA J M F, JIN Y W. Time reversal imaging by adaptive interference canceling[J]. IEEE transactions on signal processing, 2008, 56(1): 233-247.

[7] BORN M, WOLF E. Principles of optics[M]. 7th ed. Cambridge: Cambridge University Press, 1999.

[8] CHEW W C. Waves and fields in inhomogeneous media[M]. New York: Van Nostrand Reinhold, 1990.

习　题

8-1 由式(8-4)推导得出式(8-5)。

第9章 时间反演成像算法

时间反演电磁波的最主要特性为空时同步聚焦特性，此特性和电磁成像的过程不谋而合。一般而言，成像的过程为使用接收到的电磁信号恢复出散射物体形状等信息的过程，时间反演电磁波恰好具有在初始源位置处聚焦的特性，因为散射体可以视为空间波激励的等效源，所以时间反演过程和成像过程是吻合的。由于时间反演操作的简单性，近年来越来越多地被用于微波成像逆处理过程，其可以极大地简化成像逆处理阶段的处理复杂度，从而有效地缩减算法成像所需资源消耗，为实时成像的发展提供了很大的便利。基于时间反演的成像算法有很多种，包括迭代时间反演镜法、时间反演自适应干扰消除技术、时间反演算子分解(DORT)、时间反演多信号分类法等[1-3]。

迭代时间反演镜法是在时间反演镜方法的基础上发展起来的，其通过对散射体散射信号进行多次接收、反演、再反传的操作，可以实现反演信号依次聚焦于不同散射体的效果，解决了时间反演镜方法因聚焦性不强而导致多目标混叠的问题。关于该方法的实验验证最先于1995 年由 Prada 等[4]提出。在经过四次的迭代时间反演之后，可以保证能量主要聚焦于散射系数最大的散射体位置处。

为了解决当背景较复杂时噪声太大导致前述时间反演镜方法和迭代时间反演镜法无法很好地聚焦于目标位置处的问题，美国卡内基・梅隆大学的 Moura 等[5,6]提出了一种称为时间反演自适应干扰消除的技术，该方法首先将背景散射信号记录下来，而后在发射反演信号时将其与背景散射信号通过一定的加权方法组合到一起，即可实现反演信号只聚焦于目标位置处而不受环境背景的干扰。

然而，上述方法均是基于时域数据处理的，其需要将时域数据全部存储下来再进行反演发射，在数据量较大时资源消耗较多。为此，Prada 等[7]在 1996 年提出一种称为时间反演算子分解的方法，进行选择性电磁波反演聚焦，不一定聚焦于最强散射体处。下面首先介绍 DORT 方法。

9.1 标量波时间反演算子分解法

时间反演技术通过与算法结合进行成像处理，在获取到远场时间反演镜单元的接收信号之后，即可采用相应的时间反演成像算法直接得到目标的伪谱图像。

DORT 法在雷达接收到散射回波之后，计算获得时间反演算子 $\boldsymbol{H}^*(\omega)\boldsymbol{H}(\omega)$，然后对 $\boldsymbol{H}^*(\omega)\boldsymbol{H}(\omega)$ 进行本征值分析，获得对应于各个本征值的本征矢。通过选择不同的本征矢作为时间反演传输信号，可以将传输的时间反演电磁波聚焦到不同的散射中心；也可以选择多个本征矢的组合作为时间反演传输信号，将传输的时间反演电磁波聚焦到多个散射中心。由于时间反演算子分解法的这种显著优势，它迅速地被运用于目标定位[8-11]、地下探测[12,13]和医学成像[14-16]等。

由第 8 章时间反演算子的特征值和特征向量特性，可以引出时间反演算子分解法。重写式(8-28)如下：

$$\bar{\boldsymbol{T}}(\omega)\bar{\boldsymbol{G}}_i^*(\omega)=\left|\tau_i(\omega)\right|^2\left[\sum_{m'=1}^{M}\left|G\left(\boldsymbol{r}_i,\boldsymbol{r}_{m'},\omega\right)\right|^2\right]^2\bar{\boldsymbol{G}}_i^*(\omega) \tag{9-1}$$

可见，标量波动方程下，时间反演算子对应于某散射目标的特征向量是该目标到天线阵列之间的背景格林函数向量的共轭，那么特征向量与区域中的场点对应的背景格林函数的内积在目标点处趋于最大。据此，DORT 成像的公式为

$$P_{\text{DORT}}^i(\boldsymbol{r},\omega)=\sum_{m=1}^{M}G(\boldsymbol{r},\boldsymbol{r}_m,\omega)\mu_i(m) \tag{9-2}$$

式中，μ_i是时间反演算子的第 i 个非零特征向量，$\mu_i(m)$表示该特征向量的第 m 个元素。$P_{\text{DORT}}^i(\boldsymbol{r},\omega)$将在$\boldsymbol{r}=\boldsymbol{r}_i$(即在第 i 个目标点处)时最大，符合探测成像的要求。理想情况下，$\mu_i=\bar{\boldsymbol{G}}_i^*(\omega)$，实际系统中将存在噪声和误差。

基于上述分析，DORT 法执行过程可分为三个步骤，前两个步骤主要涉及探测和计算获得时间反演算子，第三个步骤涉及能量聚焦。

步骤 1：测量或者仿真计算传输矩阵中接收/发射天线单元间的冲激响应，通过傅里叶变换以获得传输矩阵$\bar{\boldsymbol{H}}(\omega)$。

步骤 2：在某个单频上对角化时间反演算子，这个过程需要传输矩阵为对称矩阵。在实际测量中，由于噪声和器件误差等因素影响，获得的传输矩阵往往是不对称的，需要对其加以处理。一种简单的处理方法是每个传输矩阵元素H_{nm}用它和与其对称位置元素的平均值代替，即$H'_{nm}=\left(H_{nm}+H_{mn}\right)/2\,(1\leqslant n,m\leqslant M)$。在绝大部分情况下，处理后的传输矩阵与实验获得的原传输矩阵的相关系数大于 96%，不会引入显著误差。然后，计算获得时间反演算子$\bar{\boldsymbol{T}}(\omega)=\overline{\boldsymbol{H}}^*(\omega)\overline{\boldsymbol{H}}(\omega)$，对其进行对角化，所得特征值和特征向量提供了传输介质中散射体的信息。对于标量分析中的点状散射体，散射体的个数对应于显著特征值(非零特征值)的个数。

步骤 3：特征向量回传辐射以获得所需能量聚焦。步骤 2 中获得的特征向量是在某个单频点上的，因此回传辐射时再次发送的信号为一个单频信号。如果已知传输背景的格林函数，可通过仿真计算实现回传辐射，能在计算机上显示聚焦于与特征向量对应的散射体处的图像，用于目标成像。如果不知传输介质具体信息，可通过实验实现回传辐射，需用任意波形发生器控制和发送特征向量，并将能量聚焦在与特征向量对应的散射体处，实现对散射体进行探测和选择性能量聚焦，可用于目标攻击。

在声学中，标量时间反演算子的特征值和目标之间遵循一一对应关系，一个非零特征值对应一个目标散射体。在电磁学中，由于天线的极化、结构、形状等因素，这种一一对应关系不复存在。文献[17]～[21]讨论了电磁学中球形散射体(尺寸远小于工作波长)、圆柱形散射体和时间反演算子之间的关系。文献[19]指出，对应于一个小散射球体的最大特征值数目等于在球体中感应出偶极矩的可能的正交方向个数。对于一个介质球，具有三个正交方向的感应电偶极矩对散射场有贡献，因此最多有三个非零特征值与该目标球体相对应。类似地，对于一个导体球，散射场还存在感应磁偶极矩的贡献，因此与该球体对应的最大非零特征值数为六，三个与电偶极子对应，三个与磁偶极子对应。在时间反演算子分解法中，多个对应特征值有利于探测具有不同电磁特性的复杂多目标，提供更全面和准确的成像效果。

通过对时间反演算子进行系统特征值分析，可以获得特征值、特征向量和目标散射体之间的相互关系，据此定义伪谱，建立合理的电磁成像方法，下面对此进行详细介绍。

9.2 电磁波时间反演算子分解法

9.2.1 回波模式特征值分析及伪谱定义

时间反演算子分解法的基本思想是通过分析时间反演算子的特征值、特征向量与背景介质中目标位置的格林函数组成的向量之间的关系来定义成像伪谱，使目标点处的伪谱幅度异于非目标点处的伪谱幅度，从而在成像区域上对目标定位和成像。时间反演算子分解后，可以根据特征值分布将其列向量空间划分为信号子空间和噪声子空间，分别表示为 $\boldsymbol{S}_{\mathrm{s}}$ 和 $\boldsymbol{S}_{\mathrm{n}}$ 。

具体而言，传输矩阵 $\overline{\boldsymbol{H}}$ 的奇异值系统可以表示为

$$\overline{\boldsymbol{H}}\boldsymbol{u}_j = \sigma_j \boldsymbol{v}_j \tag{9-3}$$

$$\overline{\boldsymbol{H}}^{+}\boldsymbol{v}_j = \sigma_j \boldsymbol{u}_j \tag{9-4}$$

式中，σ_j 是第 j 个奇异值；$\boldsymbol{u}_j$ 和 $\boldsymbol{v}_j$ 分别是 $\overline{\boldsymbol{H}}$ 的奇异值分解 $\overline{\boldsymbol{H}} = \boldsymbol{U}\boldsymbol{\Sigma}\boldsymbol{V}^{+}$ 中正交矩阵 $\boldsymbol{U}$ 和 $\boldsymbol{V}$ 的第 j 列向量。同时，时间反演算子的特征值方程为

$$\overline{\boldsymbol{T}}\boldsymbol{u}_j = \sigma_j^2 \boldsymbol{u}_j \tag{9-5}$$

式中，对应于非零特征值的特征向量处于信号子空间中，对应于零特征值的特征向量处于噪声子空间中。信号子空间和噪声子空间是正交的。

下面分析信号子空间和目标处背景格林函数向量的关系。定义：

$$\overline{\boldsymbol{W}}_1 = \overline{\boldsymbol{L}}\cdot\left[\overline{\overline{\boldsymbol{B}}},\overline{\overline{\boldsymbol{X}}}\right] \tag{9-6}$$

$$\overline{\boldsymbol{W}}_2 = \overline{\boldsymbol{L}}^{\mathrm{T}}\cdot\overline{\boldsymbol{M}}^{\mathrm{T}}\cdot\left[\overline{\overline{\boldsymbol{B}}},\overline{\overline{\boldsymbol{X}}}\right] \tag{9-7}$$

那么传输矩阵 $\overline{\boldsymbol{H}}$ 可以写成如下形式：

$$\overline{\boldsymbol{H}} = \overline{\boldsymbol{W}}_1\cdot\overline{\boldsymbol{F}}\cdot\overline{\boldsymbol{W}}_2^{\mathrm{T}} \tag{9-8}$$

式中，$\overline{\boldsymbol{W}}_1$ 和 $\overline{\boldsymbol{W}}_2$ 为 $3M\times 6L$ 矩阵；$\overline{\boldsymbol{F}}$ 为 $6L\times 6L$ 对称非奇异矩阵。

现设 $\overline{\boldsymbol{W}}_1$ 和 $\overline{\boldsymbol{W}}_2$ 的秩分别为 $R_1\leqslant 6L$ 、$R_2\leqslant 6L$ ，定义下列 $6L\times 6L$ 矩阵：$\overline{\boldsymbol{\varDelta}}_1 = \overline{\boldsymbol{W}}_1^{+}\cdot\overline{\boldsymbol{W}}_1$ 和 $\overline{\boldsymbol{\varDelta}}_2 = \overline{\boldsymbol{W}}_2^{+}\cdot\overline{\boldsymbol{W}}_2$，它们的秩分别为 R_1 、R_2 。

在回波模式中，假设 R_1=R_2=$6L$ ，于是 $\overline{\boldsymbol{\varDelta}}_1$ 和 $\overline{\boldsymbol{\varDelta}}_2$ 为可逆矩阵。记 $\overline{\boldsymbol{W}}_1$ 和 $\overline{\boldsymbol{W}}_2$ 的极分解分别为 $\overline{\boldsymbol{W}}_1 = \overline{\boldsymbol{\phi}}_1\left(\overline{\boldsymbol{\varDelta}}_1\right)^{1/2}$ 和 $\overline{\boldsymbol{W}}_2 = \overline{\boldsymbol{\phi}}_2\left(\overline{\boldsymbol{\varDelta}}_2\right)^{1/2}$，其中，$\left(\overline{\boldsymbol{\varDelta}}_1\right)^{1/2}$ 和 $\left(\overline{\boldsymbol{\varDelta}}_2\right)^{1/2}$ 为正定的，$\overline{\boldsymbol{\phi}}_1$ 和 $\overline{\boldsymbol{\phi}}_2$ 为酉矩阵，具有标准正交列向量，即 $\overline{\boldsymbol{\phi}}_1^{+}\overline{\boldsymbol{\phi}}_1 = \mathrm{diag}(\underbrace{1,1,\cdots,1}_{6L})$，$\overline{\boldsymbol{\phi}}_2^{+}\overline{\boldsymbol{\phi}}_2 = \mathrm{diag}(\underbrace{1,1,\cdots,1}_{6L})$，因此 $\overline{\boldsymbol{\phi}}_1$ 和 $\overline{\boldsymbol{\phi}}_2$ 唯一决定于式(9-9)和式(9-10)：

$$\overline{\boldsymbol{\phi}}_1 = \overline{\boldsymbol{W}}_1\left(\overline{\boldsymbol{\varDelta}}_1\right)^{-1/2} \tag{9-9}$$

$$\overline{\boldsymbol{\phi}}_2 = \overline{\boldsymbol{W}}_2\left(\overline{\boldsymbol{\varDelta}}_2\right)^{-1/2} \tag{9-10}$$

由式(9-8)，有

$$\overline{\boldsymbol{H}}=\overline{\varphi}_1\left(\overline{\varDelta}_1\right)^{1/2}\cdot\overline{\boldsymbol{F}}\cdot\left(\overline{\varphi}_2\left(\overline{\varDelta}_2\right)^{1/2}\right)^{\mathrm{T}}=\overline{\varphi}_1\left(\overline{\varDelta}_1\right)^{1/2}\cdot\overline{\boldsymbol{F}}\cdot\left(\overline{\varDelta}_2^*\right)^{1/2}\overline{\varphi}_2^{\mathrm{T}}=\overline{\varphi}_1\Xi\overline{\varphi}_2^{\mathrm{T}} \tag{9-11}$$

式中，Ξ 为 $6L\times 6L$ 矩阵，对其进行奇异值分解可得 $\Xi=\boldsymbol{U}_\Xi\boldsymbol{\Sigma}_\Xi\boldsymbol{V}_\Xi^*$，那么有

$$\overline{\boldsymbol{H}}=\overline{\varphi}_1\boldsymbol{U}_\Xi\boldsymbol{\Sigma}_\Xi\boldsymbol{V}_\Xi^+\overline{\varphi}_2^{\mathrm{T}}=\left(\overline{\varphi}_1\boldsymbol{U}_\Xi\right)\boldsymbol{\Sigma}_\Xi\left(\overline{\varphi}_2^*\boldsymbol{V}_\Xi\right)^+ \tag{9-12}$$

联合式(9-6)、式(9-7)、式(9-9)、式(9-10)和式(9-12)，可得

$$\overline{\boldsymbol{H}}=\left(\overline{\boldsymbol{L}}\cdot[\overline{\overline{\boldsymbol{B}}},\overline{\overline{\boldsymbol{X}}}]\cdot\left(\overline{\varDelta}_1\right)^{-1/2}\boldsymbol{U}_\Xi\right)\boldsymbol{\Sigma}_\Xi\left(\left(\overline{\boldsymbol{L}}^{\mathrm{T}}\cdot\overline{\boldsymbol{M}}^{\mathrm{T}}\cdot[\overline{\overline{\boldsymbol{B}}},\overline{\overline{\boldsymbol{X}}}]\cdot\left(\overline{\varDelta}_2\right)^{-1/2}\right)^*\boldsymbol{V}_\Xi\right)^+ \tag{9-13}$$

由式(9-13)结合式(9-3)和式(9-4)可见，$\overline{\boldsymbol{H}}$ 奇异值分解后的 $\boldsymbol{v}_j$ 是背景空间的目标与天线阵列之间的格林函数组成向量(矩阵$\left[\overline{\overline{\boldsymbol{B}}},\overline{\overline{\boldsymbol{X}}}\right]$的行向量)的线性组合，$\boldsymbol{u}_j$ 是目标背景格林函数向量的共轭矢量的线性组合，也就意味着信号子空间又是由背景介质的目标位置的格林函数向量展成的。那么，信号子空间中的特征向量与背景格林函数向量是相关的，不是正交的，噪声子空间中的特征向量和背景格林函数向量是正交的。于是可以根据它们三者之间的这种关系定义伪谱：

$$P_{\text{em-dort}}=\sum_{\sigma_j\neq 0}\sum_{i=1,2,3}\left[\left|\boldsymbol{u}_j^*\overline{\boldsymbol{B}}_i(\boldsymbol{r})\right|^2+\left|\boldsymbol{u}_j^*\overline{\boldsymbol{X}}_i(\boldsymbol{r})\right|^2\right] \tag{9-14}$$

$3M\times 3$ 矩阵 $\overline{\boldsymbol{B}}(\boldsymbol{r})$ 和 $\overline{\boldsymbol{X}}(\boldsymbol{r})$ 如下所示：

$$\overline{\boldsymbol{B}}(\boldsymbol{r})=\begin{bmatrix}-\mathrm{j}\omega\overline{\overline{\boldsymbol{G}}}\left(\boldsymbol{r},\boldsymbol{r}_1^{\mathrm{t}}\right)\\-\mathrm{j}\omega\overline{\overline{\boldsymbol{G}}}\left(\boldsymbol{r},\boldsymbol{r}_2^{\mathrm{t}}\right)\\\vdots\\-\mathrm{j}\omega\overline{\overline{\boldsymbol{G}}}\left(\boldsymbol{r},\boldsymbol{r}_M^{\mathrm{t}}\right)\end{bmatrix},\quad \overline{\boldsymbol{X}}(\boldsymbol{r})=\begin{bmatrix}\dfrac{1}{\mu_0(\boldsymbol{r})}\nabla\times\overline{\overline{\boldsymbol{G}}}\left(\boldsymbol{r},\boldsymbol{r}_1^{\mathrm{t}}\right)\\\dfrac{1}{\mu_0(\boldsymbol{r})}\nabla\times\overline{\overline{\boldsymbol{G}}}\left(\boldsymbol{r},\boldsymbol{r}_2^{\mathrm{t}}\right)\\\vdots\\\dfrac{1}{\mu_0(\boldsymbol{r})}\nabla\times\overline{\overline{\boldsymbol{G}}}\left(\boldsymbol{r},\boldsymbol{r}_M^{\mathrm{t}}\right)\end{bmatrix} \tag{9-15}$$

$\overline{\boldsymbol{B}}_i(\boldsymbol{r})$ 和 $\overline{\boldsymbol{X}}_i(\boldsymbol{r})$ (i=1,2,3)分别代表 $\overline{\boldsymbol{B}}(\boldsymbol{r})$ 和 $\overline{\boldsymbol{X}}(\boldsymbol{r})$ 的第 i 列。$\overline{\boldsymbol{B}}_i(\boldsymbol{r})$ 和 $\overline{\boldsymbol{X}}_i(\boldsymbol{r})$ 就是背景格林函数向量，在目标点处，它们和对应于非零特征值的特征向量相关；在非目标点处，它们和对应于非零特征值的特征向量不存在相关性。根据式(9-14)的定义，在整个成像区域计算伪谱。在目标点处，由于 $\boldsymbol{u}_j$ 与 $\overline{\boldsymbol{B}}_i(\boldsymbol{r})$ 和 $\overline{\boldsymbol{X}}_i(\boldsymbol{r})$ 的内积不为零，伪谱在此点不为零；在非目标点处，它们理论上相互正交，内积为零，从而伪谱在此点趋于零，于是可以获得关注区域的目标成像位置。

9.2.2 传输模式特征值分析及伪谱定义

对于收发天线阵列异置传输模式，其发射时间反演算子和接收时间反演算子分别为 $\overline{\boldsymbol{T}}_{\mathrm{t}}=\overline{\boldsymbol{H}}'^{+}\cdot\overline{\boldsymbol{H}}'$ 和 $\overline{\boldsymbol{T}}_{\mathrm{r}}=\overline{\boldsymbol{H}}'\cdot\overline{\boldsymbol{H}}'^{+}$，对应的特征值系统分别表示为

$$\overline{\boldsymbol{T}}_{\mathrm{t}}\boldsymbol{u}_j=\sigma_j^2\boldsymbol{u}_j \tag{9-16}$$

$$\overline{\boldsymbol{T}}_{\mathrm{r}}\boldsymbol{v}_j=\sigma_j^2\boldsymbol{v}_j \tag{9-17}$$

同样，可以划分信号子空间和噪声子空间，且特征向量和背景格林函数向量同样遵循前述的回波模式下的关系，只是此时要考虑发射和接收分别对应的特征向量和背景格林函数向量。

具体地，发射(接收)时间反演算子$\overline{\boldsymbol{T}}_{\mathrm{t}}$ ($\overline{\boldsymbol{T}}_{\mathrm{r}}$)的信号子空间和噪声子空间分别由对应于非零特征值和零特征值的特征向量展成，它们相互正交。由$\overline{\boldsymbol{T}}_{\mathrm{t}}$ ($\overline{\boldsymbol{T}}_{\mathrm{r}}$)的表达式可见，$\boldsymbol{u}_j$ ($\boldsymbol{v}_j$)是发射(接收)过程中目标点处的背景格林函数向量的线性组合，也就是说，它们和目标背景格林函数向量不是正交的。那么，在整个成像区域中，在目标点处，由于$\boldsymbol{u}_j$ ($\boldsymbol{v}_j$)与$\overline{\boldsymbol{B}}_i^*(\boldsymbol{r})$、$\overline{\boldsymbol{X}}_i^*(\boldsymbol{r})$ ($\overline{\boldsymbol{B}_i'}(\boldsymbol{r})$、$\overline{\boldsymbol{X}_i'}(\boldsymbol{r})$)的内积不为零，伪谱在此点不为零；在非目标点处，正交性存在，内积为零，因此可由式(9-18)定义的伪谱实现目标定位与成像：

$$P_{\text{tm-dort}}=\sum_{\sigma_j\neq 0}\left[\sum_{i=1,2,3}\left[\left|\boldsymbol{u}_j^{+}\overline{\boldsymbol{B}}_i(\boldsymbol{r})\right|^2+\left|\boldsymbol{u}_j^{+}\overline{\boldsymbol{X}}_i(\boldsymbol{r})\right|^2\right]+\sum_{i=1,2,3}\left[\left|\boldsymbol{v}_j^{\mathrm{T}}\overline{\boldsymbol{B}}_i'(\boldsymbol{r})\right|^2+\left|\boldsymbol{v}_j^{\mathrm{T}}\overline{\boldsymbol{X}}_i'(\boldsymbol{r})\right|^2\right]\right] \tag{9-18}$$

电磁 DORT 法属于频域方法。前面讨论的是系统单频工作下的情况，如果将其扩展到多频点，甚至宽带/超宽带的情形，系统将能捕捉到目标对不同频率的不同响应，因此能更精确、更全面地探测、定位、成像目标。

宽带 DORT 目标探测和成像步骤如下：首先，通过仿真或实验，记录发射和接收天线上的宽带信号；其次，通过时频变换将记录的时域信号转换成频域信号，计算其宽带频域响应；最后，在带宽范围内取多频点计算 DORT 伪谱，对所得伪谱加权叠加即可获得宽带 DORT 成像。

然而 DORT 法也有明显的缺点，其分辨率是受限于半波长的衍射极限的，当目标散射体之间的间距较小时，其无法有效地对不同目标进行分辨。2000 年，Devaney[22]提出一种基于噪声子空间子向量信号处理的时间反演成像方法，称为时间反演多信号分类(time reversal multiple signals classification,TR-MUSIC)法。该方法通过利用更多数学上的先验知识，可以极大地提高目标成像的分辨率，但同时牺牲的是抗噪声干扰的能力。自此之后，TR-MUSIC 被广泛地研究讨论，出现了许多不同形式的扩展方法，包括考虑传输模式、回波模式的时间反演多信号分类法[2,23]，收发天线阵列配置不同时的时间反演多信号分类法[24]，以及后来扩展到对扩展目标进行探测的时间反演多信号分类法[25]等。

9.3　标量波时间反演多信号分类法

多信号分类(MUSIC)是一种基于子空间的计算多波阵面到达天线阵列时的相关参数的信号处理技术，它提供一种对信号数量、波达方向(DOA)、方向性波形的强度和相关度、极化、干扰噪声等参数的渐进无偏估计。由于它的普遍性，这种算法具有广泛的应用，如传统干涉测量法、单脉冲目标搜寻、多频率估计等。

如前面所述，使用 DORT 法进行准确目标探测和聚焦需要满足一定的条件：首先，传输介质中的散射体数量必须小于或者等于天线阵列单元的个数；其次，所有散射体必须具有良好的可分辨性，也就是说散射体之间的距离必须大于 DORT 法脉冲聚焦的聚焦斑点直径。本节在 DORT 分析的基础上进一步介绍一种基于时间反演的子空间多信号分类(TR-MUSIC)法。相对于 DORT，TR-MUSIC 具有更好的目标分辨能力，也就是说它的应用范围不再像 DORT 那样严格受目标散射体之间的最小间距限制。需要说明的是：本节讨论的 TR-MUSIC 法是以标量波动方程为基础，面向声波、超声波领域的应用，因此本节所使用的格林函数为标量格林函数。

设天线阵列具有 M 个阵列单元，所处位置为 $\boldsymbol{r}_m(1\leqslant m\leqslant M)$；传输介质中的理想点状散射体有 L 个，分布在空间位置为 $\boldsymbol{r}_l(1\leqslant l\leqslant L)$ 的点上。假设天线单元均为理想点源天线，散射体都是理想点状，散射体之间只存在一阶散射，每个天线激励后空间中 $\boldsymbol{r}$ 点的信号记为 $\varphi_m(\boldsymbol{r},\omega)$，那么有

$$\varphi_m(\boldsymbol{r},\omega)=G(\boldsymbol{r},\boldsymbol{r}_m,\omega)P_m(\omega) \tag{9-19}$$

式中，$P_m(\omega)$ 是第 m 个天线单元的激励信号；$G(\boldsymbol{r},\boldsymbol{r}_m,\omega)$ 是介质中 $\boldsymbol{r}$ 和 $\boldsymbol{r}'$ 点之间的格林函数；ω 是频率。在不影响表达的情况下，后面有时忽略 ω。于是经过散射体散射后空间中的散射信号为

$$\varphi_m^{(\mathrm{s})}(\boldsymbol{r},\omega)=\sum_{l=1}^{L}G(\boldsymbol{r},\boldsymbol{r}_l)\tau_l(\omega)G(\boldsymbol{r}_l,\boldsymbol{r}_m)P_m(\omega) \tag{9-20}$$

式中，$\tau_l(\omega)$ 是第 l 个散射体的散射系数。如果所有天线同时激励，那么式(9-19)和式(9-20)改写为

$$\varphi(\boldsymbol{r},\omega)=\sum_{m=1}^{M}\varphi_m(\boldsymbol{r},\omega)=\sum^{M}G(\boldsymbol{r},\boldsymbol{r}_m)P_m(\omega) \tag{9-21}$$

$$\varphi^{(\mathrm{s})}(\boldsymbol{r},\omega)=\sum_{m=1}^{M}\varphi_m^{(\mathrm{s})}(\boldsymbol{r},\omega)=\sum_{m=1}^{M}\sum_{l=1}^{L}G(\boldsymbol{r},\boldsymbol{r}_l)\tau_l(\omega)G(\boldsymbol{r}_l,\boldsymbol{r}_m)P_m(\omega) \tag{9-22}$$

于是在第 m' 个天线单元上的接收信号为

$$Z_{m'}(\omega)=\sum_{m=1}^{M}\sum_{l=1}^{L}G(\boldsymbol{r}_{m'},\boldsymbol{r}_l)\tau_l(\omega)G(\boldsymbol{r}_l,\boldsymbol{r}_m)P_m(\omega) \tag{9-23}$$

引入 M 维格林函数列向量 $\overline{\boldsymbol{G}}_l(\omega)=[G(\boldsymbol{r}_1,\boldsymbol{r}_l),G(\boldsymbol{r}_2,\boldsymbol{r}_l),\cdots,G(\boldsymbol{r}_M,\boldsymbol{r}_l)]^{\mathrm{T}}$，式(9-23)可以写成矩阵方程：

$$\overline{\boldsymbol{Z}}(\omega)=\overline{\boldsymbol{K}}(\omega)\overline{\boldsymbol{P}}(\omega)=\sum_{l=1}^{L}\tau_l(\omega)\overline{\boldsymbol{G}}_l(\omega)\overline{\boldsymbol{G}}_l^{\mathrm{T}}(\omega)\overline{\boldsymbol{P}}(\omega) \tag{9-24}$$

式中，$\overline{\boldsymbol{P}}(\omega)=[P_1(\omega),P_2(\omega),\cdots,P_M(\omega)]^{\mathrm{T}}$；$\overline{\boldsymbol{Z}}(\omega)=[Z_1(\omega),Z_2(\omega),\cdots,Z_M(\omega)]^{\mathrm{T}}$；$\overline{\boldsymbol{K}}(\omega)=\sum_{l=1}^{L}\tau_l(\omega)$ $\overline{\boldsymbol{G}}_l(\omega)\overline{\boldsymbol{G}}_l^{\mathrm{T}}(\omega)$ 是此刻的传输矩阵。于是，时间反演算子为

$$\begin{aligned}\overline{\boldsymbol{T}}(\omega)&=\overline{\boldsymbol{K}}^*(\omega)\overline{\boldsymbol{K}}(\omega)\\&=\left[\sum_{l=1}^{L}\tau_l(\omega)\overline{\boldsymbol{G}}_l(\omega)\overline{\boldsymbol{G}}_l^{\mathrm{T}}(\omega)\right]^*\left[\sum_{l'=1}^{L}\tau_{l'}(\omega)\overline{\boldsymbol{G}}_{l'}(\omega)\overline{\boldsymbol{G}}_{l'}^{\mathrm{T}}(\omega)\right]\\&=\sum_{l=1}^{L}\sum_{l'=1}^{L}\Lambda_{l,l'}(\omega)\overline{\boldsymbol{G}}_l^*(\omega)\overline{\boldsymbol{G}}_{l'}^{\mathrm{T}}(\omega)\end{aligned} \tag{9-25}$$

式中

$$\Lambda_{l,l'}(\omega)=\tau_l^*(\omega)\tau_{l'}(\omega)\left\langle\overline{\boldsymbol{G}}_l(\omega),\overline{\boldsymbol{G}}_{l'}(\omega)\right\rangle=\tau_l^*(\omega)\tau_{l'}(\omega)\sum_{m=1}^{M}\overline{\boldsymbol{G}}_l^*(m,\omega)\overline{\boldsymbol{G}}_{l'}(m,\omega) \tag{9-26}$$

理论上，时间反演算子 $\overline{\boldsymbol{T}}(\omega)$ 与传输矩阵 $\overline{\boldsymbol{K}}(\omega)$ 具有相同的秩。$\overline{\boldsymbol{K}}(\omega)$ 是由格林函数向量 $\overline{\boldsymbol{G}}_l(\omega)(1\leqslant l\leqslant L)$ 产生的外积矩阵的和，它的秩等于这些向量中线性独立的向量的个数。$\overline{\boldsymbol{T}}(\omega)$ 是厄米矩阵，它有一组正交特征向量对应一组非负特征值，如果目标散射体具有很好的分辨率，那么它的秩就是散射体的个数 $L\leqslant M$。

下面讨论散射体分辨率好坏的条件。首先考虑良好分辨率的情况：如果 $\Lambda_{l,l'}(\omega)$ 在 $l\neq l'$ 时

近似等于零，就可以定义为良好分辨。也就是说，所有格林函数向量形成一个正交集，它们的内积等于或近似等于零，即当 $l \neq l'$ 时，有

$$\left\langle \overline{\boldsymbol{G}}_l(\omega), \overline{\boldsymbol{G}}_{l'}(\omega) \right\rangle = \sum_{m=1}^{M} \overline{\boldsymbol{G}}_l^*(m,\omega)\overline{\boldsymbol{G}}_{l'}(m,\omega) = \sum_{m=1}^{M} G^*\left(\boldsymbol{r}_m, \boldsymbol{r}_l, \omega\right) G\left(\boldsymbol{r}_m, \boldsymbol{r}_{l'}, \omega\right) \approx 0 \tag{9-27}$$

定义式(9-28)为天线阵列的相干点扩函数(coherent point spread function, CPSF)：

$$H\left(\boldsymbol{r}, \boldsymbol{r}_{l'}\right) = \sum_{m=1}^{M} G^*\left(\boldsymbol{r}_m, \boldsymbol{r}, \omega\right) G\left(\boldsymbol{r}_m, \boldsymbol{r}_{l'}, \omega\right) \tag{9-28}$$

一般情况下，式(9-28)在位置点 $\boldsymbol{r} = \boldsymbol{r}_{l'}$ 取得最大值。随着距离 $\left|\boldsymbol{r} = \boldsymbol{r}_{l'}\right|$ 增加，CPSF 的幅值减小，从而形成聚焦点，聚焦点的尺寸取决于天线口径以及天线与散射体的距离。其一般公式为 $D_{\mathrm{c}} = b\lambda / a$，其中 b 为天线到散射体的距离，a 是天线口径，D_{c} 是聚焦斑点在纵向上的直径。如果两散射体具有相当大的间距，那么有

$$\Lambda_{l,l'}(\omega) = \tau_l^*(\omega)\tau_{l'}(\omega)H\left(\boldsymbol{r}_l, \boldsymbol{r}_{l'}\right) = \left|\tau_l(\omega)\right|^2 \rho_l(\omega)\delta_{l,l'} \tag{9-29}$$

式中，$\rho_l(\omega) = H\left(\boldsymbol{r}_l, \boldsymbol{r}_l\right) = \left\langle \overline{\boldsymbol{G}}_l(\omega), \overline{\boldsymbol{G}}_l(\omega) \right\rangle$；$\delta_{l,l'}$ 是 Kronecker-delta 函数。于是重写时间反演算子：

$$\overline{\boldsymbol{T}}(\omega) = \sum_{l=1}^{L} \left|\tau_l(\omega)\right|^2 \rho_l(\omega) \overline{\boldsymbol{G}}_l^*(\omega) \overline{\boldsymbol{G}}_l^{\mathrm{T}}(\omega) \tag{9-30}$$

所以有

$$\begin{aligned}
\overline{\boldsymbol{T}}(\omega)\overline{\boldsymbol{G}}_{l_0}^*(\omega) &= \sum_{l=1}^{L} \left|\tau_l(\omega)\right|^2 \rho_l(\omega) \overline{\boldsymbol{G}}_l^*(\omega) \overline{\boldsymbol{G}}_l^{\mathrm{T}}(\omega) \overline{\boldsymbol{G}}_{l_0}^*(\omega) \\
&= \sum_{l=1}^{L} \left|\tau_l(\omega)\right|^2 \rho_l(\omega) \overline{\boldsymbol{G}}_l^*(\omega) \rho_{l_0}(\omega)\delta_{l,l_0} \\
&= \left|\tau_{l_0}(\omega)\right|^2 \left|\rho_{l_0}(\omega)\right|^2 \overline{\boldsymbol{G}}_{l_0}^*(\omega)
\end{aligned} \tag{9-31}$$

于是得出结论：时间反演算子的特征向量为格林函数向量的共轭，特征值为 $\left|\tau_l(\omega)\right|^2 \left|\rho_l(\omega)\right|^2$。实际上，时间反演算子的 M 个特征向量中只有 L 个属于格林函数向量的共轭集，而另外 $M-L$ 个特征向量具有零特征值，即

$$\overline{\boldsymbol{T}}(\omega)\mu = \sum_{l=1}^{L} \left|\tau_l(\omega)\right|^2 \rho_l(\omega) \overline{\boldsymbol{G}}_l^*(\omega) \overline{\boldsymbol{G}}_l^{\mathrm{T}}(\omega)\mu = 0 \tag{9-32}$$

式中，μ 是格林函数向量所展成空间的正交补/余空间。为了后面的讨论，将格林函数向量展成的空间称为信号子空间，对应零特征值的特征向量展成的余空间称为噪声子空间：

$$C^M = \Omega_{\mathrm{s}}^L \bigcup \Omega_{\mathrm{n}}^{M-L} \tag{9-33}$$

对于非良好分辨率的情形，$\Lambda_{l,l'}(\omega)$ 将不再是对角矩阵，时间反演算子也不能直接进行简化：

$$\overline{\boldsymbol{T}}(\omega) = \sum_{l=1}^{L}\sum_{l'=1}^{L} \Lambda_{l,l'}(\omega) \overline{\boldsymbol{G}}_l^*(\omega) \overline{\boldsymbol{G}}_{l'}^{\mathrm{T}}(\omega) \tag{9-34}$$

此时可以看出，时间反演算子仍然是信号子空间上发射信号的算子，不过它的特征向量不再可以简化成格林函数向量的共轭，而是这些向量的线性叠加。然而，此时 C^M 还是信号子空间和噪声子空间的合集。接下来，用 $\mu_l\,(l = 1,2,\cdots,L,L+1,\cdots,M)$ 来表示时间反演算子的特征向量的正交集，其中 L 个特征向量展成信号子空间，对应 L 个非零正特征值，其余的 $M-L$ 个向

量展成噪声子空间，对应的特征值为零，即

$$\bar{\boldsymbol{T}}(\omega)\mu_l = \lambda_l \mu_l, \quad l = 1,2,\cdots,L \tag{9-35}$$

$$\bar{\boldsymbol{T}}(\omega)\mu_l = 0, \quad l = L+1, L+2,\cdots,M \tag{9-36}$$

$$\langle \mu_l, \mu_{l'} \rangle = \delta_{l,l'} \tag{9-37}$$

前面的方法，在非良好分辨率时不能使用。为了克服这一困难，引入子空间多信号分类(MUSIC)方法，与时间反演技术相结合来完成目标探测、定位和成像。它的基本思想是时间反演算子的噪声子空间的特征向量与信号子空间的特征向量相互正交，那么时间反演算子噪声子空间的特征向量与每个格林函数向量的共轭必然正交，即

$$\left\langle \mu_{l_0}, \bar{\boldsymbol{G}}_l^*(\omega) \right\rangle = \left\langle \mu_{l_0}^*, \bar{\boldsymbol{G}}_l(\omega) \right\rangle = 0, \quad l = 1,2,\cdots,L, l_0 = L+1,\cdots,M \tag{9-38}$$

式中，μ_{l_0} 是 $\bar{\boldsymbol{T}}(\omega)$ 的具有零特征值的特征向量。于是可以得到算法的伪谱：

$$P_{\text{TR-MUSIC}}(\boldsymbol{r}_p) = \frac{1}{\sum_{l_0=L+1}^{M} \left| \left\langle \mu_{l_0}^*, \bar{\boldsymbol{G}}_p(\omega) \right\rangle \right|^2} \tag{9-39}$$

式中，$\bar{\boldsymbol{G}}_p(\omega) = \{G(\boldsymbol{r}_m, \boldsymbol{r}_p)\} = [G(\boldsymbol{r}_1, \boldsymbol{r}_p), G(\boldsymbol{r}_2, \boldsymbol{r}_p), \cdots, G(\boldsymbol{r}_M, \boldsymbol{r}_p)]^{\mathrm{T}}$。因为信号子空间与噪声子空间正交，所以内积 $\left\langle \mu_{l_0}^*, \bar{\boldsymbol{G}}_p(\omega) \right\rangle$ 在接近位置 $\boldsymbol{r}_p$ 时趋近零，从而所得的伪谱可以准确地显示目标位置，达到目标探测、定位和成像的效果。其优势在于它的效果不再灵敏地受目标分辨率和天线单元结构的影响。

为了实现伪谱，定义信号子空间和噪声子空间上的投射算子分别为

$$\varSigma_{\mathrm{s}} = \sum_{l=1}^{L} \mu_l \mu_l^* \tag{9-40}$$

$$\varSigma_{\mathrm{n}} = \sum_{l=L+1}^{M} \mu_l \mu_l^* \tag{9-41}$$

于是它们的和就是在 C^M 上的单位算子：

$$\varSigma_{\mathrm{s}} + \varSigma_{\mathrm{n}} = I \tag{9-42}$$

那么伪谱的分母可以写成

$$\begin{aligned}\sum_{l_0=L+1}^{M} \left| \left\langle \mu_{l_0}^*, \bar{\boldsymbol{G}}_p(\omega) \right\rangle \right|^2 &= \sum_{l_0=L+1}^{M} \left| \left\langle \mu_{l_0}, \bar{\boldsymbol{G}}_p^*(\omega) \right\rangle \right|^2 = \left| \varSigma_{\mathrm{n}} \bar{\boldsymbol{G}}_p^*(\omega) \right|^2 \\ &= \left| \left[I - \varSigma_{\mathrm{s}} \right] \bar{\boldsymbol{G}}_p^*(\omega) \right|^2\end{aligned} \tag{9-43}$$

由此可见，伪谱的实现可以根据系统的结构有两种不同的方案。当系统具有大的阵列单元个数和小的散射目标个数时，噪声子空间远大于信号子空间，那么此时可以使用信号子空间投射算子 $\sum_{\mathrm{s}}$，因为它只需要计算相对少的特征向量。反之，当目标个数接近天线单元个数时，噪声子空间就具有相对小的维数，因而此时应该优先使用噪声子空间投射算子 $\sum_{\mathrm{n}}$。

根据 $\varphi_l(\boldsymbol{r}, \omega) = \sum_{j=1}^{M} G\left(\boldsymbol{r}, \boldsymbol{r}_j, \omega\right) \mu_l(j)$，传统的 DORT 法的伪谱计算分量为

$$\varphi_{l_0}\left(\boldsymbol{r}_p, \omega\right) = \sum_{j=1}^{M} G\left(\boldsymbol{r}_p, \boldsymbol{r}_j, \omega\right) \mu_{l_0}(j) = \left\langle \mu_{l_0}^* \bar{\boldsymbol{G}}_p(\omega) \right\rangle \tag{9-44}$$

而 TR-MUSIC 伪谱可以表达成下列形式：

$$P_{\text{TR-MUSIC}}(\boldsymbol{r}_p)=\frac{1}{\sum_{l_0=L+1}^{M}\left|\varphi_{l_0}(\boldsymbol{r}_p,\omega)\right|^2} \tag{9-45}$$

也就是说，TR-MUSIC 也可以用 DORT 中特征向量的方法计算，只不过所使用的特征向量是时间反演算子具有零特征值的向量。

另一种伪谱表达式的变换如下：

$$\begin{aligned}P_{\text{TR-MUSIC}}(\boldsymbol{r}_p)&=\frac{1}{\sum_{l_0=L+1}^{M}\left|\left\langle \mu_{l_0}^*,\overline{\boldsymbol{G}}_p(\omega)\right\rangle\right|^2}=\frac{1}{\left|[I-\Sigma_{\text{s}}]\overline{\boldsymbol{G}}_p^*(\omega)\right|^2}\\&=\frac{1}{\left|\overline{\boldsymbol{G}}_p^*(\omega)-\sum_{l=1}^{L}\mu_l\left\langle \mu_l,\overline{\boldsymbol{G}}_p^*(\omega)\right\rangle\right|^2}=\frac{1}{\left|\overline{\boldsymbol{G}}_p(\omega)\right|^2-\sum_{l=1}^{L}\left|\varphi_l(\boldsymbol{r}_p,\omega)\right|^2}\end{aligned} \tag{9-46}$$

式(9-46)说明，TR-MUSIC 伪谱也可以使用时间反演算子中对应非零特征值的特征向量来计算实现。

9.4　电磁波时间反演多信号分类法

9.4.1　特征值系统和 TR-MUSIC 伪谱定义

对于时间反演电磁波情形，考虑此时的奇异值系统 $\overline{\overline{\boldsymbol{K}}}=\boldsymbol{U}\boldsymbol{\Sigma}\boldsymbol{V}^\dagger$，与前面 DORT 分析时类似地写成下面的形式：

$$\overline{\overline{\boldsymbol{K}}}\boldsymbol{u}_j=\sigma_j\boldsymbol{v}_j \tag{9-47}$$

$$\overline{\overline{\boldsymbol{K}}}^\dagger\boldsymbol{v}_j=\sigma_j\boldsymbol{u}_j \tag{9-48}$$

式中，σ_j 是第 j 个奇异值；$\boldsymbol{u}_j$ 和 $\boldsymbol{v}_j$ 分别是奇异值分解中正交矩阵 $\boldsymbol{U}$ 和 $\boldsymbol{V}^\dagger$ 的第 j 列向量。定义发射和接收时间反演算子为 $\overline{\overline{\boldsymbol{T}}}_{\text{t}}=\overline{\overline{\boldsymbol{K}}}^\dagger\cdot\overline{\overline{\boldsymbol{K}}}$ 和 $\overline{\overline{\boldsymbol{T}}}_{\text{r}}=\overline{\overline{\boldsymbol{K}}}\cdot\overline{\overline{\boldsymbol{K}}}^\dagger$，那么它们的特征值系统分别为

$$\overline{\overline{\boldsymbol{T}}}_{\text{t}}\boldsymbol{u}_j=\sigma_j^2\boldsymbol{u}_j \tag{9-49}$$

$$\overline{\overline{\boldsymbol{T}}}_{\text{r}}\boldsymbol{v}_j=\sigma_j^2\boldsymbol{v}_j \tag{9-50}$$

即发射和接收空间由 $\boldsymbol{v}_j$、$\boldsymbol{u}_j$ 展开。它们都可以划分为信号子空间 $\boldsymbol{S}_{\text{s}}^{\text{t}}$、$\boldsymbol{S}_{\text{s}}^{\text{r}}$ 和噪声子空间 $\boldsymbol{S}_{\text{n}}^{\text{t}}$、$\boldsymbol{S}_{\text{n}}^{\text{r}}$。它们的关系表达如下：

$$\begin{cases}\boldsymbol{S}^{\text{t}}=\boldsymbol{S}_{\text{s}}^{\text{t}}\oplus\boldsymbol{S}_{\text{n}}^{\text{t}}\\ \boldsymbol{S}_{\text{s}}^{\text{t}}=\text{Span}\{\boldsymbol{u}_j,\sigma_j>0\}\perp\boldsymbol{S}_{\text{n}}^{\text{t}}=\text{Span}\{\boldsymbol{u}_j,\sigma_j=0\}\end{cases} \tag{9-51}$$

$$\begin{cases}\boldsymbol{S}^{\text{r}}=\boldsymbol{S}_{\text{s}}^{\text{r}}\oplus\boldsymbol{S}_{\text{n}}^{\text{r}}\\ \boldsymbol{S}_{\text{s}}^{\text{r}}=\text{Span}\{\boldsymbol{v}_j,\sigma_j>0\}\perp\boldsymbol{S}_{\text{n}}^{\text{r}}=\text{Span}\{\boldsymbol{v}_j,\sigma_j=0\}\end{cases} \tag{9-52}$$

同时，类似于式(9-13)的分析，信号子空间中的向量是目标处背景介质的格林函数向量的

线性组合。也就是说，目标处背景格林函数向量与信号子空间 $\boldsymbol{S}_{\mathrm{s}}^{\mathrm{t}}$ 、$\boldsymbol{S}_{\mathrm{s}}^{\mathrm{r}}$ 的特征向量相关，与噪声子空间 $\boldsymbol{S}_{\mathrm{n}}^{\mathrm{t}}$ 、$\boldsymbol{S}_{\mathrm{n}}^{\mathrm{r}}$ 的特征向量是正交的，因此式(9-53)和式(9-54)成立：

$$\boldsymbol{u}_j^{\dagger}\overline{\boldsymbol{B}}_i^{\mathrm{t}}(\boldsymbol{r}_l)=\boldsymbol{u}_j^{\dagger}\overline{\boldsymbol{X}}_i^{\mathrm{t}}(\boldsymbol{r}_l)=0,\quad \sigma_j=0 \tag{9-53}$$

$$\boldsymbol{v}_j^{\mathrm{T}}\overline{\boldsymbol{B}}_i^{\mathrm{r}}(\boldsymbol{r}_l)=\boldsymbol{v}_j^{\mathrm{T}}\overline{\boldsymbol{X}}_i^{\mathrm{r}}(\boldsymbol{r}_l)=0,\quad \sigma_j=0 \tag{9-54}$$

$$\overline{\boldsymbol{B}}^{\mathrm{t,r}}(\boldsymbol{r}_l)=\begin{bmatrix}-\mathrm{j}\omega\mu_0\overline{\overline{\boldsymbol{G}}}(\boldsymbol{r}_l,\boldsymbol{r}_1^{\mathrm{t,r}})\\-\mathrm{j}\omega\mu_0\overline{\overline{\boldsymbol{G}}}(\boldsymbol{r}_l,\boldsymbol{r}_2^{\mathrm{t,r}})\\\vdots\\-\mathrm{j}\omega\mu_0\overline{\overline{\boldsymbol{G}}}(\boldsymbol{r}_l,\boldsymbol{r}_{M,N}^{\mathrm{t,r}})\end{bmatrix},\qquad \overline{\boldsymbol{X}}^{\mathrm{t,r}}(\boldsymbol{r}_l)=\begin{bmatrix}\nabla\times\overline{\overline{\boldsymbol{G}}}(\boldsymbol{r}_l,\boldsymbol{r}_1^{\mathrm{t,r}})\\\nabla\times\overline{\overline{\boldsymbol{G}}}(\boldsymbol{r}_l,\boldsymbol{r}_2^{\mathrm{t,r}})\\\vdots\\\nabla\times\overline{\overline{\boldsymbol{G}}}(\boldsymbol{r}_l,\boldsymbol{r}_{M,N}^{\mathrm{t,r}})\end{bmatrix} \tag{9-55}$$

$\overline{\boldsymbol{B}}_i^{\mathrm{t,r}}(\boldsymbol{r}_l)$、$\overline{\boldsymbol{X}}_i^{\mathrm{t,r}}(\boldsymbol{r}_l)$ ，$i=1,2,3$ 分别代表的是 $\overline{\boldsymbol{B}}^{\mathrm{t,r}}(\boldsymbol{r}_l)$、$\overline{\boldsymbol{X}}^{\mathrm{t,r}}(\boldsymbol{r}_l)$ 的第 i 列，$l=1,2,3,\cdots,L$ 。根据式(9-53)和式(9-54)的关系，定义 TR-MUSIC 的伪谱为

$$P_{\mathrm{tm}}(\boldsymbol{r})=\frac{1}{\sum\limits_{\sigma_j=0}\left\{\left[\sum\limits_{i=1,2,3}\left|\boldsymbol{u}_j^{\dagger}\overline{\boldsymbol{B}_i^{t}}(\boldsymbol{r})\right|^2+\sum\limits_{i=1,2,3}\left|\boldsymbol{u}_j^{\dagger}\overline{\boldsymbol{X}_i^{t}}(\boldsymbol{r})\right|^2\right]+\left[\sum\limits_{i=1,2,3}\left|\boldsymbol{v}_p^{\dagger}\overline{\boldsymbol{B}_i^{\mathrm{r}}}(\boldsymbol{r})\right|^2+\sum\limits_{i=1,2,3}\left|\boldsymbol{v}_j^{\mathrm{T}}\overline{\boldsymbol{X}_i^{\mathrm{r}}}(\boldsymbol{r})\right|^2\right]\right\}} \tag{9-56}$$

倒数使得原来在目标点位置零值的谱变成趋于无限大，非目标点处的值为相对有限值，这就将目标在区域中与非目标位置上的谱幅度区别开来，从而精确地获得成像。更进一步地，定义发射时间反演多信号分类伪谱和接收时间反演多信号分类伪谱分别为

$$P_{\mathrm{tm\text{-}t}}(\boldsymbol{r})=\frac{1}{\sum\limits_{\sigma_j=0}\left\{\left[\sum\limits_{i=1,2,3}\left|\boldsymbol{u}_j^{\dagger}\overline{\boldsymbol{B}_i^{t}}(\boldsymbol{r})\right|^2+\sum\limits_{i=1,2,3}\left|\boldsymbol{u}_j^{\dagger}\overline{\boldsymbol{X}_i^{t}}(\boldsymbol{r})\right|^2\right]\right\}} \tag{9-57}$$

$$P_{\mathrm{tm\text{-}r}}(\boldsymbol{r})=\frac{1}{\sum\limits_{\sigma_j=0}\left\{\left[\sum\limits_{i=1,2,3}\left|\boldsymbol{v}_p^{\mathrm{T}}\overline{\boldsymbol{B}_i^{\mathrm{r}}}(\boldsymbol{r})\right|^2+\sum\limits_{i=1,2,3}\left|\boldsymbol{v}_j^{\mathrm{T}}\overline{\boldsymbol{X}_i^{\mathrm{r}}}(\boldsymbol{r})\right|^2\right]\right\}} \tag{9-58}$$

值得注意的是，要准确全面地定位所有目标，天线的数目必须大于目标数目的 6 倍，也就是 $3M\geqslant 6L$、$3N\geqslant 6L$ 。实际上，由于损耗、噪声、干扰等因素的影响，在实际工程系统中条件需要设置得比这更苛刻，才能保证系统性能和工作质量。

9.4.2 扩展目标的 TR-MUSIC 探测与成像

前面讨论的均是尺寸远小于波长的、可视为理想的散射体的探测和成像，事实上，所有应用中的目标都要占有一定的体积空间，它们是前述理想散射体的延展，称为扩展目标。扩展不规则目标的探测成像、分类和识别是许多实际工程应用所要求的。不管是远场雷达还是近场雷达，很多时候不仅需要获取目标的距离、位置信息，还要求获取目标的轮廓、尺寸甚至材料特性，如医学中结石的检测和治疗、地震学中的检测和评估、无线传感器网络中的监视和识别等。本节首先在前述解析分析单个小散射体的定位和成像的理论基础上，假设扩展目标的分区离散化是可行的(这种假设也是在许多雷达成像分析中所使用的)，介绍扩展目标的成像方法。随后脱离这样的假设，并且不使用前面的解析法获取散射和逆散射信号数据，取

而代之使用计算电磁学方法获取信号数据。最后本节讨论目标电磁特征的识别方法。

1. 分区离散化假设下的扩展目标成像

扩展目标的分区离散化是指在一定的工作频率下，扩展不规则目标可以离散成众多离散的小散射体单元，假设这样的操作可行，那么理论上就可以使用前面的解析理论来分析扩展目标并实现其 TR-MUSIC 算法定位和成像。对小散射体，很多时候回波模式的 TR-MUSIC 和传输模式的 TR-MUSIC 算法均能有效地工作，因为此时前向和逆散射信号的获取受散射体影响相对较小，因而对天线阵列的口径要求不高。而在扩展目标的探测成像中，散射信号受目标形状影响严重，天线阵列的口径越大，收集散射信号越全面，探测成像性能才能越优秀。此处主要考虑传输模式的 TR-MUSIC 算法。另外，多频点或者宽带 TR-MUSIC 算法可以收集不同频率时目标的不同响应，达到更精确的成像效果。

扩展目标成像模型如图 9-1 所示，发射和接收天线阵列均为含有 64 个天线单元的平面阵列。发射天线阵列平面处于 $z=-100\lambda$ 且与 z 轴垂直，中心点处于 $O_{\mathrm{t}}(0,0,-100\lambda)$，阵列整体尺寸为 $35\lambda\times35\lambda$，天线单元以 5λ 的间隔均匀分布在阵列平面内。接收天线阵列同样为正方形平面阵列，其中心点的位置为 $O_{\mathrm{r}}(-50\lambda,0,86.6\lambda)$，且阵列平面与偏离 z 轴 30°的直线 OO_{r} 垂直，其尺寸和单元设置与发射天线阵列相同。假设每个收发天线单元均具有 x、y、z 三个方向的极化偶极子，偶极子的长度设定为 $\lambda/50$，立方体内为成像区域，首先考虑区域中心截面上的二维扩展目标。将该目标离散为尺寸为 $0.3\mathrm{m}\times0.3\mathrm{m}$ 的小单元(共 59 个)，每个单元可以根据不同目标设置为不同的数值，本书为了简便，每个小单元的电磁参数均设置为 $\mu=10\mu_0$，$\varepsilon=22\varepsilon_0$。基于这样的模型，使用 TR-MUSIC 算法对该目标进行探测成像。

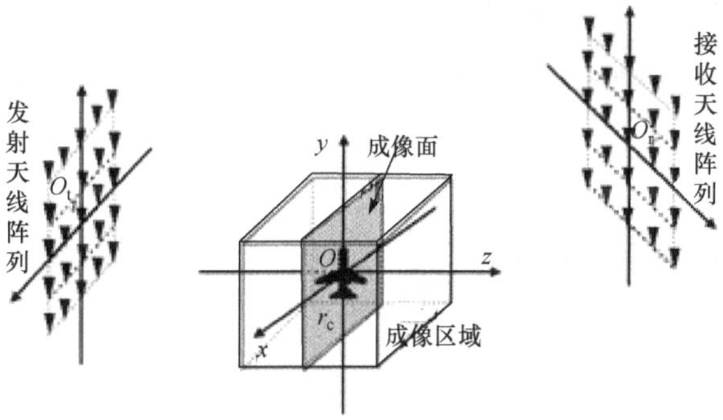

图 9-1　扩展目标成像模型

该模型的时间反演算子的特征值分布如图 9-2 所示。由于收发天线均为 64 个单元的阵列，并且每个单元具有三个方向极化的偶极子，因此时间反演算子和传输矩阵维数均为 192×192。时间反演算子含有 192 个特征值。理论上，非零特征值最大可以为 6×59 个，但实际上通过观察特征值的分布可知，仅有约 50 个相对偏大的特征值。可以将这一部分归为信号子空间的特征值，剩余的视为噪声子空间的特征值。在实际的计算过程中，为了节省计算量，仅使用最小的 64 个特征值参与 TR-MUSIC 成像计算，最大的 64 个特征值参与 DORT 算法计算，如图 9-2 所示，其余的特征值也属于噪声子空间，可作为 TR-MUSIC 算法的可选用特征值。

当天线阵列单元个数为 64 个、工作频率为 100MHz、信噪比 $\mathrm{SNR}=80\mathrm{dB}$ 时，由图 9-3 可见，传输模式的 TR-MUSIC 可以准确地对扩展目标进行成像，可以成为该类应用的一个有效的技术选择。在此处的信噪比设定比较高，在信噪比较低时，可以进一步扩大天线阵列的口

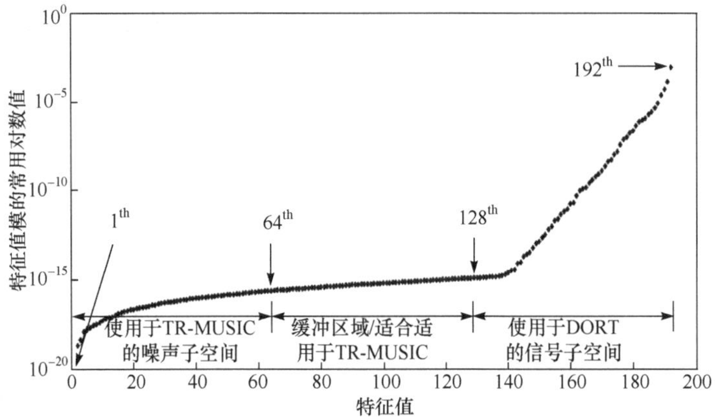

图 9-2 时间反演算子的特征值分布及 TR-MUSIC 算法中信号子空间和噪声子空间的选择范围

径，或者在上面的基础上增加天线单元数目，同样可以获得比较好的结果。当工作频率 $f = 100\text{MHz}$，信噪比 $\text{SNR} = 10\text{dB}$，天线阵列单元个数为 225 个时，TR-MUSIC 成像结果如图 9-4(b)～(d)所示。因为图 9-1 中的天线单元间隔为 5λ，所以在它们之间加入两个天线单元不会引入很大的单元间互耦。值得一提的是，在这种情况下，电磁 DORT 算法不能提供足够高的分辨率，对该类问题的检测成像失效，如图 9-4(a)所示。

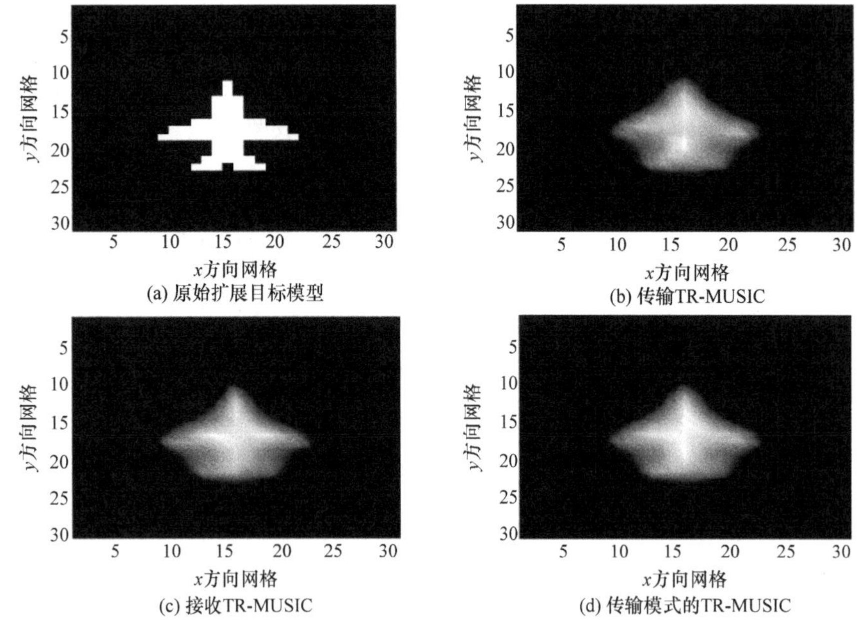

图 9-3 扩展目标的 TR-MUSIC 成像

2. 全孔径 TR-MUSIC 扩展目标成像

在脱离分区离散化假设后，便无法使用解析公式来获取激励和响应信号，也就无法直接建立系统的传输矩阵。可以使用数值仿真方法代替前面的解析方法获取响应信号，从而对扩展目标进行探测和成像。因为数值仿真信号包括实际的噪声信号，数值仿真方法本身也会引入一定的数值误差，此时信号的信噪比相对较低。为了获得较好的成像效果，需要在目标周围全范围设置收发天线，这样的设置称为全孔径，本节就使用全孔径的时间反演多信号分类法进行二维扩展目标成像。

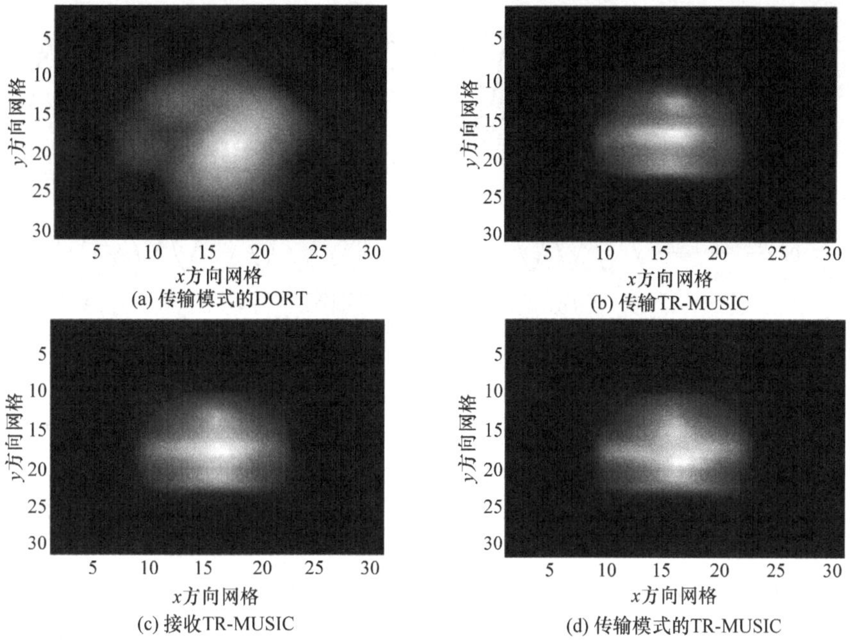

图 9-4　低信噪比时扩展目标的探测成像

全孔径扩展目标探测时域信号仿真模型如图 9-5 所示，整个 2D 区域为 $27\text{m}\times 27\text{m}$ 的正方形区域，其中心位置放置有直径为 3m 的金属柱截面，天线单元均匀分布于其中 $9\text{m}\times 9\text{m}$ 的正方形边上。下面讨论详细的执行步骤。首先通过 FDTD 获取天线之间的信号传输，这需要两步计算过程，第一步计算每两个天线单元之间在区域中存在金属时的信号传输过程，并记录此时接收天线的接收信号；第二步，移走金属后重复同样的过程，第一次记录的时域信号减去第二次记录的信号，可得目标的散射信号。FDTD 仿真的参数设置如下：$f = 0.1\text{GHz}$，$\lambda = 3\text{m}$，网格划分为 $\text{d}x = \text{d}y = 0.3\text{m}$，整个区域网格为 90×90 格，时间步长为 $\text{d}t = 2\times 10^{-10}\text{s}$。采用正弦激励：$J_{\text{mz}} = \sin(-t\pi / T)$，$T = 5\times 10^{-9}\text{s}$。图 9-6 所示为存在和不存在金属时所记录的时域信号及它们的差信号。获得所有天线单元之间的差信号以后，通过傅里叶变换得到频域信号，用以计算系统的传输矩阵。对应图 9-6 中时域信号的频谱的模如图 9-7 所示。

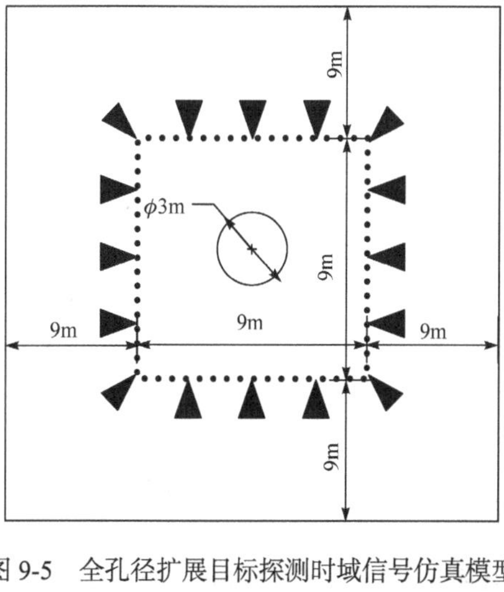

图 9-5　全孔径扩展目标探测时域信号仿真模型

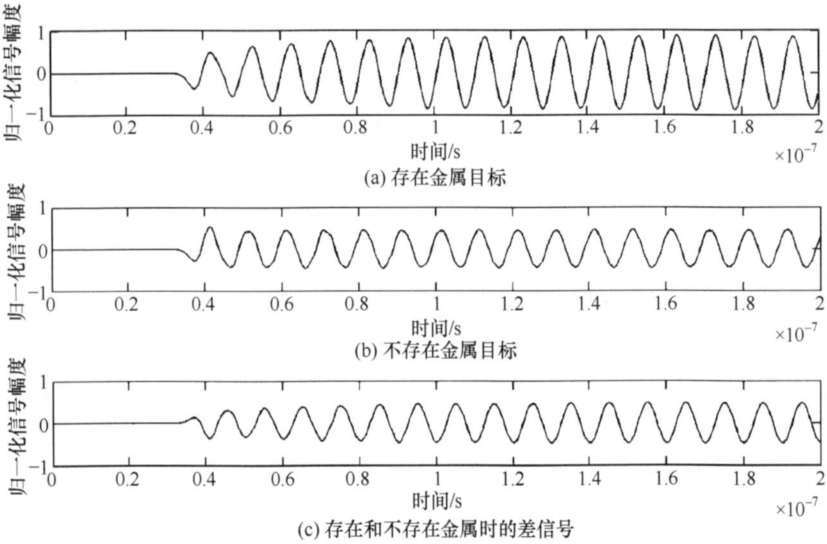

(a) 存在金属目标

(b) 不存在金属目标

(c) 存在和不存在金属时的差信号

图 9-6　第 1 个天线作为激励时第 12 个天线上的接收时域信号及差信号

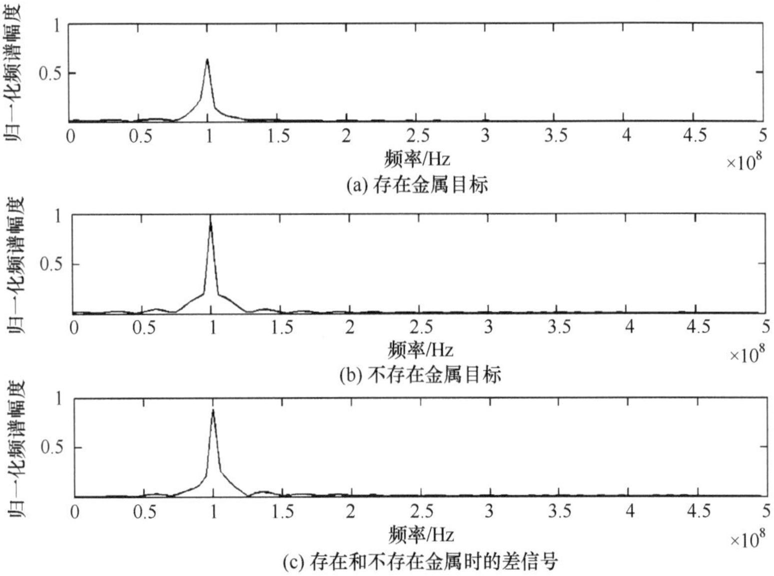

(a) 存在金属目标

(b) 不存在金属目标

(c) 存在和不存在金属时的差信号

图 9-7　图 9-6 中信号的频谱幅度

计算激励正弦信号和信号处理获取的差信号在 100MHz 处的点频信号响应，求其点频响应系数，形成维数为 20×20 的矩阵，即所要获取的该频点处的传输矩阵。继而利用 TR-MUSIC 伪谱获取成像，结果如图 9-8 所示。由图 9-8 可见，基于数值仿真的时间反演多信号分类法可以准确地定位目标，它更接近实际的工程应用。区别于解析方法的是，此时成的像描述的是扩展目标的边界，而不是整个目标，这是因为数值仿真中设定的目标为金属材料，对散射场主要贡献来自边界上的感应电流，金属内部没有感应电流分布。

3. 扩展目标的电磁特征恢复

扩展目标的电磁特征恢复是雷达探测、分类和识别的关键技术。在考虑传输模式 TR-MUSIC

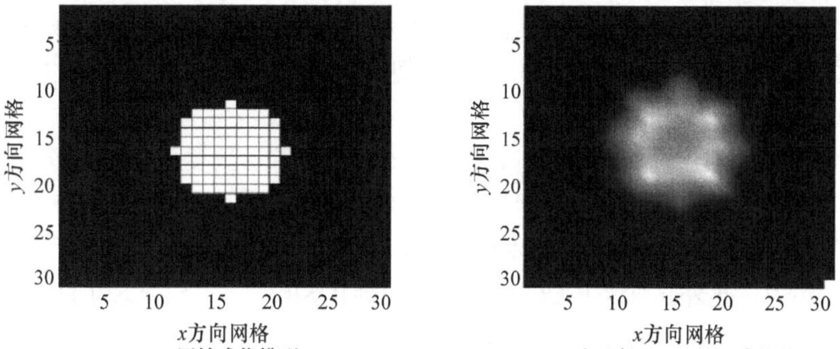

(a) 原始成像模型　　(b) 全孔径TR-MUSIC成像结果

图 9-8　基于数值仿真的全孔径 TR-MUSIC 扩展目标成像

的解析分析的基础上，利用 Chen 等[26,27]提出的非迭代算法研究扩展目标的电磁特征恢复，据此可进一步利用电磁特征重构目标。值得注意的是，该算法需要已知背景的并矢格林函数。首先重写传输矩阵表达式(8-115)为

$$\overline{\overline{\boldsymbol{K}}}=\overline{\overline{\boldsymbol{L}'}}\cdot\overline{\overline{\boldsymbol{O}}}\cdot\overline{\overline{\boldsymbol{Q}}}^{-1}\cdot\overline{\overline{\boldsymbol{P}}}\cdot\overline{\overline{\boldsymbol{L}}}$$

当通过 TR-MUSIC 探测获取目标的位置信息后，式(8-115)中$\overline{\overline{\boldsymbol{O}}}$、$\overline{\overline{\boldsymbol{P}}}$均可求，那么式(8-115)最小二乘解可以写为

$$\overline{\overline{\boldsymbol{Q}}}^{-1}\cdot\overline{\overline{\boldsymbol{P}}}=\overline{\overline{\boldsymbol{O}}}^{\mathrm{pi}}\cdot\overline{\overline{\boldsymbol{L}'}}^{-1}\cdot\overline{\overline{\boldsymbol{K}}}\cdot\overline{\overline{\boldsymbol{L}}}^{-1}\tag{9-59}$$

式中，$\cdot^{\mathrm{pi}}$ 表示矩阵的伪逆算子。根据前面的分析，可知所要求的$\overline{\overline{\boldsymbol{\xi}}}$、$\overline{\overline{\boldsymbol{\zeta}}}$包含在$\overline{\overline{\boldsymbol{Q}}}$矩阵中，是其对角线上的子矩阵。于是将$\overline{\overline{\boldsymbol{Q}}}$矩阵分解为两个矩阵$\overline{\overline{\boldsymbol{Q}}}_1$和$\overline{\overline{\boldsymbol{Q}}}_2$之和：

$$\overline{\overline{\boldsymbol{Q}}}_1=\mathrm{diag}\left[\overline{\overline{\boldsymbol{\xi}}}_1^{-1},\overline{\overline{\boldsymbol{\xi}}}_2^{-1},\cdots,\overline{\overline{\boldsymbol{\xi}}}_L^{-1},\overline{\overline{\boldsymbol{\zeta}}}_1^{-1},\overline{\overline{\boldsymbol{\zeta}}}_2^{-1},\cdots,\overline{\overline{\boldsymbol{\zeta}}}_L^{-1}\right]\tag{9-60}$$

$$\overline{\overline{\boldsymbol{Q}}}_2=\overline{\overline{\boldsymbol{Q}}}-\overline{\overline{\boldsymbol{Q}}}_1\tag{9-61}$$

于是可以进一步变化形式为

$$\left(\overline{\overline{\boldsymbol{P}}}-\overline{\overline{\boldsymbol{Q}}}_2\cdot\overline{\overline{\boldsymbol{O}}}^{\mathrm{pi}}\cdot\overline{\overline{\boldsymbol{L}'}}^{-1}\cdot\overline{\overline{\boldsymbol{K}}}\cdot\overline{\overline{\boldsymbol{L}}}^{-1}\right)=\overline{\overline{\boldsymbol{Q}}}_1\cdot\left(\overline{\overline{\boldsymbol{O}}}^{\mathrm{pi}}\cdot\overline{\overline{\boldsymbol{L}'}}^{-1}\cdot\overline{\overline{\boldsymbol{K}}}\cdot\overline{\overline{\boldsymbol{L}}}^{-1}\right)\tag{9-62}$$

即

$$\left(\overline{\overline{\boldsymbol{O}}}^{\mathrm{pi}}\cdot\overline{\overline{\boldsymbol{L}'}}^{-1}\cdot\overline{\overline{\boldsymbol{K}}}\cdot\overline{\overline{\boldsymbol{L}}}^{-1}\right)^{\mathrm{T}}\cdot\overline{\overline{\boldsymbol{Q}}}_1^{\mathrm{T}}=\left(\overline{\overline{\boldsymbol{P}}}-\overline{\overline{\boldsymbol{Q}}}_2\cdot\overline{\overline{\boldsymbol{O}}}^{\mathrm{pi}}\cdot\overline{\overline{\boldsymbol{L}'}}^{-1}\cdot\overline{\overline{\boldsymbol{K}}}\cdot\overline{\overline{\boldsymbol{L}}}^{-1}\right)^{\mathrm{T}}\tag{9-63}$$

于是可通过最小二乘法得到第l个散射体目标的$\overline{\overline{\boldsymbol{\xi}}}_l$、$\overline{\overline{\boldsymbol{\zeta}}}_l$：

$$\overline{\overline{\boldsymbol{\xi}}}_l=\left[\left(\left[\left(\overline{\overline{\boldsymbol{O}}}^{\mathrm{pi}}\cdot\overline{\overline{\boldsymbol{L}'}}^{-1}\cdot\overline{\overline{\boldsymbol{K}}}\cdot\overline{\overline{\boldsymbol{L}}}^{-1}\right)^{\mathrm{T}}\right]_l^{\mathrm{pi}}\cdot\left[\left(\overline{\overline{\boldsymbol{P}}}-\overline{\overline{\boldsymbol{Q}}}_2\cdot\overline{\overline{\boldsymbol{O}}}^{\mathrm{pi}}\cdot\overline{\overline{\boldsymbol{L}'}}^{-1}\cdot\overline{\overline{\boldsymbol{K}}}\cdot\overline{\overline{\boldsymbol{L}}}^{-1}\right)^{\mathrm{T}}\right]_l\right)^{\mathrm{T}}\right]^{-1}\tag{9-64}$$

$$\overline{\overline{\boldsymbol{\zeta}}}_l=\left[\left(\left[\left(\overline{\overline{\boldsymbol{O}}}^{\mathrm{pi}}\cdot\overline{\overline{\boldsymbol{L}'}}^{-1}\cdot\overline{\overline{\boldsymbol{K}}}\cdot\overline{\overline{\boldsymbol{L}}}^{-1}\right)^{\mathrm{T}}\right]_{L+l}^{\mathrm{pi}}\cdot\left[\left(\overline{\overline{\boldsymbol{P}}}-\overline{\overline{\boldsymbol{Q}}}_2\cdot\overline{\overline{\boldsymbol{O}}}^{\mathrm{pi}}\cdot\overline{\overline{\boldsymbol{L}'}}^{-1}\cdot\overline{\overline{\boldsymbol{K}}}\cdot\overline{\overline{\boldsymbol{L}}}^{-1}\right)^{\mathrm{T}}\right]_{L+l}\right)^{\mathrm{T}}\right]^{-1}\tag{9-65}$$

式中，$(\cdot)_l$ 表示矩阵的第 $3(l-1)+1$、$3(l-1)+2$ 和 $3(l-1)+3$ 列或行。在得到极化强度并矢之后，可通过奇异值分解的方法获得散射体目标的介电常数和磁导率的主轴元素及旋转矩阵 $\Xi_{n,l}$ 的信息。

虽然 MUSIC 具有很多优点，但其也存在不足：首先，MUSIC 算法抗噪声能力较差；其次，其要求预先知道探测阵列的具体形式和空间传输格林函数，并且成像时需要对空间进行逐点扫描，大大降低了其实时性。

ESPRIT 算法不需要预先知道探测阵列的具体摆放形式，只要子阵列之间保证一定的相对位移关系即可进行成像，其最先被使用于波达方向探测领域[28]，于 2012 年开始被用于进行微波成像探测[29]，并在之后与 MIMO 技术结合进行雷达成像处理[30]，与时间反演技术结合实现超分辨率的成像[31]。此外，如 SF-DORT[32,33]、SF-MUSIC[34,35]、SF-ESPRIT 等算法，基于空域和频域的数据处理，可以使得相应算法的抗噪声能力和抗环境干扰能力得到显著的提升。感兴趣的读者可自行阅读相关内容。

包括 MUSIC 算法在内的一些算法虽然能够实现超分辨率成像，但是其并没有从物理本质上对成像分辨率进行突破，而仅仅是通过数学处理手段，使得成像伪谱的分辨率得以提升，这本质上是一种数学上的锐化操作。这些方法并没有从物理层面上突破半波长衍射极限，即没有触及分辨率极限的物理本质。在第 11 章，将介绍几种基于散射加载突破衍射极限的方法。

参考文献

[1] 刘小飞. 基于电磁时间反演的高分辨率成像与自适应无线传输研究[D]. 成都: 电子科技大学, 2010.

[2] LIU X F, WANG B Z, LI J L-W. Transmitting-mode time reversal imaging using MUSIC algorithm for surveillance in wireless sensor network[J]. IEEE transactions on antennas and propagation, 2012, 60(1): 220-230.

[3] LIU X F, WANG B Z, XIAO S Q. Electromagnetic subsurface detection using subspace signal processing and half-space dyadic Green's function[J]. Progress in electromagnetics research, 2009, 98: 315-331.

[4] PRADA C, THOMAS J L, FINK M. The iterative time reversal process: analysis of the convergence[J]. The journal of the acoustical society of America, 1995, 97(1): 62-71.

[5] MOURA J M F, JIN Y W, STANCIL D, et al. Single antenna time reversal adaptive interference cancellation[C] //Proceedings. (ICASSP'05). IEEE international conference on acoustics, speech, and signal processing, 2005. Philadelphia: IEEE, 2005: 1121-1124.

[6] MOURA J M F, JIN Y W. Detection by time reversal: single antenna[J]. IEEE transactions on signal processing, 2007, 55(1): 187-201.

[7] PRADA C, MANNEVILLE S, SPOLIANSKY D, et al. Decomposition of the time reversal operator: detection and selective focusing on two scatterers[J]. The journal of the acoustical society of America, 1996, 99(4): 2067-2076.

[8] PRADA C, FINK M. Separation of interfering acoustic scattered signals using the invariants of the time-reversal operator. Application to Lamb waves characterization[J]. The journal of the acoustical society of America, 1998, 104(2): 801-807.

[9] MORDANT N, PRADA C, FINK M. Highly resolved detection and selective focusing in a waveguide using the D.O.R.T. method[J]. The journal of the acoustical society of America, 1999, 105(5): 2634-2642.

[10] FOLÉGOT T, PRADA C, FINK M. Resolution enhancement and separation of reverberation from target echo with the time reversal operator decomposition[J]. The journal of the acoustical society of America, 2003, 113(6): 3155-3160.

[11] ROBERT J L, BURCHER M, COHEN-BACRIE C, et al. Time reversal operator decomposition with focused transmission and robustness to speckle noise: application to microcalcification detection[J]. The journal of the acoustical society of America, 2006, 119(6): 3848-3859.

[12] MICOLAU G SAILLARD M. D.O.R.T. method as applied to electromagnetic sensing of buried objects[J]. Radio science, 2003, 38: 1038.

[13] MICOLAU G, SAILLARD M, BORDERIES P. DORT method as applied to ultrawideband signals for detection of buried objects[J]. IEEE transactions on geoscience and remote sensing, 2003, 41(8): 1813-1820.

[14] ROBERT J L, FINK M. Green's function estimation in speckle using the decomposition of the time reversal operator: application to aberration correction in medical imaging[J]. The journal of the acoustical society of America, 2008, 123(2): 866-877.
[15] YAVUZ M E, TEIXEIRA F L. Space-frequency ultrawideband time-reversal imaging[J]. IEEE transactions on geoscience and remote sensing, 2008, 46(4): 1115-1124.
[16] YAVUZ M E, TEIXEIRA F L. Full time-domain DORT for ultrawideband electromagnetic fields in dispersive, random inhomogeneous media[J]. IEEE transactions on antennas and propagation, 2006, 54(8): 2305-2315.
[17] TORTEL H, MICOLAU G, SAILLARD M. Decomposition of the time reversal operator for electromagnetic scattering[J]. Journal of electromagnetic waves and applications, 1999, 13(5): 687-719.
[18] CHAMBERS D H, BERRYMAN J G. Time-reversal analysis for scatterer characterization[J]. Physical review letters, 2004, 92(2): 023902.
[19] CHAMBERS D H, BERRYMAN J G. Analysis of the time-reversal operator for a small spherical scatterer in an electromagnetic field[J]. IEEE transactions on antennas and propagation, 2004, 52(7): 1729-1738.
[20] RAO T, CHEN X. Analysis of the time-reversal operator for a single cylinder under two-dimensional settings[J]. Journal of electromagnetic waves and applications, 2006, 20(15): 2153-2165.
[21] CHEN X. Time-reversal operator for a small sphere in electromagnetic fields[J]. Journal of electromagnetic waves and applications, 2007, 21(9): 1219-1230.
[22] DEVANEY A J. Super-resolution processing of multi-static data using time reversal and MUSIC[J/OL]. (2000-10-20)[2025-06-12]. http://www.ece.neu.edu/faculty/devaney/ajd/preprints.htm.
[23] WENG B W, BARNER K E. TR-MUSIC: a robust frequency estimation method in impulsive noise[J]. Signal processing, 2006, 86(7): 1477-1487.
[24] SECMEN M, TURHAN-SAYAN G. Radar target classification method with reduced aspect dependency and improved noise performance using multiple signal classification algorithm[J]. IET radar, sonar & navigation, 2009, 3(6): 583-595.
[25] LABYED Y, HUANG L J. Ultrasound time-reversal MUSIC imaging of extended targets[J]. Ultrasound in medicine & biology, 2012, 38(11): 2018-2030.
[26] CHEN X D, ZHONG Y. A robust noniterative method for obtaining scattering strengths of multiply scattering point targets[J]. The journal of the acoustical society of America, 2007, 122(3): 1325-1327.
[27] ZHONG Y, CHEN X D. MUSIC imaging and electromagnetic inverse scattering of multiple-scattering small anisotropic spheres[J]. IEEE transactions on antennas and propagation, 2007, 55(12): 3542-3549.
[28] ROY R, PAULRAJ A, KAILATH T. Estimation of signal parameters via rotational invariance techniques-ESPRIT[C]//MILCOM 1986-IEEE military communications conference: communications-computers: teamed for the 90's. Monterey: IEEE, 1986, 3: 41.6.1-41.6.5.
[29] LI S Y, SUN H J, LV X, et al. Near-field scattering centers estimation using a far-field 3-D ESPRIT type method[J]. Signal processing, 2012, 92(10): 2519-2524.
[30] LI J, LI H, LONG L B, et al. Multiple target three-dimensional coordinate estimation for bistatic MIMO radar with uniform linear receive array[J]. EURASIP journal on advances in signal processing, 2013, 2013(1): 81.
[31] GAO W, WANG X H, WANG B Z. Time-reversal ESPRIT imaging method for the detection of single target[J]. Journal of electromagnetic waves and applications, 2014, 28(5): 634-640.
[32] DU Q, SONG Y L, MU T, et al. High-resolution imaging utilizing space-frequency DORT combining the extrapolated virtual array[J]. Journal of microwaves, optoelectronics and electromagnetic applications, 2017, 16(3): 756-764.
[33] ZHONG X M, LIAO C, LIN W B. Space-frequency decomposition and time-reversal imaging[J]. IEEE transactions on antennas and propagation, 2015, 63(12): 5619-5628.
[34] SCHOLZ B. Towards virtual electrical breast biopsy: space-frequency MUSIC for trans-admittance data[J]. IEEE transactions on medical imaging, 2002, 21(6): 588-595.
[35] MU T, SONG Y L. Time reversal imaging based on the space-frequency ESPRIT[J]. Journal of microwaves, optoelectronics and electromagnetic applications, 2017, 16(3): 816-826.

第 10 章　时间反演超分辨率成像与探测

在电磁成像中，衍射极限的存在严重限制了成像分辨率，使成像系统难以获得目标物体的细微结构。这是因为从散射波的空间谱分布来看，通常携带目标物体细微结构信息的散射波分量是凋落波分量，其横向波数大于自由空间中的波数，纵向波数是一个纯虚数，电磁波沿纵向呈指数衰减分布，电磁波无法沿着纵向传播至远场区域，其携带信息难以被远区的成像系统获取。

从第 5 章知道，时间反演电磁波在近场小散射体阵列加载的情况下具有超分辨率聚焦特性，这为突破衍射极限的超分辨率成像提供了机遇。本章将介绍基于微结构阵列加载的时间反演超分辨率成像方法[1-5]，通过在目标物体近区加载微结构阵列，如光栅结构，将凋落波调制转化为能够传输至远场的传播波，实现超分辨率成像。

此外，利用时间反演电磁波对环境变化非常敏感的特性，本章还将介绍一种使用时间反演技术识别环境微小变化的方法[6]，通过时间反演相位纹识别，探测环境的亚波长级别结构扰动。

10.1　光栅结构的散射场分析

光栅结构可以使入射电磁波中的凋落波分量与沿金属介质分界面传播的表面波进行相互耦合，并将凋落波分量转化为自由空间中的辐射波传播至远场，利用其进行成像处理，可以设法实现突破瑞利极限的超分辨率成像。本节将对光栅结构的散射场进行分析，阐释凋落波分量转化为传播波的机制。

假设一个传播常数为 $k_0(k_0=\omega/c)$ 的平面波以入射角 θ 照射到如图 10-1 所示的金属周期光栅结构上，入射波为

$$\boldsymbol{u}^{\text{inc}}(x,y)=\mathrm{e}^{-\mathrm{j}k_x x+\mathrm{j}k_y y}\boldsymbol{e}_z \tag{10-1}$$

式中，$k_x=k_0\sin\theta$，$k_y=k_0\cos\theta$，分别为沿 x 和 y 向的传播常数大小；$\boldsymbol{e}_z$ 为沿 z 轴方向的单位矢量。对 p 极化电磁波，$\boldsymbol{u}$ 代表电场强度；对 s 极化电磁波，$\boldsymbol{u}$ 代表磁场强度。

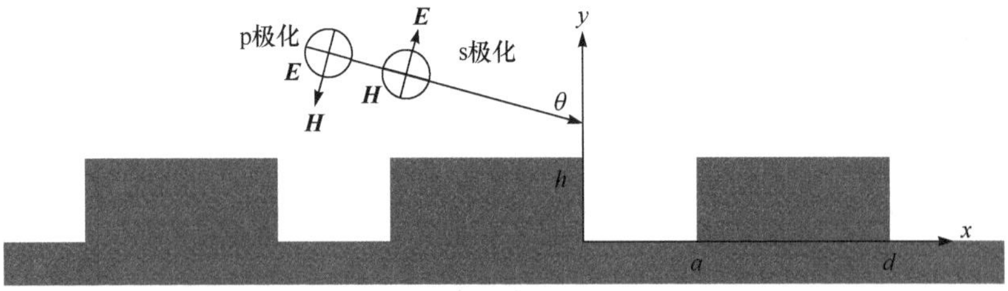

图 10-1　金属周期光栅结构示意图

根据弗洛凯(Floquet)定理及模式展开法，$y>h$ 的上半空间内的总场 $\boldsymbol{u}(\boldsymbol{r})$ 可表示为入射波 $\boldsymbol{u}^{\text{inc}}$ 与反射波 $\boldsymbol{u}^{\text{ref}}$ 的叠加，反射波由无限多个空间谐波组成：

$$\begin{aligned}\boldsymbol{u}(\boldsymbol{r}) &= \boldsymbol{u}^{\text{inc}}(\boldsymbol{r})+\boldsymbol{u}^{\text{ref}}(\boldsymbol{r})=\left(\mathrm{e}^{-\mathrm{j}\boldsymbol{k}^{\text{inc}}\cdot\boldsymbol{r}}+\sum_{n=-\infty}^{+\infty}C_n\mathrm{e}^{-\mathrm{j}\boldsymbol{k}_n^{\text{ref}}\cdot\boldsymbol{r}}\right)\boldsymbol{e}_z\\ &=\left(\mathrm{e}^{-\mathrm{j}k_x x+\mathrm{j}k_y y}+\sum_{n=-\infty}^{+\infty}C_n\mathrm{e}^{-\mathrm{j}(nk_d+k_x)x-\mathrm{j}\beta_n(y-h)}\right)\boldsymbol{e}_z\end{aligned} \tag{10-2}$$

式中，$k_d=2\pi/d$ 为光栅波数；C_n 为第 n 阶空间谐波的幅度，其传播矢量的 y 向分量大小为 $\beta_n=\sqrt{k_0^2-\left(k_x+nk_d\right)^2}$，横向波数为 $\tau_n=k_x+nk_d$。也就是说，周期排列的金属栅条能够对入射波的波数进行整数倍光栅波数的调制。

对于任意一个入射波，通过空间傅里叶变换，可以分解为具有不同传播矢量的平面波分量的叠加。根据以上分析，横向波数处于 $(-k_0+nk_d,k_0+nk_d)$ 内的凋落波，在经过 $-nk_d$ 的调制后，其传播常数将会处于 $(-k_0,k_0)$ 内，该凋落波将被转化为传播波；相似地，横向波数处于 $(-k_0-nk_d,k_0-nk_d)$ 内的凋落波，在经过 nk_d 的调制后，其传播常数将会处于 $(-k_0,k_0)$ 内，该凋落波将被转化为传播波。图 10-2 示意了横向波矢量的调制原理。

例如，横向波数分别为 $k_{x1}=0.3k_0+2k_d$ 和 $k_{x2}=1.1k_0+k_d$ 的两个电磁波分量，被光栅矢量调制后将会处于不同的区域。k_{x1} 处于 $(-k_0+2k_d,k_0+2k_d)$ 内，在经过 $-2k_d$ 的调制之后，处于 $(-k_0,k_0)$ 内，即可以转化为传播波。而 k_{x2} 在经过调制后，无论调制阶数多大，都无法落在 $(-k_0,k_0)$ 内，即意味着无法转化为传播波。

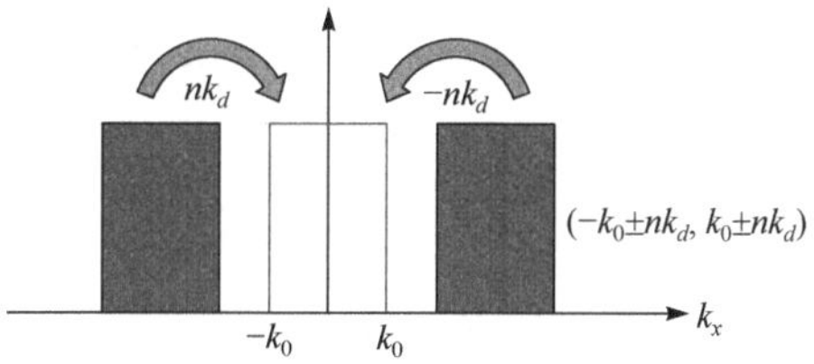

图 10-2　电磁波入射光栅结构前后空间谱变化示意图

为了对此转化效率进行定量描述，下面通过解析方法对空间谐波系数 C_n 进行求解。因为式(10-2)已经考虑了上半空间结构的周期性，以下处理时只需考虑第一个周期内的场分布情况，其余周期内的场按照周期性做相应的延拓即可。

10.1.1　p 极化波

在 $0\leqslant y\leqslant h$ 且 $0\leqslant x\leqslant a$ 的区域内，$u(x,y)$ 满足亥姆霍兹方程，考虑 $x=0$、$x=a$ 及 $y=0$ 处金属边界上电场强度切向分量为零的边界条件，可得第一个周期内 $0\leqslant y\leqslant h$ 区域的场展开式为

$$u(x,y)=\begin{cases}\displaystyle\sum_{n=1}^{+\infty}b_n\sin(\mu_n y)\sin\left(\frac{n\pi x}{a}\right), & 0\leqslant x\leqslant a\\ 0, & a<x\leqslant d\end{cases} \tag{10-3}$$

式中

$$\mu_n^2=k_0^2-\frac{n^2\pi^2}{a^2} \tag{10-4}$$

b_n 是待定系数，可通过 $y=h$ 分界面上场应该满足的边界条件进行求解。

(1) 电场强度切向分量连续：

$$u(x,h_+)=u(x,h_-) \tag{10-5}$$

由式(10-2)得

$$u(x,h_+)=\sum_{n=-\infty}^{+\infty}\left[C_n \mathrm{e}^{-\mathrm{j}(nk_d+k_x)x}+\delta_{n0}\mathrm{e}^{-\mathrm{j}k_x x+\mathrm{j}k_y h}\right]=\sum_{n=-\infty}^{+\infty}C_n' \mathrm{e}^{-\mathrm{j}nk_d x-\mathrm{j}k_x x} \tag{10-6}$$

式中

$$C_n'=C_n+\delta_{n0}\mathrm{e}^{\mathrm{j}k_y h} \tag{10-7}$$

由式(10-3)得

$$u(x,h_-)=\begin{cases}\displaystyle\sum_{n=1}^{+\infty}b_n\sin(\mu_n h)\sin\left(\frac{n\pi x}{a}\right), & 0\leqslant x\leqslant a\\ 0, & a<x\leqslant d\end{cases} \tag{10-8}$$

将 $u(x,h_-)$ 展开成与 $u(x,h_+)$ 类似的表达形式：

$$u(x,h_-)=\sum_{n=-\infty}^{+\infty}b_n'\mathrm{e}^{-\mathrm{j}nk_d x-\mathrm{j}k_x x} \tag{10-9}$$

为了求解 b_n'，令 $\tau_n=nk_d+k_x$，在式(10-9)等号两边同时乘以 $\mathrm{e}^{\mathrm{j}\tau_n x}$ 并在一个周期(0, d)内对 x 进行积分，即得

$$\int_0^a\left[\sum_{m=1}^{+\infty}b_m\sin(\mu_m h)\sin\left(\frac{m\pi x}{a}\right)\right]\mathrm{e}^{\mathrm{j}\tau_n x}\mathrm{d}x=db_n' \tag{10-10}$$

交换积分和求和的顺序，可得

$$b_n'=\frac{1}{d}\sum_{m=1}^{+\infty}b_m\sin(\mu_m h)S_{nm} \tag{10-11}$$

式中

$$S_{nm}=\int_0^a\sin\left(\frac{m\pi x}{a}\right)\mathrm{e}^{\mathrm{j}\tau_n x}\mathrm{d}x=\begin{cases}\dfrac{m\pi a}{m^2\pi^2-\tau_n^2a^2}\left[1-(-1)^m\mathrm{e}^{\mathrm{j}\tau_n a}\right], & m\pi\neq\tau_n a\\ \dfrac{a}{-2\mathrm{j}}, & m\pi=\tau_n a\end{cases} \tag{10-12}$$

根据边界条件式(10-5)有 $C_n'=b_n'$，所以有

$$C_n+\delta_{n0}\mathrm{e}^{\mathrm{j}k_y h}=\frac{1}{d}\sum_{m=1}^{+\infty}b_m\sin(\mu_m h)S_{nm} \tag{10-13}$$

将其写成矩阵形式为

$$\boldsymbol{C}+\boldsymbol{h}=\boldsymbol{P}\boldsymbol{b} \tag{10-14}$$

式中

$$\begin{cases} \boldsymbol{C} = \left[C_{-\infty},\cdots,C_{+\infty}\right]^{\mathrm{T}} \\ \boldsymbol{b} = \left[b_1,\cdots,b_{+\infty}\right]^{\mathrm{T}} \end{cases} \tag{10-15}$$

$\boldsymbol{P}$ 和 $\boldsymbol{h}$ 中的矩阵元分别为

$$\begin{cases} P_{nm} = \dfrac{1}{d}\sin\left(\mu_m h\right)S_{nm} \\ h_n = \delta_{n0}\mathrm{e}^{\mathrm{j}k_y h} \end{cases} \tag{10-16}$$

(2) 在槽口面($y=h$ 且 $0\leqslant x\leqslant a$)上，磁场强度切向分量(x 分量)连续。

对于 p 极化波，$u=E_z$，由麦克斯韦旋度方程可知：

$$-\mathrm{j}\omega B_x = \frac{\partial u}{\partial y} \tag{10-17}$$

因此，此边界条件要求 u 的法向导数 $\partial u/\partial y$ 应在槽口面上连续。

为此定义一个具有同样周期的函数，其在第一个周期内的表达式为

$$C(x) = \begin{cases} 1, & 0\leqslant x\leqslant a \\ 0, & a<x\leqslant d \end{cases} \tag{10-18}$$

将其进行傅里叶级数展开为

$$C(x) = \sum_{n=-\infty}^{+\infty} c_n \mathrm{e}^{-\mathrm{j}nk_d x} \tag{10-19}$$

相应系数的表达式为

$$c_n = \begin{cases} \dfrac{1}{-2n\pi\mathrm{j}}\left[1-\mathrm{e}^{\mathrm{j}nk_d a}\right], & n\neq 0 \\ \dfrac{a}{d}, & n=0 \end{cases} \tag{10-20}$$

令

$$f(x,y) = u(x,y)C(x) \tag{10-21}$$

第(2)边界条件要求函数 $\partial u/\partial y$ 在分界面($y=h$)上连续。函数 f 的展开式为

$$f(x,y) = \sum_{n=-\infty}^{+\infty} f_n(y)\mathrm{e}^{-\mathrm{j}\tau_n x} \tag{10-22}$$

因此分界面上的连续条件为

$$\left.\frac{\partial f_n(y)}{\partial y}\right|_{y=h_+} = \left.\frac{\partial f_n(y)}{\partial y}\right|_{y=h_-} \tag{10-23}$$

在 $0<y<h$ 区域，$f(x,y)$ 就等于 $u(x,y)$，因此有

$$f_n(y) = b_n'(y) \tag{10-24}$$

故

$$\left.\frac{\partial f_n(y)}{\partial y}\right|_{y=h_-} = \left.\frac{\partial b_n'(y)}{\partial y}\right|_{y=h_-} = \frac{1}{d}\sum_{m=0}^{+\infty} b_m\mu_m\cos\left(\mu_m h\right)S_{nm} \tag{10-25}$$

在 $y>h$ 区域，有

$$f(x,y)=u(x,y)C(x)$$
$$=\left(\sum_{n=-\infty}^{+\infty}C_n'(y)\mathrm{e}^{-\mathrm{j}\tau_n x}\right)\left(\sum_{m=-\infty}^{+\infty}c_n\mathrm{e}^{-\mathrm{j}mk_d x}\right)=\sum_{n=-\infty}^{+\infty}f_n(y)\mathrm{e}^{-\mathrm{j}\tau_n x} \tag{10-26}$$

结合

$$\tau_n+mk_d=\tau_{n+m} \tag{10-27}$$

可得

$$f_n(y)=\sum_{m=-\infty}^{+\infty}c_{n-m}C_m'(y)=\sum_{m=-\infty}^{+\infty}c_{n-m}\left[C_m\mathrm{e}^{-\mathrm{j}\beta_m(y-h)}+\delta_{m0}\mathrm{e}^{\mathrm{j}k_y y}\right] \tag{10-28}$$

故

$$\left.\frac{\partial f_n(y)}{\partial y}\right|_{y=h_+}=\sum_{m=-\infty}^{+\infty}c_{n-m}\left(-\mathrm{j}\beta_m C_m+\mathrm{j}k_y\delta_{m0}\mathrm{e}^{\mathrm{j}k_y h}\right) \tag{10-29}$$

因此，此分界面上的连续条件为

$$\sum_{m=-\infty}^{+\infty}c_{n-m}\left(-\mathrm{j}\beta_m C_m+\mathrm{j}k_y\delta_{m0}\mathrm{e}^{\mathrm{j}k_y h}\right)=\frac{1}{d}\sum_{m=0}^{+\infty}b_m\mu_m\cos(\mu_m h)S_{nm} \tag{10-30}$$

写成矩阵形式为

$$\boldsymbol{QC}+\boldsymbol{Yb}=\boldsymbol{T} \tag{10-31}$$

矩阵元分别为

$$\begin{cases}Q_{nm}=-\mathrm{j}c_{n-m}\beta_m\\ Y_{nm}=\dfrac{-1}{d}\mu_m\cos(\mu_m h)S_{nm}\\ T_n=-\mathrm{j}c_n k_y\mathrm{e}^{\mathrm{j}k_y h}\end{cases} \tag{10-32}$$

结合式(10-14)即可得到

$$\begin{cases}\boldsymbol{b}=(\boldsymbol{QP}+\boldsymbol{Y})^{-1}(\boldsymbol{Qh}+\boldsymbol{T})\\ \boldsymbol{C}=\boldsymbol{Pb}-\boldsymbol{h}\end{cases} \tag{10-33}$$

10.1.2 s 极化波

在 $y>h$ 区域，场的表达式与 p 极化波入射时完全一致，如式(10-2)所示。此时 $\boldsymbol{u}$ 代表的是磁场强度，下面主要分析 $0\leqslant y\leqslant h$ 区域内的场。

在第一个槽区域($0\leqslant y\leqslant h$，$0\leqslant x\leqslant a$)内，$u(x,y)$ 满足亥姆霍兹方程，考虑 u 在 $x=0$、$x=a$ 及 $y=0$ 边界处应满足的边界条件是法向导数为零，可得第一个周期内 $0\leqslant y\leqslant h$ 区域的场展开式为

$$u(x,y)=\begin{cases}\displaystyle\sum_{n=0}^{+\infty}a_n\cos(\mu_n y)\cos\left(\frac{n\pi x}{a}\right), & 0\leqslant x\leqslant a\\ 0, & a<x\leqslant d\end{cases} \tag{10-34}$$

将 $u(x,y)$ 展开成傅里叶级数的形式。令

$$u(x,y)=\sum_{n=-\infty}^{+\infty}a_n'(y)\mathrm{e}^{-\mathrm{j}\tau_n x} \tag{10-35}$$

式(10-35)两边同时乘以 $e^{j\tau_n x}$ 并在一个周期(0,d)内积分，有

$$da_n'(y)=\sum_{m=0}^{+\infty}\left[a_m\cos(\mu_m y)\int_0^a\cos\left(\frac{m\pi x}{a}\right)e^{j\tau_n x}dx\right] \tag{10-36}$$

交换积分和求和的顺序，可得

$$a_n'(y)=\sum_{m=0}^{+\infty}\frac{1}{d}a_m\cos(\mu_m y)S_{nm} \tag{10-37}$$

式中

$$S_{nm}=\int_0^a\cos\left(\frac{m\pi x}{a}\right)e^{j\tau_n x}dx=\begin{cases}\dfrac{-j\tau_n a^2}{m^2\pi^2-\tau_n^2a^2}\left[1-(-1)^m e^{j\tau_n a}\right], & m\pi\neq\tau_n a\\ \dfrac{a}{2}, & m\pi=\tau_n a\end{cases} \tag{10-38}$$

根据两个区域($y>h$ 和 $0<y<h$ 区域)内场的表达式并结合 $y=h$ 分界面上电磁场的连续性边界条件可求解得到相应的展开系数。

(1) 根据电场强度切向分量在 $y=h$ 分界面上的连续性条件，$\boldsymbol{u}$ 的法向导数应该连续，有

$$\left.\frac{\partial C_n'(y)}{\partial y}\right|_{y=h_+}=\left.\frac{\partial a_n'(y)}{\partial y}\right|_{y=h_-} \tag{10-39}$$

因为

$$\left.\frac{\partial C_n'(y)}{\partial y}\right|_{y=h_+}=-j\beta_n C_n+jk_y\delta_{n0}e^{jk_y h} \tag{10-40}$$

$$\left.\frac{\partial a_n'(y)}{\partial y}\right|_{y=h_-}=\sum_{m=0}^{+\infty}\frac{-\mu_m}{d}a_m\sin(\mu_m h)S_{nm} \tag{10-41}$$

因此根据式(10-39)的连续条件可得

$$\sum_{m=0}^{+\infty}\frac{-\mu_m}{d}a_m\sin(\mu_m h)S_{nm}=-j\beta_n C_n+jk_y\delta_{n0}e^{jk_y h} \tag{10-42}$$

写成矩阵形式为

$$\boldsymbol{P\Lambda}=\boldsymbol{KC}+\boldsymbol{h} \tag{10-43}$$

式中

$$\begin{cases}\boldsymbol{\Lambda}=\mathrm{diag}(a_1,\cdots,a_{+\infty})\\ P_{nm}=\dfrac{-j\mu_m}{d}\sin(\mu_m h)S_{nm}\\ \boldsymbol{K}=\mathrm{diag}(\beta_{-\infty},\cdots,\beta_{+\infty})\\ h_n=-k_y\delta_{n0}e^{jk_y h}\end{cases} \tag{10-44}$$

(2) 在槽口面($y=h$ 且 $0\leqslant x\leqslant a$)上，磁场强度 $\boldsymbol{u}$ 连续。

与前面 p 极化波入射时的求解方法类似，假设有一个与式(10-18)一致的函数 $C(x)$。令

$$f(x,y)=u(x,y)\,C(x) \tag{10-45}$$

那么 f 在分界面上应该处处保持连续。

当从分界面下方($0<y<h$)逼近时，有

$$f(x,y)=u(x,y)=\sum_{n=-\infty}^{+\infty}a_n'(y)\mathrm{e}^{-\mathrm{j}\tau_n x} \tag{10-46}$$

若从分界面上方($y>h$)逼近：

$$\begin{aligned}f(x,y)&=u(x,y)C(x)\\&=\left(\sum_{n=-\infty}^{+\infty}C_n'(y)\mathrm{e}^{-\mathrm{j}\tau_n x}\right)\left(\sum_{m=-\infty}^{+\infty}c_n\mathrm{e}^{-\mathrm{j}mk_d x}\right)=\sum_{n=-\infty}^{+\infty}f_n(y)\mathrm{e}^{-\mathrm{j}\tau_n x}\end{aligned} \tag{10-47}$$

式中

$$f_n(y)=\sum_{m=-\infty}^{+\infty}c_{n-m}C_m'(y)=\sum_{m=-\infty}^{+\infty}c_{n-m}\left(C_m\mathrm{e}^{-\mathrm{j}\beta_m(y-h)}+\delta_{m0}\mathrm{e}^{\mathrm{j}k_y y}\right) \tag{10-48}$$

因此分界面上磁场强度 $\boldsymbol{u}$ 连续的边界条件可以等价为

$$a_n'(y)\Big|_{y=h_-}=f_n(y)\Big|_{y=h_+} \tag{10-49}$$

根据式(10-37)及式(10-48)，可得

$$\sum_{m=0}^{+\infty}\frac{1}{d}a_m\cos(\mu_m h)S_{nm}=\sum_{m=-\infty}^{+\infty}c_{n-m}\left(C_m+\delta_{m0}\mathrm{e}^{\mathrm{j}k_y h}\right) \tag{10-50}$$

写成矩阵形式为

$$\boldsymbol{Y}\boldsymbol{\Lambda}=\boldsymbol{Q}\boldsymbol{C}+\boldsymbol{T} \tag{10-51}$$

其中矩阵元分别为

$$\begin{cases}Y_{nm}=\cos(\mu_m h)S_{nm}/d\\Q_{nm}=c_{n-m}\\T_n=c_n\mathrm{e}^{\mathrm{j}k_y h}\end{cases} \tag{10-52}$$

联立式(10-43)和式(10-51)即可得到各系数的求解结果为

$$\begin{cases}\boldsymbol{\Lambda}=\left(\boldsymbol{P}+\boldsymbol{K}\boldsymbol{Q}^{-1}-\boldsymbol{K}\boldsymbol{Q}^{-1}\boldsymbol{Y}\right)^{-1}\boldsymbol{h}\\\boldsymbol{C}=\boldsymbol{Q}^{-1}\boldsymbol{Y}\boldsymbol{\Lambda}-\boldsymbol{Q}^{-1}\boldsymbol{T}\end{cases} \tag{10-53}$$

10.2 光栅结构辅助的目标超分辨率成像

10.2.1 源目标成像

实际用于辅助成像的金属周期光栅不可能是无限大尺寸的，需要在 x 和 z 方向分别截断，如图 10-3 所示，其中 a 代表空气间隙的宽度，d 代表周期大小，h 为光栅的高度，$H-h$ 为地板的厚度。

截断边界的引入会产生与边界间距相关的谐振模式，可通过电磁仿真软件进行分析。假设 L=90mm，W=96mm，H=12mm，d=16mm，a=6mm，h=10mm。将一个偶极子置于光栅正上方 1mm 处，用一个持续时间为 1ns、中心频率为 5.5GHz 的调制高斯信号激励偶极子，在与偶极子处于同一平面但相距 300mm 的位置监测远场信号，结果如图 10-4 所示。接收信号的持续时间超过 20ns，是发射信号的 20 多倍，系信号在结构中谐振所致。从频谱来看，远场接收信号有三个较明显的峰值点。在三个谐振频率处，在距离结构上表面 1mm 处的 xz 平面监测近

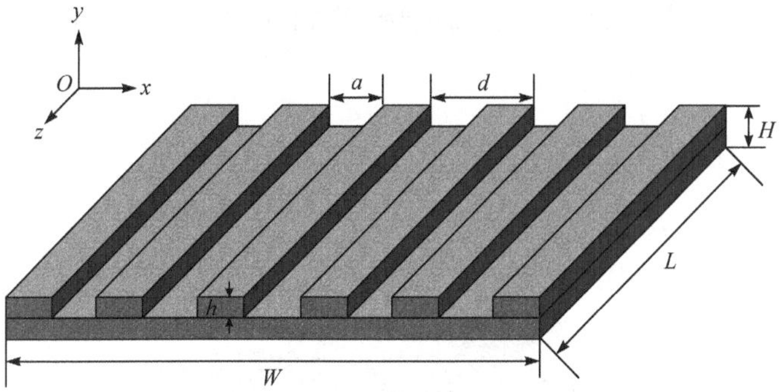

图 10-3　金属周期光栅结构示意图

场电场 E_y 分量，结果如图 10-5 所示。可见，由于光栅结构尺寸有限，出现了 Fabry-Perot 谐振，进而可使对应于谐振频点的凋落波转化为传播波的效率得以提升。我们可以充分地利用这部分在远场接收到的凋落波信息并结合时间反演技术，以改进源目标的成像效果。

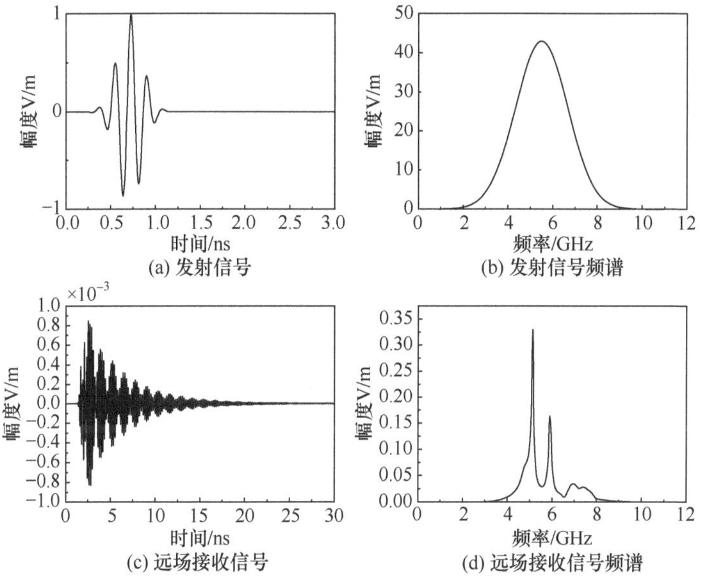

图 10-4　发射信号及远场接收信号的波形和频谱(仿真结果)

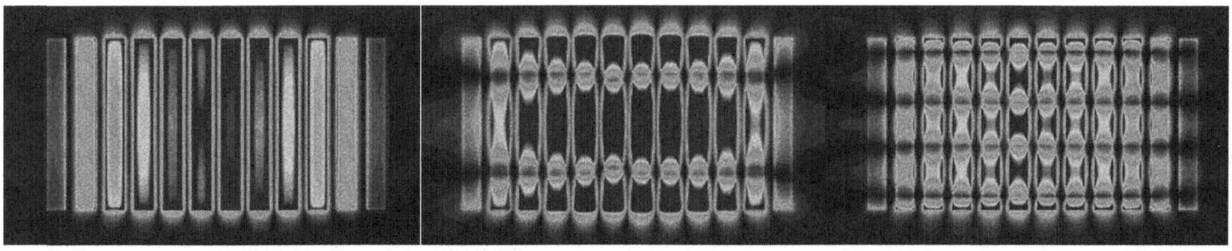

图 10-5　有限尺寸金属周期光栅结构上方 1mm 处与三个本征频率对应的垂直电场(E_y)分量

下面通过实验来展示光栅结构辅助实现超分辨率源回溯，实验系统示意图如图 10-6 所示。两个沿 x 轴分开 12mm 的近场偶极子 T1 和 T2 摆放在结构上方 1mm 处。首先，用一个中心频率为 5.5GHz(3～8GHz)的调制高斯信号激励偶极子 T1；其次，用 5 个位于 xz 平面并距离偶极子 1m 远的时间反演镜单元接收传播信号；然后，将 5 个接收信号分别进行时间反转并由原接收时间反演镜单元分别发射出去；最后，将偶极子 T1 和 T2 接收到的时间反演信号分别记录下来。

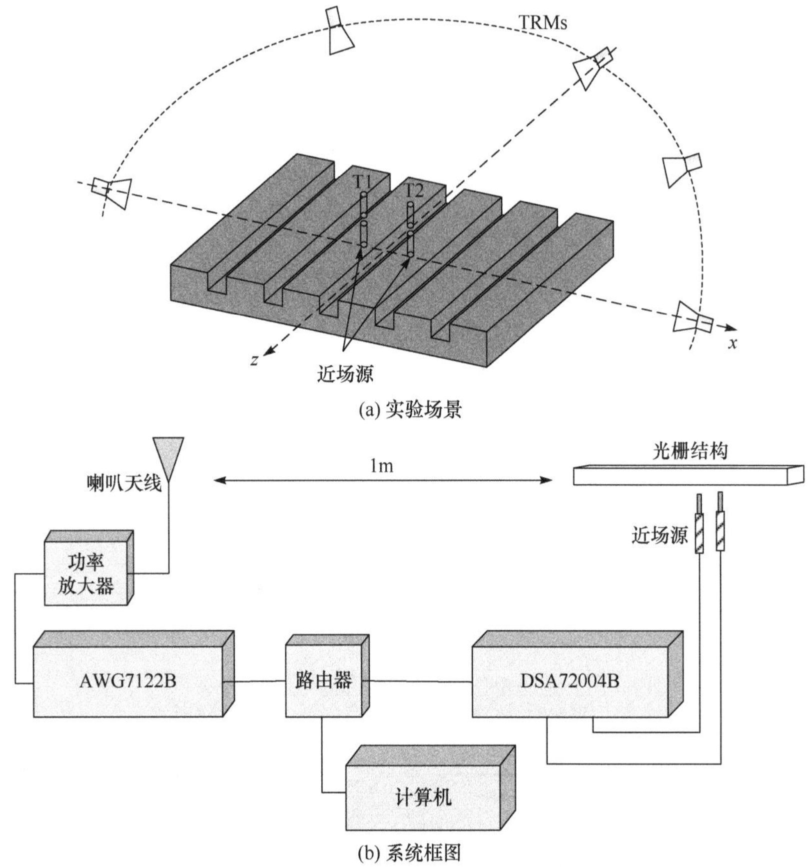

图 10-6 光栅结构辅助实现超分辨率源回溯实验系统示意图

考虑任意波形发生器(AWG)和串行数字信号分析仪(DSA)的通道数是有限的，结合天线传播的互易性，实际实验步骤如下所示。

步骤 1：令 m=1。

步骤 2：将时间反演镜天线置于 m 号时间反演镜天线预设位置并馈入发射信号，分别将偶极子 T1 和 T2 的接收信号记录为 $S_{1m}(t)$ 和 $S_{2m}(t)$，记录持续时间为 T。

步骤 3：将 $S_{1m}(t)$ 和 $S_{2m}(t)$ 进行时间反转得到 $S_{1m}(T-t)$ 和 $S_{2m}(T-t)$，并分别馈入时间反演镜天线中，记录 T1 和 T2 的接收信号。当馈入 $S_{1m}(T-t)$ 时，T1 和 T2 的接收信号分别记为 $\mathrm{Str}_{11}^{m}(t)$ 和 $\mathrm{Str}_{21}^{m}(t)$。当馈入 $S_{2m}(T-t)$ 时，T1 和 T2 的接收信号分别记为 $\mathrm{Str}_{12}^{m}(t)$ 和 $\mathrm{Str}_{22}^{m}(t)$。

步骤 4：令 m=m+1，重复步骤 2～3，直至 m 达到时间反演镜天线总数量，即 5。

步骤 5：将 $\mathrm{Str}_{11}^{m}(t)$ 对 m 进行求和即得到 T1 作为初始源时 T1 接收到的时间反演信号。类似地，即可分别得到 T1 作为初始源时 T2 接收到的时间反演信号以及 T2 作为初始源时 T1 和 T2 分别接收到的时间反演信号。

图 10-7 为单独激励 T1 时远场时间反演镜单元接收到的信号频谱，其极值点所对应的频率值与仿真结果基本一致。图 10-8 为单独激励 T1 时有光栅结构和无光栅结构情况下 T1 和 T2 分别接收到的时间反演信号。无光栅结构时，T1 和 T2 接收到的时间反演信号最大幅度分别

为 0.0716V 和 0.0572V，信号幅度比仅为 1.2517，很难通过接收的时间反演信号幅度来判断哪个是源偶极子，因此这两个偶极子是不可分辨的。有光栅结构时，T1 和 T2 接收到的时间反演信号最大幅度分别为 0.0972V 和 0.0348V，信号幅度比为 2.8，容易判断出哪个偶极子是源偶极子。实验结果表明，通过引入光栅结构，原来不可分辨的两个源变成可回溯且可分辨的。

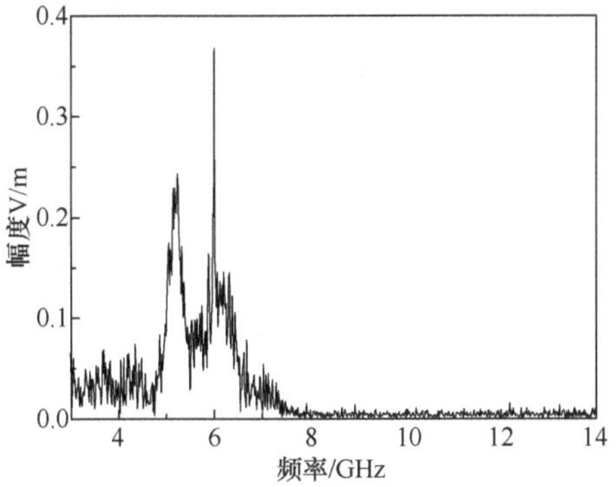

图 10-7　有光栅结构时的远场接收信号频谱(实验结果)

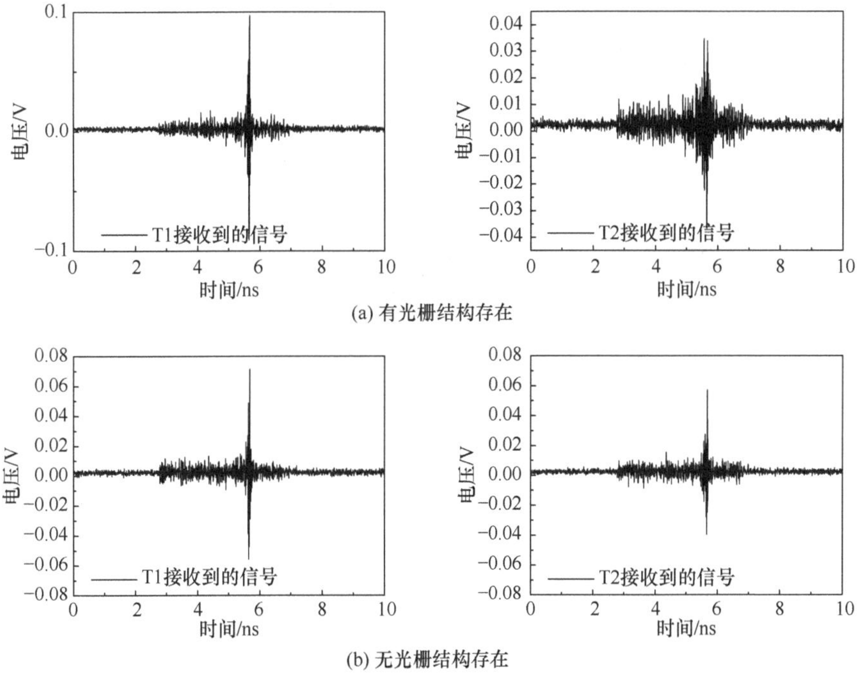

图 10-8　T1 和 T2 分别接收到的时间反演信号(实验结果)

接下来考虑源成像过程，两个源天线被当作两个待成像的目标。整个实验系统的摆放与前面进行超分辨率源回溯实验时的摆放是完全一致的。在辐射信号接收阶段，仍然采用中心频率为 5.5GHz 的调制高斯信号作为激励信号，但这次是同时激励两个偶极子源，用时间反演镜单元记录接收信号。在反演成像阶段，去掉两个初始偶极子源，将时间反演镜单元的接收信号进行时间上的反转，然后馈入原时间反演镜单元发射，对反传过程进行电磁仿真。最后，通过记录聚焦时刻在成像平面上的电场分布即可得到成像结果，如图 10-9 所示。作为对比，图 10-9 中还给出了无光栅结构情况下得到的实验成像结果，以及完全由仿真数据得到的成像结果。

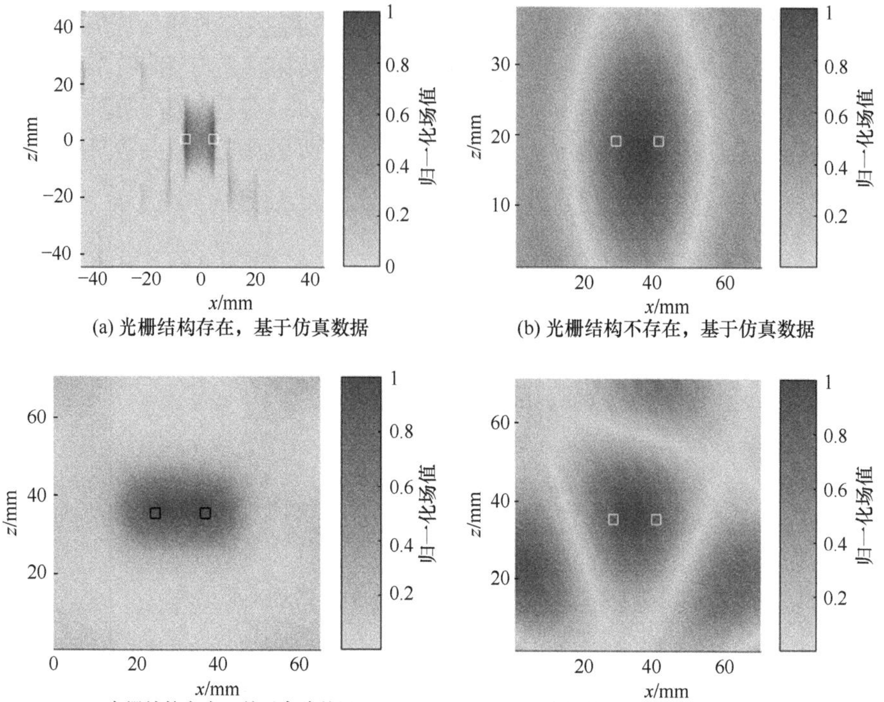

(a) 光栅结构存在，基于仿真数据
(b) 光栅结构不存在，基于仿真数据
(c) 光栅结构存在，基于实验数据
(d) 光栅结构不存在，基于实验数据

图 10-9 基于仿真数据和实验数据的时间反演成像结果，图中的方框代表目标的准确位置

从基于仿真数据的图 10-9(a)和(b)可见，原本无法分辨的两个源目标，在光栅结构辅助下可清晰分辨。相比之下，基于实验数据的图 10-9(c)和(d)所示的成像结果则有一定程度的恶化。无光栅结构时，实验成像图上出现几个伪目标，完全无法判断出源目标实际位置所在；有光栅结构时，从实验成像图中尚能判断出目标位置所在区域。时间反演镜单元位置测量不准确是影响实验成像效果的主要因素，尤其是体积较大的天线(如喇叭)的相位中心不易确定，容易导致时间反演镜单元位置确定不准，从而引入较大的位置误差。

10.2.2 散射体目标成像

散射体目标成像的思路是将散射体当作二次辐射源，通过确定二次源的位置和分布来实现散射体目标成像。与源目标成像相比，散射体目标成像有两个特点：第一，照射源的主动辐射场和散射体目标的被动散射场同时共存，需首先分离出包含散射体结构和位置信息的散射场信号，才能有效地进行散射体目标成像；第二，由散射体感应等效而来的二次源通常是电流源和磁流源的复杂组合，其成像问题将比仅含一个激励源的源目标成像问题复杂很多。尽管如此，实现源目标和散射体目标超分辨率成像的本质相同，即设法将对应目标精细结构信息的凋落波转化为传播波并传至远场，再对远场信息进行处理以得到目标体的成像结果。

在近场光栅辅助成像场景下，远场散射传播波包含三部分：①待成像散射体的直接散射传播波分量；②经光栅结构调制，由散射体的凋落波转化为传播波的散射传播波分量；③光栅结构的散射传播波分量。为正确重构目标散射体图像，需知晓近场与远场的对应关系，以便通过远区散射场反推出近场。例如，由 10.1 节的推导，可求得本节开始给出的光栅结构对不同阶数电磁波的反射系数。结果表明，该光栅结构的+1 阶转化效率明显大于其他阶数，远场中由凋落波转化而来的传播波信号主要来自+1 阶散射，其余阶数的散射可全部忽略不计。

电磁波在自由空间中传播时其幅度按 $1/r$ 因子衰减，在时间反演成像中，信号需经历正向和反向传播两个阶段，因此在反演信号到达聚焦位置处其衰减量与 $1/r^2$ 成正比。在成像系统中，目标体所在位置无法精确预知，因而也就无法保证时间反演镜各单元与目标体之间的距离 r 相同。为消除 r 不同对时间反演聚焦场的影响，可对第 i 个时间反演镜单元发射的时间反演信号 $E_i^{\mathrm{TR}}(t)$ 进行如下归一化处理[1]：

$$\overline{E_i^{\mathrm{TR}}(t)} = E_i^{\mathrm{TR}}(t) \Big/ \left(\max\left(\mathrm{abs}\left(E_i^{\mathrm{TR}}(t)\right)\right)\right)^2, \quad i = 1,2,\cdots,N \tag{10-54}$$

图 10-10 为光栅结构辅助实现的散射体目标超分辨率成像实验系统示意图。两个置于光栅结构近场范围内的金属球为待成像目标。两球摆放于光栅结构上方 2mm 处，半径均为 1mm，球中心坐标分别为(–2.5mm,0,0)和(2.5mm,0,0)。N 个时间反演镜单元天线均匀摆放于光栅结构周围 y=0 平面上一个半径为 3m 的圆周上，天线 1 的坐标位置为(0,0,–3m)，图 10-10 中 N=8，系统中心工作频率为 6GHz。

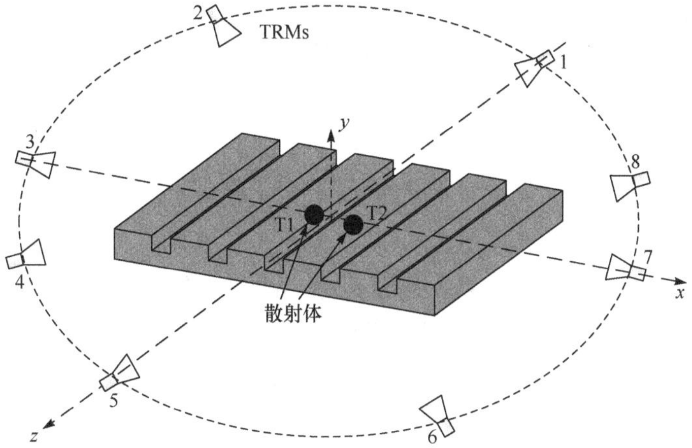

(a) 实验场景

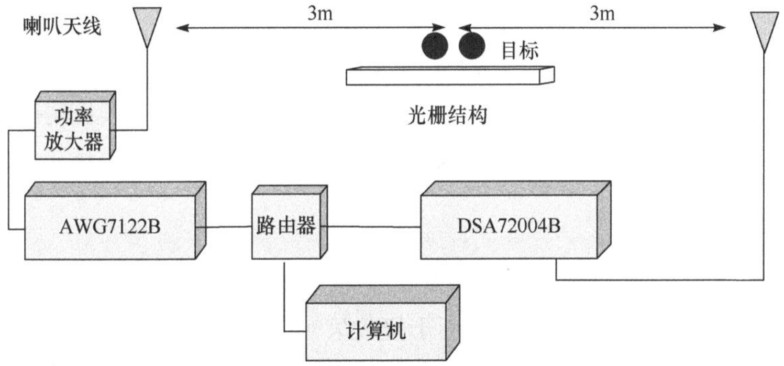

(b) 系统框图

图 10-10　光栅结构辅助实现的散射体目标超分辨率成像实验系统示意图

选定天线 1 为辐照源天线。给源天线馈入一个脉冲信号，辐射电磁波照射到散射体之后会产生散射，散射波会继而与光栅结构发生相互作用并被调制转化，N 个时间反演镜单元天线都参与远场散射信号的接收。想要得到目标体的像，需将目标体的散射传播波和凋落波部分分别提取出来。提取步骤如下所示。

步骤 1：在目标体和光栅结构均不存在的情况下，记录所有时间反演镜单元接收到的信号 P_{0i} (i=1,⋯,N)，该信号仅含由源天线直接辐射至远区的场。

步骤 2：在只有目标体存在的情况下，记录所有时间反演镜单元接收到的信号 P_{1i} (i=1,⋯,N)，该信号包含由源天线直接辐射至远区的场和经由目标体散射到达远区的场。

步骤 3：在只有光栅结构存在的情况下，记录所有时间反演镜单元接收到的信号 P_{2i} (i=1,⋯,N)，该信号包含由源天线直接辐射至远区的场和经由光栅结构散射到达远区的场。

步骤 4：在目标体和光栅结构均存在的情况下，记录所有时间反演镜单元接收到的信号 P_{3i} (i=1,⋯,N)，该信号包含四部分：由源天线直接辐射至远区的场；经由散射体散射到达远区的场；经由光栅结构散射到达远区的场；经由光栅结构调制，由散射体近区凋落波转化而来的传播波信号。

步骤 5：计算得到目标体的散射传播波 $S_{\text{pro},i}$ 和被转化为传播波的凋落波 $S_{\text{eva},i}$：

$$S_{\text{pro},i} = P_{1i} - P_{0i} \tag{10-55}$$

$$S_{\text{eva},i} = P_{3i} - \left(P_{2i} - P_{0i}\right) - \left(P_{1i} - P_{0i}\right) - P_{0i} = P_{3i} - P_{2i} - P_{1i} + P_{0i} \tag{10-56}$$

$S_{\text{pro},i}$ 直接来源于目标体的散射,将其进行时间反转并由第 i 个时间反演镜单元重新发射，得到的反演场即对应目标体的散射传输场。$S_{\text{eva},i}$ 是经光栅结构调制后由凋落波转为传播波的，要想得到目标体的原始散射凋落波，必须对其进行如下解调。

步骤 1：将 $S_{\text{eva},i}$ 通过第 i 个时间反演镜单元反转回传，记录聚焦时刻光栅板近场平面的场，即反演场 $F_{\text{eva},i}$。

步骤 2：对 $F_{\text{eva},i}$ 做空间傅里叶变换，得到其对应的空间谱分布 $A_{\text{eva},i}^{\text{mod}}$。

步骤 3：找到主要的散射阶数 n。这里主要考虑±1 阶，因为其他的高阶散射幅度相对于±1 阶要低很多。将 $A_{\text{eva},i}^{\text{mod}}$ 在谱空间平移 $\pm k_d$ 即可得到目标体的初始散射凋落场所对应的空间谱分布 $A_{\text{eva},i}$。

步骤 4：对 $A_{\text{eva},i}$ 做逆空间傅里叶变换，得到的反演场即对应目标体散射场的凋落波部分的分布。

类似地，对由 $S_{\text{pro},i}$ 反演得到的空间场分布做空间傅里叶变换即可得到目标体的散射传输场空间谱分布 A_{pro}。最后，将两者组合起来($A_{\text{pro}} + A_{\text{eva}}$)再做空间傅里叶逆变换即可得到目标体的完整图像。因为包含了对应目标精细结构信息的凋落波信息，这其实就是目标体的超分辨率图像。

1. 时域数据处理结果

图 10-10(b)为实验系统框图。天线 1～8 均为宽带喇叭天线(工作频带为 2～8GHz)。实际实验时，只有一个天线(时间反演镜单元)用于接收信号，通过移动接收天线的位置来实现在 8 个不同位置分别进行信号接收。初始激励信号为一个频带为 4.1～7.9GHz 的调制高斯脉冲。

图 10-11(a)和(b)所示为当反传信号为 S_{pro} 且反演场聚焦于目标 1 所在位置时的反演场分布以及对应的空间谱 A_{pro} 分布情况。图 10-11(c)和(d)所示为当反传信号为 S_{eva} 时的相应结果。从图 10-11(d)可见，被光栅结构调制的凋落波分量主要为+1 阶分量与−1 阶分量。忽略其余高阶分量，解调操作可以通过对−1 阶空间谱进行 $-k_d$ 的平移、对+1 阶空间谱进行 $+k_d$ 的平移操作来实现，如图 10-12(a)所示。解调之后得到的空间谱分布即对应 A_{eva} 分量。将 A_{pro} 和 A_{eva} 组合

到一起，即得到目标 1 总散射场对应的空间谱分布，如图 10-12(b)所示；对其做空间傅里叶逆变换即得目标 1 的图像，如图 10-12(c)所示。类似地，可得目标 2 的图像，如图 10-12(d)所示。

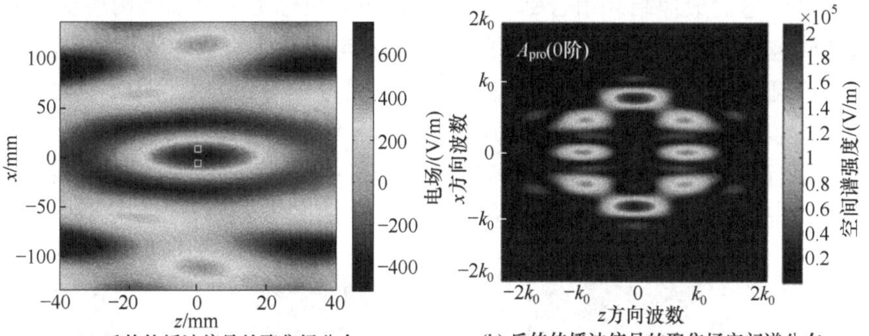

(a) 反传传播波信号的聚焦场分布　　(b) 反传传播波信号的聚焦场空间谱分布

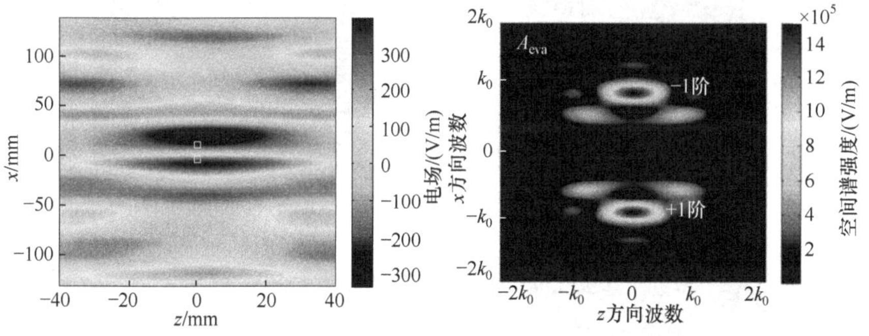

(c) 反传凋落波信号的聚焦场分布　　(d) 反传凋落波信号的聚焦场空间谱分布

图 10-11　时域反演聚焦场及其空间谱分布，其中 k_0 代表 6GHz 对应的自由空间波数

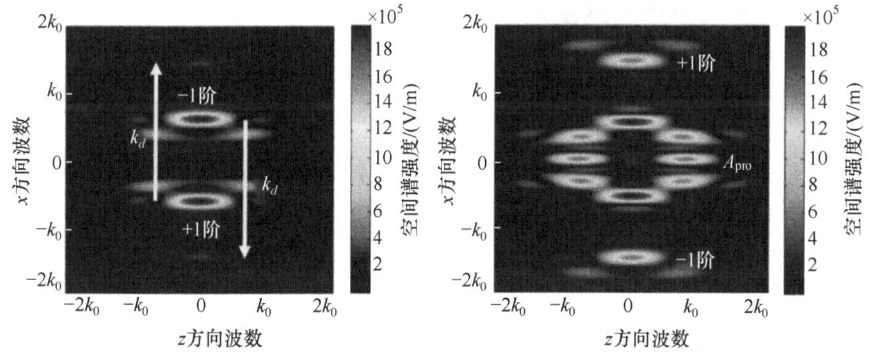

(a) 谱域平移操作示意图　　(b) 组合空间谱分布情况

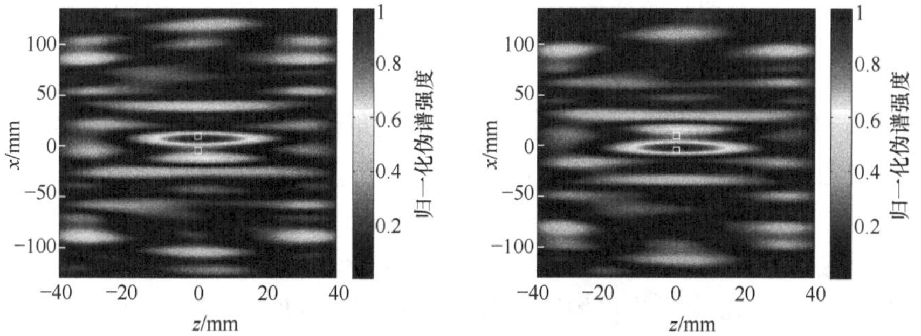

(c) 目标1的成像结果　　(d) 目标2的成像结果

图 10-12　时域聚焦时刻成像结果

x 方向的光栅只能对空间谱进行 x 方向的调制，因而仅能得到散射体沿 x 方向的调制凋落波信息。通过绕 y 轴旋转光栅结构，可以得到散射体沿更多方向的调制凋落波信息。将包含不同方向凋落波信息的成像结果组合到一起，可得包含目标更多精细结构信息的成像结果图。图 10-13 为同时包含散射体沿 0°、45°和 90° 三个方向凋落波信息的成像结果图；与图 10-12 对比，成像聚焦斑明显减小，尤其在 z 方向。最后，将分别得到的两个散射体的成像结果图组合到一起，可得两个散射体的图像如图 10-13(c)所示。为更直观地观察成像分辨率，图 10-13(d)给出了沿两个目标中心连线成像结果的场强幅度分布；可见，两个散射体能够很好地区分开来，它们相距 5mm，仅为 6GHz 对应波长的 1/10。

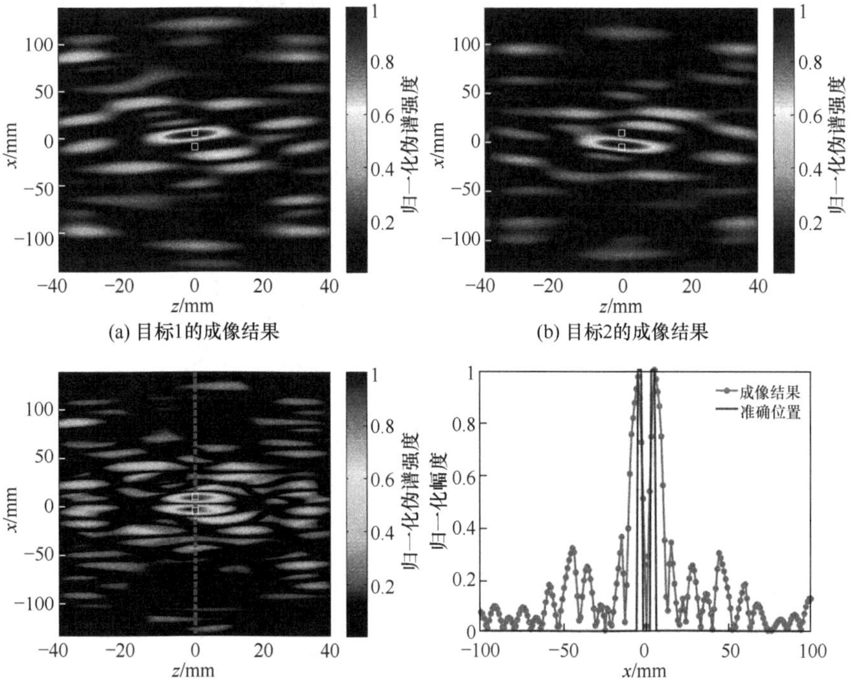

(a) 目标1的成像结果　(b) 目标2的成像结果

(c) 两目标成像结果组合图　(d) 沿两个目标中心连线成像结果的场强幅度分布

图 10-13　包含散射体沿 0°、45°和 90°三个方向凋落波信息的成像结果

2. 频域数据处理结果

上述方法通过对不同目标的时域聚焦时刻点所对应的空间场分布进行处理，分别得到不同目标的成像结果图。然而，成像目标的位置实际上是事先未知的，由此导致时间反演场的聚焦时刻很难预判。基于频域数据处理的方法可以较好地克服上述困难，避免寻找聚焦时刻点的问题。

基于频域数据的成像处理步骤与基于时域数据的步骤基本一致，只是在提取反演场分布时，只提取单频点的反演场。实验系统仍如图 10-10 所示，设观测频率为 5GHz。图 10-14 为只收集 x 方向凋落波信息(光栅结构沿 x 方向)和只收集 z 方向凋落波信息(光栅结构沿 z 方向)时的单频点成像结果。图 10-15(a)为两者组合之后的结果，可见在 x 和 z 两个方向上聚焦斑都明显得到缩减。图 10-15(b)所示为成像结果沿 x 轴的场强幅度分布情况，可见两个散射体能够很好地区分开来，它们相距 10mm，仅为 5GHz 对应波长的 1/6。

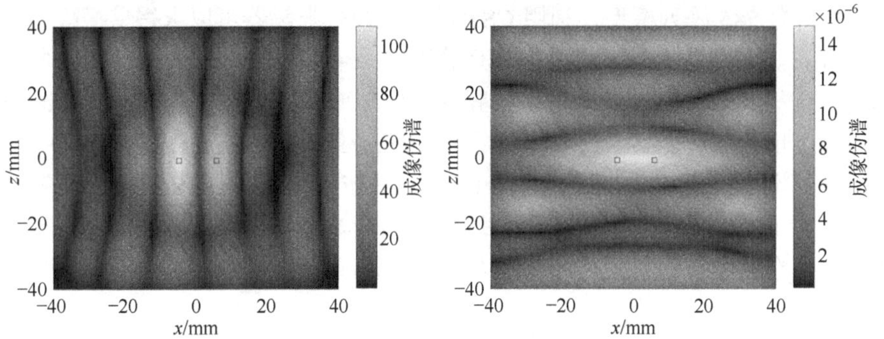

(a) 只收集x方向凋落波信息　　(b) 只收集z方向凋落波信息

图 10-14　收集单方向凋落波信息的频域成像结果

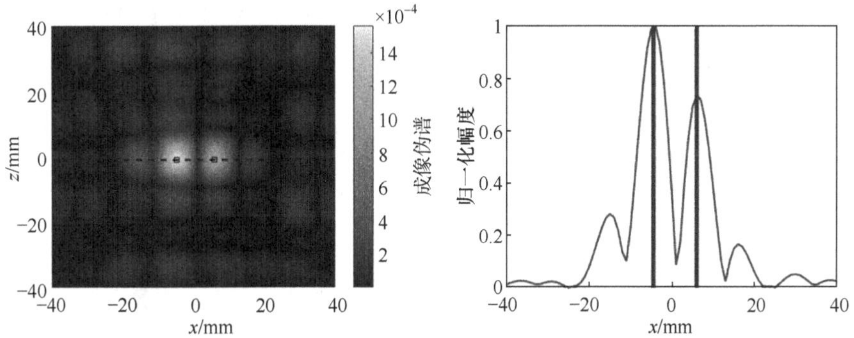

(a) 二维合成成像结果　　(b) 成像结果沿z=0直线的场强幅度分布图，其中竖条代表散射体的准确位置

图 10-15　同时收集 x 和 z 方向凋落波信息的频域成像结果

10.3　平面谐振微结构阵列辅助的拓展目标超分辨率成像

前面介绍了光栅结构辅助的点目标成像，而实际应用中更多的是拓展目标成像。本节介绍一种可用于二维拓展目标超分辨率成像的平面谐振微结构阵列。

平面谐振微结构阵列采用周期排列的亚波长方螺旋谐振器单元构建。谐振器单元如图 10-16(a)所示，边长 a=10mm，金属条带宽度和相邻条带间距都是 0.5mm，印制在相对介电常数为 2.65、厚度为 1mm 的方介质板上，沿 x 方向最外面条带的长度为 8.5mm，沿 y 方向最外面条带的长度为 8mm，单元谐振频率为 1.33GHz。

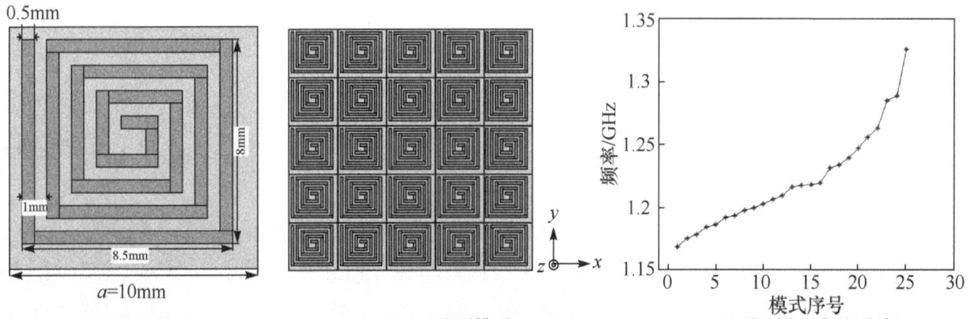

(a) 谐振器单元　　(b) 5×5阵列模型　　(c) 阵列本征频率分布

图 10-16　谐振器单元和 5×5 阵列

图 10-16(b)为 5×5 阵列模型，利用 CST 的本征模式求解器可以求得谐振阵列的本征频率和本征模式分布。电磁仿真时，将谐振阵列放置在一个谐振腔中，为避免腔体自身本征模式对谐振阵列本征模式产生扰动，所选谐振腔的主模频率应高于谐振阵列的主要谐振频率，在此前提下让腔体尺寸尽可能大。选腔体尺寸为 94mm×94mm×125mm，主模频率约为 2GHz。仿真计算得到的本征模式频率如图 10-16(c)所示，分布为 1.168～1.326GHz。求解得到的本征模式场分布如图 10-17 所示，分别表示模式(3, 5)、(4, 4)、(4, 5)、(5, 5)的 E_y 分量。可以看出，这些模式场谐振在亚波长的空间尺寸范围内，携带着远小于波长的空间结构信息。

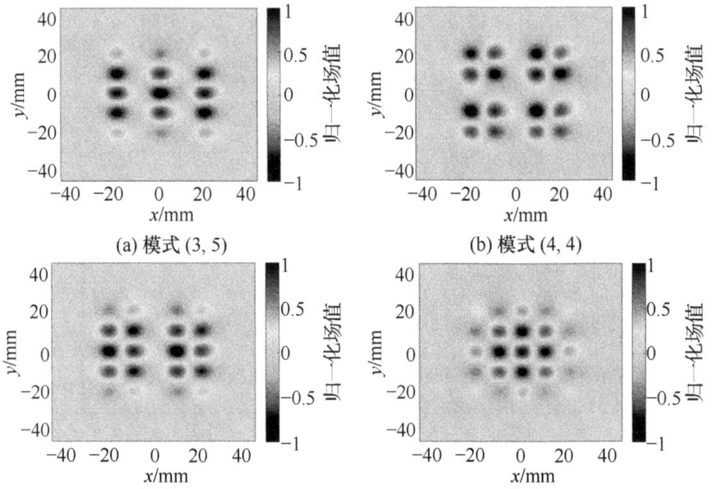

(a) 模式 (3, 5)　(b) 模式 (4, 4)　(c) 模式 (4, 5)　(d) 模式 (5, 5)

图 10-17　本征模式的归一化电场幅度分布

为验证这种阵列可将携带着亚波长细节信息的本征模式辐射到远场，用一个小偶极子天线来激励该阵列。小偶极子放置在阵列上方 2mm 处，在距离阵列 25mm 处设置一近场电场探针来记录接收到的近场频谱信息，在距离阵列 3m 处设置一远场电场探针来记录接收到的远场频谱信息，如图 10-18 所示。结果如图 10-19 所示，通过近远场频谱的曲线都可以看到多个谐振峰，并且谐振的频点基本一样，说明近场区域的信息被有效地传播到了远场。

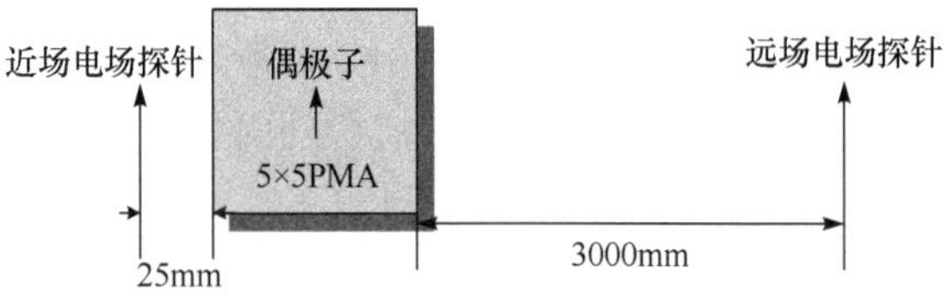

图 10-18　小偶极子天线激励 5×5 平面谐振微结构阵列仿真模型

接下来考察该阵列辅助目标成像的效果。对于散射体成像过程，特别是对拓展目标成像，事先无法预测时间反演电磁波的聚焦时刻，因此这里采用 TR-MUSIC 算法对 L 形散射目标进行超分辨率成像实验。

L 形目标由 x 和 y 两个方向的金属圆柱组成，金属圆柱长度为 70mm，半径为 5mm，放置在阵列上方 5mm 处，如图 10-20(a)所示。14 个工作在 1.3GHz 的偶极子天线用作发射和接收天线，其中 8 个 z 方向极化偶极子天线放置在阵列四周 5λ 处，阵列上方 5λ 处放置 3 个 x 方向极化偶极子天线，阵列下方 5λ 处放置 3 个 y 方向极化偶极子天线，同时布置具有不同极化方向

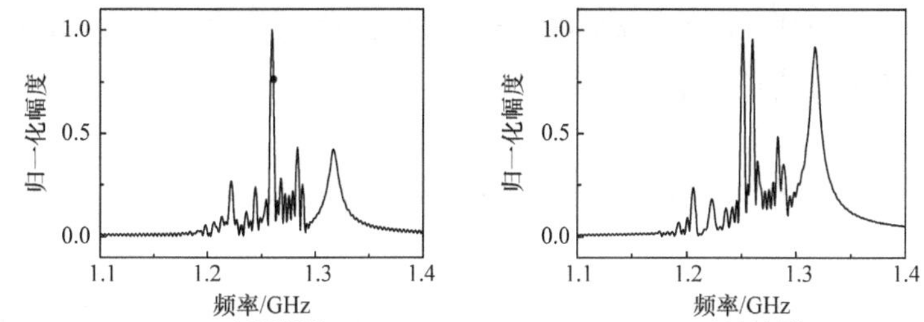

(a) 近场频谱　　(b) 远场频谱

图 10-19　小偶极子天线激励 5×5 平面谐振微结构阵列的近远场频谱

的接收天线对于获得良好的成像结果至关重要[4]。具体成像步骤如下所示。

步骤 1：无成像目标时，在成像平面设置一个 1.3GHz 的电场监测器来探测电场。当一个天线发射信号时，电场监测器记录的电场(E_x, E_y, E_z)就作为天线与成像平面之间的格林函数 $G(G_x, G_y, G_z)$。

步骤 2：每个天线依次作为发射天线发射信号，其他天线作为接收天线，获得一个 8×8 的传输矩阵 $\boldsymbol{K}_1$，表征所有天线之间的频率响应关系。

步骤 3：有成像目标时，重复步骤 2，获得传输矩阵 $\boldsymbol{K}_2$。

步骤 4：计算散射矩阵 $\boldsymbol{K}=\boldsymbol{K}_2-\boldsymbol{K}_1$，它携带着成像目标的空间信息。

步骤 5：利用格林函数 $\boldsymbol{G}(\boldsymbol{G}_x, \boldsymbol{G}_y, \boldsymbol{G}_z)$和散射矩阵 $\boldsymbol{K}$，通过 TR-MUSIC 算法构建出成像目标的像。

成像结果如图 10-20(b)和(c)所示，可见清晰呈现的两根圆柱的位置和轮廓。可以看出，对于 x 和 y 方向的散射体，需要分别设置 x 和 y 方向极化的收发天线，才能得到好的成像效果。将图 10-20(b)和(c)叠加后的组合成像结果如图 10-21(a)所示，目标的成像位置与轮廓准确且清晰。沿 x=0 直线观察场强幅值变化曲线，半峰值宽度为 21mm，相当于 $\lambda/11$，突破了瑞利极限，

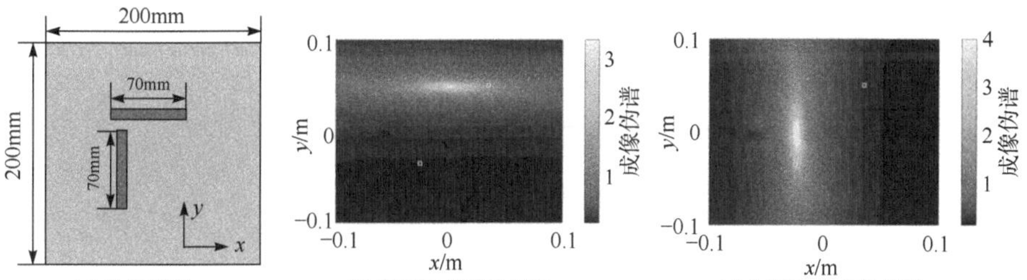

(a) 目标模型　　(b) 利用G_x的成像结果　　(c) 利用G_y的成像结果

图 10-20　拓展目标成像

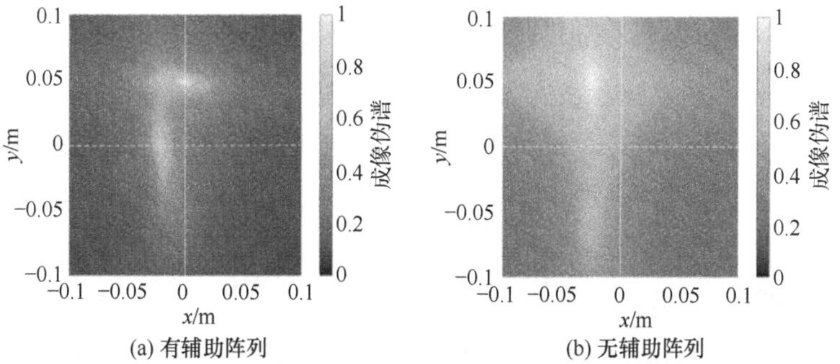

(a) 有辅助阵列　　(b) 无辅助阵列

图 10-21　拓展目标组合成像结果

实现了超分辨率。作为对比，无平面谐振微结构阵列辅助场景下的成像结果如图 10-21(b)所示，其分辨率为 0.7λ，仍受到瑞利极限限制。

10.4 基于时间反演相位纹的亚波长扰动识别

在未加载近场散射体结构的腔体内部，时间反演聚焦斑是受衍射极限限制的，但是这并不等于时间反演电磁波无法识别腔体内部的亚波长扰动。此处，亚波长级别的扰动是指对原环境增加(或移除)亚波长级别的物体，或者环境中的物体发生亚波长级别的移动。假设已经获得某静态环境的远场干涉结构(可能是空域的，也可能是时域的)，当环境发生亚波长级别的扰动时，又获得了一个新的远场干涉结构，我们并不期待干涉结构本身突破瑞利极限，而是期待新旧结构之间的差别是可识别的。本节将介绍基于时间反演相位纹的亚波长扰动识别。

10.4.1 时间反演时频相位纹构建

设时间反演电磁场记录器获得的信号为 $E^{\mathrm{TR}}(t)$，时间窗口函数为 $W(t)$，则 $E^{\mathrm{TR}}(t)$ 的时频分布函数 $E_{T-F}^{\mathrm{TR}}(t,\omega)$ 为

$$E_{T-F}^{\mathrm{TR}}(t,\omega)=\int_{-\infty}^{+\infty}E^{\mathrm{TR}}(\tau)W(\tau-t)\mathrm{e}^{-\mathrm{j}\omega\tau}\mathrm{d}\tau \tag{10-57}$$

$\left|E_{T-F}^{\mathrm{TR}}(t,\omega)\right|$ 是幅度时频分布，$\mathrm{Arg}\left[E_{T-F}^{\mathrm{TR}}(t,\omega)\right]$ 是相位时频分布，后者又称为时间反演时频相位纹或时间反演相位纹。最方便计算的时间窗是矩形窗口函数，并且它具有良好的时域局部化性能；也可根据实际需要选取高斯(Gauss)窗(即伽博(Gabor)变换所采用)、汉明(Hamming)窗或布莱克曼(Blackman)窗等。

式(10-56)存在一个与时间反演电磁场密切相关的数学结论。若 $E^{\mathrm{TR}}(t)$ 和 $W(t)$ 同为实空间偶对称函数，则有

$$\begin{aligned}E_{T-F}^{\mathrm{TR}}(-t,\omega)&=\int_{-\infty}^{+\infty}E^{\mathrm{TR}}(\tau)W(\tau+t)\mathrm{e}^{-\mathrm{j}\omega\tau}\mathrm{d}\tau\\&\overset{\tau\to-\tau}{=\!=\!=}\int_{+\infty}^{-\infty}E^{\mathrm{TR}}(-\tau)W(t-\tau)\mathrm{e}^{\mathrm{j}\omega\tau}\mathrm{d}(-\tau)\\&=\int_{-\infty}^{+\infty}E^{\mathrm{TR}}(\tau)W(\tau-t)\mathrm{e}^{\mathrm{j}\omega\tau}\mathrm{d}\tau=\left[E_{T-F}^{\mathrm{TR}}(t,\omega)\right]^{*}\end{aligned} \tag{10-58}$$

即 $\mathrm{Arg}\left[E_{T-F}^{\mathrm{TR}}(-t,\omega)\right]=-\mathrm{Arg}\left[E_{T-F}^{\mathrm{TR}}(t,\omega)\right]$；特别地，$\mathrm{Arg}\left[E_{T-F}^{\mathrm{TR}}(0,\omega)\right]=0$。类似地，还有 $\mathrm{Arg}\left[E_{T-F}^{\mathrm{TR}}(t,-\omega)\right]=-\mathrm{Arg}\left[E_{T-F}^{\mathrm{TR}}(t,\omega)\right]$，统称为时频分布的相位奇对称性。

通常情形下，密集多径意味着强烈散射的体或面较多。假设 $h_0(t)$ 是静态环境的信道响应；$h_0(-t)$ 是监测时使用的激励信号；$h_i(t)$ 是环境在发生亚波长级别的扰动之后的信道响应，它是原始静态信道响应 $h_0(t)$ 与第 i 种亚波长级别的扰动 $T_i(t)$ 之和，即 $h_i(t)=h_0(t)+T_i(t)$。

如果直接依据扰动后的信道响应 $h_i(t)$ 进行识别，由于微小的扰动相对于强大的环境有 $\left|T_i(\omega)\right|\ll\left|h_0(\omega)\right|$，则有

$$\mathrm{Arg}\left\{F\left[h_i(t)\right]\right\}=\mathrm{Arg}\left[h_0(\omega)+T_i(\omega)\right]\approx\mathrm{Arg}\left[h_0(\omega)\right] \tag{10-59}$$

很难通过式(10-58)直接提取微小扰动的相位。

如果在频域用直接作差法($T_i(\omega)=h_i(\omega)-h_0(\omega)$)提取 $\mathrm{Arg}\left[T_i(\omega)\right]$，当 $h_0(t)$ 在时域发生微小的漂移或同步偏差时，如变成了 $h_0(t+\Delta t)$，那么在频域将发生 $\delta=\omega\cdot\Delta t$ 的相位偏移，进而产生提取相位 $\mathrm{Arg}\left[T_i(\omega)\right]$ 时的偏差：

$$\begin{aligned}&\mathrm{Arg}\left[h_i(\omega)-h_0(\omega)\mathrm{e}^{-\mathrm{j}\delta}\right]-\mathrm{Arg}\left[T_i(\omega)\right]\\&\approx\mathrm{Arg}\left[\mathrm{j}\delta\cdot h_0(\omega)+T_i(\omega)\right]-\mathrm{Arg}\left[T_i(\omega)\right]\end{aligned}\tag{10-60}$$

由于 $\left|T_i(\omega)\right|\ll\left|h_0(\omega)\right|$，相位偏差将会被大幅放大，因此采用直接作差法所提取的相位被当作 $\mathrm{Arg}\left[T_i(\omega)\right]$ 是完全不可置信的。

如果借助于时间反演技术，可以将 $h_0(t)$ 的能量“挤压”到“一点”，“露出” $h_0(-t)\otimes T_i(t)$。实际操作过程中，把“挤压”到“一点”的背景能量扣除，则只剩下 $h_0(-t)\otimes T_i(t)$，因此有

$$\begin{aligned}&\mathrm{Arg}\left\{F\left[h_0(-t)\otimes h_i(t)-h_0(-t)\otimes h_0(t)\right]\right\}=\mathrm{Arg}\left\{F\left[h_0(-t)\otimes T_i(t)\right]\right\}\\&=\mathrm{Arg}\left[h_0^*(\omega)\cdot T_i(\omega)\right]=\mathrm{Arg}\left[h_0^*(\omega)\right]+\mathrm{Arg}\left[T_i(\omega)\right]\end{aligned}\tag{10-61}$$

可以发现，时间反演技术使得扰动的相位被分离出来。

时间反演技术使得两个模量悬殊的复数从加法变为乘法，相位从非线性的合成变成线性的合成，从而有效地“保护”了“弱者”的相位。

$$\begin{aligned}&\mathrm{Arg}\left\{F\left[h_0(-t-\Delta t)\otimes T_i(t)\right]\right\}=\mathrm{Arg}\left[h_0^*(\omega)\mathrm{e}^{\mathrm{j}\delta}\cdot T_i(\omega)\right]\\&=\delta+\mathrm{Arg}\left[h_0^*(\omega)\right]+\mathrm{Arg}\left[T_i(\omega)\right]=\omega\cdot\Delta t+\mathrm{Arg}\left[h_0^*(\omega)\right]+\mathrm{Arg}\left[T_i(\omega)\right]\end{aligned}\tag{10-62}$$

从式(10-62)可知，纵使时域的漂移或同步偏差是随机的，且不可忽略，那也仅仅是对 $\mathrm{Arg}\left[T_i(\omega)\right]$ 做线性调制，$\mathrm{Arg}\left[T_i(\omega)\right]$ 的整体识别特征不会被改变。

式(10-60)中的相位 $\mathrm{Arg}\left[T_i(\omega)\right]$ 携带了第 i 种亚波长扰动信息，但它只是一维图。为更为直观，引入相位时频分布图 $\mathrm{Arg}\left[E_i^{\mathrm{TR}}(t,\omega)\right]$，即时间反演相位纹，其中有

$$E_i^{\mathrm{TR}}(t,\omega)=\int_{-\infty}^{+\infty}\left[h_0(-\tau)\otimes h_i(\tau)\right]W(\tau-t)\mathrm{e}^{-\mathrm{j}\omega\tau}\mathrm{d}\tau\tag{10-63}$$

下面结合实验模型加以阐述。

如图 10-22 所示，实验模型采用具有理想电壁的立方体腔，边长为 $L=60\mathrm{cm}$，坐标原点是腔体中心。第一次模拟是空腔情形，从 $\boldsymbol{r}_{\mathrm{T}}:(12.9,11.3,4.7)$ 点发射带宽为 2～3GHz 的脉冲，在 $\boldsymbol{r}_{\mathrm{R}}:(-9.9,-12.1,-13)$ 点接收到多径响应 $h_0(t)$，截断时间是 100ns；收发点的极化方向都设置为 $(1,1,1)/\sqrt{3}$。第二次模拟前首先将获得的多径响应做时间反演操作后得到 $h_0(-t)$；然后将由理想导体构成的亚波长俄罗斯方块放置到腔体正中心，并按一定的方位摆放，其中组成俄罗斯方块的小立方体单元的边长为 $a=3\mathrm{mm}$；再从 $\boldsymbol{r}_{\mathrm{T}}$ 点发射监测信号 $h_0(-t)$ 到腔体中；最后在 $\boldsymbol{r}_{\mathrm{R}}$ 点记录下接收到的信号；移动小立方体单元，则可以实现俄罗斯方块的不同折叠状态，在 $\boldsymbol{r}_{\mathrm{R}}$ 点依次接收到五个不同的信号，但是每次从 $\boldsymbol{r}_{\mathrm{T}}$ 点再发射的监测信号都是 $h_0(-t)$。

结合图 10-22 的具体模型，时间窗选择矩形窗口函数，窗口宽度为 16ns。图 10-23(a)～(e)是计算得到的亚波长俄罗斯方块在五种折叠状态下的时间反演相位纹。五张时间反演相位纹

之间直观的差异集中在中间的条带状区域，为 2.4～2.6GHz；容易验算，这与腔体的尺寸对于频率的选择性有关。这些条带状区域内的差异体现在周期变化数上，而不是依赖于局部的明暗比较，因此这是一种带有整体性质的识别，具有天然的稳定性。

从上述案例可以看出，基于时间反演时频相位纹可以将亚波长物体与具有明显差异的二维图像对应起来。可以合理推测，基于时间反演时频相位纹也应该可以将亚波长物体与其位置对应起来。接下来，本节将介绍使用神经网络建立时间反演时频相位纹并实现亚波长物体的识别与定位。

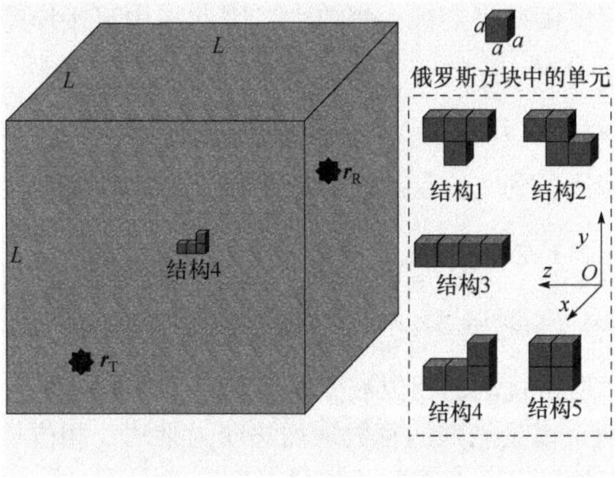

图 10-22 可折叠的亚波长俄罗斯方块被放置于立方体导体腔中心

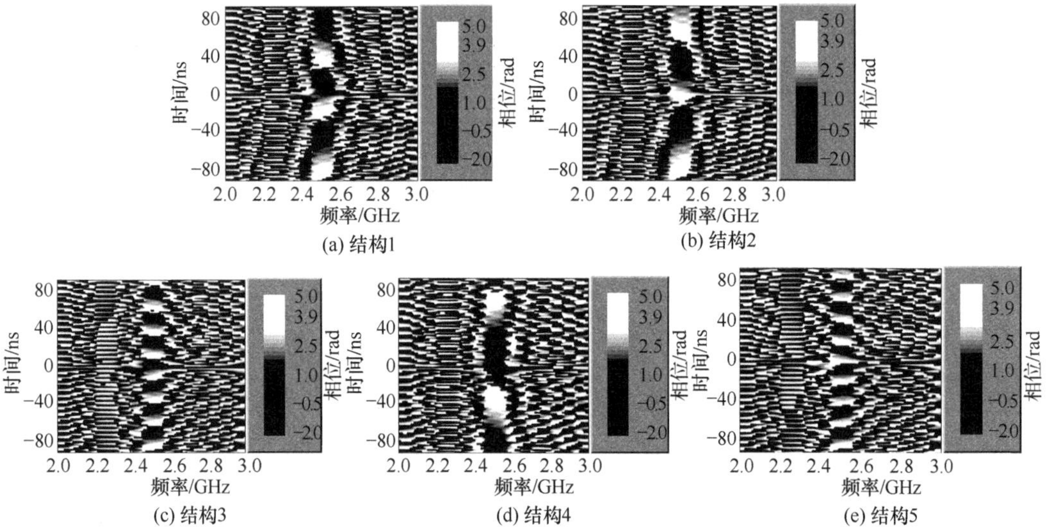

图 10-23 亚波长俄罗斯方块在五种折叠状态下的时间反演相位纹(相位的单位是 rad)

10.4.2 基于时间反演时频相位纹-神经网络方法的亚波长物体识别与定位

本节采用与图 10-22 相似的腔体场景展示亚波长物体识别与定位的过程和效果。基于时间反演时频相位纹-神经网络方法实现亚波长物体识别与定位可以分为两个过程，即数据采集与训练过程以及定位识别过程。在数据采集与训练过程中，首先在腔体的底板上划分网格，并在网格上放置亚波长的圆柱体或长方体；然后使用 10.4.1 中介绍的过程产生不同物体处于不同网格时的相位纹图案；最后将相位纹图案作为训练集，输入识别定位网络进行训练，模型训练完成后即可进行亚波长物体的识别和定位了。在定位识别过程中，首先随机将亚波长的圆柱体或长方体放置在腔体的底板上，然后通过信号收发产生时频相位纹，最后将相位纹输入训练好的神经网络，神经网络即可输出所放置物体的种类与位置，即完成了亚波长物体的识别与定位。

一种定位识别网络的架构如图 10-24(a)所示[7]。因为不同物体的时间反演时频相位纹区别非常明显，所以可以采用非常简单的神经网络进行识别和定位，本节所用的识别和定位网络均为单层全连接层网络，如图 10-24(b)和(c)所示。识别网络用于判断输入的相位纹属于长方体或圆柱体，定位网络通过全连接层确定位置的水平标签(x)和垂直标签(y)。

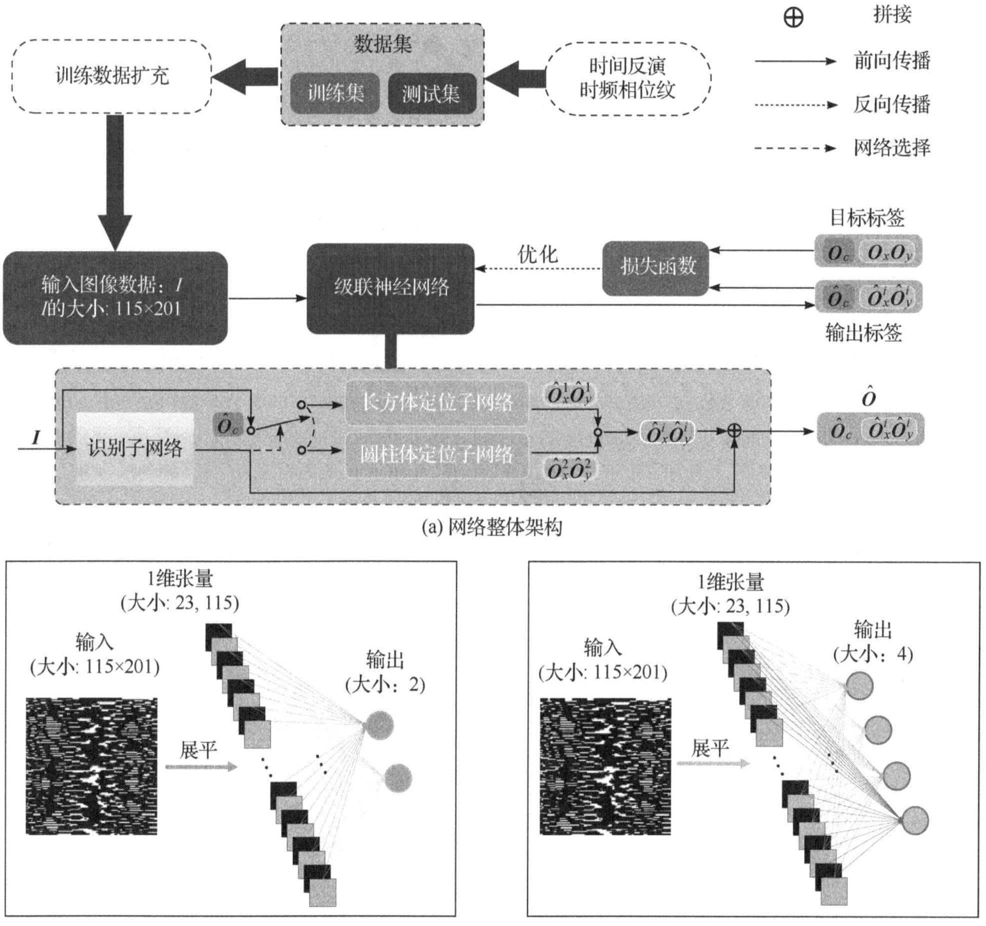

(a) 网络整体架构

(b) 识别网络　　(c) 定位网络

图 10-24　基于时间反演时频相位纹的定位识别网络

经测试，使用上述网络可以对亚波长圆柱体和长方体实现 100%的识别准确率；其对于亚波长圆柱体和长方体随机移动 1/8 波长和 1/32 波长距离的定位准确率如表 10-1 所示。由表可知，即使亚波长物体移动距离小至 1/32 波长时，时间反演-神经网络方法仍然能够有效地准确定位物体。

表 10-1　基于时间反演-神经网络方法的定位准确率

情况	x 坐标准确率	y 坐标准确率	二维定位准确率
亚波长圆柱体，定位精度 1/8 波长	100%	100%	100%
亚波长长方体，定位精度 1/8 波长	100%	100%	100%
亚波长圆柱体，定位精度 1/32 波长	87.5%	93.75%	87.5%
亚波长长方体，定位精度 1/32 波长	81.25%	93.75%	75%

综上所述，使用时间反演技术可以通过相位纹识别出一般作差方法难以识别的微小扰动，该技术有望用于高灵敏度的定位、识别以及环境检测。

参 考 文 献

[1] 龚志双. 基于电磁时间反演的远场高分辨率成像技术研究[D]. 成都: 电子科技大学, 2018.
[2] GONG Z S, WANG B Z, YANG Y, et al. Far-field super-resolution imaging of scatterers with a time reversal system aided by a grating plate[J]. IEEE photonics journal, 2017, 9(1): 1-8.
[3] 龚志双, 王秉中, 王任, 等. 基于光栅结构的远场时间反演亚波长源成像[J]. 物理学报, 2017, 66(4): 62-70.
[4] 高强. 用于时间反演远场超分辨率成像的微结构阵列研究[D]. 成都: 电子科技大学, 2018.
[5] GAO Q, WANG X H, WANG B Z. Far-field sub-wavelength imaging of two-dimensional extended target aided by compact planar resonant structures[J]. IEEE photonics journal, 2018, 10(1): 1-11.
[6] 陈英明. 时间反演电磁系统的多论域分析及可计算建模[D]. 成都: 电子科技大学, 2014.
[7] WANG Y C, DUAN Y, YE Y Q, et al. Simultaneous localization and recognition of subwavelength non-cooperative entities based on SISO time reversal and neural networks[J]. IEEE sensors journal, 2024: 1.

习　题

10-1　改变图 10-6 中偶极子源的方向，讨论偶极子源分别沿 x、y、z 方向摆放时的成像效果，分析极化方向与成像效果的关系。

第 11 章　时间反演无线功率传输

第 3 ～ 7 章表明，时间反演电磁波具有空时同步聚焦特性，包括时间压缩特性和空间聚焦特性，该特性可以有效地减弱电磁波在非均匀复杂环境中传播受到的干扰及多径延迟衰减。当功率源(即时间反演镜)接收到待功率传输方向或位置发射的探测信号之后，对其进行时间反演后重新发射，即可使分布在多个位置的功率源同时向特定位置传输能量，从而实现时间反演电磁信号的定向或定域传输。这种方法无须大量的优化计算，只需要一次正向计算或测量，即可得到所需的激励，显示出时间反演技术用于功率传输的巨大潜力。本章将介绍时间反演在无线功率传输中的应用。

11.1　时间反演定域功率传输

时间反演技术能够在特定的区域产生赋形场聚焦[1,2]，若将接收天线置于聚焦位置，则能够有效地提升系统的输能效率，实现高能效的无线能量传输[3]。相比传统的定向输能技术，聚焦输能可以将电磁能量定点聚焦在受能设备位置处[4]，在聚焦区域外，电磁能量密度小，对环境产生的电磁干扰或危害较小。

目前时间反演无线输能大多采用短脉冲波作为探测信号，但是短脉冲波带宽大、时间平均效能低，其整流电路设计难度大、整流效率低、输送总能量小，并且高频段短脉冲波的时间反演操作实现困难。相比于短脉冲波，正弦波在单位时间内携带的电磁能量更多，且整流效率更高。时间反演在频域上等价为相位共轭，对正弦波进行时间反演操作的物理实现难度和成本可显著降低。本节将采用一段正弦波作为探测信号，展示时间反演定域场赋形技术在无线输能中的应用[5]。

时间反演无线输能共分为两个阶段：位置探测阶段和能量传输阶段。在位置探测阶段，受能天线向时间反演聚焦天线阵列发出一段正弦波作为探测信号，然后提取并保存各个时间反演镜天线接收信号的幅度与相位信息。在能量传输阶段，根据从各个时间反演镜天线提取的幅度与相位信息，产生与原接收信号相位共轭的时间反演回传信号，并由时间反演镜天线重新发射回去，根据时间反演电磁波的环境自适应聚焦特性，电磁能量将以点聚焦的形式送至受能天线处，实现能量的无线输送。

在系统框架上，此系统类似于分布式有源相控阵，每个时间反演镜阵元均需要对时间反演回传信号的幅度与相位进行调控。与有源相控阵不同的是首先，此系统是环境自适应闭环控制系统，系统中时间反演回传信号的幅度与相位不是预先设定好的，而是来源于受能天线发送的探测信号。其次，时间反演天线阵列采用闭合曲线或曲面部署，此阵列可在指定的有界区域内产生点聚焦波，而不是定向辐射波束。

当具有多个受能天线时，需要根据叠加原理，结合单点聚焦输能方案，在多个目标点同时产生电磁能量的聚焦，进而实现多点的并发无线输能。具体步骤如下所示。

步骤 1：仅激励单个受能天线，向时间反演聚焦天线阵列发射探测信号，提取并保存各个时间反演镜天线接收信号的幅度与相位信息，完成对单个受能天线的位置探测。然后进行下一个受能天线的位置探测，直至所有受能天线的位置探测完毕。

步骤 2：对时间反演镜天线接收自不同受能天线的探测信号进行线性叠加，得到叠加信号。

步骤 3：根据叠加信号的幅度与相位，产生与之相位共轭的时间反演回传信号，并由时间反演镜天线重新发射回去。此时，电磁场将会在所有受能天线位置处产生点聚焦，实现向所有受能天线输送能量。若叠加信号仅由时间反演镜天线接收部分受能天线的探测信号线性叠加而来，即可在任意选定的受能天线位置处产生场聚焦，仅对部分目标进行无线输能。

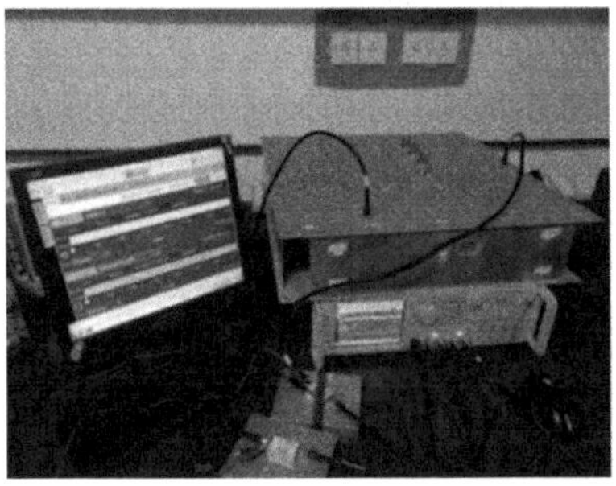

图 11-1　定域输能实验装置

图 11-1 是一个对多目标位置进行选择性无线输能的实验系统。受能天线和时间反演镜阵元全部采用中心频率为 2.45GHz、带宽为 500MHz 的贴片单极子天线。受能天线与时间反演天线阵列处于同一平面，均放置于一个 60cm×60cm×15cm 的密闭金属混响腔内。首先在待输能位置发射 2.45GHz 的探测信号，时间反演镜天线接收到探测信号之后利用任意波形发生器产生两路相应的时间反演信号，经过功率放大后馈入时间反演镜天线，同时将受能天线与整流电路相连，用于驱动 LED。

图 11-2 为时间反演定域无线输能系统点亮 LED 灯的效果图。其中，图 11-2(a)为只存在 1 个受能天线时的单点聚焦输能效果图；其余则为存在 3 个受能天线，但仅对选定的受能天线进行无线输能的效果图。从实验结果可以看出，系统可以任意地点亮指定的 LED 灯，验证了时间反演定域无线输能的效果。

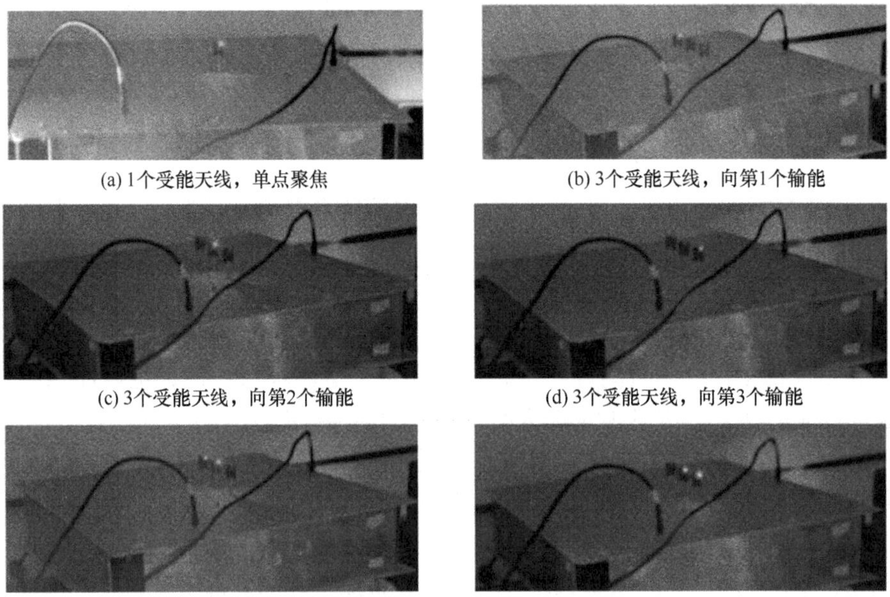

(a) 1个受能天线，单点聚焦　(b) 3个受能天线，向第1个输能

(c) 3个受能天线，向第2个输能　(d) 3个受能天线，向第3个输能

(e) 3个受能天线，向第1、2个输能　(f) 3个受能天线，向第2、3个输能

图 11-2　时间反演定域无线输能系统点亮 LED 灯效果图

11.2　基于时间反演的大规模 MIMO 能量传输系统

前面从物理原理的层面介绍了时间反演能量传输，本节将从信号与系统的角度分析基于时间反演的大规模 MIMO 能量传输系统的性能和功率平衡方法[6]。

基于相位共轭原理的方向回溯阵已被用于窄带无线功率传输系统，并且能够极大地提高功率传输效率[7,8]。在大规模 MIMO 系统中采用时间反演预编码技术能够在处理用户接收功率的同时满足每个用户的通信速率要求，因此时间反演波束赋形技术是一种有可能满足无线功率通信各项要求的低复杂度的无线功率传输方案。采用时间反演技术的无线功率传输系统会遇到双向远近效应，距离较远的用户接收功率小于距离较近的用户。为了解决这个问题，本节将介绍一种低复杂度的功率平衡方法，所有信号处理均在能量发射机进行，大大降低了每个用户的复杂度。

本节采用的符号标记如下：$X \sim \mathcal{CN}\left(0,\sigma^2\right)$表示$X$为零均值复高斯随机变量，方差为$\sigma^2$。$\boldsymbol{X}$的期望值为$\mathbb{E}\left[\boldsymbol{X}\right]$。向量$\boldsymbol{x}$或者矩阵$\boldsymbol{X}$的共轭、转置及共轭转置分别表示为$(\cdot)^*$、$(\cdot)^{\mathrm{T}}$和$(\cdot)^{\mathrm{H}}$。维度为$m\times n$的复数矩阵$\boldsymbol{X}$表示为$\boldsymbol{X}\in C^{m\times n}$，复数$x$的模值表示为$|x|$，向量$\boldsymbol{x}$的欧氏范数为$\|\boldsymbol{x}\|$。

11.2.1　基于时间反演的大规模 MIMO 能量传输系统结构

图 11-3 是一个基于时间反演技术的无线功率传输系统示意图，系统包含由M_{t}个天线组成的能量发射机和K个用户，每个用户配置一根天线。第一阶段是由用户向基站天线发射信道探测信号，第二阶段是由基站天线给每个用户发射能量信号。

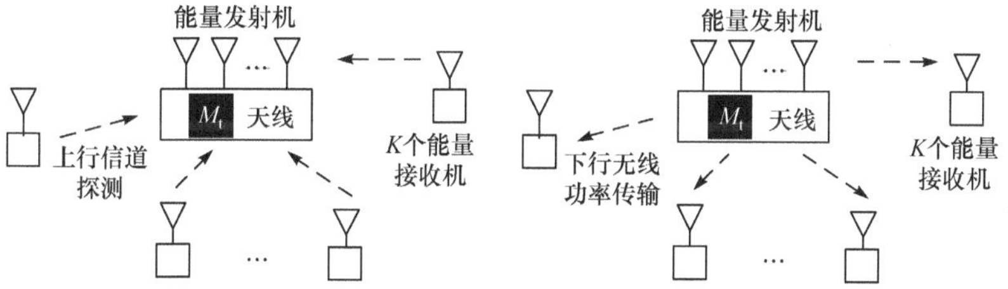

图 11-3　基于时间反演技术的无线功率传输系统示意图

将发射机和接收机之间的传输矩阵用$\boldsymbol{H}$表示：

$$\boldsymbol{H}=\begin{bmatrix} h_{11} & h_{12} & \cdots & h_{1M_{\mathrm{t}}} \\ h_{21} & h_{22} & \cdots & h_{2M_{\mathrm{t}}} \\ \vdots & \vdots & & \vdots \\ h_{K1} & h_{K2} & \cdots & h_{KM_{\mathrm{t}}} \end{bmatrix} \tag{11-1}$$

式中，$h_{ij}\left(i=1,2,\cdots,K;\ j=1,2,\cdots,M_{\mathrm{t}}\right)$表示从第$j$个能量发射机天线到第$i$个接收机天线的信道传输系数。

假设所有的发射信号均为窄带信号，在大规模 MIMO 系统中，h_{ij}可以表示为$h_{ij}=\sqrt{\beta_i}g_{ij}$，$\beta_i$和$g_{ij}$分别表示信道的大范围和小范围衰落系数。大范围衰落系数与用户至基站距离有关，每个用户至所有发射机天线的大范围衰落系数是相同的，可以表示为 $\beta_i = c_0\left(r_i/r_0\right)^{-\alpha}$，$c_0 = -30\text{dB}$ 为参考距离 $r_0=1\,\text{m}$ 处路径损耗的常数衰减因子，α 为路径损耗指数，r_i 为第 i 个接收机天线到基站的距离。小范围衰落系数 g_{ij} 从不同的发射机天线至不同的接收机天线都是相互独立的，为零均值单位方差的复高斯随机变量，即 $g_{ij} \sim \mathcal{CN}(0,1)$。

1. 大规模 MIMO 无线功率传输系统

基于时间反演技术的大规模 MIMO 无线功率传输系统利用了信道互易性，整个过程包含两步，即信道探测和功率传输。第一阶段的信道探测步骤，K 个用户接收机天线发出的复信号向量为

$$\boldsymbol{b} = \left[b_1, b_2, \cdots, b_K\right]^{\mathrm{T}} \tag{11-2}$$

第 j 个发射机天线接收的信号为

$$d_j = \sum_{i=1}^{K} b_i h_{ji} \tag{11-3}$$

在功率传输阶段，发射机天线拟输送的能量信号向量为 $\boldsymbol{c} = \left[c_1, c_2, \cdots, c_{M_\mathrm{t}}\right]^{\mathrm{T}}$，经过对信道探测信号 d_j 做时间反演预操作，第 j 个发射机天线发送的功率信号为 $c_j d_j^*$，因此第 m 个用户接收机天线的接收信号为

$$a_m = \sum_{j=1}^{M_\mathrm{t}} c_j d_j^* h_{mj} = \sum_{j=1}^{M_\mathrm{t}} \sum_{i=1}^{K} c_j b_i^* h_{ji}^* h_{mj} \tag{11-4}$$

K 个用户的接收信号可以表示为向量形式，$\boldsymbol{a}_{\mathrm{TR}} = \boldsymbol{T}_{\mathrm{TR}} \boldsymbol{c}$，$\boldsymbol{T}_{\mathrm{TR}} \in C^{K \times M_\mathrm{t}}$ 为总的能量传输矩阵，其表达式为

$$\boldsymbol{T}_{\mathrm{TR}} = \begin{bmatrix} \sum_{i=1}^{K} b_i^* h_{1i}^* h_{11} & \sum_{i=1}^{K} b_i^* h_{2i}^* h_{12} & \cdots & \sum_{i=1}^{K} b_i^* h_{M_\mathrm{t}i}^* h_{1M_\mathrm{t}} \\ \sum_{i=1}^{K} b_i^* h_{1i}^* h_{21} & \sum_{i=1}^{K} b_i^* h_{2i}^* h_{22} & \cdots & \sum_{i=1}^{K} b_i^* h_{M_\mathrm{t}i}^* h_{2M_\mathrm{t}} \\ \vdots & \vdots & & \vdots \\ \sum_{i=1}^{K} b_i^* h_{1i}^* h_{K1} & \sum_{i=1}^{K} b_i^* h_{2i}^* h_{K2} & \cdots & \sum_{i=1}^{K} b_i^* h_{M_\mathrm{t}i}^* h_{KM_\mathrm{t}} \end{bmatrix} \tag{11-5}$$

K 个用户总的接收功率为 $P_{\mathrm{TR}} = \boldsymbol{c}^{\mathrm{H}} \boldsymbol{T}_{\mathrm{TR}}^{\mathrm{H}} \boldsymbol{T}_{\mathrm{TR}} \boldsymbol{c}$，将矩阵 $\boldsymbol{T}_{\mathrm{TR}}$ 分成 M_t 个列向量，即 $\boldsymbol{T}_{\mathrm{TR}} = \left[\boldsymbol{t}_1, \boldsymbol{t}_2, \cdots, \boldsymbol{t}_{M_\mathrm{t}}\right]$，并将式(11-5)代入总接收功率的期望表达式，可以得到

$$\mathbb{E}\left[P_{\mathrm{TR}}\right] = \boldsymbol{c}^{\mathrm{H}} \begin{bmatrix} \mathbb{E}\left[\boldsymbol{t}_1^{\mathrm{H}} \boldsymbol{t}_1\right] & \mathbb{E}\left[\boldsymbol{t}_1^{\mathrm{H}} \boldsymbol{t}_2\right] & \cdots & \mathbb{E}\left[\boldsymbol{t}_1^{\mathrm{H}} \boldsymbol{t}_{M_\mathrm{t}}\right] \\ \mathbb{E}\left[\boldsymbol{t}_2^{\mathrm{H}} \boldsymbol{t}_1\right] & \mathbb{E}\left[\boldsymbol{t}_2^{\mathrm{H}} \boldsymbol{t}_2\right] & \cdots & \mathbb{E}\left[\boldsymbol{t}_2^{\mathrm{H}} \boldsymbol{t}_{M_\mathrm{t}}\right] \\ \vdots & \vdots & & \vdots \\ \mathbb{E}\left[\boldsymbol{t}_{M_\mathrm{t}}^{\mathrm{H}} \boldsymbol{t}_1\right] & \mathbb{E}\left[\boldsymbol{t}_{M_\mathrm{t}}^{\mathrm{H}} \boldsymbol{t}_2\right] & \cdots & \mathbb{E}\left[\boldsymbol{t}_{M_\mathrm{t}}^{\mathrm{H}} \boldsymbol{t}_{M_\mathrm{t}}\right] \end{bmatrix} \boldsymbol{c} \tag{11-6}$$

将式(11-4)代入式(11-6)可得到

$$\mathbb{E}\left[\boldsymbol{t}_j^{\mathrm{H}}\boldsymbol{t}_n\right]=\mathbb{E}\left[\sum_{k=1}^{K}\sum_{i=1}^{K}\sum_{m=1}^{K}b_i b_m^* h_{ji} h_{kj}^* h_{nm}^* h_{kn}\right]=\sum_{i=1}^{K}\left|b_i\right|^2\beta_i^2 \tag{11-7}$$

由式(11-7)可得总接收功率期望为

$$\mathbb{E}\left[P_{\mathrm{TR}}\right]=\sum_{j=1}^{M_t}\sum_{n=1}^{M_t}\sum_{i=1}^{K}\left|c_j c_n\right|\left|b_i\right|^2\beta_i^2 \tag{11-8}$$

直接的功率传输方案仅有能量发射机向用户进行功率传输这一阶段，类似地，所有用户接收机最后接收功率可以表示为 $\boldsymbol{a}_{\mathrm{D}}=\boldsymbol{T}_{\mathrm{D}}\boldsymbol{c}$，此时，直接传输矩阵 $\boldsymbol{T}_{\mathrm{D}}=\boldsymbol{H}$。

在直接功率传输系统中，所有用户总的接收功率为 $P_{\mathrm{D}}=\boldsymbol{c}^{\mathrm{H}}\boldsymbol{T}_{\mathrm{D}}^{\mathrm{H}}\boldsymbol{T}_{\mathrm{D}}\boldsymbol{c}$，总接收功率的期望为 $\mathbb{E}\left[P_{\mathrm{D}}\right]=\mathbb{E}[\boldsymbol{c}^{\mathrm{H}}T_{\mathrm{D}}^{\mathrm{H}}T_{\mathrm{D}}\boldsymbol{c}]=\boldsymbol{c}^{\mathrm{H}}\mathbb{E}[T_{\mathrm{D}}^{\mathrm{H}}T_{\mathrm{D}}]\boldsymbol{c}$，类似地可以推导出期望的最终表达式为 $\mathbb{E}\left[P_{\mathrm{D}}\right]=\sum_{i=1}^{K}\sum_{j=1}^{M_{\mathrm{t}}}\beta_i\left|c_j\right|^2$。

2. 大规模 MIMO 系统无线功率传输效率

假设每个用户发射的探测信道的最大功率为 P_{b}，每个发射机天线的最大发送功率为 $P_{\max}$。根据已经推导得出的所有用户接收功率总和的平均值，可以计算出所有用户功率传输的平均效率。假设所有用户均按最大值发送信道探测信号，所有发射机天线也按最大值发送功率信号，根据式(11-8)，可得基于时间反演的 MIMO 无线功率传输系统的功率传输效率为

$$pe_{\mathrm{TR}}=\left[\left(\beta_1+\beta_2+\cdots+\beta_K\right)^2+\left(M_{\mathrm{t}}-1\right)\left(\beta_1^2+\beta_2^2+\cdots+\beta_K^2\right)\right] \tag{11-9}$$

而采用直接功率传输方案的无线功率传输系统的功率传输效率为

$$pe_{\mathrm{D}}=\left(\beta_1+\beta_2+\cdots+\beta_K\right) \tag{11-10}$$

所有后续的关于传输效率的计算都是基于式(11-9)和式(11-10)的。

图 11-4 展示了不同发射机天线数目下，采用时间反演技术和直接进行功率传输系统的传输效率对比。用户数目固定为 10，每次仿真中用户的位置在 1～8m 内随机产生。首先得出的结论是基于时间反演技术的无线功率传输系统中，总的功率传输效率随发射机天线数目的增加而增加；采用直接传输的无线功率传输系统中，总的功率传输效率则与发射机天线的数目无明显关系。

图 11-5 展示了采用时间反演技术和直接传输方案的无线功率传输系统中，功率传输效率

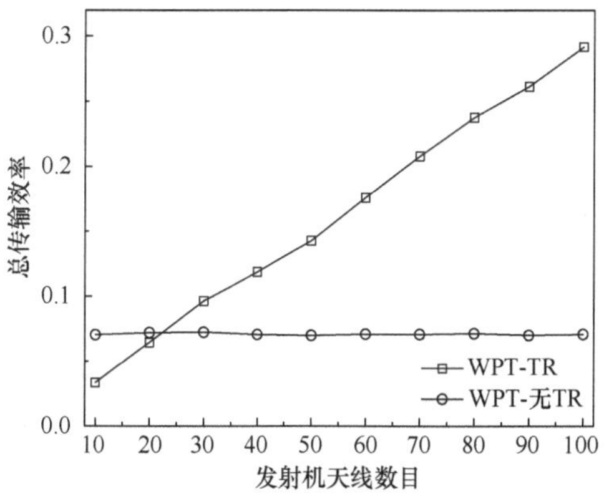

图 11-4　不同天线数目时的传输效率对比

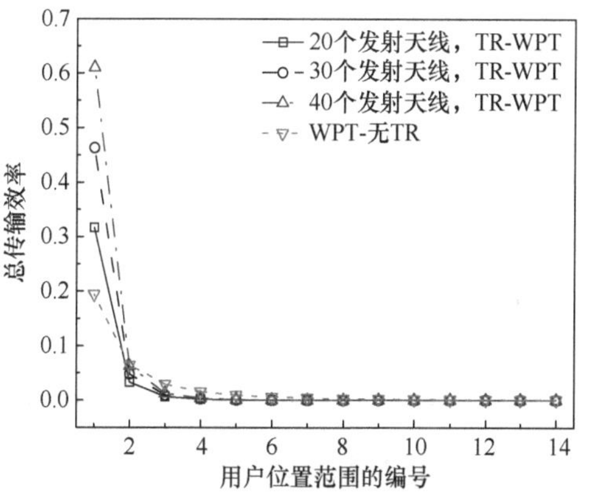

图 11-5　不同用户距离时的传输效率对比

随用户距离的变化情况。仿真中设定的用户数目为K=3，每次仿真中随机产生用户位置，一共进行了 14 种位置仿真，14 个用户位置取值分别为 1～1.5m、1.5～2m、2～2.5m、2.5～3m、3～3.5m、3.5～4m、4～4.5m、4.5～5m、5～5.5m、5.5～6m、6～6.5m、6.5～7m、7～7.5m 和 7.5～8m。结果表明，随着用户距离的增加，无论是采用时间反演方案进行功率传输还是采用直接方案进行功率传输，功率传输的效率都会减小。当用户距离超过一定范围时，采用直接方案进行功率传输比采用时间反演方案的系统可以获得更高的传输效率。此外，发射机天线的数目增加会导致时间反演系统功率传输效率的增加，这与图 11-4 的结论一致。

11.2.2 基于时间反演的大规模 MIMO 系统中功率平衡方案

一般环境下，电磁波功率的衰减与距离的二次方成反比，这就造成无线功率传输系统中用户接收的信号功率与其距离相关，距离近的用户比距离远的用户接收功率电平高，这就是通常所说的远近效应[9]。采用时间反演技术的无线功率传输系统中，第一步的信道探测信号也会因距离不同而具有不同的衰减，因此每个用户接收的功率电平会经历双向远近效应[10]。本节介绍一种适用于采用时间反演技术的无线功率传输系统的功率平衡算法，用以解决用户间接收功率的不公平性问题。

1. 平衡算法的原理和迭代过程

假设每个用户的期望功率电平为$\bar{P}$，全体用户的期望接收信号向量为$\bar{\boldsymbol{p}}=\left[\sqrt{\bar{P}},\sqrt{\bar{P}},\cdots,\sqrt{\bar{P}}\right]$，则功率平衡问题可表示为

$$\begin{aligned}&\min\quad \left\|T_{\mathrm{TR}}\boldsymbol{c}-\bar{\boldsymbol{p}}\right\|^2\\&\text{s.t.}\quad \left|c_j\right|^2\leqslant P_{\max},\quad j=1,2,\cdots,M_{\mathrm{t}}\end{aligned}\tag{11-11}$$

式(11-11)是一个带不等式约束的凸优化问题[11]。首先需要将不等式约束转化为无约束优化问题，使用障碍函数法，该不等式约束优化问题等效于

$$\min\ t\left(\boldsymbol{c}^{\mathrm{H}}T_{\mathrm{TR}}^{\mathrm{H}}T_{\mathrm{TR}}\boldsymbol{c}-2\bar{\boldsymbol{p}}^{\mathrm{T}}T_{\mathrm{TR}}\boldsymbol{c}+\bar{\boldsymbol{p}}^{\mathrm{T}}\bar{\boldsymbol{p}}\right)+\sum_{j=1}^{M_{\mathrm{t}}}\phi_j\left(c_j\right)\tag{11-12}$$

式中，$\phi_j\left(c_j\right)=-(1/t)\ln\left(P_{\max}-c_j^2\right),t>0,j=1,2,\cdots,M_{\mathrm{t}}$。如果$c_j>0$，函数$\phi_j\left(c_j\right)$的值趋于无穷；如果$c_j<0$，函数值会无限地接近零。

给定严格可行的初始解$\boldsymbol{c},t:=t_{(0)}>0;\mu>1$，误差限$\varepsilon>0$，则可重复以下过程对式(11-12)进行求解。①中心化：通过最小化目标函数，求解最优解$\boldsymbol{c}^*$，约束条件是对任意发射机天线，有$\left|c_j\right|^2\leqslant P_{\max}$。②更新$\boldsymbol{c}:=\boldsymbol{c}^*$。③迭代停止条件：如果误差小于$\varepsilon$，迭代停止。④增加$t$：方法是$t=\mu t,\mu>0$，一般取$\mu=20$。

图 11-6 展示了优化算法的两个迭代例子，图 11-6(a)是三个用户的例子，三个用户到基站的距离分别是 2m、4m 和 6.5m；图 11-6(b)是四个用户的例子，四个用户到基站的距离分别是 2m、4m、6.5m 和 7.8m。迭代过程中的计算值会随初始值的改变而改变。

2. 采用平衡算法后系统性能评估与分析

为了评估功率平衡算法的性能，本节介绍两种发射功率方案：第一种方案是每个发射机

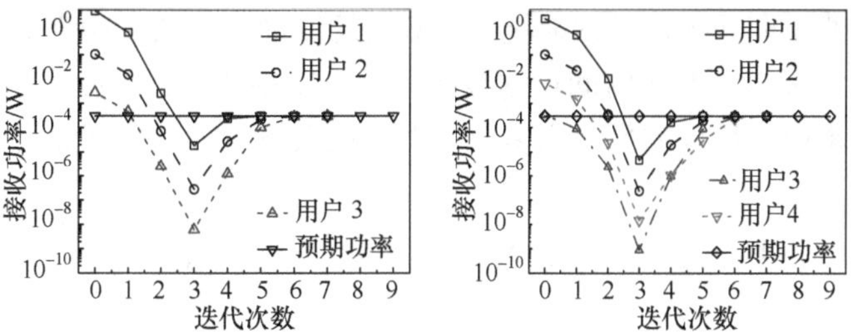

(a) 三个用户情况　(b) 四个用户情况

图 11-6　时间反演无线功率平衡算法迭代过程

天线都采用最大允许的功率进行传输，第二种方案是采用功率平衡算法。图 11-7 分别展示了使用最大功率传输方案和功率平衡算法下每个用户的接收功率值对比。发射机天线数目和用户数目分别是 $M_t=100$ 和 $K=10$。用户的位置在 1～8m 内随机产生并由近及远排列，所有用户的位置在所有仿真中均保持不变，仿真次数是 1000 次。显然，采用最大功率传输方案时，距离较近的用户接收到的功率平均值比距离较远的用户接收到的功率平均值高。此外，采用功率平衡算法之后，距离较远用户预期的接收功率值可以比采用最大功率传输方案时用户接收功率的平均值高。

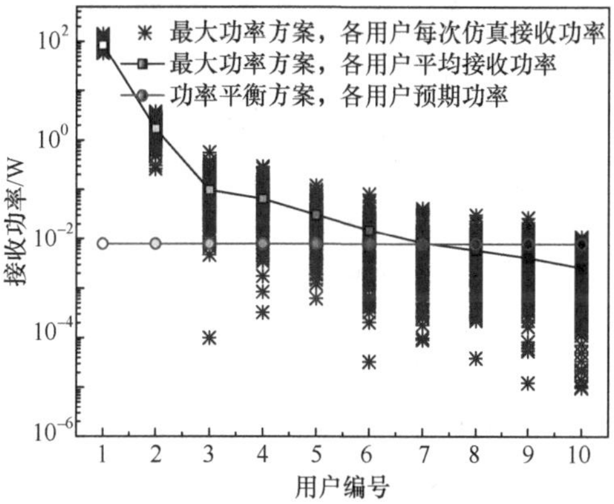

图 11-7　每个用户接收功率

在不同的信道传播条件下，对于给定的预期功率值，计算了采用功率平衡算法时每个用户能否取得预期的功率值的概率，计算结果如图 11-8 所示。每次仿真中设置的发射机天线数目与用户数目均不同，三个用户固定的距离值分别为 2m、4m 和 6.5m，四个用户固定的距离值分别为 2m、4m、6.5m 和 7.8m。结果表明，对于相同的预期功率值，采用的发射机天线数目越多，用户数目越少，取得该预期功率值的概率越大。

为了给基于时间反演技术的无线功率传输系统提供设计指导，在不同信道情况下，计算了采用功率平衡算法能够取得的最大预期功率值。仿真设置了 3 个接收用户，用户到基站的距离分别是 2m、4m 和 6.5m。仿真结果如图 11-9 所示，显然，当用户距离不变时，采用功率

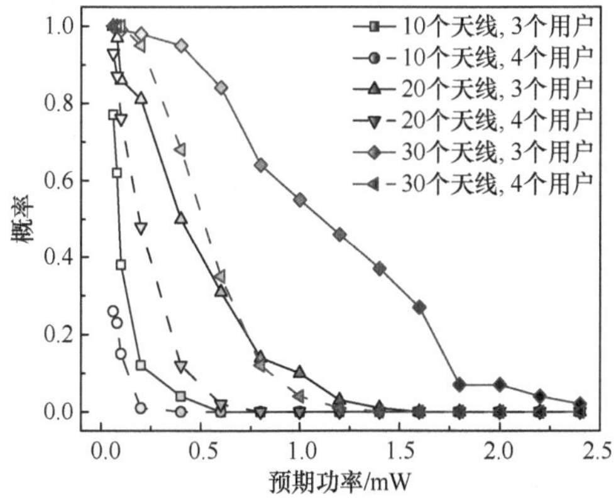

图 11-8　不同情况下取得预期功率的概率

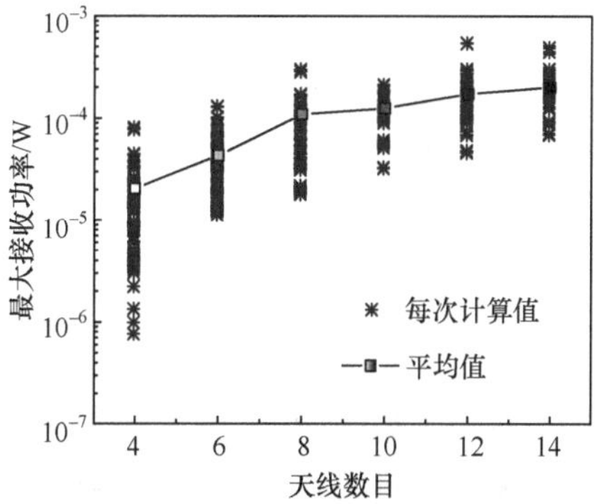

图 11-9　不同发射天线时采用功率平衡算法能取得的最大功率及其平均值对比

平衡算法能够取得的预期功率值随发射机天线数目的增加而增加。这个结论与图 11-8 展示的结论一致。这也为实际设计基于时间反演技术的无线功率传输系统提供了理论指导，明确了对于特定的预期功率值，最少需要使用多少个发射机天线，才能达到此目标。

11.3 基于时间反演的无线信能同传技术

射频信号既可以用于能量传输也可以进行信息传输，因此基于射频信号的无线信能同传技术引起了人们的广泛关注。无线信能同传可以同时传输能量和信息，其技术的发展可以进一步解决通信过程中带来的能耗问题，为通信技术的发展提供有力的技术支撑。传统的无线信能同传通常采用波束形成的方法，其高指向性的波束产生的电磁辐射干扰，将会严重影响室内电子设备系统的正常运行，存在极大的安全隐患和生产危害。时间反演具备空时聚焦特性，电磁能量不再以“定向波束”，而是以“空间点聚焦波”的形式输送至接收端，具有电磁安全性好、空口效率高、定位精度高、环境自适应强、用户覆盖区域大等优势，非常契合智能工厂中海量微型传感器信能同传系统的应用需求。

11.3.1 时间反演无线信能同传理论

对于时间反演无线信能同传系统，假定其中发射端通过 N 根天线(分别表示为 Tx1, Tx2, …, TxN)向接收机发送携带有信息的能量信号，接收机配置 M 根天线(分别表示为 Rx1, Rx2, …, RxM)，接收机可以从这 M 根天线中任意选择部分天线作为能量接收天线或是信息接收天线。同时假定经过时间反演处理后发射天线发射的信号为 $\boldsymbol{s}$ ，可表示为：

$$\boldsymbol{s}=\boldsymbol{H}^{\mathrm{H}}\boldsymbol{x} \tag{11-13}$$

式中， $\boldsymbol{x}$ 是加权系数向量； $\boldsymbol{H}$ 是发射天线和接收天线之间的信道矩阵， $(\bullet)^{\mathrm{H}}$ 表示对向量或者矩阵进行共轭转置， $\boldsymbol{H}^{\mathrm{H}}$ 表示对信道矩阵 $\boldsymbol{H}$ 进行共轭转置也即时间反演处理。那么，总发射功率为

$$P_{\mathrm{t}}=\boldsymbol{s}^{\mathrm{H}}\boldsymbol{s}=\boldsymbol{x}^{\mathrm{H}}\boldsymbol{H}\boldsymbol{H}^{\mathrm{H}}\boldsymbol{x} \tag{11-14}$$

接下来，将接收信号向量表示为

$$\boldsymbol{b}=\boldsymbol{H}\boldsymbol{s}=\boldsymbol{H}\boldsymbol{H}^{\mathrm{H}}\boldsymbol{x}=[b_1\mathrm{e}^{\mathrm{j}\varphi_1},b_2\mathrm{e}^{\mathrm{j}\varphi_2},\cdots,b_M\mathrm{e}^{\mathrm{j}\varphi_M}] \tag{11-15}$$

式中， b_i 和 φ_i 分别是第 i 个接收天线接收到的信号的幅度和相位。

定义一个能量传输选择矩阵 $\boldsymbol{I}_{\mathrm{select}}^{\mathrm{EH}}$ ，该矩阵用来选择用于输能的天线。对于选中的用于输能的天线，在该选择矩阵对应的对角线元素等于 1，其他元素等于 0。假定从接收机的 M 根天线中选择 K 根天线用于输能(其序号为 $m_1,\cdots m_k,\cdots m_K$)，那么 $\boldsymbol{I}_{\mathrm{select}}^{\mathrm{EH}}$ 中的元素为

$$e_{ij}=\begin{cases}1, & i=j,j\in\{m_1,\cdots m_k,\cdots m_K\}\\ 0, & \text{其他}\end{cases} \tag{11-16}$$

为了进一步说明能量传输选择矩阵，假如接收机配置有 9 根天线，其中选择第 2 根、第 4 根和第 8 根天线进行输能，那么选择矩阵的元素为

$$\begin{bmatrix} 0&0&0&0&0&0&0&0&0\\ 0&1&0&0&0&0&0&0&0\\ 0&0&0&0&0&0&0&0&0\\ 0&0&0&1&0&0&0&0&0\\ 0&0&0&0&0&0&0&0&0\\ 0&0&0&0&0&0&0&0&0\\ 0&0&0&0&0&0&0&0&0\\ 0&0&0&0&0&0&0&1&0\\ 0&0&0&0&0&0&0&0&0 \end{bmatrix}$$

将能量传输选择矩阵 $\boldsymbol{I}_{\text{select}}^{\text{EH}}$ 应用于接收信号向量，便可获得接收机所选天线接收到的总功率：

$$P_{\text{r}} = \boldsymbol{b}^{\text{H}}\boldsymbol{I}_{\text{select}}^{\text{EH}}\boldsymbol{b} = \boldsymbol{x}^{\text{H}}\boldsymbol{H}\boldsymbol{H}^{\text{H}}\boldsymbol{I}_{\text{select}}^{\text{EH}}\boldsymbol{H}\boldsymbol{H}^{\text{H}}\boldsymbol{x} \tag{11-17}$$

那么，从发射机到接收机的能量传输效率 η 可以表示为

$$\eta = \frac{P_{\text{r}}}{P_{\text{t}}} = \frac{\boldsymbol{b}^{\text{H}}\boldsymbol{I}_{\text{select}}^{\text{EH}}\boldsymbol{b}}{\boldsymbol{s}^{\text{H}}\boldsymbol{s}} \tag{11-18}$$

同样对于信息传输的情况，结合香农公式，可以计算在单位带宽下选择用于信息传输的第 i 根接收天线的通信容量：

$$C_i = \lg\left(1+\frac{\boldsymbol{b}^{\text{H}}\boldsymbol{I}_{\text{select}}^{\text{ID},i}\boldsymbol{b}}{\sigma_i^2}\right) \tag{11-19}$$

式中，$\boldsymbol{I}_{\text{select}}^{\text{ID},i}$ 表示选择第 i 根天线作为信息接收的信息传输选择矩阵；σ_i^2 表示选择第 i 根天线时的噪声功率。当选择接收机的 Q ($Q \leqslant M-K$)根接收天线进行信息传输时，遍历通信容量表示为

$$\overline{C} = E\left\{\sum_{i=1}^{Q}\lg\left(1+\frac{\boldsymbol{b}^{\text{H}}\boldsymbol{I}_{\text{select}}^{\text{ID},i}\boldsymbol{b}}{\sigma_i^2}\right)\right\} \tag{11-20}$$

式中，$E(\bullet)$ 表示求期望值。遍历性容量的意义在于，在遍历性信道中，可以假设使用渐进最佳码本，以误码率为零的速率发送信号。在这个意义上，遍历性容量就是信道的香农容量。

在获得能量传输效率和遍历性容量后，进一步对式(11-15)求广义逆后由接收信号反推发射信号：

$$\boldsymbol{s}=\boldsymbol{A}\boldsymbol{b} \tag{11-21}$$

式中，$\boldsymbol{A}=\boldsymbol{H}^{\text{H}}(\boldsymbol{H}\boldsymbol{H}^{\text{H}})^{-1}$ 为广义逆矩阵并且 $\boldsymbol{A}$ 用列向量表示为 $\boldsymbol{A}=[\boldsymbol{a}_1,\boldsymbol{a}_2,\cdots,\boldsymbol{a}_M]$。此外，假设所需的能量传输效率为 η_{need} 和通信容量为 C_{need}。

通过时间反演处理后，可以在接收天线处产生点聚焦场。当采用多焦点并发的信能同传时，由于每个焦点都有副瓣存在，彼此之间会因副瓣叠加而产生相互干扰。为解决多焦点信能同传之间的相互干扰问题，通过优化接收相位，每根接收天线产生的点聚焦场的聚焦时间不同，即异步聚焦时间反演。通过合理优化各主焦点的聚焦时刻，实现各焦点副瓣电平错位累加，以降低对主焦点的影响，可以提升无线信能同传的整体性能。下面讨论时间反演无线信能同传技术中以通信容量为约束条件获得最优能量传输效率和以能量传输效率为约束条件获

得最大通信容量的接收机相位优化方法。通过以下几种情况来分析时间反演无线信能同传。

情况一：选择接收机的所有 M 根天线进行能量传输。

该情况下相当于异步聚焦无线输能。此时，需要考虑该系统中如何获取最大的能量传输效率，其优化模型为

$$
\begin{aligned}
&\max_{\varphi_i} \quad \eta=\frac{\boldsymbol{b}^{\mathrm{H}}\boldsymbol{I}_{\text{select}}^{\mathrm{EH}}\boldsymbol{b}}{\boldsymbol{s}^{\mathrm{H}}\boldsymbol{s}}\\
&\text{subject to} \quad \boldsymbol{s}=\sum_{i=1}^{M}\boldsymbol{s}_i\\
&\qquad \boldsymbol{s}_i=\boldsymbol{a}_i b_i \mathrm{e}^{j\varphi_i}\\
&\qquad \boldsymbol{A}=\boldsymbol{H}^{\mathrm{H}}(\boldsymbol{H}\boldsymbol{H}^{\mathrm{H}})^{-1}=[\boldsymbol{a}_1,\boldsymbol{a}_2,\cdots,\boldsymbol{a}_M]\\
&\qquad \boldsymbol{b}=[b_1\mathrm{e}^{j\varphi_1},b_2\mathrm{e}^{j\varphi_2},\cdots,b_M\mathrm{e}^{j\varphi_M}]
\end{aligned}
\tag{11-22}
$$

情况二：接收机选用 K 根天线进行能量传输，Q 根天线进行信息传输，$K+Q<M$。

此种情况考虑的是接收机部分天线处于工作状态，从接收机的天线中选择一部分天线进行信息传输，再从剩下的天线中选择一部分天线用于能量传输，可分为两种情况对接收信号的相位进行优化：当接收机能量不足时保证通信容量一定情况下得到最优的能量传输效率以及当接收机能量相对充足时保证能量传输效率一定情况下得到最大的通信容量。针对接收机能量不足的情况以通信容量为约束条件得到最优的能量传输效率，优化模型为

$$
\begin{aligned}
&\max_{\varphi_i} \quad \eta=\frac{\boldsymbol{b}^{\mathrm{H}}\boldsymbol{I}_{\text{select}}^{\mathrm{EH}}\boldsymbol{b}}{\boldsymbol{s}^{\mathrm{H}}\boldsymbol{s}}\\
&\text{subject to} \quad \boldsymbol{s}=\sum_{i=1}^{M}\boldsymbol{s}_i\\
&\qquad \boldsymbol{s}_i=\boldsymbol{a}_i b_i \mathrm{e}^{j\varphi_i}\\
&\qquad \boldsymbol{A}=\boldsymbol{H}^{\mathrm{H}}(\boldsymbol{H}\boldsymbol{H}^{\mathrm{H}})^{-1}=[\boldsymbol{a}_1,\boldsymbol{a}_2,\cdots,\boldsymbol{a}_M]\\
&\qquad \boldsymbol{b}=[b_1\mathrm{e}^{j\varphi_1},b_2\mathrm{e}^{j\varphi_2},\cdots,b_M\mathrm{e}^{j\varphi_M}]\\
&\qquad E\left\{\sum_{j=1}^{Q}\lg\left(1+\frac{\boldsymbol{b}^{\mathrm{H}}\boldsymbol{I}_{\text{select}}^{\mathrm{ID},j}\boldsymbol{b}}{\sigma_j^2}\right)\right\}\geqslant C_{\text{need}}
\end{aligned}
\tag{11-23}
$$

针对接收机能量相对充足时的情况以能量传输效率为约束条件得到最大通信容量，优化模型如下：

$$
\begin{aligned}
&\max_{\varphi_i} \quad E\left\{\sum_{j=1}^{Q}\lg\left(1+\frac{\boldsymbol{b}^{\mathrm{H}}\boldsymbol{I}_{\text{select}}^{\mathrm{ID},j}\boldsymbol{b}}{\sigma_j^2}\right)\right\}\\
&\text{subject to} \quad \boldsymbol{s}=\sum_{i=1}^{M}\boldsymbol{s}_i\\
&\qquad \boldsymbol{s}_i=\boldsymbol{a}_i b_i \mathrm{e}^{j\varphi_i}\\
&\qquad \boldsymbol{A}=\boldsymbol{H}^{\mathrm{H}}(\boldsymbol{H}\boldsymbol{H}^{\mathrm{H}})^{-1}=[\boldsymbol{a}_1,\boldsymbol{a}_2,\cdots,\boldsymbol{a}_M]\\
&\qquad \boldsymbol{b}=[b_1\mathrm{e}^{j\varphi_1},b_2\mathrm{e}^{j\varphi_2},\cdots,b_M\mathrm{e}^{j\varphi_M}]\\
&\qquad \frac{\boldsymbol{b}^{\mathrm{H}}\boldsymbol{I}_{\text{select}}^{\mathrm{EH}}\boldsymbol{b}}{\boldsymbol{s}^{\mathrm{H}}\boldsymbol{s}}\geqslant \eta_{\text{need}}
\end{aligned}
\tag{11-24}
$$

情况三：接收机的 K 根天线用于能量传输，Q 根天线用于信息传输，并且 $K+Q=M$。

在这种情况下，能量传输选择矩阵和信息传输选择矩阵满足以下关系：

$$\boldsymbol{I}_{\text{select}}^{\text{ID}}=\boldsymbol{I}-\boldsymbol{I}_{\text{select}}^{\text{EH}} \tag{11-25}$$

式中，$\boldsymbol{I}$ 为单位矩阵。此种情况考虑的是接收机的全部天线都处于工作状态，需要从接收机选择一部分天线进行信息传输，剩下的接收天线则全部用于能量传输，在这种情况下，可以借助单位矩阵在能量传输选择矩阵和信息传输选择矩阵之间进行切换。和情况二一样，可分成两种情况对接收信号相位进行优化，即以通信容量为约束条件得到最优的能量传输效率和以能量传输效率为约束条件得到最大的通信容量。针对接收机能量不足时保证通信容量一定情况下得到最优输能效率的情况，对接收信号相位进行优化，优化模型如下：

$$\begin{aligned}
&\max_{\varphi_i} \quad \eta=\frac{\boldsymbol{b}^{\text{H}}\boldsymbol{I}_{\text{select}}^{\text{EH}}\boldsymbol{b}}{\boldsymbol{s}^{\text{H}}\boldsymbol{s}}\\
&\text{subject to} \quad \boldsymbol{s}=\sum_{i=1}^{M}\boldsymbol{s}_i\\
&\qquad \boldsymbol{s}_i=\boldsymbol{a}_i b_i \mathrm{e}^{j\varphi_i}\\
&\qquad \boldsymbol{A}=\boldsymbol{H}^{\text{H}}(\boldsymbol{H}\boldsymbol{H}^{\text{H}})^{-1}=[\boldsymbol{a}_1,\boldsymbol{a}_2,\cdots,\boldsymbol{a}_M]\\
&\qquad \boldsymbol{b}=[b_1\mathrm{e}^{j\varphi_1},b_2\mathrm{e}^{j\varphi_2},\cdots,b_M\mathrm{e}^{j\varphi_M}]\\
&\qquad \boldsymbol{I}_{\text{select}}^{\text{ID}}=\boldsymbol{I}-\boldsymbol{I}_{\text{select}}^{\text{EH}}\\
&\qquad E\left\{\sum_{j=1}^{Q}\lg\left(1+\frac{\boldsymbol{b}^{\text{H}}\boldsymbol{I}_{\text{select}}^{\text{ID},j}\boldsymbol{b}}{\sigma_j^2}\right)\right\}\geqslant C_{\text{need}}
\end{aligned} \tag{11-26}$$

针对接收机能量相对充足时保证能量传输效率一定情况下最大限度地提高通信容量的情况，将采用以下模型进行优化：

$$\begin{aligned}
&\max_{\varphi_i} \quad E\left\{\sum_{j=1}^{Q}\lg\left(1+\frac{\boldsymbol{b}^{\text{H}}\boldsymbol{I}_{\text{select}}^{\text{ID},j}\boldsymbol{b}}{\sigma_j^2}\right)\right\}\\
&\text{subject to} \quad \boldsymbol{s}=\sum_{i=1}^{M}\boldsymbol{s}_i\\
&\qquad \boldsymbol{s}_i=\boldsymbol{a}_i b_i \mathrm{e}^{j\varphi_i}\\
&\qquad \boldsymbol{A}=\boldsymbol{H}^{\text{H}}(\boldsymbol{H}\boldsymbol{H}^{\text{H}})^{-1}=[\boldsymbol{a}_1,\boldsymbol{a}_2,\cdots,\boldsymbol{a}_M]\\
&\qquad \boldsymbol{b}=[b_1\mathrm{e}^{j\varphi_1},b_2\mathrm{e}^{j\varphi_2},\cdots,b_M\mathrm{e}^{j\varphi_M}]\\
&\qquad \boldsymbol{I}_{\text{select}}^{\text{EH}}=\boldsymbol{I}-\boldsymbol{I}_{\text{select}}^{\text{ID}}\\
&\qquad \frac{\boldsymbol{b}^{\text{H}}\boldsymbol{I}_{\text{select}}^{\text{EH}}\boldsymbol{b}}{\boldsymbol{s}^{\text{H}}\boldsymbol{s}}\geqslant \eta_{\text{need}}
\end{aligned} \tag{11-27}$$

情况四：接收机的所有 M 根天线用于信息传输。

此时是一个异步聚焦无线通信系统，主要考虑最大通信容量问题，通过以下模型得到最大通信容量：

$$
\begin{aligned}
&\max_{\varphi_i} \quad E\left\{\sum_{i=1}^{Q}\log\left(1+\frac{\boldsymbol{b}^{\mathrm{H}}\boldsymbol{I}_{\mathrm{select}}^{\mathrm{ID},i}\boldsymbol{b}}{\sigma_i^2}\right)\right\} \\
&\text{subject to} \quad \boldsymbol{s}=\sum_{i=1}^{M}\boldsymbol{s}_i \\
&\qquad\qquad\quad \boldsymbol{s}_i=\boldsymbol{a}_i b_i \mathrm{e}^{j\varphi_i} \\
&\qquad\qquad\quad \boldsymbol{A}=\boldsymbol{H}^{\mathrm{H}}(\boldsymbol{H}\boldsymbol{H}^{\mathrm{H}})^{-1}=[\boldsymbol{a}_1,\boldsymbol{a}_2,\cdots,\boldsymbol{a}_M] \\
&\qquad\qquad\quad \boldsymbol{b}=[b_1\mathrm{e}^{j\varphi_1},b_2\mathrm{e}^{j\varphi_2},\cdots,b_M\mathrm{e}^{j\varphi_M}]
\end{aligned}
\tag{11-28}
$$

11.3.2 时间反演无线信能同传系统仿真

一种时间反演无线信能同传系统如图 11-10 所示。时间反演镜发射天线选用高增益四元串馈微带天线，安装在墙壁四周，这些发射天线用于传输射频能量和信息数据。接收机被发射天线包围，配置有多个全向单极子天线。

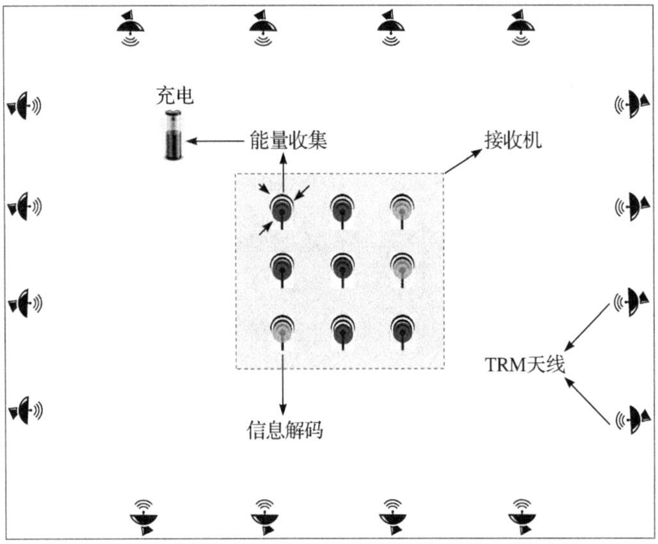

图 11-10 时间反演无线信能同传系统示意图

为了利用时间反演无线信能同传方法在接收机所期望的接收天线处产生聚焦点，首先需要获得发射天线和接收天线之间的信道矩阵。信道矩阵可以通过测量发射天线到接收天线的传输系数来实现。之后，按照以下步骤执行时间反演无线信能同传。

步骤 1：一旦接收机能量不足，基于当前剩余能量，接收机对所需要进行能量传输的能量接收天线和需要进行信息传输的信息接收天线进行分配。在极限情况下，如果接收机不需要与发射机通信，则将接收机的所有天线配置为能量接收天线。

步骤 2：获得每个发射天线的加权系数(幅度和相位)，以便在接收机用于能量传输的天线处产生能量聚焦。发射天线激励信号的幅度/相位调控由幅相控制网络实现。在此步骤中，能量接收天线和信息接收天线通过所提出的时间反演异步聚焦方法在空间上进行分离。

一种时间反演无线信能同传系统的仿真模型如图 11-11 所示。该系统由 16 个时间反演镜发射天线和配置 9 个接收天线的接收机组成。发射天线安装在由 4 块尺寸为 40cm × 80cm 的塑料板制成的塑料墙壁上。塑料墙包围的区域为 80cm × 80cm × 40cm。时间反演镜发射天线的尺寸为 340mm × 76mm，其工作频率为 2.45GHz，带宽为 50MHz。同一面墙上两个相邻时间反演镜发射天线之间的间距约为 58.75mm。接收机具有能量传输和信息接收的能力，并放置在发射天线包围的区域内。接收机安装有 9 个接收天线，由平面全向单极子天线组成。所有单极子天线的尺寸相同，长度 L_a 为 10mm，高度 H_a 为 24mm，厚度 W_a 为 1mm。作为接收天线的这种小尺寸天线非常容易集成到小型无线传感器上。在接收天线中，其中一些天线用于接收数据，其余的一些天线用于收集射频能量。对于用于能量传输的天线，将在这些天线的输出端口增加整流电路。

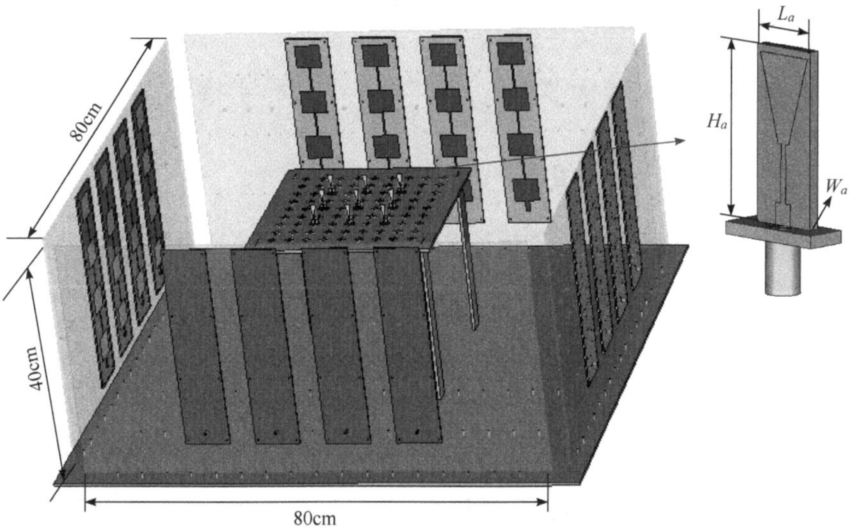

图 11-11　时间反演无线信能同传系统仿真模型

所有仿真均使用 CST 软件进行。仿真流程为：首先，进行仿真以获得发射天线和接收天线之间的信道矩阵；然后，基于所提出的时间反演无线信能同传方法对接收信号相位进行优化以获得最佳幅度和相位权重。将得到的最佳幅度相位加权附加在发射天线的激励上，并为用于能量传输的天线生成所需能量。

信道矩阵的仿真过程为：将接收天线放置在设定位置，然后将高斯调制正弦信号从接收天线发送到发射天线。高斯调制正弦信号的频率范围为 2～3GHz。通过提取所有发射天线和接收天线之间的传输参数即可组成信道矩阵。

由于需要对接收信号相位进行优化，将主要对接收信号的相位变化带来的影响进行仿真，因此分析接收信号相位存在波动时对时间反演无线信能同传方法的影响。

假定接收天线阵列接收到信号的相位波动矢量 $\boldsymbol{b}_{\Delta\varphi}$ 为

$$\boldsymbol{b}_{\Delta\varphi}=[\mathrm{e}^{j\Delta\varphi_1},\cdots,\mathrm{e}^{j\Delta\varphi_M}] \tag{11-29}$$

式中，$\Delta\varphi_i$ 表示第 i 个接收天线的相位波动值。那么引入相位波动后对应的接收信号为

$$\boldsymbol{b}=[b_1\mathrm{e}^{j(\varphi_1+\Delta\varphi_1)},b_2\mathrm{e}^{j(\varphi_2+\Delta\varphi_2)},\cdots,b_M\mathrm{e}^{j(\varphi_M+\Delta\varphi_M)}] \tag{11-30}$$

对于发射机，发射信号矢量为

$$\boldsymbol{s}=\sum_{i=1}^{M}\boldsymbol{s}_i=\sum_{i=1}^{M}\boldsymbol{a}_i b_i \mathrm{e}^{j(\varphi_i+\Delta\varphi_i)} \tag{11-31}$$

那么能量传输效率可以表示如下：

$$\eta=\frac{\boldsymbol{b}^{\mathrm{H}}\boldsymbol{I}_{\mathrm{select}}^{\mathrm{EH}}\boldsymbol{b}}{\boldsymbol{s}^{\mathrm{H}}\boldsymbol{s}}=\frac{\boldsymbol{b}^{\mathrm{H}}\boldsymbol{I}_{\mathrm{select}}^{\mathrm{EH}}\boldsymbol{b}}{\sum_{i=1}^{M}|\boldsymbol{a}_i|^2|b_i|^2+\sum_{i=1}^{M}\sum_{j=1,j\neq i}^{M}b_i b_j\boldsymbol{a}_i^*\boldsymbol{a}_j\mathrm{e}^{-j(\varphi_i+\Delta\varphi_i)}\mathrm{e}^{j(\varphi_j+\Delta\varphi_j)}} \tag{11-32}$$

此时发射功率可以表示为

$$P_{\mathrm{t}}=\sum_{i=1}^{M}|\boldsymbol{a}_i|^2|b_i|^2+\sum_{i=1}^{M}\sum_{j=1,j\neq i}^{M}b_i b_j\boldsymbol{a}_i^*\boldsymbol{a}_j\mathrm{e}^{-j(\varphi_i+\Delta\varphi_i)}\mathrm{e}^{j(\varphi_j+\Delta\varphi_j)} \tag{11-33}$$

发射功率由与接收相位无关项 $\sum_{i=1}^{M}|\boldsymbol{a}_i|^2|b_i|^2$ 以及与接收相位密切相关项 $\sum_{i=1}^{M}\sum_{j=1,j\neq i}^{M}b_i b_j\boldsymbol{a}_i^*\boldsymbol{a}_j\mathrm{e}^{-j(\varphi_i+\Delta\varphi_i)}\mathrm{e}^{j(\varphi_j+\Delta\varphi_j)}$ 组成。

为了表征接收信号的相位波动对能量传输效率的影响，定义以下因子：

$$c_f=\frac{\sum_{i=1}^{M}\sum_{j=1,j\neq i}^{M}b_i b_j\boldsymbol{a}_i^*\boldsymbol{a}_j\mathrm{e}^{-j(\varphi_i+\Delta\varphi_i)}\mathrm{e}^{j(\varphi_j+\Delta\varphi_j)}}{\sum_{i=1}^{M}|\boldsymbol{a}_i|^2|b_i|^2} \tag{11-34}$$

c_f 的值与信道参数有关。为了进一步研究相位波动对能量传输效率的影响，选择接收机的一个接收天线进行仿真，任意生成 10 组随机相位，在发射总功率一定的情况下对 10 组随机相位的能量传输效率进行仿真，如图 11-12 所示。当 $|c_f|=0.8$ 时，能量传输效率在 0.7%和 3%之间波动，这表明能量传输效率随接收相位变化很大。同时，在 $|c_f|=0.4$ 和 $|c_f|=0.2$ 处，随机相位分布的能量传输效率波动范围分别为 2.3%～3.6%和 3.8%～4.3%。从仿真结果可以看出，当 $|c_f|$ 较大时，输能效率受相位影响较大。当 $|c_f|$ 较小时，表示各个信道之间的耦合越小，也就是信道的正交性越好；当 $|c_f|$ 越大时，信道的正交性越差，那么接收的相位影响就越大。

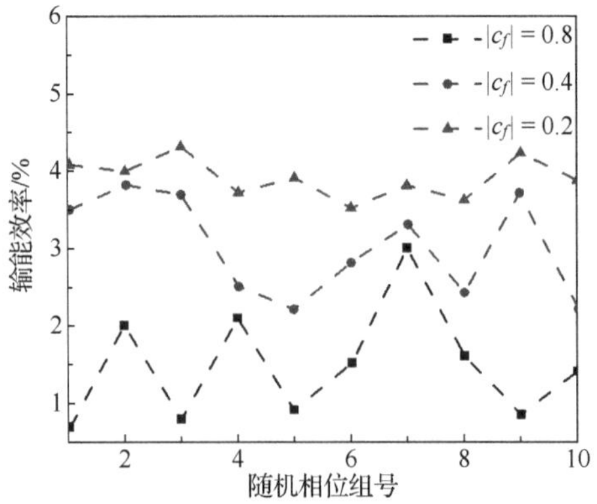

图 11-12　相位变化对输能效率的影响

11.3.3　时间反演无线信能同传实验系统

时间反演无线信能同传实验系统如图 11-13 所示，系统组成部件包括摄像头、视频发射机、功放、幅相控制网络、发射天线阵列、视频接收机以及显示器。首先摄像头实时采集视频信号，采集的视频信号被送往视频发射机并调制到射频(2.45GHz)以便在空间进行无线传播，调制后的射频信号被送往功放进行放大以提高传输距离。接着利用幅相控制网络对携带着视频信息的射频信号进行幅度和相位加权，其加权系数通过异步时间反演聚焦的方法获得。最后在空间中传输的信号被负责能量传输的接收天线接收后送往整流电路进行整流。负责信息解码的接收天线接收到信号后对视频信息进行解码送往显示器进行显示。

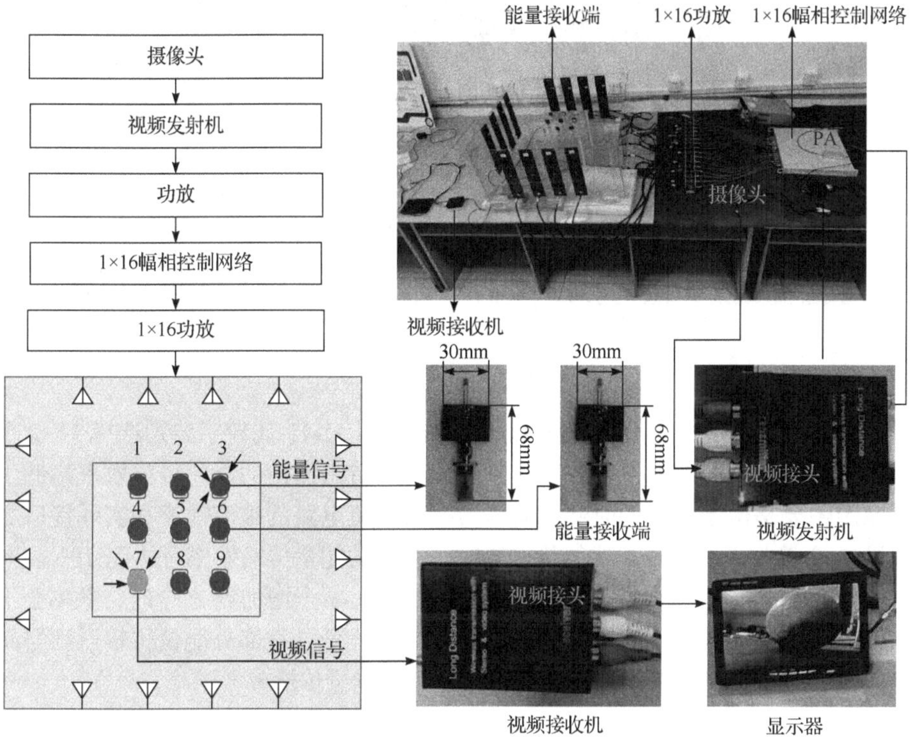

图 11-13　时间反演无线信能同传实验系统示意图

在本实验系统中，采用四元串馈发射天线。摄像头大小为 38mm × 38mm，最远距离可覆盖 30m。视频发射机工作在 2.45GHz，视频接收机同样工作在 2.45GHz。显示器直接与视频接收机连接，长 17.2cm，宽 11.2cm。视频接收机的能量接收天线和信息接收天线均采用平面全向单极子天线。

首先，随机选择接收天线进行能量传输实验。按图 11-13 对系统进行连接。视频发射机输出功率为 20dBm，经过功率放大器放大后输出功率可达 39dBm。图 11-14 显示了实验结果的一些图片。所有选定的接收天线都可以按预期点亮发光二极管(light emitting diode, LED)，未选定的天线则不会点亮 LED。实验结果证明了时间反演无线信能同传系统的精确定位和高精度空间选择性。

分别选择 1～9 个天线作为输能天线进行输能实验以便对不同数量输能天线情况下的输能效率进行比较。为了验证仿真模型的正确性，将在不同数量输能天线下测量得到的输能效率

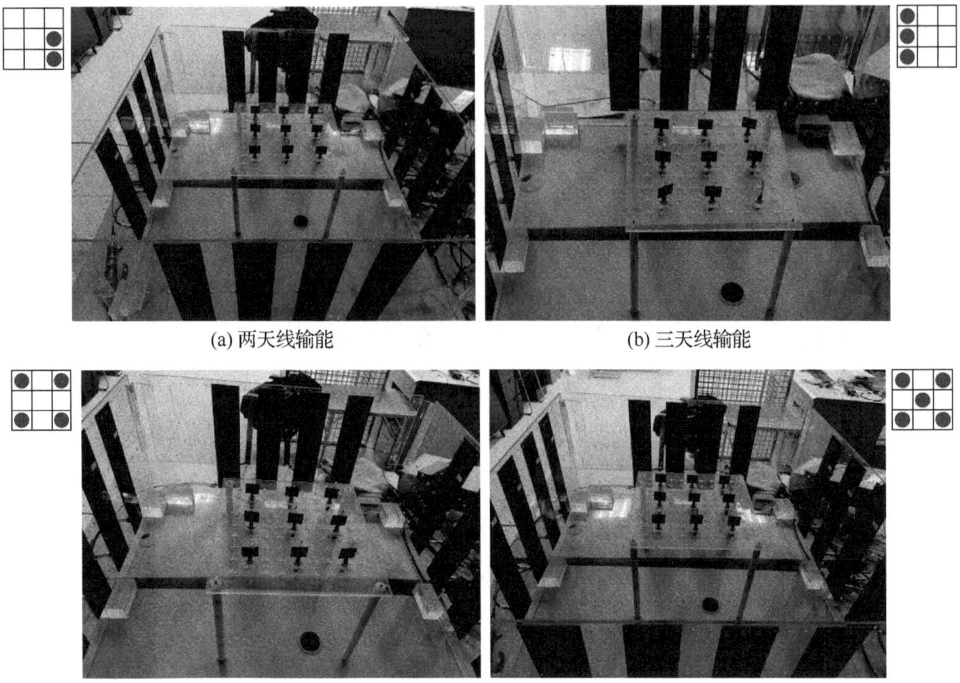

(a) 两天线输能　　(b) 三天线输能

(c) 四天线输能　　(d) 五天线输能

图 11-14　能量传输实验

和仿真得到的输能效率进行比较，如图 11-15 所示。图 11-15 比较了分别选择 1～9 个天线为输能天线时测量和仿真的能量传输效率。从图中可以看出测得的能量传输效率略低于仿真的效率，其原因主要是由于仿真的时候没有考虑接收整流电路的整流效率和实际接口之间的损耗。当选择 9 个接收天线用于无线能量传输时，测量的能量传输效率可达到 10%。同时也可以看出在仿真和测试的结果中，当能量接收天线数量从 5 个增加到 6 个时，效率会下降，这是因为当优化接收机天线接收到信号的相位时付出的代价是一部分能量将辐射到空间，从而有可能导致在某些特殊情况下，当天线数量增加时，能量传输效率下降。

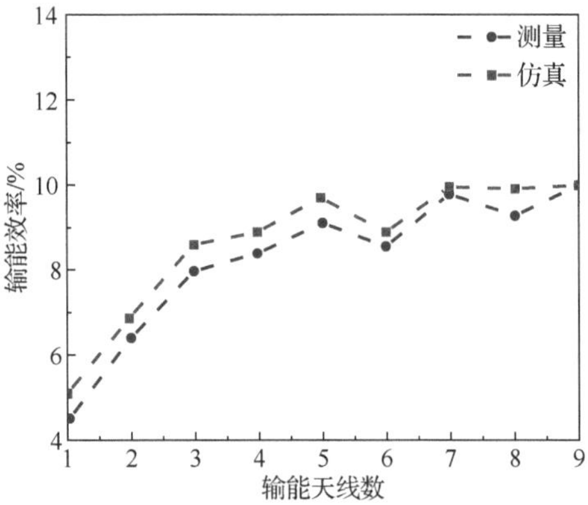

图 11-15　能量传输实验测量结果与仿真结果对比

然后，进行无线能量传输和视频信号传输的实验。在这些实验中，选择接收机的一个接收天线用于信息传输，信息接收天线接收到视频信息后送往视频接收机解码后通过显示器进行图像显示，能量接收天线接收到能量信号后经过整流电路整流后驱动 LED 用于模拟能量传输，如图 11-16 所示。

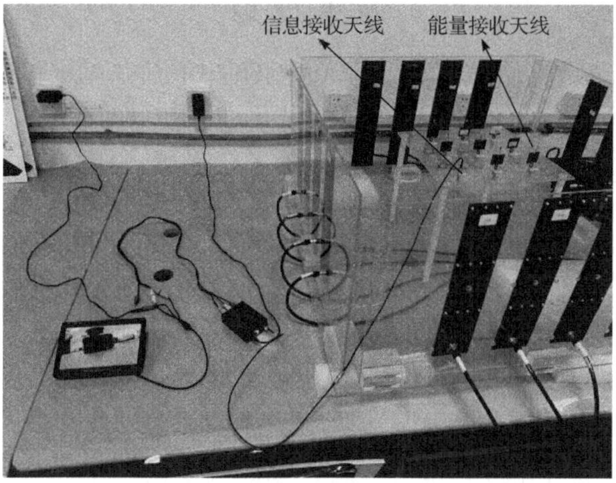

图 11-16　信息接收天线和能量接收天线示意图

图 11-17 显示了通过选择不同数量的用于无线能量传输的接收天线和用于视频信号传输的一个接收天线进行信能同传的实验结果。设计系统的带宽为 20MHz，信息传输速率为 2Mbit/s，传输帧速率为 20 帧/秒，视频编码格式为 H.264。在所进行的实验中，能量都准确发送到所选用于能量接收的天线并驱动了 LED，同时视频信号也得到正确传输。

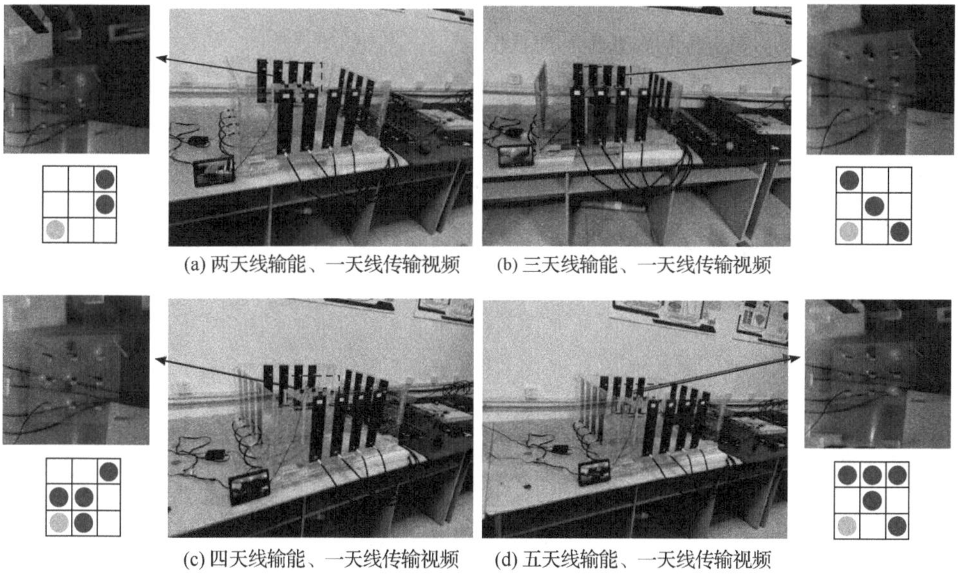

图 11-17　无线信能同传实验

传统无线信能同传系统通常采用时间切换、空间分配或功率分配技术来实现无线信能同传。与此相比，时间反演无线信能同传系统的显著优点是利用点聚焦场的空间选择性和精确的自定位来实现无线信能同传。基于点聚焦场的空间选择性和精确自适应定位，可以对安装在接收机上的任何天线精确地传输能量或信息。信能同传的通信容量和输能效率对系统的实用性非常重要，文献[12]对时间反演信能同传系统的通信容量和输能效率进行了详细分析，请感兴趣的读者进行拓展阅读。

参 考 文 献

[1] 王任. 用于时间反演电磁系统的密集多端口天线及阵列研究[D]. 成都: 电子科技大学, 2018.

[2] 朱敏. 基于时间反演电磁理论的赋形电磁场产生研究[D]. 成都: 电子科技大学, 2015.

[3] IBRAHIM R, VOYER D, BRÉARD A, et al. Experiments of time-reversed pulse waves for wireless power transmission in an indoor environment[J]. IEEE transactions on microwave theory and techniques, 2016, 64(7): 2159-2170.

[4] ZHAO D S, ZHU M. Generating microwave spatial fields with arbitrary patterns[J]. IEEE antennas and wireless propagation letters, 2016, 15: 1739-1742.

[5] 李涛, 赵德双, 王秉中. 基于时间反演电磁波的聚焦窄带无线输能[C]//2017 年全国微波毫米波会议论文集(上册). 杭州: 中国电子学会, 2017: 52-55.

[6] 杨瑜. 基于时间反演的无线通信系统关键技术研究[D]. 成都: 电子科技大学, 2018.

[7] LI Y, JANDHYALA V. Design of retrodirective antenna arrays for short-range wireless power transmission[J]. IEEE transactions on antennas and propagation, 2012, 60(1): 206-211.

[8] MASSA A, OLIVERI G, VIANI F, et al. Array designs for long-distance wireless power transmission: state-of-the-art and innovative solutions[J]. Proceedings of the IEEE, 2013, 101(6): 1464-1481.

[9] ZENG Y, CLERCKX B, ZHANG R. Communications and signals design for wireless power transmission[J]. IEEE transactions on communications, 2017, 65(5): 2264-2290.

[10] LEE S, ZENG Y, ZHANG R. Retrodirective multi-user wireless power transfer with massive MIMO[J]. IEEE wireless communications letters, 2018, 7(1): 54-57.

[11] BOYD S P, VANDENBERGHE L. Convex optimization[M]. Cambridge: Cambridge University Press, 2004.

[12] 杨周明. 基于异步聚焦时间反演的室内无线信能同传关键技术研究[D]. 成都: 电子科技大学, 2022.

第 12 章 时间反演波束/场综合

第 11 章介绍了基于时间反演电磁波的自适应点聚焦特性可以构建高效率远距离无线输能系统，但这并不意味着时间反演技术的应用只能局限在点聚焦上。在某些情况下，时间反演电磁波可以呈现出不同于点聚焦的性质：当目标相对于时间反演镜阵列的距离很远时，由目标发射或散射的电磁波到达时间反演镜阵列附近时呈平面波状态，则时间反演镜波呈现方向回溯特性，如图 12-1 所示[1]；当初始源并非点源时，由目标发射的电磁波可以看作多个点源辐射波的叠加，时间反演电磁波可以聚焦出特定的形状。因此，时间反演技术还可以用于波束或场综合。

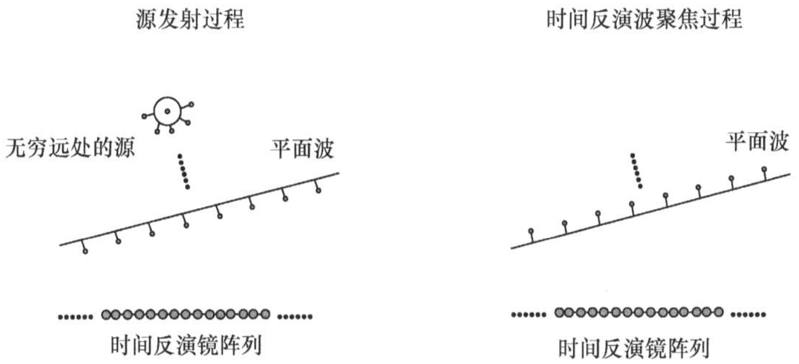

图 12-1　时间反演电磁波的方向回溯示意图

12.1　时间反演电磁波的自适应方向回溯特性

12.1.1　时间反演波束综合方法

下面根据时间反演电磁波的方向回溯特性给出一种自适应阵列波束综合方法。在阵列波束综合中，目标波束偏转角 $(\theta_{\mathrm{d}},\varphi_{\mathrm{d}})$ 由一系列激励向量决定，激励向量可记为

$$\boldsymbol{a}(\omega)=\left[a_1(\omega),a_2(\omega),\cdots,a_N(\omega)\right]^{\mathrm{T}} \tag{12-1}$$

式中，$a_i(\omega)$，$i=1,2,\cdots,N$ 为第 i 个单元的激励信号；N 为总的阵列单元个数；$[\cdot]^{\mathrm{T}}$ 为转置。该阵列的方向图满足以下目标函数：

$$\begin{cases}\left(\hat{\theta}(\omega),\hat{\varphi}(\omega)\right)=\arg\max_{\theta,\varphi}\left\{\left|F(\theta,\varphi,\omega)\right|_{\boldsymbol{a}(\omega)}\right\}\\ \Delta\theta(\omega)=\sqrt{\left(\hat{\theta}(\omega)-\theta_{\mathrm{d}}\right)^2}\leqslant\delta,\quad \omega\in[\omega_1,\omega_2]\\ \Delta\varphi(\omega)=\sqrt{\left(\hat{\varphi}(\omega)-\varphi_{\mathrm{d}}\right)^2}\leqslant\delta,\quad \omega\in[\omega_1,\omega_2]\end{cases} \tag{12-2}$$

式中，$F(\theta,\varphi,\omega)$为使用$\boldsymbol{a}(\omega)$激励阵列所产生的方向图；$\left(\hat{\theta}(\omega),\hat{\varphi}(\omega)\right)$为方向图$\left|F(\theta,\varphi,\omega)\right|$的波束指向。此处，$\boldsymbol{a}(\omega)$是未知的激励向量，需要由缩小波束指向误差$\Delta\theta(\omega)$和$\Delta\varphi(\omega)$确定，其中$\theta$和$\varphi$分别为俯仰角和方位角。

下面使用时间反演波束综合方法处理上述波束综合问题。对于给定的目标波束偏转角$(\theta_{\mathrm{d}},\varphi_{\mathrm{d}})$，可以按照下面的步骤获得阵列的激励向量$\boldsymbol{a}(\omega)$。

步骤 1：从$(\theta_{\mathrm{d}},\varphi_{\mathrm{d}})$方向向阵列照射一束平面波，其时域波形为$s(t)$。$s(t)$的信号形式不受限制，可以是任意的包含所综合阵列工作频带的信号。

步骤 2：同时记录阵列中每个单元接收到的信号$y_i(t)$，$i=1,2,\cdots,N$。

步骤 3：对每个阵列单元接收到的信号做时间反演操作得到$y_i(-t)$，$i=1,2,\cdots,N$。

步骤 4：对$y_i(-t),i=1,2,\cdots,N$做傅里叶变换，即可获得每个单元需要的频域激励信号$a_i(\omega)$为

$$a_i(\omega)=\int_{-\infty}^{+\infty}y_i(-t)\mathrm{e}^{-\mathrm{j}\omega t}\mathrm{d}t \tag{12-3}$$

在上述 4 步操作之后，即可获得在任意频点可以使阵列波束指向$(\theta_{\mathrm{d}},\varphi_{\mathrm{d}})$的激励信号$\boldsymbol{a}(\omega)=\left[a_1(\omega),a_2(\omega),\cdots,a_N(\omega)\right]^{\mathrm{T}}$。如果需要将阵列的波束指向其他方向，重复上述过程即可。需要注意的是，一般情况下，需要对上述过程获得的激励信号做放大处理以使阵列能够发射出足够的功率，放大过程并不影响阵列的辐射方向图，所以本节在讨论时间反演波束综合方法时不考虑此过程。

12.1.2 时间反演综合方法的波束特征

接下来，使用平面波脉冲响应阵元方向图方法对使用上述时间反演波束综合方法得到的方向图、增益以及波束指向进行分析。平面波脉冲响应阵元方向图指的是当平面波脉冲照射阵列时，其阵元在所有视角的时域方向图[2-4]。根据假定负载的不同，平面波脉冲响应具有不同的定义。文献[3]介绍了三种平面波脉冲响应的定义，分别对应开路负载、短路负载和匹配负载，这三种定义均可以描述线性时不变阵列系统的瞬时性能。在本节中，为了和实际工程吻合，使用天线端口接 50Ω 匹配负载时的平面波脉冲响应定义。

根据天线的时域互易性[2,4]，天线阵列的发射和接收特性是相同的，因此定义于接收模式的平面波脉冲响应阵元方向图方法也可以适用于发射模式。根据此方法，阵列无论处于发射模式还是接收模式都可以使用如下向量描述：

$$\boldsymbol{p}(\theta,\varphi,t)=\left[p(\boldsymbol{r}_1,\theta,\varphi,t),p(\boldsymbol{r}_2,\theta,\varphi,t),\cdots,p(\boldsymbol{r}_N,\theta,\varphi,t)\right]^{\mathrm{T}} \tag{12-4}$$

式中，$p(\boldsymbol{r}_i,\theta,\varphi,t)$表示位于$\boldsymbol{r}_i=x_i\boldsymbol{e}_x+y_i\boldsymbol{e}_y+z_i\boldsymbol{e}_z$的第 i 个单元的平面波脉冲响应阵元方向图。为了区分发射模式(tx)和接收模式(rx)，本节分别使用$\boldsymbol{p}_{\mathrm{tx}}(\theta,\varphi,t)$和$\boldsymbol{p}_{\mathrm{rx}}(\theta,\varphi,t)$表示发射模式和接收模式的平面波脉冲响应。需要注意的是，根据时间反演波束综合方法的操作过程，本节中的$\boldsymbol{p}_{\mathrm{tx}}(\theta,\varphi,t)$是在接收模式下获得的。对于同一个阵列而言，由互易性可知$\boldsymbol{p}_{\mathrm{tx}}(\theta,\varphi,t)=\boldsymbol{p}_{\mathrm{rx}}(\theta,\varphi,t)$。

在时间反演波束综合方法中，对于阵列系统而言，各阵元的接收信号$\boldsymbol{y}(t)=\left[y_1(t),y_2(t),\cdots,\right.$

$y_N(t)\big]$是系统输出，而系统输入为从(θ_d,φ_d)方向照射的平面波$s(t)$，在线性时不变阵列系统中，$\boldsymbol{y}(t)$可以写为

$$\boldsymbol{y}(t)=s(t)*\boldsymbol{p}_{rx}(\theta_d,\varphi_d,t) \tag{12-5}$$

式中，$*$表示卷积操作。对式(12-5)左右两边同时做时间反演操作，则有

$$\boldsymbol{y}(-t)=s(-t)*\boldsymbol{p}_{rx}(\theta_d,\varphi_d,-t) \tag{12-6}$$

对式(12-6)左右两边同时做傅里叶变换：

$$\boldsymbol{y}^*(\omega)=s^*(\omega)\boldsymbol{p}_{rx}^*(\theta_d,\varphi_d,\omega) \tag{12-7}$$

式中，$(\cdot)^*$表示复共轭操作。对比式(12-3)和式(12-7)可知：

$$\boldsymbol{a}(\omega)=\boldsymbol{y}^*(\omega) \tag{12-8}$$

在时域，忽略传播损耗和时延，辐射电场可以写为

$$F(\theta,\varphi,t)=\sum_{i=1}^{N}y_i(-t)*p_{tx}(\boldsymbol{r}_i,\theta,\varphi,t) \tag{12-9}$$

其傅里叶变换为

$$F(\theta,\varphi,\omega)=\left[\boldsymbol{y}^*(\omega)\right]^{\mathrm{T}}\boldsymbol{p}_{tx}(\theta,\varphi,\omega)=s^*(\omega)\left[\boldsymbol{p}_{rx}^*(\theta_d,\varphi_d,\omega)\right]^{\mathrm{T}}\boldsymbol{p}_{tx}(\theta,\varphi,\omega) \tag{12-10}$$

式中，$F(\theta,\varphi,\omega)$表示使用$\boldsymbol{a}(\omega)$激励获得的远场方向图。由式(12-10)可知，$F(\theta,\varphi,\omega)$根本上取决于$\boldsymbol{p}_{rx}^*(\theta_d,\varphi_d,\omega)$和$\boldsymbol{p}_{tx}(\theta,\varphi,\omega)$的内积，这是由于时间反演波束综合方法中的激励信号$\boldsymbol{a}(\omega)$隐含了阵列的本征辐射信息，即$\boldsymbol{p}_{rx}^*(\theta_d,\varphi_d,\omega)$。

上述方向图具有一些重要的特征。首先，使用时间反演激励$\boldsymbol{a}(\omega)$获得的方向图在目标角度(θ_d,φ_d)处的增益$G(\theta_d,\varphi_d,\omega)$比使用其他任何激励$\boldsymbol{c}(\omega)$获得的增益都要大，如图 12-2 所示[5]。此处增益$G(\theta_d,\varphi_d,\omega)$的定义为

$$G(\theta_d,\varphi_d,\omega)=\frac{\left|F(\theta_d,\varphi_d,\omega)\right|^2/Z_0}{P_{in}/4\pi} \tag{12-11}$$

式中，Z_0表示自由空间中的波阻抗；$P_{in}=\boldsymbol{c}^{\mathrm{T}}(\omega)\boldsymbol{c}^*(\omega)$表示总输入功率。若总输入功率被完全辐射，则任意激励下目标角度(θ_d,φ_d)处的增益$G(\theta_d,\varphi_d,\omega)$为

$$\begin{aligned}G(\theta_d,\varphi_d,\omega)&=\frac{4\pi}{Z_0}\frac{\left|\boldsymbol{c}^{\mathrm{T}}(\omega)\boldsymbol{p}_{tx}(\theta_d,\varphi_d,\omega)\right|^2}{\boldsymbol{c}^{\mathrm{T}}(\omega)\boldsymbol{c}^*(\omega)}\\&=\frac{4\pi}{Z_0}\frac{\boldsymbol{c}^{\mathrm{T}}(\omega)\boldsymbol{p}_{tx}(\theta_d,\varphi_d,\omega)\boldsymbol{p}_{tx}^{\mathrm{H}}(\theta_d,\varphi_d,\omega)\boldsymbol{c}^*(\omega)}{\boldsymbol{c}^{\mathrm{H}}(\omega)\boldsymbol{c}(\omega)}\end{aligned} \tag{12-12}$$

式中，$(\cdot)^{\mathrm{H}}$表示厄米共轭操作。令$\boldsymbol{x}(\omega)=\boldsymbol{c}^*(\omega)$，$\boldsymbol{R}_{tx}=\boldsymbol{p}_{tx}(\theta_d,\varphi_d,\omega)\boldsymbol{p}_{tx}^{\mathrm{H}}(\theta_d,\varphi_d,\omega)$，则式(12-12)可以写为

$$G(\theta_d,\varphi_d,\omega)=\frac{4\pi}{Z_0}\frac{\boldsymbol{x}^{\mathrm{H}}(\omega)\boldsymbol{R}_{tx}\boldsymbol{x}(\omega)}{\boldsymbol{x}^{\mathrm{H}}(\omega)\boldsymbol{x}(\omega)} \tag{12-13}$$

从式(12-13)可以看出，求解能够获得最大$G(\theta_d,\varphi_d,\omega)$的激励向量$\boldsymbol{x}(\omega)$的问题为求解矩阵

$\boldsymbol{R}_{\mathrm{tx}}$ 的最大特征值所对应的特征向量的问题[6]。解此最大值问题可得最大增益 $G_{\max}(\theta_{\mathrm{d}},\varphi_{\mathrm{d}},\omega)$ 和其对应的最佳激励向量 $\boldsymbol{x}_{\mathrm{optimal}}(\omega)$ 分别为

$$\begin{cases} G_{\max}(\theta_{\mathrm{d}},\varphi_{\mathrm{d}},\omega)=\dfrac{4\pi}{Z_0}\left\|\boldsymbol{p}_{\mathrm{tx}}(\theta_{\mathrm{d}},\varphi_{\mathrm{d}},\omega)\right\|^2 \\ \boldsymbol{x}_{\mathrm{optimal}}(\omega)=\gamma\boldsymbol{p}_{\mathrm{tx}}(\theta_{\mathrm{d}},\varphi_{\mathrm{d}},\omega) \end{cases} \tag{12-14}$$

式中，γ 表示任意非零复数因子；$\|\cdot\|$ 表示 L^2 范数。因为 $\boldsymbol{x}(\omega)=\boldsymbol{c}^*(\omega)$，$\boldsymbol{p}_{\mathrm{tx}}(\theta,\varphi,t)=\boldsymbol{p}_{\mathrm{rx}}(\theta,\varphi,t)$，所以有

$$\boldsymbol{c}_{\mathrm{optimal}}(\omega)=\gamma^*\boldsymbol{p}_{\mathrm{rx}}^*(\theta_{\mathrm{d}},\varphi_{\mathrm{d}},\omega) \tag{12-15}$$

对比式(12-7)和式(12-15)并令 $\gamma=s(\omega)$，可得 $\boldsymbol{c}_{\mathrm{optimal}}(\omega)=\boldsymbol{y}^*(\omega)=\boldsymbol{a}(\omega)$，即使用时间反演激励 $\boldsymbol{a}(\omega)$ 获得的方向图在目标角度 $(\theta_{\mathrm{d}},\varphi_{\mathrm{d}})$ 处的增益 $G(\theta_{\mathrm{d}},\varphi_{\mathrm{d}},\omega)$ 比使用其他任何激励 $\boldsymbol{c}(\omega)$ 获得的增益都要大。需要注意的是，目标角度 $(\theta_{\mathrm{d}},\varphi_{\mathrm{d}})$ 处的最大增益 $G_{\max}(\theta_{\mathrm{d}},\varphi_{\mathrm{d}},\omega)$ 并不一定是阵列方向图的全角域最大值。

使用时间反演波束综合方法获得的方向图的另一个特征是在宽带范围内具有精确的波束指向。为了简化表述，将式(12-10)写为

$$\left|F_n(\theta,\varphi,\omega)\right|=\left\|\boldsymbol{p}_{\mathrm{tx}}(\theta,\varphi,\omega)\right\|\cos(\alpha) \tag{12-16}$$

式中，$\cos(\alpha)$ 定义为

$$\cos(\alpha)=\frac{\left|\left[\boldsymbol{p}_{\mathrm{rx}}^*(\theta_{\mathrm{d}},\varphi_{\mathrm{d}},\omega)\right]^{\mathrm{T}}\boldsymbol{p}_{\mathrm{tx}}(\theta,\varphi,\omega)\right|}{\left\|\boldsymbol{p}_{\mathrm{rx}}^*(\theta_{\mathrm{d}},\varphi_{\mathrm{d}},\omega)\right\|\cdot\left\|\boldsymbol{p}_{\mathrm{tx}}(\theta,\varphi,\omega)\right\|} \tag{12-17}$$

此处 $0\leqslant\cos(\alpha)\leqslant1$。需要指出的是，归一化方向图 $\left|F_n(\theta,\varphi,\omega)\right|$ 与实际实现的方向图 $\left|F(\theta,\varphi,\omega)\right|$ 具有相同的形状，所以 $\left|F(\theta,\varphi,\omega)\right|$ 和 $\left|F_n(\theta,\varphi,\omega)\right|$ 的最大波束指向的分析结果是可以相互等效的，即

$$\left(\hat{\theta}(\omega),\hat{\varphi}(\omega)\right)=\underset{\theta\in[0,\pi],\varphi\in[0,2\pi]}{\arg\max}\left\{\left|F_n(\theta,\varphi,\omega)\right|\right\} \tag{12-18}$$

接下来讨论 $\left(\hat{\theta}(\omega),\hat{\varphi}(\omega)\right)$ 和 $(\theta_{\mathrm{d}},\varphi_{\mathrm{d}})$ 是否相等。为了回答这个问题，考虑如下两种情况，情况一和情况二的含义分别如图 12-2(a)和(b)所示。

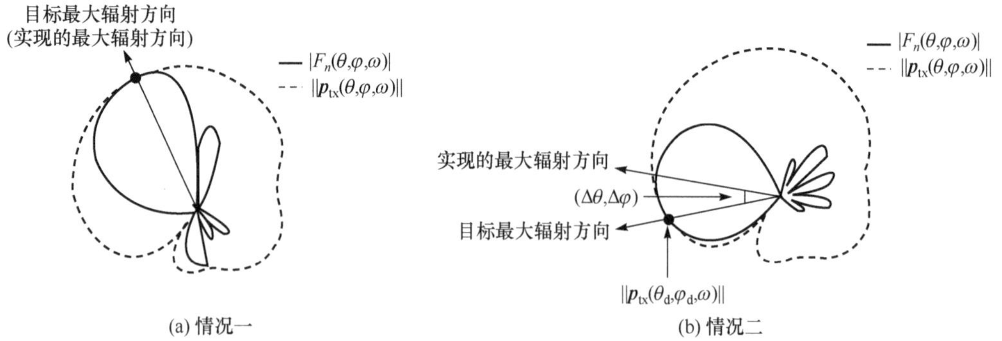

图 12-2 不同情况下时间反演激励方向图的波束指向与目标指向的关系

情况一：$\boldsymbol{p}_{\text{tx}}(\theta,\varphi,\omega)$ 在任何其他角度的范数都小于或等于在 $(\theta_{\text{d}},\varphi_{\text{d}})$ 的范数，即

$$\left\|\boldsymbol{p}_{\text{tx}}(\theta,\varphi,\omega)\big|_{\theta\neq\theta_{\text{d}},\varphi\neq\varphi_{\text{d}}}\right\| \leqslant \left\|\boldsymbol{p}_{\text{tx}}(\theta_{\text{d}},\varphi_{\text{d}},\omega)\right\| \tag{12-19}$$

将式(12-19)代入式(12-16)得

$$\left|F_n(\theta,\varphi,\omega)\right| \leqslant \left\|\boldsymbol{p}_{\text{tx}}(\theta_{\text{d}},\varphi_{\text{d}},\omega)\right\|\cos(\alpha) \tag{12-20}$$

根据式(12-17)，式(12-20)可以进一步写为

$$\left|F_n(\theta,\varphi,\omega)\right| \leqslant \left|F_n(\theta_{\text{d}},\varphi_{\text{d}},\omega)\right| \tag{12-21}$$

式(12-21)表明 $\left|F_n(\theta_{\text{d}},\varphi_{\text{d}},\omega)\right|$ 是归一化方向图的最大值，且该方向图的主瓣指向 $(\theta_{\text{d}},\varphi_{\text{d}})$，即 $\left(\hat{\theta}(\omega),\hat{\varphi}(\omega)\right)=(\theta_{\text{d}},\varphi_{\text{d}})$。这说明，在式(12-19)所示的情况下，时间反演波束综合方法得到的方向图 $\left|F_n(\theta,\varphi,\omega)\right|$ 的主瓣在所有频率都能精确地指向 $(\theta_{\text{d}},\varphi_{\text{d}})$。

从第 3 章已经知道，时间反演在频域等效于相位共轭。作为时间反演在单频点的特殊情况，相位共轭已经在方向回溯阵列中获得了广泛应用，使用该技术的阵列可以自适应地追踪目标[7,8]。

情况二：$\boldsymbol{p}_{\text{tx}}(\theta,\varphi,\omega)$ 在某些角度的范数大于在 $(\theta_{\text{d}},\varphi_{\text{d}})$ 的范数。一般情况下，由于单元方向图的各向异性以及阵元互耦的影响，阵列天线在某些角度具有扫描盲点，即阵列的辐射能力较弱或无法到达的方向。由式(12-14)可知，阵列方向图在每一个方向的最大增益均可由 $\left\|\boldsymbol{p}_{\text{tx}}(\theta,\varphi,\omega)\right\|$ 完整描述，也就是说，扫描盲点是和 $\left\|\boldsymbol{p}_{\text{tx}}(\theta,\varphi,\omega)\right\|$ 产生的方向图的零限位置相关的。在这种情况下，不考虑盲点方向的波束综合，因为阵列本身的物理特性决定了其不能将能量辐射到盲点方向。但当 $\left\|\boldsymbol{p}_{\text{tx}}(\theta,\varphi,\omega)\right\|$ 产生的方向图相对平坦且幅度变化不大时，由式 (12-16)和式(12-17)可知，由时间反演波束综合方法产生的方向图至少有一个波瓣覆盖 $(\theta_{\text{d}},\varphi_{\text{d}})$ 方向，也就是说，只要阵列具有将能量辐射向目标角度 $(\theta_{\text{d}},\varphi_{\text{d}})$ 的能力，使用时间反演波束综合方法就可以将能量辐射向该角度。

12.1.3　波束综合算例

本节采用 CST 微波工作室对三个具有不同结构的偶极子阵列进行仿真，以验证时间反演波束综合方法。仿真中用来照射阵列的平面波为高斯调制脉冲，其频谱范围为 1～5GHz。在按照时间反演波束综合方法获得阵列激励后，在 CST 中将其馈入相应的阵元以获得辐射波束。

1. 偶极子线阵

第一个仿真案例是一个由 10 个偶极子组成的线阵，用以模拟简单阵列情况，如图 12-3 所示。偶极子的总臂长为 40mm，中心馈电间隔为 1mm，孤立偶极子的中心频率为 3.05GHz，

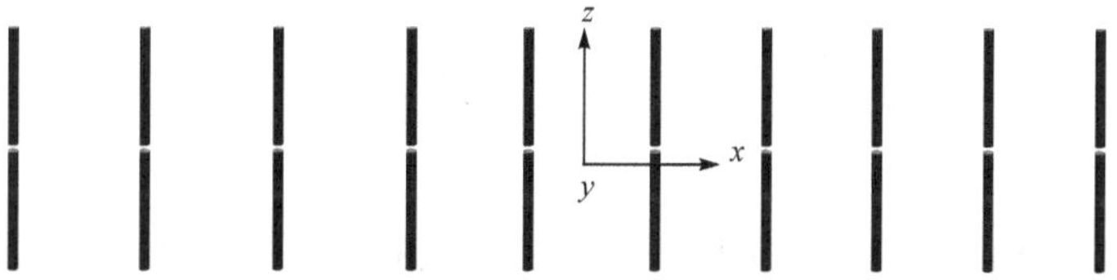

图 12-3　具有 10 个单元的自由空间偶极子线阵

−10dB 工作频段为 2.8～3.3GHz。阵列单元均匀分布，其相邻单元的间距为 45mm。

在仿真中，在 xOy 面选择 13 个目标角度进行验证，每个角度选择 5 个频点(2GHz、2.5GHz、3GHz、3.5GHz、4GHz)。波束的性能使用平均波束指向误差 $\Delta\varphi_{av}$ 来衡量，其定义为

$$\Delta\varphi_{av} = \frac{1}{K}\sum_{k=1}^{K}\left|\hat{\varphi}_d\left(\omega_k\right) - \varphi_d\right| \tag{12-22}$$

式中，K 为给定带宽内的频率采样总数；$\hat{\varphi}_d\left(\omega_k\right)$ 为在 xOy 面内实现的波束偏转角；φ_d 为目标偏转角。

为了直观地展示方向图综合效果，图 12-4 展示了目标角度分别为 45°和 90°时 2GHz、3GHz、4GHz 的方向图。从图 12-4 中可以看出，所实现的波束指向和目标波束指向吻合得很好。

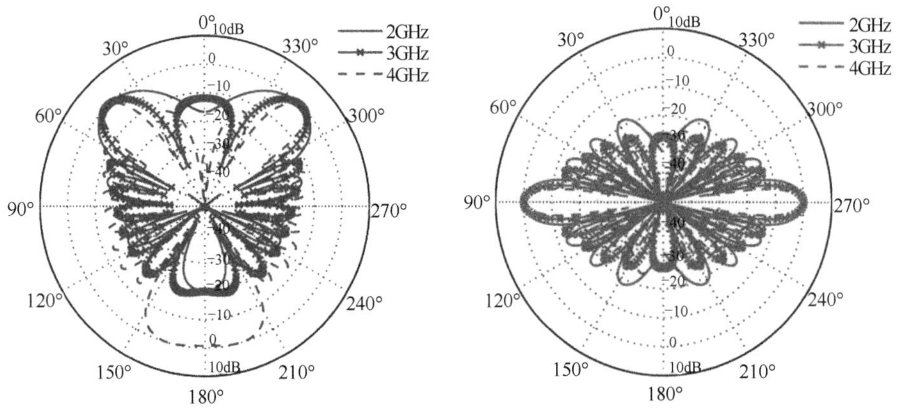

(a) 45°　　(b) 90°

图 12-4　偶极子线阵波束综合效果

使用式(12-22)计算的该线阵的平均波束指向误差 $\Delta\varphi_{av}$ 如图 12-5 所示。该方法获得的波束指向和目标波束指向之间的误差在 3°以内，这说明该方法对线阵具有较好的波束综合效果。

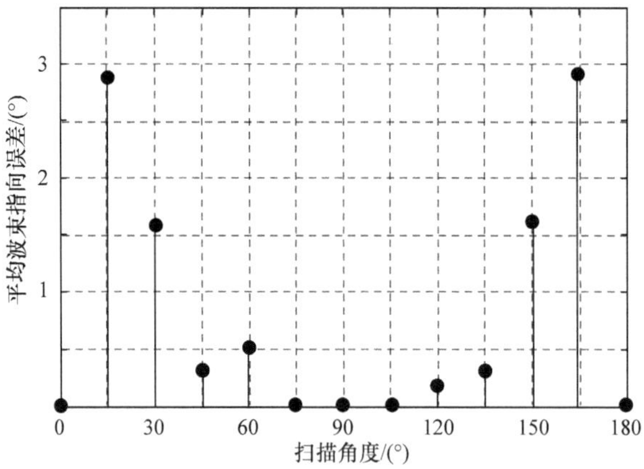

图 12-5　偶极子线阵的平均波束指向误差

2. 偶极子圆顶阵

所仿真的偶极子圆顶阵是一个由 13 个偶极子组成的圆顶阵，用以模拟复杂阵列情况，如图 12-6 所示。偶极子的总臂长为 38mm，中心馈电间隔为 1mm。圆顶由一个金属半球和一个

半径为 85mm、长为 40mm 的金属圆柱组成，阵列单元均匀分布在圆顶表面，距离圆顶表面 5mm。

在仿真中，在上半空间选择 16 个目标角度进行验证，目标角度分别为$\left(\theta_{\mathrm{d}}=90°,\varphi_{\mathrm{d}}=0°,45°,\cdots,315°\right)$，$\left(\theta_{\mathrm{d}}=0°,15°,\cdots,90°,\varphi_{\mathrm{d}}=0°\right)$以及$\left(\theta_{\mathrm{d}}=45°,\varphi_{\mathrm{d}}=45°\right)$，每个角度选择 4 个频点 (2.5GHz、3GHz、3.5GHz、4GHz)。图 12-7 直观地展示了目标角度为$\left(\theta_{\mathrm{d}}=45°,\varphi_{\mathrm{d}}=0°\right)$和$\left(\theta_{\mathrm{d}}=45°,\varphi_{\mathrm{d}}=45°\right)$时 3.5GHz 的三维方向图。使用式(12-22)计算的该线阵的平均波束指向误差 $\Delta\varphi_{\mathrm{av}}$ 如图 12-8 所示。对圆顶阵使用时间反演波束综合方法获得的波束指向和目标波束指向之间的误差在 xOz 面小于 2.5°、在 xOy 面小于 0.1°，这是由天线阵列的排放方式以及极化方式造成的。

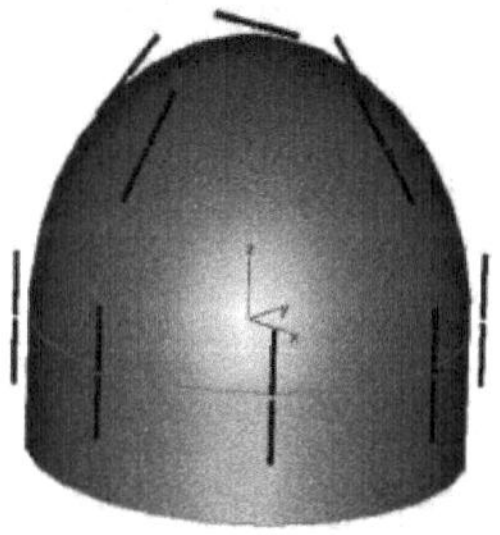

图 12-6　具有 13 个单元的偶极子圆顶阵

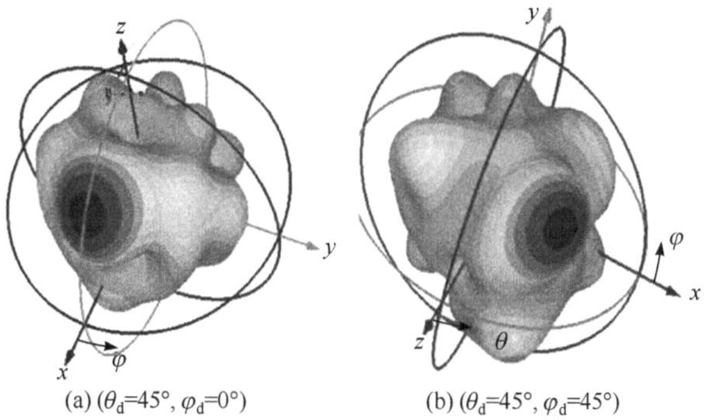

图 12-7　偶极子圆顶阵波束综合效果

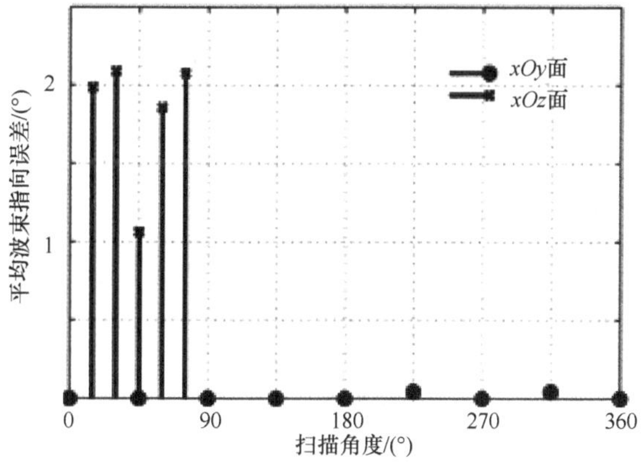

图 12-8　偶极子圆顶阵的平均波束指向误差

从以上仿真实例可以看出，基于时间反演电磁波方向回溯特性的波束综合方法对简单阵列和复杂阵列都可以具有很好的宽带波束综合效果，即在能量或信息传输系统中可以最大限度地将能量或信息传输至需求位置处。

12.2　基于时间反演的波束畸变纠正

天线罩罩体一般由天然或人工复合材料构成，这些介质材料的损耗以及与空气介电常数的差异，会影响罩内天线的辐射功率。此外，电磁波在透过特殊外形罩体时，不同位置的介质层对应的电磁波入射角和极化角不同，会出现不同的传输系数和插入相位延迟，从而导致波束偏转、方向图畸变。从 12.1 节的分析可知，不管天线阵列形状如何，时间反演电磁波都可以自适应地形成目标波束，因此将时间反演技术引入天线罩分析中，通过相对简单的时间反演操作就可以实现辐射波束的畸变纠正[9]。

12.2.1 天线罩辐射波束指向角偏差缩小

对于天线罩覆盖下的阵列天线辐射性能，首先验证 12.1 节的时间反演波束综合方法对顶部劈尖天线罩辐射波束指向角偏差的缩小效果。阵列天线位于 xOy 平面沿 x 轴排布，在阵列天线上方 40mm 处放置一个顶部劈尖天线罩，如图 12-9 所示。天线罩介质层的相对介电常数为 4.3，且上下表面之间夹角是 10°，天线罩在 x 轴和 y 轴进行大尺寸延伸以确保罩内辐射不会沿介质层边缘绕射。

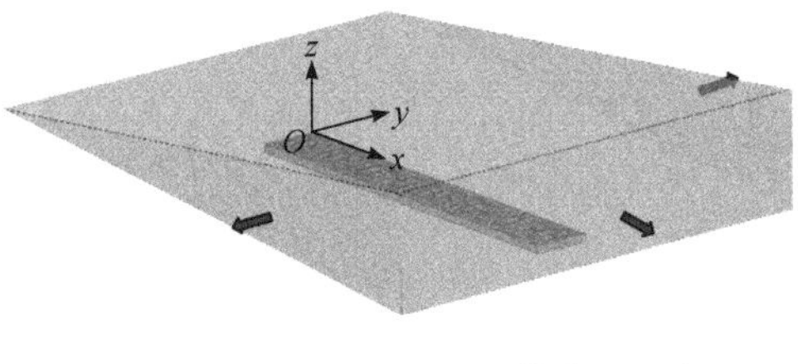

图 12-9 顶部劈尖天线罩计算模型示意图

下面比较通过传统直接波束形成方式和时间反演波束形成方式实现波束赋形的效果，以波束分别指向(45°, 0°)和(−30°, 0°)为例进行说明。图 12-10(a)、(c)、(e)和(g)分别展示了使用传统移相扫描方法时，阵列天线辐射透过顶部劈尖天线罩后的波束指向。图 12-10(b)、(d)、(f)和(h)则分别展示了使用时间反演方法时，阵列天线辐射透过顶部劈尖天线罩后的波束指向。由图可知，使用传统移相扫描方法时，顶部劈尖天线罩的辐射波束指向角偏差严重恶化。在图 12-10(a)和(c)计算案例中设计的目标方向是(−30°, 0°)，使用传统移相扫描波束指向最大偏差达到了 11°。特别地，当目标方向是(45°, 0°)时，在目标方向已无明显的主辐射特征。而采用时间反演方法后，天线罩辐射波束的普遍性偏差得以改善，波束指向偏差被缩小到 0.8°。

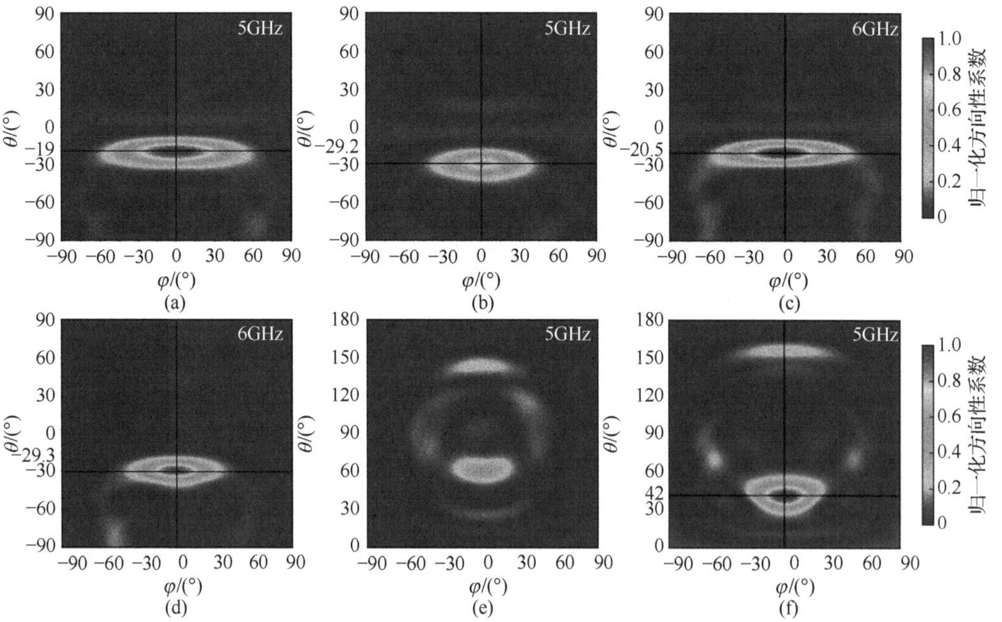

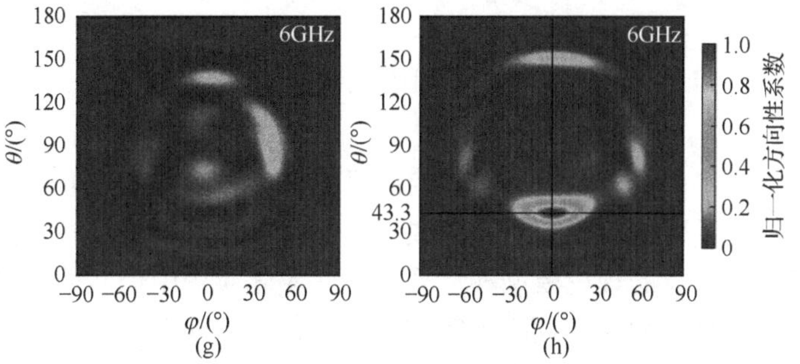

图 12-10 时间反演和传统波束综合方法获得的归一化辐射方向图对比

(a～d) 目标角度(−30°, 0°)；(e)～(h) 目标角度(45°, 0°)；(a/c/e/g) 传统波束综合方法；(b/d/f/h) 时间反演波束综合方法；(a/b/e/f) 5GHz 方向图；(c/d/g/h) 6GHz 方向图

12.2.2 天线罩辐射波束畸变纠正

结冰状态的天线罩具有特殊外形轮廓，其会对天线阵列辐射波束产生复杂散射，进而引发波束畸变。本节以结冰状态天线罩为例，展示时间反演波束综合方法纠正辐射波束畸变的效果，如图 12-11 所示。天线罩下层与天线阵列平行，上层模拟结冰状态。

图 12-12(a)和(b)分别为目标方向是(±45°, 0°)时，利用传统移相扫描方法和时间反演波束综合方法时，结冰天线罩的辐射情况。当使用传统移相扫描方法时，方向图在目标方向的辐射被严重削弱，主瓣产生明显分裂，出现了明显的天线罩致辐射波束畸变；当使用时间反演波束综合方法时，结冰天线罩的辐射畸变得到明显的改善，辐射主瓣指向目标方向且在目标方向上有较高的辐射增益。

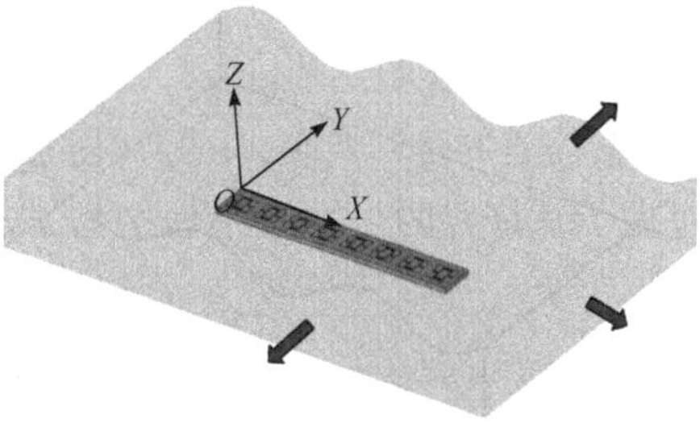

图 12-11 表面结冰天线罩覆盖的阵列天线

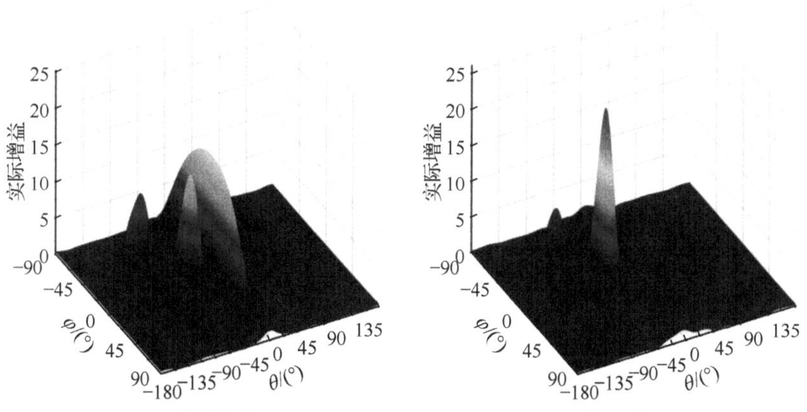

(a) 传统方法 (b) 时间反演方法

图 12-12 目标波束指向−45°时传统方法和时间反演方法获得的远场方向图

除综合特定指向的波束以及波束正畸外，基于时间反演波束综合流程，还可以综合出贝塞尔波等非衍射波，有兴趣的读者可以阅读文献[10]。

12.3 基于时间反演的场综合

在电磁技术日益成熟的今天，近场聚焦控制已经成为科研界和工业界争相攻克的重要课题。这一技术在无线能量传输、无衍射波生成以及高清成像等领域具有广泛的应用前景。然而，尽管学术界提出了大量的理论模型和计算方法，实际应用中仍然面临着理论预测与实验结果之间存在误差、处理过程复杂度高等问题，尤其是在处理大角度入射和复杂区域聚焦等高难度问题时，现有方法的局限性尤为明显。时间反演算法的提出在很大程度上降低了问题的复杂性并在复杂场景下提高了精度，时间反演操作可以将信道和场的信息混合并反馈回发射阵列。本节以时间反演-向量拟合方法为例[11]，以点带面地展示基于时间反演的场综合方法。

12.3.1 时间反演-向量拟合场综合方法原理

和基于时间反演技术综合波束的流程类似，基于时间反演综合场也是由时间反演镜反演并发射接收信号，从而产生目标场。时间反演镜接收到的信号可以表达为

$$S_R(t)=S_S(t)*\sum_{i=1}^{M}a_i\tau(t-t_i)+n(t) \tag{12-23}$$

式中，$S_R(t)$是接收到的信号；$S_S(t)$是传输的信号；a_i是第i个传输信道的振幅响应；t_i是第i个传输信道的延迟响应；$n(t)$是信息的物理损失，包括阵列的限制和在信道中丢失的部分，这些是无法恢复的。为了解决信息丢失问题，参考向量拟合方法并引入了一个缩放函数δ，其定义如下：

$$\delta^n(t)\left[S_R^n(t)*h(t)+2n(t)\right]=S^{\text{target}}(t) \tag{12-24}$$

式中，n是迭代次数。定义时间反演操作为

$$\begin{aligned}h(t)&=\sum_{i=1}^{M}\tau(t-t_i)*\sum_{j=1}^{M}\tau(t+t_j)\\&=\sum_{i=1}^{M}a_i^2+\sum_{i=1}^{M}\sum_{j=1\cup j\neq i}^{M}a_ia_j\tau(t-t_i+t_j)\end{aligned} \tag{12-25}$$

将式(12-24)同样改写成该形式：

$$\begin{aligned}S^{\text{target}}(t)&=\sum_{i=1}^{M}c_i^2+\sum_{i=1}^{M}\sum_{j=1\cup j\neq i}^{M}c_ic_j\tau(t-t_i+t_j)\\S_R^n(t)*h(t)+n(t)&=\sum_{i=1}^{M}b_i^2+\sum_{i=1}^{M}\sum_{j=1\cup j\neq i}^{M}b_ib_j\tau(t-t_i+t_j)\\\delta^n(t)\left[S_R^n(t)*h(t)+2n(t)\right]&=\sum_{i=1}^{M}\delta_ib_i^2+\sum_{i=1}^{M}\sum_{j=1\cup j\neq i}^{M}\delta_ib_i\delta_jb_j\tau(t-t_i+t_j)\end{aligned} \tag{12-26}$$

从式(12-26)可以看出，$\delta(t)$可以理解为对于每一条信道的幅度控制。从物理意义上理解，δ为每一次目标与算法输出场值的比值，该比值反映了下一次的输入应该增加或者减少，所以可以取下一次时间反演过程的输入为$\delta(t)$。接下来实施时间反演操作，在时间反演后，可以得到第n次的算法输入和输出分别为

$$S_S^n(t) = \delta^{n-1}(t) * \sum_{j=1}^{M} a_j \tau(t + t_j) + n(t)$$
$$S_R^n(t) = \delta^{n-1}(t) * h(t) + n(t) \tag{12-27}$$

从式(12-27)可以看出，每一次迭代的输入都是经过目标值约束后的上一次迭代输出结果，当输出值与目标差距过大时，由于时间反演的特性，会将这种比值信息反馈给阵列，从而调整下一次的输入。在多次迭代后，当输出与目标之间的约束达到稳定时，算法停止。每一次的迭代，都会有时间反演项 $h(t)$，证明该算法无论在正过程还是逆过程时刻都保留了信道信息，而阵列信息保存在每一次的正过程中。这样，所有的物理信息都被算法所考虑到。当尺度函数 δ 达到稳定时，算法停止，得到最终阵列对于该目标的极限值。该算法的收敛性证明如下。将时间反演操作展开，并且将目标展开成相同形式：

$$S_S^n(t) = \frac{\sum_{i=1}^{M} c_i^2 + \sum_{i=1}^{M} \sum_{j=1 \cup j \neq i}^{M} c_i c_j \tau(t - t_i + t_j)}{\sum_{i=1}^{M} \delta_i b_i^2 + \sum_{i=1}^{M} \sum_{j=1 \cup j \neq i}^{M} \delta_i b_i \delta_j b_j \tau(t - t_i + t_j)} * h(t) + n(t)$$
$$= (A + B) * h(t) + n(t) = A * A_1 + B_1 + n(t) \tag{12-28}$$

式中，A 代表主信道；B 代表其他信道；A_1 代表时间反演后的主瓣加强。随着 δ_i 的不断修正，最终稳定后会出现：

$$\delta_i b_i = c_i \tag{12-29}$$

当在频域中进行操作时，信道的个数通常只有一个，时间反演的卷积操作后得到的将是目标：

$$S_R^{n \to \infty}(t) = S^{\text{target}}(t) + n(t) \tag{12-30}$$

从式(12-30)可以看出，随着迭代次数的逐渐增加，算法最终会达到一个稳定状态，在这一状态下，算法的输出结果将与预定目标趋于一致。每次迭代所做的调整主要针对信号的主瓣和副瓣幅度，以优化聚焦效果。然而，值得注意的是，即便在迭代过程达到稳定状态后，算法的输出结果与预定目标之间仍可能存在一定的差异。这种差异主要源于 $n(t)$ 项，即由于物理限制和信道特性引起的信息损失，这部分损失是固有的，无法通过算法迭代完全消除。

时间反演-向量拟合场综合方法的流程如图 12-13 所示，算法步骤如下。

第一步：获取阵列 I_{mn} 的每个天线的随机向量激励。

第二步：检查中间变量 δ 是否稳定。如果 δ 保持稳定，则输出当前 I_{mn} 并结束流程。如果 δ 不稳定，则继续进行下一步。

第三步：调整 I_{mn} 以匹配实际阵列情况。

第四步：获取目标区域电场信息。

第五步：计算中间变量 $\delta = E^{\text{target}} / E^n$，将 δ 作为输入，使用时间反演计算下一轮 I_{mn}。

上述流程是一个闭环系统，不断地通过时间反演和 δ 的调整来迭代优化阵列的聚焦性能。直至中间变量 δ 的值稳定，算法才会停止迭代并输出结果。这个过程可能涉及多轮的计算，直到达到满意的聚焦效果为止。通过将时间反演技术与向量拟合方法相结合，不仅能够在逆过程中保留更完整的信息，还能够通过全局优化来指导参数的有效调整，从而提高算法的整体性能和应用范围。

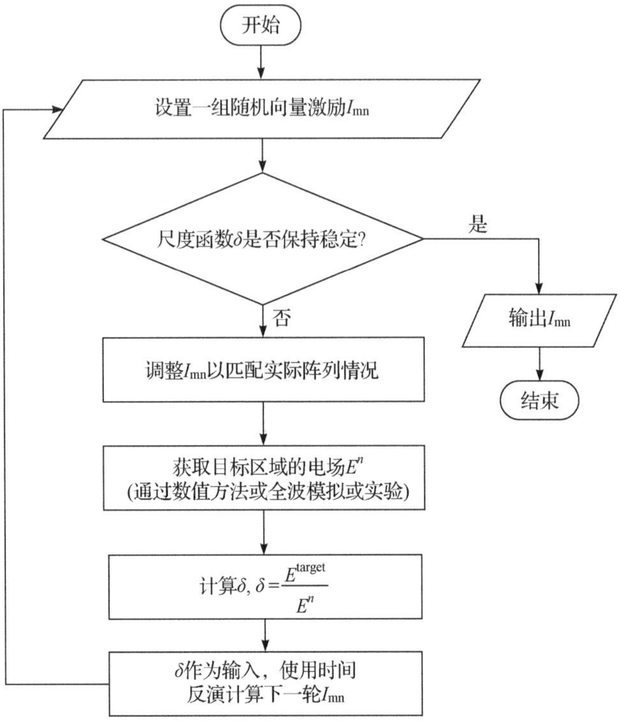

图 12-13　时间反演-向量拟合场综合方法流程

12.3.2　场综合案例

第 12.3.1 节介绍的时间反演-向量拟合场综合方法对目标场的形状没有限制，因此能够以任何形状为目标进行优化。本节以一个双矩形目标场为例展示该方法的场综合结果。首先设定两个正方形目标区域，如图 12-14 所示，整体仿真频率定为 12.4GHz，目标高度设置为 8λ，两个目标中心与阵列中心的夹角设为 54°，方形目标的大小为 $2.5\lambda\times2.5\lambda$，发射阵列采用 20×20 布局，单元间距为 7mm，观测平面尺寸为$10\lambda\times10\lambda$，单元的调相范围为$[-180°,90°,180°]$，固定幅度不变。

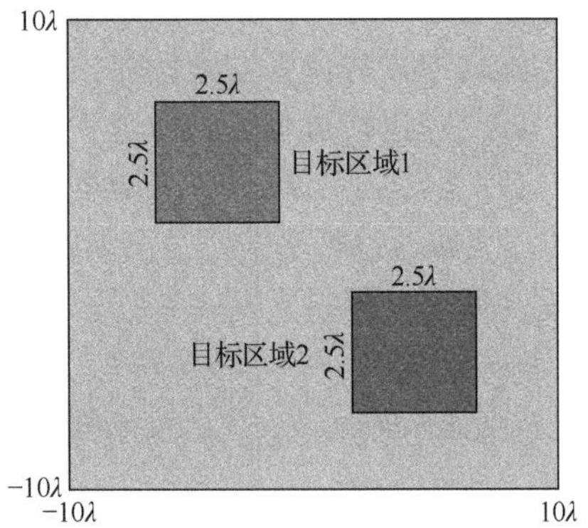

图 12-14　含两个正方形目标场区域的观测平面

图 12-15 展出了只采用时间反演方法获得的场综合结果。由图可知，该方法能有效模拟出两个聚焦斑的大致分布，但在位置和形状上与预定目标存在较大差异。该方法在处理多聚焦斑问题时的均方根误差为 8.85%。图 12-16 展示了应用时间反演-向量拟合场综合方法得到的结果。时间反演-向量拟合场综合方法不仅能准确模拟两个聚焦斑的分布，而且在位置和形状上都明显优于只使用时间反演获得的场分布。时间反演-向量拟合场综合方法的优势得益于在时间反演过程中使用了信道和目标信息的处理，且在向量拟合过程中加入了阵列信息。图 12-16(b)和(c)分别展示了在时间反演-向量拟合场综合方法下，发射源的幅度和相位分布。图 12-16(d)显示了方法的迭代过程，可以看到经过 23 次迭

代后，中间函数δ达到稳定，标志着方法的收敛，表明时间反演-向量拟合场综合方法具有快速稳定的特性。经过计算，时间反演-向量拟合场综合方法在解决多聚焦斑问题时的均方根误差显著降低至 3.48%。

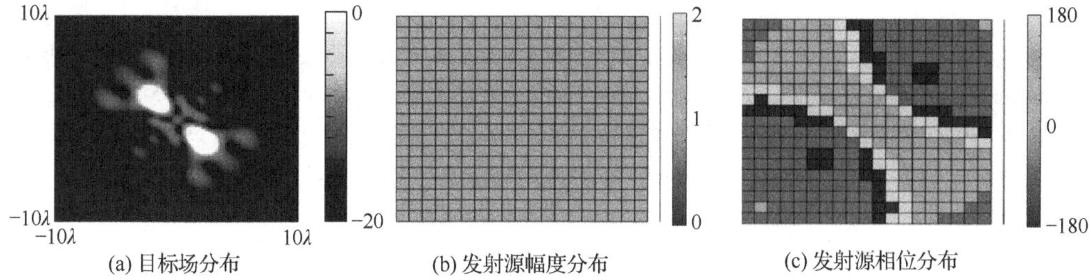

图 12-15　基于时间反演方法的场综合结果

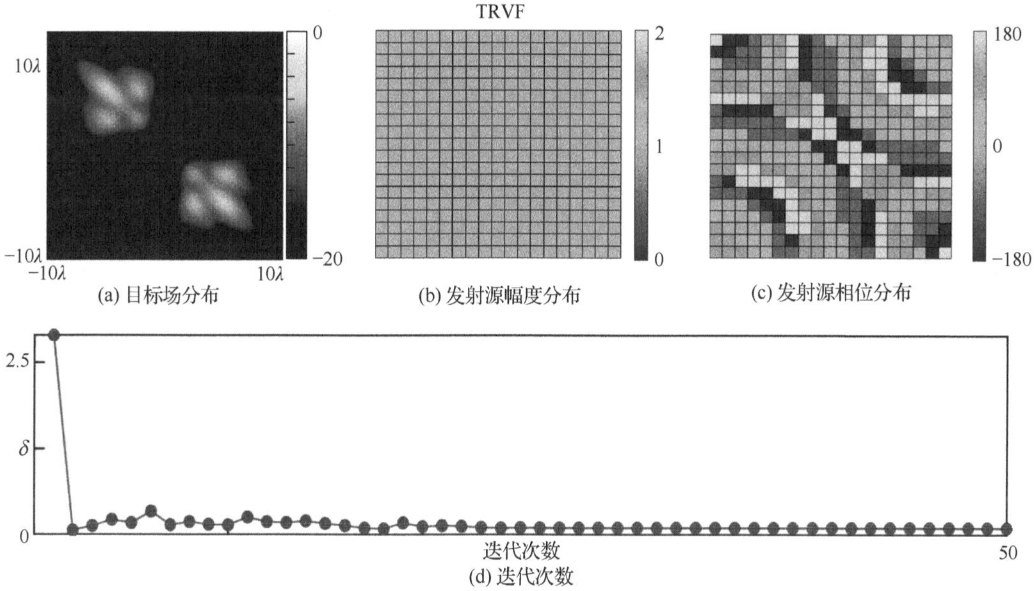

图 12-16　基于时间反演-向量拟合场综合方法的场综合结果

参 考 文 献

[1] 王任. 用于时间反演电磁系统的密集多端口天线及阵列研究[D]. 成都: 电子科技大学, 2018.

[2] FARR E G, BAUM C E. Time domain characterization of antennas with TEM feeds[J]. Sensor and simulation notes, 1998, 426: 1-16.

[3] BAUM C E. General properties of antennas[J]. IEEE transactions on electromagnetic compatibility, 2002, 44(1): 18-24.

[4] SMITH G S. A direct derivation of a single-antenna reciprocity relation for the time domain[J]. IEEE transactions on antennas and propagation, 2004, 52(6): 1568-1577.

[5] ZHAO D S, JIN Y W, WANG B Z, et al. Time reversal based broadband synthesis method for arbitrarily structured beam-steering arrays[J]. IEEE transactions on antennas and propagation, 2012, 60(1): 164-173.

[6] GOLUB G H, VAN LOAN C V. Matrix computations[M]. 3rd ed. Baltimore: The Johns Hopkins University Press, 1996.

[7] MIYAMOTO R Y, ITOH T. Retrodirective arrays for wireless communications[J]. IEEE microwave magazine,

2002, 3(1): 71-79.
[8] GUO Y C, SHI X W, CHEN L. Retrodirective array technology[J]. Progress in electromagnetics research B, 2008, 5: 153-167.
[9] 安腾远，丁霄，王秉中．基于时间反演技术的复杂天线罩辐射波束畸变纠正[J]. 物理学报，2023，72(3): 62-70.
[10] HAN X, DING S, JIA Q S, et al. Control of time-reversal aperture by high-precision phase-modulated and dual-polarized metasurface[J]. IEEE transactions on antennas and propagation, 2023, 71(6): 5446-5451.
[11] HAN X, DING S, JIA Q S, et al. Limit values acquisition in field control problems using information-based time-reversal technique[J]. IEEE transactions on antennas and propagation, 2023, 71(9): 7694-7699.

第 13 章　时间反演电磁器件逆设计

随着器件向多功能、高集成度发展，各功能模块之间耦合数量的增多导致传统模块设计方法的设计复杂度、设计难度陡然增加。寻找一种非模块化的新型设计方法势在必行，正因如此，逆设计问题在诸多领域都受到了国内外学者的广泛关注[1-3]。电磁器件的逆设计流程可概括为以下三步。第一步，由目标的端口参数出发，得到器件的端口场分布，这一步是逆设计过程中初始条件的准备工作。例如，已知端口 S 参数，可以根据端口导波结构(矩形波导、微带线或其他)的特性确定其定义 S 参数的工作模式的场的空间分布，并由 S 参数导出端面场时域/频域分布，进而推导出含有时空信息完整的端口场分布供逆设计过程使用。第二步：由器件的端口场分布推导、计算出器件内部局域场分布，这一步涉及逆设计的实质，是逆设计的核心步骤。第三步：将器件内部局域场分布转换为器件内部对应的结构分布完成设计，探寻场与结构的关系。本章将介绍基于时间反演实现端口场和内部场转换的方法，以及基于时间反演场构造初始拓扑结构加速逆设计过程的方法。

13.1　基于时间反演的电磁器件端口场与内部场转换

本节主要针对上述流程的第二步提出解决方法，即完成由端口场到内部场之间的转换。理论结果表明，在利用端口参数得到端口场分布后，对端口场分布施加时间反演操作获得端口反演源，端口反演源在器件内部形成一定的场分布，只要能实现该场分布的时间反演分布，便可在端口处获得期望的端口参数。本节立足于等效原理和并矢格林函数从数理模型和理论证明两个方面阐述该理论[4]。

13.1.1　电磁器件端口场与内部场的转换理论

考虑如图 13-1 所示的空间拓扑关系，表面 a 作为设计域，代表着器件内部某一部分的场分布，对应器件内部的具体结构，是待求解量；表面 b 作为目标域，代表着设计过程中器件的端口场分布，在器件逆设计过程中这是已知的，其中上角标的正负符号表示紧贴该表面的一层虚拟平面。

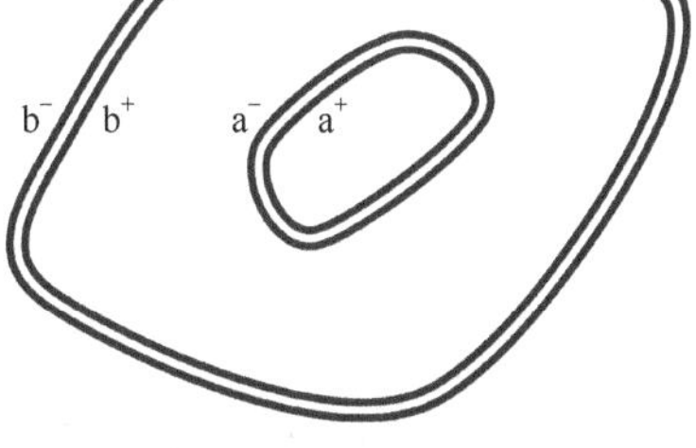

图 13-1　空间拓扑关系

若在 a 表面上存在着连续的面电流 $\boldsymbol{J}^{\mathrm{a}}$ 、磁流源 $\boldsymbol{M}^{\mathrm{a}}$ ，根据电磁场格林函数和电磁场的叠加原理，可将 $\boldsymbol{J}^{\mathrm{a}}$、$\boldsymbol{M}^{\mathrm{a}}$ 在 b 上形成的场表示为式(13-1)，简写为式(13-2)

$$
\begin{aligned}
\boldsymbol{E}^{\mathrm{b}} &= f_{\mathrm{E}}\left(\boldsymbol{J}^{\mathrm{a}}, \boldsymbol{M}^{\mathrm{a}}\right) = \langle \boldsymbol{G}^{\mathrm{EJ}}; \boldsymbol{J}^{\mathrm{a}} \rangle + \langle \boldsymbol{G}^{\mathrm{EM}}; \boldsymbol{M}^{\mathrm{a}} \rangle \\
\boldsymbol{H}^{\mathrm{b}} &= f_{\mathrm{H}}\left(\boldsymbol{J}^{\mathrm{a}}, \boldsymbol{M}^{\mathrm{a}}\right) = \langle \boldsymbol{G}^{\mathrm{HJ}}; \boldsymbol{J}^{\mathrm{a}} \rangle + \langle \boldsymbol{G}^{\mathrm{HM}}; \boldsymbol{M}^{\mathrm{a}} \rangle
\end{aligned} \tag{13-1}
$$

$$\boldsymbol{F}^{\mathrm{b}}=f_{\mathrm{F}}\left(\boldsymbol{J}^{\mathrm{a}},\boldsymbol{M}^{\mathrm{a}}\right)=\langle\boldsymbol{G}^{\mathrm{FJ}};\boldsymbol{J}^{\mathrm{a}}\rangle+\langle\boldsymbol{G}^{\mathrm{FM}};\boldsymbol{M}^{\mathrm{a}}\rangle,\quad \mathrm{F=E(H)} \tag{13-2}$$

式中，$\boldsymbol{G}^{\mathrm{PQ}}\left(\boldsymbol{r},\boldsymbol{r}'\right)$为并矢格林函数，表示位于$\boldsymbol{r}'$处的$Q$源与位于$\boldsymbol{r}$处的$P$场之间的联系；$\langle\rangle$为两个函数在公共区域上的乘积，用“,”隔开，写作“;”，表示乘积的形式为内积。

器件设计的最终目的是在设计域a中合理地排布结构，使其等效电流源、磁流源在表面b上形成的场符合特定需求。显然，这是一个逆问题，即寻找一组源分布$\left\{\boldsymbol{J}_{\mathrm{design}}^{\mathrm{a}},\boldsymbol{M}_{\mathrm{design}}^{\mathrm{a}}\right\}$，使其在 b 面处产生的场$\boldsymbol{F}_{\mathrm{design}}^{\mathrm{b}}$最大程度上与已知的期望场$\boldsymbol{F}_{\mathrm{target}}^{\mathrm{b}}$相同，即求解$\tilde{f}_{\mathrm{F}}\left(\boldsymbol{F}_{\mathrm{target}}^{\mathrm{b}}\right)$得到$\left\{\boldsymbol{J}_{\mathrm{design}}^{\mathrm{a}},\boldsymbol{M}_{\mathrm{design}}^{\mathrm{a}}\right\}$，使得代价函数$\mathcal{C}\left(\boldsymbol{J}_{\mathrm{design}}^{\mathrm{a}},\boldsymbol{M}_{\mathrm{design}}^{\mathrm{a}},\boldsymbol{F}_{\mathrm{target}}^{\mathrm{b}}\right)$式(13-4)最小，$\rho_{\mathrm{a,b}}$表示 a、b 两组数据的相关系数：

$$\left\{\boldsymbol{J}_{\mathrm{design}}^{\mathrm{a}},\boldsymbol{M}_{\mathrm{design}}^{\mathrm{a}}\right\}=\tilde{f}_{\mathrm{F}}\left(\boldsymbol{F}_{\mathrm{target}}^{\mathrm{b}}\right) \tag{13-3}$$

$$\mathcal{C}\left(\boldsymbol{J}_{\mathrm{design}}^{\mathrm{a}},\boldsymbol{M}_{\mathrm{design}}^{\mathrm{a}},\boldsymbol{F}_{\mathrm{target}}^{\mathrm{b}}\right)=1-\rho_{f_{\mathrm{F}}\left(\boldsymbol{J}_{\mathrm{design}}^{\mathrm{a}},\boldsymbol{M}_{\mathrm{design}}^{\mathrm{a}}\right),\boldsymbol{F}_{\mathrm{target}}^{\mathrm{b}}} \tag{13-4}$$

在已知$\boldsymbol{F}_{\mathrm{target}}^{\mathrm{b}}$、求解$\tilde{f}_{\mathrm{F}}\left(\boldsymbol{F}_{\mathrm{target}}^{\mathrm{b}}\right)$的过程中，可灵活地借助于等效原理。为了方便描述，分别用上角标“+”“−”表示紧贴该表面的内外两侧。在等效原理中，封闭面a^{+}内的电磁场是任意假定的，因此不妨令其内部为零场，则有

$$\boldsymbol{J}_{\mathrm{design}}^{\mathrm{a}}=\boldsymbol{H}^{\mathrm{a}-}\big|_{t}$$
$$\boldsymbol{M}_{\mathrm{design}}^{\mathrm{a}}=-\boldsymbol{H}^{\mathrm{a}-}\big|_{t} \tag{13-5}$$

借助并矢格林函数和等效原理，可以理论证明：利用端口期望场的时间反演场可在空间某一位置获得连续等效源，该连续等效源可在端口处产生与期望场接近的场分布。具体证明如下。

在目标域b待实现的特定场分布$\boldsymbol{E}_{\mathrm{target}}^{\mathrm{b}}$、$\boldsymbol{H}_{\mathrm{target}}^{\mathrm{b}}$是已知的，其时间反演场$\boldsymbol{E}_{\mathrm{target}}^{\mathrm{b}}{}^{*}$、$\boldsymbol{H}_{\mathrm{target}}^{\mathrm{b}}{}^{*}$在$\mathrm{a}^{-}$处产生场$\boldsymbol{E}_{\mathrm{solve}}^{\mathrm{a}-}$、$\boldsymbol{H}_{\mathrm{solve}}^{\mathrm{a}-}$，借助等效原理将其看作由位于表面b处的等效源$\boldsymbol{J}_{\mathrm{ideal}}^{\mathrm{b}}$、$\boldsymbol{M}_{\mathrm{ideal}}^{\mathrm{b}}$在$\mathrm{a}^{-}$处产生的场，故$\boldsymbol{E}_{\mathrm{solve}}^{\mathrm{a}-}$、$\boldsymbol{H}_{\mathrm{solve}}^{\mathrm{a}-}$写作式(13-6)，其时间反演场写作式(13-8)，其中$\boldsymbol{J}_{\mathrm{ideal}}^{\mathrm{b}}$、$\boldsymbol{M}_{\mathrm{ideal}}^{\mathrm{b}}$由等效原理写作式(13-7)。式(13-8)中，$\boldsymbol{E}_{\mathrm{target}}^{\mathrm{b}}$、$\boldsymbol{H}_{\mathrm{target}}^{\mathrm{b}}$已知，故$\boldsymbol{E}_{\mathrm{solve}}^{\mathrm{a}-}\left(\boldsymbol{r}_{\mathrm{a}}\right)^{*}$、$\boldsymbol{H}_{\mathrm{solve}}^{\mathrm{a}-}\left(\boldsymbol{r}_{\mathrm{a}}\right)^{*}$可求，再利用等效原理得式(13-9)即为所求：

$$\boldsymbol{E}_{\mathrm{solve}}^{\mathrm{a}-}\left(\boldsymbol{r}_{\mathrm{a}}\right)=\langle\boldsymbol{G}^{\mathrm{EJ}}\left(\boldsymbol{r}_{\mathrm{a}},\boldsymbol{r}_{\mathrm{b}}\right);\boldsymbol{J}_{\mathrm{ideal}}^{\mathrm{b}+}\rangle+\langle\boldsymbol{G}^{\mathrm{EM}}\left(\boldsymbol{r}_{\mathrm{a}},\boldsymbol{r}_{\mathrm{b}}\right);\boldsymbol{M}_{\mathrm{ideal}}^{\mathrm{b}+}\rangle$$
$$\boldsymbol{H}_{\mathrm{solve}}^{\mathrm{a}-}\left(\boldsymbol{r}_{\mathrm{a}}\right)=\langle\boldsymbol{G}^{\mathrm{HJ}}\left(\boldsymbol{r}_{\mathrm{a}},\boldsymbol{r}_{\mathrm{b}}\right);\boldsymbol{J}_{\mathrm{ideal}}^{\mathrm{b}+}\rangle+\langle\boldsymbol{G}^{\mathrm{HM}}\left(\boldsymbol{r}_{\mathrm{a}},\boldsymbol{r}_{\mathrm{b}}\right);\boldsymbol{M}_{\mathrm{ideal}}^{\mathrm{b}+}\rangle \tag{13-6}$$

$$\boldsymbol{J}_{\mathrm{ideal}}^{\mathrm{b}}=\boldsymbol{H}_{\mathrm{target}}^{\mathrm{b}+}{}^{*}\big|_{t}$$
$$\boldsymbol{M}_{\mathrm{ideal}}^{\mathrm{b}}=-\boldsymbol{E}_{\mathrm{target}}^{\mathrm{b}+}{}^{*}\big|_{t} \tag{13-7}$$

$$\boldsymbol{E}_{\mathrm{solve}}^{\mathrm{a}-}\left(\boldsymbol{r}_{\mathrm{a}}\right)^{*}=\langle\boldsymbol{G}^{\mathrm{EJ}}\left(\boldsymbol{r}_{\mathrm{a}},\boldsymbol{r}_{\mathrm{b}}\right)^{*};\boldsymbol{H}_{\mathrm{target}}^{\mathrm{b}+}\left(\boldsymbol{r}_{\mathrm{b}}\right)\big|_{t}\rangle-\langle\boldsymbol{G}^{\mathrm{EM}}\left(\boldsymbol{r}_{\mathrm{a}},\boldsymbol{r}_{\mathrm{b}}\right)^{*};\boldsymbol{E}_{\mathrm{target}}^{\mathrm{b}+}\left(\boldsymbol{r}_{\mathrm{b}}\right)\big|_{t}\rangle$$
$$\boldsymbol{H}_{\mathrm{solve}}^{\mathrm{a}-}\left(\boldsymbol{r}_{\mathrm{a}}\right)^{*}=\langle\boldsymbol{G}^{\mathrm{HJ}}\left(\boldsymbol{r}_{\mathrm{a}},\boldsymbol{r}_{\mathrm{b}}\right)^{*};\boldsymbol{H}_{\mathrm{target}}^{\mathrm{b}+}\left(\boldsymbol{r}_{\mathrm{b}}\right)\big|_{t}\rangle-\langle\boldsymbol{G}^{\mathrm{HM}}\left(\boldsymbol{r}_{\mathrm{a}},\boldsymbol{r}_{\mathrm{b}}\right)^{*};\boldsymbol{E}_{\mathrm{target}}^{\mathrm{b}+}\left(\boldsymbol{r}_{\mathrm{b}}\right)\big|_{t}\rangle \tag{13-8}$$

$$\boldsymbol{J}_{\mathrm{solve}}^{\mathrm{a}}=\boldsymbol{H}_{\mathrm{solve}}^{\mathrm{a}-}\left(\boldsymbol{r}_{\mathrm{a}}\right)^{*}\big|_{t}=\left[\langle\boldsymbol{G}^{\mathrm{HJ}}\left(\boldsymbol{r}_{\mathrm{a}},\boldsymbol{r}_{\mathrm{b}}\right)^{*};\boldsymbol{H}_{\mathrm{target}}^{\mathrm{b}+}\left(\boldsymbol{r}_{\mathrm{b}}\right)\big|_{t}\rangle-\langle\boldsymbol{G}^{\mathrm{HM}}\left(\boldsymbol{r}_{\mathrm{a}},\boldsymbol{r}_{\mathrm{b}}\right)^{*};\boldsymbol{E}_{\mathrm{target}}^{\mathrm{b}+}\left(\boldsymbol{r}_{\mathrm{b}}\right)\big|_{t}\rangle\right]\Big|_{t}$$

$$\boldsymbol{M}_{\text{solve}}^{\text{a}} = -\boldsymbol{E}_{\text{solve}}^{\text{a}-}\left(\boldsymbol{r}_{\text{a}}\right)^{*}\Big|_{t} = \left[\left\langle \boldsymbol{G}^{\text{EM}}\left(\boldsymbol{r}_{\text{a}},\boldsymbol{r}_{\text{b}}\right)^{*};\boldsymbol{E}_{\text{target}}^{\text{b}+}\left(\boldsymbol{r}_{\text{b}}\right)\Big|_{t}\right\rangle - \left\langle \boldsymbol{G}^{\text{EJ}}\left(\boldsymbol{r}_{\text{a}},\boldsymbol{r}_{\text{b}}\right)^{*};\boldsymbol{H}_{\text{target}}^{\text{b}+}\left(\boldsymbol{r}_{\text{b}}\right)\Big|_{t}\right\rangle\right]\Bigg|_{t} \tag{13-9}$$

式(13-9)的意义在于通过引入格林函数，利用取切向分量和频域共轭的操作，由已知场 $\boldsymbol{E}_{\text{target}}^{\text{b}}$、$\boldsymbol{H}_{\text{target}}^{\text{b}}$ 可求解出一组位于表面 a 处的源分布 $\left\{\boldsymbol{J}_{\text{solve}}^{\text{a}},\boldsymbol{M}_{\text{solve}}^{\text{a}}\right\}$，且该源分布的求解只与已知场 $\boldsymbol{E}_{\text{target}}^{\text{b}}$、$\boldsymbol{H}_{\text{target}}^{\text{b}}$ 和 a、b 平面之间的格林函数有关。不难证明，这组位于 a 处的源分布，在 b 处产生的场 $\boldsymbol{E}_{\text{rebuild}}^{\text{b}+}$、$\boldsymbol{H}_{\text{rebuild}}^{\text{b}+}$ 与期望场 $\boldsymbol{E}_{\text{target}}^{\text{b}+}$、$\boldsymbol{H}_{\text{target}}^{\text{b}+}$ 一致。理想情况下，代价函数 $\mathcal{C}\left(\boldsymbol{J}_{\text{solve}}^{\text{a}},\boldsymbol{M}_{\text{solve}}^{\text{a}},\boldsymbol{F}_{\text{target}}^{\text{b}+}\right)$ 为 0。代价函数为 0 的物理意义是由端口期望场的时间反演场可在器件内部形成的场中构建出连续等效源，该连续等效源的时间反演场在端口产生的场与端口期望场是一致的。由对偶原理式(13-10)：

$$\begin{aligned}\boldsymbol{E}_{\text{rebuild}}^{\text{b}+} &= f_{\text{E}}\left(\boldsymbol{J}_{\text{solve}}^{\text{a}},\boldsymbol{M}_{\text{solve}}^{\text{a}}\right) = c_1\boldsymbol{E}_{\text{target}}^{\text{b}+}\left(\boldsymbol{r}_{\text{b}}\right)\\ \boldsymbol{H}_{\text{rebuild}}^{\text{b}+} &= f_{\text{H}}\left(\boldsymbol{J}_{\text{solve}}^{\text{a}},\boldsymbol{M}_{\text{solve}}^{\text{a}}\right) = c_2\boldsymbol{H}_{\text{target}}^{\text{b}+}\left(\boldsymbol{r}_{\text{b}}\right)\end{aligned} \tag{13-10}$$

易证，代价函数 $\mathcal{C}\left(\boldsymbol{J}_{\text{solve}}^{\text{a}},\boldsymbol{M}_{\text{solve}}^{\text{a}},\boldsymbol{F}_{\text{target}}^{\text{b}+}\right)$ 的理论值为 0，其中 c_1、c_2 为常数。

13.1.2　端口场与内部场转换的案例验证

根据格林函数的互易性，将第 13.1.1 节的理论推导中涉及的上角标 a、b 对换推导仍然成立。事实上，上角标 a、b 的调换，可视作已知源和未知源的调换。如图 13-2 所示，第 13.1.1 节中理论对应的数值验证模型为图 13-2(a)，借助互易原理转换为图 13-2(b)所示的情形，即原有的已知源视作未知源，原有的未知源视作已知源。数值验证的目的是验证第 13.1.1 节理论的正确性，为了得到更为直观的观察效果，这里选用图 13-2(b)所示的情况进行验证，即将本文所提理论的数值验证问题转换为当表面 a 处为已知源，验证 up、down 两个表面的反演源在表面 a 处生成的重建源与已知的表面 a 处初始源的一致性。根据 13.1.1 节的理论推导，up、down 两个表面的反演源经激励会在表面 a 处生成与初始源趋势一致的重建源，两者的模值存在一定的比例关系，代价函数应趋近 0。

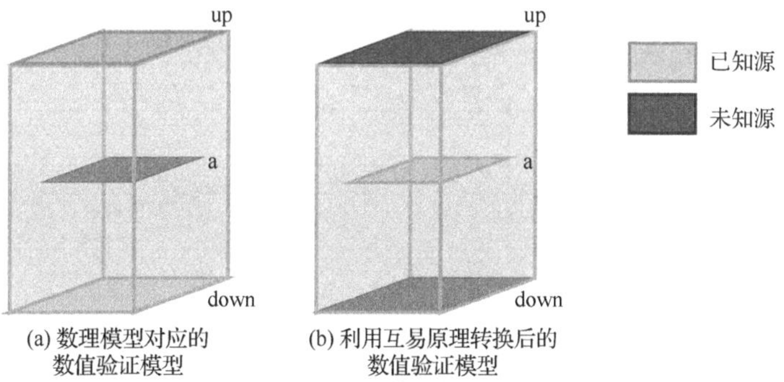

图 13-2　用于数值验证的问题转换示意图

数值仿真具体可分为以下三个步骤：

(1) 表面 a 上已知初始源的获得。

(2) 第一次仿真，初始源激励由 up、down 双平面记录场并获得反演源。

(3) 第二次仿真，由不同反演源激励，比较表面 a 处的重建源与已知初始源的异同，并计算其代价函数。

借助达索公司的商用电磁仿真软件CST微波仿真实验室和Python完成数值仿真及后续的数据分析处理。数值仿真实验的示意图所图13-3所示，对于图13-3(a)，自由空间中存在着up、down和a三个有限大平面，其平面方程为式(13-11)，D为该平面方程对应的定义域，λ为真空中10GHz电磁波所对应的波长；图(b)与图(a)尺寸相同，唯一的区别是图(b)四周是与up、down两个平面啮合的理想电导体(perfect electric conductor，PEC)边界。各平面均设有场监视器用以记录场分布，各平面的场分布记为$\boldsymbol{f}_{\text{field}}^{\text{surface}}$，其中$\text{field} \in \{E_x, E_y, E_z, H_x, H_y, H_z\}$，$\text{surface} \in \{\text{a,up,down}\}$。

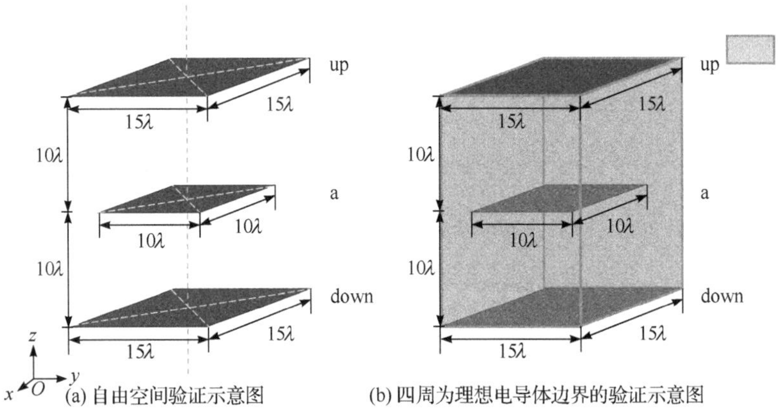

图13-3 数值仿真实验示意图

$$
\begin{aligned}
z_{\mathrm{a}} &= 0, \qquad & D_{\mathrm{a}} &= \{(x, y) \mid x \in [-5\lambda, 5\lambda], y \in [-5\lambda, 5\lambda]\} \\
z_{\mathrm{up}} &= 10\lambda, \qquad & D_{\mathrm{up}} &= \{(x, y) \mid x \in [-7.5\lambda, 7.5\lambda], y \in [-7.5\lambda, 7.5\lambda]\} \\
z_{\mathrm{down}} &= -10\lambda, \qquad & D_{\mathrm{down}} &= \{(x, y) \mid x \in [-7.5\lambda, 7.5\lambda], y \in [-7.5\lambda, 7.5\lambda]\}
\end{aligned} \tag{13-11}
$$

定义一种变换，记作$\mathcal{T}_{m,n}(\boldsymbol{x})$，该操作表示将连续量$\boldsymbol{x}$($\boldsymbol{x} \in \Re^2$)离散采样为$m \times n$的矩阵，通过这一变换，将理论推导中的连续源转换为具体的矩阵，象征离散源，进而方便后续数值仿真处理与计算。例如，连续的面电流源$\boldsymbol{J}_{\text{design}}^{\mathrm{a}}$离散采样如式(13-12)所示：

$$
\mathcal{T}_{m,n}\left(\boldsymbol{J}_{\text{design}}^{\mathrm{a}}\right) = \begin{bmatrix} \boldsymbol{J}_{11}^{\mathrm{a}} & \boldsymbol{J}_{12}^{\mathrm{a}} & \cdots & \boldsymbol{J}_{1,n}^{\mathrm{a}} \\ \boldsymbol{J}_{21}^{\mathrm{a}} & \boldsymbol{J}_{22}^{\mathrm{a}} & \cdots & \boldsymbol{J}_{2,n}^{\mathrm{a}} \\ \vdots & \vdots & & \vdots \\ \boldsymbol{J}_{m,1}^{\mathrm{a}} & \boldsymbol{J}_{m,2}^{\mathrm{a}} & \cdots & \boldsymbol{J}_{m,n}^{\mathrm{a}} \end{bmatrix} = \left(\boldsymbol{J}_{i,j}^{\mathrm{a}}\right)_{m \times n} \tag{13-12}
$$

简单起见，数值仿真中只对$\boldsymbol{f}_{E_x}^{\mathrm{a}}(x, y)$进行设计。不妨将peaks函数作为特定函数分布。peaks函数是通过转换和缩放高斯分布而获得的具有两个自变量的函数，记作$\text{peaks}_{\text{ori}}$，将其定义域由$\Re^2$限制为$D_{\mathrm{p}}$以获得更好的可视化效果，具体表达式为式(13-13)，归一化得式(13-14)，记作$p(x, y)$。有必要说明，数值仿真的目的仅在于对本文所提理论的正确性进行验证，引入peaks函数作为重建标准，是因为该函数容易获得且有解析表达式，利于后续进行相关性计算及定量分析；若直接选用已有的电磁器件进行实验验证，不易定量计算出重建场与目标场的相关性。

$$\mathrm{peaks}_{\mathrm{ori}}(x,y)=3(1-x)^2\mathrm{e}^{-x^2-(y+1)^2}-10\left(\frac{x}{5}-x^3-y^5\right)\mathrm{e}^{-x^2-y^2}-\frac{1}{3}\mathrm{e}^{-(x+1)^2-y^2}$$
$$D_{\mathrm{p}}=\{(x,y)|\ x\in[-3,3],y\in[-3,3]\} \tag{13-13}$$

$$P(x,y)=\frac{\mathrm{peaks}_{\mathrm{ori}}(x,y)-\min(\mathrm{peaks}_{\mathrm{ori}}(x,y))}{\max(\mathrm{peaks}_{\mathrm{ori}}(x,y))-\min(\mathrm{peaks}_{\mathrm{ori}}(x,y))}$$
$$D_{\mathrm{p}}=\{(x,y)|\ x\in[-3,3],y\in[-3,3]\} \tag{13-14}$$

$f_{E_x}^{\mathrm{a}}(x,y)$ 的定义域为 D_{a}， $p(x,y)$ 的定义域为 D_{p}，又因为 $D_{\mathrm{p}}\to D_{\mathrm{a}}$ 之间为单射，则有 $\mathscr{f}_1(p(x,y))\to\mathrm{Re}\{\boldsymbol{f}_{E_x}^{\mathrm{a}}(x,y)\}$、$\mathscr{f}_1(p(x,y))\to\mathrm{Im}\{\boldsymbol{f}_{E_x}^{\mathrm{a}}(x,y)\}$，$\mathscr{f}$ 表示某种映射关系。在数值仿真中，设置了频率均为 10GHz 点频的两种初始源，第一种源，其电场幅度等于 1，电场相位分布为 peaks 函数；第二种源的电场相位上同相分布，幅度分布为 peaks 函数，两种源分别记为 $\boldsymbol{f}_{E_x,\mathrm{P}}^{\mathrm{a}}(x,y)$ 和 $\boldsymbol{f}_{E_x,\mathrm{A}}^{\mathrm{a}}(x,y)$，简记为 $\boldsymbol{f}_{E_x,\xi}^{\mathrm{a}}(x,y)$、$\xi\in\{\mathrm{P},\mathrm{A}\}$，如式(13-15)所示。需要说明的是，在仿真过程中，采用 $\mathcal{T}_{218,218}\left(\boldsymbol{f}_{E_x,\xi}^{\mathrm{a}}\right)$ 作为第一次数值仿真中使用的激励源。

$$\begin{cases}\mathrm{Re}\left\{\boldsymbol{f}_{E_x,\mathrm{P}}^{\mathrm{a}}(D_{\mathrm{a}})\right\}=\cos\left(p(x,y)\cdot\pi\right)\\ \mathrm{Im}\left\{\boldsymbol{f}_{E_x,\mathrm{P}}^{\mathrm{a}}(D_{\mathrm{a}})\right\}=\sin\left(p(x,y)\cdot\pi\right)\\ \mathrm{abs}\left(\boldsymbol{f}_{E_x,\mathrm{P}}^{\mathrm{a}}(D_{\mathrm{a}})\right)=1\end{cases}$$
$$\begin{cases}\mathrm{Re}\left\{\boldsymbol{f}_{E_x,\mathrm{A}}^{\mathrm{a}}(D_{\mathrm{a}})\right\}=p(x,y)\\ \mathrm{Im}\left\{\boldsymbol{f}_{E_x,\mathrm{A}}^{\mathrm{a}}(D_{\mathrm{a}})\right\}=0\\ \mathrm{abs}\left(\boldsymbol{f}_{E_x,\mathrm{A}}^{\mathrm{a}}(D_{\mathrm{a}})\right)=\mathrm{abs}\left(p(x,y)\right)\end{cases} \tag{13-15}$$

第一次数值仿真以 10GHz 点频 $\mathcal{T}_{218,218}\left(\boldsymbol{f}_{E_x,\xi}^{\mathrm{a}}\right)$ 为激励源，在图 13-3(a)或(b)的情形下分别完成数值仿真。在 up、down 两个平面可分别获得两组场的所有数据，记作 $\mathcal{F}_{\mathrm{field}}^{\xi,\beta}$，$\xi\in\{\mathrm{P},\mathrm{A}\},\beta\in\{\mathrm{up},\mathrm{down}\},\mathrm{field}\in\{\mathrm{Ex},\mathrm{Ey},\mathrm{Ez},\mathrm{Hx},\mathrm{Hy},\mathrm{Hz}\}$，$\mathcal{F}_{\mathrm{field}}^{\xi,\beta*}$ 为对应场的时间反演场。由时间反演操作的频域等价性，$\mathcal{F}_{\mathrm{field}}^{\xi,\beta*}$ 可通过对记录场 $\mathcal{F}_{\mathrm{field}}^{\xi,\beta}$ 的实部或虚部进行反号操作获得，若记录场为电场则虚部取反，若记录场为磁场实部取反即可，$\mathcal{F}_{\mathrm{field}}^{\xi,\beta*}$ 用作第二次数值仿真中的激励源。

为了量化重建源与初始源的异同，选取合适的代价函数是很有必要的：

$$\mathcal{C}\left(\boldsymbol{J}_{\mathrm{design}}^{\mathrm{a}},\boldsymbol{M}_{\mathrm{design}}^{\mathrm{a}},\boldsymbol{F}_{\mathrm{target}}^{\mathrm{b}}\right)=1-\rho_{f_{\mathrm{F}}\left(\boldsymbol{J}_{\mathrm{design}}^{\mathrm{a}},\boldsymbol{M}_{\mathrm{design}}^{\mathrm{a}}\right),\boldsymbol{F}_{\mathrm{target}}^{\mathrm{b}}}$$
$$\rho_{f_{\mathrm{F}}\left(\boldsymbol{J}_{\mathrm{design}}^{\mathrm{a}},\boldsymbol{M}_{\mathrm{design}}^{\mathrm{a}}\right),\boldsymbol{F}_{\mathrm{target}}^{\mathrm{b}}}=\frac{\mathrm{cov}\left(f_{\mathrm{F}}\left(\boldsymbol{J}_{\mathrm{design}}^{\mathrm{a}},\boldsymbol{M}_{\mathrm{design}}^{\mathrm{a}}\right),\boldsymbol{F}_{\mathrm{target}}^{\mathrm{b}}\right)}{\sigma_{f_{\mathrm{F}}\left(\boldsymbol{J}_{\mathrm{design}}^{\mathrm{a}},\boldsymbol{M}_{\mathrm{design}}^{\mathrm{a}}\right)}\sigma_{\boldsymbol{F}_{\mathrm{target}}^{\mathrm{b}}}} \tag{13-16}$$

选取相关距离作为代价函数的原因是，由式(13-10)可知重建场与初始场只存在模值上的缩小，其变化趋势应当一致，而相关距离恰好是研究变量之间线性相关程度的量，因此将式(13-12)代入式(13-16)得式(13-17)，系离散情况下衡量重建场与期望场之间的代价函数，用以衡量重建场与初始场的相似程度：

$$\mathcal{C}\left(\boldsymbol{J}_{\text{design}}^{\text{a}}, \boldsymbol{M}_{\text{design}}^{\text{a}}, \boldsymbol{F}_{\text{target}}^{\text{b}}\right)=\mathcal{C}\left(\mathcal{T}_{m,n}\left(\boldsymbol{J}_{\text{design}}^{\text{a}}\right), \mathcal{T}_{m,n}\left(\boldsymbol{M}_{\text{design}}^{\text{a}}\right), \mathcal{T}_{m,n}\left(\boldsymbol{F}_{\text{target}}^{\text{b}}\right)\right) \tag{13-17}$$

在自由空间、四周为理想电导体边界两种条件下对两种不同的初始源，采用多种不同的信息进行重建，并计算其代价函数。源的选用及计算结果总结在表 13-1 中，缩略词 F P/A CF (free space phase/ amplitude rebuild cost function)，意为在图 13-3(a)所示的自由空间条件下，重建源与初始源 $\boldsymbol{f}_{E_x,\text{P}}^{\text{a}}(x,y)$ 或 $\boldsymbol{f}_{E_x,\text{A}}^{\text{a}}(x,y)$ 代价函数的计算结果；P P/A CF(space surrounded by PEC phase/ amplitude rebuild cost function)则表示在图 13-3(b)所示的四周为理想电导体边界条件下，重建源和初始源的代价函数计算结果。在重建过程中却并非要使用所有的反演源信息，既可以利用两个反演源的部分信息，也可以选用其中一个反演源的全部信息，甚至只利用部分反演源的部分信息。对 $\mathcal{T}_{218,218}\left(\boldsymbol{f}_{E_x,\text{P}}^{\text{a}}\right)$ 和 $\mathcal{T}_{218,218}\left(\boldsymbol{f}_{E_x,\text{A}}^{\text{a}}\right)$ 使用重建时，反演源的选用有以下几种可能，其代价函数计算结果总结在表 13-1 中，代价函数曲线绘制在图 13-4 中。

表 13-1 数值仿真结果表

序号	使用的反演源	field 域	FPCF	FACF	PPCF	PACF
1	$\mathcal{F}_{\text{field}}^{\xi,\text{up}*}$	field = {Ex,Ey,Ez,Hx,Hy,Hz}	0.0077	0.0647	0.0189	0.0712
2		field = {Ex,Ey,Ez}	0.0086	0.0784	0.0085	0.0735
3		field = {Ex,Ey}	0.0082	0.0750	0.0085	0.0735
4	$\mathcal{F}_{\text{field}}^{\xi,\text{down}*}$	field = {Ex,Ey,Ez,Hx,Hy,Hz}	0.0081	0.0624	0.0191	0.0735
5		field = {Ex,Ey,Ez}	0.0092	0.0703	0.0098	0.0707
6		field = {Ex,Ey}	0.0088	0.0668	0.0098	0.0707
7	$\mathcal{F}_{\text{field}}^{\xi,\text{up}*}$, $\mathcal{F}_{\text{field}}^{\xi,\text{down}*}$	field = {Ex,Ey,Ez,Hx,Hy,Hz}	0.0078	0.0635	0.0189	0.0713
8		field = {Ex,Ey,Ez}	0.0087	0.0747	0.0090	0.0718
9		field = {Ex,Ey}	0.0083	0.0712	0.0090	0.0718

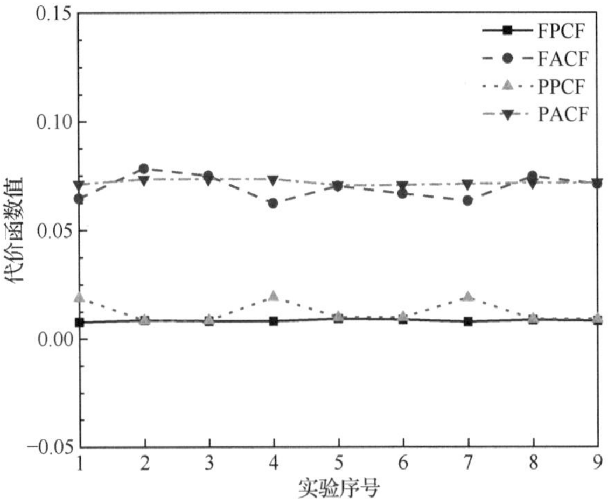

图 13-4 重建源代价函数计算结果

(1) 使用 $\mathcal{F}_{\text{field}}^{\xi,\text{up}*}$ 或 $\mathcal{F}_{\text{field}}^{\xi,\text{down}*}$ 对 $\boldsymbol{f}_{E_x,\xi}^{\text{a}}$ 重建，其中 field = {Ex,Ey} 或 field = {Ex,Ey,Ez} 或 field={Ex,Ey,Ez,Hx,Hy,Hz}。

(2) 使用 $\mathcal{F}_{\text{field}}^{\xi,\text{up}*}$ 和 $\mathcal{F}_{\text{field}}^{\xi,\text{down}*}$ 对 $\boldsymbol{f}_{E_x,\xi}^{\text{a}}$ 重建，其中 field = {Ex,Ey} 或 field = {Ex,Ey,Ez} 或 field = {Ex,Ey,Ez,Hx,Hy,Hz}。

观察表 13-1 及图 13-4 不难发现，不论使用何种信息，最终获得的重建源与初始源都十分接近，且在相同空间条件下，对相位源的重建结果总好于幅度源。使用两个平面的全部场信息能获得较好的重建效果，与 13.1.1 节的理论分析一致；使用两个平面的部分场信息仍能实现较好的重建效果，是因为根据稳态电磁场中的唯一性定理：在封闭面 S 包围的区域 V 中，当边界面 S 上电场强度的切向分量 $\boldsymbol{E}$ 或者磁场强度 $\boldsymbol{H}$ 给定时，体积 V 中任一点的电磁场由 Maxwell 方程唯一地确定，序号为 3、6、9 的仿真实验的成功重建说明了这一点。对于图 13-3(b)所示的条件，根据唯一性定理只需要知道 $\mathcal{F}_{\text{field}}^{\xi,\text{up}}$、$\mathcal{F}_{\text{field}}^{\xi,\text{down}}$ 的切向分量即可唯一地确定表面 **a** 的场分布，因此 field = {Ex,Ey}。对于图 13-3(a)所示的空间示意图，其四周为开放空间，根据唯一性定理若仅知道端口平面 up、down 的切向分量在理论上是不能完整重建初始源的，但因为重建场的极化较为单一，数值仿真实验仍然实现了较好的重建效果。

综上所述，基于时间反演技术可以实现端口场和内部场的转换，即解决本章首段所述逆设计第二步的关键问题。第 13.2 节将介绍基于时间反演场构造初始拓扑结构加速逆设计过程的方法，解决逆设计第三步的关键问题。

13.2　基于时间反演初值加速拓扑优化

逆设计任务的核心是根据已知的器件输入输出信息，逆向求解出器件设计区域的结构分布，以实现预期的目标性能。通常来说，根据器件外部的已知设计信息，难以直接求解出该逆设计问题，因此本节基于电磁器件逆散射模型，将波导输出端口的期望性能信息看作感应源主动辐射后的场在波导输出端口处表现出的结果，将器件波导输出端口信息与器件内部结构的电磁参数之间的非线性关系转化为波导输出端口信息与器件内部信息(感应源)之间的线性关系，将非线性的逆散射问题求解转化为线性的逆源问题求解，通过求解出的线性逆源问题解去确定非线性逆散射问题的初始解。该初始解可看作器件逆设计问题精确解的一个物理近似解，为确定器件的初始拓扑结构提供了理论指导。

13.2.1　介质导波器件拓扑优化模型

在介质导波器件逆设计中，介质导波器件外部的辐射源设定在介质导波器件的波导输入端口处，输入端口处的场分布为波导端口传输的光场模式。考虑单模工作(即介质波导主模)的情况下，波长为 λ 的光场从波导输入端口进入介质导波器件内部，与器件结构相互作用后，在波导输出端口处实现期望的器件目标性能。设计区域 Ω 内部期望设计的介电常数分布是未知的，如图 13-5 所示。

介质导波器件期望设计的未知介电常数 $\varepsilon_{\text{d}}(\boldsymbol{r})$ 分布嵌入在背景介电常数为 $\varepsilon_{\text{b}}(\boldsymbol{r})$ 的设计区域 Ω 中。在背景介质中传播的入射场 $\boldsymbol{E}_{\text{in}}$ 的照射激发下，设计区域(器件内部)中的电场与磁场分别为 $\boldsymbol{E}$ 和 $\boldsymbol{H}$。基于此，完成了介质导波器件逆设计模型的建立。

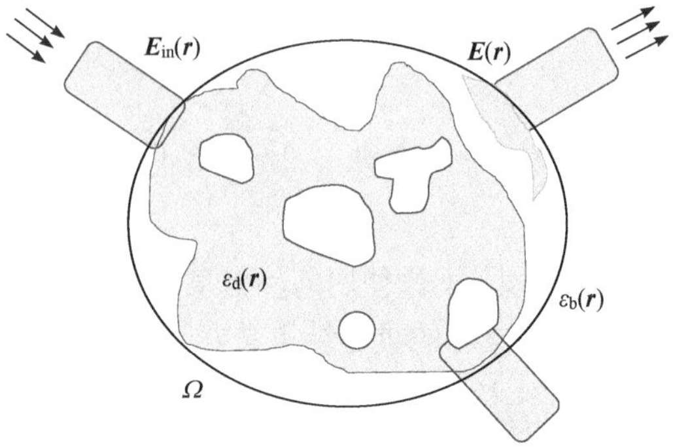

图 13-5 纳米光子器件示意图

介质导波器件外部的主动源所产生的入射场通过波导输入端口注入器件内部，与器件内部结构发生作用后，在器件的波导输出端口处获得期望的目标性能，因此介质导波器件的逆设计问题可以表述为通过已知的输入信息和输出端口的目标特性信息，去求解出介质导波器件设计区域的结构分布，从而完成器件的设计。介质导波器件逆设计问题可以表征如下：

$$\min f_{\text{obj}}(\boldsymbol{E}(\varepsilon(\boldsymbol{r}))),$$
$$\text{s.t.}\begin{cases}\boldsymbol{E}=\left(\left(\nabla\times\dfrac{1}{\mu}\nabla\times\right)-\omega^2\varepsilon(\boldsymbol{r})\right)^{-1}(-\text{j}\omega\boldsymbol{J})\\ \varepsilon(\boldsymbol{r})\in S_{\text{d}}\end{cases} \tag{13-18}$$

式中，f_{obj} 是介质导波器件目标函数(通常根据输入输出端口信息定义)；$\boldsymbol{E}$ 是电场分布；ω 是主动源 $\boldsymbol{J}$ 的角频率；$\varepsilon(\boldsymbol{r})$ 是待求解的介质导波器件介电常数分布；S_{d} 是器件设计区域内所有介电常数的分布，即存在的所有结构的集合，作为介质导波器件设计的结构约束。需要说明的是，理论上可以直接控制介电常数 $\varepsilon(\boldsymbol{r})$ 分布(即控制空间中每个点的介电常数分布值)来对器件内部的结构进行设置。然而，由于实际工程加工制造等限制，通常采用将空间进行网格划分的方式，将式(13-18)中 $\varepsilon(\boldsymbol{r})$ 参数化为 $\varepsilon(\boldsymbol{p})$，从而间接地控制器件的介电常数 $\varepsilon(\boldsymbol{r})$ 分布，这在后面的章节中将会进行详细的阐述。

13.2.2 基于时间反演的拓扑优化初值求解方法

根据电磁器件逆散射模型，可以直接将纳米光子器件内部电磁特性表示为如下等效源模型：

$$\begin{aligned}\nabla\times\boldsymbol{E}(\boldsymbol{r})&=\text{j}\omega\mu_{\text{b}}(\boldsymbol{r})\boldsymbol{H}(\boldsymbol{r})-\boldsymbol{M}(\boldsymbol{r})\\ \nabla\times\boldsymbol{H}(\boldsymbol{r})&=-\text{j}\omega\varepsilon_{\text{b}}(\boldsymbol{r})\boldsymbol{E}(\boldsymbol{r})+\boldsymbol{J}(\boldsymbol{r})\end{aligned} \tag{13-19}$$

式中

$$\begin{aligned}\boldsymbol{M}(\boldsymbol{r})&=\text{j}\omega\big(\mu_{\text{b}}(\boldsymbol{r})-\mu_{\text{d}}(\boldsymbol{r})\big)\boldsymbol{H}(\boldsymbol{r})\\ \boldsymbol{J}(\boldsymbol{r})&=\text{j}\omega\big(\varepsilon_{\text{b}}(\boldsymbol{r})-\varepsilon_{\text{d}}(\boldsymbol{r})\big)\boldsymbol{E}(\boldsymbol{r})\end{aligned} \tag{13-20}$$

其中，$\boldsymbol{J}$ 与 $\boldsymbol{M}$ 分别代表等效电流源与等效磁流源；期望设计的介电常数分布与背景介电常数分布之间的差别定义为 $\alpha(\boldsymbol{r})=\varepsilon_{\text{b}}(\boldsymbol{r})-\varepsilon_{\text{d}}(\boldsymbol{r})$。研究中只考虑非磁性介质，即 $\mu_{\text{d}}(\boldsymbol{r})=\mu_{\text{b}}(\boldsymbol{r})=\mu_0(\boldsymbol{r})$，因此式(13-20)中的 $\boldsymbol{M}$ 为 0。同时，介质导波器件设计区域内部产生的电场 $\boldsymbol{E}(\boldsymbol{r})$ 是由

入射电场与等效电流源产生的辐射场叠加而成，可表示为

$$\boldsymbol{E}(\boldsymbol{r})=\boldsymbol{E}_{\text{in}}(\boldsymbol{r})+\hat{G}_{\text{b}}\boldsymbol{J}(\boldsymbol{r}) \tag{13-21}$$

式中，$\hat{G}_{\text{b}}$ 表示背景格林函数。从 13.2.1 节的介质导波器件逆设计模型可知，总的电场 $\boldsymbol{E}(\boldsymbol{r})$ 在介质导波器件的波导输出端口处将表现出设计者期望实现的器件目标性能。

从等效源模型中可以看出，如果介质导波器件设计区域内存在与背景介质不同的介质，那么非均匀介质处将会产生等效源，因此若能以某种方法快速地找到设计区域内部的等效电流源分布，那么将对介质导波器件初始拓扑结构的获取提供极大帮助，从而大幅地提升介质导波器件的逆设计效率。

下面将基于时间反演电磁波的自适应空时同步聚焦特性，实现介质导波器件的初值求解，其求解过程如图 13-6 所示。

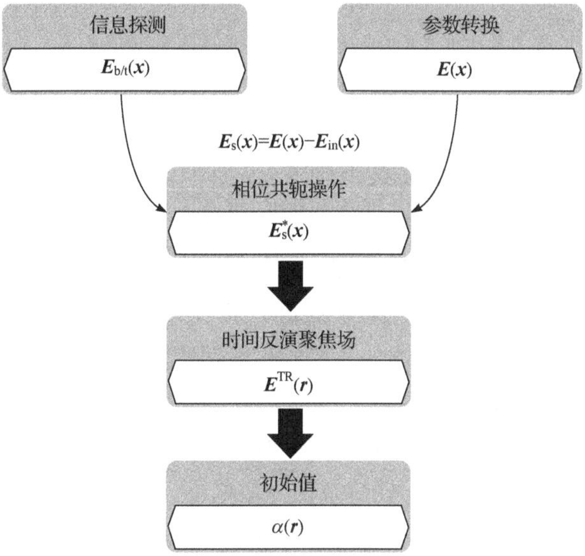

图 13-6　基于时间反演的初值确定流程示意框图

整个求解过程可以总结分为以下五个步骤[5]。

(1) 设计区域背景探测。器件外部的激励源位于介质导波器件输入端口处，将已知的输入电场 $\boldsymbol{E}_{\text{in}}$ 通过输入端口输入设计区域的非磁性背景介质中。输入电场在设计区域的背景介质中传输后，在器件端口 $\varGamma$ 上记录下传输回的电场信息 $\boldsymbol{E}_{\text{b/t}}(\boldsymbol{x})\big|_{\boldsymbol{x}\in\varGamma}$。

(2) 端口指标参数转换。将待设计介质导波器件期望实现的性能指标提取为端口的目标特性 S_{target}，然后根据端口约束(如波导端口材料、形状以及大小)等已知条件，将 S_{target} 转换为器件端口 $\varGamma$ 上的电场信息 $\boldsymbol{E}(\boldsymbol{x})\big|_{\boldsymbol{x}\in\varGamma}$。

(3) 在端口 $\varGamma$ 上提取等效源信息。根据等效源模型，器件内部结构在外部激励源的照射下将在结构处产生等效源。不妨假设器件设计区域中产生了 n 个未知的离散等效电流源，在 $\boldsymbol{r}_{\text{s}}$ 处的等效电流源可表示为 $\boldsymbol{J}(\boldsymbol{r},\omega)=\delta(\boldsymbol{r}-\boldsymbol{r}_{\text{s}})\boldsymbol{i}(\omega)$，式中，$\boldsymbol{i}(\omega)$ 为电流源矢量。这些等效源所产生的辐射场，即通常定义的散射场，线性叠加后在器件端口 $\varGamma$ 上可以表示为

$$\boldsymbol{E}_{\mathrm{s}}(\boldsymbol{x})\Big|_{\boldsymbol{x}\in\Gamma}=\boldsymbol{E}(\boldsymbol{x})\Big|_{\boldsymbol{x}\in\Gamma}-\boldsymbol{E}_{\mathrm{b/t}}(\boldsymbol{x})\Big|_{\boldsymbol{x}\in\Gamma}=\sum_{s=1}^{n}-\mathrm{j}\omega\bar{\bar{G}}_{\mathrm{b}}(\boldsymbol{x},\boldsymbol{r}_s)\boldsymbol{i}\Big|_{\boldsymbol{x}\in\Gamma} \tag{13-22}$$

(4) 时间反演场分布获取。把计算得到的散射场 $\boldsymbol{E}_{\mathrm{s}}(\boldsymbol{x})\big|_{\boldsymbol{x}\in\Gamma}$ 进行时间反转操作(等效于在频域进行共轭操作)，得到共轭场为

$$\boldsymbol{E}_{\mathrm{s}}^{*}(\boldsymbol{x})\Big|_{\boldsymbol{x}\in\Gamma}=\sum_{s=1}^{n}\mathrm{j}\omega\bar{\bar{G}}_{\mathrm{b}}^{*}(\boldsymbol{x},\boldsymbol{r}_s)\boldsymbol{i}^{*}\Big|_{\boldsymbol{x}\in\Gamma} \tag{13-23}$$

均匀背景介质中格林函数的表达式为

$$G_{\mathrm{b}}(\boldsymbol{r},\boldsymbol{r}_s)\approx\frac{\mathrm{e}^{-\mathrm{j}k|\boldsymbol{r}-\boldsymbol{r}_{\mathrm{s}}|}}{4\pi|\boldsymbol{r}-\boldsymbol{r}_{\mathrm{s}}|} \tag{13-24}$$

式中，$k=\omega\sqrt{u_0\varepsilon_{\mathrm{b}}}$。将获得的共轭场 $\boldsymbol{E}_{\mathrm{s}}^{*}(\boldsymbol{x})\big|_{\boldsymbol{x}\in\Gamma}$ 从端口处回传到介质导波器件设计区域的背景介质中，便可以获得时间反演场：

$$\boldsymbol{E}^{\mathrm{TR}}(\boldsymbol{r},\omega)\approx\sum_{s=1}^{n}-\frac{\omega\mu_0}{\lambda}\left\{\left(\bar{\bar{I}}+\frac{\nabla\nabla}{k^2}\right)\left(\frac{\sin k|\boldsymbol{r}-\boldsymbol{r}_{\mathrm{s}}|}{k|\boldsymbol{r}-\boldsymbol{r}_{\mathrm{s}}|}\right)\right\}\boldsymbol{i}^{*}(\omega) \tag{13-25}$$

由第 3 章可知，时间反演场在等效电流源点 $\boldsymbol{r}_{\mathrm{s}}$ 处的场值最大，呈现空间聚焦的形式，场值的大小从点 $\boldsymbol{r}_{\mathrm{s}}$ 处向外迅速减小。

(5) 确定介质导波器件初值分布。根据时间反演场 $\boldsymbol{E}^{\mathrm{TR}}(\boldsymbol{r},\omega)$ 的场值分布可以评估出等效电流源的位置以及大小，从而定性地确定介质导波器件拓扑结构的初值分布。采用 $\left|\boldsymbol{E}^{\mathrm{TR}}(\boldsymbol{r})\right|\propto\alpha(\boldsymbol{r})$ 的方式，判定时间反演场与器件拓扑结构初值成线性关系，从而为介质导波器件初始拓扑结构的获取提供指导。

基于时间反演的初值求解方法从介质导波器件已知信息出发，将其提取为已知的端口场分布信息，并利用时间反演技术获取到等效源分布信息，从而指导确定介质导波器件的初始拓扑结构。该方法基于物理模型给出了介质导波器件逆设计问题的初始解，可以指导设计者快速确定器件的初始拓扑结构，下面通过一个介质导波器件逆设计算例来对初值求解方法进行详细的阐述，并介绍联合初值求解方法和拓扑优化方法的过程。

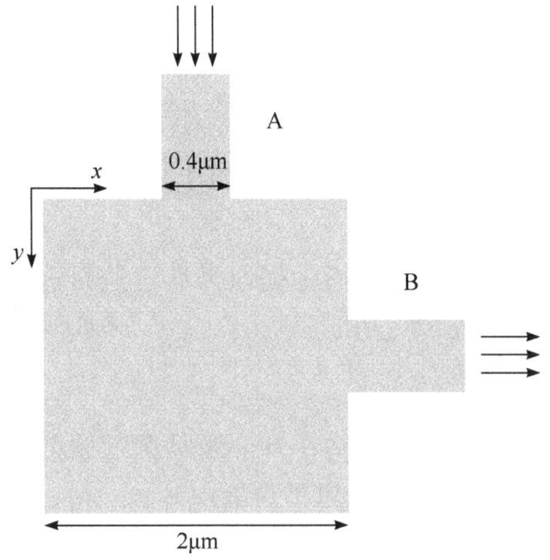

图 13-7 介质波导 90°弯曲耦合器件逆设计场景示意图

13.2.3 介质导波器件初值求解算例

以波长 1300nm 的介质波导 90°弯曲耦合器件为算例，算例选用一个简单的平面双端口结构(器件电磁参数在 z 向上保持不变)，具有一个输入波导和一个输出波导，两波导呈 90°夹角，器件的设计区域为 $2\mu\mathrm{m}\times2\mu\mathrm{m}$ 正方形区域。结合实际工程应用背景，输入输出波导设定为二氧化硅(SiO_2)衬底上的 220nm 厚的 Si 层，四周都是空气包层，器件设计区域的介电常数限定介于 Si 与空气介电常数之间。图 13-7 为介质波导 90°弯曲耦合器件逆设计场景的

示意图，其中上侧和右侧区域代表输入输出 Si 波导，灰色区域代表设计区域。器件期望实现的功能可以描述为：波长为 1300nm 的光从 Si 波导端口 Γ_A 输入，经器件内部结构(设计区域中待设计的介电常数分布)作用后，在理想无损耗的情况下光从波导输入端口 Γ_A 全部耦合到波导输出端口 Γ_B。器件的工作模式设定为 TE 模式主模。220nm 高度的光波导的宽度设置为 400nm，使其在波长 1300nm 下仅为主模单模工作。

算例设置完成后，根据提出的初值求解方法，对介质导波器件的背景介质进行探测，以获得波导端口 Γ_A 与 Γ_B 上的场信息。器件设计区域的背景介质设定为 Si，外部的激励源位于器件输入端口 Γ_A 处。输入波导设定为矩形硅波导，在 1300nm 波长下传输模式为 TE 主模，包层为空气，衬底为 SiO_2，因此可以通过数值模拟仿真获得端口 Γ_A 上的输入电场信息。

介质波导的性能可以通过其 S 参数来进行衡量，它提供了有关光波在介质波导中的反射和传输的信息。在本节的算例中，只有 Γ_A (输入端口)包含了激励，因此该双端口系统的 S 参数可以计算如下：

$$S_{11}=\frac{\int_{\Gamma_A}\boldsymbol{E}_{\Gamma_A}\cdot\boldsymbol{E}_{in}^{*}\,\mathrm{d}\Gamma}{\int_{\Gamma_A}\left|\boldsymbol{E}_{in}\right|^2\mathrm{d}\Gamma},\quad S_{21}=\frac{\int_{\Gamma_B}\boldsymbol{E}_{\Gamma_B}\cdot\boldsymbol{E}_{in}^{*}\,\mathrm{d}\Gamma}{\int_{\Gamma_A}\left|\boldsymbol{E}_{in}\right|^2\mathrm{d}\Gamma} \tag{13-26}$$

式中，S_{11} 对应于 Γ_A 处的反射；S_{21} 对应于 Γ_B 处的透射；$\boldsymbol{E}_{in}$ 为输入端口 Γ_A 处的输入电场。

从待设计的介质波导 90°弯曲耦合器件的期望性能可知，端口的理想性能指标为

$$S_{11,\text{target}}=0,\quad S_{21,\text{target}}=1 \tag{13-27}$$

即端口 Γ_A 不存在反射场，输入的能量完全耦合到端口 Γ_B 输出。但是在实际情况中，双端口器件是不可能做百分之百的耦合传输的，因此期望实现的性能参数人为地设定为

$$S_{11,\text{target}}=0.1,\quad S_{21,\text{target}}=0.95 \tag{13-28}$$

根据式(13-26)与已知的器件设计约束，可得到待设计器件期望传输回端口 Γ_A 与端口 Γ_B 的电场信息。

接着，将求得期望传输回的电场信息减去背景探测到的电场信息，可计算得到介质导波器件端口处的散射电场信息 $\boldsymbol{E}_s(\boldsymbol{x})\big|_{\boldsymbol{x}\in\Gamma}$。将计算得到的散射场 $\boldsymbol{E}_s(\boldsymbol{x})\big|_{\boldsymbol{x}\in\Gamma}$ 进行共轭操作处理后，即可得到共轭电场信息 $\boldsymbol{E}_s^{*}(\boldsymbol{x})\big|_{\boldsymbol{x}\in\Gamma}$。

将计算得到的共轭场 $\boldsymbol{E}_s^{*}(\boldsymbol{x})\big|_{\boldsymbol{x}\in\Gamma}$ 从对应的端口回传到器件设计区域 Si 背景介质中，从而获取到介质波导 90°弯曲耦合器件设计区域的时间反演场。根据时间反演场值分布可人为设定器件逆设计的初值为

$$\tilde{\alpha}(x,y)=\alpha_0\left|\boldsymbol{E}^{\text{TR}}(x,y)\right|_{\text{Normalized}} \tag{13-29}$$

式中，α_0 为比例常数，可以设为 $(\varepsilon_{Si}-\varepsilon_{air})$。$\alpha_0$ 取不同值会对结果产生一定影响，文献[5]对此进行了分析。

介质导波器件的场求解过程可以通过本书前面介绍的时域有限差分等方法实现。将 Si 的折射率设置为 $n_{Si}=3.45$，SiO_2 衬底选用 2μm 的厚度，其折射率设置为 $n_{SiO_2}=1.45$，空气的折射率设置为 $n_{air}=1$。通过上述过程获得的时间反演场分布和由此确定的初始结构分别如图 13-8(a)和(b)所示。

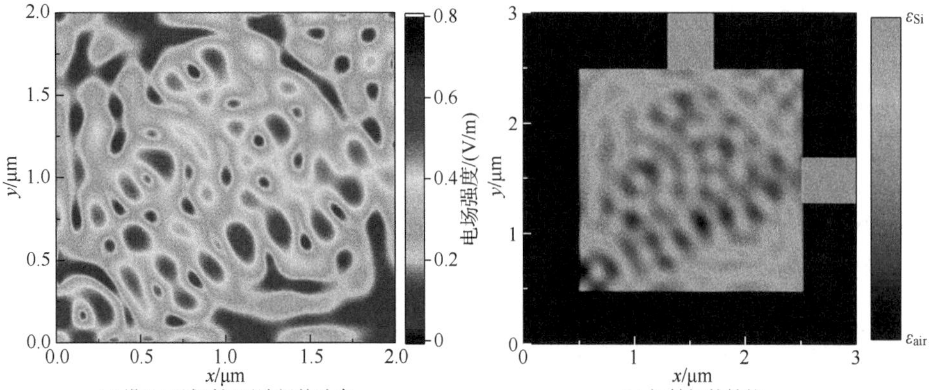

(a) 设计区域时间反演场值分布　　(b) 初始拓扑结构

图 13-8　介质波导 90°弯曲耦合器件初值结果

在实际应用中，SOI 材料光子器件结构是采用 Si 片上进行蚀刻来获得的，因此器件由空气和 Si 两种材料构成。对上述根据初值求解方法获得的算例初值，直接将其初始拓扑结构采用空气材料与Si材料的二值化处理(阈值取0.5，即 $\tilde{\alpha}(x,y)/\alpha_0$ 值超过0.5的部分放置空气材料，否则放置 Si 材料)，确定器件设计区域的结构。介质波导 90°弯曲耦合器件初值二值化后的结构如图 13-9(a)所示。将波长为 1300nm 的 TE 主模光场从输入端口输入，器件在工作运行下的电场分布如图 13-9(b)所示。可以观察到，端口 Γ_A 输入的光场经过器件的二值化结构之后改变了传输方向，朝着端口 Γ_B 耦合输出，器件期望的功能已经初步实现。

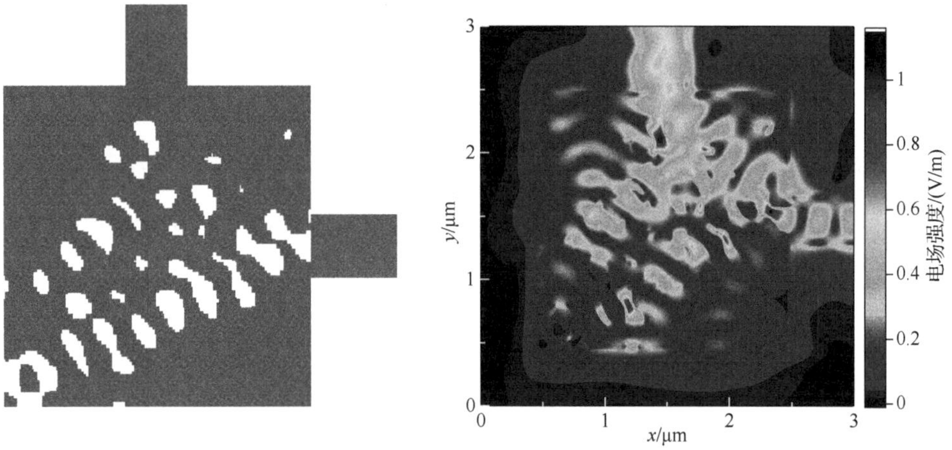

(a) 二值化初始结构　　(b) 1300nm波长下器件工作运行时的电场分布

图 13-9　介质波导 90°弯曲耦合器件的仿真示意图

计算介质波导 90°弯曲耦合器件初始结构的 S 参数，将其与设计区域中全部为背景介质结构的 S 参数进行比较，如图 13-10 所示。可以看到，器件的性能参数有所提升，朝着期望的目标迈进。以此作为拓扑优化的初值可以大幅提高拓扑优化的效率。

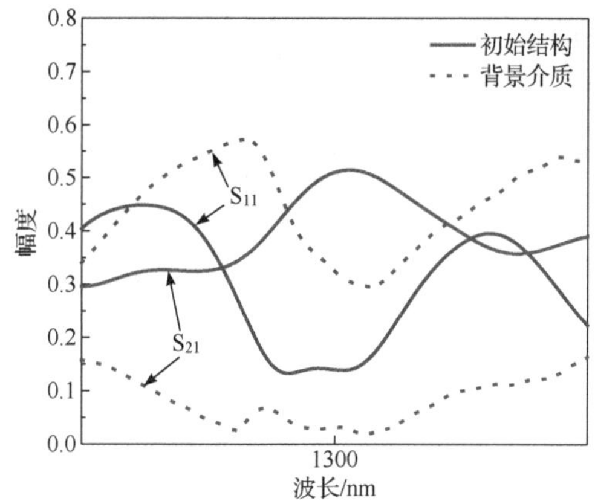

图 13-10 介质波导 90°弯曲耦合器件的 S 参数对比图

13.2.4 时间反演初值加速拓扑优化算例

根据拓扑优化和材料分布法基本原理[6]，可以在器件设计区域中对介电常数分布进行参数化，建立设计变量与材料特性(即介电常数)之间的关系。网格单元的材料密度与介电性能之间的关系可以通过一个简单的数学方程来定义：

$$\varepsilon=\varepsilon_0[\varepsilon_{\mathrm{rb}}+(\varepsilon_{\mathrm{rd}}-\varepsilon_{\mathrm{rb}})p^n],\quad 0\leqslant p\leqslant 1 \tag{13-30}$$

式中，$\varepsilon_{\mathrm{rb}}$ 为背景材料相对介电常数；$\varepsilon_{\mathrm{rd}}$ 为与背景相差最大的材料的相对介电常数；ε_0 为空气介电常数；p 为网格单元的归一化密度；n 为密度指数。n 越大，中间密度的惩罚越重，器件的材料介电常数越趋向背景介质，不妨设定 n 取 1。

设计区域结构水平切面的介电常数分布可以线性参数化表示为

$$\varepsilon(\boldsymbol{p})=\varepsilon_{\mathrm{Si}}+(\varepsilon_0-\varepsilon_{\mathrm{Si}})\boldsymbol{p} \tag{13-31}$$

式中，$\boldsymbol{p}$ 为参数化变量；$\varepsilon_{\mathrm{Si}}$ 为 Si 的介电常数。

对器件设计区域进行参数化后，采用拓扑优化方法对器件进行后续优化。优化之前须构造其目标函数。目标函数的形式可由器件目标定义，因优化目标而异，是所有优化方法的重要控制旋钮。对于介质波导 90°弯曲耦合器件，定义最大化目标函数为

$$\max f_{\mathrm{obj}}(\boldsymbol{p})=\left|S_{21}(\boldsymbol{E}(\boldsymbol{p}))\right|^2 \tag{13-32}$$

式中，电场 $\boldsymbol{E}$ 为随着变量 $\boldsymbol{p}$ 变化而随之改变的中间变量，上述目标最大为 1。

基于拓扑优化原理[6]，需要求得目标函数对变量的梯度 $\partial f_{\mathrm{obj}}(\boldsymbol{p})/\partial\boldsymbol{p}$。根据求导链式法则，$\partial f_{\mathrm{obj}}(\boldsymbol{p})/\partial\boldsymbol{p}$ 由 $\partial f_{\mathrm{obj}}(\boldsymbol{p})/\partial\boldsymbol{E}$ 与 $\partial\boldsymbol{E}/\partial\boldsymbol{p}$ 两部分组成，因此目标函数对变量的梯度为

$$\frac{\partial f_{\mathrm{obj}}(\boldsymbol{p})}{\partial\boldsymbol{p}}=\frac{\partial f_{\mathrm{obj}}}{\partial\boldsymbol{E}}\frac{\partial\boldsymbol{E}}{\partial\boldsymbol{p}} \tag{13-33}$$

为了求解出梯度，可以采用时域有限差分法进行仿真计算。在时域有限差分法中，离散的麦克斯韦方程可以表示为以下形式：

$$(D-\omega^2\,\mathrm{diag}(\varepsilon))\boldsymbol{E}=-\mathrm{j}\omega\boldsymbol{J} \tag{13-34}$$

式中，D 为 $\nabla\times(1/\mu_0)\nabla\times$ 算子离散的离散版本；$\boldsymbol{J}$ 为角频率 ω 下的源。

推导出目标函数对变量的梯度的表达式为

$$\frac{\partial f_{\mathrm{obj}}(\boldsymbol{p})}{\partial \boldsymbol{p}}=\frac{\partial f_{\mathrm{obj}}}{\partial \boldsymbol{E}}\left(\mathrm{D}-\omega^2 \operatorname{diag}(\varepsilon)\right)^{-1} \omega^2 \operatorname{diag}(\boldsymbol{E})(\varepsilon_0-\varepsilon_{\mathrm{Si}}) \tag{13-35}$$

在拓扑优化过程中，须先进行一次正向的时域有限差分法仿真，求得 $\boldsymbol{E}$ 与 $\frac{\partial f_{\mathrm{obj}}}{\partial \boldsymbol{E}}$，然后以 $\left(\frac{\partial f_{\mathrm{obj}}}{\partial \boldsymbol{E}}\right)^{\dagger} \Big/ (-\mathrm{j}\omega)$ 为源，进行一次伴随的时域有限差分法仿真：

$$\left(D-\omega^2 \operatorname{diag}(\varepsilon)\right)^{\dagger} \boldsymbol{E}_{伴随}=\left(\frac{\partial f_{\mathrm{obj}}}{\partial \boldsymbol{E}}\right)^{\dagger} \tag{13-36}$$

求得伴随场 $\boldsymbol{E}_{伴随}$，再通过共轭转置操作得到 $\boldsymbol{E}_{伴随}^{\dagger}$，进而计算目标梯度。

将获得的介质波导 90°弯曲耦合器件的初始拓扑结构作为逆设计的起点，使用基于伴随的拓扑优化方法对器件进行后续的优化，逆设计后续优化的流程如下。

(1) 对器件进行初始猜测，将所求的介质波导 90°弯曲耦合器件的初始拓扑结构作为逆设计的起点 $\boldsymbol{p}_0$，进行一次正向的时域有限差分法仿真，获得电场量 $\boldsymbol{E}$，并计算评估目标函数 f_{obj}。

(2) 解析计算求得目标函数关于电场量 $\boldsymbol{E}$ 的偏导 $\partial f_{\mathrm{obj}} / \partial \boldsymbol{E}$，取共轭转置后，即得到伴随系统中的源 $\left(\partial f_{\mathrm{obj}} / \partial \boldsymbol{E}\right)^{\dagger} \Big/ (-\mathrm{j}\omega)$。

(3) 以 $\left(\partial f_{\mathrm{obj}} / \partial \boldsymbol{E}\right)^{\dagger} \Big/ (-\mathrm{j}\omega)$ 为源，进行一次伴随的时域有限差分法仿真，将获得伴随源所对应的伴随电场量后进行共轭转置，算得 $\boldsymbol{E}_{伴随}^{\dagger}$，然后求出梯度 $\nabla f(\boldsymbol{p}_0)$。

(4) 利用此梯度 $\nabla f(\boldsymbol{p}_0)$，采用梯度优化算法，更新设计参数变量 $\boldsymbol{p}_1=\boldsymbol{p}_0-\Delta p \nabla f(\boldsymbol{p}_0)$，其中 Δp 为梯度步长。

(5) 开始进行下一次正向仿真与伴随仿真。如此不断迭代循环，直至使目标函数收敛至某一局部最优或满足期望目标后停止迭代，获得介质导波器件的最终结构 $\boldsymbol{p}_n$，n 为迭代次数。

介质波导 90°弯曲耦合器件逆设计后续优化经过 10 次迭代以后，就满足了优化目标，迅速实现了器件预期实现的功能。图 13-11 展示了逆设计后续优化后得到的介质波导 90°弯曲耦合器件的介电常数分布情况，并画出了目标函数与优化迭代次数的历史进程曲线。可以观察到使用初值求解方法获取的初值作为介质波导 90°弯曲耦合器件后续拓扑优化的起点，具有良

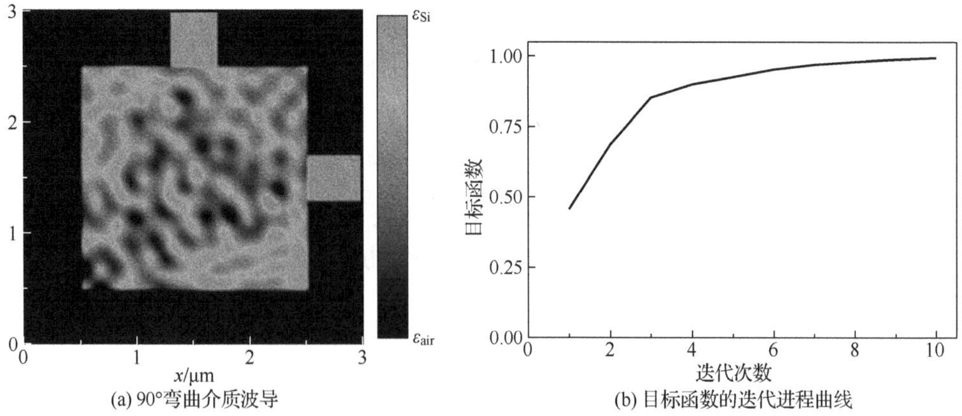

图 13-11　器件材料分布优化后结构

好的初始性能。

为了实现器件加工，一般需要对优化得到的连续材料分布进行二值化处理。直观的二值化方法有前面采用过的阈值化处理。在阈值化处理中，如果单元网格中的结构材料密度大于 0.5，则认为单元网格的结构材料密度为 1；如果单元网格中的结构材料密度小于 0.5，则认为材料密度为 0。尽管阈值化技术实现起来很简单，但这种方法通常无法保持器件良好的性能，且不方便进行拓扑优化的材料迭代过程。

使用 Logistic 函数(也称 S 函数)对材料分布优化结束后的参数化变量 $\boldsymbol{p}$ 进行映射，是一种对器件结构进行二值化处理的有效方法。变量为 $\boldsymbol{p}$ 的 Logistic 映射函数的表达式为

$$\overline{\boldsymbol{p}} = \frac{1}{1+\mathrm{e}^{-\beta(\boldsymbol{p}-0.5)}} \tag{13-37}$$

式中，控制参数 β 可以取 200，如图 13-12 所示。这样即保证了参数化变量 $\boldsymbol{p}$ 被强迫映射为二元状态 $\overline{\boldsymbol{p}}$，从而将材料密度连续分布结构的器件转化为二值化结构的器件；同时，在二值化处理后，后续优化的过程中只需将参数化变量 $\boldsymbol{p}$ 替换为 $\overline{\boldsymbol{p}}$ 即可。

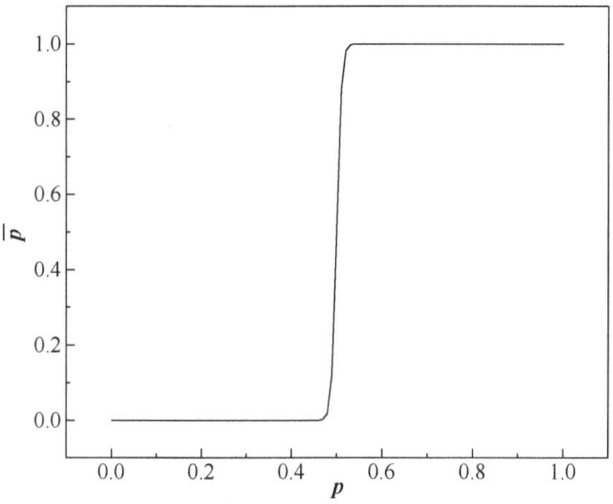

图 13-12　β 取 200 的 Logistic 映射函数

根据求导的链式法则可知：

$$\frac{\partial f_{\mathrm{obj}}}{\partial \boldsymbol{p}} = \frac{\partial f_{\mathrm{obj}}}{\partial \overline{\boldsymbol{p}}} \frac{\partial \overline{\boldsymbol{p}}}{\partial \boldsymbol{p}} = \frac{\partial f_{\mathrm{obj}}}{\partial \overline{\boldsymbol{p}}} \frac{\beta \mathrm{e}^{-\beta(\boldsymbol{p}-0.5)}}{\left(1+\mathrm{e}^{-\beta(\boldsymbol{p}-0.5)}\right)^2} = \frac{\partial f_{\mathrm{obj}}}{\partial \overline{\boldsymbol{p}}} \overline{\boldsymbol{p}}(1-\overline{\boldsymbol{p}}) \tag{13-38}$$

因此计算目标函数对变量 $\overline{\boldsymbol{p}}$ 的梯度需要额外增加一步：

$$\frac{\partial f_{\mathrm{obj}}}{\partial \overline{\boldsymbol{p}}} = \frac{\partial f_{\mathrm{obj}}}{\partial \boldsymbol{p}} \frac{1}{\overline{\boldsymbol{p}}(1-\overline{\boldsymbol{p}})} \tag{13-39}$$

不难发现，Logistic 映射函数的导数可以由自身表示，易于求取，该特点也是二值化处理中选择其为映射函数的重要原因之一。

对 90°弯曲介质波导算例在材料分布优化结束后的连续结构做二值化处理，并进行进一步优化，获得的最终二值化结构及其场分布如图 13-13 所示。从该图中可以清晰地看到，最终设计出的器件功能实现了期望的功能。

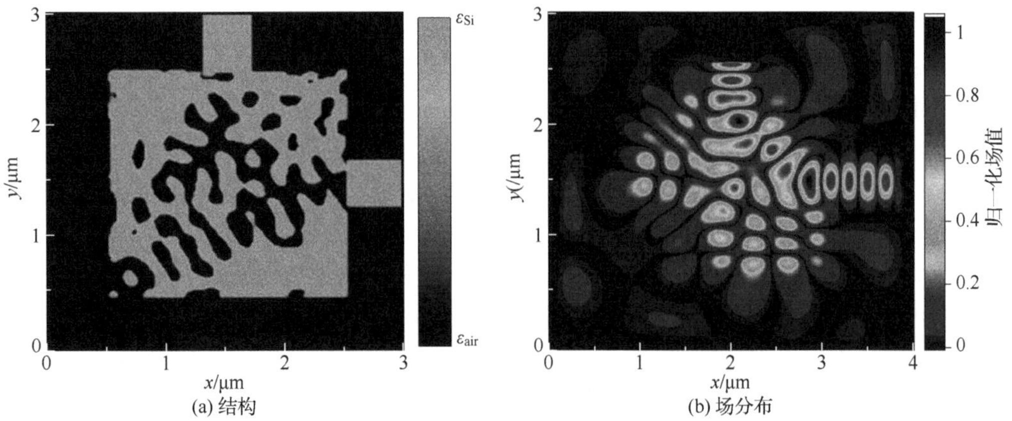

图 13-13　90°弯曲介质波导二值化处理并优化后的结构和场分布

将不同初始拓扑结构作为拓扑优化的起点进行后续优化，为方便比较，迭代次数统一截止为 50 次。拓扑优化迭代过程如图 13-14 所示。从图中可以直观看出，使用不同初值对拓扑优化过程存在影响，且使用时间反演方法获得的初始拓扑结构不仅在连续材料分布优化中表现得最好，而且可以实现性能最佳的最终器件结构。

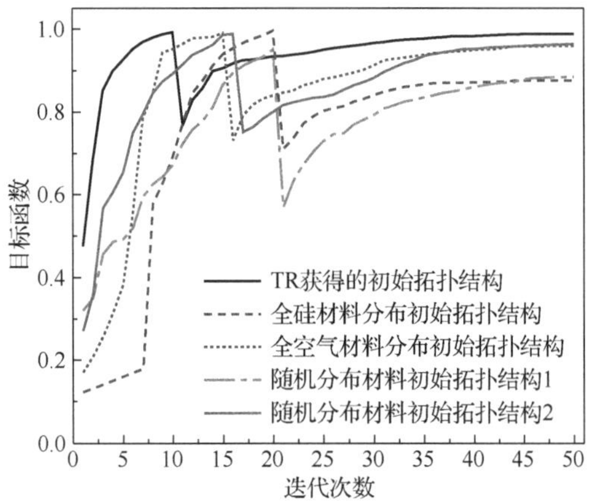

图 13-14　90°弯曲耦合器件逆设计中不同初始猜测作为优化初始化的迭代对比示意图

综上所述，基于时间反演电磁波的自适应聚焦特性，可以构造接近器件最终结构的初始拓扑结构，进而加速逆设计的过程。本节所述案例使用的初始拓扑结构是基于单频时间反演获得的，其并不适用于多频或宽带器件设计。感兴趣的读者可以阅读文献[7]，以了解宽带/多频情况下的时间反演初始拓扑结构构造方法。

参 考 文 献

[1] MOLESKY S, LIN Z, PIGGOTT A Y, et al. Inverse design in nanophotonics[J]. Nature photonics, 2018, 12(11): 659-670.

[2] BROWN T, VAHABZADEH Y, CALOZ C, et al. Electromagnetic inversion with local power conservation for metasurface design[J]. IEEE antennas and wireless propagation letters, 2020, 19(8): 1291-1295.

[3] PIGGOTT A Y, LU J, LAGOUDAKIS K G, et al. Inverse design and demonstration of a compact and broadband on-chip wavelength demultiplexer[J]. Nature photonics, 2015, 9(6): 374-377.

[4] 陈传升, 王秉中, 王任. 基于时间反演技术的电磁器件端口场与内部场转换方法[J]. 物理学报, 2021, 70(7): 39-48.
[5] WANG Z P, WANG B Z, LIU J P, et al. Method to obtain the initial value for the inverse design in nanophotonics based on a time-reversal technique[J]. Optics letters, 2021, 46(12): 2815-2818.
[6] 王秉中, 邵维. 计算电磁学[M]. 3 版. 北京: 科学出版社, 2023.
[7] FAN J S, WANG R, WANG B Z. Initial structure construction for multi-frequency nanophotonic devices based on TR-PCA method[J]. IEEE photonics technology letters, 2023, 35(18): 967-970.

第四篇

时间反演电磁信号的产生

产生时间反演电磁信号是实现时间反演电磁应用系统的基础，也是时间反演电磁学需要解决的关键问题之一。在时间反演系统中，通常将能够产生时间反演电磁信号的装置称为时间反演镜。本篇围绕时间反演电磁信号的产生，介绍了时间反演镜的几种实现方法。需要指出的是，时间反演镜的研究尚处于初级阶段，对任意信号的实时精确反转还需要进一步研究，时间反演镜的实现装置还需要进一步集成、简化。

第 14 章　电磁时间反演镜的实现

在时间反演电磁波系统中，电磁信号的时间反演是由时间反演阵列来完成的，包含天线和信号处理两个单元。天线单元的功能是接收来波和发射时间反演信号。信号处理单元的功能是实现对来波信号的时间反演。

电磁信号时间反演的实现方式可以分为两类：一类基于数字信号处理技术，另一类基于模拟信号处理技术。前者可以直接对时域信号进行采样、存储和反转处理；或者通过傅里叶变换加频域相位共轭实现时域信号时间反演。后者利用器件自身的物理特性实现信号的反演变换，可以基于时域成像原理实现时间反演处理，包括微波光子技术和全电子技术两种方案；或者通过色散补偿实现电磁信号时间反演；或者基于瞬变介质实现电磁信号时间反演等。也有学者曾对时间反演与负折射材料的相关性做过论述，但并没有真正设计出具有时间反演特性的电磁材料[1]。基于模拟信号处理技术实现电磁信号时间反演的方法不需要对信号进行数字化取样，在速度、带宽等方面优于基于数字信号处理技术的方法。

14.1　基于数字信号处理技术实现电磁信号时间反演

基于数字信号处理技术，直接在时域进行电磁信号时间反演的流程如图 14-1 所示。受 A/D、D/A 转换器件采样速率的限制，直接时域数字信号处理目前只用于低频信号。例如，在声学/超声时间反演系统中，对微波频段的电磁波时间反演系统，实现还很困难。目前，有关电磁波时间反演研究的报道中，反演信号的产生多采用高档仪器实现，如高端任意波形发生器(AWG)、高端示波器(DSA)等[2]。这种方式成本高，难以走出实验室、进入应用。

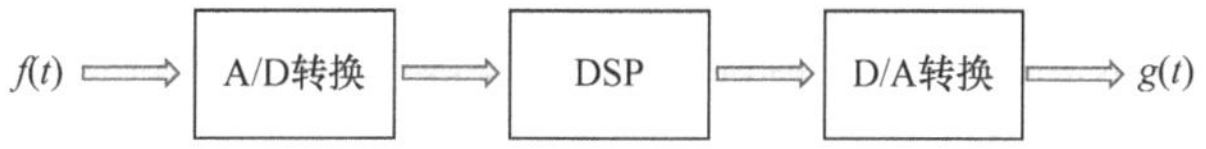

图 14-1　直接时域数字信号处理流程

信号在时域的反演变换等同于在频域对其每个频率分量做相位共轭变换[2-4]，因此通过傅里叶变换将时域信号变换至频域，在频域对信号做相位共轭处理，再通过傅里叶逆变换便可得到时间反演信号。图 14-2 所示为通过相位共轭变换得到时间反演信号的流程。

图 14-2　相位共轭方法得到时间反演变换信号

单频信号的相位共轭是通过混频器实现的。当本振信号 $\omega_{LO} = 2\omega_{RF}$ 时，与 RF 信号进行混频，就能得到一个与 RF 信号同频但相位共轭的输出信号。单频信号的相位共轭早已用于方向回溯天线系统[5]。

2009 年，Sha 等[6]利用相位共轭技术实现了周期性宽带电磁信号的时间反演。其系统包括四个模块。第一模块为傅里叶变换电路，其作用是将周期时域信号变换为离散频域信号。通过不同本振信号与 RF 信号混频，实现对周期时域信号的傅里叶级数展开。第二模块为相位共轭电路，对各个离散频率分量做相位共轭处理。第三模块为傅里叶逆变换电路，对相位共轭信号做傅里叶逆变换，获得时域的时间反演信号。第四模块为包络检波电路，提供时隙信号，通过周期为 T_c 的时钟信号进行协调，控制 DSP 处理进程。图 14-3 是对周期信号进行时间反演处理的结果。该方法实现了周期性宽带电磁信号的时间反演，并初步用于系统实验[7]。

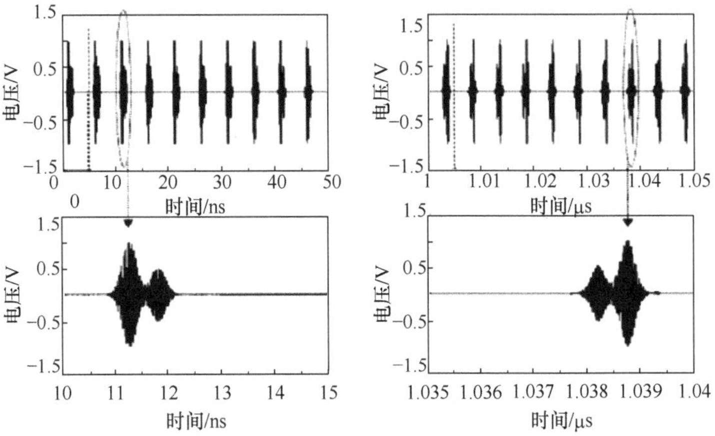

图 14-3 周期性宽带电磁信号的时间反演处理

文献[6]和文献[7]的实现方式存在局限性。首先，它不能处理一般的非周期信号；其次，用 DSP 做相位共轭处理实时性较差；最后，外加本振频率源会限制系统工作频段。因此，这种实现方式仍需大力改进。

上述基于数字信号处理技术来实现电磁信号时间反演的方法，无论是直接在时域进行，还是在频域进行，都需要进一步开展深入的探索研究，以提高数字信号处理效率。

压缩感知理论是近期提出的一种先进的信号处理理论[8]，它能够突破奈奎斯特采样定律，在压缩采样的情况下，无失真地恢复信号。利用这种方法实现对超宽带时域电磁信号采样及信号重构已经有相关文献报道[9]。将压缩感知理论与技术应用于电磁信号时间反演，提高处理效率，是需进一步努力探索的研究方向。

14.2 基于时域成像原理实现电磁信号时间反演

14.2.1 时域成像原理

Kolner 等[10]于 1989 年提出了时间透镜的概念。1994 年，Kolner[11]从基于麦克斯韦方程的波动方程出发，展示了空域电磁波束的近轴衍射问题和时域窄带脉冲在色散介质中的传播问题具有优美的时-空对偶特性。

在直角坐标系中，沿 z 轴正向传播的空域电磁波束的近轴衍射问题满足方程：

$$\frac{\partial E}{\partial z}=-\frac{\mathrm{j}}{2k}\left(\frac{\partial^2 E}{\partial x^2}+\frac{\partial^2 E}{\partial y^2}\right) \tag{14-1}$$

式中，E 为电场强度；k 为波数。

在直角坐标系中，时域窄带脉冲平面电磁波在介质中以 z_0 为起始点沿 z 轴正方向传播，那么，电磁波的电场包络 $A(\xi,\tau)$ 满足方程：

$$\frac{\partial A(\xi,\tau)}{\partial \xi}=\frac{\mathrm{j}}{2}\frac{\mathrm{d}^2\beta}{\mathrm{d}\omega^2}\frac{\partial^2 A(\xi,\tau)}{\partial \tau^2} \tag{14-2}$$

式中，β 为传播常数；ω 为角频率；$\xi=z-z_0$ 为传播距离；τ 为传播时间；$\frac{\mathrm{d}^2\beta}{\mathrm{d}\omega^2}$ 为群速色散。

比较式(14-1)与式(14-2)可以发现，空域电磁波束的近轴衍射问题和时域窄带脉冲在色散介质中的传播问题满足形式相同的复扩散方程，存在以下对偶关系：

$$\frac{1}{2}\mathrm{j}\frac{\mathrm{d}^2\beta}{\mathrm{d}\omega^2}\Leftrightarrow-\frac{\mathrm{j}}{2k},\quad \xi\Leftrightarrow z,\quad \tau\Leftrightarrow x,y \tag{14-3}$$

通过时-空对偶特性的类比，可以定义与空间透镜对偶的时间透镜，并进一步引申出时域成像概念[11]。

空间透镜的传递函数满足：

$$I(x,y)=\exp(-\mathrm{j}kn\Delta_0)\exp\left[\mathrm{j}\frac{k}{2f}(x^2+y^2)\right] \tag{14-4}$$

式中，Δ_0 为透镜最大厚度；n 为折射率；f 为焦距；$\exp(-\mathrm{j}kn\Delta_0)$ 为定值；$\exp\left[\mathrm{j}k\left(x^2+y^2\right)/(2f)\right]$ 为空域中与波束径向距离平方成正比的相位调制。

对偶地，时间透镜的传递函数可以定义如下：

$$H(\tau)=\exp(-\mathrm{j}\Gamma_0)\exp\left(\mathrm{j}\frac{\omega_0\tau^2}{2f_{\mathrm{T}}}\right) \tag{14-5}$$

式中，Γ_0 为相位延迟峰值；ω_0 为中心角频率；τ 为时间；f_{T} 为时域聚焦长度，简称焦时，对应于空域透镜的焦距；$\exp\left[\mathrm{j}\omega_0\tau^2/(2f_{\mathrm{T}})\right]$ 为时域中与时间平方成正比的相位调制。

时间透镜的传递函数与空间透镜的传递函数的对偶关系预示着时间透镜的成像条件与空间透镜的成像条件也具有对偶关系。

图 14-4 为利用凸透镜成像的几种情况。假设物距为 d，像距为 d_i，焦距为 f，凸透镜的放大倍数由物距与像距决定且由式(14-6)计算：

$$M_{\mathrm{s}}=-d_i/d \tag{14-6}$$

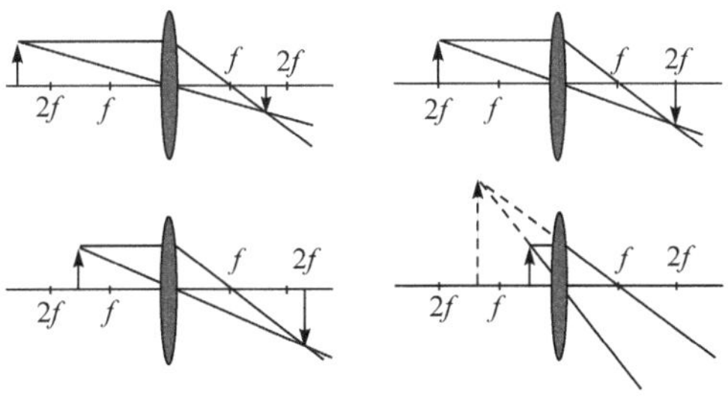

图 14-4 凸透镜成像

空间薄凸透镜成像的条件如下所示。

(1) 当 $d>2f$ 时，在凸透镜另一侧 $f<d_i<2f$ 处成倒立缩小的实像，$-1<M_s<0$。

(2) 当 $d=2f$ 时，在凸透镜另一侧 $d_i=2f$ 处成倒立等大的实像，$M_s=-1$。

(3) 当 $f<d<2f$ 时，在凸透镜另一侧 $d_i>2f$ 处成倒立放大的实像，$M_s\leqslant-1$。

(4) 当 $d<f$ 时，在凸透镜同一侧 $d_i>d$ 处成正立放大的虚像，$M_s>1$。

与空间透镜成像对偶的时间透镜成像问题中，波形变换尺度由信号到达时间透镜前及经过时间透镜后的色散决定，表示为

$$M_{\mathrm{T}}=-\frac{\xi_2\dfrac{\mathrm{d}^2\beta_2}{\mathrm{d}\omega^2}}{\xi_1\dfrac{\mathrm{d}^2\beta_1}{\mathrm{d}\omega^2}} \tag{14-7}$$

式中，ξ_1与ξ_2分别表示电磁波在到达时间透镜前和离开透镜后的传播距离。很明显，波形的变换尺度满足以下规律。

(1) 当 $M_{\mathrm{T}}>1$ 时，电磁信号的波形会在时间轴上拉伸。

(2) 当 $0<M_{\mathrm{T}}<1$ 时，电磁信号的波形会在时间轴上压缩。

(3) 当$-1<M_{\mathrm{T}}<0$ 时，电磁信号的波形会在时间轴上反演并压缩。

(4) 当 $M_{\mathrm{T}}=-1$ 时，电磁信号的波形会在时间轴上反演。

(5) 当 $M_{\mathrm{T}}<-1$ 时，电磁信号的波形会在时间轴上反演并拉伸。

表 14-1 总结了空域电磁波束近轴衍射问题与时域窄带脉冲色散传播问题的对偶关系、空间透镜成像与时间透镜成像的对偶关系。

表 14-1 时-空对偶关系

比较项名称	时间域	空间域
复扩散方程	$A_\xi=\frac{\mathrm{j}}{2}\frac{\mathrm{d}^2\beta}{\mathrm{d}\omega^2}A_{\tau\tau}$	$E_z=-\frac{\mathrm{j}}{2k}(E_{xx}+E_{yy})$
复扩散系数	$\frac{1}{2}\mathrm{j}\frac{\mathrm{d}^2\beta}{\mathrm{d}\omega^2}$	$-\frac{\mathrm{j}}{2k}$
扩散距离变量	ξ	z
轮廓变量	τ	x,y
透镜传递函数	$H(\tau)=\exp(-\mathrm{j}\Gamma_0)\exp\left(\mathrm{j}\frac{\omega_0\tau^2}{2f_{\mathrm{T}}}\right)$	$t(x,y)=\exp(-\mathrm{j}kn\Delta_0)\exp\left[\mathrm{j}\frac{k}{2f}(x^2+y^2)\right]$
透镜焦(时)距	f_{T}	f
成像条件	$\frac{1}{\xi_1\frac{\mathrm{d}^2\beta_1}{\mathrm{d}\omega^2}}+\frac{1}{\xi_2\frac{\mathrm{d}^2\beta_2}{\mathrm{d}\omega^2}}=\frac{1}{f_{\mathrm{T}}}$	$\frac{1}{d}+\frac{1}{d_i}=\frac{1}{f}$
放大倍数	$M_{\mathrm{T}}=-\frac{\xi_2\frac{\mathrm{d}^2\beta_2}{\mathrm{d}\omega^2}}{\xi_1\frac{\mathrm{d}^2\beta_1}{\mathrm{d}\omega^2}}$	$M_s=-\frac{d_i}{d}$

由上述分析可知，时间透镜实质为一个二次相位调制过程，通过将输入信号与一个啁啾脉冲信号相乘可以实现。信号到达时间透镜前与离开时间透镜后的色散可通过一定长度的色散延迟线获得。式(14-7)中等式右边的分子分母分别表示时间透镜后与时间透镜前色散延迟线的群时延斜率，因此在时域成像系统中，只需设计出透镜前后群时延斜率满足波形反演条件的色散延迟线，便可对输入信号进行波形反演变换。

图 14-5 为基于时间透镜原理的波形变换系统框图。色散延迟线由啁啾延迟线实现，其群

时延斜率分别为 σ_1 与 σ_2，满足波形时间反演条件：$M_T = -\sigma_2 / \sigma_1 = -1$。$\mu$ 为扫频系数，表示啁啾脉冲的频率随时间的变化斜率。

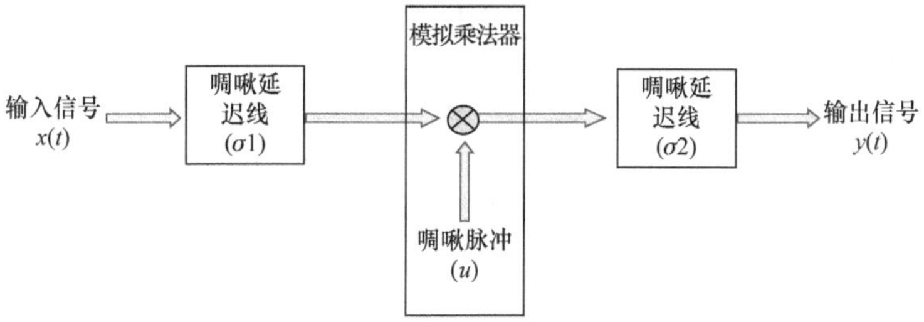

图 14-5　基于时间透镜原理的波形变换系统框图

14.2.2　实现方案

目前，基于时域成像原理实现电磁信号时间反演的方案主要有两种：一种是微波光子技术方案，另一种是全电子技术方案。

1999 年，Coppinger 等[12]根据时域成像原理，利用微波光子技术，实现了对时长为 3.7ns 的射频信号时间反演，图 14-6 为反演过程示意图。掺铒光纤激光器发出的超短光脉冲在负色散光纤中传输发生色散，总色散为 D_1L_1，D_1 为光纤色散系数，L_1 为光纤长度。产生的负啁啾脉冲光载波信号被射频输入信号进行强度调制，然后进入正色散光纤中传输。在色散系数为 D_2 的正色散光纤模块中，正色散会对负色散啁啾脉冲进行补偿，波形会被压缩(Ⅰ)。当第二段光纤的色散绝对值与 D_1L_1 相等时，波形在时间轴上会达到最大压缩(Ⅱ)。进一步加大正色散会使光脉冲变成正啁啾脉冲，射频包络信号波形会在时间轴上反转(Ⅲ)。当 $D_2L_2 = -2D_1L_1$ 时，输出射频信号波形便为输入射频信号的时间反演波形(Ⅳ)。如果再进一步增加色散，会使反演波形在时间轴上被拉伸。

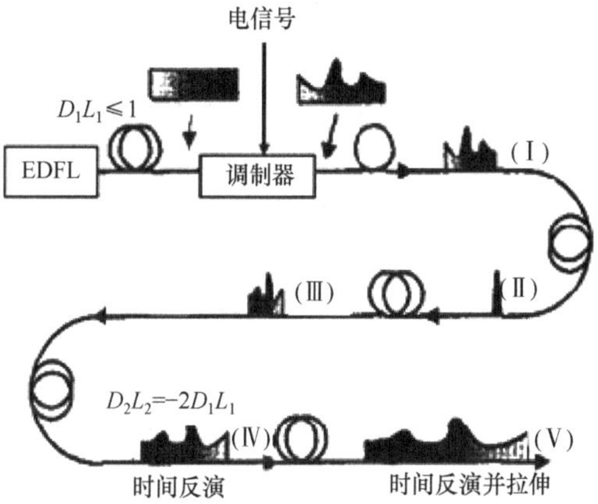

图 14-6　基于微波光子技术的射频信号时间反演变换过程

2015 年，Zhang 等[13]采用线性啁啾光纤布拉格光栅(LCFBG)，实现了对时长为 10ns 的宽频带微波信号的精确时间反演，其原理如图 14-7 所示。激光源发射的脉冲由光带通滤波器滤波后得到信号 $g(t)$，通过环行器 OC1 进入线性啁啾光纤布拉格光栅产生色散。反射波 $p(t)$通过偏振控制器 PC1，由输入信号 $e_{IM}(t)$调制后得到调制信号 $m(t)$。调制信号经过四端口环行器 OC2，由偏振分束器 PBS 与布拉格光栅再产生两次色散，经偏振控制器 PC2 和 PC3，最终在环行器的端口 4 由光探测器(PD)检测得到反演的波形。随后 Zhang 等[14-16]又相继报道了应用类似结构对微波信号进行卷积、压缩和时间反演的方法，可以实现任意波形的准确反转。

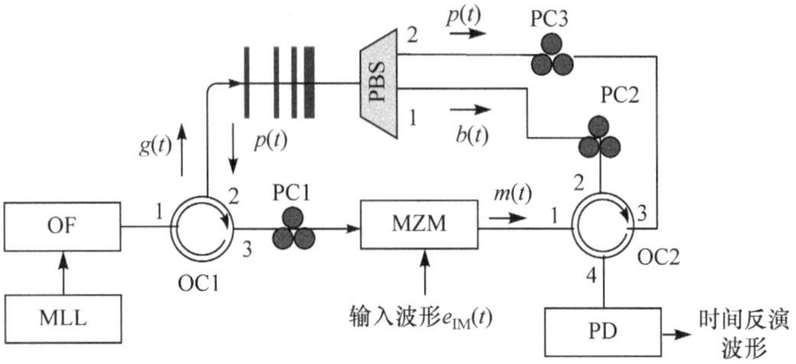

图 14-7　布拉格光栅实现微波信号的时间反演原理图

对微波系统来说，采用微波光子技术的电磁信号时间反演方案具有很高的系统时间-带宽乘积、高分辨率、很容易实现所需带宽等优点。但是，这类系统体积较大，且必须采用比较昂贵的激光源以及电光/光电转换器件，不利于时间反演电磁系统的集成和小型化。

2008 年，Schwartz 等[17]基于时域成像原理提出了采用全电子系统的电磁信号时间反演实现方案，实现了对时长为 2.5ns 的射频信号时间反演。相比上述方法，全电子技术方案成本低、易集成，是实现高效时间反演阵列的有效途径。

如图 14-8 所示，一个长度为 Δt_1 的时域脉冲 RF 信号(图中未显示载波)先通过一个群时延斜率为 σ_1 的色散器件形成啁啾脉冲，然后和由短时脉冲经过群时延斜率为 σ_2 的色散器件处理的啁啾脉冲一起送入一个宽带模拟乘法器，产生平方相位调制，调制后的信号经过群时延斜率为 σ_3 的色散器件处理，可得输出 RF 信号，其长度为 $\Delta t_2=(-\sigma_3/\sigma_1)\cdot\Delta t_1$。记 $M_\text{T}=-\sigma_3/\sigma_1$，如果 $|M_\text{T}|>1$，时域波形被拉伸；如果 $|M_\text{T}|<1$，时域波形被压缩；如果 $M_\text{T}<0$，时域波形被反转。输出波形与输入波形的幅度满足关系式 $A_\text{out}=|\sigma_1/\sigma_3|/A_\text{in}$。因此，恰当选择 σ_1、σ_2 和 σ_3，使 $M_\text{T}=-1$，可以实现对输入时域波形的时间反演。

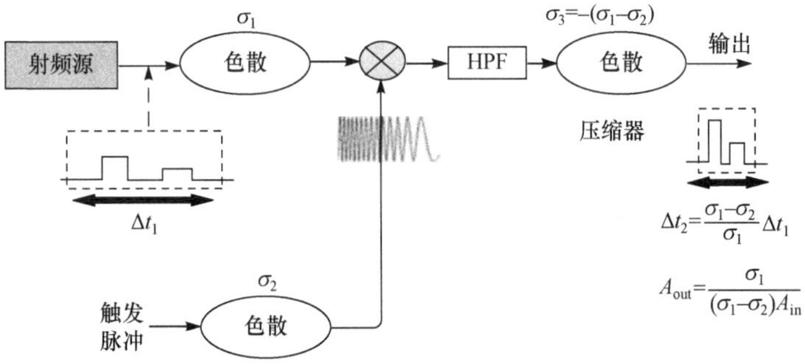

图 14-8　基于全电子技术的射频信号时间压缩变换过程

在全电子技术实现方案中，产生啁啾脉冲的色散器件可由啁啾电磁禁带(chirped electromagnetic bandgap，CEBG)结构[18-20]来实现。波形变换尺度也要依靠 CEBG 的群时延斜率进行调节。在全电子技术实现中，应更多关注提高系统带宽与可靠性、降低损耗以及关键器件小型化的研究。

理论上，可采用高频载波使输入信号包络更加清晰，从而提高系统分辨率。但同时，载波频率过高，在包络检测过程中，信号的高频分量损耗会增大，引起信号波形失真，降低系统可靠性。这就需要通过提高信号包络检测灵敏度来进一步改善基于全电子技术实现电磁信号时间反演系统的可靠性。

全电子技术方案设计中，还应权衡系统时隙与系统带宽之间的矛盾[21]。系统时隙会受到触发脉冲脉宽与产生啁啾脉冲的 CEBG 的限制。可以通过增加色散量来提高系统分辨率，但这样会降低啁啾率，限制系统带宽。尽管减少色散量可以提高系统带宽，但又会牺牲系统时隙。因此，在系统方案设计中，应充分考虑两者的矛盾，提出合理的系统时隙-带宽乘积指标。

14.2.3 实验验证

1. 全电子技术方案半实物仿真实验

图 14-9 展示了基于时间透镜原理实现电磁信号波形反演的验证方案[22]。由于仪器设备的限制，该方案采用了硬件在环(hardware in loop)半实物仿真实验的方法对其进行了验证。由于任意波形发生器 AWG7122B 不能提供双路交互采样输出，实验过程中需要对 AWG7122B 的输出进行切换。啁啾延迟线采用基于连续阻抗变换技术设计的 CEBG[19,20]，具有良好的带内平坦度和线性群时延特性。由于 CEBG 工作于反射模式，信号需借助定向耦合器进行输入与输出。为了获得反射色散特性，两段 CEBG 均刻蚀在介电常数为 16、厚度为 1mm 的高介电常数基片上。根据波形反演条件，第一段 CEBG 的长度为 19cm，阻带内反射群时延斜率为−2ns/GHz；第二段 CEBG 的长度为 44cm，阻带内反射群时延斜率为−2ns/GHz，如图 14-10 所示。需要注意的是，两段 CEBG 的工作频率不同，这是由其在系统中的位置和输入其中的信号频谱决定的，下面会详细介绍。

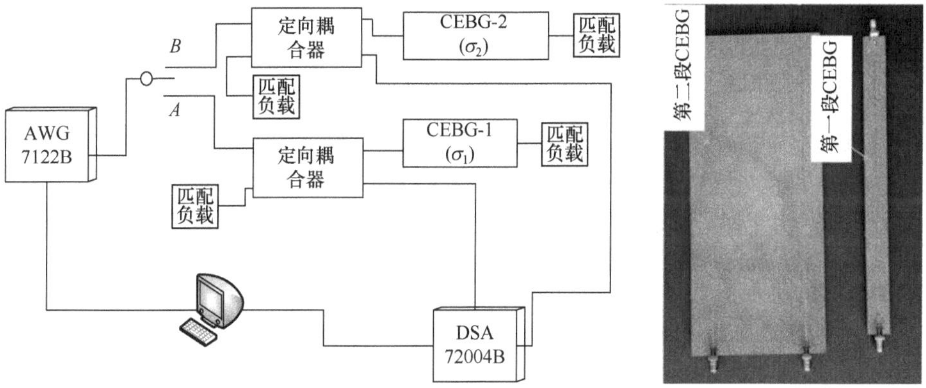

(a) 半实物协同仿真实验方案　　(b) CEBG实物图

图 14-9 验证方案示意图和构造的 CEBG

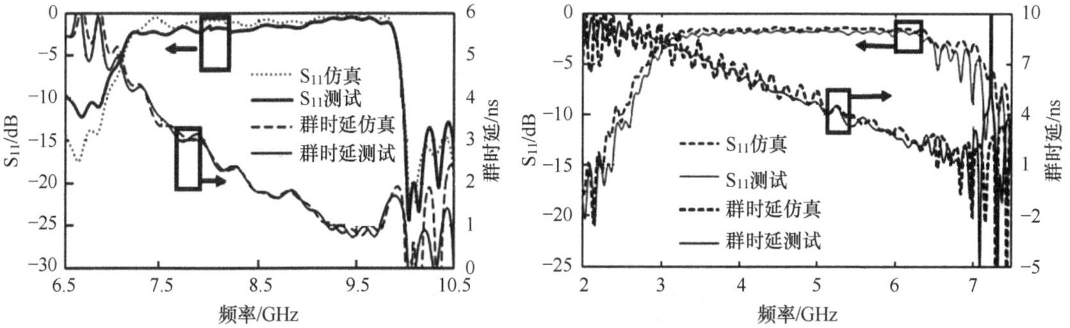

(a) CEBG-1　　(b) CEBG-2

图 14-10 两段 CEBG 及其反射特性曲线

实验中，输入信号 $x(t)$为一个时宽为 1.6ns、载波频率为 8GHz 的信号，其波形如图 14-11(a)所示。协同仿真实验按以下步骤进行。

步骤 1：将 AWG7122B 调节至交互采样发射，并将其切换至 A 点。利用 AWG7122B 发射测试信号 $x(t)$。$x(t)$经过定向耦合器输入至第一段 CEBG，由数字串行分析仪 DSA72004B 采集，并记录为 $y(t)$。测试信号 $x(t)$的频谱在第一段 CEBG 的工作频带内。

步骤 2：用计算机生成一个 μ=1GHz/ns、频率为 1～8GHz 的线性扫频信号，并用计算机将 $y(t)$与线性扫频信号相乘，所得信号记录为 $m(t)$。混频之后的信号 $m(t)$具有两段有用频谱，分别为测试信号 $x(t)$与线性扫频信号混频后产生的和频和差频，对这两段有用频谱做相应的色散操作都可以达到包络时间反演的目的，下面以差频段为例展示反演效果。

步骤 3：切换 AWG7122B 至 B 点，通过计算机将信号 $m(t)$用 AWG7122B 重新发射，送入第二段 CEBG 中，所产生的信号 $x'(t)$ 被 DSA72004B 捕捉。第二段 CEBG 的工作频率为 2～7GHz，与测试信号 $x(t)$和新型扫频信号的差频相对应。

图 14-11 展示了实验中各个阶段所获得的信号。与输入信号 $x(t)$相比，输出信号 $x'(t)$的波形已经发生时间反演。反演基带信号可通过包络检波或解调方式获得。

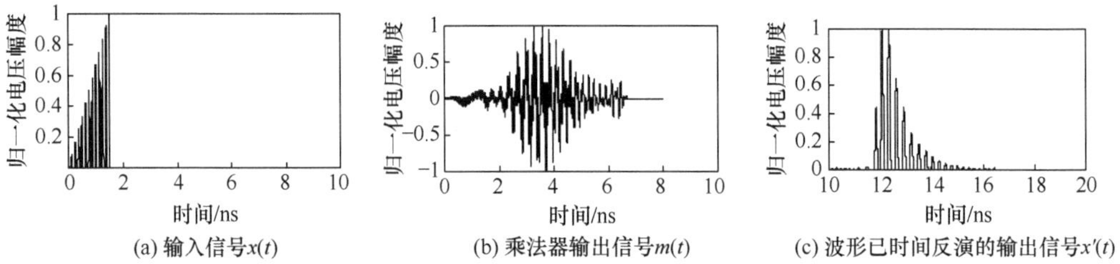

图 14-11 基于时间透镜原理实现电磁信号时间反演的实验结果

因为 CEBG 不能提供理想的色散信道响应，所以反演后的波形会存在失真，波形失真可能导致基带信号携带的信息丢失。此外，由于 CEBG 工作于反射模式，需借助定向耦合器辅助信号输入与输出，由此带来额外损耗，降低系统效率。解决这个问题的途径是研发能够工作于传输模式的高性能色散延迟线。

2. *微波光子技术方案实验*

图 14-12 是一个基于微波光子技术的时间反演系统，图 14-13 是据此搭建的实验装置照片[23]。两段单模色散光纤的长度分别为 20km(色散光纤 a)和 40km(色散光纤 b)，光纤的实测色散系数分别为$\pm21.7\times10^{-24}s^2/km$。由锁模激光器(MLL)发出超短光脉冲，中心波长约为 1560nm，1/e 半脉冲宽度 τ_0 小于 400fs，重复频率约为 11.6MHz。通过分光比为 90∶10 的光耦合器分别与色散光纤 a 和采样率为 12GS/s 的任意波形发生器(AWG，Tektronix 7122B)相连。AWG 用来模拟产生微波信号波形，应用到带宽为 10GHz 的强度调制器(康冠光电 KG-AMBOX)，加载到光信号上。在 AWG 与光耦合器之间连接光纤延迟线、带宽为 10GHz 的光电探测器(康冠光电 KG-PT-10G)和放大器，超短光脉冲经光电转换并放大后作为触发信号，使微波信号与光信号在强度调制器中同步。调制后的光信号通过色散光纤 b 后得到时间反演光波形。时间反演光波形通过光电探测器转换为电信号后被带宽为 20GHz 的示波器(Tektronix 72004B)实时检测到，即获得了时间反演的微波信号。图 14-14 是两种微波输入信号与时间反演信号的波形对比，效果良好。

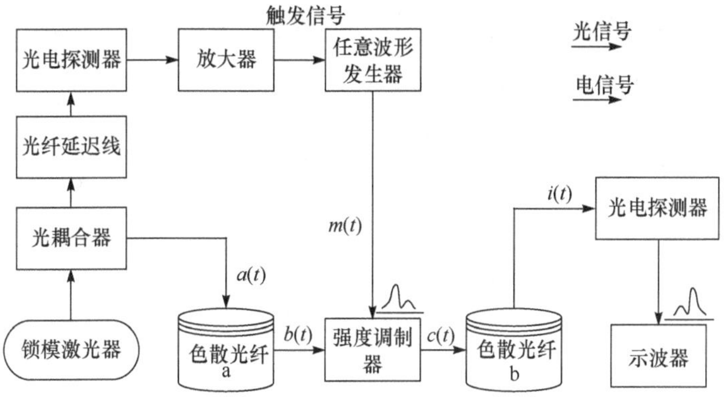

图 14-12　基于微波光子技术的时间反演系统

图 14-13　基于微波光子技术的时间反演系统实验装置照片

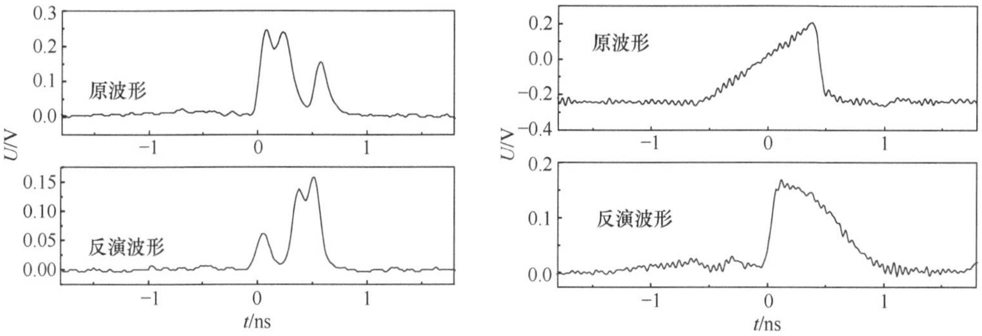

图 14-14　实验获得的两种微波输入信号与时间反演信号波形对比

14.3　基于色散补偿原理实现电磁信号时间反演

与基于时域成像的波形变换系统不同，在特定场合中，色散补偿波形变换系统在完成信号波形时间反演变换时无须对输入信号进行预色散处理，因此色散补偿波形变换系统所需的色散延迟线数量更少，实现更为简单。

14.3.1　理论推导及反演条件

图 14-15 为基于色散补偿原理的波形变换系统框图[24]，$r(t)$为输入信号，μ_1 为啁啾扫频载

波的啁啾率(扫频系数)，μ_2 为啁啾色散滤波器的啁啾率。系统输出信号为

$$\begin{aligned} y(t) &= r(t)\exp(\mathrm{j}\mu_1 t^2)\otimes\exp(\mathrm{j}\mu_2 t^2) \\ &= \exp\left(\mathrm{j}\frac{\mu_1\mu_2}{\mu_1+\mu_2}t^2\right)\cdot\int_{-\infty}^{+\infty} r(\tau)\exp\left[\mathrm{j}(\mu_1+\mu_2)\left(\tau-\frac{\mu_2}{\mu_1+\mu_2}t\right)^2\right]\mathrm{d}\tau \end{aligned} \tag{14-8}$$

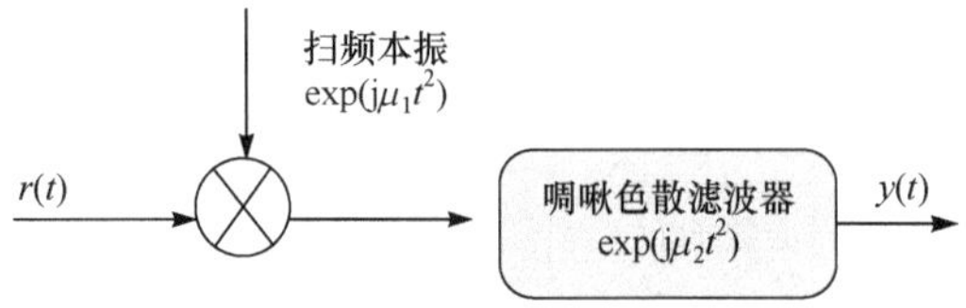

图 14-15 基于色散补偿原理的波形变换系统框图

采用 δ 函数的近似公式[25]：

$$\delta(t) = \lim_{\mu\to+\infty}\sqrt{\frac{\mu}{\mathrm{j}\pi}}\mathrm{e}^{\mathrm{j}\mu t^2} \tag{14-9}$$

当 $|\mu_1+\mu_2| \gg 1$ 时有

$$\begin{aligned} y(t) &\approx \exp\left(\mathrm{j}\frac{\mu_1\mu_2}{\mu_1+\mu_2}t^2\right)\cdot\sqrt{\frac{\mathrm{j}\pi}{\mu_1+\mu_2}}\cdot\int_{-\infty}^{+\infty} r(\tau)\delta\left(\tau-\frac{\mu_2}{\mu_1+\mu_2}t\right)\mathrm{d}\tau \\ &= \sqrt{\frac{\mathrm{j}\pi}{\mu_1+\mu_2}}\exp\left(\mathrm{j}\frac{\mu_1\mu_2}{\mu_1+\mu_2}t^2\right)\cdot r\left(\frac{\mu_2}{\mu_1+\mu_2}t\right) \end{aligned} \tag{14-10}$$

可见，当输入信号通过图 14-15 所示的系统后，可得到与输入信号对比在时间轴上发生尺度变化的包络信号，尺度因子为

$$\alpha = \mu_2/(\mu_1+\mu_2) \tag{14-11}$$

当 α 取不同值时，能获得不同的波形变换效果。

(1) 当 $\alpha>1$，即 $\mu_1\mu_2<0$ 且 $\mu_2(\mu_1+\mu_2)>0$ 时，信号在时间轴上压缩。

(2) 当 $0<\alpha<1$，即 $\mu_1\mu_2>0$ 时，信号在时间轴上拉伸。

(3) 当 $-1<\alpha<0$，即 $\mu_2(\mu_1+\mu_2)<0$ 且 $|\mu_1+\mu_2|>|\mu_2|$ 时，信号在时间轴上拉伸且反转。

(4) 当 $\alpha=-1$，即 $\mu_1=-2\mu_2$ 时，信号在时间轴上反转，信号时长保持不变。

(5) 当 $\alpha<-1$，即 $\mu_2(\mu_1+\mu_2)<0$ 且 $|\mu_1+\mu_2|<|\mu_2|$ 时，信号在时间轴上压缩且反转。

根据上述分析，合理地选择啁啾扫频载波的扫频系数 μ_1、啁啾色散滤波器的啁啾率 μ_2，满足 $\mu_1=-2\mu_2$，以及各自的工作频带和时宽，可以实现微波信号的时间反演。

在 Chirp 变换系统中，信号时宽 T 与带宽 B 存在如下关系[26]：

$$B=2\mu T \tag{14-12}$$

式中，啁啾率 μ 为正值。

假设图 14-15 所示的系统能够处理的输入微波信号最大时宽和最大带宽分别为 T_{in}、B_{in}，扫频载波信号的时宽和带宽分别为 T_1、B_1，啁啾色散滤波器的工作时宽和带宽分别为 T_2、B_2，那么该系统能够处理的输入信号最大带宽为[26]

$$B_{\mathrm{in}}=B_2-B_1 \tag{14-13}$$

式中，$B_1=2|\mu_1|T_1$；$B_2=2|\mu_2|T_2$。

一般情况下，输入信号的最大时宽与最大带宽分别等于扫频载波信号的时宽与带宽[26]，即

$$T_{in}=T_1 \tag{14-14}$$

$$B_{in}=B_1 \tag{14-15}$$

由式(14-13)～式(14-15)可以得到输入信号的带宽×时宽为

$$B_{in}T_{in}=(B_2-B_1)T_1=(2|\mu_2|T_2-2|\mu_1|T_1)T_1=-2|\mu_1|\left(T_1-\frac{|\mu_2|T_2}{|2\mu_1|}\right)^2+\frac{(|\mu_2|T_2)^2}{2|\mu_1|} \tag{14-16}$$

从式(14-16)可以判断，当 $T_1=|\mu_2/2\mu_1|T_2$，即 $T_2=|2\mu_1/\mu_2|T_1$ 时，$B_{in}T_{in}$ 的最大值为

$$\text{Max}\left(B_{in}T_{in}\right)=\frac{\left(\mu_2T_2\right)^2}{2|\mu_1|} \tag{14-17}$$

对于时间反演系统，存在关系式 $\mu_1=-2\mu_2$，代入式(14-17)得

$$\text{Max}\left(B_{in}T_{in}\right)=\frac{|\mu_2|T_2^{\ 2}}{4} \tag{14-18}$$

因此要得到时间反演系统的 $\text{Max}(B_{in}T_{in})$，扫频载波信号的时宽 T_1 与带宽 B_1、啁啾色散滤波器的时宽 T_2 与带宽 B_2 应分别满足如下关系式：

$$\begin{cases}T_1=T_{in}\\B_1=B_{in}\\T_2=4T_{in}\\B_2=2B_{in}\end{cases} \tag{14-19}$$

将时间反演比例因子 $\alpha=-1$ 即 $\mu_1=-2\mu_2$ 代入时间反演调制信号表达式(14-10)中，有

$$y(t)\approx\sqrt{\frac{\text{j}\pi}{-\mu_2}}\exp(-\text{j}\mu_1t^2)r(-t) \tag{14-20}$$

将式(14-20)的时间反演调制信号与图 14-15 中相同的扫频本振 $\exp(\text{j}\mu_1t^2)$相乘，有

$$y(t)\exp(\text{j}\mu_1t^2)=\sqrt{\frac{\text{j}\pi}{-\mu_2}}r(-t) \tag{14-21}$$

式中，根号下的分式不存在时间变量，因此输入信号 $r(t)$ 的时间反演信号 $r(-t)$最终得以被解调出来。

14.3.2　实验验证

本节给出基于色散补偿原理实现电磁信号时间反演变换方法的实验验证[22,27]。波形反演是通过CEBG对啁啾脉冲的补偿实现的，因此啁啾脉冲发生装置与CEBG是实验系统的关键。实验中啁啾脉冲信号与测试信号由 AWG7122B 先后发射，相隔时间为 Δt，经功率分配器后，等分为两路信号，如图 14-16 所示。第 1 路信号经低通滤波器，滤除啁啾脉冲信号，保留测试信号。第 2 路信号则经带通滤波器，滤除测试信号，保留啁啾脉冲信号。通过非色散延迟线控制两路信号到达模拟信号乘法器的时间，选择 Marki 公司的 T3-10 型宽带模拟信号乘法器作为模拟信号乘法器，实现测试信号对啁啾脉冲信号的调制。最后，调制后的啁啾脉冲信号经 CEBG 色散补偿后得到反演波形。反演信号送入 Tektronix 公司的串行数字采样示波器 DSA72004B 中，进行采样、存储和分析。

色散延迟线为群时延斜率为−0.8ns/GHz的CEBG，长度为33cm，刻蚀在相对介电常数为10.2的基片上，如图14-17(a)所示。CEBG的S_{11}与反射群时延斜率如图14-17(b)所示。测试信号选择如图14-18所示的三角波短脉冲。载波信号采用如图14-19所示的啁啾脉冲，信号扫频为2～9.5GHz，扫频系数μ为2.5GHz/ns。测试信号与啁啾脉冲信号均由AWG7122B先后发生，间隔为34个最小采样周期。图14-20为经CEBG作用后的归一化啁啾脉冲及其包络信号，与测试信号相比，其包络信号已经发生时间反演。

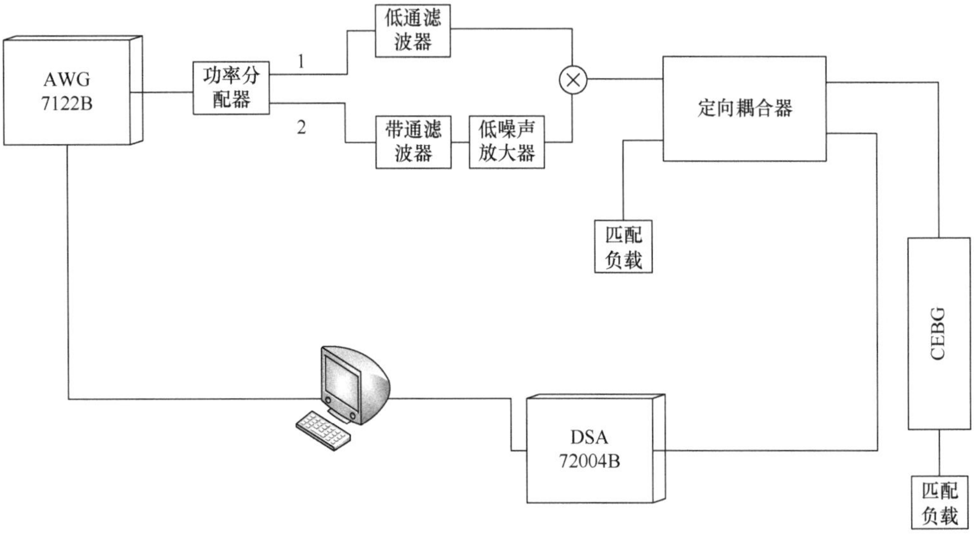

图14-16　基于色散补偿原理实现电磁信号时间反演实验方案

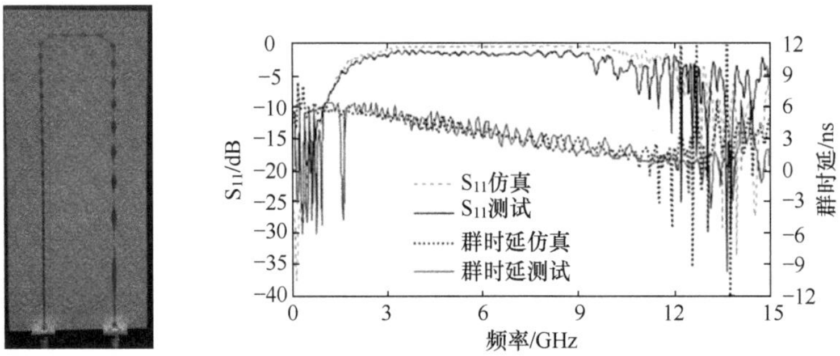

(a) 实物图　(b) S_{11}与反射群时延斜率曲线

图14-17　用于色散补偿用的CEBG

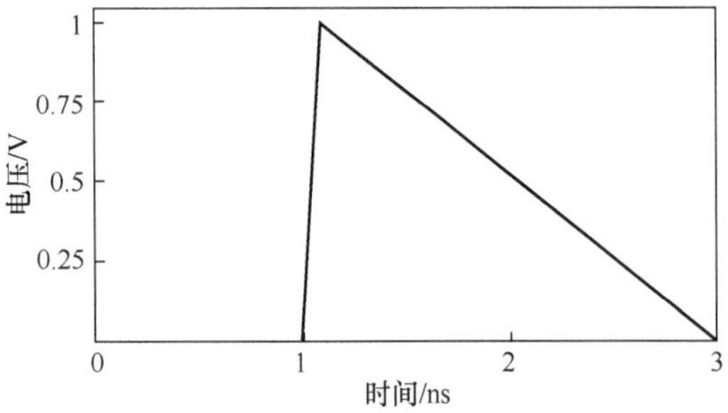

图14-18　测信号

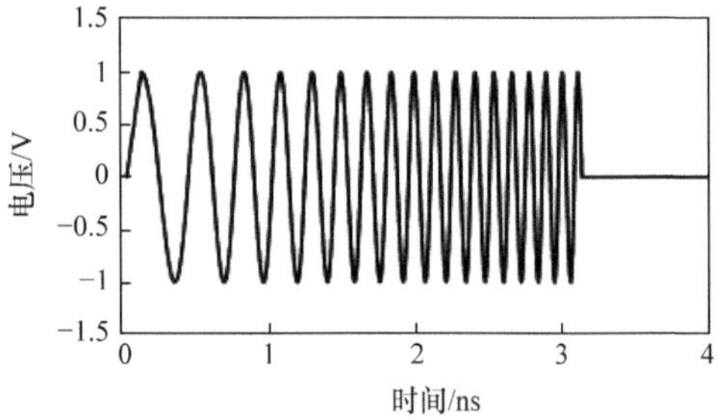

图14-19　啁啾脉冲信号

与基于时间透镜原理实现电磁信号波形时间反演的系统方案相比，基于色散补偿原理的系统方案所需 CEBG 的数量更少，系统实现更加容易，减少了 CEBG 的数量，也使得与之配套使用的定向耦合器数量减少，降低了额外的损耗，系统效率获得提升。

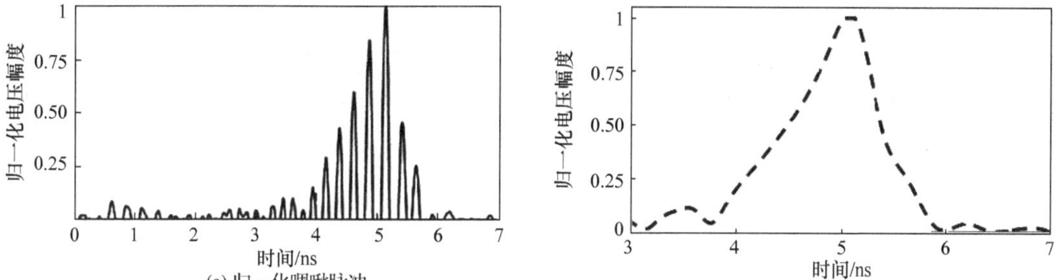

(a) 归一化啁啾脉冲　　(b) 包络信号

图 14-20　经 CEBG 作用后的归一化啁啾脉冲及其包络信号

14.4　基于瞬变介质实现电磁信号时间反演

电磁波在介质中传播时，遇到介质特性突变的边界将会产生散射现象。这种边界既可能是一个空域界面，也可能是一个时域界面。电磁波在介质时域不连续性界面的散射特性可以产生包括时间反演在内的新奇电磁现象[28-31]。

电磁波在介质不连续性界面处的连续性条件是分析其散射特性的基础。下面，首先基于电磁波在介质不连续性界面处的连续性条件，按照分界面处相位匹配条件的要求，从理论上分析空域不连续性界面处和时域不连续性界面处的电磁波散射特性；其次，阐述基于瞬变介质实现电磁信号时间反演的理论依据，并通过数值仿真验证理论分析结论；最后，给出采用时变传输线作为瞬变介质实现电磁信号时间反演的技术方案。

14.4.1　空(时)不连续性界面处电磁散射的理论分析

以沿 z 方向传播的谐振电磁波 $\exp\{\mathrm{j}[\pm\omega^{\mathrm{i,r,t}}t \pm k^{\mathrm{i,r,t}}z]\}$ 为例，上标 i、r 和 t 分别表示入射波、反射波和传输波。

在介质空域不连续性界面，电磁波散射的连续性条件是切向电磁场分量连续。

假设入射波沿正 z 方向传播，$\exp\{\mathrm{j}[\omega^{\mathrm{i}}t - k^{\mathrm{i}}z]\}$，$z=0$ 界面处的相位匹配条件为

$$\mathrm{e}^{\mathrm{j}\omega^{\mathrm{i}}t} + \gamma \mathrm{e}^{\mathrm{j}\omega^{\mathrm{r}}t} = \tau \mathrm{e}^{\mathrm{j}\omega^{\mathrm{t}}t}, \quad \forall t \tag{14-22}$$

式中，γ 和 τ 分别为反射波和传输波的系数。上述条件意味着角频率守恒：

$$\omega^{\mathrm{i}}=\omega^{\mathrm{r}}=\omega^{\mathrm{t}} \tag{14-23}$$

可见，为了满足不连续性界面处的相位匹配条件，对线性介质，波在界面处的时变特征(rhythm)需要保持，即时域保形。由此，反射波和传输波的波矢量将相应改变以满足波的色散关系 $\omega^2=k^2c^2$，c 为自由空间光速。于是有

$$\frac{k^{\mathrm{i}}}{n^{\mathrm{i}}} = -\frac{k^{\mathrm{r}}}{n^{\mathrm{r}}} = \frac{k^{\mathrm{t}}}{n^{\mathrm{t}}} \tag{14-24}$$

式中，n 为相应介质中的折射率指数。

在介质时域不连续性界面，电磁波散射的连续性条件是 $\boldsymbol{D}$ 和 $\boldsymbol{B}$ 连续，这是因为：在介质

发生瞬变的时刻，由于电荷 Q 和磁通量 ψ 没有变化，因此 $\boldsymbol{D}$ 和 $\boldsymbol{B}$ 在介质时域不连续性界面应该保持不变。

假设入射波沿正 z 方向传播，$\exp\{j[\omega^i t - k^i z]\}$，$t$=0 界面处的相位匹配条件为

$$e^{-jk^i z} = \xi^f e^{-jk^f z} + \xi^b e^{-jk^b z}, \quad \forall z \tag{14-25}$$

式中，ξ^f 和 ξ^b 分别为时域不连续性界面之后介质中前向散射波和后向散射波的系数。需要指出的是，因果律不允许散射波在时间上反射回传到原来的入射介质。上述条件意味着波矢守恒：

$$k^i = k^f = k^b \tag{14-26}$$

可见,为了满足不连续性界面处的相位匹配条件,对线性介质,波在界面处的空间特征(pattern)需要保持，即空域保形。由此，散射波角频率将相应地改变以满足波的色散关系。于是有

$$\omega^i n^i = \omega^f n^f = -\omega^b n^b \tag{14-27}$$

式中，n 为相应介质中的折射率指数。ω^b 前面的负号意味着波将沿负 z 方向传播，由于其波矢保持不变，因此在时域不连续性界面，入射波分裂为前向波和后向波并伴随有相应的频率迁移。在频域取负频率就相当于取复共轭，等效于时域的时间反演操作，所以仅从波的时序特征来看，后向波相对于入射波发生了时间反演。

设 T 与 R 分别为透射系数与反射系数，则其与介质突变前的波阻抗 Z_1 以及介质突变后的波阻抗 Z_2 的关系为：

$$T = \frac{Z_2 + Z_1}{2Z_2} \tag{14-28}$$

$$R = \frac{Z_2 - Z_1}{2Z_2} \tag{14-29}$$

式中，$Z_1 = \sqrt{\mu_1/\varepsilon_1}$，$Z_2 = \sqrt{\mu_2/\varepsilon_2}$，$\varepsilon_1$ 和 ε_2 分别是介质突变前、突变后的相对介电常数，μ_1 和 μ_2 分别是介质突变前、突变后的相对磁导率。

14.4.2 瞬变介质数值仿真

上述理论分析结果可以定性地图示说明如下[32]。

对于介质空域分界面，如图 14-21 所示，两个相邻介质的介电常数分别为 ε_1 和 ε_2。假定一个三角波信号(AB)在均匀介质 1 中向右传播，当垂直抵达均匀介质 1 和均匀介质 2 的分界面时，会产生如图 14-21 所示的透射波($A''B''$)和反射波($A'B'$)。透射波波形与入射波一致，在均匀介质 2 中继续向右传播；反射波波形将依然是 A 点在前、B 点在后，在均匀介质 1 中向左传播，即在介质空域分界面处电磁波的反射和透射均不能获取入射电磁信号的时间反演波形。

对于介质时域分界面，如图 14-22 所示，一个三角波信号(AB)最初在均匀介质 1(介电常数为 ε_1)中向右传播。假设在某一个特定时刻，整个介质的介电常数瞬时由 ε_1 变为 ε_2。波面上对应的每个点将会瞬间且同时发生反射和透射，其实是分裂为与入射波空域传播方向相反的后向波(反射)以及与入射波空域传播方向相同的前向波(透射)。前向波($A''B''$)将保持原有波形在新的介质中向右传播；后向波将以 $B'A'$ 的形式在新介质中向左传播，即呈现出入射电磁信号的时间反演波形。

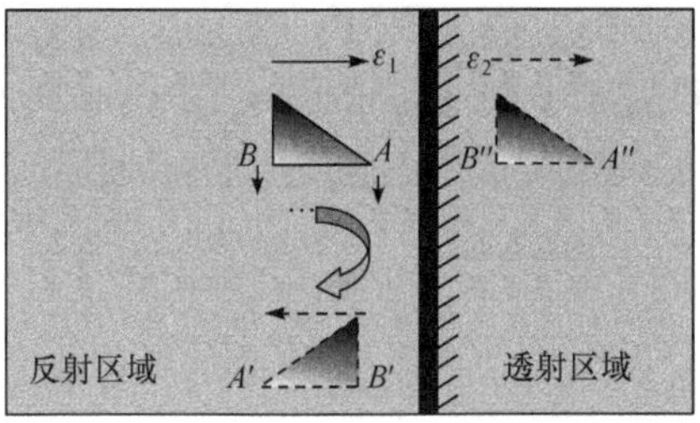

图 14-21　介质空域分界面处波的反射和透射

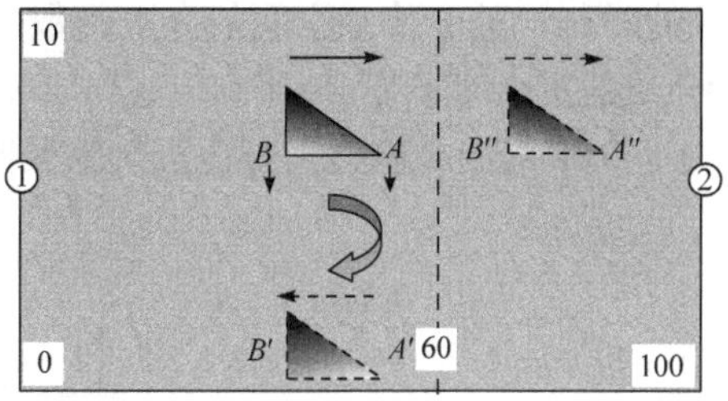

图 14-22　介质时域分界面处波的反射和透射

下面进一步通过二维 FDTD 方法，在平行板波导中构建仿真模型以对上述理论分析结论进行数值仿真验证。

如图 14-22 所示，仿真区域尺寸为 100cm×10cm，上下边界是理想导体平面，中间填充介电常数为 ε_1 的均匀介质，假设场在垂直于纸面的方向不变化。计算过程中，空间网格大小设定为 1cm×1cm，空间网格数为 100×10。从左边端口入射的电磁波为 TEM 平面波，其时域波形是一个上升沿为 0.5ns 的三角波，如图 14-23 所示。假设 ε_1 取自由空间的介电常数，当波传播到对应图中 60cm 的时刻，整个传播空间的介电常数由 ε_1 变为 $\varepsilon_2=10\varepsilon_1$，磁导率保持不变。设置时间步长为电磁波通过网格边长所需时间的 1/2，则第 120 个时间步长时，全空间介电常数发生瞬变。设定左侧边界为 1 端口，是激励信号的输入端口，也是反射波输出端口；右侧边界为 2 端口，是透射波的输出端口。仿真过程中，在 1 端口和 2 端口分别设置观测点，记录时域波形，如图 14-23 所示。为了展示清晰，在图 14-23 中将归一化输入信号和透射信号分别上移 2 个单位和 1 个单位。观测点 1 首先记录下的是输入的三角波信号，随后记录的是在介质发生瞬变之后空间反向传播的后向波信号，此信号呈现出输入三角波信号的时域反转模式，即基于此方案获得了输入信号的时间反演波形。

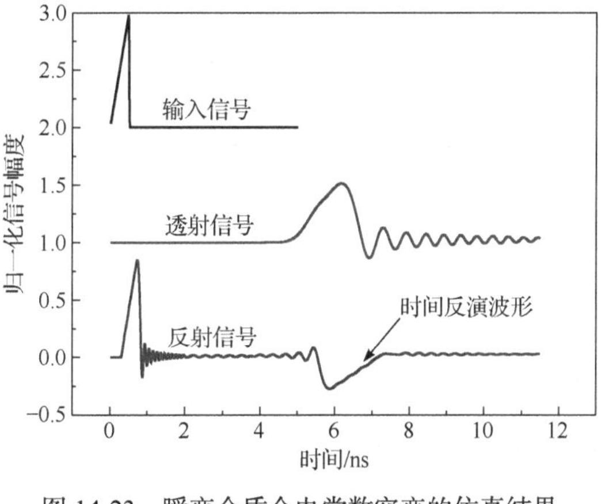

图 14-23　瞬变介质介电常数突变的仿真结果

在介电常数突变而磁导率保持不变的情况下，图 14-23 中的时间反演波形相对原输入波形产生了展宽效应。由式(14-27)可知，当瞬变介质特性改变前后的折射率保持不变时，由瞬变介质系统产生的时间反演信号才能相对原始输入信号只发生时间反演变换而不发生缩放变换。在此例中，介电常数突变而磁导率保持，突变后介质的折射率以及电磁波在其中的传播速度均发生了变化，故而使波形发生了失真。

为了进一步说明该问题，下面重新对图 14-22 所示场景进行仿真，当波传播到对应图中

60cm 的时刻，整个传播空间的介电常数由 ε_1 变为 $\varepsilon_2=10\varepsilon_1$，磁导率由 μ_1 变为 $\mu_2=0.1\mu_1$，即保持介质的折射率不变。使用和上述仿真相同的其他设置和步骤，得到的结果如图 14-24 所示。从图 14-24 中可以看出，当介质折射率保持不变时，时间反演信号不会发生展宽或压缩。

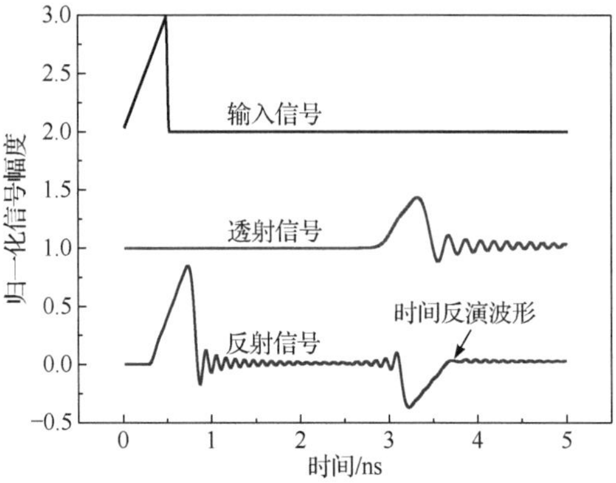

图 14-24 瞬变介质介电常数磁导率同时突变而折射率保持不变的仿真结果

14.4.3 基于时变传输线实现电磁信号波形时间反演

上面对基于瞬变介质实现电磁信号波形时间反演进行了理论分析和数值仿真验证，接下来讨论基于此原理实现电磁信号波形时间反演的技术方案。

传输电磁信号的介质的介电常数和(或)磁导率能够瞬变是实现该方案的关键。这种瞬变的实现既可以是直接电调介质的介电常数和(或)磁导率，也可以通过分布式加载电调元件使介质的等效介电常数和(或)磁导率发生变化。

时变传输线作为传输电磁信号的一种介质，其传播常数(等效介电常数/等效磁导率)可以随时间发生变化，因此可以被用于实现电磁信号的波形时间反演。Gunn[33]结合传输线阻抗、相速、电荷、磁链、电压以及电流之间的关系，分析了时间和空间不连续情况下电磁波的表达式，阐述了时变传输线可以实现输入信号时间反演的运算原理。Elliott 等[34]在此原理基础上，提出了一种可以实现输入波形时间反演的电路模型，采用变容二极管和可调电感构成时变传输线，可实现对 5μs 信号的时间反演。

图 14-25 是一种由传输线和微波高速开关构成的时变传输线[35]，传输线的特征阻抗为 Z，微波高速开关周期性地加载在传输线上，加载周期为 Δl，对应于传输线的电长度为 θ。该时变传输线的等效网络如图 14-26 所示，L_0 和 C_0 分别表示单位长度传输线上的等效串联电感和并联电容，R_0 和 G_0 分别表示单位长度传输线上的等效串联电阻和并联电导；C_s 和 G_s 分别表示微波高速开关在断开和导通时，分布在单位长度传输线上的等效电容和等效电导，两种状态下，传输线单位长度的等效分布电路参数不同，导致其传输特性参数不同。通过高速微波开关控制，可以实现传输介质特性瞬变，从而实现电磁信号波形时间反演。

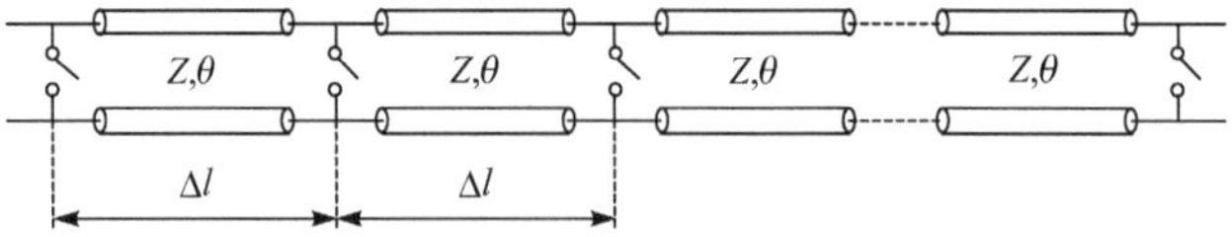

图 14-25 由传输线和微波高速开关构成的时变传输线示意图

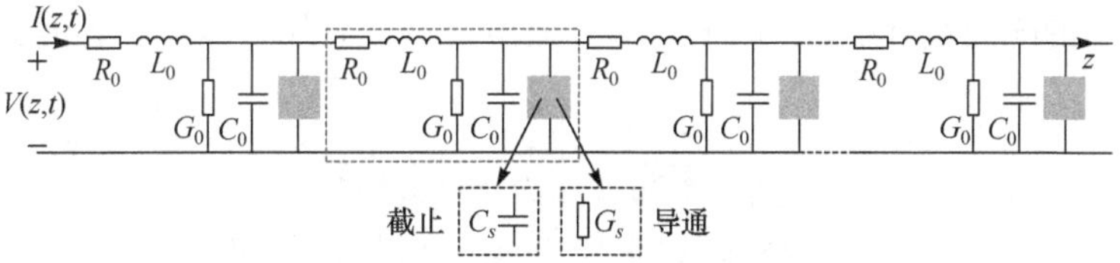

图 14-26　由传输线和微波高速开关构成的时变传输线的等效网络

图 14-27 所示为传输线和微波高速开关构成的信号时间反演系统结构。选择微带线作为传输线主体，微波 PIN 二极管作为控制部件，分为两排，周期性地加载于微带线的两侧，每列两支开关作为一组，开关组数以及组与组之间的距离均可调节。控制信号为正弦信号，由微波信号源发出，用于控制 PIN 二极管开关组的导通和截止。端口①为信号输入端，连接信号源；端口②为系统的负载端口，连接匹配负载；端口③为信号输出端，用于输出结果，由于反演信号为反射波，因此接入一个环行器用于接收反演波形。

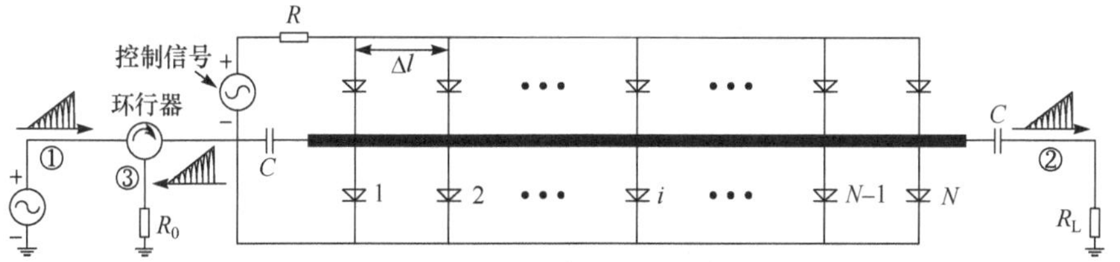

图 14-27　传输线和微波高速开关构成的信号时间反演系统结构

当 PIN 二极管开关组处于截止状态而未作用于传输线时，系统可以看作一个基本的微带结构。此时系统的特征阻抗为 Z_1=50Ω，输入信号能够从输入端口①传输至负载端口②。当 PIN 二极管开关组切换至导通状态时，系统的特征阻抗突变至 Z_2。由前面所述可知，系统中将产生反射信号，通过传输线回传至输入端，经过环行器后可在输出端口③观察到反演波形。

输入信号在时变传输线中的空间位置是影响反演效果的一个重要因素。只有当信号完全进入时变传输线中时，反射波才能够完全准确地完成时间反演变换。为此，可选择系统的参数满足：

$$(N-1)\Delta l = c\Delta t\Big/\sqrt{\varepsilon_{\mathrm{r}}^{\mathrm{e}}} \tag{14-30}$$

式中，N 为开关组的数目；Δl 为开关组之间的距离；Δt 为被反演信号的脉宽；$\varepsilon_{\mathrm{r}}^{\mathrm{e}}$ 为微带线的有效相对介电常数；c 为电磁波在真空中的传播速度。

从系统尺寸和紧凑性考虑，选介质基板的相对介电常数为 9.6、损耗角正切值为 0.003、厚度为 0.8mm。根据相应公式计算[36]，可得有效相对介电常数为 6.26。取 $N=8$，待处理信号的脉宽设定为 8ns，则由式(14-30)可得开关组之间的距离 Δl 为 137.1mm，传输线的总长度为 959.5mm。

如图 14-28 所示，时间反演系统的传输线主体采用上述介质基板进行加工，开关选择 MACOM 公司的铝砷化镓 PIN 二极管 MA4AGBLP912。其典型参数如下：正向导通电阻值为 4Ω，零偏置电容值为 0.028pF，开关切换速度为 5ns，反向电压最大值为−50V，正向最大电流为 40mA，入射功率为 23dBm，正向电流为 10mA 时正向电压典型值为 1.36V，反向电压为−40V 时泄漏电流为 50nA，少数载流子寿命为 5ns。微带线呈蛇形分布，版图尺寸为 225mm × 60mm。端口①、②和③与图 14-27 相对应，环行器安装在输入端用以接收反射信号，其工作频率为 3～

6GHz，端口之间的隔离度在 20dB 以上。输入输出端口处有隔直电容，容值为 100pF。

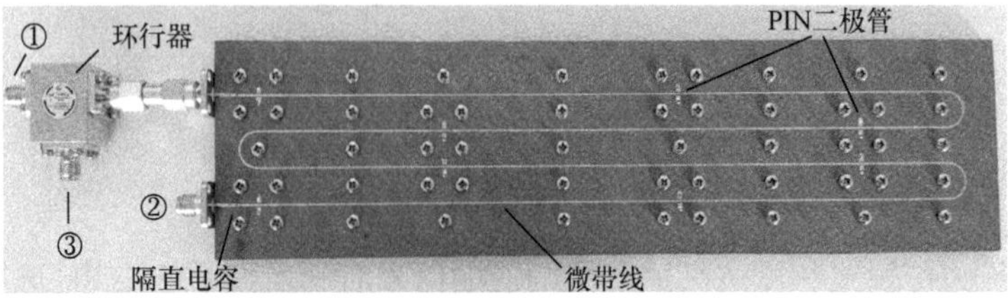

图 14-28 传输线和微波高速开关构成的信号时间反演系统实物图

输入信号选择为锯齿波脉冲，幅值为 500mV，信号脉宽为 7ns，载波为 3.5GHz 的正弦波信号，周期设定为 32ns。选择正弦脉冲作为开关组的控制信号，频率为 62.5MHz，周期为 16ns，幅值为 5V，这样可以使 PIN 二极管开关组周期性地处于截止和导通的状态，从而便于捕捉反射信号。输入信号和控制信号在同一时刻同步加入到系统中，周期性输入信号波形如图 14-29(a)所示；当 PIN 二极管开关组处于导通状态时，通过的电流如图 14-29(b)所示。

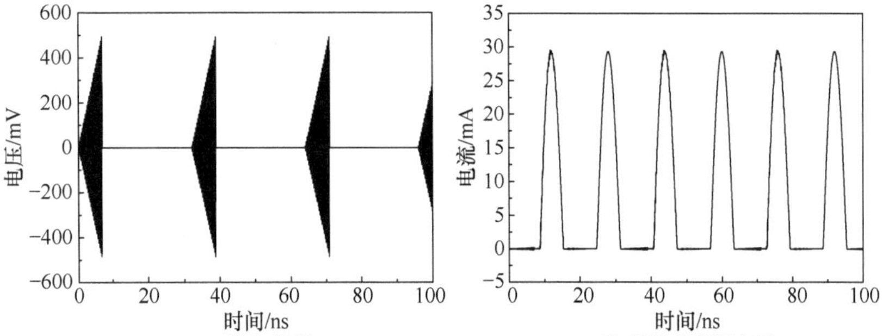

(a) 输入信号 (b) 开关组导通电流

图 14-29 周期性输入信号和开关组导通电流

整体实验方案如图 14-30 所示。使用任意波形发生器 AWG7122B 产生输入信号。开关组导通前后，微波示波器 DPO70804C 用于监测端口②的传输信号和端口③的反射信号。控制信号由 Anritsu 公司的正弦谐波信号源 MG3694C 产生，通过同步控制网络将正弦信号转换为多路同步信号并作用于 PIN 二极管开关组，从而控制每一对 PIN 二极管的工作状态。待测件为如图 14-28 所示的传输线和微波高速开关构成的信号时间反演系统。

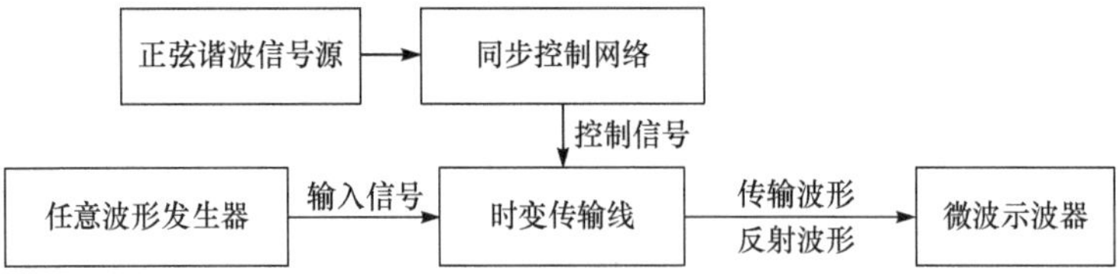

图 14-30 整体实验方案

图 14-31 为实验测试结果。当 PIN 二极管开关组处于截止状态时，在端口②得到的传输信号如图 14-31(a)所示。输入信号经过系统后波形并未失真，只是由于损耗幅值有所降低并有一定程度的拖尾。此时，在端口③监测到的反射信号如图 14-31(b)所示。只有少量信号反射回输入端，证明系统传输性能良好。当 PIN 二极管开关组处于导通状态时，在端口③观察到

的反射信号如图 14-31(c)所示。与图 14-31(a)的传输信号相比，反射信号的波形发生了时间反演。图 14-31(d)是截取的单个反演脉冲波形。可见，该系统可以实现微波信号的时间反演，性能良好。

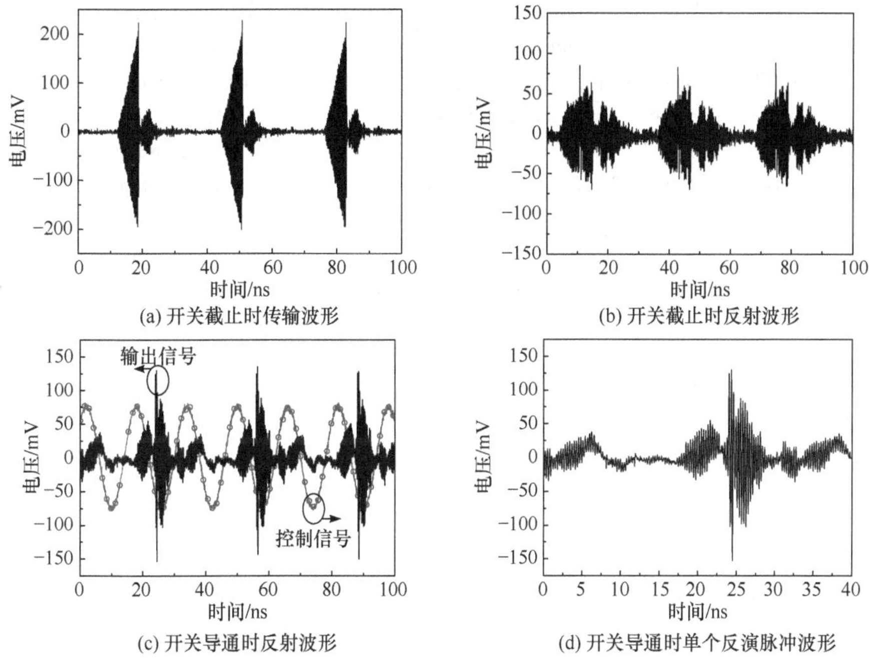

(a) 开关截止时传输波形　(b) 开关截止时反射波形

(c) 开关导通时反射波形　(d) 开关导通时单个反演脉冲波形

图 14-31　实验测试结果

参 考 文 献

[1] PENDRY J B. Time reversal and negative refraction[J]. Science, 2008, 322(5898): 71-73.

[2] LEROSEY G, DE ROSNY J, TOURIN A, et al. Time reversal of wideband microwaves[J]. Applied physics letters, 2006, 88(15): 154101.

[3] FANNAJIANG A C. On time reversal mirrors[J]. Inverse problems, 2009, 25(9): 095010.

[4] JACKSON D R, DOWLING D R. Phase conjugation in underwater acoustics[J]. The journal of the acoustical society of America, 1991, 89(1): 171-181.

[5] PON C. Retrodirective array using the heterodyne technique[J]. IEEE transactions on antennas and propagation, 1964, 12(2): 176-180.

[6] SHA S S, SHENOY V K, JUNG S, et al. A hardware architecture for time reversal of short impulses based on frequency domain approach[C]//Radar sensor technology XIII. Orlando: SPIE, 2009, 7308: 261-269.

[7] ZHAI H Q, SHA S S, SHENOY V K, et al. An electronic circuit system for time-reversal of ultra-wideband short impulses based on frequency-domain approach[J]. IEEE transactions on microwave theory and techniques, 2010, 58(1): .74-86

[8] DONOHO D L. Compressed sensing[J]. IEEE transactions on information theory, 2006, 52(4): 1289-1306.

[9] SHI G M, LIN J, CHEN X Y, et al. UWB echo signal detection with ultra-low rate sampling based on compressed sensing[J]. IEEE transactions on circuits and systems II: express briefs, 2008, 55(4): 379-383.

[10] KOLNER B H, NAZARATHY M. Temporal imaging with a time lens[J]. Optics letters, 1989, 14(12): 630-632.

[11] KOLNER B H. Space-time duality and the theory of temporal imaging[J]. IEEE journal of quantum electronics, 1994, 30(8): 1951-1963.

[12] COPPINGER F, BHUSHAN A S, JALALI B. Time reversal of broadband microwave signals[J]. Electronics letters, 1999, 35(15): 1230-1232.

[13] ZHANG J J, YAO J P. Broadband and precise microwave time reversal using a single linearly chirped fiber Bragg grating[J]. IEEE transactions on microwave theory and techniques, 2015, 63(7): 2166-2172.
[14] ZHANG J J, YAO J P. Photonic-assisted microwave temporal convolution[J]. Journal of lightwave technology, 2016, 34(20): 4652-4657.
[15] ZHANG J J, YAO J P. A microwave photonic signal processor for arbitrary microwave waveform generation and pulse compression[J]. Journal of lightwave technology, 2016, 34(24): 5610-5615.
[16] ZHANG J J, YAO J P. Broadband microwave signal processing based on photonic dispersive delay lines[J]. IEEE transactions on microwave theory and techniques, 2017, 65(5): 1891-1903.
[17] SCHWARTZ J D, AZANA J, PLANT D V. An electronic temporal imaging system for compression and reversal of arbitrary UWB waveforms[C]//2008 IEEE radio and wireless symposium. Orlando: IEEE, 2008: 487-490.
[18] SCHWARTZ J D, AZANA J, PLANT D V. A fully electronic system for the time magnification of ultra-wideband signals[J]. IEEE transactions on microwave theory and techniques, 2007, 55(2): 327-334.
[19] LASO M A G, LOPETEGI T, ERRO M J, et al. Chirped delay lines in microstrip technology[J]. IEEE microwave and wireless components letters, 2001, 11(12): 486-488.
[20] LASO M A G, LOPETEGI T, ERRO M J, et al. Real-time spectrum analysis in microstrip technology[J]. IEEE transactions on microwave theory and techniques, 2003, 51(3): 705-717.
[21] HAN Y, JALALI B. Photonic time-stretched analog-to-digital converter: fundamental concepts and practical considerations[J]. Journal of lightwave technology, 2003, 21(12): 3085-3103.
[22] 丁帅. 高效时间反演电磁系统实现的关键技术研究[D]. 成都: 电子科技大学, 2013.
[23] WANG Z P, WANG B Z, ZHAO D S, et al. Full analog broadband time-reversal module for ultra-wideband communication system[J]. IEEE photonics journal, 2019, 11(5): 1-10.
[24] 梁木生. 微波时间反演系统及其关键技术研究[D]. 成都: 电子科技大学, 2015.
[25] PAPOULIS A. Signal Analysis[M]. New York: Mcgraw-Hill Book Company, 1977.
[26] MESSER H, GILBOA H, BAR-NESS Y. SAW time scaling techniques[J]. IEEE transactions on sonics and ultrasonics, 1981, 28(4): 271-276.
[27] LIANG M S, WANG B Z, DING S, et al. Time reversal of electromagnetic waves using the dispersion compensation approach[J]. IEEE photonics journal, 2015, 7(4): 1-7.
[28] SALEM M A, CALOZ C. Space-time cross-mapping and application to wave scattering[EB/OL]. 2015: 1504.02012. https://arxiv.org/abs/1504.02012v1.
[29] FELSEN L, WHITMAN G. Wave propagation in time-varying media[J]. IEEE transactions on antennas and propagation, 1970, 18(2): 242-253.
[30] FANTE R. Transmission of electromagnetic waves into time-varying media[J]. IEEE transactions on antennas and propagation, 1971, 19(3): 417-424.
[31] MORGENTHALER F R. Velocity modulation of electromagnetic waves[J]. IRE transactions on microwave theory and techniques, 1958, 6(2): 167-172.
[32] 周洪澄. 时间反演系统实现方案及其关键器件研究[D]. 成都: 电子科技大学, 2016.
[33] GUNN J B. Transformation and reversal of time scale by a time-varying transmission line[J]. Electronics letters, 1966, 2(7): 247-248.
[34] ELLIOTT B, GUNN J. Signal processing with a time-varying transmission line[C]//1966 IEEE international solid-state circuits conference. Digest of technical papers. Philadelphia: IEEE, 1966: 20-21.
[35] 孙程光. 基于模拟信号处理的电磁时间反演实现方法研究[D]. 成都: 电子科技大学, 2018.
[36] POZAR D M. 微波工程[M]. 张肇仪, 周乐柱, 吴德明, 等译. 北京: 电子工业出版社, 2006.

习　题

14-1 推导出方程(14-1)和方程(14-2)。